Pro/ENGINEER 中文野火版 5.0 工程应用精解丛书

Pro/ENGINEER 中文野火版 5.0
产品设计实例精解（增值版）

北京兆迪科技有限公司　编著

机 械 工 业 出 版 社

本书是进一步学习 Pro/ENGINEER 中文野火版 5.0 产品结构设计的实例书籍，介绍了 34 个经典的实际产品设计全过程，其中一个实例采用目前最为流行的 TOP_DOWN（自顶向下）方法进行设计。这些实例涉及各个行业和领域，都是生产一线实际应用中的各种产品，经典而实用。

本书中的实例是根据北京兆迪科技有限公司为国内外一些著名公司（含国外独资和合资公司）编写的培训案例整理而成的，具有很强的实用性和广泛的适用性。本书附带 1 张多媒体 DVD 学习光盘，制作了教学视频，并进行了详细的语音讲解。

本书在内容上，针对每一个实例先进行概述，说明该实例的特点，使读者有一个整体概念的认识，学习也更有针对性，接下来的操作步骤翔实、透彻，图文并茂，引领读者一步一步地完成设计。这种讲解方法能使读者更快、更深入地理解 Pro/ENGINEER 产品设计中的一些抽象的概念、重要的设计技巧和复杂的命令及功能，也能帮助读者尽快进入产品设计实战状态。在写作方式上，本书紧贴 Pro/ENGINEER 中文野火版 5.0 软件的实际操作界面，使读者能够提高学习效率。本书可作为广大工程技术人员学习 Pro/ENGINEER 的自学教程和参考书，也可作为大中专院校学生和各类培训学校学员的 CAD/CAM 课程上课及上机练习的教材。

特别说明的是，本书随书光盘中增加了大量产品设计案例的讲解，使本书的附加值大大提高。

图书在版编目（CIP）数据

Pro/ENGINEER 中文野火版 5.0 产品设计实例精解：增值版/北京兆迪科技有限公司编著. —4 版. —北京：机械工业出版社，2017.1（2020.7 重印）
(Pro/ENGINEER 中文野火版 5.0 工程应用精解丛书)
ISBN 978-7-111-56079-1

Ⅰ. ①P… Ⅱ. ①北… Ⅲ. ①工业产品—产品设计—计算机辅助设计—应用软件 Ⅳ. ①TB472-39

中国版本图书馆 CIP 数据核字（2017）第 029828 号

机械工业出版社（北京市百万庄大街 22 号 邮政编码：100037）
策划编辑：丁 锋 责任编辑：丁 锋
责任校对：樊钟英 封面设计：张 静
责任印制：常天培
固安县铭成印刷有限公司印刷
2020 年 7 月第 4 版第 3 次印刷
184mm×260 mm · 20.75 印张 · 374 千字
4001—4500 册
标准书号：ISBN 978-7-111-56079-1
ISBN 978-7-88709-947-1（光盘）
定价：59.90 元（含 1DVD）

凡购本书，如有缺页、倒页、脱页，由本社发行部调换

电话服务
服务咨询热线：010-88361066
读者购书热线：010-68326294
010-88379203

网络服务
机工官网：www.cmpbook.com
机工官博：weibo.com/cmp1952
金 书 网：www.golden-book.com
教育服务网：www.cmpedu.com

前　言

Pro/ENGINEER（简称 Pro/E）是由美国 PTC 公司推出的一套博大精深的三维 CAD/CAM 参数化软件系统，其内容涵盖了产品从概念设计、工业造型设计、三维模型设计、分析计算、动态模拟与仿真、工程图输出，到生产加工成产品的全过程。

零件建模与设计是产品设计的基础和关键，要熟练掌握 Pro/ENGINEER 各种零件的设计，只靠理论学习和少量的练习是远远不够的。编著本书的目的正是为了使读者通过书中的经典实例，迅速掌握各种零件的建模方法、技巧和构思精髓，使读者在短时间内成为一名 Pro/ENGINEER 产品设计高手。本次增值版优化了原来各章的结构，使读者更方便、高效地学习本书。本书特色如下：

- 实例丰富，与其他的同类书籍相比，包括更多的零件建模方法，尤其是书中的数个自顶向下设计实例，方法独特，令人耳目一新，对读者的实际产品设计具有很好的指导和借鉴作用。
- 讲解详细，条理清晰，图文并茂，保证自学的读者能独立学习。
- 写法独特，采用 Pro/ENGINEER 野火版 5.0 软件中真实的对话框、操控板和按钮等进行讲解，使初学者能够直观、准确地操作软件，从而大大提高学习效率。
- 附加值高，本书附带 1 张多媒体 DVD 学习光盘，制作了教学视频并进行了详细的语音讲解，可以帮助读者轻松、高效地学习。

本书由北京兆迪科技有限公司编著，参加编写的人员有詹友刚、王焕田、刘静、雷保珍、刘海起、魏俊岭、任慧华、詹路、冯元超、刘江波、周涛、赵枫、邵为龙、侯俊飞、龙宇、施志杰、詹棋、高政、孙润、李倩倩、黄红霞、尹泉、李行、詹超、尹佩文、赵磊、王晓萍、陈淑童、周攀、吴伟、王海波、高策、冯华超、周思思、黄光辉、党辉、冯峰、詹聪、平迪、管璇、王平、李友荣。本书已经多次校对，如有疏漏之处，恳请广大读者予以指正。

电子邮箱：zhanygjames@163.com。

编　者

读者购书回馈活动

活动一：本书“随书光盘”中含有该“读者意见反馈卡”的电子文档，请认真填写本反馈卡，并 E-mail 给我们。E-mail: 兆迪科技 zhanygjames@163.com，丁锋 fengfener@qq.com。

活动二：扫一扫右侧二维码，关注兆迪科技官方公众微信（或搜索公众号 zhaodikeji），参与互动，也可进行答疑。

凡参加以上活动，即可获得兆迪科技免费奉送的价值 48 元的在线课程一门，同时有机会获得价值 780 元的精品在线课程。在线课程网址见本书“随书光盘”中的“读者意见反馈卡”的电子文档。

本书导读

为了能更好地学习本书的知识，请您先仔细阅读下面的内容。

读者对象

本书是学习 Pro/ENGINEER 野火版 5.0 产品设计实例的图书，可作为工程技术人员进一步学习 Pro/ENGINEER 的自学教程和参考书，也可作为大中专院校学生和各类培训学校学员的 Pro/ENGINEER 课程上课或上机练习教材。

写作环境

本书使用的操作系统为 Windows XP，对于 Windows 7、Windows 8、Windows 10 操作系统，本书内容和实例也同样适用。

本书采用的写作蓝本是 Pro/ENGINEER 中文野火版 5.0，对 Pro/ENGINEER 英文野火版 5.0 也适用。

软件设置

- 设置 Pro/ENGINEER 系统配置文件 config.pro：将随书光盘 proewf5_system_file 子目录下的 config.pro 文件复制至 Pro/ENGINEER Wildfire 5.0 安装目录的\text 目录下。假设 Pro/ENGINEER Wildfire 5.0 的安装目录为 C:\Program Files\proeWildfire 5.0，则应将上述文件复制到 C:\Program Files\Proe Wildfire 5.0\text 目录下。
- 设置 Pro/ENGINEER 界面配置文件 config.win：将随书光盘 proewf5_system_file 子目录下的 config.win 文件复制至 Pro/ENGINEER Wildfire 5.0 安装目录的\text 目录下。

光盘使用

为方便读者练习，特将本书所有素材文件、已完成的范例文件、配置文件和视频语音讲解文件等放入随书附带的光盘中，读者在学习过程中可以打开相应的素材文件进行操作和练习。

本书附多媒体 DVD 光盘 1 张，建议读者在学习本书前，先将 DVD 光盘中的所有文件复制到计算机硬盘的 D 盘中，在 D 盘上 proewf5.5 目录下共有 3 个子目录。

（1）proewf5_system_file 子目录：包含一些系统配置文件。

（2）work 子目录：包含本书讲解中所用到的文件。

（3）video 子目录：包含本书讲解中所有的视频文件（含语音讲解），学习时，直接双击某个视频文件即可播放。

光盘中带有“ok”扩展名的文件或文件夹表示已完成的实例。

本书约定

- 本书中有关鼠标操作的简略表述说明如下：
  - ☑ 单击：将鼠标指针移至某位置处，然后按一下鼠标的左键。
  - ☑ 双击：将鼠标指针移至某位置处，然后连续快速地按两次鼠标的左键。
  - ☑ 右击：将鼠标指针移至某位置处，然后按一下鼠标的右键。
  - ☑ 单击中键：将鼠标指针移至某位置处，然后按一下鼠标的中键。
  - ☑ 滚动中键：只是滚动鼠标的中键，而不能按中键。
  - ☑ 选择（选取）某对象：将鼠标指针移至某对象上，单击以选取该对象。
  - ☑ 拖动某对象：将鼠标指针移至某对象上，然后按下鼠标的左键不放，同时移动鼠标，将该对象移动到指定的位置后再松开鼠标的左键。
- 本书中的操作步骤分为 Task、Stage 和 Step 三个级别，说明如下：
  - ☑ 对于一般的软件操作，每个操作步骤以 Step 字符开始。
  - ☑ 每个 Step 操作步骤视其复杂程度，下面可含有多级子操作，例如 Step1 下可能包含（1）、（2）、（3）等子操作，（1）子操作下可能包含①、②、③等子操作，①子操作下可能包含 a）、b）、c）等子操作。
  - ☑ 如果操作较复杂，需要几个大的操作步骤才能完成，则每个大的操作冠以 Stage1、Stage2、Stage3 等，Stage 级别的操作下再分 Step1、Step2、Step3 等操作。
  - ☑ 对于多个任务的操作，则每个任务冠以 Task1、Task2、Task3 等，每个 Task 操作下则可包含 Stage 和 Step 级别的操作。

技术支持

本书是根据北京兆迪科技有限公司给国内外一些著名公司（含国外独资和合资公司）编写的培训案例整理而成的，具有很强的实用性。该公司专门从事 CAD/CAM/CAE 技术的研究、开发、咨询及产品设计与制造服务，并提供 Pro/ENGINEER、Ansys、Adams 等软件的专业培训及技术咨询，读者在学习本书的过程中如果遇到问题，可通过访问该公司的网站 http://www.zalldy.com 来获得技术支持。咨询电话：010-82176248，010-82176249。

目　录

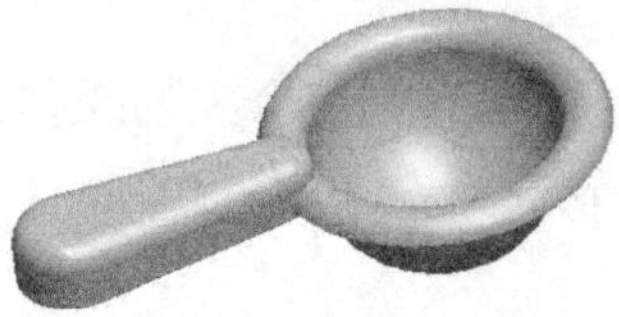

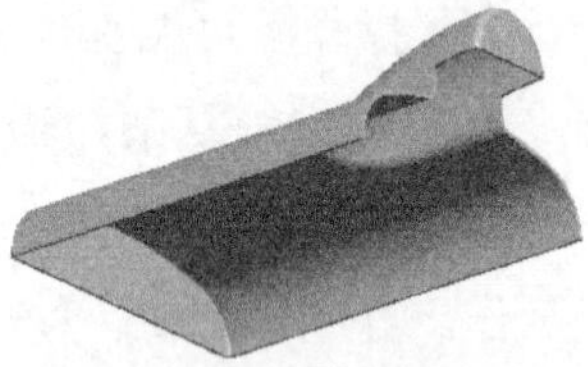

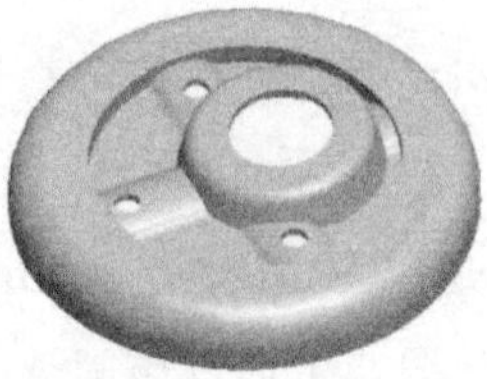

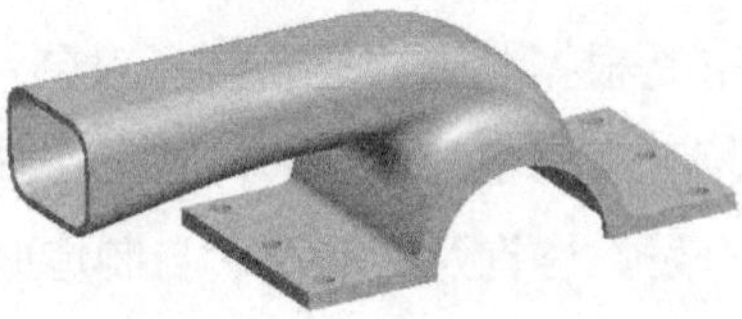

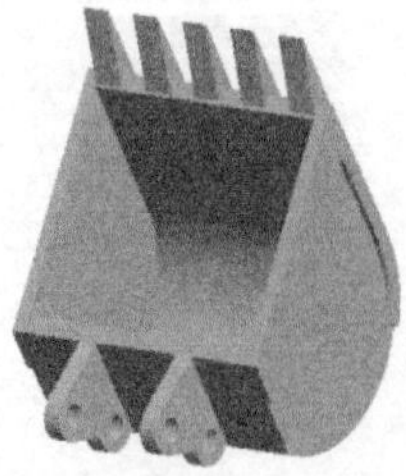

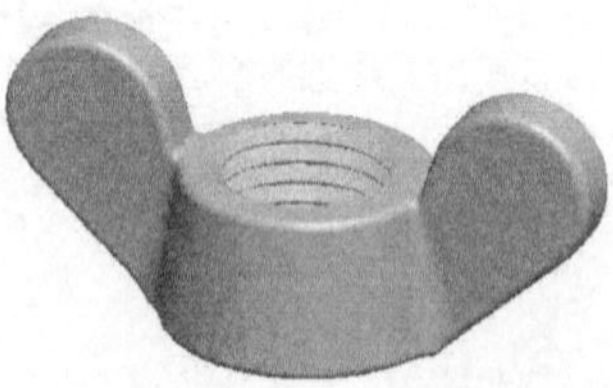

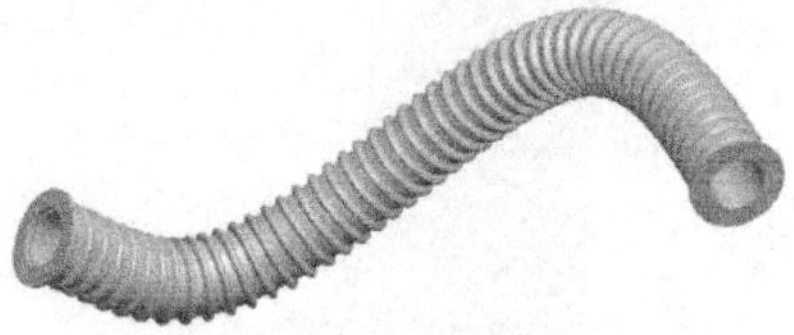

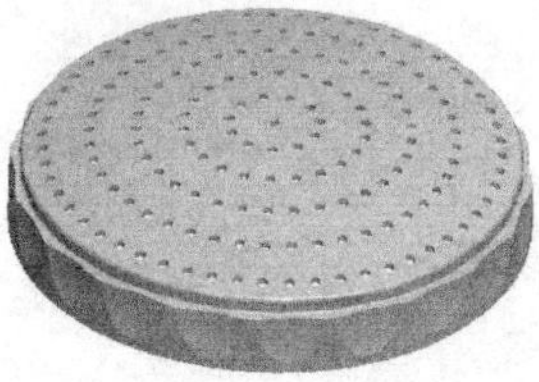

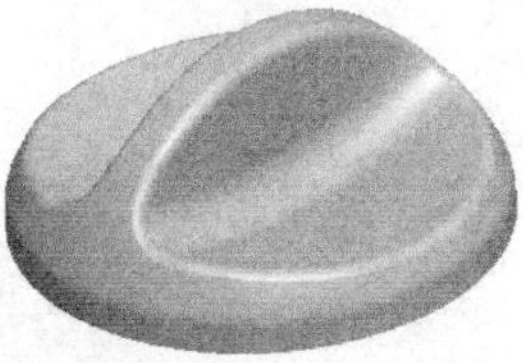

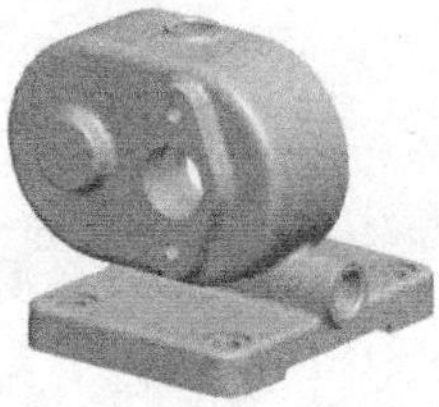

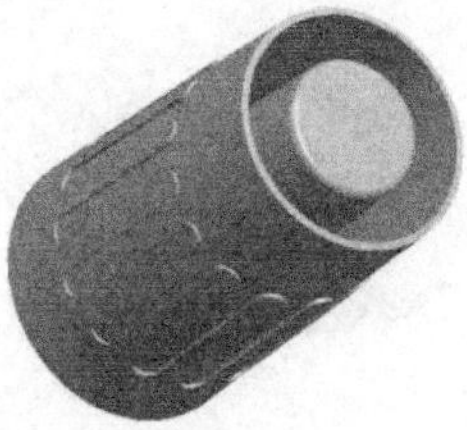

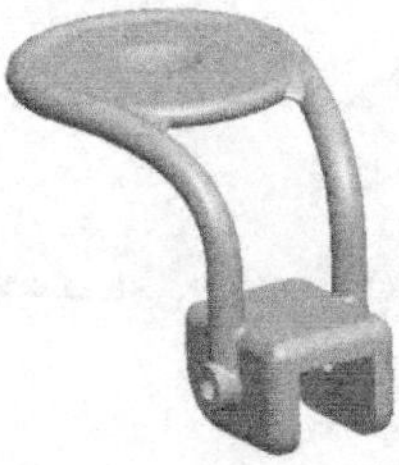

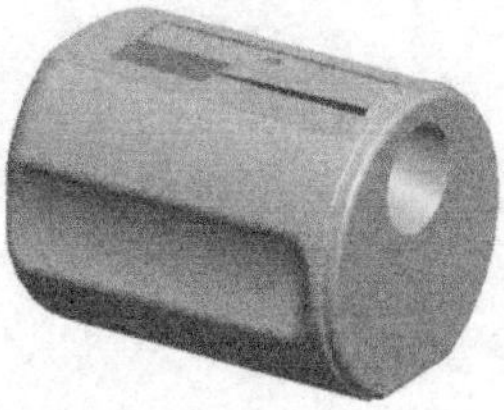

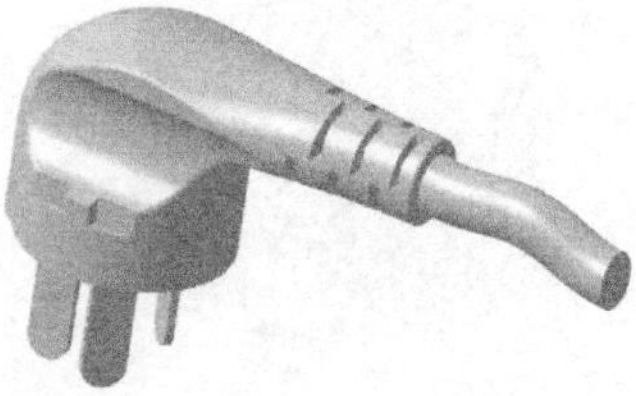

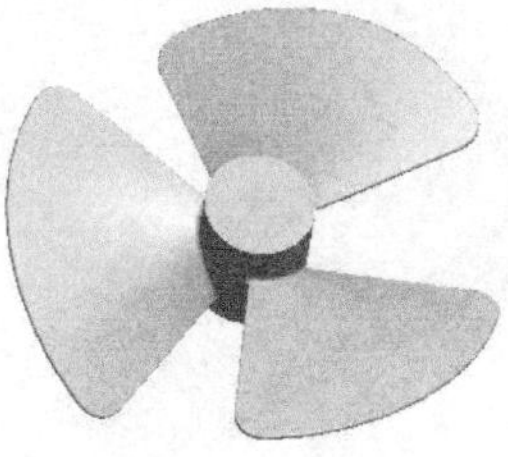

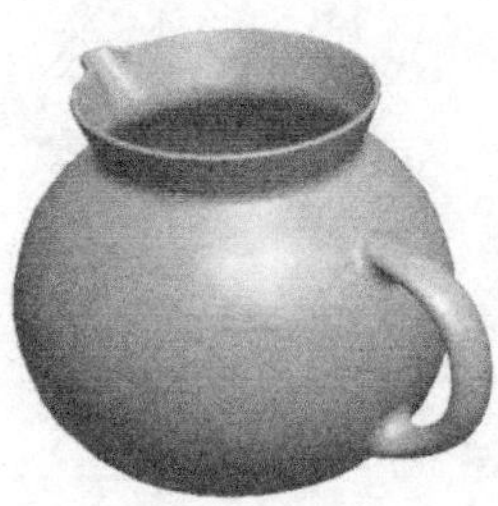

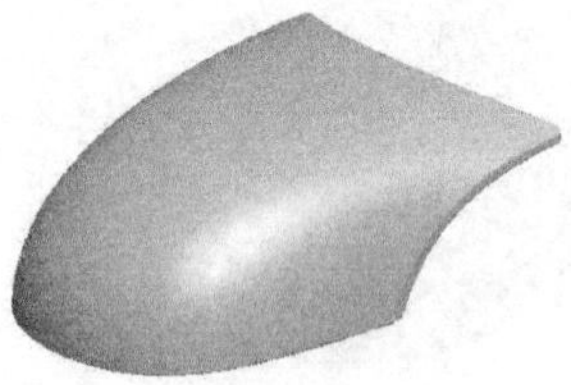

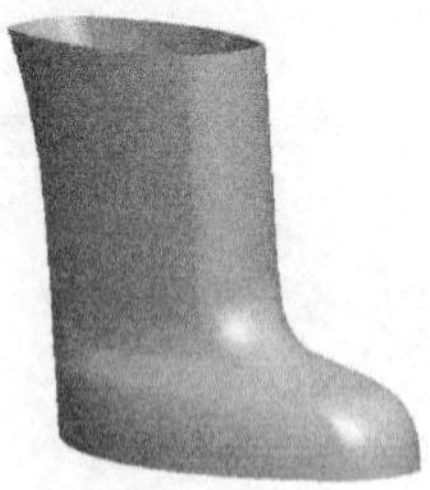

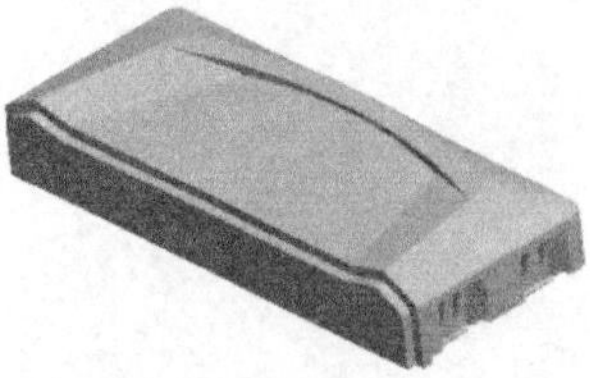

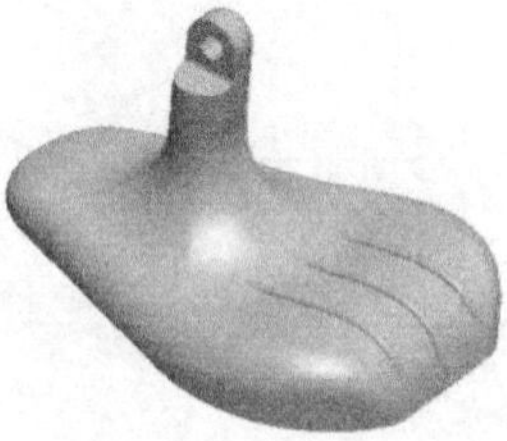

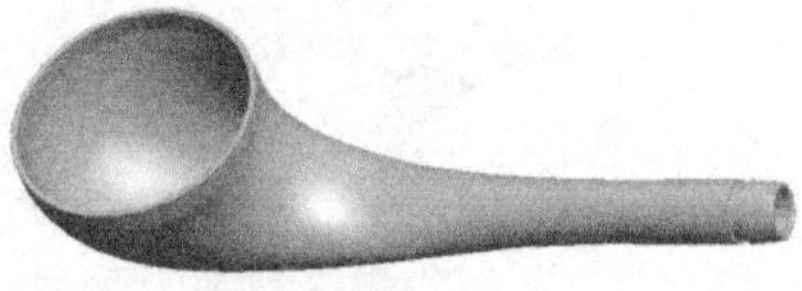

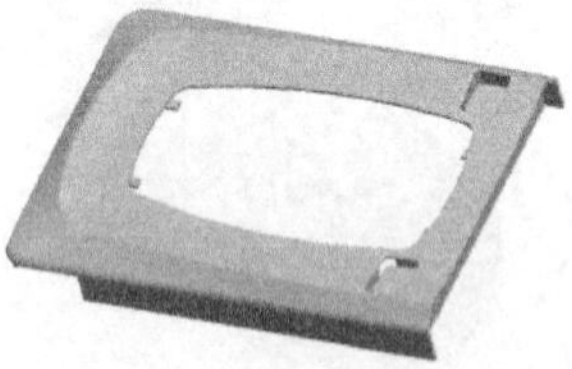

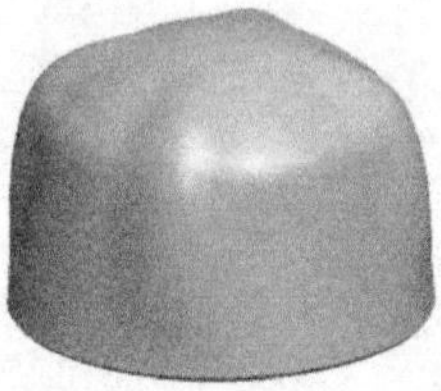

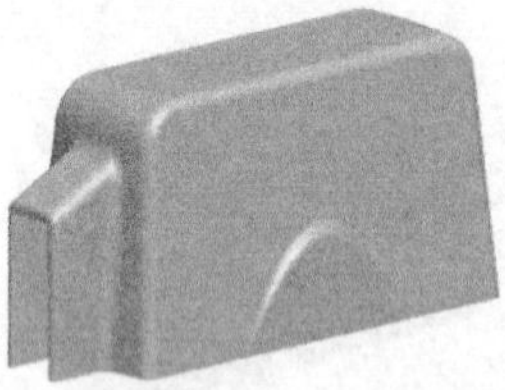

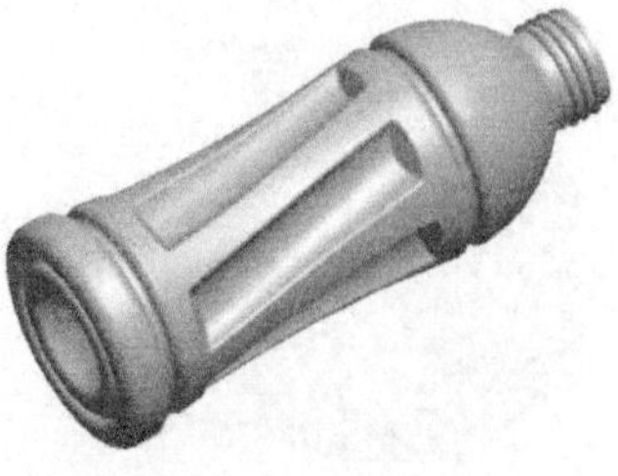

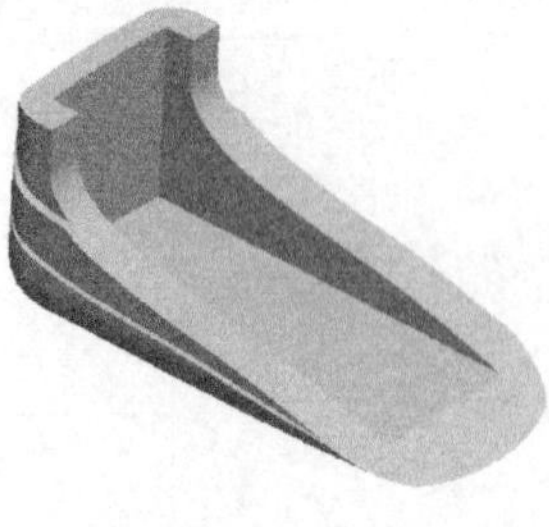

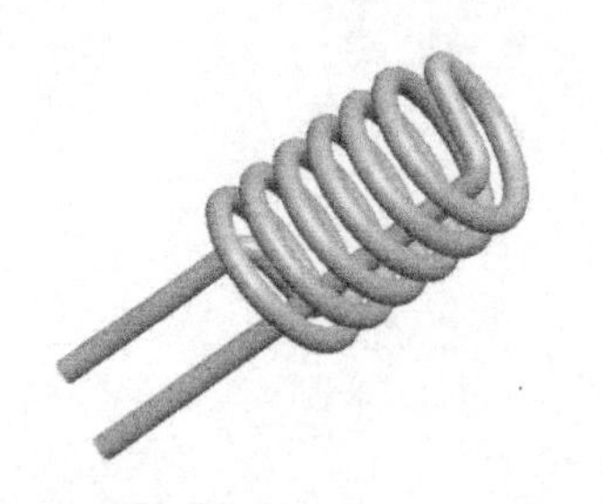

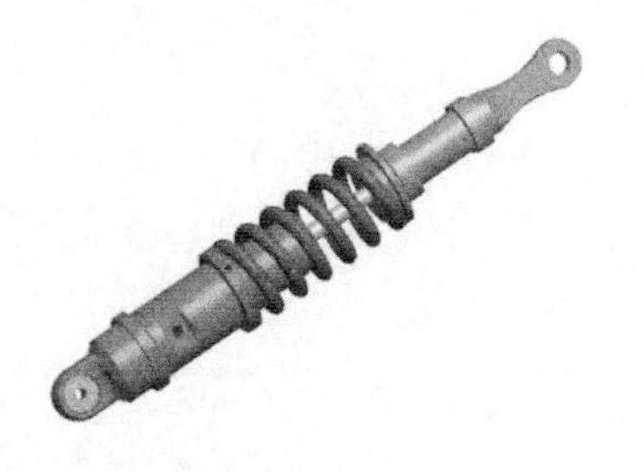

实例1　下 水 软 管

实例概述

本实例主要运用了如下一些特征命令：旋转、阵列和抽壳，其难点是创建模型上的波纹，在进行这个特征的阵列操作时，确定增量尺寸比较关键。零件模型及模型树如图 1.1 所示。

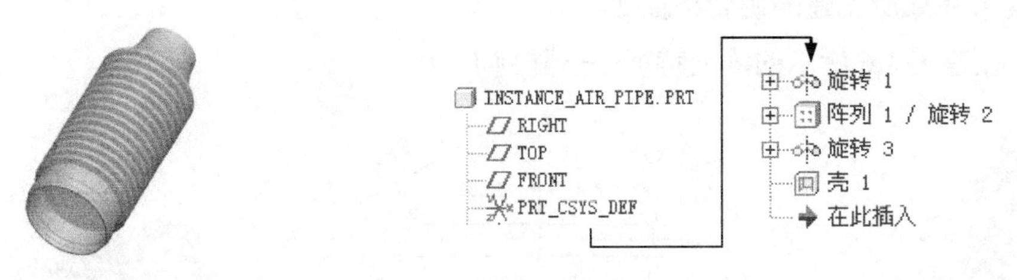

图 1.1　零件模型及模型树

Step1. 新建零件模型。

（1）选择下拉菜单 文件(F) ➡ 新建(N)... 命令（或单击“新建”按钮），系统弹出文件“新建”对话框。

（2）在此对话框的 类型 选项组中选择 ◉ 零件 单选项。

（3）在 名称 文本框中输入文件名 INSTANCE_AIR_PIPE。

（4）取消 □ 使用缺省模板 复选框中的“√”号，单击该对话框中的 确定 按钮。

（5）在系统弹出的“新文件选项”对话框的 模板 选项组中，选择 mmns_part_solid 模板，单击该对话框中的 确定 按钮。

Step2. 创建图 1.2 所示的基础特征——旋转 1。

（1）选取命令。选择下拉菜单 插入(I) ➡ 旋转(R)... 命令。

（2）在绘图区右击，从弹出的快捷菜单中选择 定义内部草绘... 命令；选取 FRONT 基准平面为草绘平面，TOP 基准平面为参照平面，方向为 顶；在“草绘”对话框中单击 草绘 按钮。

（3）绘制图 1.3 所示的特征截面草图（要绘出几何中心线），完成后单击“完成”按钮✓。

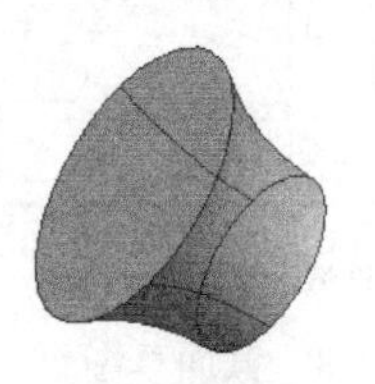

图 1.2　旋转 1

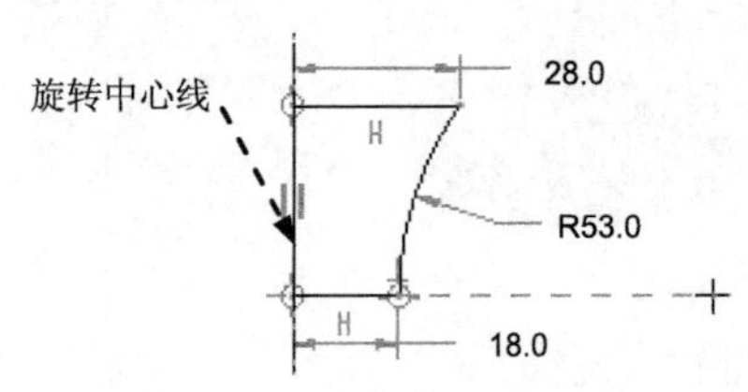

图 1.3　截面草图

（4）在操控板中选择“旋转角度”类型（即草绘平面以指定的角度值旋转），再在角度文本框中输入角度值 360.0，并按 Enter 键。

（5）在操控板中单击“预览”按钮，可浏览所创建的旋转特征，单击操控板中的按钮，则完成特征的创建。

Step3. 创建图 1.4 所示的旋转特征——旋转 2。选择下拉菜单 插入(I) ➡ 旋转(R)... 命令；选取 FRONT 基准平面为草绘平面，TOP 基准平面为参照平面，方向为 顶；绘制图 1.5 所示的旋转中心线和特征截面草图；在操控板中选择旋转类型，输入旋转角度值 360.0；预览并完成所创建的旋转特征 2。

Step4. 创建图 1.6 所示的阵列特征——阵列 1。

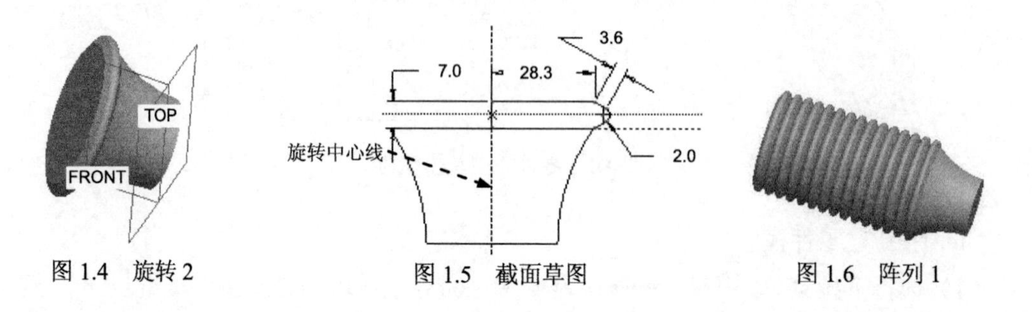

图 1.4　旋转 2　　图 1.5　截面草图　　图 1.6　阵列 1

（1）在模型树中单击 Step3 中创建的旋转特征，再右击，从快捷菜单中选择 阵列... 命令。

（2）选取阵列类型。在操控板的 选项 界面中选中 一般。

（3）选择阵列控制方式，在操控板中选择以“方向”方式控制阵列。

（4）给出增量（间距）、阵列个数。选取 TOP 基准平面，在操控板中输入阵列个数值 15，设置增量（间距）值 7.0，按 Enter 键。

（5）在操控板中单击“完成”按钮。

Step5. 创建图 1.7 所示的旋转特征——旋转 3。选择下拉菜单 插入(I) ➡ 旋转(R)... 命令；选取 FRONT 基准平面为草绘平面、TOP 基准平面为参照平面，方向为 顶；旋转中心线和特征截面草图如图 1.8 所示；旋转类型为，旋转角度值为 360.0。

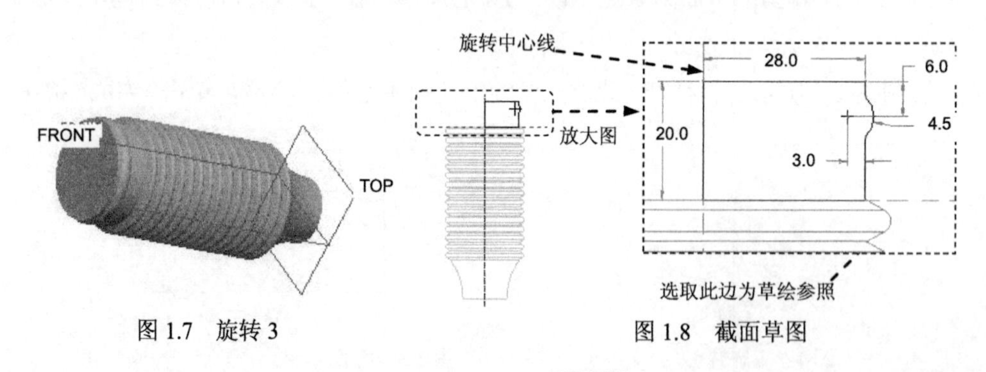

图 1.7　旋转 3　　图 1.8　截面草图

Step6. 添加抽壳特征——壳 1。选择下拉菜单 插入(I) ➡ 壳(L)... 命令；要去除的面如图 1.9 所示，壁厚值为 1.2。

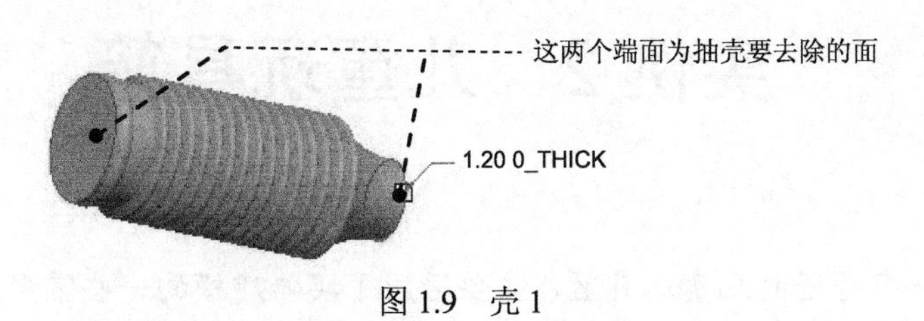

图 1.9　壳 1

Step7. 保存零件模型文件。

实例2　儿童玩具篮

实例概述

本实例是一个普通的儿童玩具篮，主要运用了实体建模的一些常用命令，包括实体拉伸、扫描、倒圆角和抽壳等，其中抽壳命令运用得很巧妙。零件模型及模型树如图 2.1 所示。

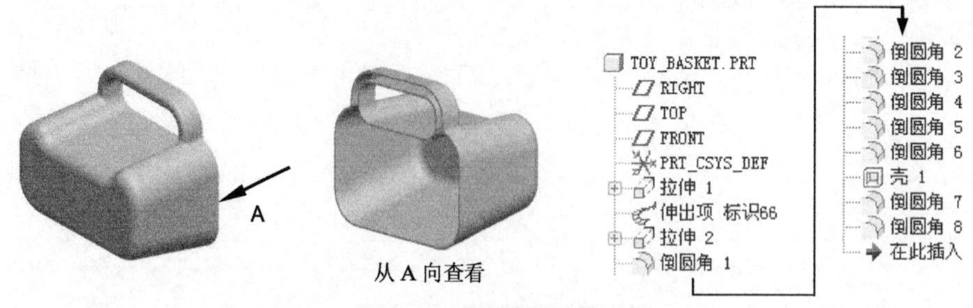

图 2.1　零件模型及模型树

Step1. 新建零件模型。模型命名为 TOY_BASKET，选用 mmns_part_solid 零件模板。

Step2. 创建图 2.2 所示的实体拉伸特征——拉伸 1。

（1）选择下拉菜单 插入(I) ➡ 拉伸(E)... 命令。

（2）在绘图区中右击，从弹出的快捷菜单中选择 定义内部草绘... 命令，系统弹出“草绘”对话框；选取 RIGHT 基准平面为草绘平面，选取 TOP 基准平面为参照平面，方向为 左；单击对话框中的 草绘 按钮。

（3）进入草绘环境后，绘制图 2.3 所示的截面草图。完成后单击“完成”按钮 ✔。

（4）在操控板中选取深度类型 ，再在深度文本框中输入深度值 115.0，并按 Enter 键。单击“完成”按钮 ✔，完成特征的创建。

Step3. 创建图 2.4 所示的扫描特征——伸出项 标识 66。

（1）选择下拉菜单 插入(I) ➡ 扫描(S) ▸ ➡ 伸出项(P)... 命令，此时系统弹出图 2.5 所示的“伸出项：扫描”对话框。

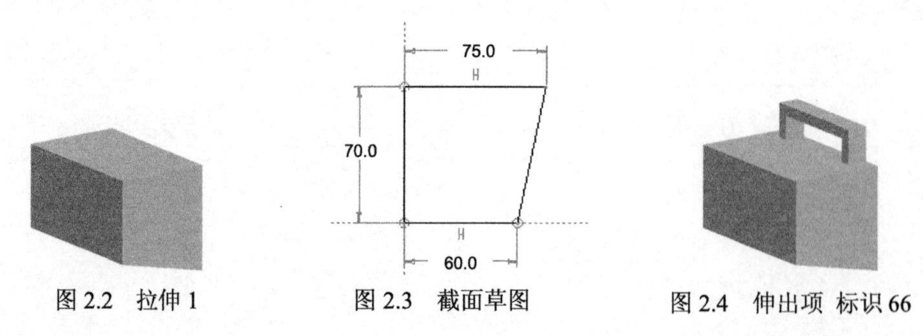

图 2.2　拉伸 1　　图 2.3　截面草图　　图 2.4　伸出项 标识 66

（2）定义扫描轨迹。在▼SWEEP TRAJ（扫描轨迹）菜单中选择Sketch Traj（草绘轨迹）命令；选取图 2.6 所示的模型表面为草绘平面，选择Okay（确定）➡Top（顶）命令，选取图 2.6 所示的模型表面为参照平面；选择下拉菜单草绘(S)➡参照(R)...命令；在“参照”对话框的列表框中选取曲面:F5(拉伸_1)选项，然后单击删除(D)按钮；再选取图 2.7 所示的边线为参照边，关闭“参照”对话框；完成轨迹的绘制和标注后，单击“完成”按钮✓。

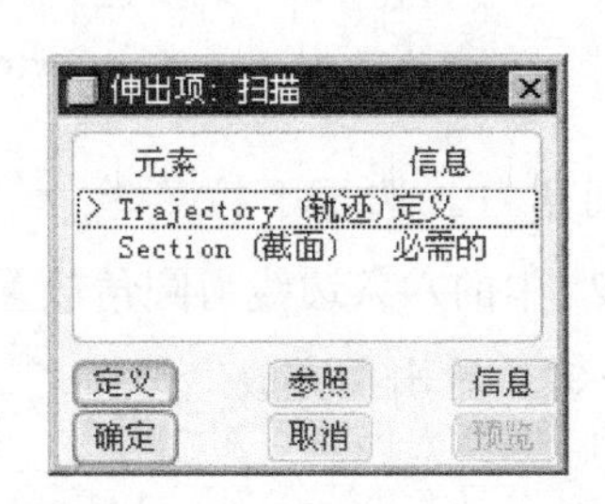

图 2.5　“伸出项：扫描”对话框

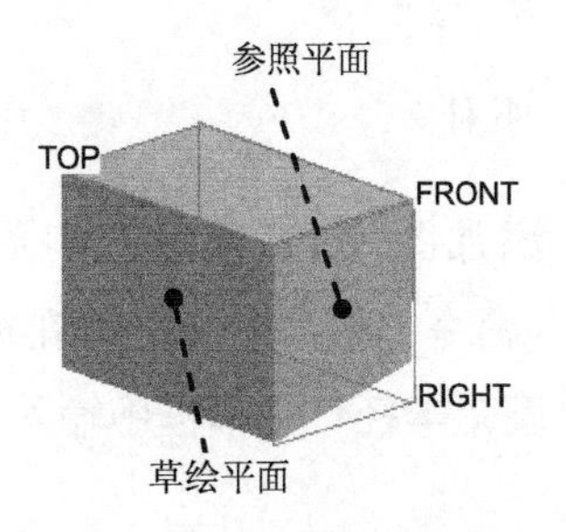

图 2.6　定义草绘平面

（3）创建扫描特征的截面。在▼ATTRIBUTES（属性）菜单中，选择Merge Ends（合并端）➡Done（完成）命令；绘制并标注图 2.8 所示的扫描截面草图，完成截面的绘制和标注后，单击“完成”按钮✓。

（4）单击“伸出项：扫描”对话框中的预览按钮，预览所创建的特征，然后单击“伸出项：扫描”对话框中的确定按钮。

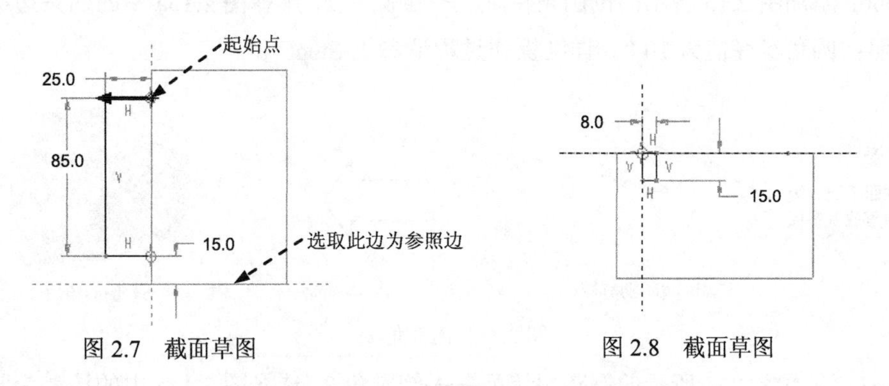

图 2.7　截面草图

图 2.8　截面草图

Step4. 添加图 2.9 所示的拉伸“移除材料”特征——拉伸 2。

（1）直接单击“拉伸”按钮，在出现的操控板中确认“拉伸为实体”按钮被按下，并按下“移除材料”按钮。

（2）定义草绘截面放置属性。在绘图区中右击，从弹出的快捷菜单中选择定义内部草绘...命令；系统弹出“草绘”对话框，选取图 2.10 所示的模型表面 1 作为草绘平面，选取图 2.10 所示的模型表面 2 作为参照平面，草绘平面的参照方位为左；单击草绘按钮，系统进入截面草绘环境。

（3）进入草绘环境后，绘制图 2.11 所示的截面草图，单击“完成”按钮✓。

（4）在操控板中选取深度类型，输入深度值 8.0；单击“完成”按钮。

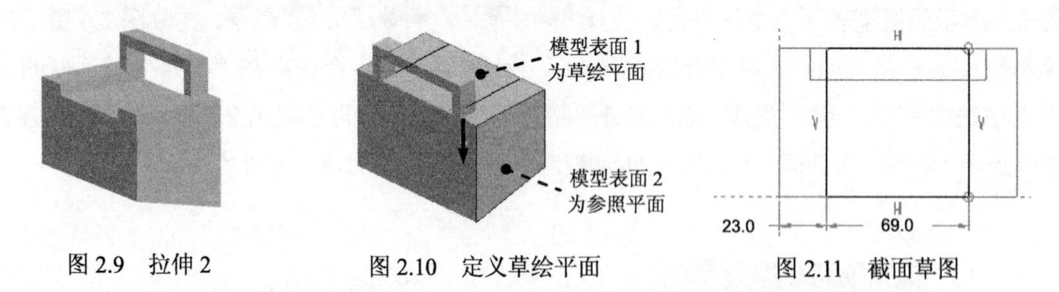

图 2.9　拉伸 2　　图 2.10　定义草绘平面　　图 2.11　截面草图

Step5. 添加图 2.12 所示的倒圆角特征——倒圆角 1。选择下拉菜单 插入(I) → 倒圆角(O)... 命令；按住 Ctrl 键，在模型上选择图 2.12a 中的六条边线为圆角放置参照；在操控板的“圆角半径”文本框中输入 20.0，并按 Enter 键；单击“完成”按钮。

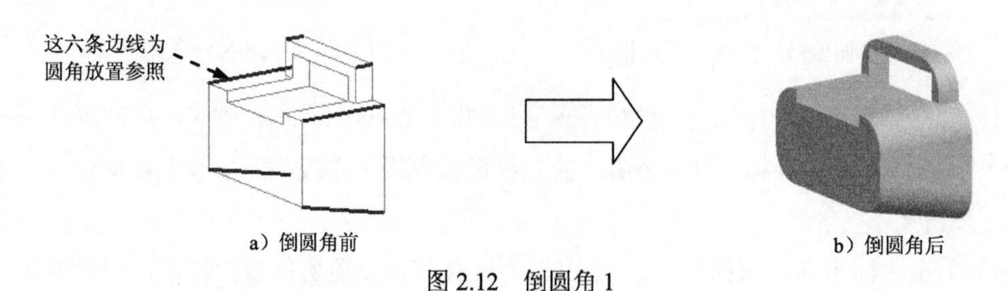

a）倒圆角前　　b）倒圆角后

图 2.12　倒圆角 1

Step6. 添加图 2.13 所示的倒圆角特征——倒圆角 2。选择图 2.13a 中的四条边线为圆角放置参照；圆角半径值为 10.0。详细操作过程请参见 Step5。

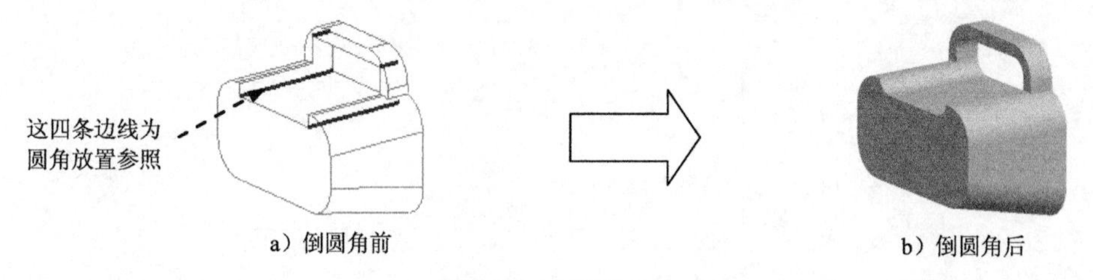

a）倒圆角前　　b）倒圆角后

图 2.13　倒圆角 2

Step7. 添加图 2.14 所示的倒圆角特征——倒圆角 3。选择图 2.14a 中的边链为圆角放置参照；圆角半径值为 6.0。

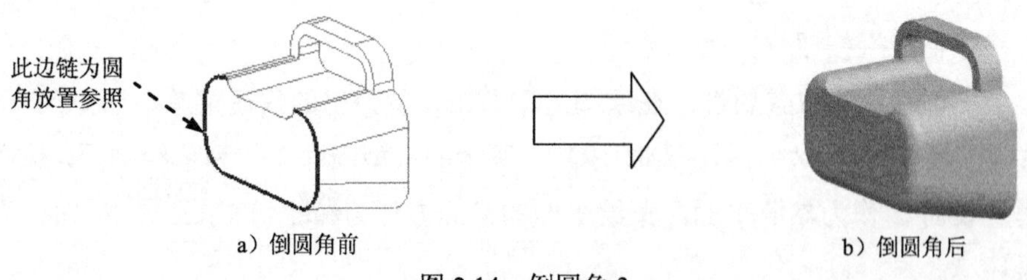

a）倒圆角前　　b）倒圆角后

图 2.14　倒圆角 3

Step8. 添加图 2.15 所示的倒圆角特征——倒圆角 4。选择图 2.15a 中的边链为圆角放置参照；圆角半径值为 4.0。

t

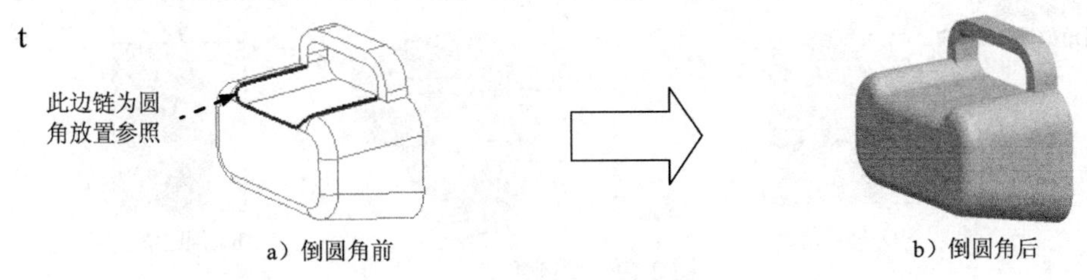

图 2.15　倒圆角 4

Step9. 添加图 2.16 所示的倒圆角特征——倒圆角 5。选择图 2.16a 中的两条边链为圆角放置参照；圆角半径值为 3.0。

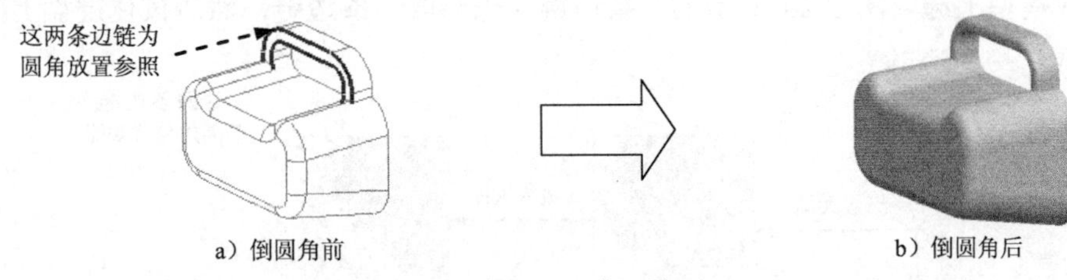

图 2.16　倒圆角 5

Step10. 添加图 2.17 所示的倒圆角特征——倒圆角 6，选择图 2.17a 中的两条边链为圆角放置参照；圆角半径值为 3.0。

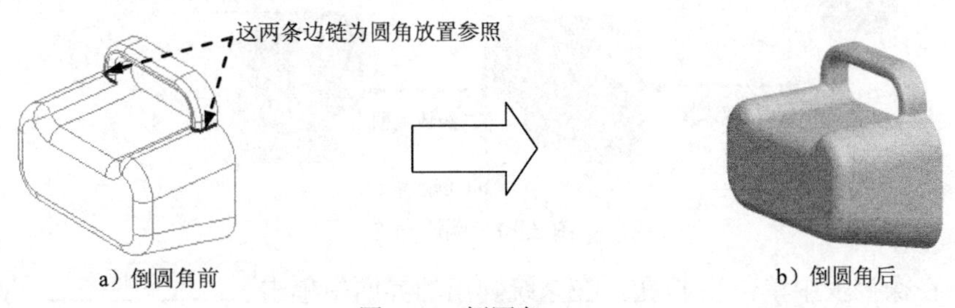

图 2.17　倒圆角 6

Step11. 添加图 2.18 所示的抽壳特征——壳 1。选择下拉菜单 插入(I) ➡ 壳(L)... 命令；选取图 2.18a 所示的模型表面为要去除的面；在操控板中输入抽壳的壁厚值 1.5，并按 Enter 键；单击操控板中的“完成”按钮✔，完成特征的创建。

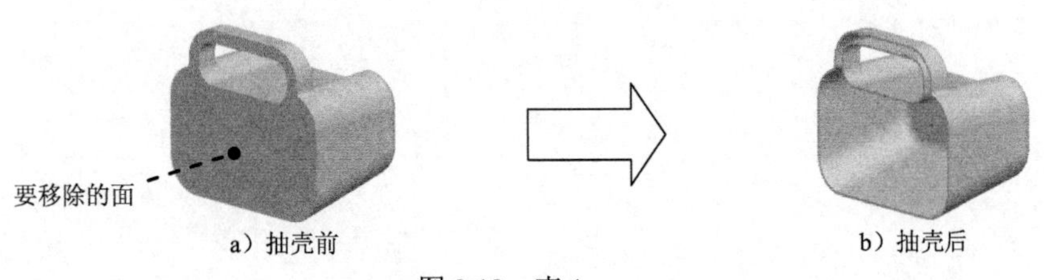

图 2.18　壳 1

Step12. 添加图 2.19 所示的倒圆角特征——倒圆角 7，圆角半径值为 0.3。

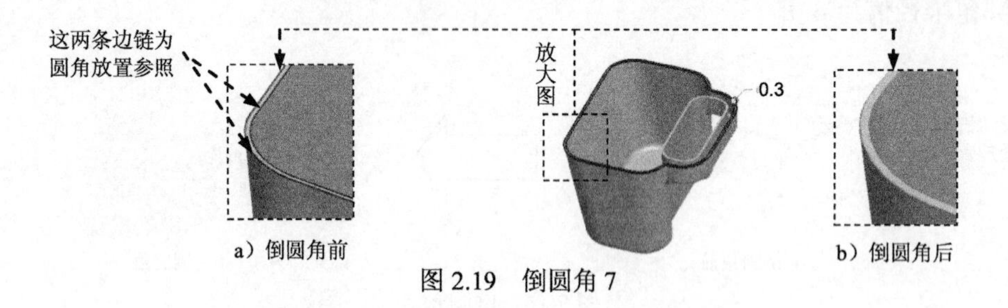

图 2.19　倒圆角 7

Step13. 添加图 2.20 所示的完全倒圆角特征——倒圆角 8。

（1）选择下拉菜单 插入(I) ➡ 倒圆角(O)... 命令。

（2）在模型上选取图 2.20 所示的两条边链（先选取一条边链，然后按住键盘上的 Ctrl 键，再选取另一条边链）。

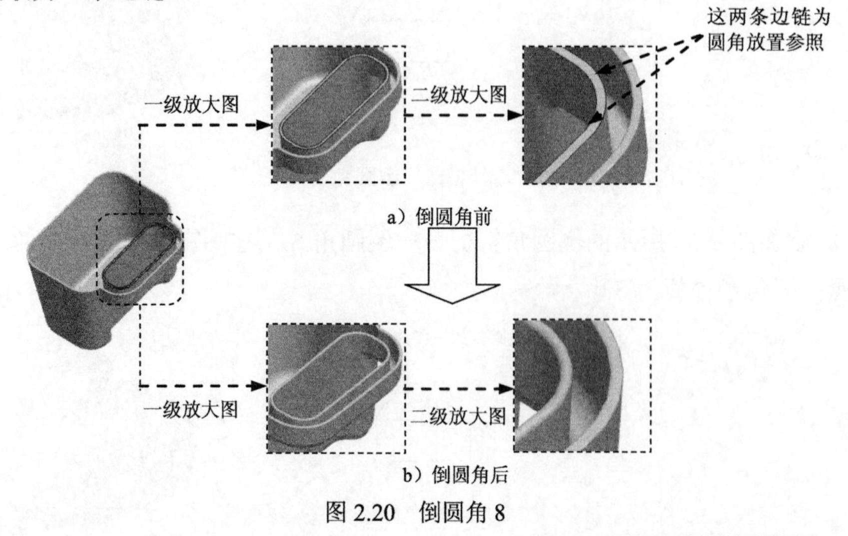

图 2.20　倒圆角 8

（3）在操控板中单击 集 按钮，在系统弹出的界面中单击 完全倒圆角 按钮。

（4）在操控板中单击“完成”按钮✓，完成特征的创建。

Step14. 保存零件模型。

实例3　儿童玩具勺

实例概述

本实例主要运用了实体拉伸、切削、倒圆角、抽壳和旋转等命令，其中玩具勺的手柄部造型是通过实体切削倒圆角再进行抽壳而成的，构思很巧妙。零件模型及模型树如图 3.1 所示。

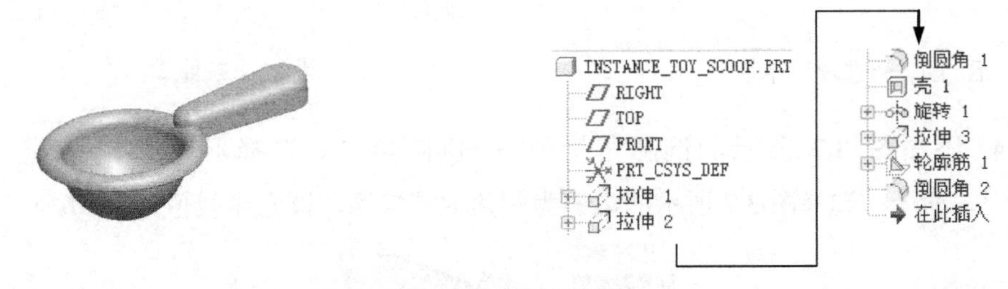

图 3.1　零件模型及模型树

Step1. 新建零件模型，模型命名为 INSTANCE_TOY_SCOOP，选用 mmns_part_solid 零件模板。

Step2. 创建图 3.2 所示的实体拉伸特征——拉伸 1。

（1）选择下拉菜单 插入(I) ➡ 拉伸(E)... 命令。

（2）在系统弹出的“拉伸”操控板中按下“实体特征”按钮；在操控板中单击 放置 按钮，然后在弹出的界面中单击 定义... 按钮。

（3）在弹出的“草绘”对话框中，选取 FRONT 基准平面为草绘平面，RIGHT 基准平面为参照平面，方向为 右；单击对话框中的 草绘 按钮。

（4）进入截面草绘环境后，绘制图 3.3 所示的截面草图，绘制完成后，单击✓按钮，退出草绘环境。

图 3.2　拉伸 1

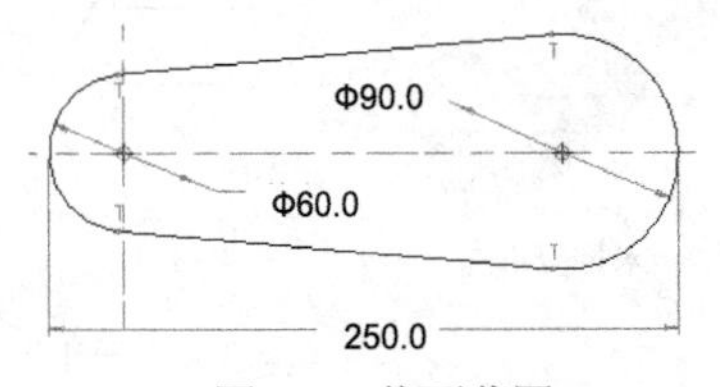

图 3.3　截面草图

（5）单击操控板中的 选项 按钮，“选项”界面的设置如图 3.4 所示，如果方向相反，单击进行调整，然后单击按钮进行预览，最后单击“完成”按钮，完成拉伸特征的创建。

Step3. 添加图 3.5 所示的零件“移除材料”特征——拉伸 2。单击“拉伸”按钮；确认“移除材料”按钮被按下；选取 TOP 基准平面为草绘平面，RIGHT 基准平面为参照平面，方向为 右；进入草绘环境后，绘制图 3.6 所示的截面草图；在“选项”界面中，将“侧 1”和“侧 2”的深度类型都设置为（穿透），如果方向相反，单击进行调整。

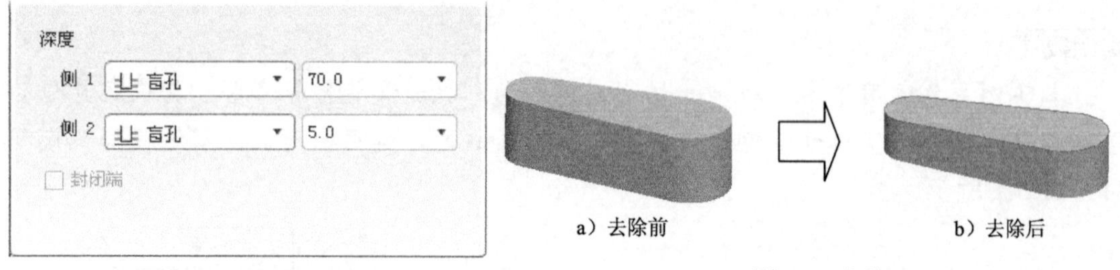

图 3.4　“选项”界面　　图 3.5　拉伸 2

Step4. 添加图 3.7 所示的倒圆角特征——倒圆角 1。选择下拉菜单 插入(I) → 倒圆角(O)... 命令；选择图 3.7 所示的边链为圆角放置参照，圆角半径值为 20.0。

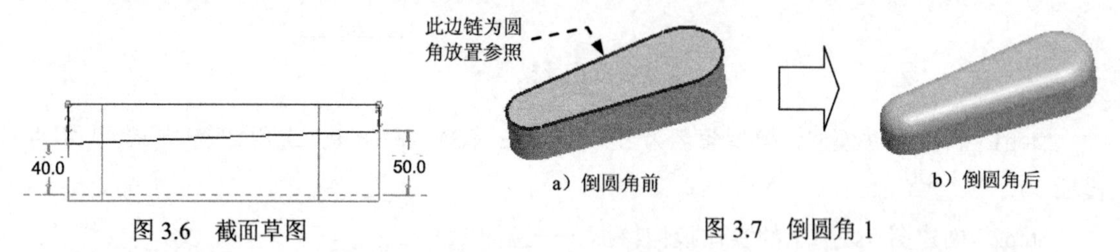

图 3.6　截面草图　　图 3.7　倒圆角 1

Step5. 添加图 3.8b 所示的抽壳特征——壳 1。选择下拉菜单 插入(I) → 壳(L)... 命令；选取图 3.8a 所示的要去除的面，输入壳的壁厚值为 5.0；预览并完成抽壳特征。

Step6. 创建图 3.9 所示的实体旋转特征——旋转 1。

（1）单击“旋转”命令按钮，在旋转操控板中，按下“实体特征”按钮（默认情况下，此按钮为按下状态）。

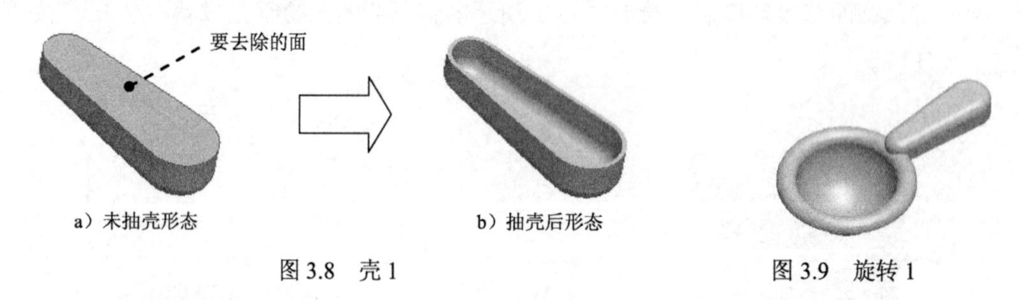

图 3.8　壳 1　　图 3.9　旋转 1

（2）在操控板中单击 放置 按钮，然后在弹出的界面中单击 定义... 按钮。

（3）在弹出的“草绘”对话框中，选取 TOP 基准平面为草绘平面，RIGHT 基准平面为参照平面，方向为 右；单击对话框中的 草绘 按钮。

（4）绘制图 3.10 所示的旋转特征截面，注意图中的相切和重合约束，完成后单击“完成”按钮✓，退出草绘环境。

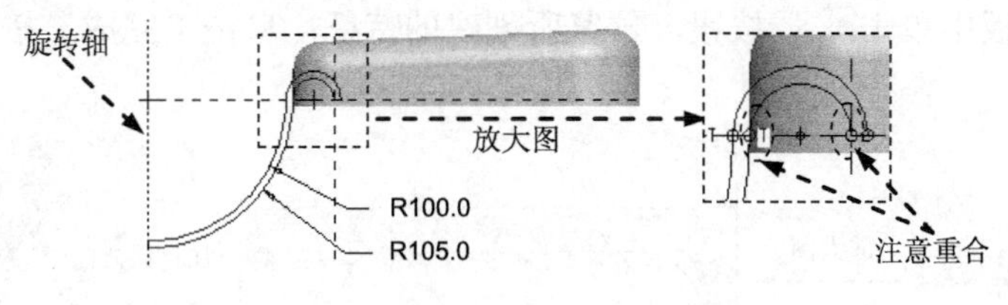

图 3.10　截面草图

（5）在操控板中选取旋转角度类型（即草绘平面以指定的角度值旋转），然后在角度文本框中输入角度值 360.0，并按 Enter 键。

（6）单击进行预览，然后单击操控板中“完成”按钮✓，完成旋转特征的创建。

Step7. 添加图 3.11 所示的“移除材料”特征——拉伸 3。单击“拉伸”命令按钮；按下“移除材料”按钮；选取 FRONT 基准平面为草绘平面，RIGHT 基准平面为参照平面，方向为右；用“使用边”命令绘制图 3.12 所示的特征截面；选取深度类型，深度值为 20.0。

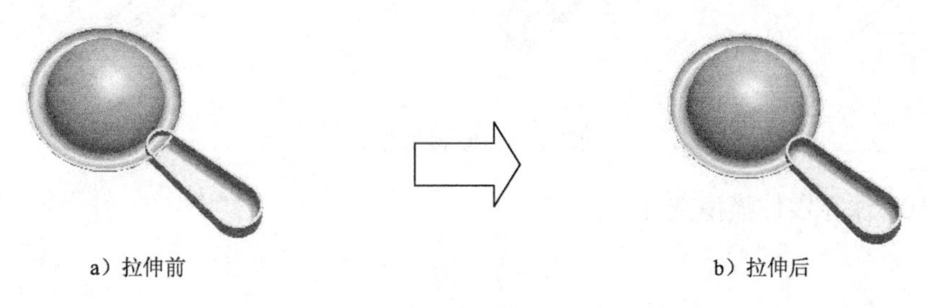

图 3.11　拉伸 3

Step8. 添加图 3.13 所示的筋特征——筋 1。

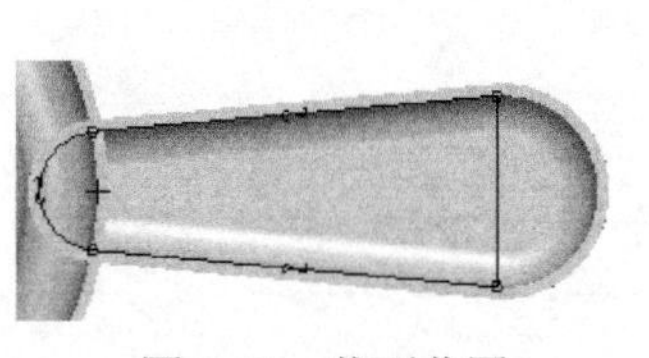

图 3.12　截面草图

图 3.13　筋 1

（1）选择下拉菜单 插入(I) → 筋(I) ▸ → 轮廓筋(P)... 命令，系统弹出操控板。

（2）定义草绘截面放置属性。在绘图区中右击，从弹出的快捷菜单中选择 定义内部草绘... 命令；选取 TOP 基准平面为草绘平面， RIGHT 基准平面为参照平面，方向为右；单击对话框中的 草绘 按钮。

（3）绘制图 3.14 所示的筋特征截面草图。完成绘制后，单击“完成”按钮✓。

（4）定义加材料的方向和筋的厚度。在模型中单击“方向”箭头，直至箭头的方向如

图 3.15 所示；在操控板中的文本框中输入筋的厚度值 7.0。

（5）在操控板中单击 按钮，预览所创建的特征；单击“完成”按钮 。

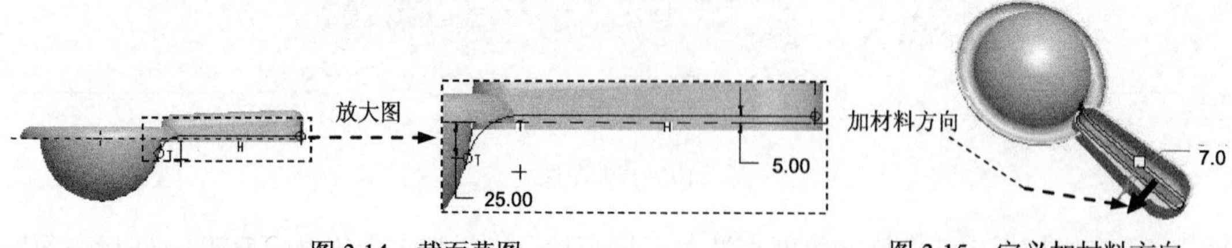

图 3.14 截面草图

图 3.15 定义加材料方向

Step9. 添加图 3.16b 所示的倒圆角特征——倒圆角 2。选择下拉菜单 插入(I) → 倒圆角(O)... 命令，选取图 3.16a 所示的边链为圆角放置参照，圆角半径值为 1.5。

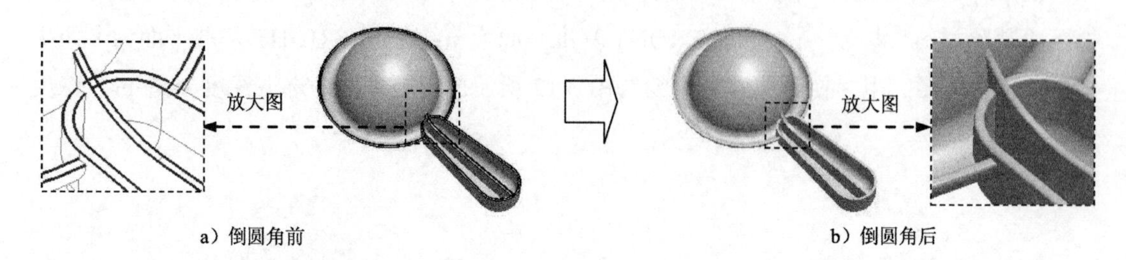

a）倒圆角前

b）倒圆角后

图 3.16 倒圆角 2

Step10. 保存零件模型文件。

实例4　塑 料 薄 板

实例概述

本实例主要运用了如下命令：拉伸、基准曲线、扫描、圆角和抽壳。练习过程中应注意如下技巧：抽壳前，用一个实体拉伸特征填补模型上的一个缺口（参见 Step4），在创建该实体拉伸特征的草绘截面时，又灵活运用了“使用边”的命令。零件模型及模型树如图 4.1 所示。

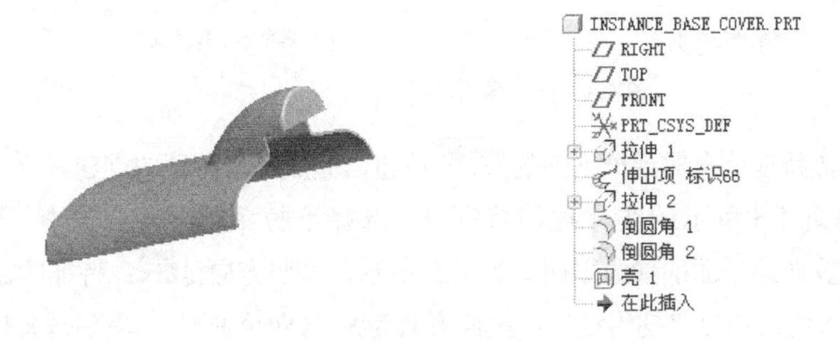

图 4.1　零件模型及模型树

说明：本例前面的详细操作过程请参见随书光盘中 video\ch04\reference\文件下的语音视频讲解文件 INSTANCE_BASE_COVER-r01.exe。

Step1. 打开文件 proewf5.5\work\ch04\INSTANCE_BASE_COVER_ex.prt。

Step2. 添加图 4.2 所示的特征——伸出项 扫描特征 1。

（1）选择下拉菜单 插入(I) ➡ 扫描(S) ▸ ➡ 伸出项(P)... 命令。

（2）定义扫描轨迹。

① 选择“扫描轨迹”菜单中的 Sketch Traj（草绘轨迹）命令。

② 定义扫描轨迹的草绘平面及其垂直参考面：选择 Plane（平面）命令，选择 RIGHT 基准平面作为草绘面，选择 Okay（确定） ➡ Bottom（底部）命令，选择 TOP 基准平面作为参考面。

③ 定义扫描轨迹草图的参考：进入草绘环境后，选取图 4.3 中的边线为草绘参照。

④ 绘制并标注图 4.3 所示的轨迹草图；单击草绘工具栏中的“完成”按钮✓。

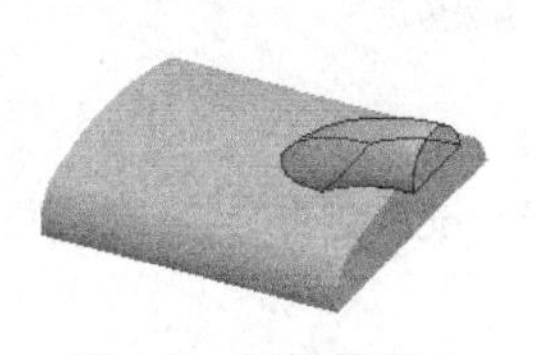

图 4.2　扫描特征 1

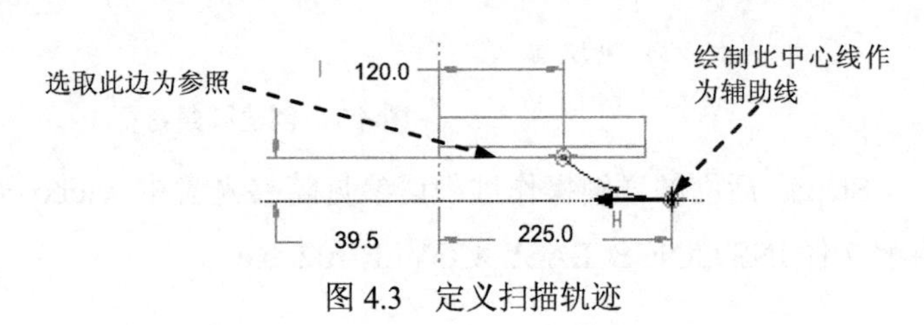

图 4.3　定义扫描轨迹

（3）定义起点和终点的属性。在弹出的“属性”菜单中，选择 Merge Ends（合并端） ➡ Done（完成）命令。

（4）创建扫描特征的截面：绘制并标注图 4.4a 所示的扫描截面草图，完成后单击草绘工具栏中的“完成”按钮✓。

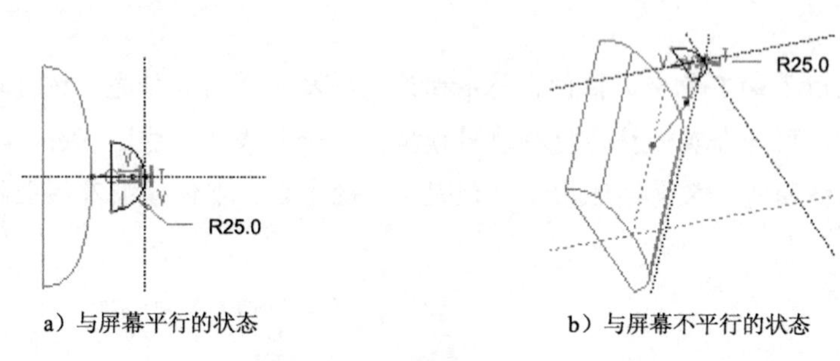

a）与屏幕平行的状态　　b）与屏幕不平行的状态

图 4.4　扫描截面草图

（5）单击扫描特征信息对话框下部的 确定 按钮，完成扫描特征的创建。

Step3. 添加图 4.5 所示的实体拉伸特征 2：选择下拉菜单 插入(I) ➡ 拉伸(E)... 命令；草绘平面及草绘平面的参照平面如图 4.5 所示，参照方向是 左；特征的截面草图如图 4.6 所示（四条边线均为“使用边”）；拉伸方式为 ⊥⊥（即至曲面），然后选择图 4.5 所示的曲面。

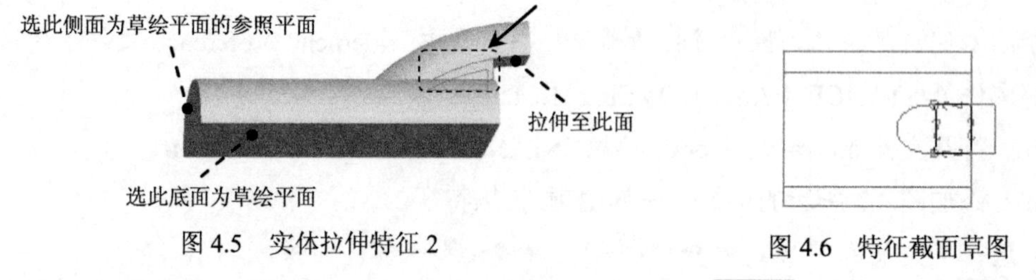

图 4.5　实体拉伸特征 2　　图 4.6　特征截面草图

Step4. 添加图 4.7b 所示的圆角特征 1：选择下拉菜单 插入(I) ➡ 倒圆角(O)... 命令；选择图 4.7a 中的两条边线为要倒圆角的边线；圆角半径值为 3.0。

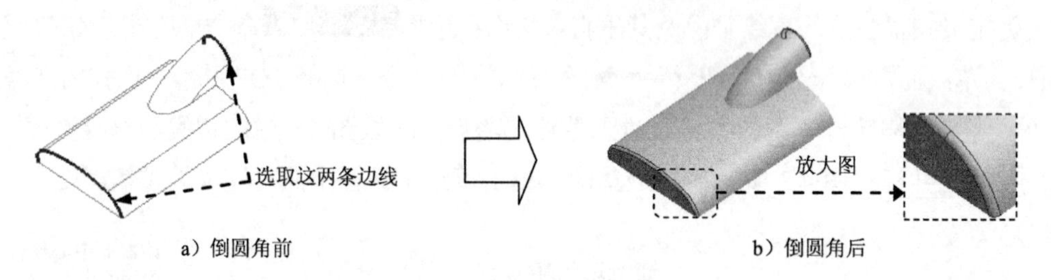

a）倒圆角前　　b）倒圆角后

图 4.7　创建圆角特征 1

Step5. 后面的详细操作过程请参见随书光盘中 video\ch04\reference\文件下的语音视频讲解文件 INSTANCE_BASE_COVER-r02.exe。

实例5 圆 形 盖

实例概述

本实例设计了一个简单的圆形盖，主要运用了旋转、抽壳、拉伸和倒圆角等特征命令，先创建基础旋转特征，再添加其他修饰，重在零件的结构安排。零件模型及模型树如图 5.1 所示。

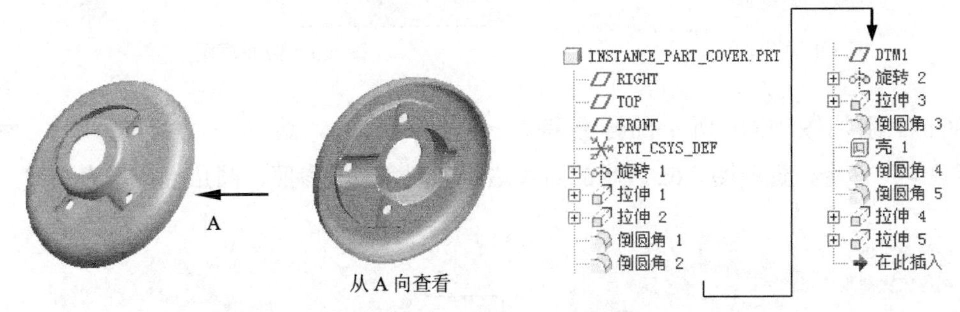

图 5.1 零件模型及模型树

说明：本例前面的详细操作过程请参见随书光盘中 video\ch05\reference\文件下的语音视频讲解文件 INSTANCE_PART_COVER-r01.exe。

Step1. 打开文件 proewf5.5\work\ch05\INSTANCE_PART_COVER_ex.prt。

Step2. 创建图 5.2 所示的零件拉伸特征——拉伸 1。

（1）选择下拉菜单 插入(I) ➡ 拉伸(E)... 命令，系统弹出拉伸特征操控板。

（2）定义截面放置属性。在绘图区中右击，从弹出的快捷菜单中选择 定义内部草绘... 命令，选取 RIGHT 基准平面为草绘平面，TOP 基准平面为参照平面，方向为 顶；单击“草绘”对话框中的 草绘 按钮。绘制图 5.3 所示的截面草图，单击“完成”按钮✔。

（3）在操控板中，选取深度类型为 ⊟，输入深度值 170.0。单击“完成”按钮✔。

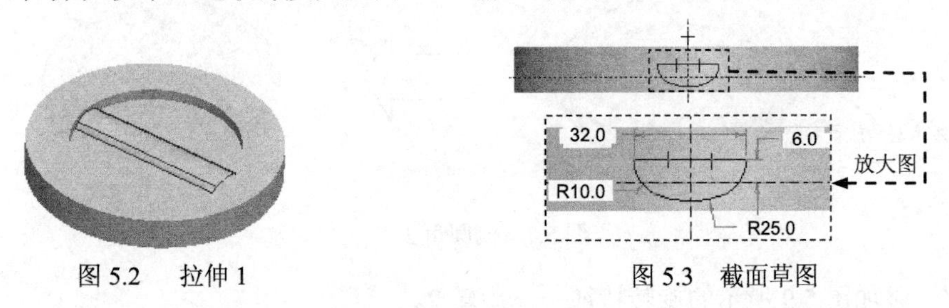

图 5.2 拉伸 1　　图 5.3 截面草图

Step3. 创建图 5.4 所示的零件拉伸特征——拉伸 2。

（1）选择下拉菜单 插入(I) ➡ 拉伸(E)... 命令，系统弹出拉伸特征操控板。

（2）定义截面放置属性。在绘图区中右击，从弹出的快捷菜单中选择 定义内部草绘... 命令，选取 FRONT 基准平面为草绘平面，RIGHT 基准平面为参照平面，方向为顶；单击“草绘”对话框中的草绘按钮。绘制图 5.5 所示的截面草图，单击“完成”按钮✓。

（3）在操控板中，选取深度类型为⊟，输入深度值 170.0。单击“完成”按钮✓。

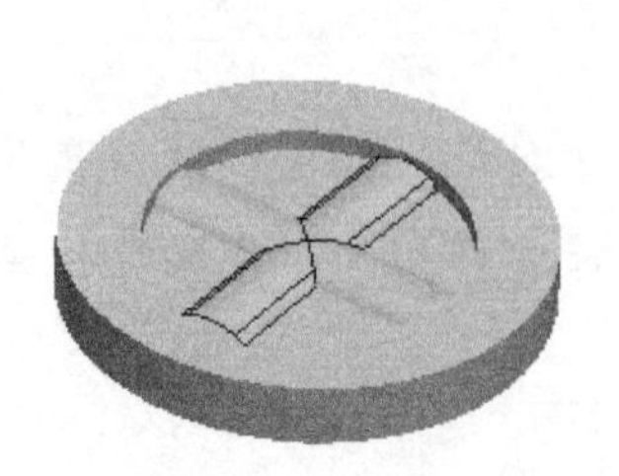

图 5.4　拉伸 2

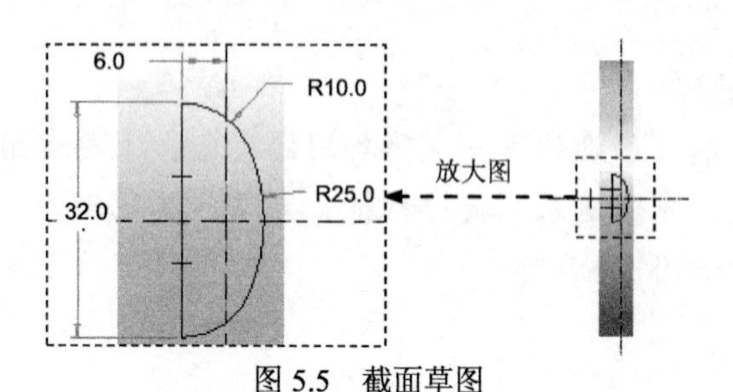

图 5.5　截面草图

Step4. 添加图 5.6b 所示的圆角特征——倒圆角 1。选择下拉菜单 插入(I) ➡ 倒圆角(O)... 命令，选取图 5.6a 所示的四条边线为圆角放置参照，圆角半径值为 6.0。

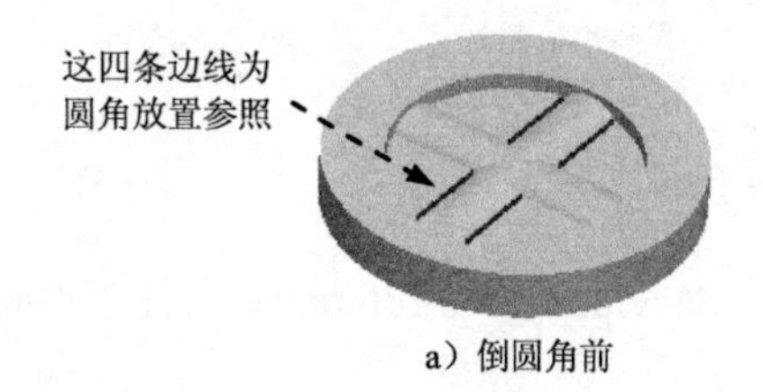

a）倒圆角前

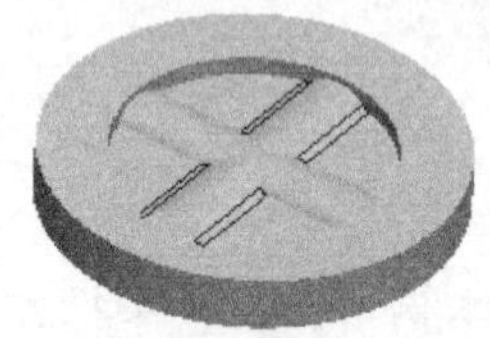

b）倒圆角后

图 5.6　倒圆角 1

Step5. 添加图 5.7b 所示的圆角特征——倒圆角 2。选择下拉菜单 插入(I) ➡ 倒圆角(O)... 命令，选取图 5.7a 所示的边线为圆角放置参照，圆角半径值为 15.0。

Step6. 创建图 5.8 所示的基准平面——DTM1。选择下拉菜单 插入(I) ➡ 模型基准(D) ▸ ➡ 平面(L)... 命令，选择 FRONT 基准平面为参照平面，在对话框中选择约束类型为偏移，偏移距离值为 15.0。

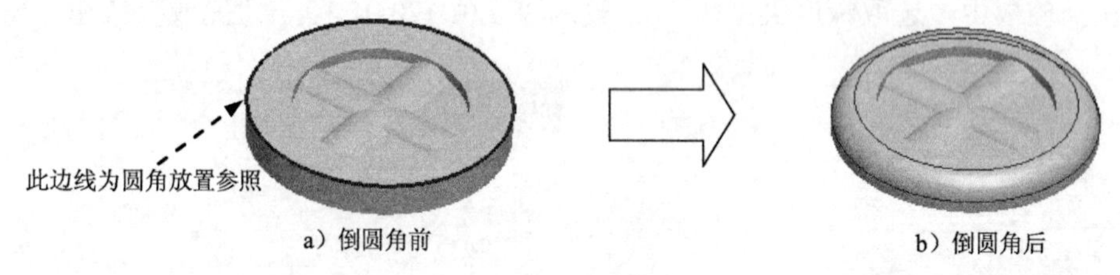

a）倒圆角前　　b）倒圆角后

图 5.7　倒圆角 2

Step7. 添加图 5.9 所示的旋转特征——旋转 2。

（1）选择下拉菜单 插入(I) ➡ 旋转(R)... 命令，系统弹出旋转操控板。

（2）定义草绘截面放置属性。在绘图区中右击，从弹出的快捷菜单中选择 定义内部草绘... 命令，选取 DTM1 基准平面为草绘平面，RIGHT 基准平面为草绘参照平面，方向为顶；

单击“草绘”对话框中的草绘按钮。绘制图 5.10 所示的中心线和特征截面草图，单击✓按钮。

（3）在操控板中，选取旋转类型⊥（即“定值”），输入角度值 360.0；单击✓按钮。

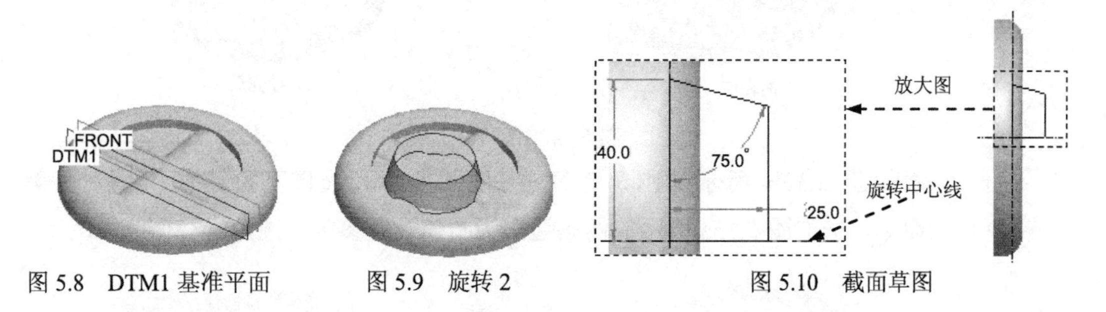

图 5.8　DTM1 基准平面　　图 5.9　旋转 2　　图 5.10　截面草图

Step8. 添加图 5.11 所示的零件拉伸特征——拉伸 3。

（1）选择下拉菜单 插入(I) ➡ 拉伸(E)... 命令。在操控板中确认“移除材料”按钮被按下。

（2）定义草绘截面。在绘图区中右击，从弹出的快捷菜单中选择 定义内部草绘... 命令，选取 RIGHT 基准平面为草绘平面，TOP 基准平面为参照平面，单击 反向 按钮，方向为 顶，单击“草绘”对话框中的草绘按钮。选取图 5.12 所示的边线为参照，然后绘制图 5.12 所示的截面草图，单击“完成”按钮✓。

（3）在操控板的“选项”界面中，将“侧 1”和“侧 2”的深度类型都设置为⫼（穿透），如果方向相反，单击✗进行调整。单击“完成”按钮✓，完成特征的创建。

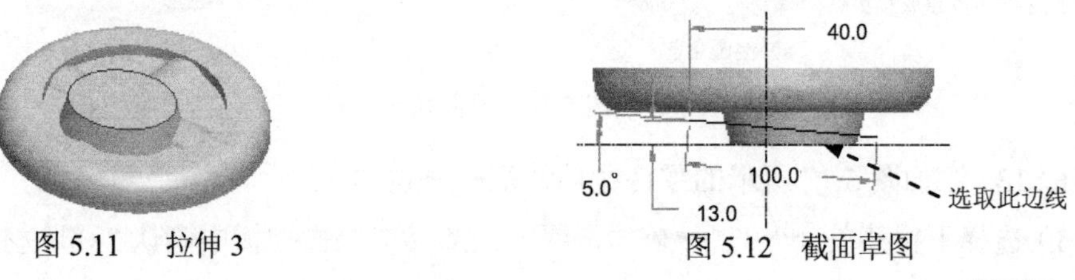

图 5.11　拉伸 3　　图 5.12　截面草图

Step9. 添加图 5.13b 所示的圆角特征——倒圆角 3。选择下拉菜单 插入(I) ➡ 倒圆角(O)... 命令，选取图 5.13a 所示的四条边线为圆角放置参照，圆角半径值为 6.0。

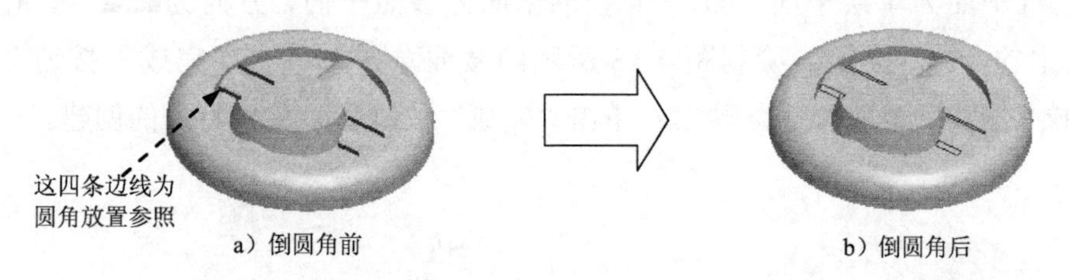

a）倒圆角前　　b）倒圆角后

图 5.13　倒圆角 3

Step10. 创建图 5.14b 所示的抽壳特征——壳 1。选择下拉菜单 插入(I) ➡ 壳(L)... 命令；选取图 5.14a 所示的模型表面为要去除的面；在操控板的“厚度”文本框中，输入壳的壁厚值 3.0；预览并完成抽壳特征 1。

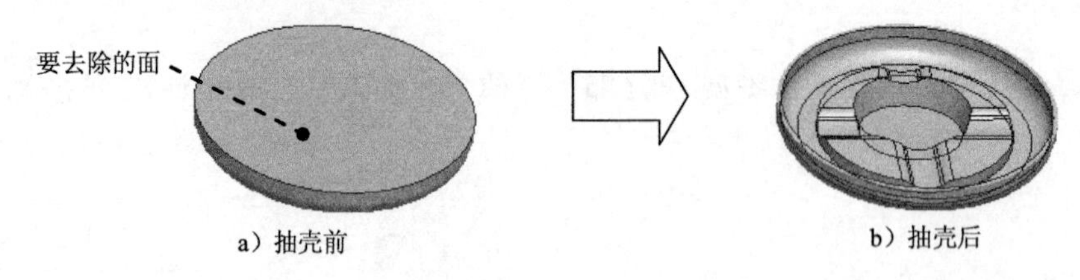

图 5.14　壳 1

Step11. 添加图 5.15b 所示的圆角特征——倒圆角 4。选择下拉菜单 插入(I) ➡ 倒圆角(O)... 命令，选取图 5.15a 所示的两条边链为圆角放置参照，圆角半径值为 1.0。

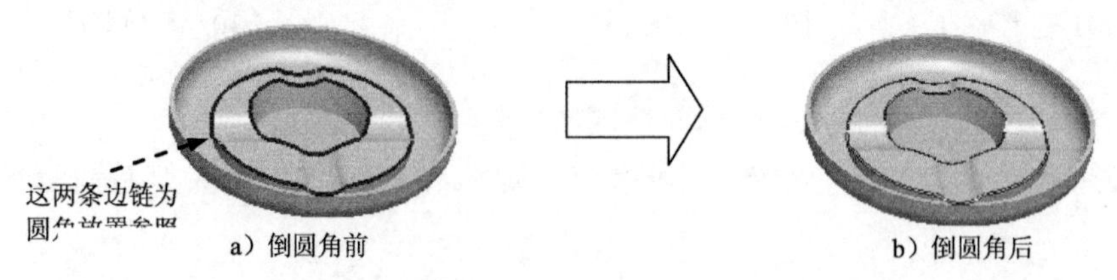

图 5.15　倒圆角 4

Step12. 添加图 5.16b 所示的圆角特征——倒圆角 5。选择下拉菜单 插入(I) ➡ 倒圆角(O)... 命令，选取图 5.16a 所示的边线为圆角放置参照，圆角半径值为 6.0。

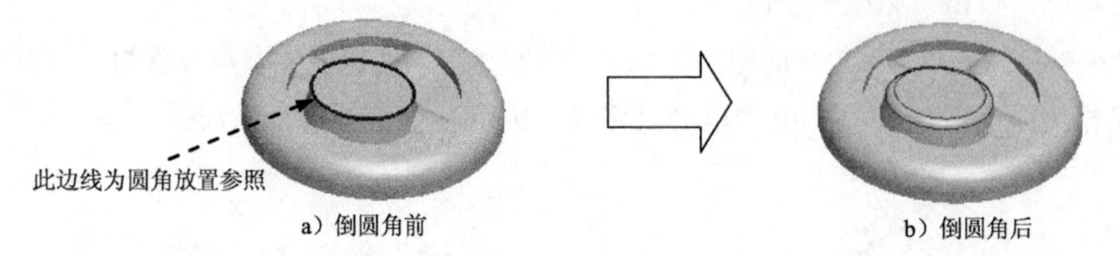

图 5.16　倒圆角 5

Step13. 添加图 5.17 所示的零件拉伸特征——拉伸 4。

（1）选择下拉菜单 插入(I) ➡ 拉伸(E)... 命令。在操控板中确认“移除材料”按钮被按下。

（2）定义草绘截面。在绘图区中右击，从弹出的快捷菜单中选择 定义内部草绘... 命令，选取 TOP 基准平面为草绘平面，RIGHT 基准平面为参照平面，方向为 左，单击“草绘”对话框中的 草绘 按钮。绘制图 5.18 所示的截面草图；单击“完成”按钮。

（3）在操控板中，选取深度类型；单击“完成”按钮，完成特征的创建。

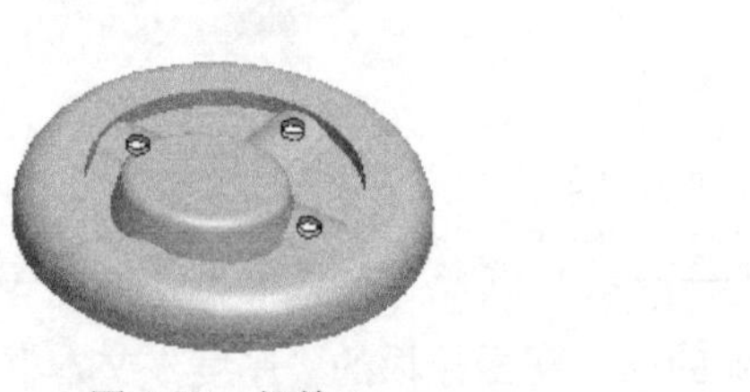

图 5.17　拉伸 4

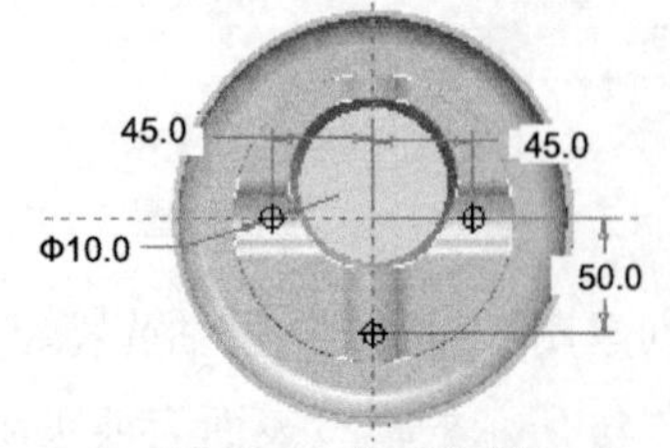

图 5.18　截面草图

Step14. 添加图 5.19 所示的零件拉伸特征——拉伸 5。

（1）选择下拉菜单 插入(I) → 拉伸(E)... 命令。在操控板中确认“移除材料”按钮被按下。

（2）定义草绘截面。在绘图区中右击，从弹出的快捷菜单中选择 定义内部草绘... 命令，选取 TOP 基准平面为草绘平面，RIGHT 基准平面为参照平面，方向为 右；单击“草绘”对话框中的 草绘 按钮。绘制图 5.20 所示的截面草图，单击“完成”按钮。

（3）在操控板中，选取深度类型；单击“完成”按钮，完成特征的创建。

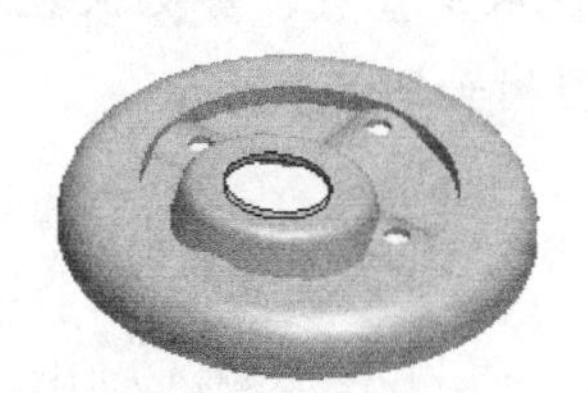

图 5.19　拉伸 5

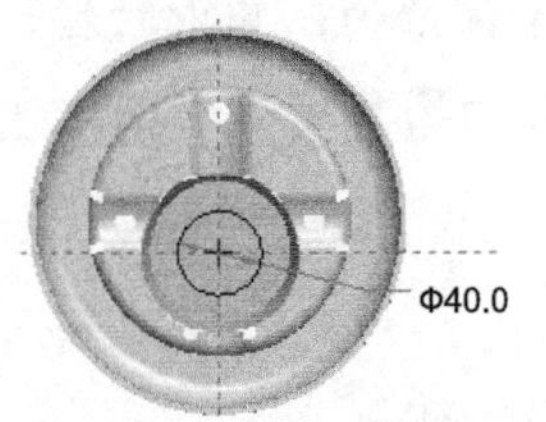

图 5.20　截面草图

Step15. 保存零件模型文件。

实例6 排 气 管

实例概述

该实例中使用的命令比较多，主要运用了拉伸、扫描、混合、倒圆角及抽壳等特征命令。建模思路是先创建互相交叠的拉伸、扫描、混合特征，再对其进行抽壳，从而得到模型的主体结构，其中扫描、混合特征的综合使用是重点，务必保证草图的正确性，否则此后的圆角将难以创建。该零件模型及模型树如图 6.1 所示。

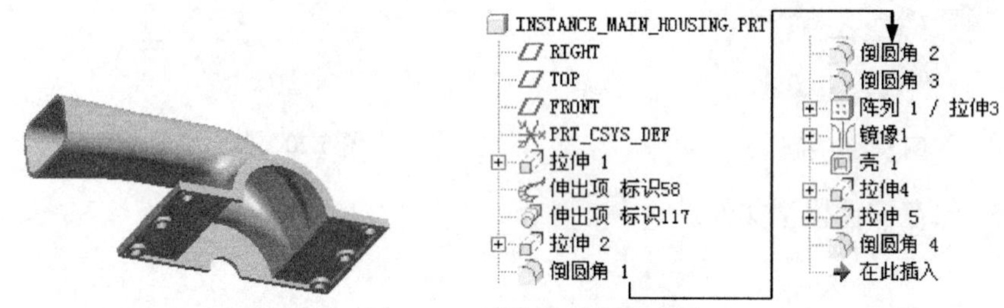

图 6.1 零件模型和模型树

说明：本例前面的详细操作过程请参见随书光盘中 video\ch06\reference\文件下的语音视频讲解文件 INSTANCE_MAIN_HOUSING-r01.exe。

Step1. 打开文件 proewf5.5\work\ch06\INSTANCE_MAIN_HOUSING_ex.prt。

Step2. 添加图 6.2 所示的扫描伸出项特征——伸出项 标识 58。

（1）选择下拉菜单 插入(I) ➡ 扫描(S) ▸ ➡ 伸出项(P)... 命令。

（2）定义扫描轨迹。

① 选择“扫描轨迹”菜单中的 Sketch Traj (草绘轨迹) 命令。

② 定义扫描轨迹的草绘平面及其垂直参考面：选择 Plane (平面) 命令，选择 TOP 基准平面作为草绘面，选择 Okay (确定) ➡ Right (右) 命令，选择 RIGHT 基准平面为参考平面。

③绘制图 6.3 所示的轨迹草图；单击草绘工具栏中的“完成”按钮✓。

（3）定义起点和终点的属性。在弹出的“属性”菜单中，选择 Free Ends (自由端) ➡ Done (完成) 命令。

（4）创建扫描特征的截面。绘制图 6.4 所示的扫描截面草图，完成后单击草绘工具栏中的“完成”按钮✓。

（5）单击扫描特征信息对话框下部的 确定 按钮，完成扫描特征的创建。

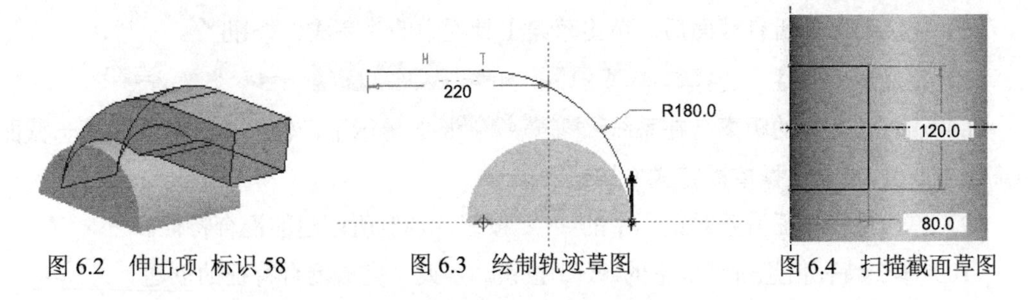

图 6.2　伸出项 标识 58　　图 6.3　绘制轨迹草图　　图 6.4　扫描截面草图

Step3. 创建图 6.5 所示的混合伸出项特征——伸出项 标识 117。

（1）选择下拉菜单 插入(I) ➡ 混合(B) ▸ ➡ 伸出项(P)... 命令。

（2）定义混合类型和截面类型。在系统弹出的 ▼ BLEND OPTS (混合选项) 中依次选择 Parallel (平行) ➡ Regular Sec (规则截面) ➡ Sketch Sec (草绘截面) ➡ Done (完成) 命令。

（3）定义混合属性。在弹出的 ▼ ATTRIBUTES (属性) 中，选择 Straight (直) ➡ Done (完成) 命令。

（4）创建混合特征的第一个截面。

① 定义混合截面的草绘平面。选择 Plane (平面) 命令，选择图 6.6 所示的面作为草绘平面；然后选择 ▼ DIRECTION (方向) ➡ Okay (确定) ➡ Top (顶) 命令，选择 FRONT 基准平面为参照平面，此时系统进入草绘环境。

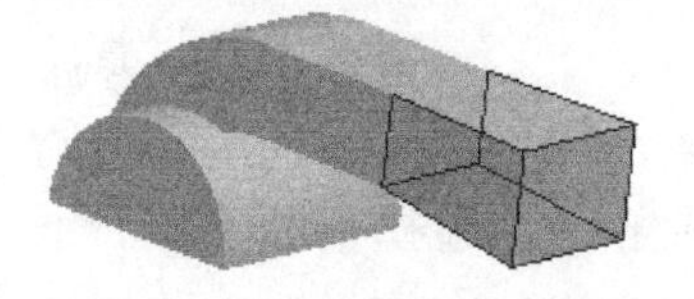
图 6.5　伸出项 标识 117

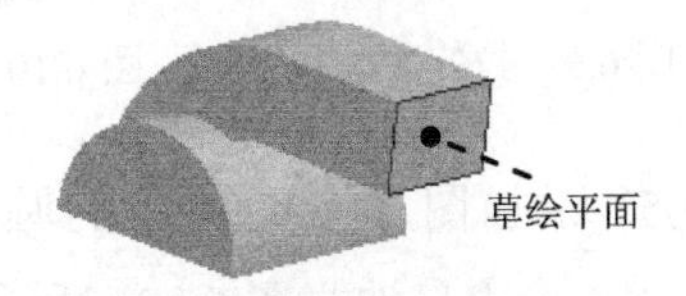

图 6.6　定义草绘平面

② 定义草绘截面的参照。进入草绘环境后，选取草绘面的边线作为参照。

③ 绘制并标注草绘截面，如图 6.7 所示。

（5）创建混合特征的第二个截面。

① 在绘图区右击，从弹出的快捷菜单中选择 切换截面(T) 命令（或选择下拉菜单 草绘(S) ➡ 特征工具(U) ▸ ➡ 切换截面(T) 命令）。

② 绘制并标注草绘截面，如图 6.8 所示。

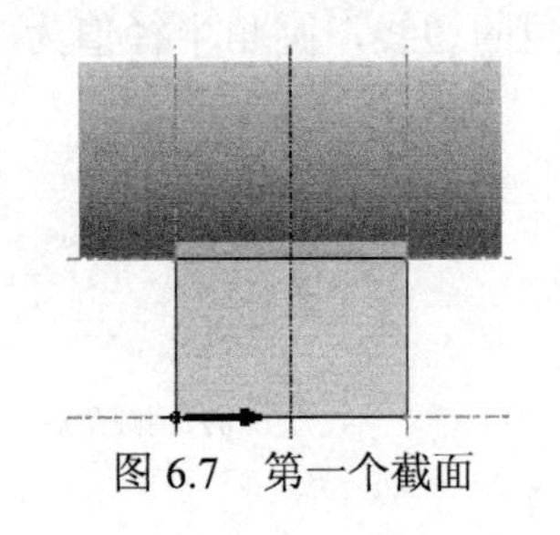
图 6.7　第一个截面

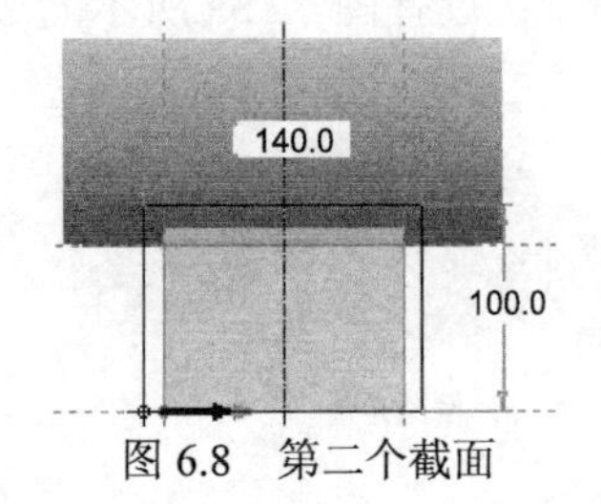

图 6.8　第二个截面

（6）完成前面的所有截面后，单击草绘工具栏中的“完成”按钮✓。

（7）定义深度属性，选择▼ DEPTH（深度） ➡ Blind（盲孔） ➡ Done（完成）。

（8）输入截面间的距离。在系统⇨输入截面2的深度的提示下，输入第二截面到第一截面的距离值 160.0，单击“操控板完成”按钮✓。

（9）单击混合特征信息对话框中的 预览 按钮，预览所创建的混合特征。

（10）单击特征信息对话框中的 确定 按钮。至此，完成混合特征的创建。

Step4. 创建图 6.9 所示的拉伸特征——拉伸 2。

（1）选择下拉菜单 插入(I) ➡ 拉伸(E)... 命令，系统弹出拉伸特征操控板。

（2）定义截面放置属性。在绘图区右击，从弹出的快捷菜单中选择 定义内部草绘... 命令，系统弹出“草绘”对话框；选取图 6.10 所示的平面为草绘平面和参照平面，方向为 底部；单击对话框中的 草绘 按钮。绘制图 6.11 所示的截面草图，单击✓按钮。

（3）在操控板中选取深度类型为⊥⊥；输入深度值 15.0。单击 ☑ 6ð 按钮，预览所创建的特征；单击 ⁄ 按钮；单击“完成”按钮✓。

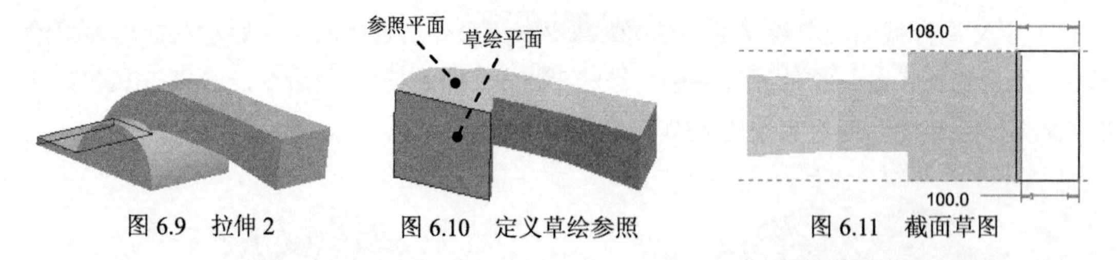

图 6.9　拉伸 2　　图 6.10　定义草绘参照　　图 6.11　截面草图

Step5. 添加图 6.12b 所示的圆角特征——倒圆角 1。选择下拉菜单 插入(I) ➡ 倒圆角(O)... 命令；选择图 6.12a 所示的四条边链为要倒圆角的边线，圆角半径值为 30.0。

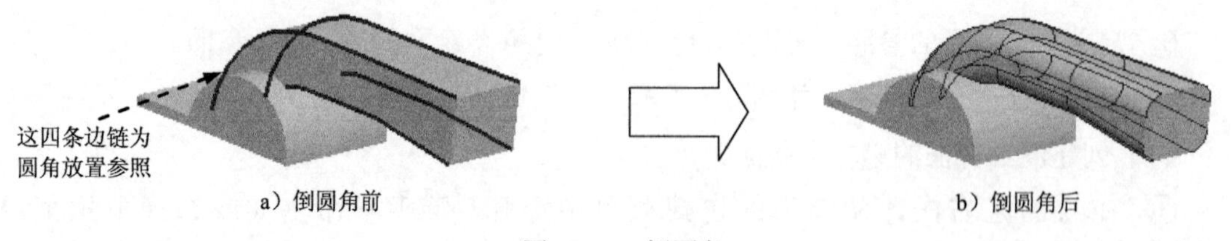

a）倒圆角前　　b）倒圆角后

图 6.12　倒圆角 1

Step6. 添加图 6.13b 所示的圆角特征——倒圆角 2。选择下拉菜单 插入(I) ➡ 倒圆角(O)... 命令；选择图 6.13a 所示的边链为要倒圆角的边线，圆角半径值为 30.0。

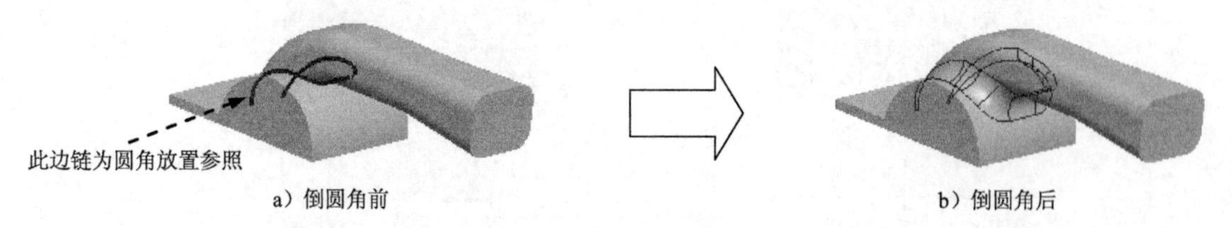

a）倒圆角前　　b）倒圆角后

图 6.13　倒圆角 2

Step7. 添加图 6.14b 所示的圆角特征——倒圆角 3。选择下拉菜单 插入(I) ➡ 倒圆角(O)... 命令；选择图 6.14a 中的边链为要倒圆角的边线，圆角半径值为 400.0。

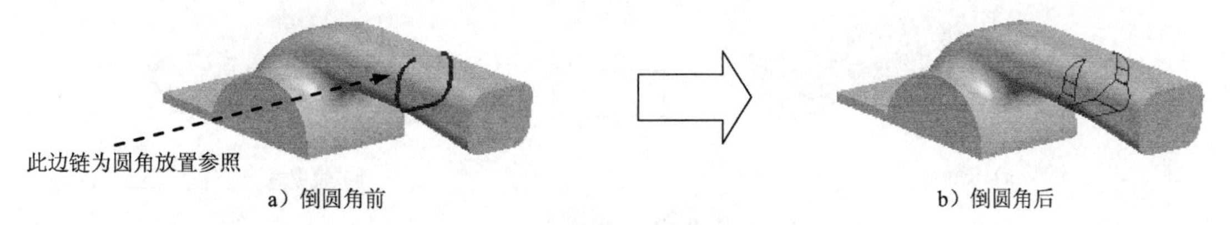

a）倒圆角前　　b）倒圆角后

图 6.14　倒圆角 3

Step8. 添加图 6.15 所示的拉伸特征——拉伸 3。

（1）选择下拉菜单 插入(I) ➡ 拉伸(E)... 命令。在操控板中按下“移除材料”按钮。

（2）定义草绘截面。在绘图区中右击，在弹出的快捷菜单中选择 定义内部草绘... 命令，进入“草绘”对话框。选取图 6.16 所示的面为草绘平面和参照平面，方向是 顶；在“草绘”对话框中单击 草绘 按钮。绘制图 6.17 所示的截面草图；单击✔按钮。

（3）在操控板中选取深度类型（穿透）；单击“完成”按钮✔。

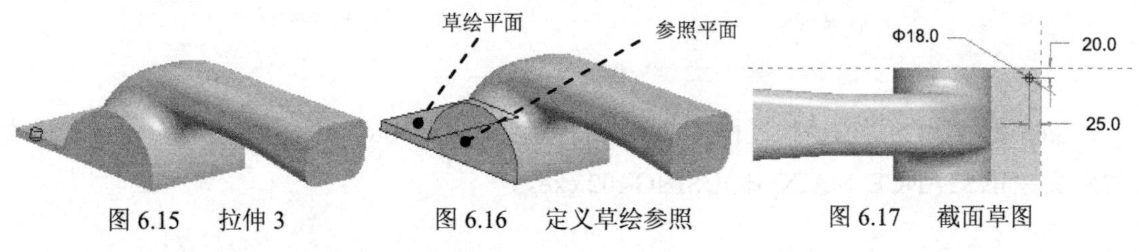

图 6.15　拉伸 3　　图 6.16　定义草绘参照　　图 6.17　截面草图

Step9. 创建图 6.18 所示的阵列特征——阵列 1。

（1）在模型树中单击 Step8 中创建的拉伸 3，然后右击，在弹出的快捷菜单中选择 阵列... 命令，弹出阵列操控板。

（2）选取阵列类型。在操控板的 选项 界面中选中 一般。

（3）选择阵列控制方式。在操控板中选择以“尺寸”方式控制阵列。

（4）给出增量（间距）、阵列个数。选取图 6.19 所示的尺寸 20 为阵列方向尺寸，在操控板中设置增量（间距）值 90，输入阵列个数值 3，并按 Enter 键。

（5）在操控板中单击“完成”按钮✔，完成阵列特征的创建。

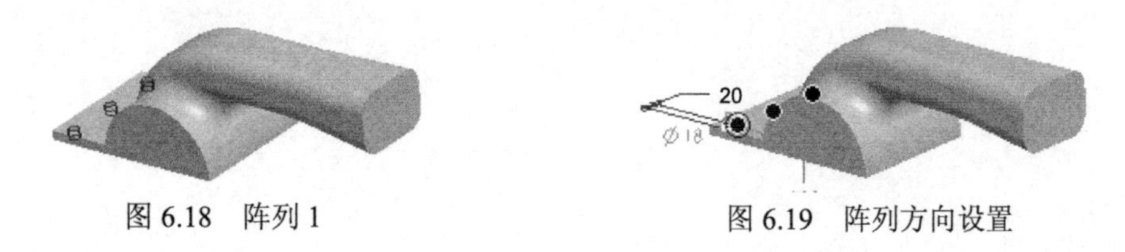

图 6.18　阵列 1　　图 6.19　阵列方向设置

Step10. 创建图 6.20b 所示的镜像特征——镜像 1。按住 Ctrl 键，在模型树中选取拉伸 2

和阵列 1 特征为镜像源，选取下拉菜单 编辑(E) → 镜像(I)... 命令，选取 RIGHT 基准平面为镜像平面，在操控板中单击“完成”按钮，完成镜像特征。

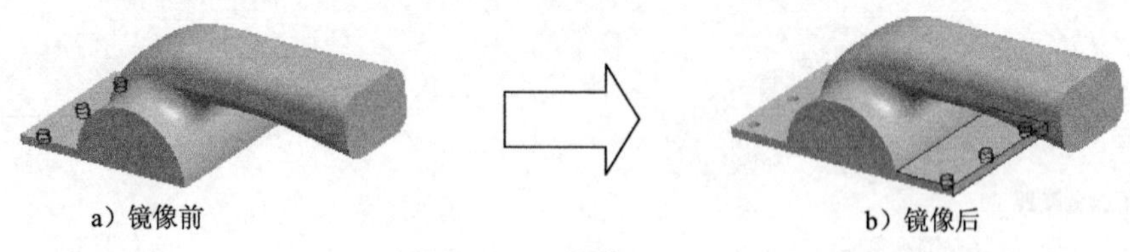

图 6.20 镜像 1

Step11. 创建图 6.21b 所示的抽壳特征——壳 1。选择下拉菜单 插入(I) → 壳(L)... 命令；按住 Ctrl 键，选取图 6.21a 所示的两个表面为要去除的面；在操控板的“厚度”文本框中，输入壳的壁厚值 8.0；预览并完成抽壳特征 1。

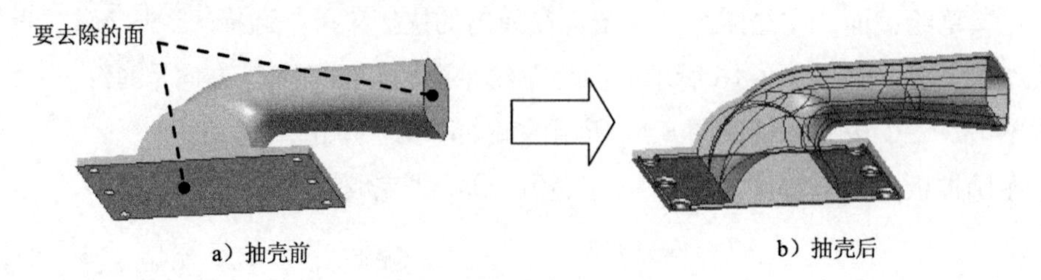

图 6.21 壳 1

Step12. 后面的详细操作过程请参见随书光盘中 video\ch06\reference\文件下的语音视频讲解文件 INSTANCE_MAIN_HOUSING-r02.exe。

实例 7　挖掘机铲斗

实例概述

本实例主要运用了拉伸、倒圆角、抽壳、阵列和镜像等特征命令，其中的主体造型是通过实体倒了一个大圆角后抽壳而成的，构思很巧妙。零件模型及模型树如图 7.1 所示。

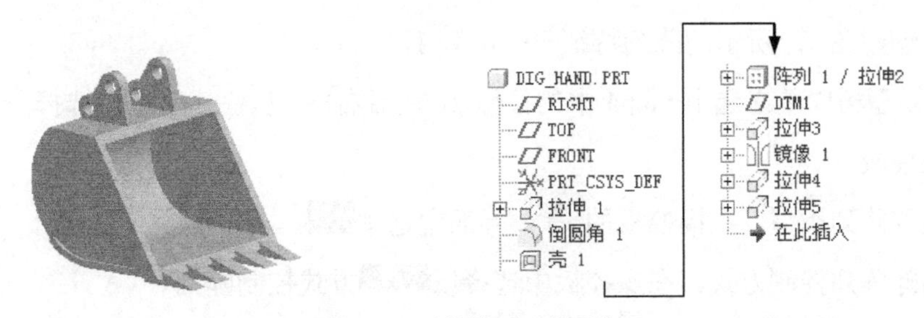

图 7.1　零件模型及模型树

说明：本例前面的详细操作过程请参见随书光盘中 video\ch07\reference\文件下的语音视频讲解文件 DIG_HAND-r01.exe。

Step1. 打开文件 proewf5.5\work\ch07\DIG_HAND_ex.prt。

Step2. 添加圆角特征——倒圆角 1。选择下拉菜单 插入(I) ➡ 倒圆角(O)... 命令，选取图 7.2 所示的边线为圆角放置参照，圆角半径值为 170.0。

Step3. 创建图 7.3b 所示的抽壳特征——壳 1。选择下拉菜单 插入(I) ➡ 壳(L)... 命令；选取图 7.3a 所示的模型表面为要移除的面；在操控板的“厚度”文本框中，输入壳的壁厚值 20.0；预览并完成抽壳特征 1。

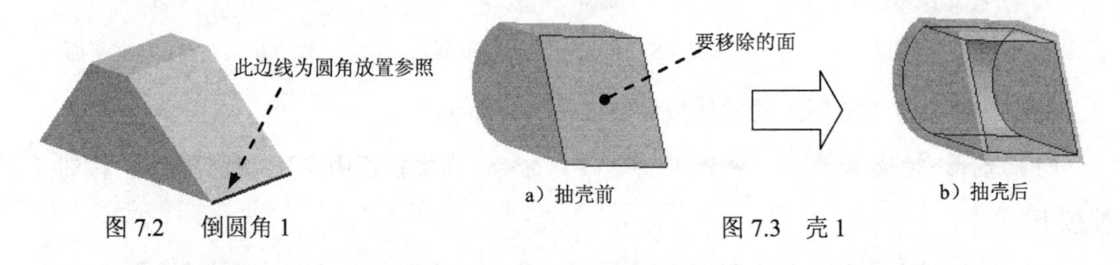

图 7.2　倒圆角 1　　　图 7.3　壳 1

Step4. 添加图 7.4 所示的实体拉伸特征——拉伸 2。

（1）选择下拉菜单 插入(I) ➡ 拉伸(E)... 命令，系统弹出拉伸操控板。

（2）在操控板中单击 放置 按钮，然后在弹出的界面中单击 定义... 按钮。选取图 7.5 所示的模型表面为草绘平面，RIGHT 基准平面为参照平面，方向为 右；单击“草绘”对话框中的 草绘 按钮；绘制图 7.6 所示的截面草图，单击“完成”按钮 ✔。

（3）在操控板中选择拉伸类型为，拉伸深度值为 40.0；单击“完成”按钮。

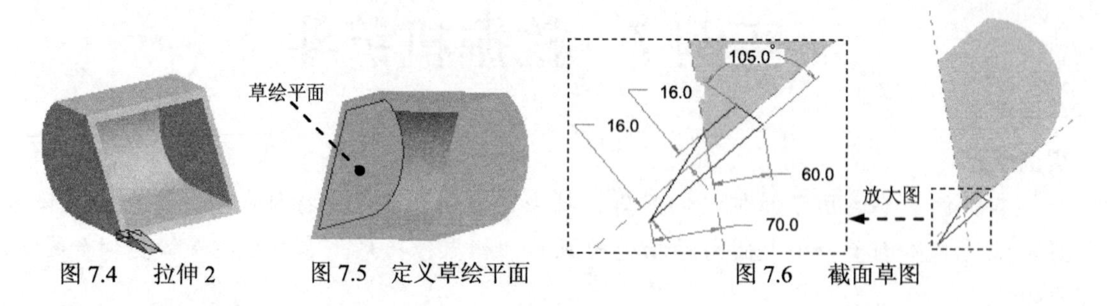

图 7.4　拉伸 2　　图 7.5　定义草绘平面　　图 7.6　截面草图

Step5. 创建图 7.7 所示的阵列特征——阵列 1。

（1）在模型树中单击选中 Step4 中的拉伸 2，然后右击，从快捷菜单中选择 阵列... 命令，弹出阵列操控板。

（2）选取阵列类型。在操控板的 选项 界面中选中 一般。

（3）选择阵列控制方式。在操控板中选择以 方向 方式控制阵列。

（4）选取图 7.8 所示的平面为阵列参照平面，在操控板中设置增量（间距）值 80，输入阵列个数值 5，并按 Enter 键。在操控板中单击“完成”按钮。

Step6. 创建图 7.9 所示的基准平面——DTM1。选择下拉菜单 插入(I) ➡ 模型基准(D) ▸ ➡ 平面(L)... 命令，系统弹出“基准平面”对话框；选择 TOP 基准平面为参照平面，选择约束类型为 偏移，偏移距离值为 192.0。

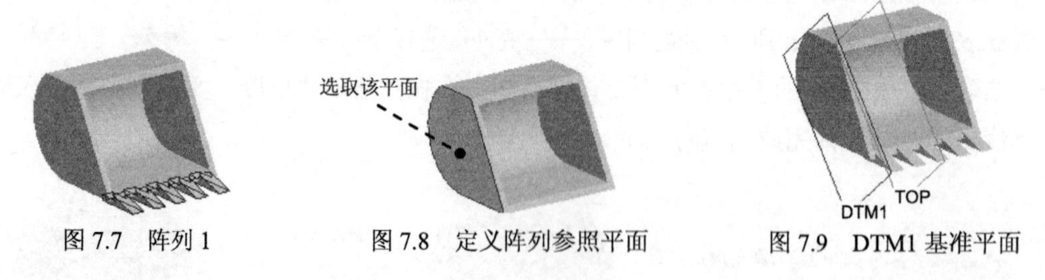

图 7.7　阵列 1　　图 7.8　定义阵列参照平面　　图 7.9　DTM1 基准平面

Step7. 添加图 7.10 所示的零件拉伸特征——拉伸 3。

（1）选择下拉菜单 插入(I) ➡ 拉伸(E)... 命令。在操控板中确认“移除材料”按钮被按下。

（2）定义草绘截面。在绘图区中右击，从弹出的快捷菜单中选择 定义内部草绘... 命令，选取 DTM1 基准平面为草绘平面，RIGHT 基准平面为参照平面，方向是 右；单击“草绘”对话框中的 草绘 按钮。绘制图 7.11 所示的截面草图；单击“完成”按钮。

（3）在操控板中选取深度类型，单击“完成”按钮。

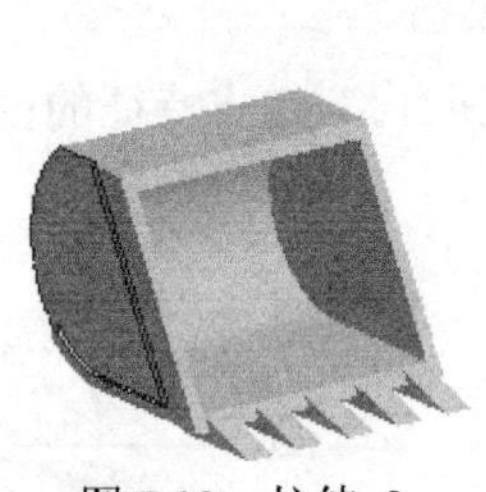
图 7.10 拉伸 3

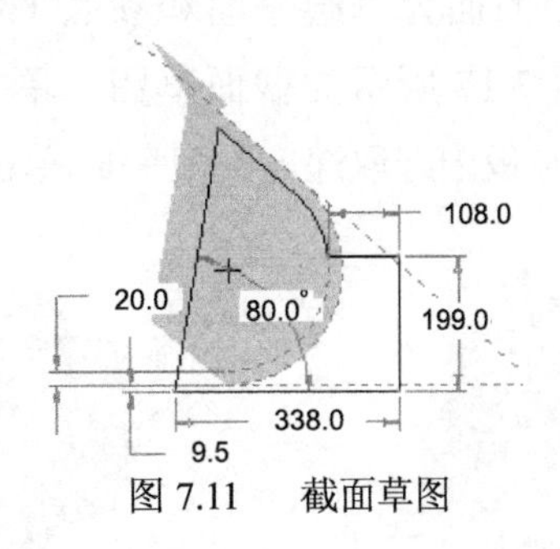

图 7.11 截面草图

Step8. 创建图 7.12b 所示的镜像特征——镜像 1。在模型树中选取拉伸 3 特征为镜像源，选取下拉菜单 编辑(E) ➡ 镜像(I)... 命令，选取 TOP 基准平面为镜像平面，完成镜像特征的创建。

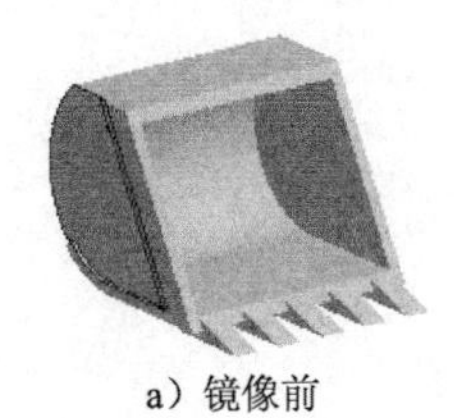
a）镜像前

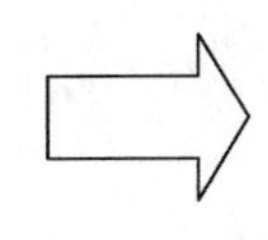

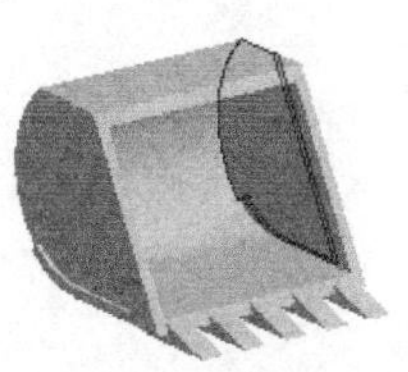
b）镜像后

图 7.12 镜像 1

Step9. 创建图 7.13 所示的实体拉伸特征——拉伸 4。

（1）选择下拉菜单 插入(I) ➡ 拉伸(E)... 命令，系统弹出拉伸操控板。

（2）在操控板中单击 放置 按钮，然后在弹出的界面中单击 定义... 按钮。选取 TOP 基准平面为草绘平面，RIGHT 基准平面为参照平面，方向为 右；单击对话框中的 草绘 按钮；绘制图 7.14 所示的截面草图，单击“完成”按钮✓。

图 7.13 拉伸 4

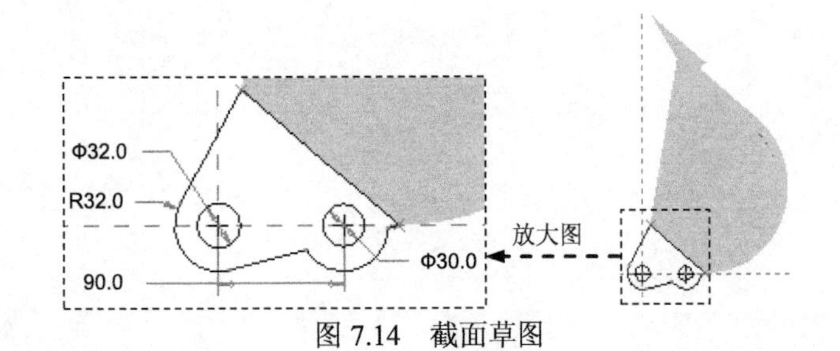

图 7.14 截面草图

（3）在操控板中选择拉伸类型为 ，输入深度值 180.0；单击 按钮进行预览，然后单击“完成”按钮✓，完成拉伸特征的创建。

Step10. 添加图 7.15 所示的零件拉伸特征——拉伸 5。

（1）选择下拉菜单 插入(I) ➡ 拉伸(E)... 命令，在操控板中确认“移除材料”按钮 被按下。

（2）定义草绘截面。在绘图区中右击，从弹出的快捷菜单中选择 定义内部草绘... 命令，选取图 7.16 中的面为草绘平面和参照平面，方向为 右；单击"草绘"对话框中的 草绘 按钮。绘制图 7.17 所示的截面草图；单击"完成"按钮。

（3）在操控板中选取深度类型；单击"完成"按钮，完成特征的创建。

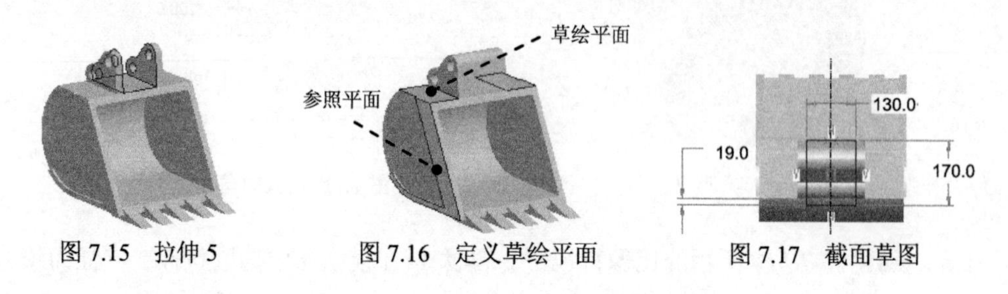

图 7.15 拉伸 5　　图 7.16 定义草绘平面　　图 7.17 截面草图

Step11. 保存零件模型文件。

实例8　蝶 形 螺 母

实例概述

本实例介绍蝶形螺母的设计过程。在其设计过程中，运用了实体旋转、拉伸、倒圆角及螺旋扫描等特征命令，其中螺旋扫描的创建是需要掌握的重点；另外，倒圆角的顺序也是值得注意的地方。零件模型及模型树如图 8.1 所示。

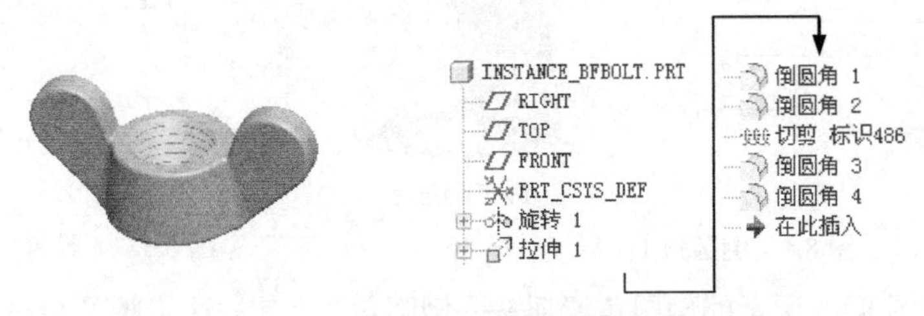

图 8.1　零件模型及模型树

说明：本例前面的详细操作过程请参见随书光盘中 video\ch08\reference\文件下的语音视频讲解文件 INSTANCE_BFBOLT-r01.exe。

Step1. 打开文件 proewf5.5\work\ch08\INSTANCE_BFBOLT_ex.prt。

Step2. 创建图 8.2 所示的实体拉伸特征——拉伸 1。

（1）选择下拉菜单 插入(I) ➡ 拉伸(E)... 命令。

（2）定义草绘截面放置属性。在绘图区中右击，从弹出的快捷菜单中选择 定义内部草绘... 命令，进入“草绘”对话框；选取 FRONT 基准平面为草绘平面，RIGHT 基准平面为参照平面；方向为 右；单击对话框中的 草绘 按钮。

（3）进入截面草绘环境后，绘制图 8.3 所示的特征截面；完成后，单击“完成”按钮✓。

（4）在操控板中选取深度类型，再在深度文本框中输入深度值 6.0，并按 Enter 键。单击“完成”按钮✓，完成特征的创建。

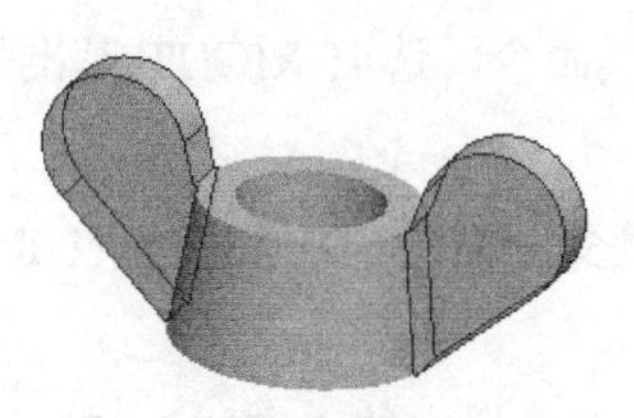

图 8.2　拉伸 1

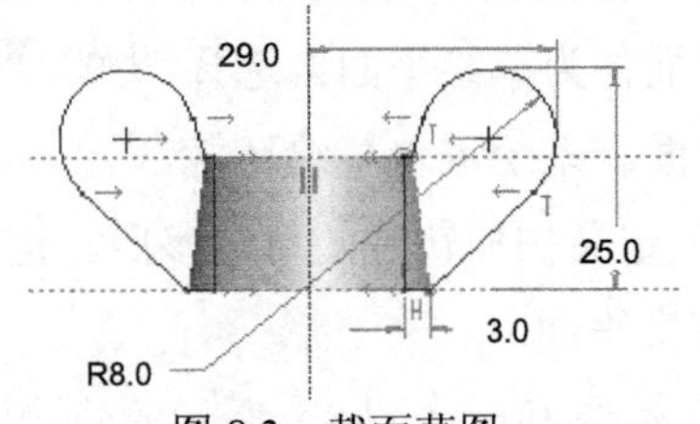

图 8.3　截面草图

Step3. 创建图 8.4b 所示的倒圆角特征——倒圆角 1。

（1）选择 插入(I) ➡ 倒圆角(O)... 命令或单击“倒圆角”按钮。

（2）选取图 8.4a 所示的边线为圆角放置参照，在操控板中单击 集 选项，系统弹出图 8.5 所示的“设置”界面，在该界面中进行如下操作。

① 在圆角信息栏中右击，在弹出的快捷菜单中选择 添加半径 命令。

② 在圆角信息栏中，分别输入上端半径值 1 和下端半径值 5。

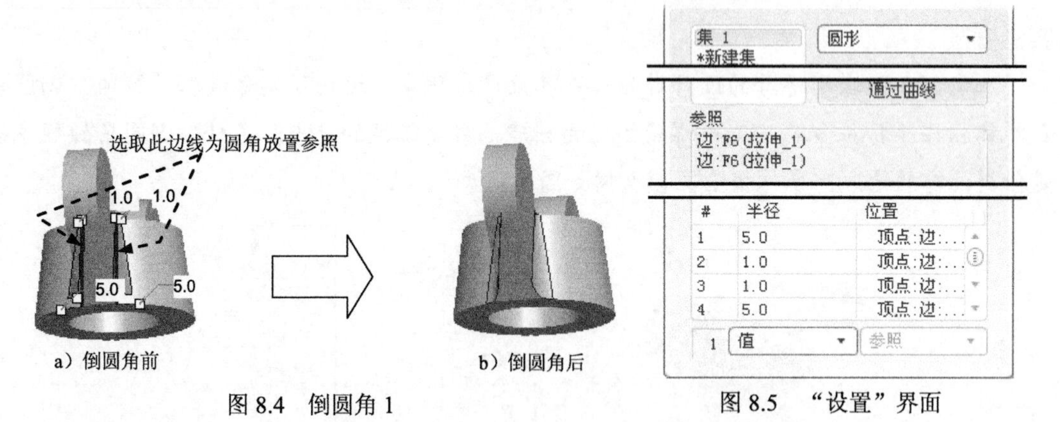

图 8.4 倒圆角 1

图 8.5 “设置”界面

Step4. 创建图 8.6b 所示的倒圆角特征——倒圆角 2。其方法步骤见 Step3。

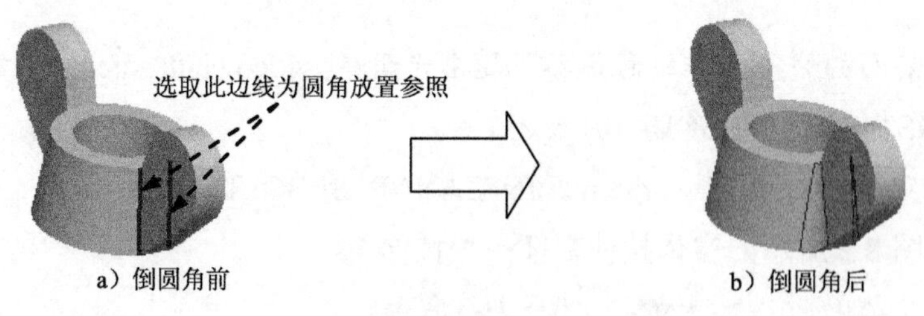

图 8.6 倒圆角 2

Step5. 创建图 8.7 所示的螺旋扫描特征——切剪 标识 486。

（1）选择下拉菜单 插入(I) ➡ 螺旋扫描(H) ▸ ➡ 切口(C)... 命令。

（2）定义螺旋扫描的属性。依次在弹出的 ▼ ATTRIBUTES（属性） 菜单中，选择 Constant（常数） ➡ Thru Axis（穿过轴） ➡ Right Handed（右手定则） 命令，然后选择 Done（完成） 命令。

（3）定义螺旋扫描线。

① 定义螺旋扫描轨迹的草绘平面及其垂直参照面。选择 Plane（平面） 命令，选取 FRONT 基准平面作为草绘平面；选择 Okay（确定） ➡ Left（左） 命令，选取 RIGHT 基准平面作为参照平面。系统进入草绘环境。

② 定义扫描轨迹的草绘参照。进入草绘环境后，接受系统给出的默认参照 RIGHT 和 TOP 基准平面。

③ 绘制和标注图 8.8 所示的轨迹线，然后单击草绘工具栏中的“完成”按钮✓。

（4）定义螺旋节距。在系统提示下输入节距值 2.0。

（5）创建螺旋扫描特征的截面。进入草绘环境后，绘制和标注图 8.9 所示的截面（等边三角形），然后单击草绘工具栏中的“完成”按钮✓。选择 Okay（确定） 命令。

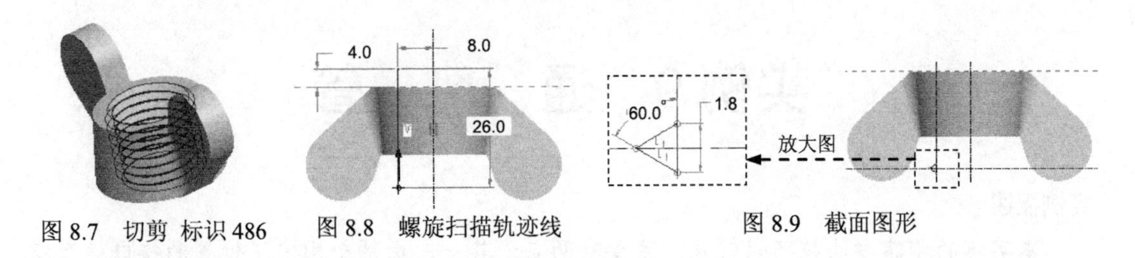

图 8.7 切剪 标识 486　　图 8.8 螺旋扫描轨迹线　　图 8.9 截面图形

（6）单击“切剪：螺旋扫描”对话框中的 预览 按钮，预览并完成创建的螺旋扫描特征。

Step6. 后面的详细操作过程请参见随书光盘中 video\ch08\reference\文件下的语音视频讲解文件 INSTANCE_BFBOLT-r02.exe。

实例9　通　风　管

实例概述

本实例的创建方法技巧性较强，主要有两点：其一，由两个固定了位置的接口端及空间基准点来定义基准曲线；其二，使用关系式并结合 trajpar 参数来控制截面参数的变化（Trajpar 是 Pro/ENGINEER 的内部轨迹参数，它是从 0 到 1 的一个变量，呈线性变化，代表扫描特征的长度百分比），并由可变截面扫描曲面得到扫描轨迹。零件模型及模型树如图 9.1 所示。

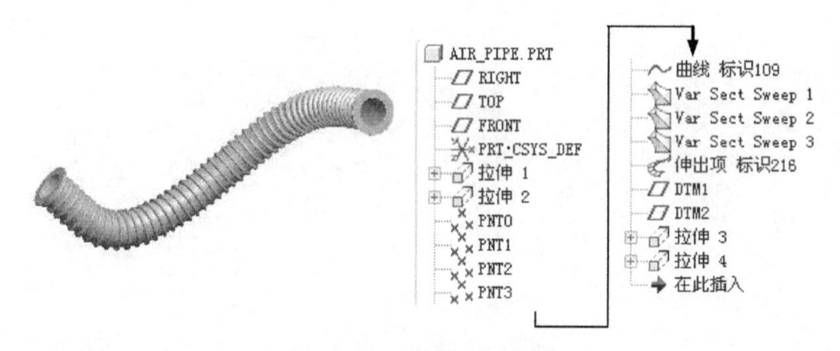

图 9.1　零件模型及模型树

说明：本例前面的详细操作过程请参见随书光盘中 video\ch09\reference\文件下的语音视频讲解文件 AIR_PIPE-r01.exe。

Step1. 打开文件 proewf5.5\work\ch09\AIR_PIPE_ex.prt。

Step2. 创建图 9.2 所示的基准点——PNT0。

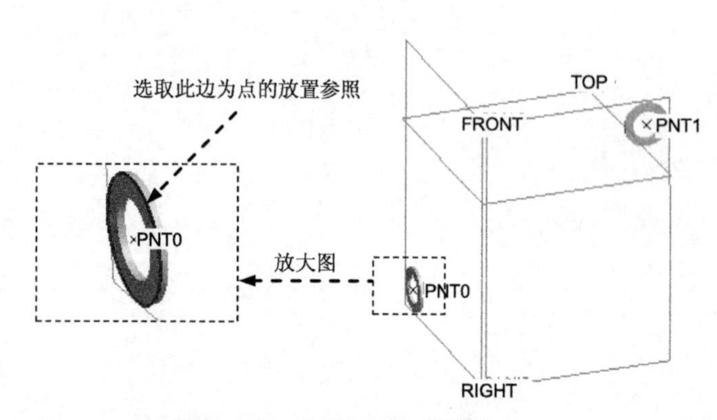

图 9.2　PNT0 和 PNT1 基准点

（1）单击“创建基准点”按钮，系统弹出“基准点”对话框；然后在绘图区选取图 9.2 所示的模型棱边为点的放置参照。

（2）在“基准点”对话框的下拉列表中选取 居中 选项，然后单击“基准点”对话框中的 确定 按钮，完成 PNT0 的创建。

Step3. 参照 Step2，用相同的方法创建基准点——PNT1，参见图 9.2 所示。

Step4. 创建图 9.3 所示的基准点——基准点 标识 105。

（1）选择下拉菜单 插入(I) → 模型基准(D) ▸ → 点(P) ▸ → 偏移坐标系(O)... 命令，系统弹出“偏移坐标系基准点”对话框；然后在图形区选取系统默认的坐标系 PRT_CSYS_DEF 为创建点的参照。

（2）在“偏移坐标系基准点”对话框中，单击 名称 下面的单元格，则该单元格中显示出 PNT2；分别在 X 轴、Y 轴 和 Z 轴 下面的单元格中输入坐标值 120.00、-300.00 和-350.00。

（3）单击“偏移坐标系基准点”对话框中的 确定 按钮，完成图 9.3 所示的 PNT2 基准点的创建。

（4） 参照步骤（1）、（2），用同样的方法创建图 9.3 所示的 PNT3 基准点，分别在 X 轴、Y 轴 和 Z 轴 下面的单元格中输入坐标值 280.00、52.00 和-249.00。

Step5. 创建图 9.4 所示的基准曲线——曲线 标识 109。

（1）选择下拉菜单 插入(I) → 模型基准(D) ▸ → 曲线(V)... 命令，系统弹出 ▼ CRV OPTIONS (曲线选项) 菜单，依次选择 Thru Points (通过点) → Done (完成) 命令。

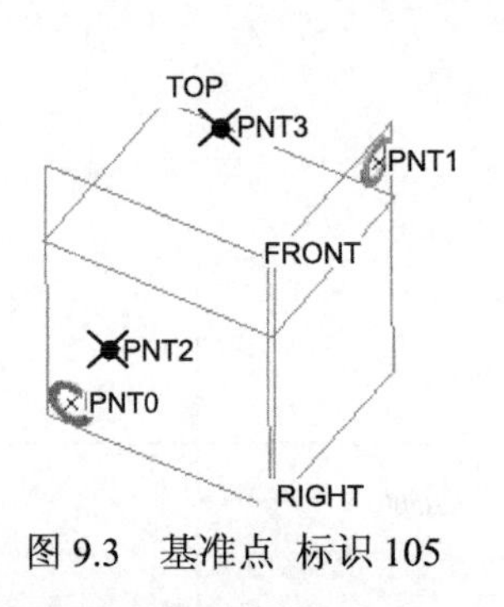

图 9.3　基准点 标识 105

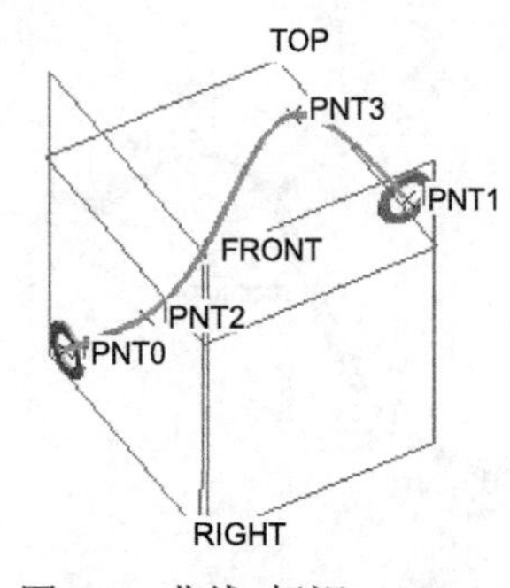

图 9.4　曲线 标识 109

（2）在 ▼ CONNECT TYPE (连结类型) 菜单中依次选择 Spline (样条) → Single Point (单个点) → Add Point (添加点) 命令。

（3）在图形区依次选取图 9.4 所示的 PNT0、PNT2、PNT3 和 PNT1 四个基准点，然后选择 Done (完成) 命令。

（4）双击对话框中的 Tangency (相切) 元素，系统弹出 ▼ DEF TAN (定义相切) 菜单。

（5）选取图 9.5 中的轴线 A_3 作为起始点相切的轴，在 ▼ DIRECTION (方向) 菜单中选择 Okay (确定) 命令，接受系统默认的相切方向。

（6）选取图 9.5 中的轴线 A_1 作为终止点相切的轴，在 ▼ DIRECTION (方向) 菜单中选择 Okay (确定) 命令，接受系统默认的相切方向。

（7）单击“定义相切”菜单中的 Done/Return (完成/返回) 命令，然后单击 曲线: 通过点 对话框中的 确定 按钮。

Step6. 创建图 9.6 所示的可变截面扫描曲面——Var Sect Sweep 1。

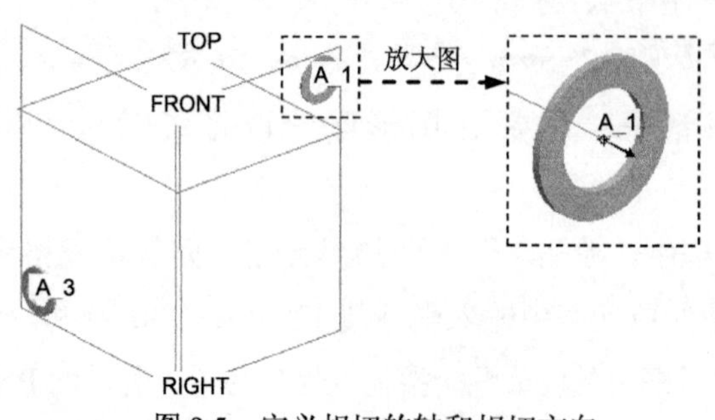

图 9.5　定义相切的轴和相切方向

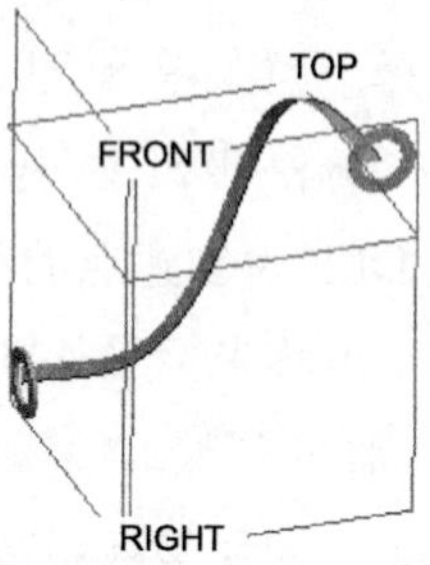

图 9.6　Var Sect Sweep 1

（1）选择可变截面扫描曲面命令。选择下拉菜单 插入(I) ➡ 可变截面扫描(V)... 命令（或单击命令按钮），系统弹出“可变截面扫描”操控板。

（2）在操控板中确认按下“曲面”类型按钮；单击 选项 按钮，在弹出的界面中选中 可变截面 单选按钮；在操控板中单击 参照 按钮，选择图 9.7 所示的基准曲线作为原点轨迹。

（3）在 剖面控制 下拉列表中选择 垂直于轨迹 选项。

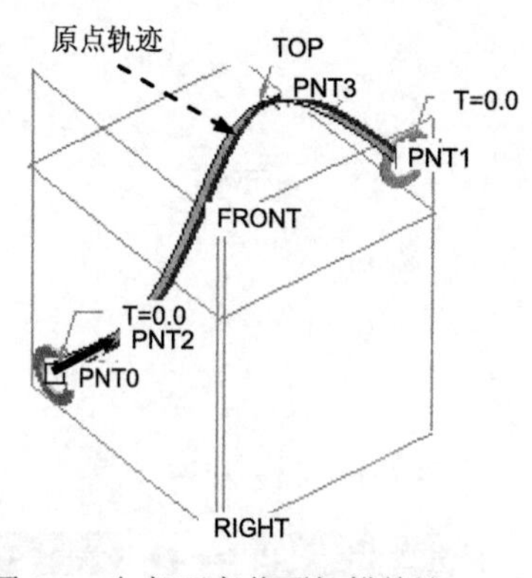

图 9.7　定义可变截面扫描轨迹

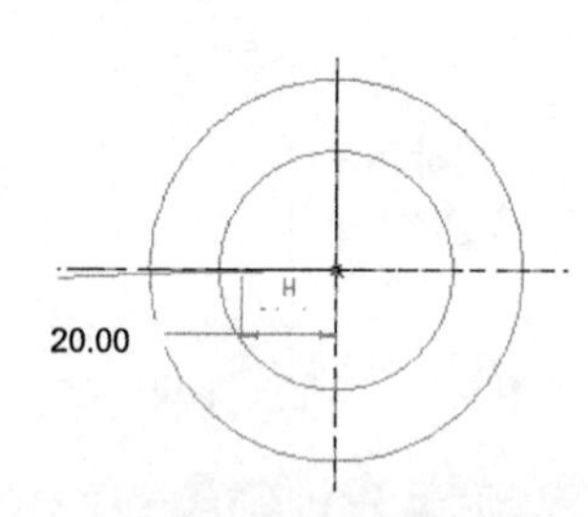

图 9.8　截面草图

（4）创建可变截面扫描特征的截面。在操控板中单击“草绘”按钮，进入草绘环境后，绘制图 9.8 所示的可变截面扫描曲面的截面——直线段。完成后，单击“草绘完成”按钮。

（5）单击操控板中的“预览”按钮，预览所创建的可变截面扫描特征；单击“完成”按钮，完成特征的创建。

Step7. 创建图 9.9 所示的可变截面扫描曲面——Var Sect Sweep 2。

（1）选择下拉菜单 插入(I) ➡ 可变截面扫描(V)... 命令，在系统弹出的“可变截面扫描”操控板中，确认“曲面”类型按钮被按下。

（2）在操控板中单击 选项 按钮，在弹出的界面中选中 可变截面 单选项。

（3）按住 Ctrl 键，选取图 9.10 中的两条基准曲线作为原点轨迹和 X 轨迹；在操控板中单击 参照 按钮，在 剖面控制 下拉列表中选择 垂直于轨迹 选项。

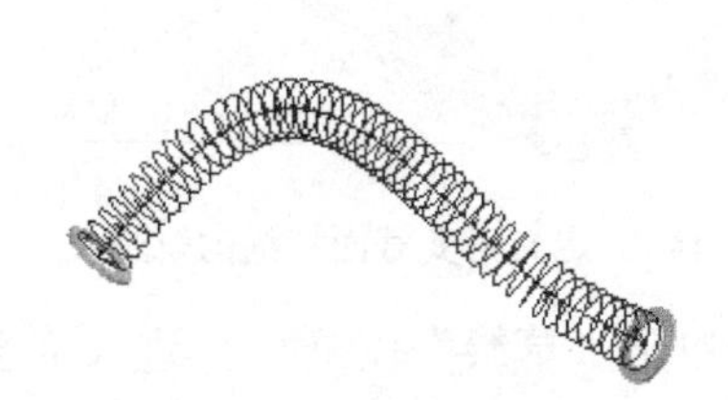

图 9.9　Var Sect Sweep 2

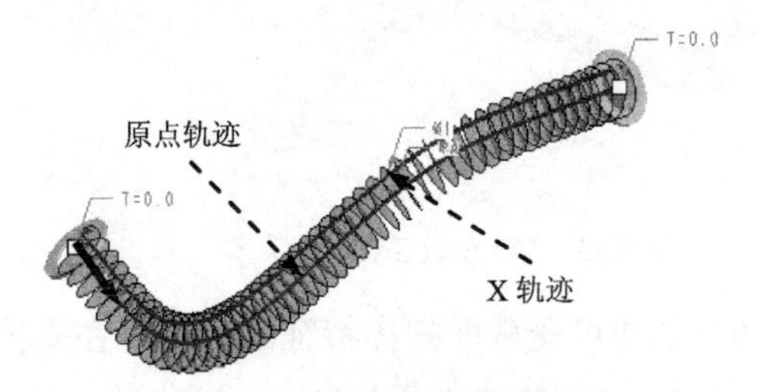

图 9.10　定义可变截面扫描轨迹

（4）创建可变截面扫描特征的截面。

① 在操控板中单击“草绘”按钮，进入草绘环境后，绘制图 9.11 所示的可变截面扫描曲面的截面（截面草图为长 30.00 的直线段，与水平基准线夹角为 1.0°）。

② 定义关系。选择下拉菜单 工具(T) ➡ 关系(R)... 命令，在弹出的“关系”对话框中的编辑区输入关系：sd6=trajpar*360*50，参见图 9.11 和图 9.12 所示。

③ 完成后，单击“完成”按钮。

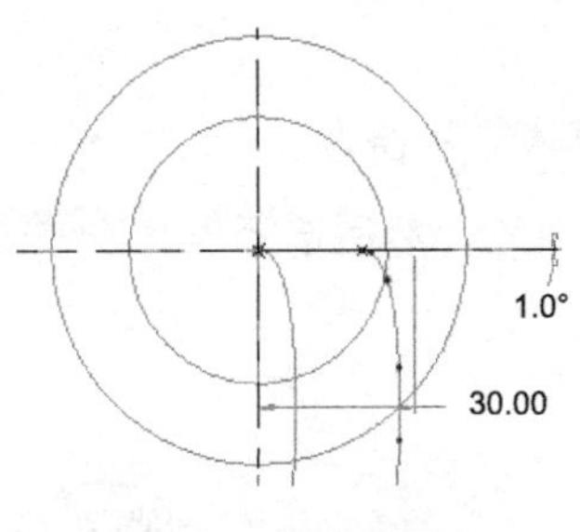

图 9.11　截面草图

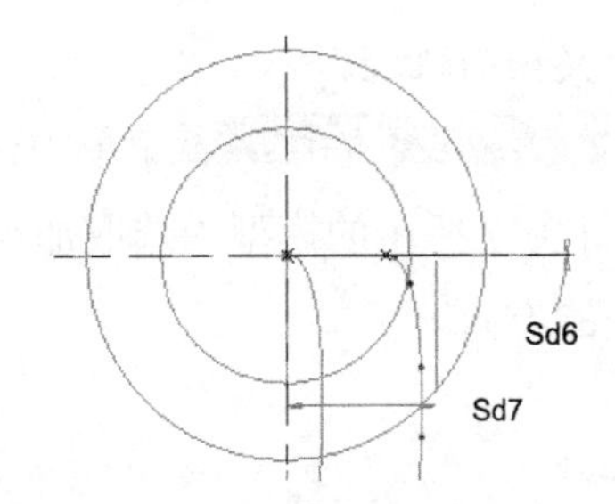

图 9.12　切换到符号状态

（5）预览所创建的可变截面扫描特征。在操控板中单击 按钮，预览所创建的可变截面扫描特征。

（6）在操控板中单击“完成”按钮，完成特征的创建。

Step8. 创建图 9.13 所示的可变截面扫描薄板实体特征——Var Sect Sweep 3。

（1）选择下拉菜单 插入(I) ➡ 可变截面扫描(V)... 命令。

（2）定义可变截面扫描结果类型。在操控板中选择“实体”按钮以及“薄板”特征按钮。

（3）定义选项。在操控板中单击 选项 按钮，在弹出的界面中选中 可变截面 单选按钮。

（4）定义可变截面扫描的轨迹。按住 Ctrl 键，选择图 9.14 中的两条基准曲线作为原点轨迹和一般轨迹。

（5）定义可变截面扫描控制类型。在操控板中单击 参照 按钮，在 剖面控制 下拉列表中选择 垂直于轨迹。

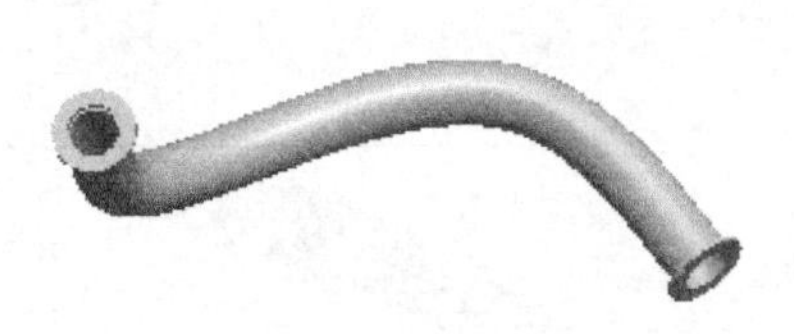

图 9.13　Var Sect Sweep 3

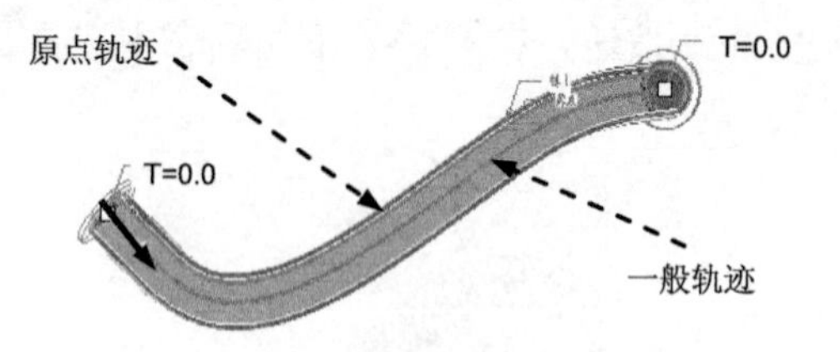

图 9.14　定义可变截面扫描的轨迹

（6）创建可变截面扫描特征的截面：在操控板中单击“草绘”按钮，进入草绘环境后，绘制图 9.15 所示的可变截面扫描特征的截面草图（直径为 60.0 的圆）。

（7）输入薄板厚度值 2.0，并按 Enter 键。

（8）预览所创建的可变截面扫描特征。单击操控板中的按钮，预览所创建的可变截面扫描特征。

（9）在操控板中单击“完成”按钮，完成特征的创建。

Step9. 创建图 9.16 所示的扫描特征——伸出项 标识 206。

（1）选择下拉菜单 插入(I) ➡ 扫描(S) ➡ 伸出项(P)... 命令，此时系统弹出“伸出项：扫描”对话框。

（2）定义扫描轨迹。

① 在 ▼ SWEEP TRAJ (扫描轨迹) 菜单中选择 Select Traj (选取轨迹) 命令。

② 在图 9.17 所示的模型中选取加粗的曲线为扫描轨迹，然后选择 Done (完成) 命令，接受系统默认的方向。

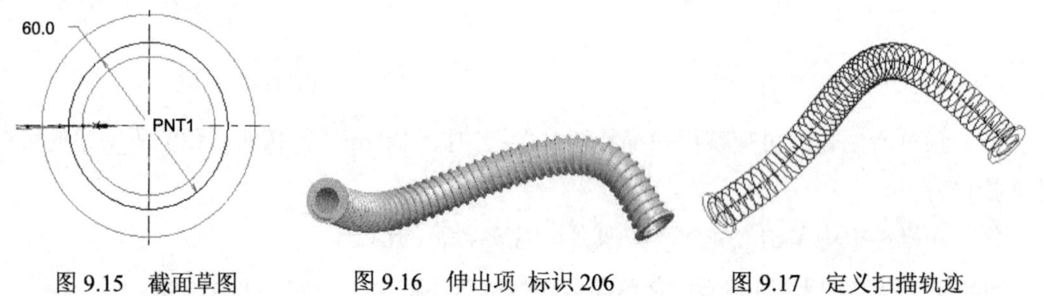

图 9.15　截面草图　　图 9.16　伸出项 标识 206　　图 9.17　定义扫描轨迹

（3）创建扫描特征的截面。绘制并标注图 9.18 所示的扫描截面的草图，完成截面的绘制和标注后，单击“完成”按钮。

（4）单击特征信息对话框下部的 预览 按钮，预览所创建的特征，然后单击特征信息对话框下部的 确定 按钮。

Step10. 创建图 9.19 所示的基准平面——DTM1。

（1）单击工具栏上的“创建基准平面”按钮，系统弹出“基准平面”对话框。

（2）选取基准轴 A_1，将约束类型设置为穿过。

（3）按住 Ctrl 键，选取 TOP 基准平面为参照平面，将约束类型设置为平行。

（4）单击“基准平面”对话框中的确定按钮。

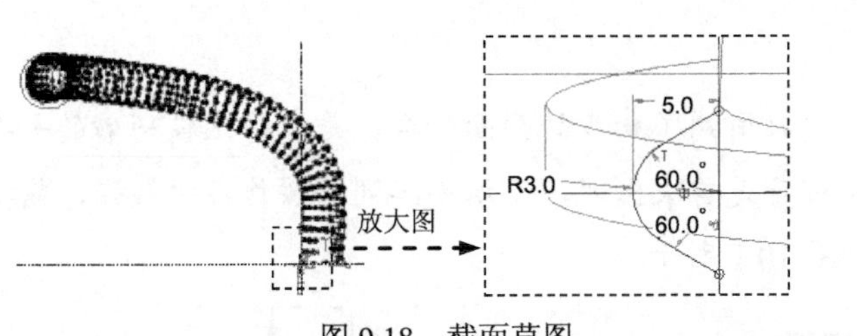

图 9.18　截面草图

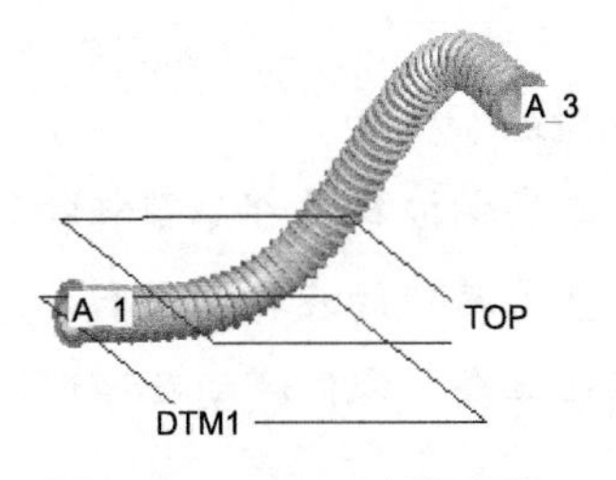

图 9.19　DTM1 基准平面

Step11. 用相同的方法创建图 9.20 所示的基准平面——DTM2。

Step12. 添加图 9.21 所示的拉伸特征——拉伸 3。

（1）选择下拉菜单 插入(I) ➡ 拉伸(E)... 命令。

（2）在系统弹出的操控板中确认“实体”按钮被按下，并单击“移除材料”按钮。

（3）设置草绘放置属性。选取 DTM1 基准平面为草绘平面，RIGHT 基准平面为参照平面，方向为左。

（4）进入截面草绘环境后，绘制图 9.22 所示的特征截面，单击“完成”按钮。

（5）在操控板中，将第一侧和第二侧的深度类型都设置为（即“穿透”），可单击来切换切削的方向。单击“完成”按钮，完成特征的创建。

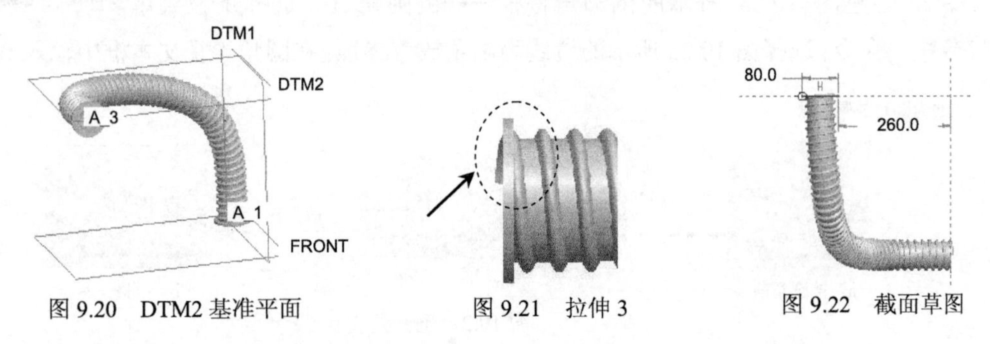

图 9.20　DTM2 基准平面　　图 9.21　拉伸 3　　图 9.22　截面草图

Step13. 参照上一步，用切削特征将另一侧多余部分去除——拉伸 4。

Step14. 遮蔽曲线层和曲面层。

（1）选择导航命令卡中的 ➡ 层树(L) 命令，即可进入“层”的操作界面。

（2）在“层”的操作界面中，选取曲线所在的层 03___PRT_ALL_CURVES，然后右击，在弹出的快捷菜单中选择隐藏命令，再次右击曲线所在的层 03___PRT_ALL_CURVES，在快捷菜单中选择保存状态命令。

（3）采用相同的方法，隐藏曲面所在的层 06___PRT_ALL_SURFS。

Step15. 保存零件模型文件。

实例 10　淋浴喷头盖

实例概述

本实例涉及的部分零件特征，同时用到了初步的曲面命令，是做得比较巧妙的一个淋浴头盖，其中的旋转曲面与加厚特征都是首次出现，而填充阵列的操作性比较强，需要读者用心体会。零件模型及模型树如图 10.1 所示。

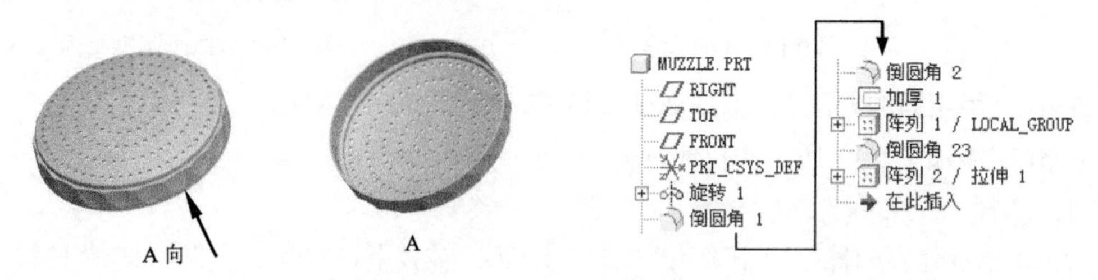

图 10.1　零件模型和模型树

说明：本例前面的详细操作过程请参见随书光盘中 video\ch10\reference\文件下的语音视频讲解文件 MUZZLE_COVER-r01.exe。

Step1. 打开文件 proewf5.5\work\ch10\MUZZLE_COVER_ex.prt。

Step2. 创建图 10.2b 所示的倒圆角特征——倒圆角 1。选择下拉菜单 插入(I) ➡ 倒圆角(O)... 命令；选择图 10.2a 所示的边线为圆角放置参照；在圆角半径文本框中输入 0.5。

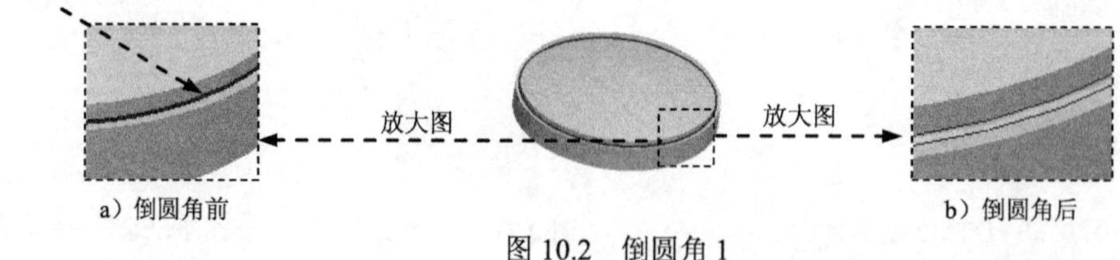

a）倒圆角前　　b）倒圆角后

图 10.2　倒圆角 1

Step3. 创建倒圆角特征——倒圆角 2。选择下拉菜单 插入(I) ➡ 倒圆角(O)... 命令；选择图 10.3 所示的边线为圆角放置参照，圆角的半径值为 1.0。

Step4. 加厚曲面——加厚 1。

（1）选中前面创建的曲面为加厚的对象。

（2）选择下拉菜单 编辑(E) ➡ 加厚(K)... 命令，加厚的方向指示箭头如图 10.4 所示，输入加厚值 1.2，并按 Enter 键。

（3）单击“完成”按钮✓，完成加厚操作。

Step5. 创建图 10.5 所示的扫描切削特征——剪切 1。

（1）选择下拉菜单 插入(I) ➡ 扫描(S) ▸ ➡ 切口(C)... 命令，系统弹出“切剪：扫描”对话框。

（2）定义扫描轨迹。在“扫描轨迹”菜单中选择 Sketch Traj（草绘轨迹） 命令；选择 Plane（平面） 命令，选择 FRONT 基准面为草绘平面；选择 Okay（确定） ➡ Right（右） 命令，选择 RIGHT 基准面为参照平面；进入草绘环境后，选取图 10.6 中的顶点为草绘参照；绘制图 10.6 所示的轨迹草图，单击“完成”按钮✓。

说明：不要选取竖直的边线作参照，避免绘制的轨迹与边线相切，影响后面的阵列效果。

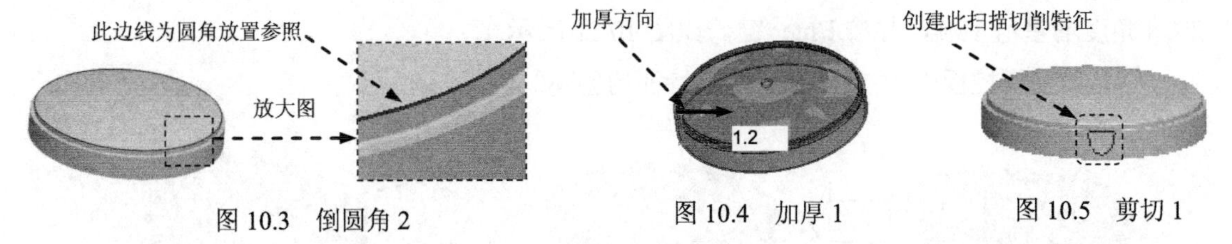

图 10.3　倒圆角 2　　图 10.4　加厚 1　　图 10.5　剪切 1

（3）定义起点和终点的属性。在弹出的“属性”菜单中，选择 Free Ends（自由端） ➡ Done（完成） 命令。

（4）创建扫描特征的截面。绘制并标注图 10.7 所示的截面草图，完成后单击✓按钮。

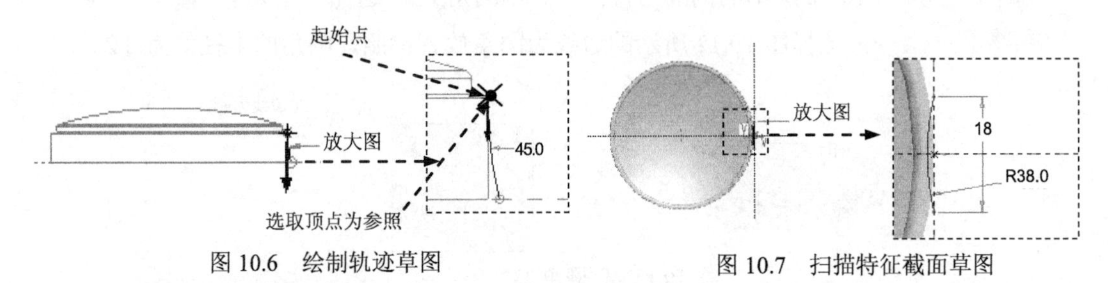

图 10.6　绘制轨迹草图　　图 10.7　扫描特征截面草图

（5）在 ▼ DIRECTION（方向） 菜单中选择 Okay（确定） 命令，接受图 10.8 所示的移除材料的方向。

（6）单击扫描特征信息对话框下部的 确定 按钮，完成扫描特征的创建。

Step6. 创建倒圆角特征——倒圆角 3。选择下拉菜单 插入(I) ➡ 倒圆角(O)... 命令；选择图 10.9 所示的边线为圆角放置参照，圆角的半径值为 0.2。

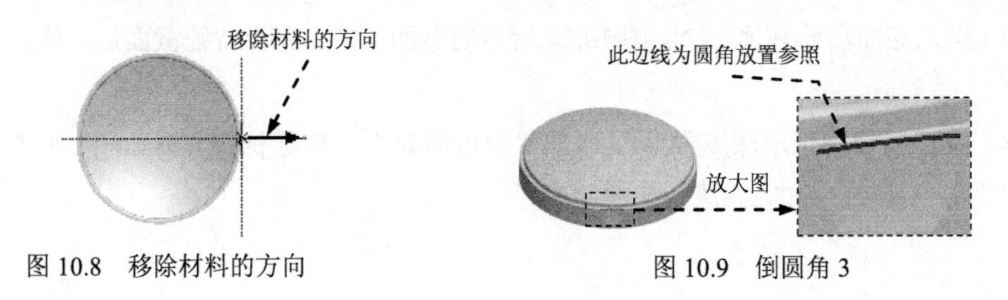

图 10.8　移除材料的方向　　图 10.9　倒圆角 3

Step7. 创建组——组 LOCAL_GROUP。

（1）按住 Ctrl 键，在模型树中选取创建的剪切 1 和倒圆角 3。

（2）选择下拉菜单 编辑(E) ➡ 组 命令，此时剪切 1 和倒圆角 3 合并为 组LOCAL_GROUP，完成组的创建。

Step8. 创建图 10.10b 所示的“轴”阵列特征——阵列 1。

（1）在模型树中，选中“组 LOCAL_GROUP”特征后右击，在系统弹出快捷菜单中选择 阵列... 命令。

（2）在操控板中选择 轴 选项，在模型中选择基准轴 A_1；在操控板中输入阵列的个数 20 和角度增量值 18.0，并按 Enter 键，如图 10.11 所示。

（3）单击操控板中的 ✓ 按钮，完成特征的创建。

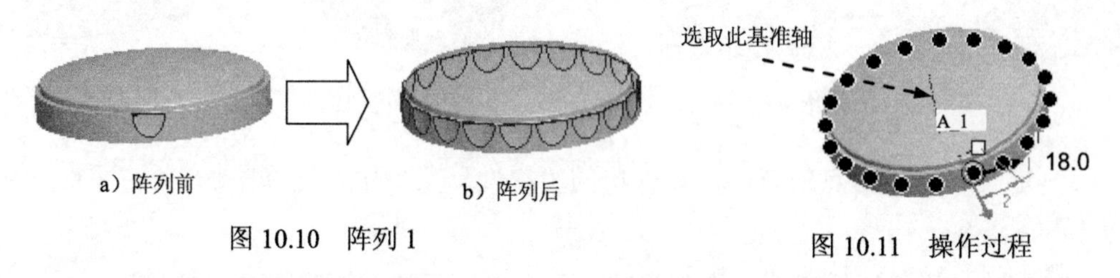

图 10.10　阵列 1　　　图 10.11　操作过程

Step9. 创建图 10.12 所示的倒圆角特征——倒圆角 23。选择下拉菜单 插入(I) ➡ 倒圆角(O)... 命令；选择图 10.12 所示的边线为圆角放置参照，圆角的半径值为 0.2。

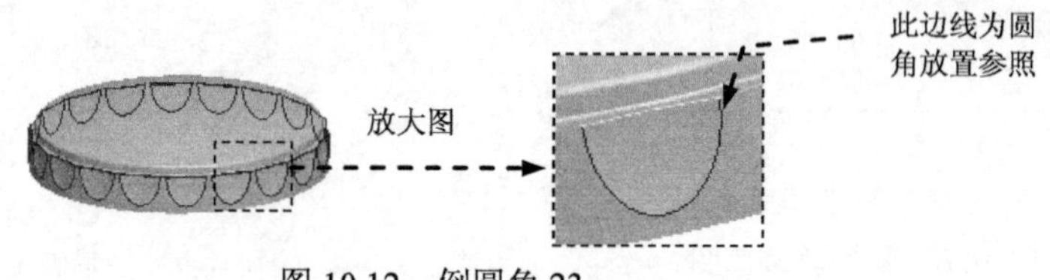

图 10.12　倒圆角 23

Step10. 创建图 10.13 所示的拉伸特征——拉伸 1。

（1）单击“拉伸”按钮，在操控板中确认“实体”类型按钮按下，并按下“移除材料”按钮。

（2）在绘图区右击，在系统弹出的快捷菜单中选择 定义内部草绘... 命令。选取 TOP 基准平面为草绘平面，RIGHT 基准平面为参照平面，方向为 顶；单击 草绘 按钮。

（3）进入截面草绘环境，绘制图 10.14 所示的截面草图；完成特征截面后，单击“完成”按钮 ✓。

（4）在操控板中选取深度类型（即“穿过所有”），移除材料方向如图 10.15 所示。单击“完成”按钮 ✓，则完成特征的创建。

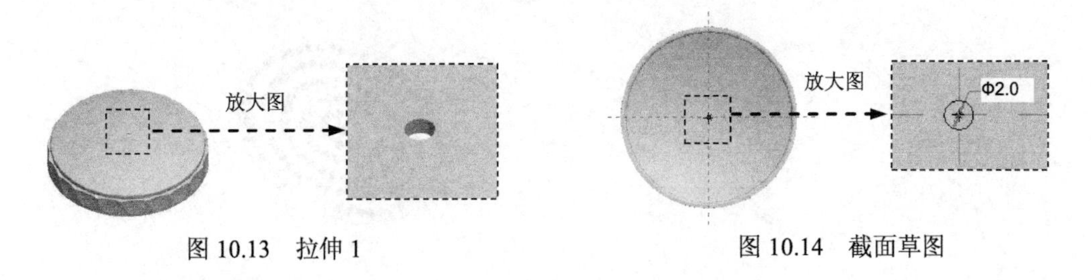

图 10.13　拉伸 1　　　　图 10.14　截面草图

Step11. 创建图 10.16b 所示的“填充”阵列特征——阵列 2。

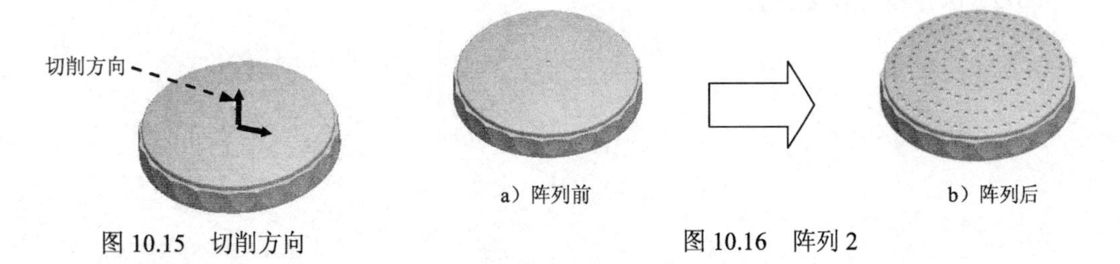

图 10.15　切削方向　　　　图 10.16　阵列 2

（1）在模型树中右击上一步创建的切削拉伸特征，从快捷菜单中选取 阵列... 命令。

（2）在图 10.17 所示的“阵列”操控板中选择“填充”选项。

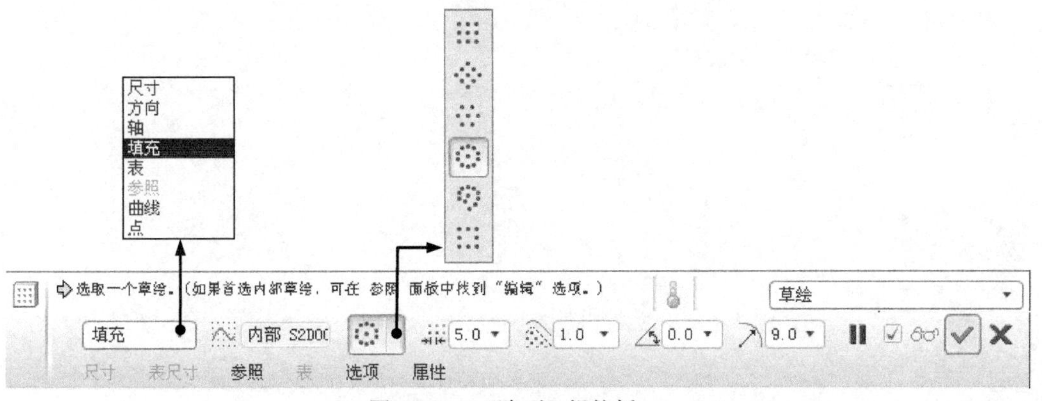

图 10.17　“阵列”操控板

（3）在图形区右击，选择 定义内部草绘... 命令。选择 TOP 基准平面作为草绘平面，RIGHT 基准平面为参照平面，方向为 右；单击 草绘 按钮。

（4）进入草绘环境后，接受系统默认的参照，绘制图 10.18 所示的截面草图，完成后单击“完成”按钮✓。

（5）“填充类型”各项参数的设置如图 10.18 所示，参数设置完成后，此时模型如图 10.19 所示。

（6）单击操控板中的✓按钮，完成特征的创建。

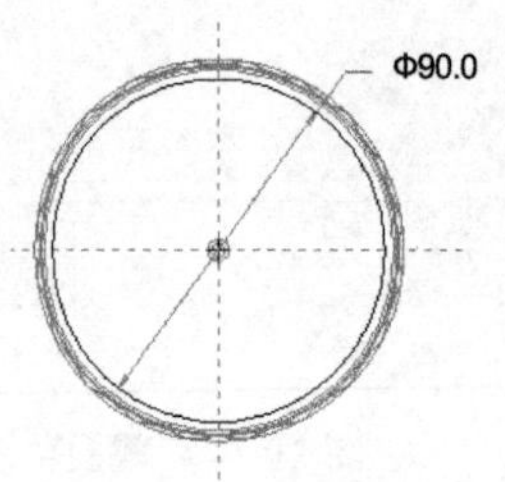

图 10.18　截面草图

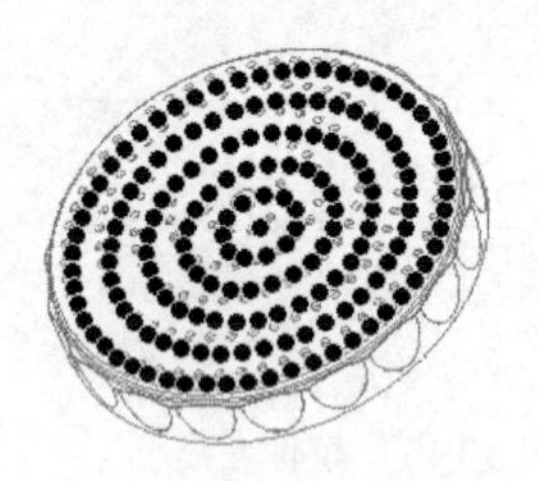

图 10.19　完成后的模型

Step12. 保存零件模型文件。

实例 11　微波炉调温旋钮

实例概述

本实例是日常生活中常见的微波炉调温旋钮。首先创建实体旋转特征和基准曲线，通过镜像命令得到基准曲线，构建出边界混合曲面，再利用边界混合曲面来塑造实体，然后进行倒圆角、抽壳从而得到最终模型。零件模型及模型树如图 11.1 所示。

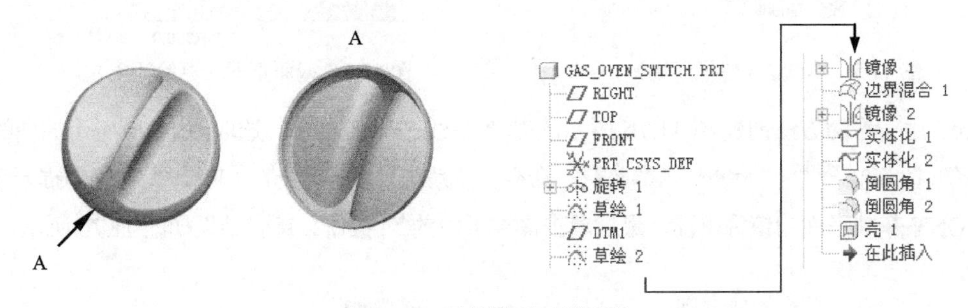

图 11.1　零件模型及模型树

说明：本例前面的详细操作过程请参见随书光盘中 video\ch11\reference\文件下的语音视频讲解文件 GAS_OVEN_SWITCH-r01.exe。

Step1. 打开文件 proewf5.5\work\ch11\GAS_OVEN_SWITCH_ex.prt。

Step2. 创建图 11.2 所示的基准曲线——草绘 1。

（1）单击工具栏上的“草绘”按钮，系统弹出“草绘”对话框。

（2）定义草绘截面放置属性。选取 FRONT 基准平面为草绘平面；采用默认的草绘视图方向；RIGHT 基准平面为参照平面；方向为 右；单击 草绘 按钮，进入草绘环境。

（3）进入草绘环境后，绘制图 11.3 所示的截面草图，完成后单击按钮。

Step3. 创建图 11.4 所示的基准平面——DTM1。选择下拉菜单 插入(I) → 模型基准(D) → 平面(L)... 命令；系统弹出“基准平面”对话框，选取 FRONT 基准平面为参照，定义约束类型为 偏移，在 平移 文本框中输入 35.0，单击“基准平面”对话框中的 确定 按钮。

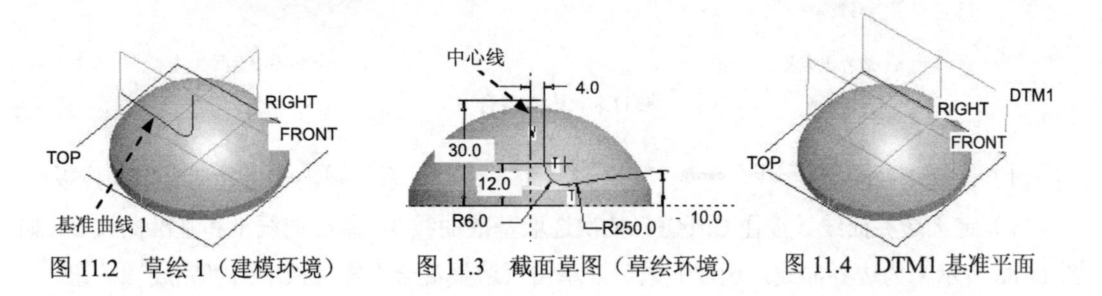

图 11.2　草绘 1（建模环境）　　图 11.3　截面草图（草绘环境）　　图 11.4　DTM1 基准平面

Step4. 创建图 11.5 所示的基准曲线——草绘 2。单击工具栏上的“草绘”按钮；选取 DTM1 基准平面为草绘平面，采用系统默认的草绘视图方向，选取 RIGHT 基准平面为参照平面，方向为右，单击草绘按钮；进入草绘环境后，选取图 11.2 所示的基准曲线 1 作为草绘参照，然后绘制图 11.6 所示的截面草图，完成后单击按钮。

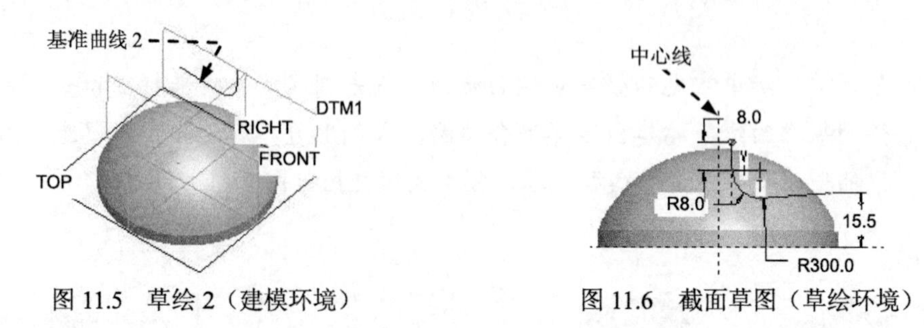

图 11.5　草绘 2（建模环境）　　图 11.6　截面草图（草绘环境）

Step5. 用镜像的方法创建图 11.7b 所示的基准曲线——镜像 1。选取图 11.7a 所示的曲线，然后选择下拉菜单 编辑(E) ➡ 镜像(I)... 命令；在系统 选取要镜像的平面或目的基准平面. 的提示下，选取 FRONT 基准平面为镜像平面，最后单击操控板中的按钮。镜像结果如图 11.7b 所示。

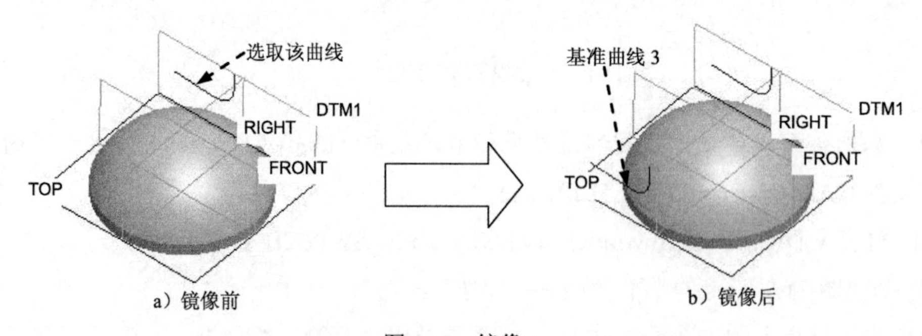

图 11.7　镜像 1

Step6. 创建图 11.8b 所示的边界曲面——边界混合 1。

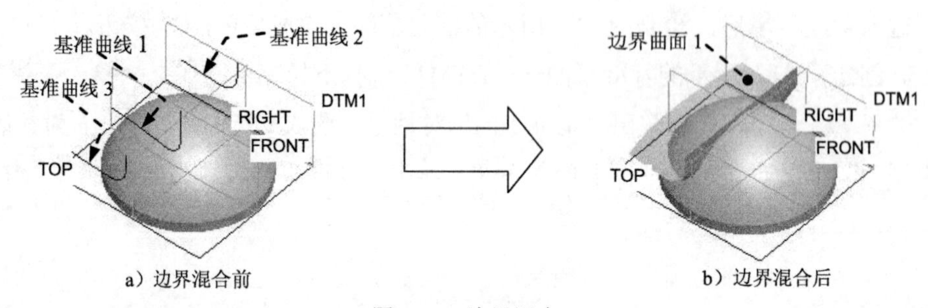

图 11.8　边界混合 1

（1）选择下拉菜单 插入(I) ➡ 边界混合(B)... 命令，系统弹出“边界混合”操控板。

（2）定义边界曲线。按住 Ctrl 键，依次选取基准曲线 3、基准曲线 1 和基准曲线 2（如图 11.8a 所示）为边界曲线，选取完成后，单击“边界混合”操控板中的“完成”按钮。

Step7. 用镜像的方法创建图 11.9 所示的边界曲面——镜像 2。选取图 11.9a 所示的边界曲面 1；然后选择下拉菜单 编辑(E) ➡ 镜像(I)... 命令；系统弹出“镜像”操控板，在系统 选取要镜像的平面或目的基准平面。 的提示下，选取 RIGHT 基准平面为镜像平面；单击操控板中的 ✔ 按钮。

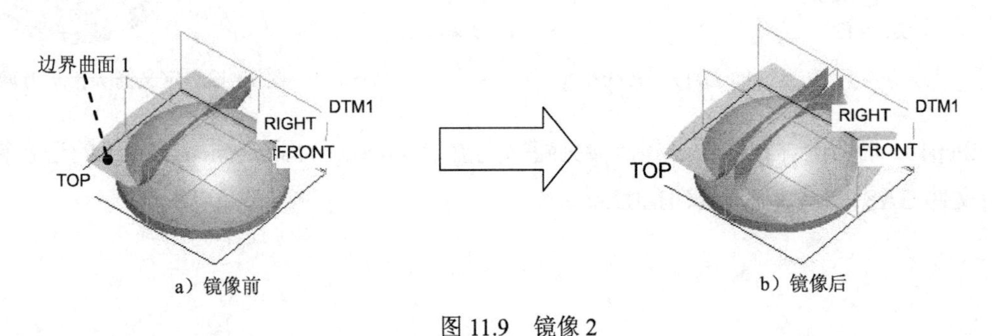

a）镜像前　　b）镜像后

图 11.9　镜像 2

Step8. 创建实体化特征——实体化 1。

（1）选取图 11.10a 所示的边界混合 1。

（2）选择下拉菜单 编辑(E) ➡ 实体化(Y)... 命令；在系统弹出的操控板中确认“移除材料”按钮 被按下，移除材料的箭头指示方向如图 11.11 所示，可在操控板中单击 按钮来切换切削的方向；单击“完成”按钮 ✔，完成实体化操作。

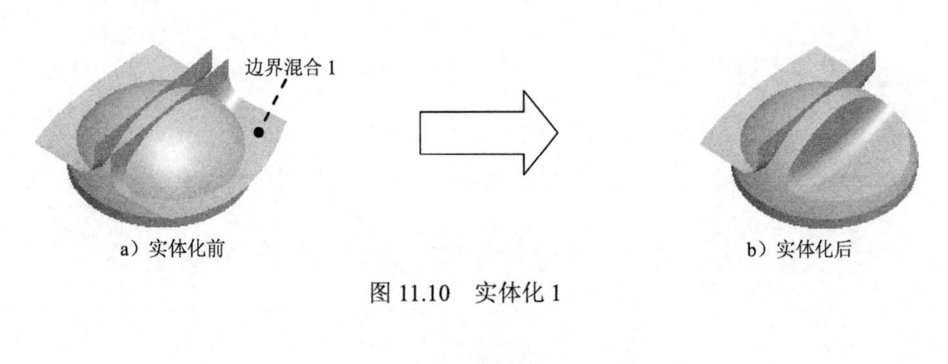

a）实体化前　　b）实体化后

图 11.10　实体化 1

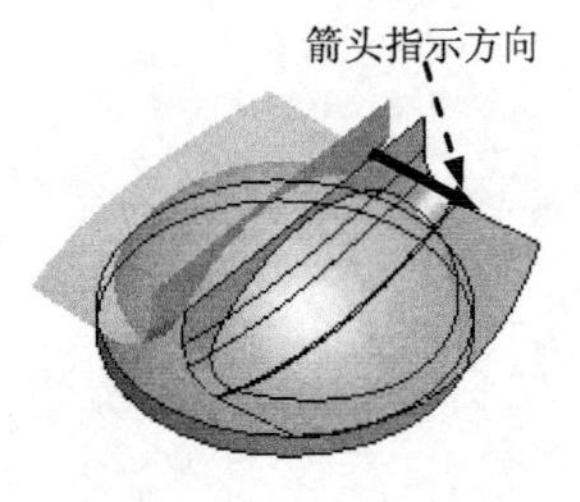

图 11.11　定义箭头指示方向

Step9. 创建实体化特征——实体化 2。选取图 11.12a 所示的边界混合 2；移除材料侧的箭头指示方向如图 11.13 所示，详细操作过程请参见 Step8。

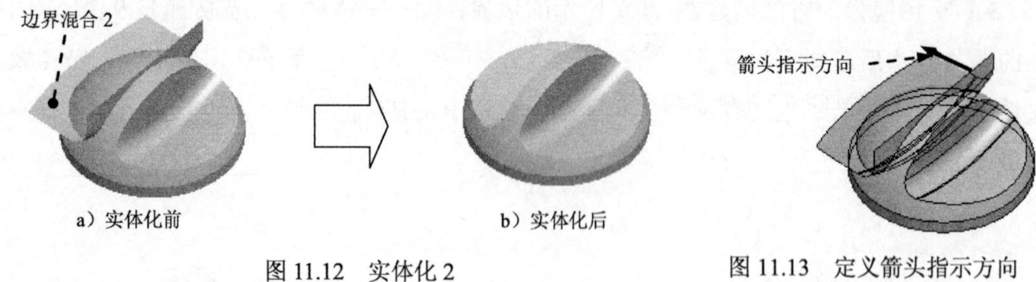

图 11.12　实体化 2

图 11.13　定义箭头指示方向

Step10. 后面的详细操作过程请参见随书光盘中 video\ch11\reference\文件下的语音视频讲解文件 GAS_OVEN_SWITCH-r02.exe。

实例 12　齿 轮 泵 体

实例概述

本实例主要采用的是一些基本的实体创建命令，如实体拉伸、拔模、实体旋转、切削、阵列、孔、螺纹修饰和倒角等，重点是培养构建三维模型的思想，其中对各种孔的创建需要特别注意。零件模型及模型树如图 12.1 所示。

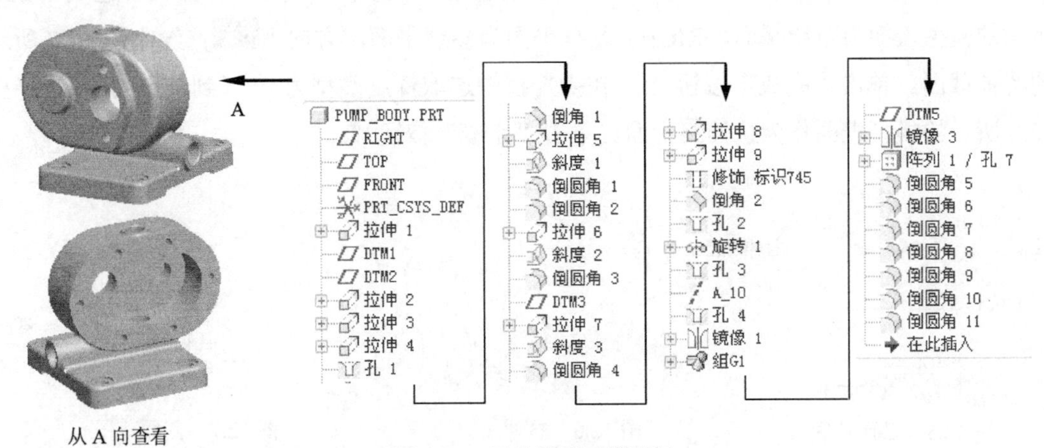

图 12.1　零件模型及模型树

说明：本例前面的详细操作过程请参见随书光盘中 video\ch12\reference\文件下的语音视频讲解文件 PUMP_BODY-r01.exe。

Step1. 打开文件 proewf5.5\work\ch12\PUMP_BODY_ex.prt。

Step2. 创建图 12.2 所示的基准平面——DTM1。

（1）单击“创建基准平面”按钮，系统弹出“基准平面”对话框。

（2）选取 FRONT 基准平面，然后在“基准平面”对话框的 平移 文本框中输入-70.0，并按 Enter 键；单击“基准平面”对话框中的 确定 按钮。

Step3. 创建图 12.3 所示的基准平面——DTM2。单击“创建基准平面”按钮，系统弹出“基准平面”对话框，选取图 12.3 所示的模型表面，然后在“基准平面”对话框的 平移 文本框中输入 55.0，并按 Enter 键；单击“基准平面”对话框中的 确定 按钮。

Step4. 创建图 12.4 所示的实体拉伸特征——拉伸 2。选择下拉菜单 插入(I) ➡ 拉伸(E)... 命令；在绘图区中右击，从弹出的快捷菜单中选择 定义内部草绘... 命令，选取 DTM2 基准平面为草绘平面，接受系统默认的参照平面及方向；绘制图 12.5 所示的特征截面，单击“完成”按钮；在操控板中选择拉伸类型为，拉伸深度值为 48.0，单击“完成”按钮，完成拉伸特征 2 的创建。

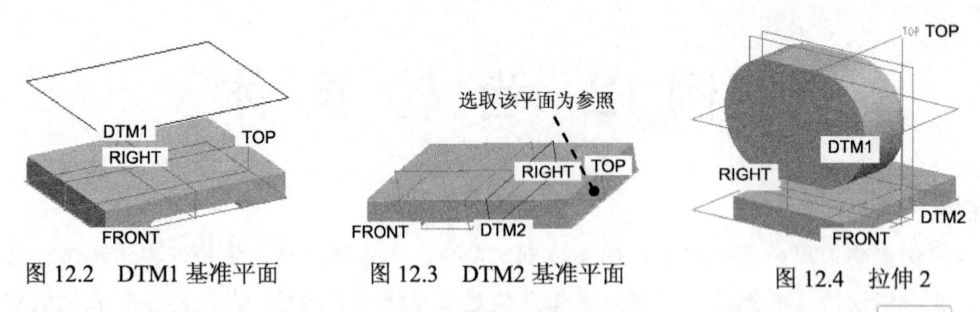

图 12.2　DTM1 基准平面　　图 12.3　DTM2 基准平面　　图 12.4　拉伸 2

Step5. 创建图 12.6 所示的实体拉伸特征——拉伸 3。选择下拉菜单 插入(I) → 拉伸(E)... 命令。在绘图区中右击，从弹出的快捷菜单中选择 定义内部草绘... 命令，选取图 12.6 所示的模型表面为草绘平面，RIGHT 基准平面为参照平面，方向为 右；绘制图 12.7 所示的特征截面。单击"完成"按钮✔；在操控板中选取深度类型为 ⊥⊥（到选定的），选择图 12.6 所示的模型表面作为拉伸终止面。单击"完成"按钮✔。

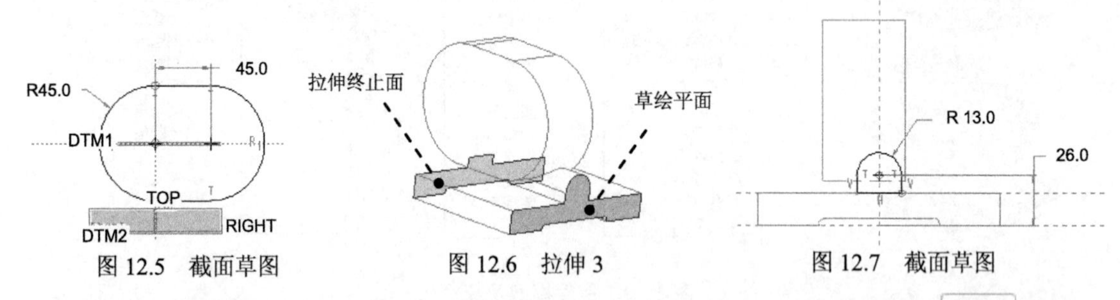

图 12.5　截面草图　　图 12.6　拉伸 3　　图 12.7　截面草图

Step6. 创建图 12.8 所示的实体拉伸特征——拉伸 4。选择下拉菜单 插入(I) → 拉伸(E)... 命令。在绘图区中右击，从弹出的快捷菜单中选择 定义内部草绘... 命令，选取图 12.8 所示模型表面为草绘平面，RIGHT 基准平面为参照平面，方向为 右；绘制图 12.9 所示的截面草图；单击"完成"按钮✔。在操控板中选取拉伸类型为 ⊥⊥，在深度文本框中输入深度值 5.0，单击"完成"按钮✔，完成拉伸特征 4 的创建。

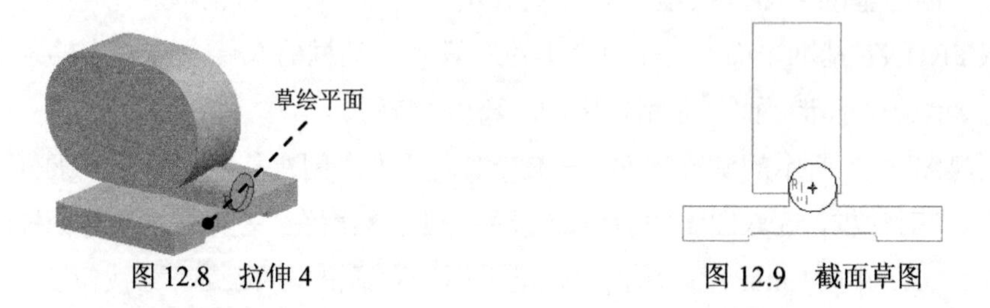

图 12.8　拉伸 4　　图 12.9　截面草图

Step7. 添加图 12.10 所示的孔特征——孔 1。

（1）选择下拉菜单 插入(I) → 孔(H)... 命令，或单击命令按钮 。

（2）在操控板中按下螺孔类型按钮 ；选择 ISO 螺孔标准，螺孔大小为 M18×1。

（3）定义孔的放置。选取模型拉伸特征 4 的端面，按住 Ctrl 键选取基准轴 A_1 作为放置参照，放置类型为 同轴。

（4）在操控板中单击形状按钮，进行图 12.11 所示的设置。

（5）选取深度类型，再在深度文本框中输入深度值 96.0，并按 Enter 键。

（6）在操控板中单击“完成”按钮，完成特征的创建。

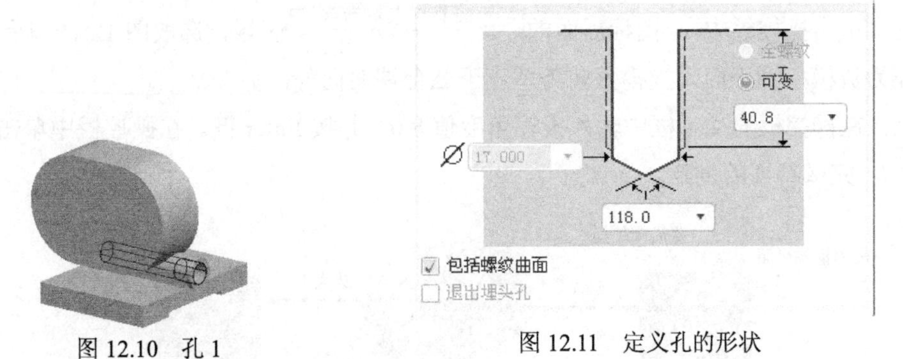

图 12.10　孔 1　　　图 12.11　定义孔的形状

Step8. 创建图 12.12b 所示的边倒角——倒角 1。

（1）选择下拉菜单 插入(I) → 倒角(M) → 边倒角(E)... 命令。

（2）在模型上选择图 12.12a 所示的孔的内边线为倒角放置参照。

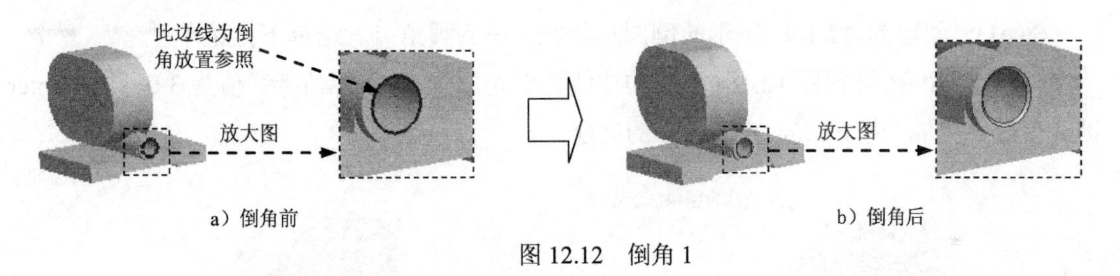

a）倒角前　　　b）倒角后

图 12.12　倒角 1

（3）选择边倒角方案。本例选取 D x D 方案。

（4）设置倒角尺寸。在操控板中的倒角尺寸文本框中输入值 1.0，并按 Enter 键。

（5）在操控板中单击按钮，完成倒角特征的构建。

Step9. 创建图 12.13 所示的实体拉伸特征——拉伸 5。选择下拉菜单 插入(I) → 拉伸(E)... 命令；在绘图区中右击，从弹出的快捷菜单中选择 定义内部草绘... 命令，选取图 12.13 所示的实体表面为草绘平面，接受系统默认的参照平面及方向，绘制图 12.14 所示的截面草图，单击“完成”按钮。在操控板中选取深度类型，深度值为 9.0，单击“完成”按钮，完成拉伸特征 5 的创建。

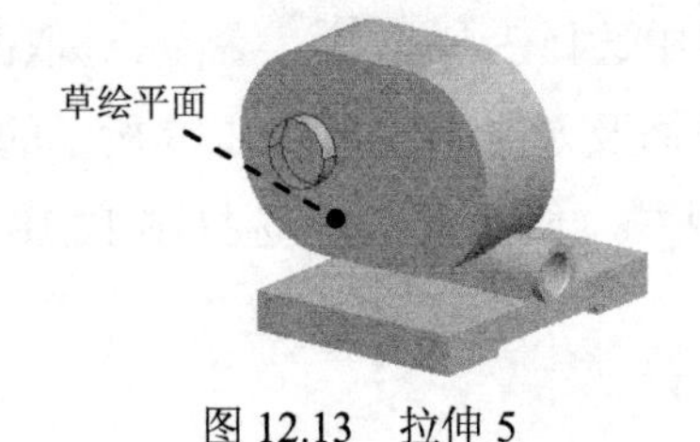

图 12.13　拉伸 5

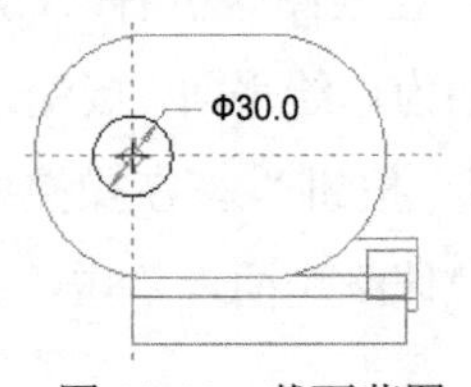

图 12.14　截面草图

Step10. 对图 12.15b 所示的凸台创建拔模特征——斜度 1。

（1）选择下拉菜单 插入(I) ➡ 斜度(F)... 命令，此时弹出拔模操控板。

（2）按住 Ctrl 键，选取图 12.15a 所示的两个模型表面（凸台的一周侧表面）为要拔模的面。

（3）单击操控板中 图标后面的 • 单击此处添加项目 区域，选取图 12.15a 所示的凸台的顶面为拔模枢轴平面，拔模方向为垂直于凸台端面向外。

（4）在操控板的文本框中输入拔模角度值 8.0，并按 Enter 键。在操控板中单击“完成”按钮✓，完成特征的创建。

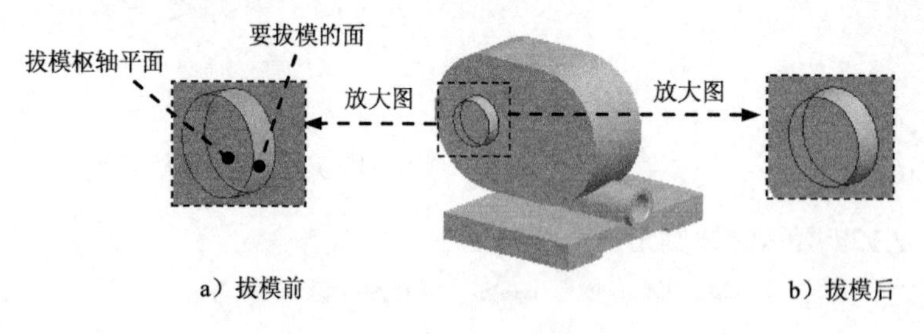

图 12.15 斜度 1

Step11. 创建图 12.16b 所示的倒圆角特征——倒圆角 1。选择下拉菜单 插入(I) ➡ 倒圆角(O)... 命令。选择图 12.16a 所示的边线为圆角放置参照。圆角半径值为 3.0，并按 Enter 键。单击“完成”按钮✓，完成特征的创建。

图 12.16 倒圆角 1

Step12. 创建图 12.17b 所示的倒圆角特征——倒圆角 2。选择下拉菜单 插入(I) ➡ 倒圆角(O)... 命令，在模型上选取图 12.17a 所示的边线为圆角放置参照，圆角的半径值为 2.0。

Step13. 创建图 12.18 所示的实体拉伸特征——拉伸 6。选择下拉菜单 插入(I) ➡ 拉伸(E)... 命令；在绘图区中右击，从弹出的快捷菜单中选择 定义内部草绘... 命令，选取图 12.18 所示的模型表面为草绘平面，接受系统默认的参照平面及方向，绘制图 12.19 所示的截面草图，单击“完成”按钮✓，在操控板中选取深度类型 (到选定的)，选择图 12.18 所示的模型表面作为拉伸终止面，单击“完成”按钮✓。

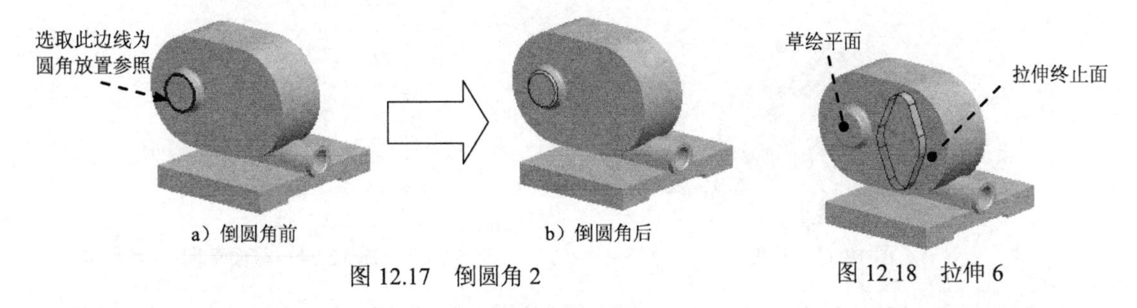

图 12.17　倒圆角 2　　图 12.18　拉伸 6

Step14. 对图 12.20 所示的凸台创建拔模特征——斜度 2。选择下拉菜单 插入(I) → 斜度(F)... 命令，按住 Ctrl 键，选取图 12.20 所示凸台的一周侧表面为要拔模的面。选取图 12.20 所示凸台的顶面为拔模枢轴平面，拔模方向为垂直于凸台端面向外。在操控板的文本框中输入拔模角度值 8.0。

图 12.19　截面草图　　图 12.20　斜度 2

Step15. 创建图 12.21b 所示的倒圆角特征——倒圆角 3。选择下拉菜单 插入(I) → 倒圆角(O)... 命令；选择图 12.21a 所示的边链为圆角放置参照，圆角的半径值为 3.0。

Step16. 创建图 12.22 所示的基准平面——DTM3。单击按钮，系统弹出“基准平面”对话框，选取 FRONT 基准平面，偏移值为 118.0，单击 确定 按钮。

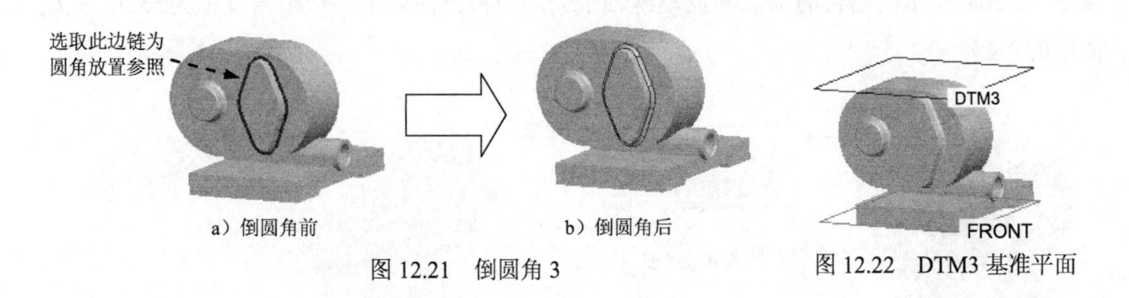

图 12.21　倒圆角 3　　图 12.22　DTM3 基准平面

Step17. 创建图 12.23 所示的实体拉伸特征——拉伸 7。选择下拉菜单 插入(I) → 拉伸(E)... 命令；在绘图区中右击，从弹出的快捷菜单中选择 定义内部草绘... 命令，选取图 12.23 所示的模型表面为草绘平面，接受系统默认的参照平面,方向为 底部；绘制图 12.24 所示的截面草图。单击“完成”按钮，在操控板中单击选取深度类型，选择 DTM3 基准平面作为拉伸终止面。单击“完成”按钮。

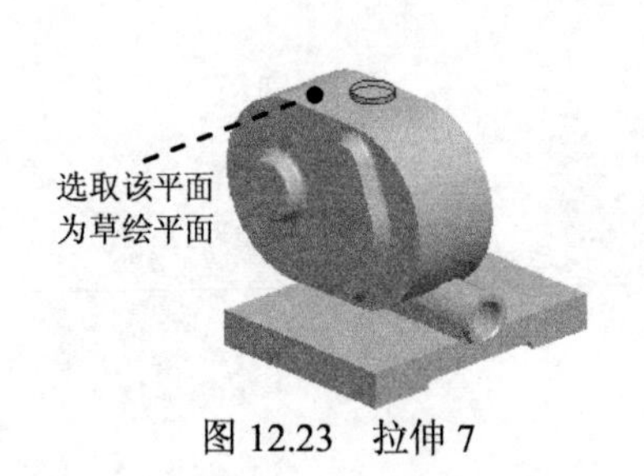

图 12.23　拉伸 7

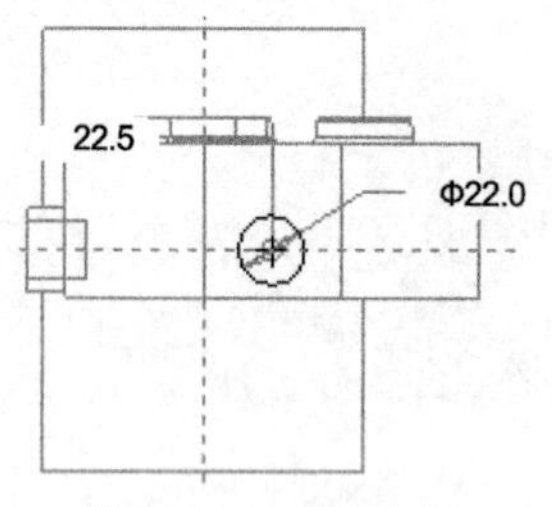

图 12.24　截面草图

Step18. 在零件模型中创建关系，其目的是使上步创建的拉伸凸台始终位于中间位置。

（1）选择下拉菜单 工具(T) ➡ 关系(R)... 命令，此时系统弹出“关系”对话框。

（2）在模型树中选取拉伸 2 和上一步创建的拉伸 7，此时模型上显示出拉伸特征的所有尺寸参数符号，如图 12.25 所示。

（3）在对话框的关系编辑区输入关系式 d52 = d20 / 2；单击 确定 按钮，完成关系定义。

（4）单击“再生”按钮，再生模型。

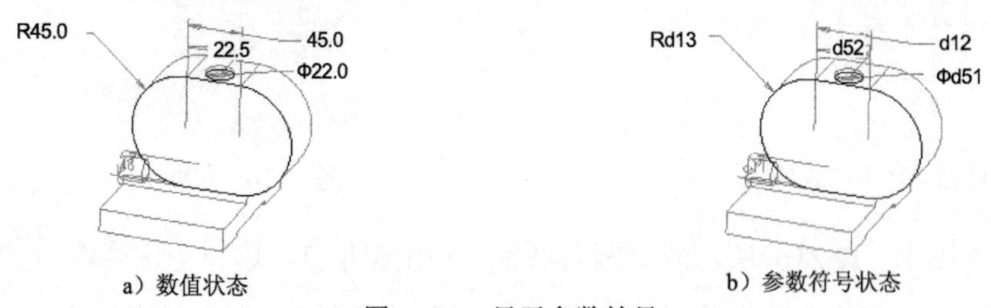

图 12.25　显示参数符号

Step19. 对图 12.26b 所示的凸台创建拔模特征——斜度 3。选择下拉菜单 插入(I) ➡ 斜度(F)... 命令，按住 Ctrl 键，选取图 12.26a 所示的凸台的一周侧表面为要拔模的面。选取图 12.26a 所示的凸台的顶面为拔模枢轴平面，拔模方向向上。拔模角度值为-8.0，完成特征的创建。

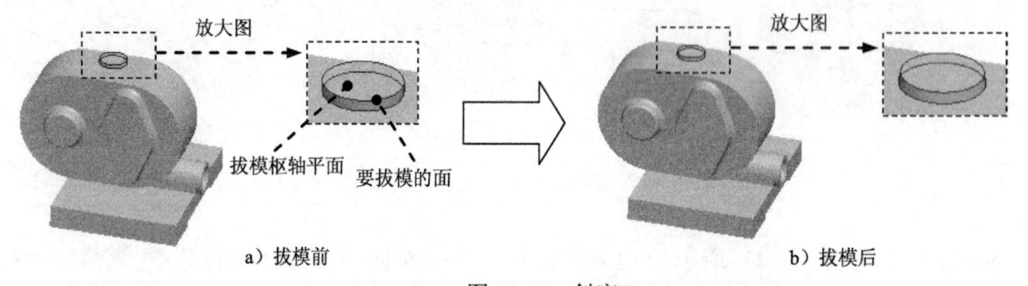

图 12.26　斜度 3

Step20. 创建图 12.27b 所示的倒圆角特征——倒圆角 4。选择下拉菜单 插入(I) ➡ 倒圆角(O)... 命令。在模型上选择图 12.27a 所示的边线为圆角放置参照，圆角的半径值为 2.5。

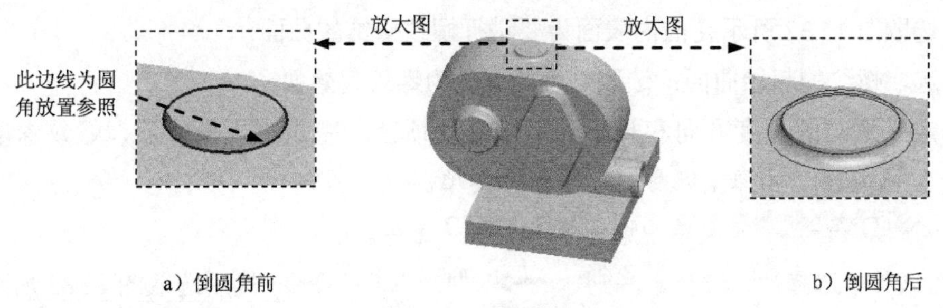

图 12.27　倒圆角 4

Step21. 创建图 12.28 所示的拉伸特征——拉伸 8。选择下拉菜单 插入(I) → 拉伸(E)... 命令；按下“移除材料”按钮，在绘图区中右击，从弹出的快捷菜单中选择 定义内部草绘... 命令，选取图 12.28 所示的模型表面为草绘平面，接受系统默认的参照平面及方向；选取图 12.29 所示的两个圆弧的边线为草绘参照，绘制图 12.29 所示的截面草图，单击“完成”按钮，在操控板中选择深度类型为，深度值为 33.0，单击“完成”按钮，完成拉伸 8 的创建。

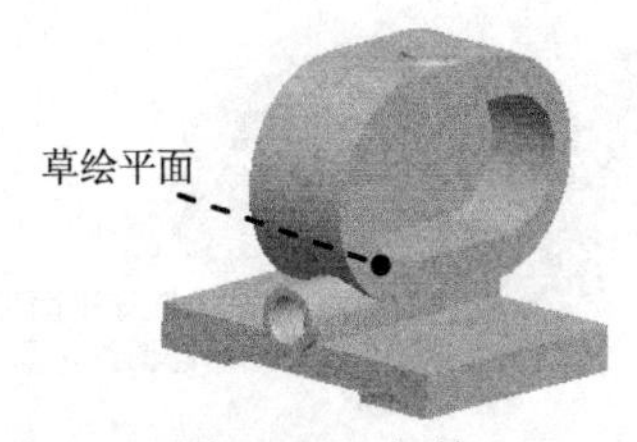

图 12.28　拉伸 8

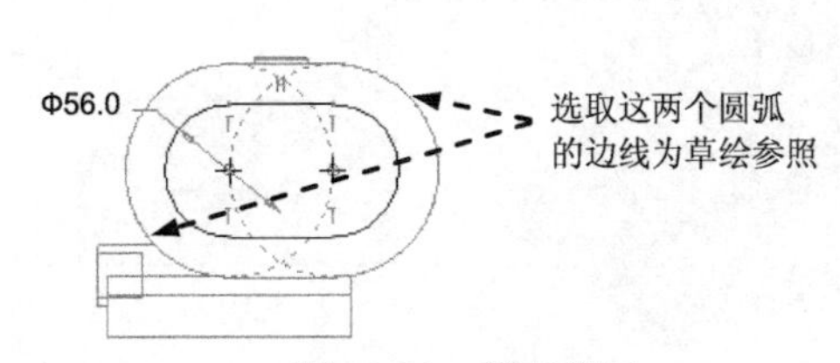

图 12.29　截面草图

Step22. 创建图 12.30 所示的拉伸特征——拉伸 9。选择下拉菜单 插入(I) → 拉伸(E)... 命令；按下“移除材料”按钮，选取图 12.30 所示的凸台的顶面为草绘平面，RIGHT 基准平面为参照平面，方向为 底部；绘制图 12.31 所示的截面草图。单击“完成”按钮，在操控板中选择深度类型（到选定的），选择图 12.30 所示的基准轴 A_1 作为拉伸终止位置参照。单击“完成”按钮，完成拉伸 9 的创建。

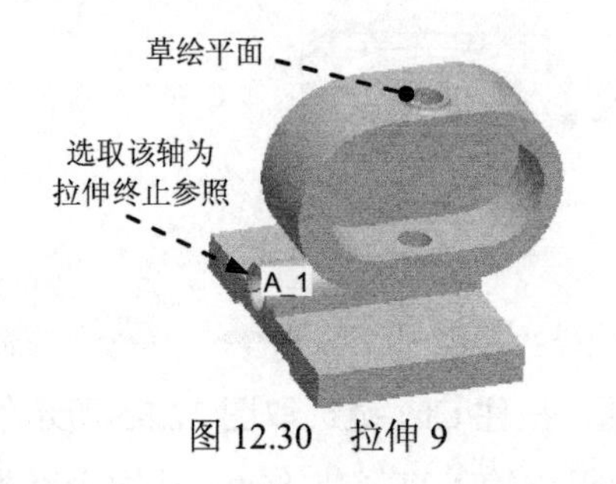

图 12.30　拉伸 9

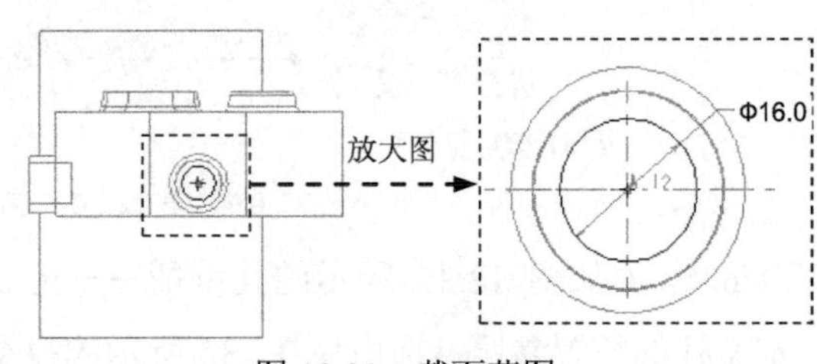

图 12.31　截面草图

Step23. 创建图 12.32 所示的螺纹修饰特征——修饰 标识 745。

（1）选择下拉菜单 插入(I) → 修饰(E) → 螺纹(T)... 命令，系统弹出“修饰：螺纹”对话框和“选取”对话框。

（2）选取图 12.32 所示孔的内表面为要进行螺纹修饰的曲面。

（3）选取螺纹的起始曲面：选取凸台的顶面为螺纹起始面。

（4）定义螺纹的长度方向和长度，以及螺纹顶径。完成上步操作后，螺纹深度方向箭头朝向实体内部，并弹出▼ DIRECTION（方向）菜单。

① 在▼ DIRECTION（方向）菜单中选择 Okay（确定）命令。

② 在菜单中选择 UpTo Surface（至曲面）➡ Done（完成）命令，然后选取图 12.33 所示的底面为螺纹修饰的终止面。

③ 在系统的提示下，输入螺纹大径值 18.0，并按 Enter 键。

（5）完成上步操作后，系统弹出▼ FEAT PARAM（特征参数）菜单，在此菜单中选择 Done/Return（完成/返回）命令。

（6）单击“修饰：螺纹”对话框中的 预览 按钮，预览所创建的螺纹修饰特征（将模型显示换到线框状态，可看到螺纹示意线），可单击对话框中的 确定 按钮。

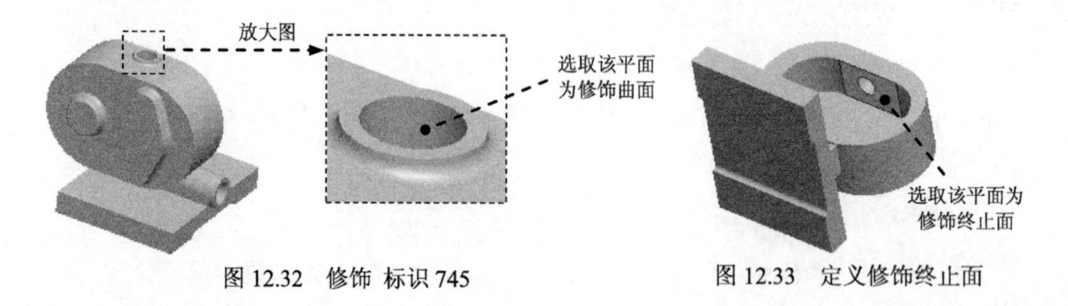

图 12.32　修饰 标识 745　　　图 12.33　定义修饰终止面

Step24. 创建图 12.34b 所示的倒角特征——倒角 2。选择下拉菜单 插入(I) ➡ 倒角(M) ▸ ➡ 边倒角(E)... 命令，在模型上选择图 12.34a 所示的孔的内边线为倒角放置参照，选取 D x D 方案，在尺寸文本框中输入值 1.0，完成倒角 2 的创建。

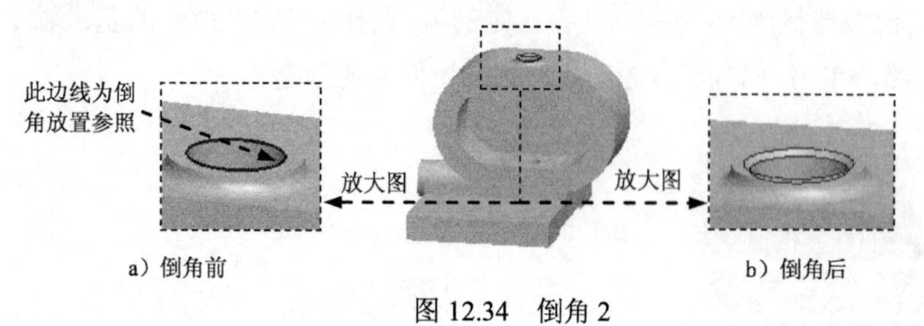

图 12.34　倒角 2

Step25. 添加图 12.35 所示的孔特征——孔 2。选择下拉菜单 插入(I) ➡ 孔(H)... 命令。定义孔的放置参照，选取图 12.35 所示的模型内表面，按住 Ctrl 键选取图 12.35 所示的基准轴 A_3 为孔的放置参照，放置类型为 同轴；在操控板中输入直径值 16.0，选取深度类型为 ⊔，再在深度文本框中输入深度值 15.0，完成特征的创建。

Step26. 创建图 12.36 所示的旋转特征——旋转 1。

（1）选择下拉菜单 插入(I) ➡ 旋转(R)... 命令，在出现的操控板中确认“实体”类型按钮□被按下，并按下“移除材料”按钮◿。

（2）定义草绘截面放置属性。选取 TOP 基准平面为草绘平面，RIGHT 基准平面为参照平面，选取 右 作为草绘平面参照的方向，单击对话框中的 草绘 按钮。

（3）进入截面草绘环境后，绘制图 12.37 所示的截面草图，单击“完成”按钮✓。

（4）在操控板中选取旋转角度类型⊥，旋转角度值为 360.0；单击“完成”按钮✓，完成特征的创建。

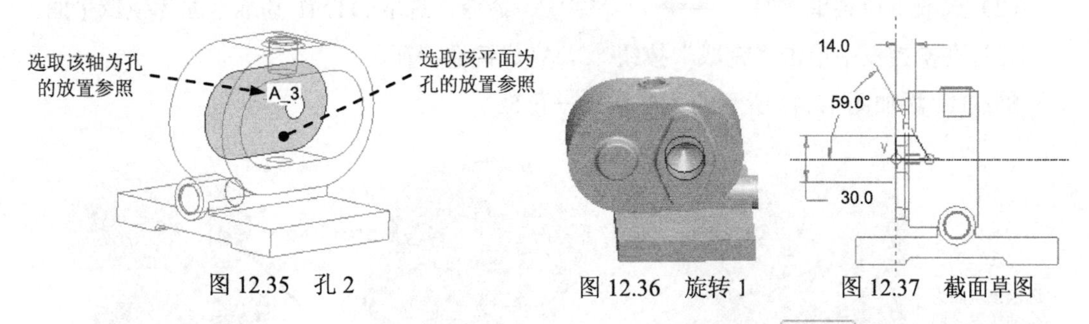

图 12.35　孔 2　　图 12.36　旋转 1　　图 12.37　截面草图

Step27. 添加图 12.38 所示的孔特征——孔 3。选择下拉菜单 插入(I) ➡ 孔(H)... 命令。按住 Ctrl 键选取图 12.38 所示的模型内表面和图 12.38 所示的基准轴 A_9 为参照，放置类型为 同轴；输入直径值 22.0，选取深度类型⫼（即“穿透”），完成孔特征 3 的创建。

Step28. 创建图 12.39 所示的基准轴——A_10。

（1）单击工具栏上的“基准轴”按钮/，系统弹出“基准轴”对话框。

（2）选择图 12.39 所示的侧表面为草绘参照，在“基准轴”对话框中将约束类型设置为 穿过。

（3）单击“基准轴”对话框中的 确定 按钮。

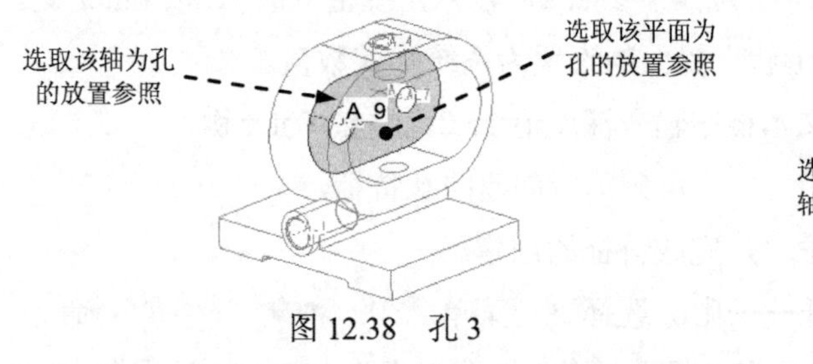

图 12.38　孔 3

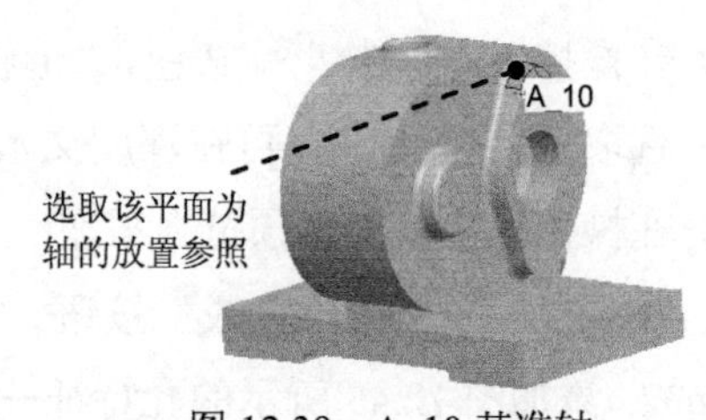

图 12.39　A_10 基准轴

Step29. 添加图 12.40 所示的孔特征——孔 4。

（1）选择下拉菜单 插入(I) ➡ 孔(H)... 命令。

（2）选取图 12.40 所示凸台的顶面，按住 Ctrl 键选取上一步创建的基准轴 A_10 为参照，放置类型为 同轴。

（3）在操控板中按下螺孔类型按钮；选择 ISO 螺孔标准，螺孔大小为 M8×1。在操控板中单击形状按钮，进行“形状”界面的设置，其设置为系统默认值。

（4）选取深度类型，再在深度文本框中输入深度值 15.0，并按 Enter 键。

（5）在操控板中单击“预览”按钮，可预览所创建的孔特征。

（6）在操控板中单击“完成”按钮，完成特征的创建。

Step30. 用镜像的方法添加图 12.41 所示的特征——镜像 1。

（1）在模型树中选取孔 4 为镜像源。

（2）选取下拉菜单 编辑(E) ➡ 镜像(I)... 命令，选取 DTM1 基准平面为镜像平面。

（3）在操控板中单击“完成”按钮，完成镜像特征。

Step31. 添加图 12.42 所示的孔特征——孔 5。

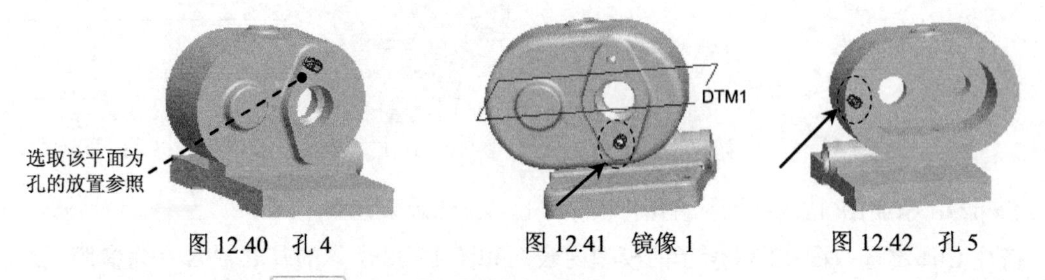

图 12.40　孔 4　　图 12.41　镜像 1　　图 12.42　孔 5

（1）选择下拉菜单 插入(I) ➡ 孔(H)... 命令。

（2）在操控板中，按下螺孔类型按钮；选择 ISO 螺孔标准，螺孔大小为 M8×1。

（3）定义孔的放置。

a）选取模型前表面为主参照，放置类型为径向。

b）单击操控板中的偏移参照下的 • 单击此处添加... 字符，在模型树中选取基准轴 A_8 为偏移参照 1，输入半径值 36.0，并按 Enter 键。

c）按住 Ctrl 键，选取基准平面 DTM1 为偏移参照 2，输入角度值 0.0，并按 Enter 键。

（4）在操控板中单击形状按钮，“形状”界面的设置为系统默认数值。

（5）选取深度类型，再在深度文本框中输入深度值 15.0，并按 Enter 键。

（6）在操控板中单击“预览”按钮，可预览所创建的孔特征。

（7）在操控板中单击“完成”按钮，完成特征的创建。

Step32. 添加图 12.43 所示的孔特征——孔 6。选择下拉菜单 插入(I) ➡ 孔(H)... 命令，在操控板中，按下螺孔类型按钮；选择 ISO 螺孔标准，螺孔大小为 M8×1。选取图 12.43 所示模型的前表面为孔的放置主参照，放置类型为径向，单击操控板中的偏移参照下的 • 单击此处添加... 字符，选取基准轴 A_8 为偏移参照 1，输入半径值 36.0，按住 Ctrl 键，DTM1 基准平面为偏移参照 2，输入角度值 90.0，深度类型为，再在深度文本框中输入深度值 15.0，完成特征的创建。

Step33. 用镜像的方法添加图 12.44 所示的特征——镜像 2。

（1）在模型树中选取孔 6 为镜像源。

（2）选取下拉菜单 编辑(E) ➡ 镜像(I)... 命令，选取 DTM1 基准平面为镜像平面。

（3）在操控板中单击“完成”按钮，完成镜像特征。

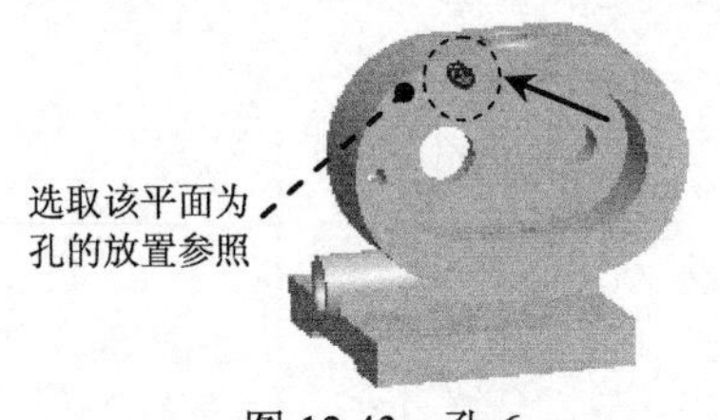

图 12.43　孔 6

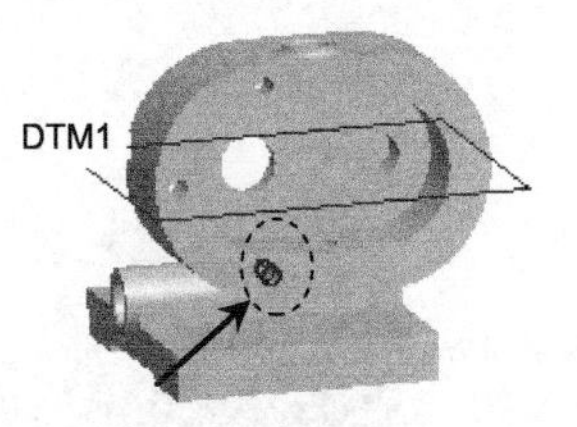

图 12.44　镜像 2

Step34. 创建组——组 G1。

（1） 按住 Ctrl 键，在模型树中选取孔特征 5、6 和镜像 2。

（2）选择下拉菜单 编辑(E) ➡ 组 命令，此时孔特征 5、6 和镜像 2 合并为 组LOCAL_GROUP，先单击 组LOCAL_GROUP，然后右击，将 组LOCAL_GROUP 重名为 组G1，则完成组的创建。

Step35. 创建图 12.45 所示的基准平面——DTM4。单击“创建基准平面”按钮，系统弹出“基准平面”对话框。在模型树中选择 A_5 基准轴，将约束设置为 穿过。按住 Ctrl 键，选择 TOP 基准平面，将约束设置为 平行。

Step36. 添加图 12.46 所示的三个孔特征——镜像 3。

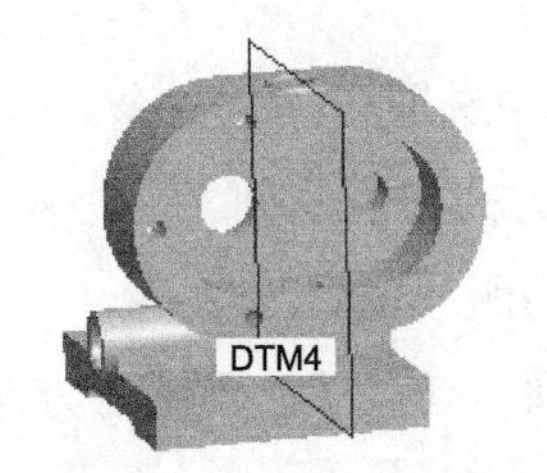

图 12.45　DTM4 基准平面

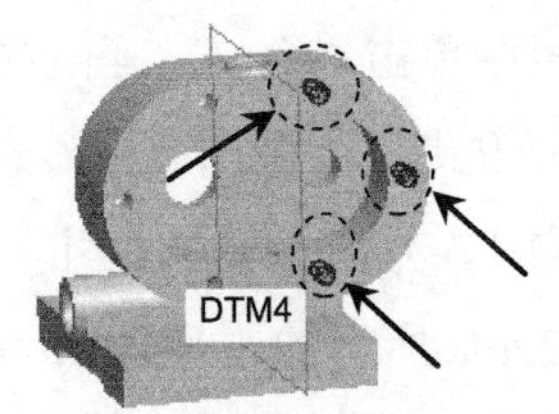

图 12.46　镜像 3

（1）在模型树中选取 组G1 为镜像源。

（2）选取下拉菜单 编辑(E) ➡ 镜像(I)... 命令，选取 DTM4 基准平面为镜像平面。

（3）在操控板中单击“完成”按钮，完成镜像特征。

说明：当完成复制镜像后，图 12.46 所示的三个孔将包裹在镜像 3 特征中。

Step37. 添加图 12.47 所示的孔特征——孔 7。在操控板中按下螺孔类型按钮；选择 ISO 螺孔标准，螺孔大小为 M10×1.5。选取图 12.47 所示的模型上表面为主参照，放置类型为 线性。选取 RIGHT 基准平面为次参照 1，约束类型为 偏移，输入偏移值-55.0；按住 Ctrl 键，选取 TOP 基准平面为次参照 2，约束类型为 偏移，输入偏移值-38.0；在操控板中

单击 形状 按钮，对孔的形状进行图 12.48 所示的设置，深度类型为 （即“穿透”），完成特征的创建。

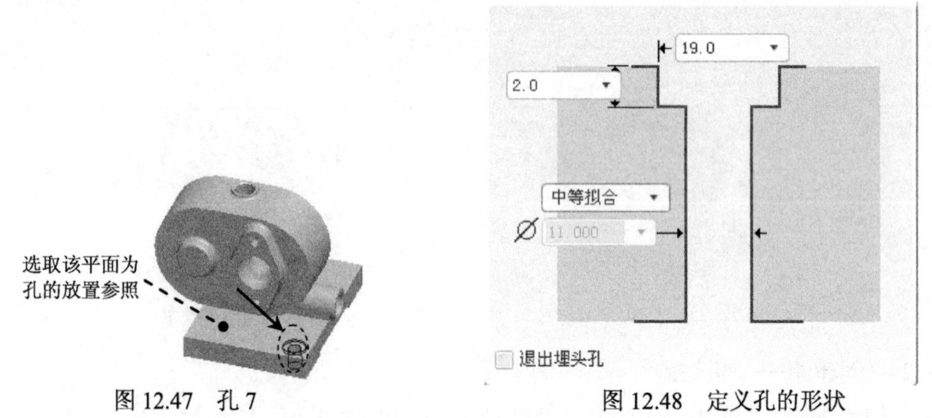

图 12.47　孔 7　　　　图 12.48　定义孔的形状

Step38. 用阵列的方法创建图 12.49 所示的阵列特征——阵列 1。

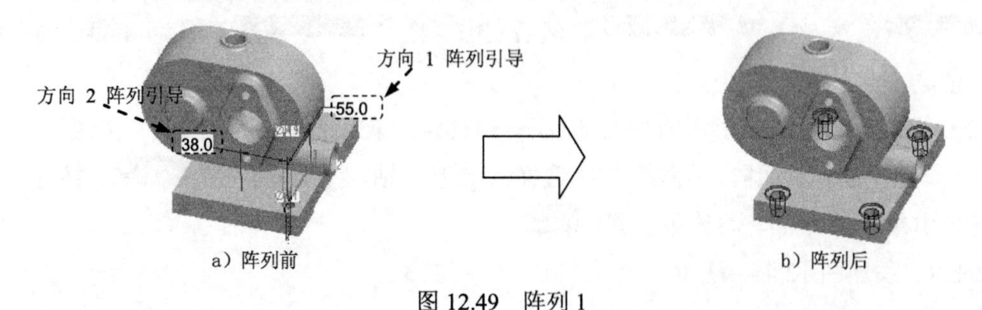

图 12.49　阵列 1

（1）在模型树中单击“孔 7”，再右击，从快捷菜单中选取 阵列... 命令。

（2）选择阵列方式。在操控板中，选择以“尺寸”方式控制阵列。

（3）选取方向 1、方向 2 引导尺寸，并给出增量（间距）值。

① 选取图 12.49a 所示的“尺寸 55.0”为方向 1 阵列引导尺寸，再在“方向 1”的“增量”文本栏中输入值-110.0。

② 单击“方向 2”区域内的“尺寸”栏中的“单击此处添加…”字符，然后选取图 12.49a 所示的“尺寸 38.0”为方向 2 阵列引导尺寸，再在“方向 2”的“增量”文本栏中输入-76.0。完成操作后的界面如图 12.49b 所示。

（4）给出方向 1、方向 2 阵列的个数。在操控板中的方向 1 的阵列个数栏中输入 2，在方向 2 的阵列个数栏中输入 2。

（5）单击操控板中的按钮 ，完成特征的创建。

Step39. 后面的详细操作过程请参见随书光盘中 video\ch12\reference\文件下的语音视频讲解文件 PUMP_BODY-r02.exe。

实例 13　修正液笔盖

实例概述

本实例是一个修正液笔盖的设计，其总体上没有复杂的特征，但设计得十分精致，主要运用了旋转、偏距、阵列、拔模和倒圆角等特征命令，其中偏距特征的使用值得读者注意。零件模型及模型树如图 13.1 所示。

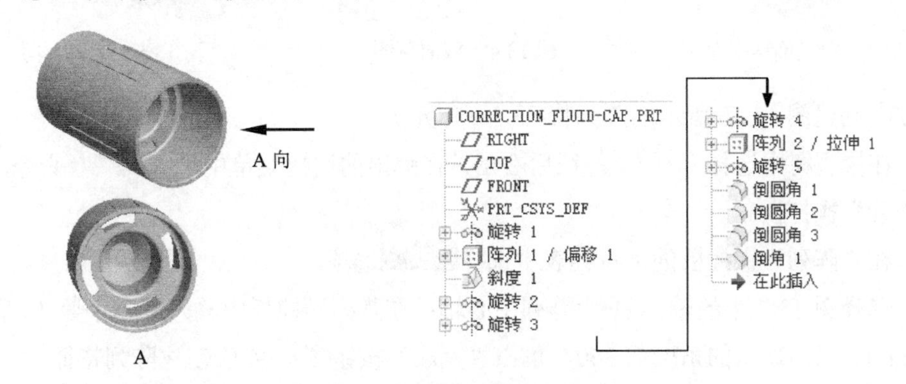

图 13.1　零件模型及模型树

说明：本例前面的详细操作过程请参见随书光盘中 video\ch13\reference\文件下的语音视频讲解文件 correction_fluid_cap-r01.exe。

Step1. 打开文件 proewf5.5\work\ch13\correction_fluid_cap_ex.prt。

Step2. 在实体表面上创建图 13.2 所示的局部偏移特征——偏移 1。

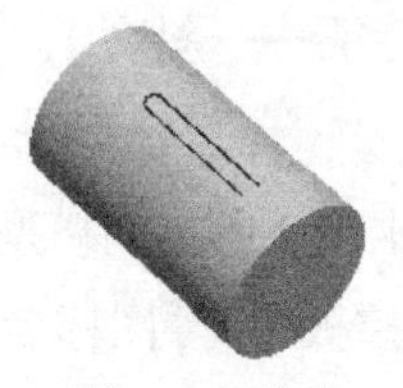

图 13.2　偏移 1

（1）选取图 13.3 中的特征所在表面。

（2）选择下拉菜单 编辑(E) ➡ 偏移(O)... 命令，系统弹出偏移操控板。

（3）定义偏移类型。在操控板中的偏移类型栏中选取（即带有斜度的偏移）。

（4）定义偏移属性：单击操控板中的 选项 按钮，在下拉列表中选择 垂直于曲面 选项，然后选中 侧曲面垂直于 区域中的 ◉ 曲面 单选项，选取 侧面轮廓 区域中的 ◉ 直 单选项。

（5）定义草绘属性。单击操控板中的 参照 按钮，在弹出的界面中单击 定义... 按钮；系统弹出“草绘”对话框，选取 FRONT 基准平面为草绘平面，RIGHT 基准平面为参照平面，方向为顶，单击对话框中的草绘按钮，绘制图 13.4 所示的截面草图，完成后单击✓按钮，退出草绘环境。

（6）输入偏移值 0.2 和斜角值 0.0，将偏移方向调整到图 13.5 所示的方向，单击操控板中的✓按钮，完成特征的创建。

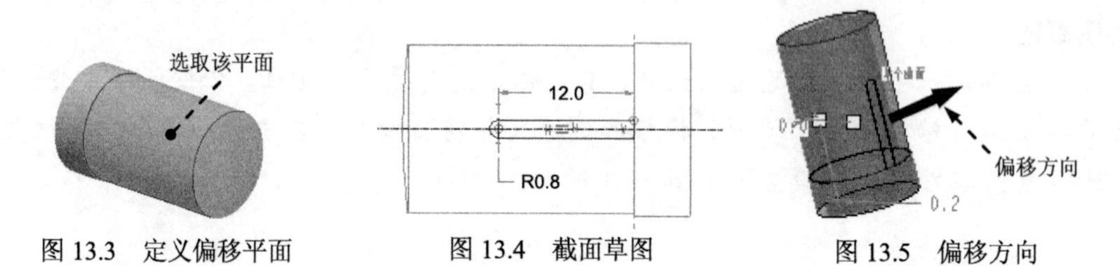

图 13.3　定义偏移平面　　图 13.4　截面草图　　图 13.5　偏移方向

Step3. 创建图 13.6b 所示的阵列特征——阵列 1。

（1）在模型树中选择偏移 1特征后右击，在弹出的快捷菜单中选择阵列...命令，系统弹出“阵列”操控板。

（2）在“阵列”操控板的下拉列表中选择轴选项。

（3）选择图 13.7 中的轴 A_1 为阵列中心轴；在阵列操控板中输入阵列个数 15 和角度增量值 24.0。采用默认的角度值 360。单击“完成”按钮✓，完成创建阵列特征。

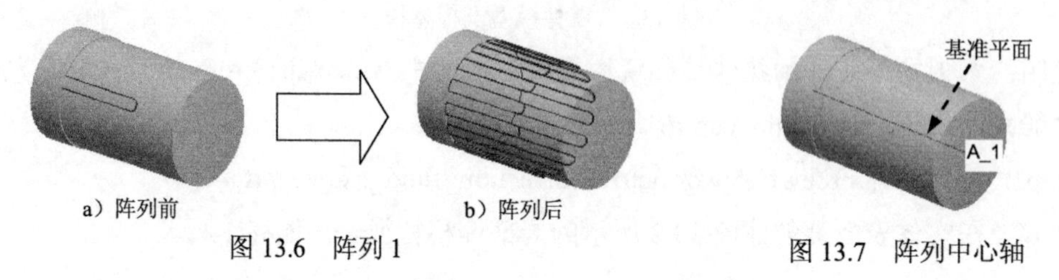

a）阵列前　　b）阵列后

图 13.6　阵列 1　　图 13.7　阵列中心轴

Step4. 添加图 13.8 所示的拔模特征——斜度 1。

（1）选择下拉菜单插入(I) → 斜度(F)...命令。

（2）选取要拔模的曲面。选取图 13.9 所示的模型表面作为要拔模的表面。

（3）选取拔模枢轴平面。单击操控板中图标后的● 单击此处添加项目字符。选取图 13.9 所示的模型表面作为拔模枢轴平面。

（4）定义图 13.10 所示的拔模方向，并在操控板中输入拔模角度值 1.0。

（5）单击操控板中的✓按钮，完成拔模特征的创建。

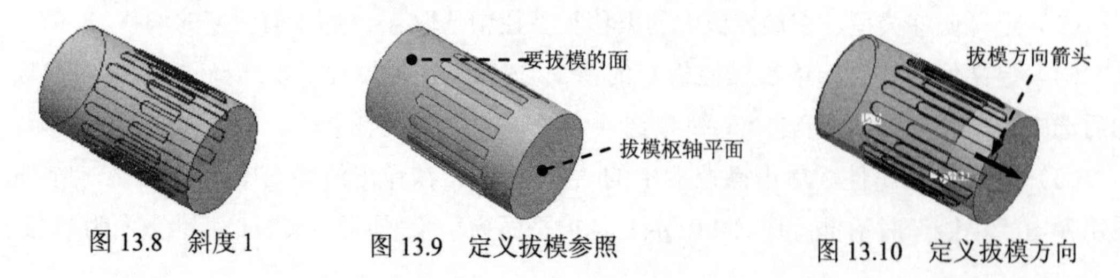

图 13.8　斜度 1　　图 13.9　定义拔模参照　　图 13.10　定义拔模方向

Step5. 添加图 13.11 所示的旋转特征——旋转 2。

（1）选择下拉菜单 插入(I) → 旋转(R)... 命令；在操控板中按下“移除材料”按钮。

（2）定义草绘截面放置属性。选取 FRONT 基准平面为草绘平面，RIGHT 基准平面为参照平面，方向为 右；单击对话框中的 草绘 按钮。

（3）进入截面草绘环境后，绘制图 13.12 所示的旋转中心线和特征截面草图；单击“完成”按钮。

（4）在操控板中选取深度类型为，输入旋转角度值 360；移除材料方向如图 13.13 所示，单击“完成”按钮。

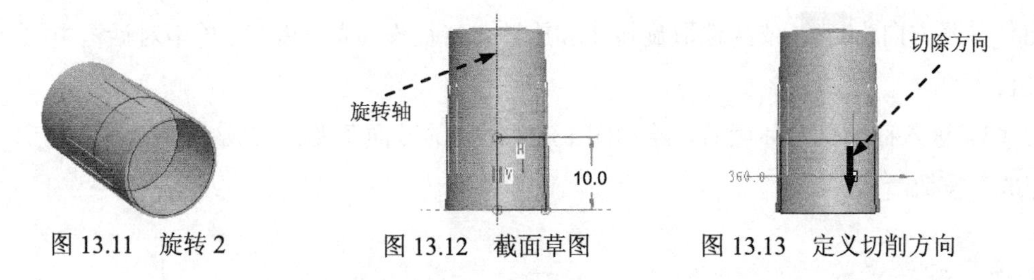

图 13.11　旋转 2　　图 13.12　截面草图　　图 13.13　定义切削方向

Step6. 添加图 13.14 所示的旋转特征——旋转 3。

（1）选择下拉菜单 插入(I) → 旋转(R)... 命令，在操控板中按下“移除材料”按钮。

（2）定义草绘截面放置属性。选取 FRONT 基准平面为草绘平面，RIGHT 基准平面为参照平面，方向为 右；单击对话框中的 草绘 按钮。

（3）进入截面草绘环境后，绘制图 13.15 所示的旋转中心线和特征截面草图；单击“完成”按钮。

（4）在操控板中选取旋转类型为，输入旋转角度值 360.0；移除材料方向如图 13.16 所示，单击“完成”按钮。

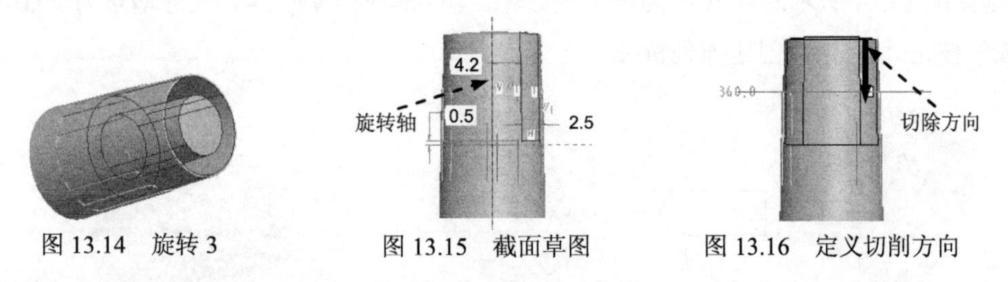

图 13.14　旋转 3　　图 13.15　截面草图　　图 13.16　定义切削方向

Step7. 添加图 13.17 所示的切削旋转特征——旋转 4。选择下拉菜单 插入(I) → 旋转(R)... 命令；在操控板中按下“移除材料”按钮。选择 FRONT 基准平面为草绘平面，RIGHT 基准平面为参照平面，参照方向为 右；绘制图 13.18 所示的截面草图及旋转中心线，单击“完成”按钮。在操控板中选取旋转类型为，移除材料方向如图 13.19 所示，旋转角度值为 360.0。单击“完成”按钮。

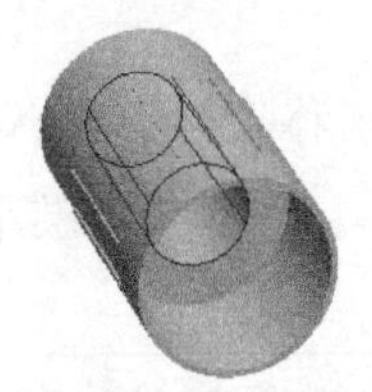

图 13.17　旋转 4

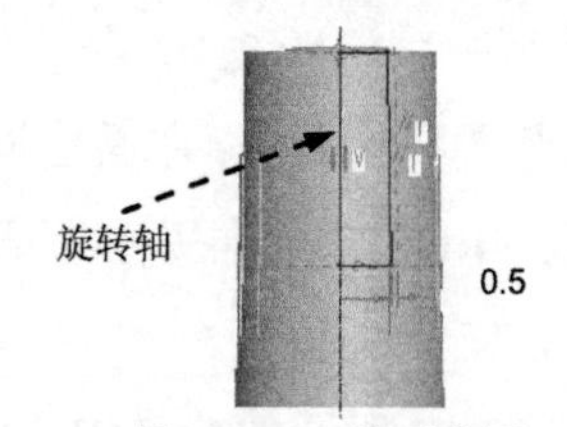

图 13.18　截面草图

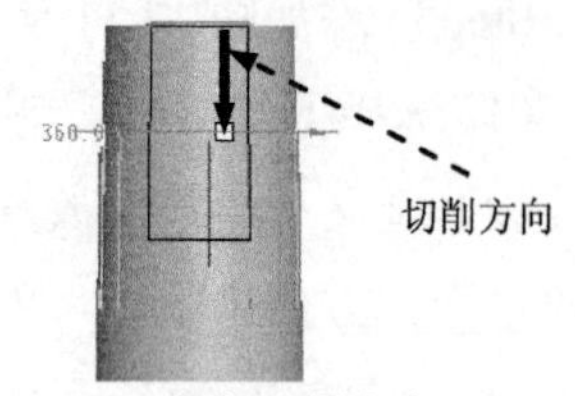

图 13.19　定义切削方向

Step8. 添加图 13.20 所示的拉伸特征——拉伸 1。

（1）选择下拉菜单 插入(I) ➡ 拉伸(E)... 命令，在操控板中按下“移除材料”按钮。

（2）定义草绘截面放置属性。分别选取图 13.21 所示的模型表面为草绘平面和草绘参照平面，参照方向为 左；依次选取旋转 3 和旋转 4 特征作为草绘参照；单击对话框中的 草绘 按钮。

（3）进入截面草绘环境后，绘制图 13.22 所示的截面草图；完成特征截面绘制后，单击“完成”按钮。

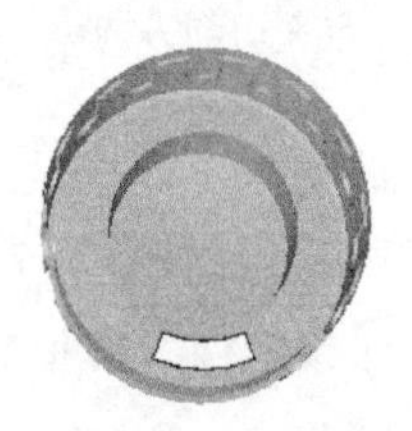

图 13.20　拉伸 1

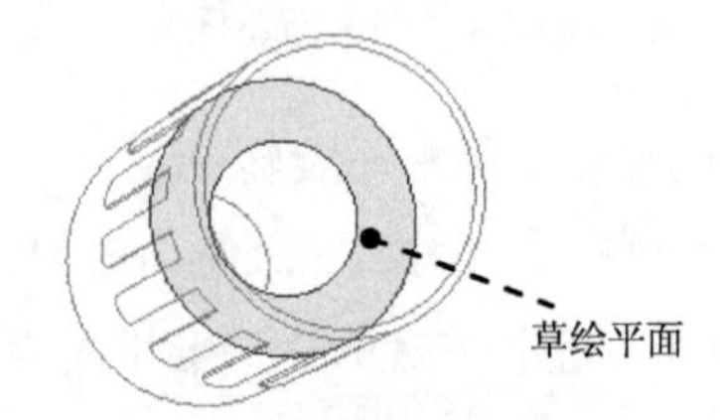

图 13.21　草绘平面

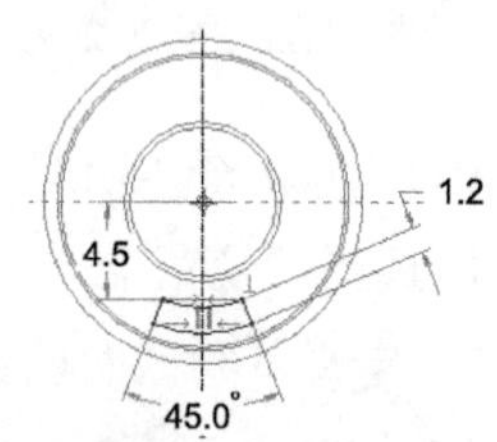

图 13.22　截面草图

（4）在操控板中选取深度类型（穿透），单击“完成”按钮。

Step9. 创建图 13.23b 所示的阵列特征——阵列 2。在模型树中选择 拉伸 1 特征后右击，在弹出的快捷键中选择 阵列... 命令。在弹出的“阵列”操控板的下拉列表中选择 轴 选项。选择图 13.24 所示的轴 A_1 为阵列中心轴。输入阵列个数为 4，尺寸增量为 90.0。单击“完成”按钮，完成创建阵列特征。

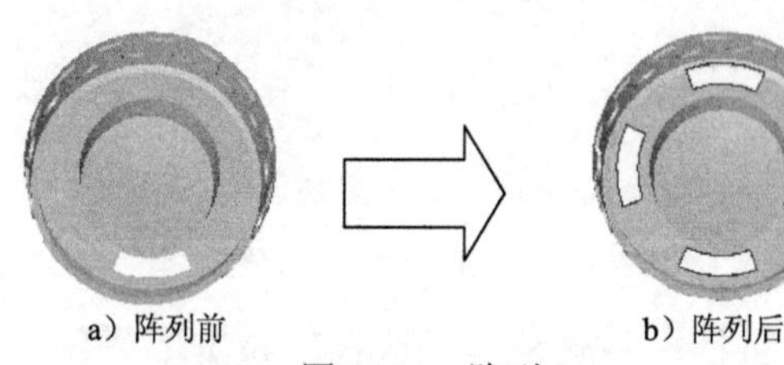

图 13.23　阵列 2

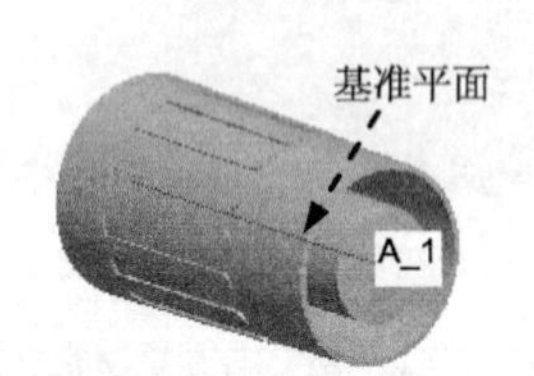

图 13.24　定义阵列中心轴

Step10. 添加图 13.25 所示的实体旋转特征——旋转 5。选择下拉菜单 插入(I) ➡ 旋转(R)... 命令；选择 FRONT 基准平面为草绘平面，RIGHT 基准平面为参照平面，参照方向为 底部；绘制图 13.26 所示的截面草图及旋转中心线，单击“完成”按钮。在操控板中，选取旋转类型为，旋转角度值为 360.0。单击“完成”按钮。

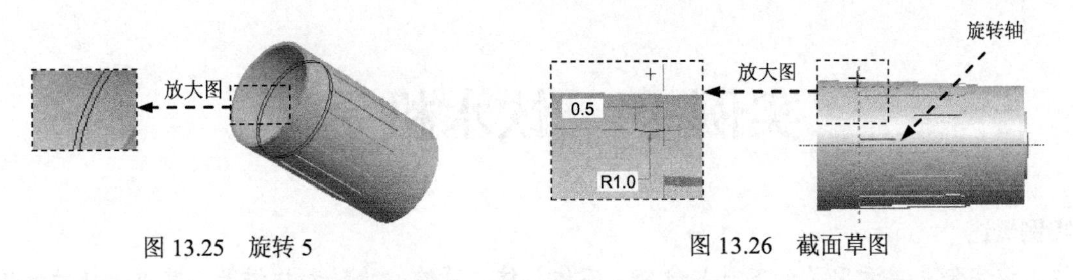

图 13.25　旋转 5　　　　图 13.26　截面草图

Step11. 后面的详细操作过程请参见随书光盘中 video\ch13\reference\文件下的语音视频讲解文件 correction_fluid_cap-r02.exe。

实例 14　饮水机手柄

实例概述

该实例主要运用了如下一些命令：实体拉伸、草绘、旋转和扫描等，其中手柄的连接弯曲杆处是通过选取扫描轨迹再创建伸出项特征而成的，构思很巧。该零件模型及模型树如图 14.1 所示。

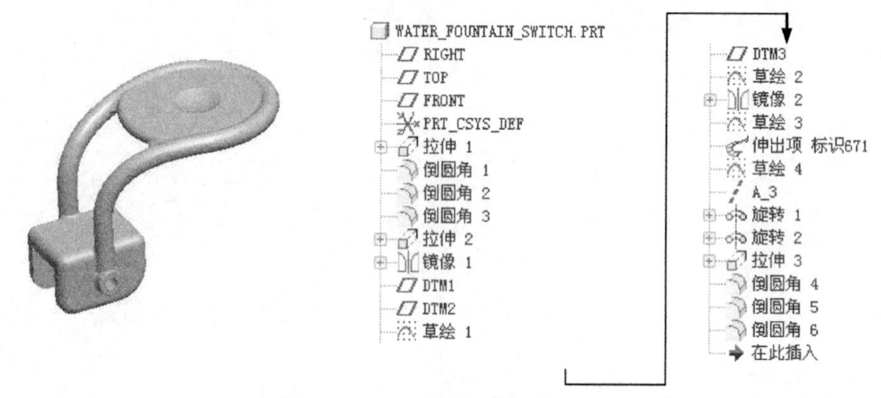

图 14.1　零件模型及模型树

说明：本例前面的详细操作过程请参见随书光盘中 video\ch14\reference\文件下的语音视频讲解文件 WATER_FOUNTAIN_SWITCH-r01.exe。

Step1. 打开文件 proewf5.5\work\ch14\WATER_FOUNTAIN_SWITCH_ex.prt。

Step2. 添加图 14.2 所示的拉伸特征——拉伸 2。

（1）选择下拉菜单 插入(I) ➡ 拉伸(E)... 命令。

（2）定义截面放置属性。在绘图区右击，从弹出的快捷菜单中选择 定义内部草绘... 命令，系统弹出“草绘”对话框。选取图 14.2 所示的面为草绘平面，接受系统默认的草绘参照，方向为 左，单击对话框中的 草绘 按钮。

（3）此时系统进入截面草绘环境，绘制图 14.3 所示的截面草图；完成绘制后，单击“完成”按钮 ✔。

（4）在操控板中，选取深度类型为 ⊥⊥，输入深度值 4.0。单击 ☑ 60 按钮预览所创建的特征；单击“完成”按钮 ✔。

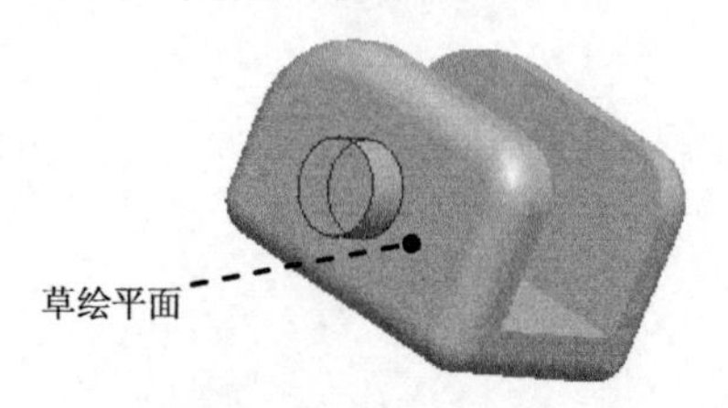

图 14.2　拉伸 2

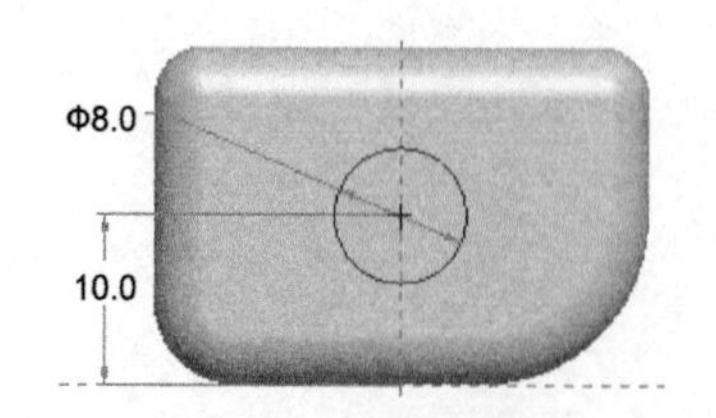

图 14.3　截面草图

Step3. 创建图 14.4b 所示实体的镜像特征——镜像 1。

（1）在模型树中选取 Step2 创建的拉伸 2 为镜像源。

（2）选择下拉菜单 编辑(E) ➡ 镜像(I)... 命令。

（3）选取 TOP 基准平面为镜像平面。

（4）单击操控板中的“完成”按钮✔。

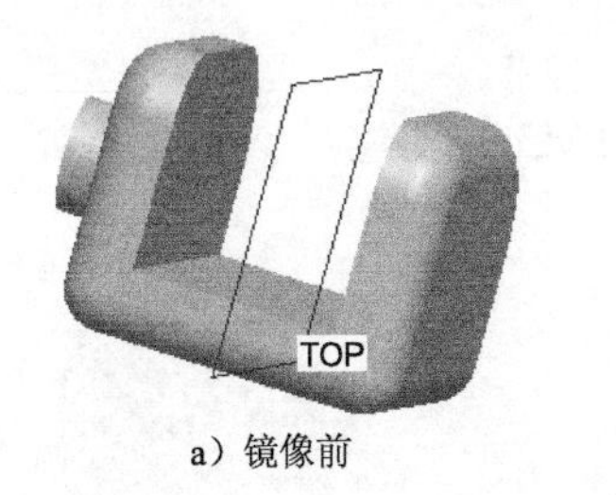

a）镜像前

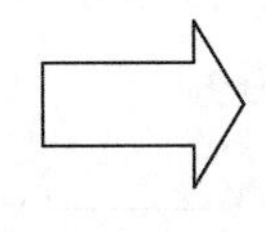

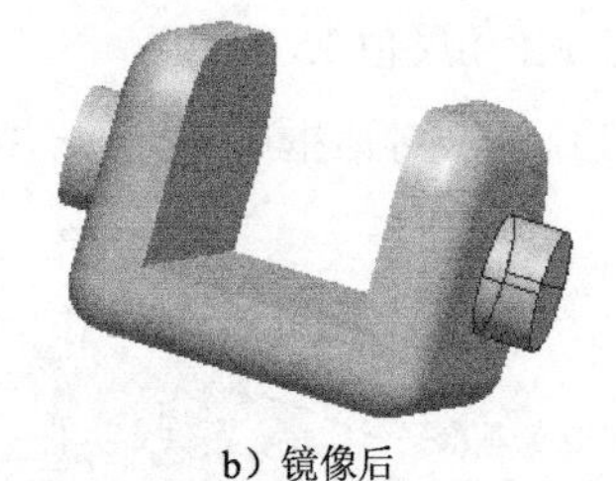

b）镜像后

图 14.4　镜像 1

Step4. 创建图 14.5 所示的基准平面——DTM1。选择下拉菜单 插入(I) ➡ 模型基准(D) ▸ ➡ 平面(L)... 命令；选取 FRONT 基准平面为放置参照，定义约束类型为偏移，偏移距离值为 10.0，单击“基准平面”对话框中的 确定 按钮。

Step5. 创建图 14.6 所示的基准平面——DTM2。选择下拉菜单 插入(I) ➡ 模型基准(D) ▸ ➡ 平面(L)... 命令；选取 FRONT 基准平面为放置参照，定义约束类型为偏移，偏移距离值为 50.0，单击“基准平面”对话框中的 确定 按钮。

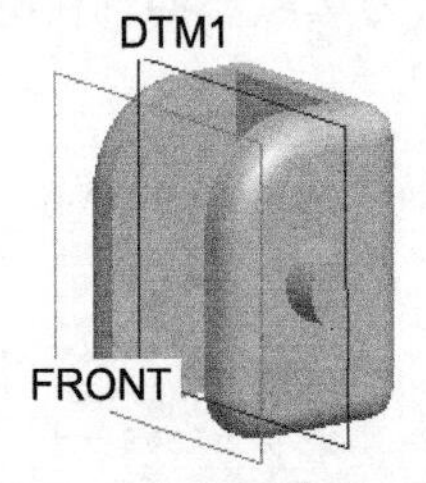

图 14.5　DTM1 基准平面

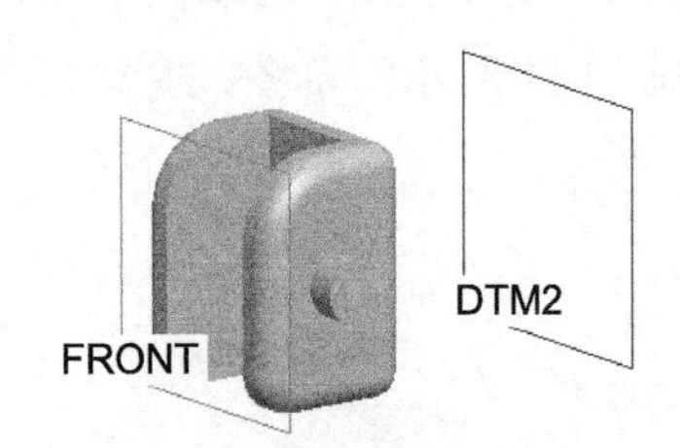

图 14.6　DTM2 基准平面

Step6. 创建图 14.7 所示的草绘特征——草绘 1。

（1）单击工具栏中的“草绘”按钮，系统弹出“草绘”对话框。

（2）定义草绘截面放置属性。选取 RIGHT 基准平面为草绘平面，TOP 基准平面为参照平面，方向为左。单击“草绘”对话框中的 草绘 按钮。

（3）进入草绘环境后，绘制图 14.8 所示的草图，完成后单击✔按钮。

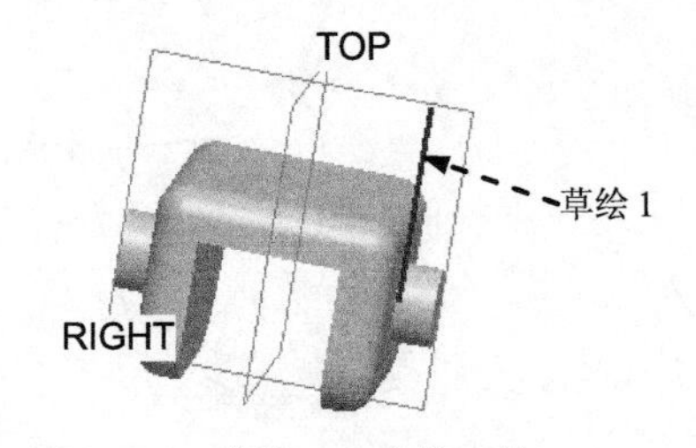

图 14.7　草绘 1（建模环境）

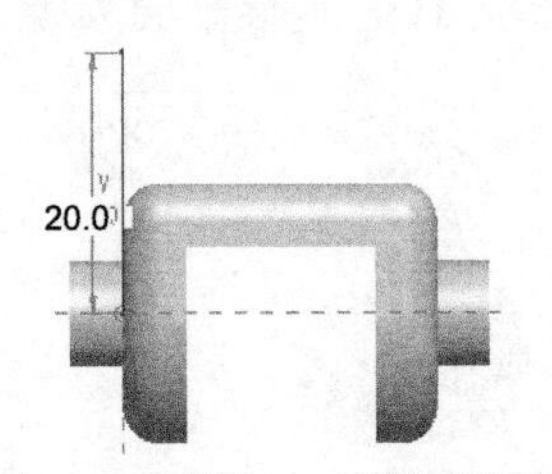

图 14.8　草绘 1（草绘环境）

Step7. 添加图 14.9b 所示的基准平面——DTM3。

（1）选择下拉菜单 插入(I) → 模型基准(D) ▸ → 平面(L)... 命令，系统弹出“基准平面”对话框。

（2）定义约束。选择图 14.9a 所示的边线为放置参照，设置约束类型为 穿过。按住 Ctrl 键，选取图 14.9a 所示的 TOP 基准平面为放置参照；设置约束类型为 偏移，并键入与参照平面间的旋转角度值 15.0。

（3）单击对话框中的 确定 按钮，完成基准平面 DTM3 的创建。

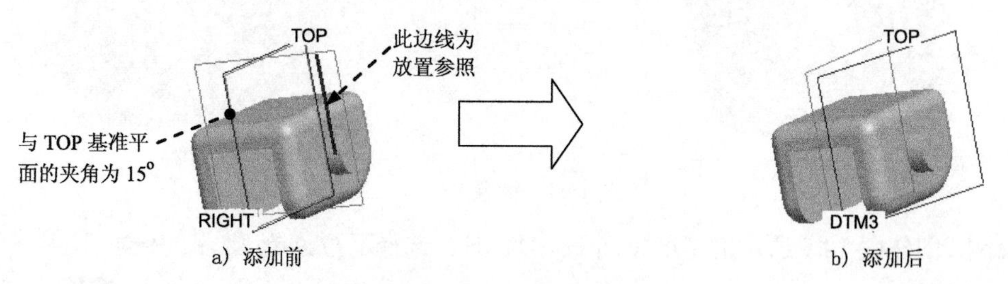

图 14.9　DTM3 基准平面

Step8. 创建图 14.10 所示的草绘特征——草绘 2。

（1）单击工具栏中的“草绘”按钮，系统弹出“草绘”对话框。

（2）定义草绘截面放置属性。选取 DTM3 基准平面为草绘平面，FRONT 基准平面为参照平面，方向为 底部；单击“草绘”对话框中的 草绘 按钮。

（3）进入草绘环境后，选取图 14.11 所示的草绘 1 的终点为草绘参照，利用“样条曲线”命令绘制图 14.11 所示的草图，完成后单击 ✓ 按钮。

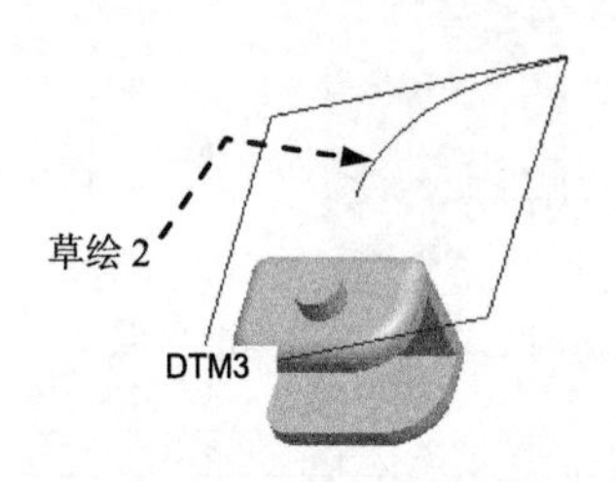

图 14.10　草绘 2（建模环境）

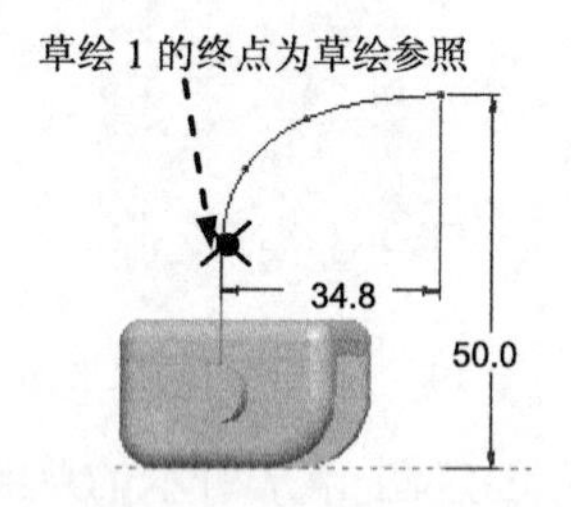

图 14.11　草绘 2（草绘环境）

Step9. 添加图 14.12b 所示实体的镜像特征——镜像 2。

（1）按住 Ctrl 键，在模型树中选取草绘 1 和草绘 2 为镜像源。

（2）选择下拉菜单 编辑(E) → 镜像(I)... 命令。

（3）选取 TOP 基准平面为镜像平面。

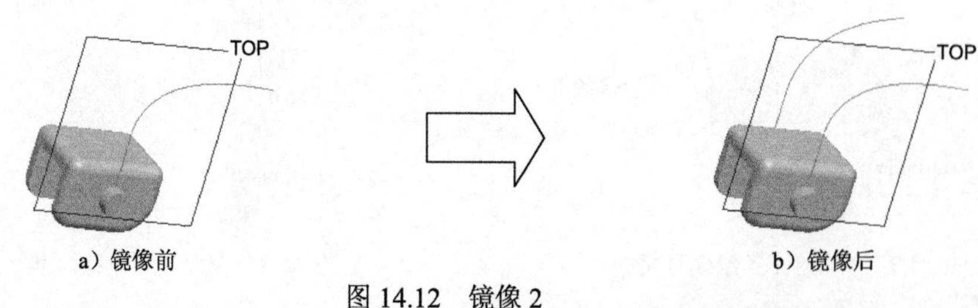

图 14.12　镜像 2

（4）单击操控板中的“完成”按钮✓。

Step10. 创建图 14.13 所示的草绘特征——草绘 3。

（1）单击工具栏中的“草绘”按钮，系统弹出“草绘”对话框。

（2）定义草绘截面放置属性。选取 DTM2 基准平面为草绘平面，RIGHT 基准平面为参照平面，方向为左。单击“草绘”对话框中的草绘按钮。

（3）进入草绘环境后，选取图 14.14 所示的点和边线为草绘参照，绘制图 14.14 所示的草图，完成后单击✓按钮。

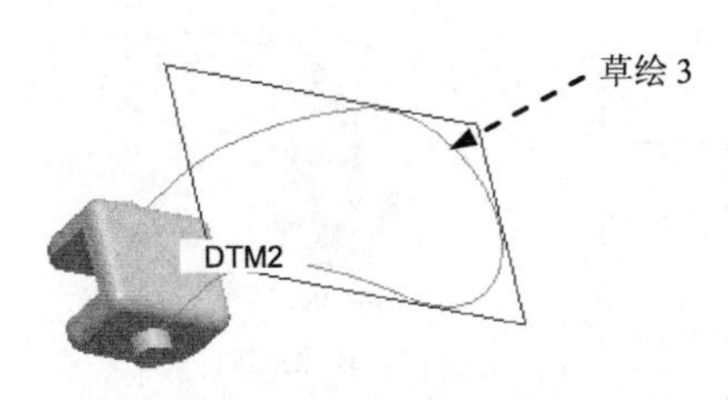

图 14.13 草绘 3（建模环境）

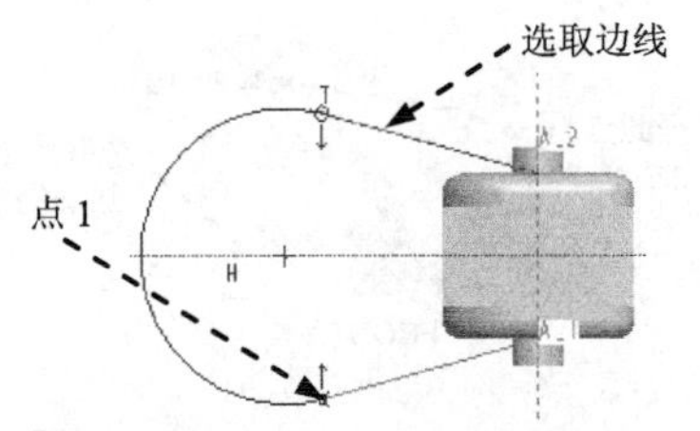

图 14.14 草绘 3（草绘环境）

Step11. 添加图 14.15 所示的扫描特征——伸出项 标识 671。

（1）选择下拉菜单 插入(I) → 扫描(S) → 伸出项(P)... 命令。

（2）定义扫描轨迹。选择“扫描轨迹”菜单中的 Select Traj（选取轨迹） → One By One（依次） → Select（选取）命令，按住 Ctrl 键，依次选取图 14.16 所示的草绘轨迹，选择 Done（完成） → Okay（确定）命令。

（3）定义起点和终点的属性。在弹出的“属性”菜单中，选择 Free Ends（自由端） → Done（完成）命令。

（4）创建扫描特征的截面：绘制并标注图 14.17 所示的扫描截面草图，完成后单击“完成”按钮✓。

（5）单击扫描特征信息对话框下部的确定按钮，完成扫描特征的创建。

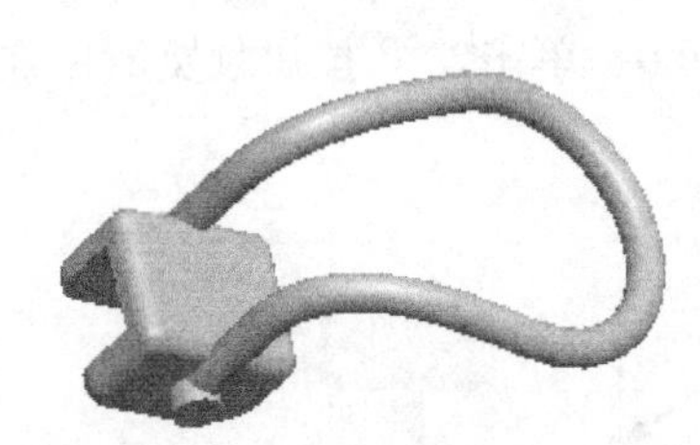
图 14.15 伸出项 标识 671

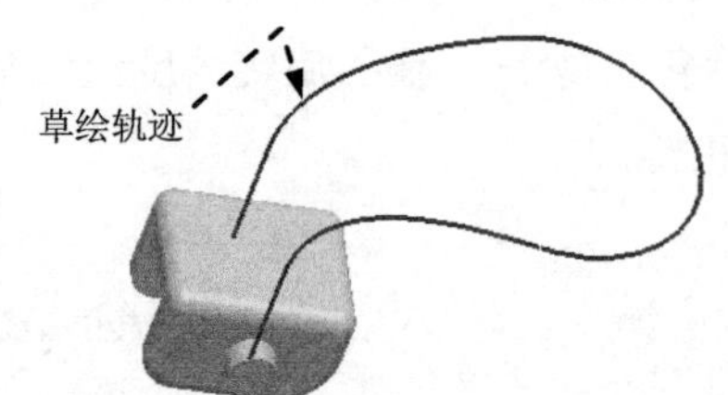

图 14.16 定义草绘轨迹

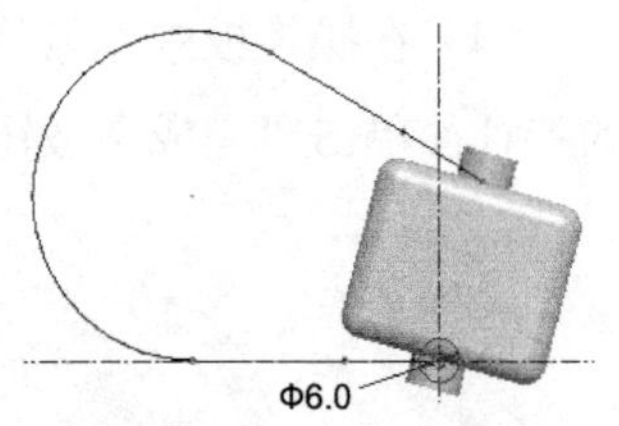

图 14.17 截面草图

Step12. 创建图 14.18 所示的草绘特征——草绘 4。单击工具栏中的“草绘”按钮；选取 DTM2 基准平面为草绘平面，RIGHT 基准平面为参照平面，方向为右；单击草绘按钮，进入草绘环境后，选取草绘 3 为草绘参照，绘制图 14.19 所示的几何点，此点为圆弧对应的圆心，完成后单击✓按钮。

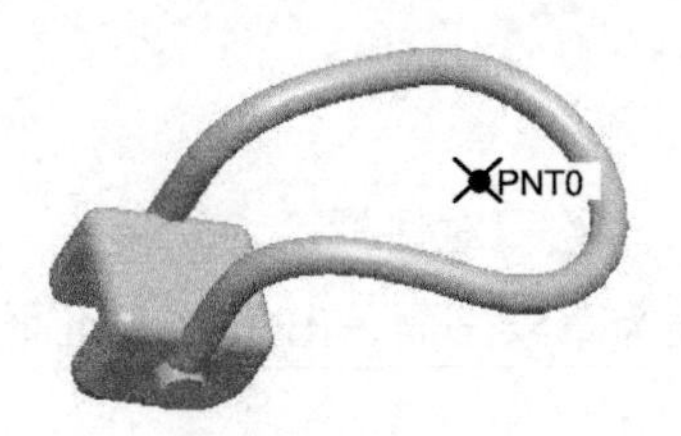

图 14.18 草绘 4

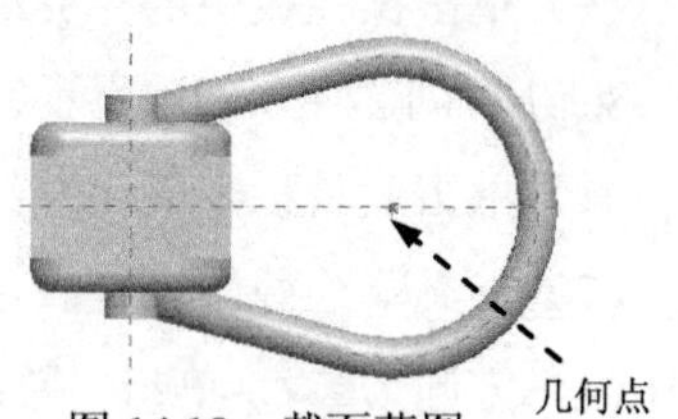

图 14.19 截面草图

Step13. 创建图 14.20b 所示的基准轴——A_3。

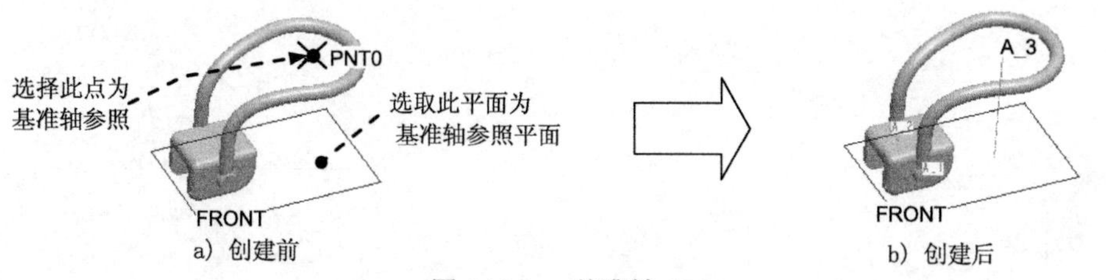

图 14.20 基准轴 A_3

（1）单击工具栏中的“基准轴”按钮，系统弹出“基准轴”对话框。

（2）定义约束。选取图 14.20a 所示的基准点 PNT0 为参照，其约束类型为穿过，按住 Ctrl 键，再选取 FRONT 基准平面参照，其约束类型为法向，如图 14.20a 所示。

（3）单击对话框中的确定按钮，完成基准轴 A_3 的创建。

Step14. 添加图 14.21 所示的旋转特征——旋转 1。

（1）选择下拉菜单 插入(I) ➡ 旋转(R)... 命令。

（2）定义草绘截面放置属性。在绘图区中右击，从弹出的快捷菜单中选择 定义内部草绘... 命令，进入“草绘”对话框。分别选取 TOP 基准平面为草绘平面，RIGHT 基准平面为参照平面，方向为左；单击对话框中的草绘按钮。

（3）进入截面草绘环境后，绘制图 14.22 所示的旋转中心线和特征截面草图；完成特征截面绘制后，单击“完成”按钮✓。

（4）在操控板中选取旋转类型，输入旋转角度值 360.0。单击按钮预览所创建的特征；单击“完成”按钮✓。

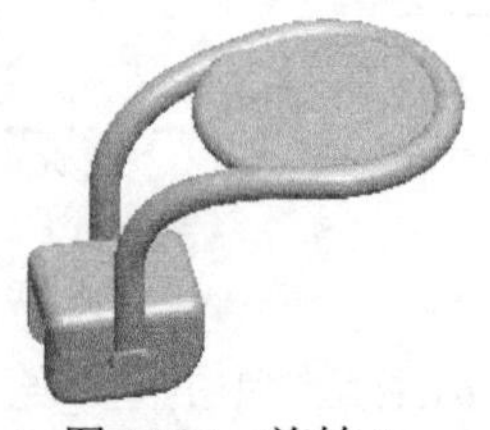

图 14.21 旋转 1

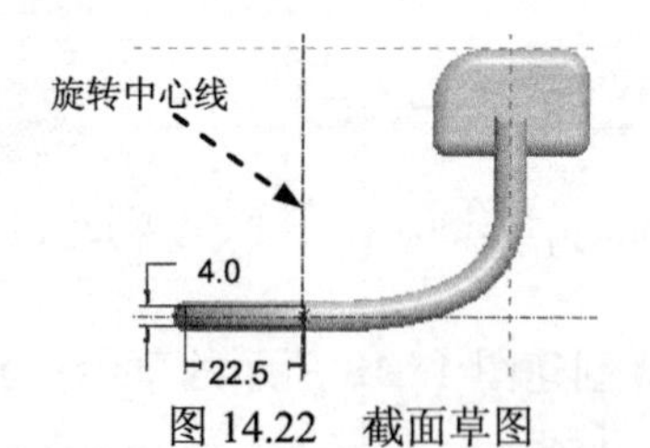

图 14.22 截面草图

Step15. 添加图 14.23 所示的旋转特征——旋转 2。

（1）选择下拉菜单 插入(I) ➡ 旋转(R)... 命令，在操控板中按下“移除材料”按钮。

（2）定义草绘截面放置属性。在绘图区中右击，从弹出的快捷菜单中选择 定义内部草绘... 命令，进入“草绘”对话框。分别选取 TOP 基准平面为草绘平面，RIGHT 基准平面为参照平面，方向为 底部；单击对话框中的 草绘 按钮。

（3）进入截面草绘环境后，绘制图 14.24 所示的旋转中心线和特征截面草图；完成特征截面绘制后，单击“完成”按钮✓。

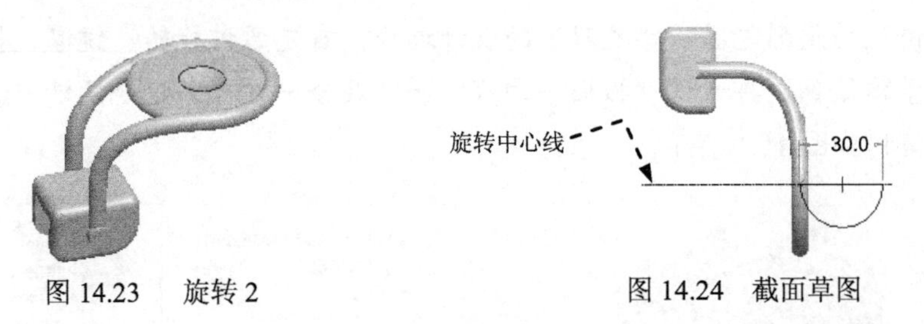

图 14.23 旋转 2　　　　图 14.24 截面草图

（4）在操控板中选取旋转类型，输入旋转角度值 360.0。单击按钮，预览所创建的特征；单击“完成”按钮✓。

Step16. 后面的详细操作过程请参见随书光盘中 video\ch14\reference\文件下的语音视频讲解文件 WATER_FOUNTAIN_SWITCH-r02.exe。

实例 15　削　笔　器

实例概述

本实例讲述的是削笔器（铅笔刀）的设计过程，首先通过旋转、镜像、拉伸等命令设计出模型的整体轮廓，再通过“扫描—切剪”和“混合—切剪”命令设计出最终模型。零件模型及模型树如图 15.1 所示。

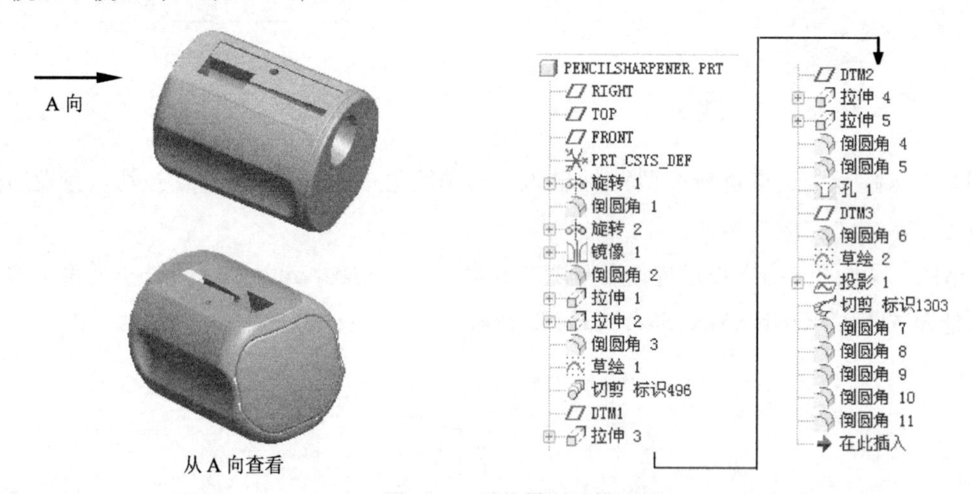

图 15.1　零件模型及模型树

说明：本例前面的详细操作过程请参见随书光盘中 video\ch15\reference\文件下的语音视频讲解文件 PENCILSHARPENER-r01.exe。

Step1. 打开文件 proewf5.5\work\ch15\PENCILSHARPENER_ex.prt。

Step2. 添加图 15.2 所示的旋转特征——旋转 2。

（1）选择下拉菜单 插入(I) ➡ 旋转(R)... 命令，将“移除材料”按钮按下。

（2）定义草绘截面放置属性。在绘图区中右击，从弹出的快捷菜单中选择 定义内部草绘... 命令，进入“草绘”对话框。分别选取 RIGHT 基准平面为草绘平面，TOP 基准平面为草绘参照平面，方向为 底部；单击对话框中的 草绘 按钮。

（3）进入截面草绘环境后，绘制图 15.3 所示的旋转中心线和特征截面草图；完成特征截面绘制后，单击“完成”按钮✔。

图 15.2　旋转 2

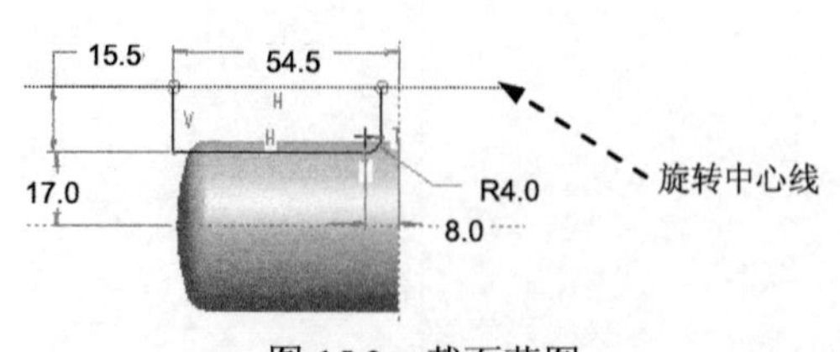

图 15.3　截面草图

（4）在操控板中选取旋转类型，输入旋转角度值 360.0。单击按钮，预览所创建的特征；单击“完成”按钮。

Step3. 创建图 15.4b 所示的镜像特征——镜像 1。选取 Step2 创建的旋转 2 为镜像对象。选择下拉菜单 编辑(E) → 镜像(I)... 命令。选取 TOP 基准平面作为镜像对称平面。在操控板中单击“完成”按钮。

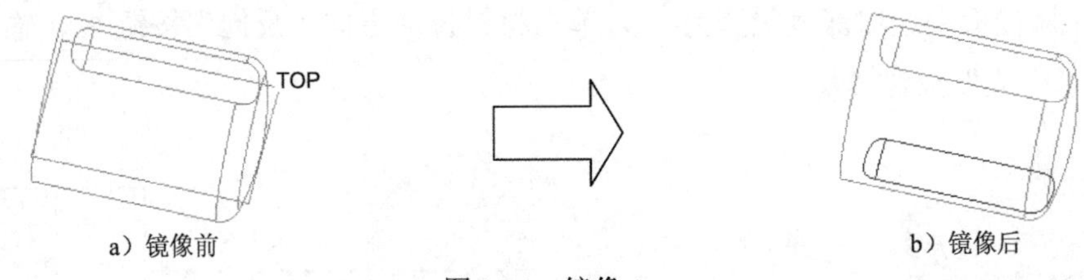

a）镜像前　　b）镜像后

图 15.4　镜像 1

Step4. 添加图 15.5b 所示倒圆角特征——倒圆角 2。选择下拉菜单 插入(I) → 倒圆角(O)... 命令。按住 Ctrl 键，选取图 15.5a 所示的两条边链为圆角放置参照，圆角半径值为 2.0。单击“完成”按钮。

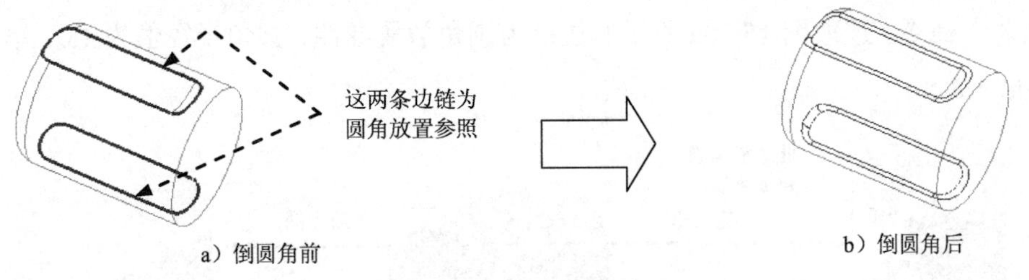

a）倒圆角前　　b）倒圆角后

图 15.5　倒圆角 2

Step5. 添加图 15.6 所示的拉伸特征——拉伸 1。

（1）选择下拉菜单 插入(I) → 拉伸(E)... 命令，在操控板中按下“移除材料”按钮。

（2）定义草绘截面放置属性。分别选取图 15.6 所示的模型表面为草绘平面，接受系统默认的参照平面，方向为 底部；单击对话框中的 草绘 按钮。

（3）进入截面草绘环境后，绘制图 15.7 所示的截面草图；完成特征截面绘制后，单击“完成”按钮。

（4）在操控板的 选项 界面中，将第一侧的深度类型设置为（穿透）。单击按钮，预览所创建的特征；单击“完成”按钮。

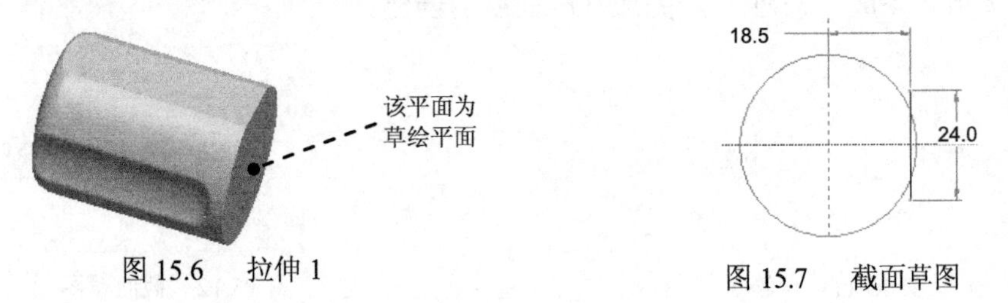

图 15.6　拉伸 1　　图 15.7　截面草图

Step6. 添加图 15.8 所示的拉伸特征——拉伸 2。

（1）选择下拉菜单 插入(I) → 拉伸(E)... 命令，在操控板中按下“移除材料”按钮。

（2）定义草绘截面放置属性。选取图 15.8 所示的模型表面为草绘平面，接受系统默认的参照平面，方向为 顶；单击对话框中的 草绘 按钮。

（3）进入截面草绘环境后，使用“偏移边”命令绘制图 15.9 所示的截面草图；完成特征截面绘制后，单击“完成”按钮。

（4）在操控板中选取深度类型为，单击材料拉伸方向“反向”按钮，输入深度值 2.0。单击“完成”按钮。

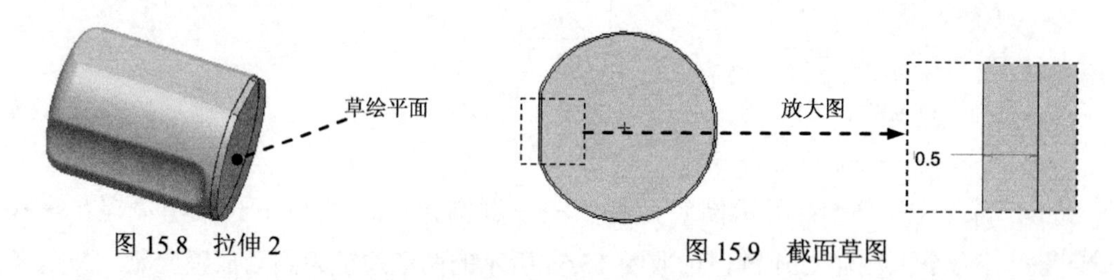

图 15.8　拉伸 2　　图 15.9　截面草图

Step7. 添加图 15.10b 所示的倒圆角特征——倒圆角 3。选择下拉菜单 插入(I) → 倒圆角(O)... 命令。选取图 15.10a 所示的边链为圆角放置参照，圆角半径值为 1.0。单击“完成”按钮。

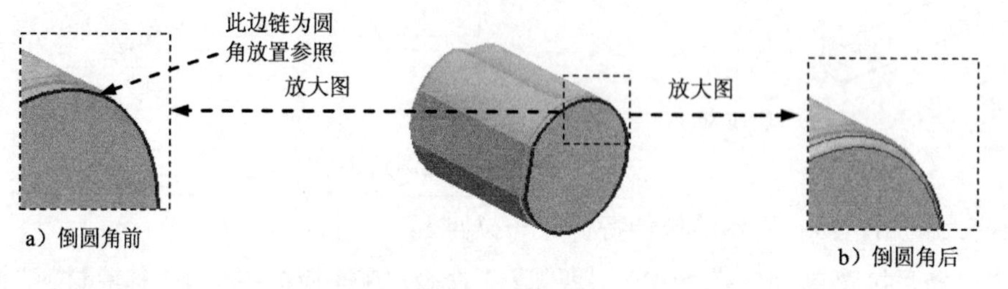

图 15.10　倒圆角 3

Step8. 添加图 15.11 所示的草绘特征——草绘 1。

（1）单击工具栏中的草绘按钮，系统弹出“草绘”对话框。

（2）定义草绘截面放置属性。分别选取 TOP 基准平面作为草绘平面，RIGHT 基准平面为参照平面，方向为 底部；单击“草绘”对话框中的 草绘 按钮。

（3）进入草绘环境后，绘制图 15.12 所示的截面草图。

（4）单击“完成”按钮，完成基准曲线的创建。

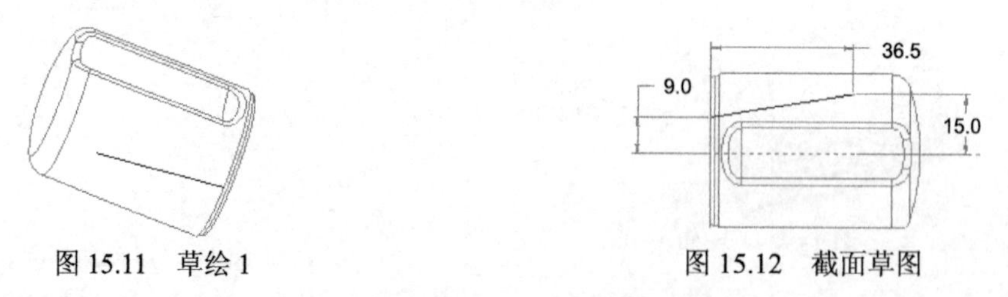

图 15.11　草绘 1　　图 15.12　截面草图

Step9. 添加图 15.13 所示的混合切削特征——切剪标识 496。

（1）选择下拉菜单 插入(I) → 混合(B) ▸ → 切口(C)... 命令。

（2）定义混合类型和截面类型。在系统弹出的 ▼ BLEND OPTS (混合选项) 菜单中依次选择 Parallel (平行) → Regular Sec (规则截面) → Sketch Sec (草绘截面) → Done (完成) 命令。

（3）定义混合属性。选择 ▼ ATTRIBUTES (属性) 菜单中的 Straight (直) → Done (完成) 命令。

（4）设置草绘平面。依次选择 ▼ SETUP SK PLN (设置草绘平面) → Setup New (新设置) → ▼ SETUP PLANE (设置平面) → Plane (平面) 命令，然后选取图 15.14 所示的面为草绘平面，再选择 Okay (确定) → Default (缺省) 命令。

（5）绘制草绘截面，选取草绘 1 的两个终点为草绘参照，绘制图 15.14 所示的直径值是 14 的圆，将其作为第一个截面草图，完成后，在绘图区右击，从弹出的快捷菜单中选择 切换截面(T) 命令；绘制图 15.14 所示的直径值是 2 的圆，将其作为第二个截面草图，单击“完成”按钮 ✓。

（6）输入截面深度，系统弹出菜单管理器窗口，依次选择 Okay (确定) → ▼ DEPTH (深度) → Blind (盲孔) → Done (完成)，输入深度值 30.0，单击“完成“按钮 ✓，单击对话框中的 确定 按钮。

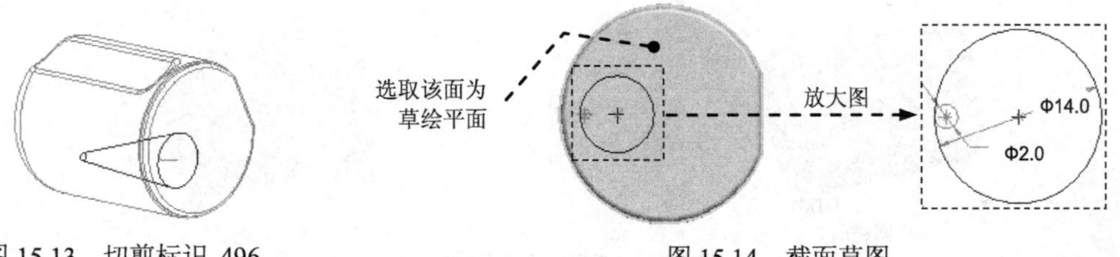

图 15.13 切剪标识 496　　图 15.14 截面草图

Step10. 创建图 15.15 所示的基准平面——DTM1。选择下拉菜单 插入(I) → 模型基准(D) ▸ → 平面(L)... 命令；选取图 15.16 所示的面为偏移参照，定义约束类型为 偏移，偏移距离值为 2.0，单击“基准平面”对话框中的 确定 按钮。

说明：若方向相反，应输入负值。

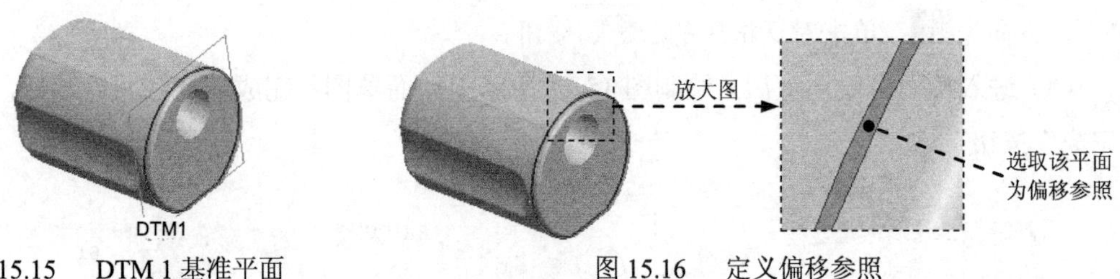

图 15.15 DTM 1 基准平面　　图 15.16 定义偏移参照

Step11. 添加图 15.17 所示的特征——拉伸 3。

（1）选择下拉菜单 插入(I) → 拉伸(E)... 命令。

（2）定义草绘截面放置属性。选取 DTM1 基准平面为草绘平面，接受系统默认的平面为参照平面，参照方向为左；单击对话框中的草绘按钮。

（3）进入截面草绘环境后，绘制图 15.18 所示的截面草图；完成特征截面绘制后，单击“完成”按钮✓。

（4）在操控板中将“移除材料”按钮按下；单击拉伸深度方向“反向”按钮，将深度类型设置为（穿透）。

（5）在操控板中单击按钮，预览所创建的特征；单击“完成”按钮✓。

图 15.17 拉伸 3

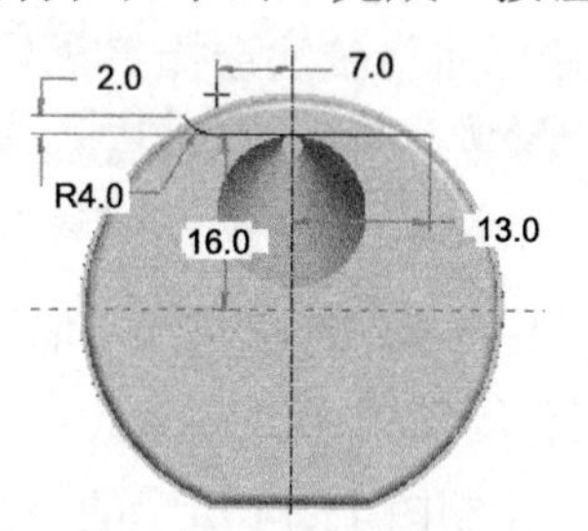

图 15.18 截面草图

Step12. 创建图 15.19b 所示的基准平面——DTM2。选择下拉菜单插入(I) ➡ 模型基准(D) ▸ ➡ 平面(L)...命令；选取 DTM1 基准平面为偏移参照，定义约束类型为偏移，偏移距离值为 40.0，单击“基准平面”对话框中的确定按钮。

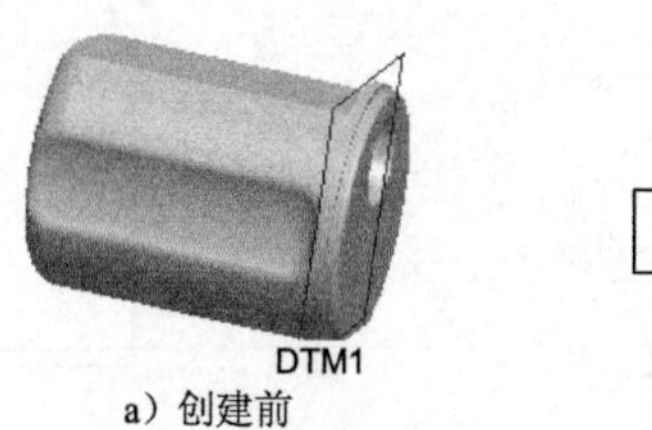

a）创建前

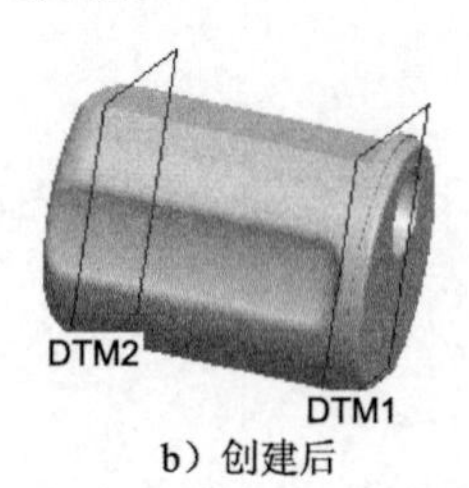

b）创建后

图 15.19 DTM 2 基准平面

Step13. 添加图 15.20 所示的特征——拉伸 4。

（1）选择下拉菜单插入(I) ➡ 拉伸(E)...命令，在系统弹出的操控板中，将“移除材料”按钮按下。

（2）定义草绘截面放置属性。选取 DTM2 基准平面为草绘平面，接受系统默认的参照平面，方向为顶；单击对话框中的草绘按钮。

（3）进入截面草绘环境后，绘制图 15.21 所示的截面草图；完成特征截面绘制后，单击“完成”按钮✓。

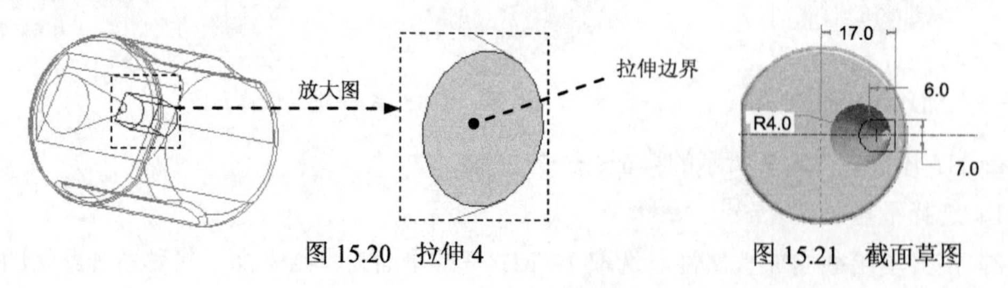

图 15.20 拉伸 4　　图 15.21 截面草图

（4）在操控板的 选项 界面中，将深度类型设置为 ，选取图 15.20 所示的面为拉伸边界。

（5）在操控板中单击 按钮，预览所创建的特征；单击“完成”按钮 。

Step14. 添加图 15.22 所示的特征——拉伸 5。

（1）选择下拉菜单 插入(I) ➡ 拉伸(E)... 命令，在系统弹出的操控板中，将“移除材料”按钮 按下。

（2）定义草绘截面放置属性。选取 DTM1 基准平面为草绘平面，接受系统默认的参照平面，方向为 右；单击对话框中的 草绘 按钮。

（3）进入截面草绘环境后，绘制图 15.23 所示的截面草图；完成特征截面绘制后，单击“完成”按钮 。

（4）在操控板的 选项 界面中，将深度类型设置为 ，选取图 15.22 所示的面为拉伸边界。

（5）在操控板中单击 按钮，预览所创建的特征；单击“完成”按钮 。

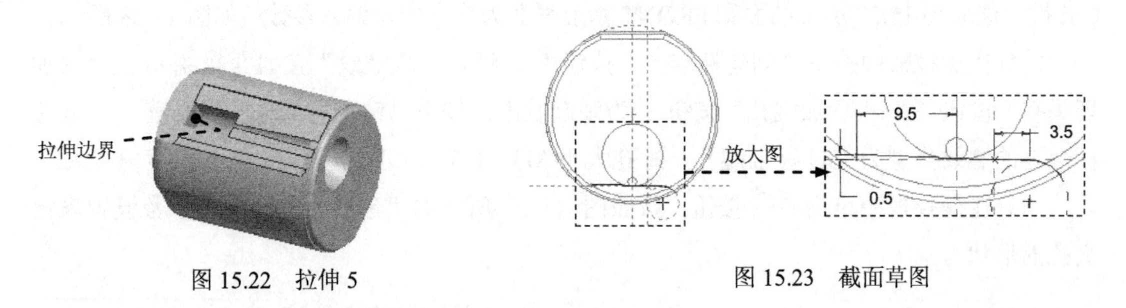

图 15.22 拉伸 5　　　图 15.23 截面草图

Step15. 添加图 15.24 b 所示的倒圆角特征——倒圆角 4。

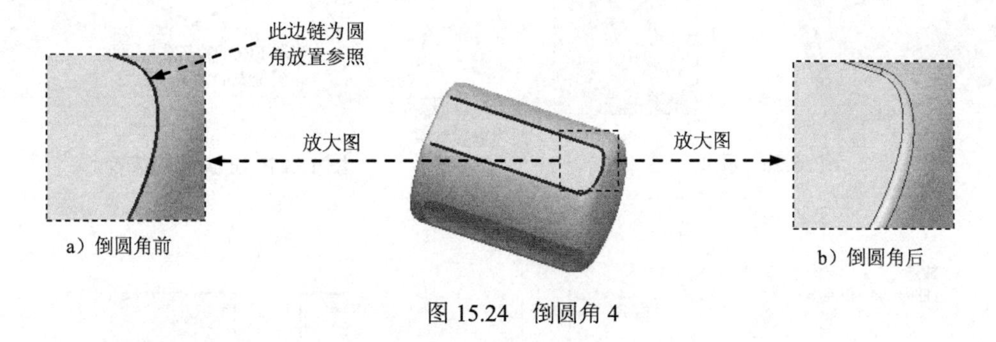

图 15.24 倒圆角 4

（1）选择下拉菜单 插入(I) ➡ 倒圆角(O)... 命令。

（2）选取圆角放置参照。选取图 15.24a 所示的边链为圆角放置参照，在操控板的圆角尺寸框中输入圆角半径值 1.0。

（3）在操控板中单击 按钮，预览所创建圆角的特征；单击“完成”按钮 。

Step16. 添加图 15.25b 所示的倒圆角特征——倒圆角 5。

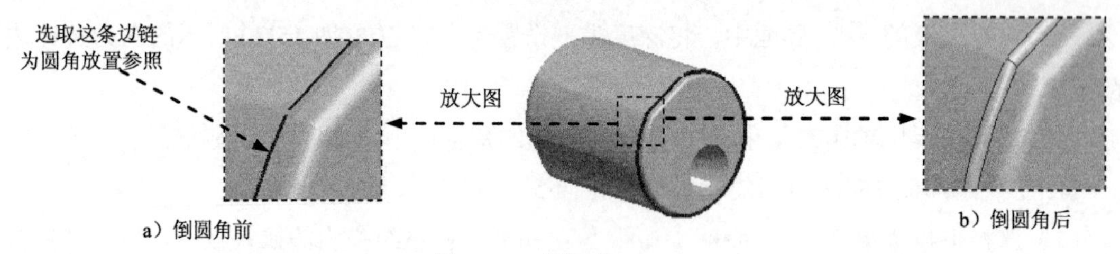

图 15.25　倒圆角 5

（1）选择 插入(I) ➡ 倒圆角(O)... 命令。

（2）选取圆角放置参照。按住 Ctrl 键，选取图 15.25a 所示的一条边链为圆角放置参照，在操控板的圆角尺寸框中输入圆角半径值 0.5。

（3）在操控板中单击 按钮，预览所创建圆角的特征；单击“完成”按钮。

Step17. 创建图 15.26 所示的孔特征——孔 1。

（1）选择下拉菜单 插入(I) ➡ 孔(H)... 命令，系统弹出孔操控板。

（2）定义孔的放置。选取图 15.27 所示的平面为主参照；选择放置类型为 线性；按住 Ctrl 键，选取图 15.27 所示的面和 FRONT 基准平面为次参照，偏移参数值如图 15.28 所示。

（3）在操控板中按下“创建标准孔”按钮，添加“攻螺纹”按钮，并确认“深加埋头孔”按钮和“深加沉孔”按钮为弹起状态；按下“钻孔肩部深度”按钮，设置标准孔的螺纹类型为 ISO 标准螺孔，螺孔大小 M3×0.5，深度类型，输入深度值 4.0。

（4）在操控板中单击 形状 按钮，按照图 15.29 所示的“形状”界面中的参数设置来定义孔的形状。

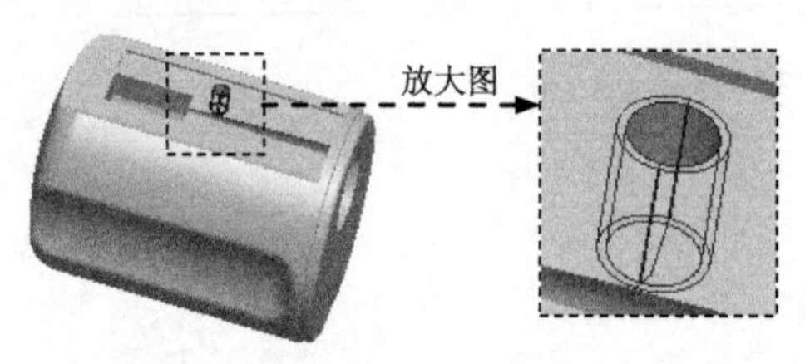

图 15.26　孔 1

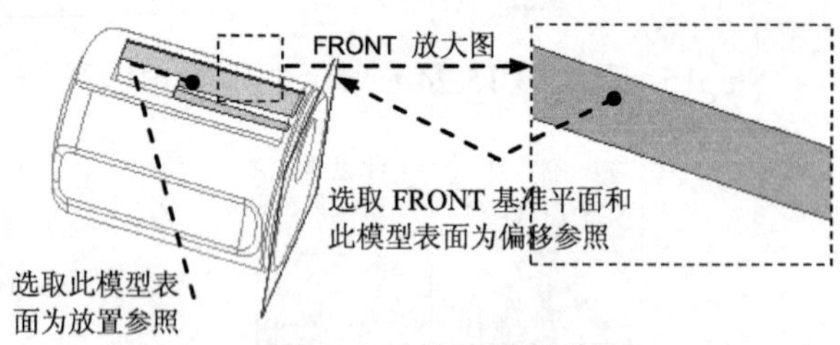

图 15.27　定义孔的放置

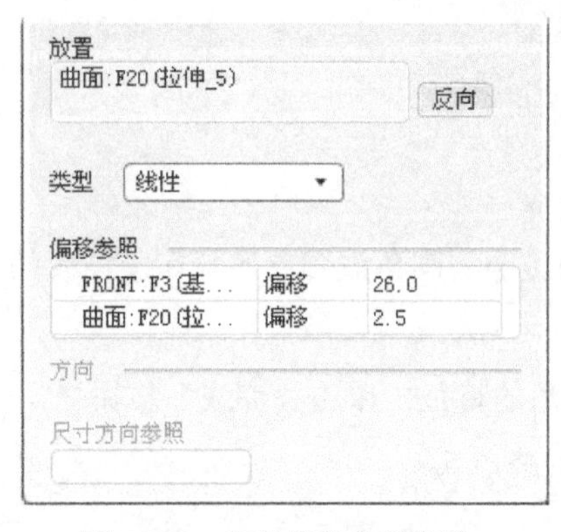

图 15.28　定义偏移参照参数

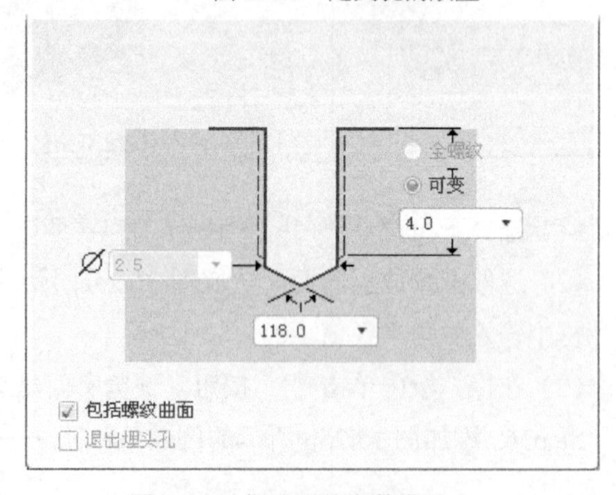

图 15.29　螺孔形状参数设置

（5）在操控板中单击 按钮，预览所创建的特征；单击“完成”按钮。

Step18. 创建图 15.30b 所示的基准平面——DTM3。选择下拉菜单 插入(I) ➡ 模型基准(D) ▸ ➡ 平面(L)... 命令；选取 FRONT 基准平面为偏移参照，定义约束类型为偏移，偏移距离值为 55.0，单击“基准平面”对话框中的 确定 按钮。

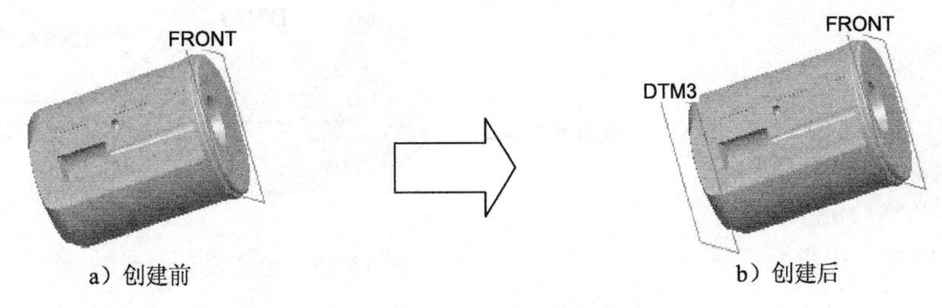

a）创建前　b）创建后

图 15.30　DTM3 基准平面

Step19. 添加图 15.31b 所示的倒圆角特征——倒圆角 6。

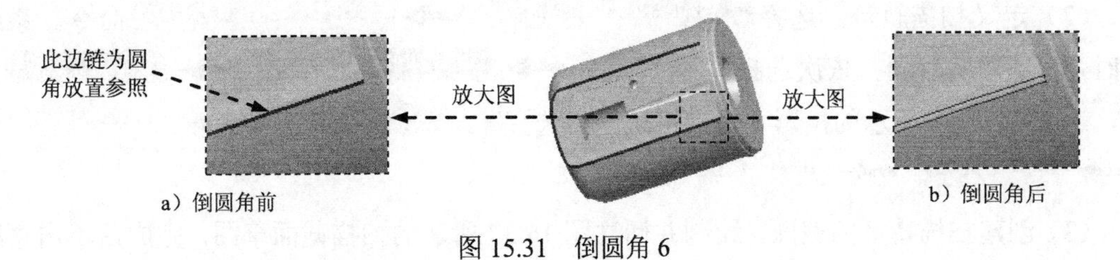

a）倒圆角前　b）倒圆角后

图 15.31　倒圆角 6

（1）选择 插入(I) ➡ 倒圆角(O)... 命令。

（2）选取圆角放置参照。选取图 15.31a 所示的边链为圆角放置参照，在操控板的圆角尺寸框中输入圆角半径值 0.5。

（3）在操控板中单击 按钮，预览所创建圆角的特征；单击“完成”按钮。

Step20. 添加图 15.32 所示的草绘特征——草绘 2。

（1）单击工具栏中的 按钮，系统弹出“草绘”对话框。

（2）定义草绘截面放置属性。分别选取 DTM3 基准平面作为草绘平面，RIGHT 基准平面为参照平面，方向为左；单击“草绘”对话框中的 草绘 按钮。

（3）进入草绘环境后，绘制如图 15.33 所示的截面草图。

（4）单击“完成”按钮，完成基准曲线的创建。

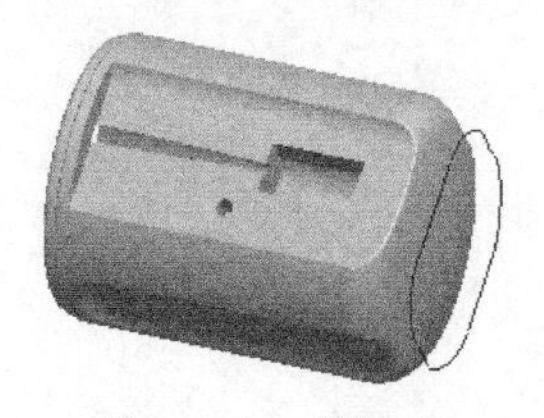
图 15.32　草绘 2

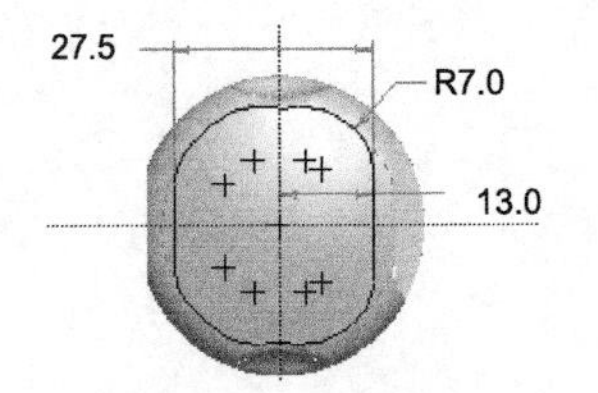

图 15.33　截面草图

Step21. 创建图 15.34 所示的投影曲线——投影 1。

（1）选取 Step20 创建的草绘曲线 2，选择下拉菜单 编辑(E) → 投影(J)... 命令。

（2）选取要在其上投影的曲面，图 15.35 所示为所要投影的面。

（3）定义投影方向。选取 DTM3 基准平面为投影方向参照，投影方向如图 15.35 所示。

（4）在操控板中单击按钮✓，完成投影曲线 1。

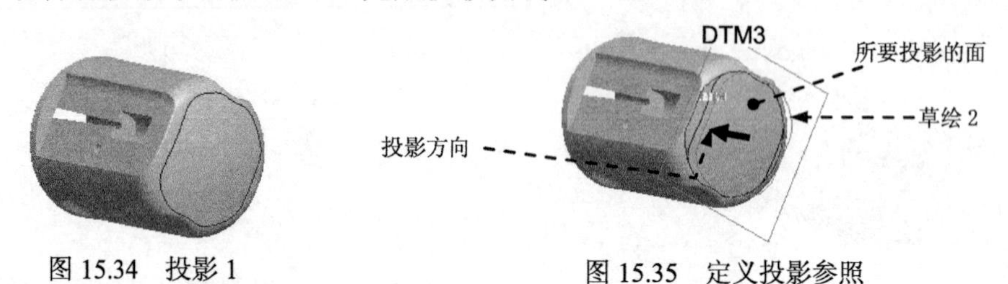

图 15.34　投影 1　　　图 15.35　定义投影参照

Step22. 添加图 15.36 所示的扫描切口特征——切剪标识 1303。

（1）选择下拉菜单 插入(I) → 扫描(S) ▸ → 切口(C)... 命令。

（2）定义扫描轨迹。选择 ▼ SWEEP TRAJ (扫描轨迹) → Select Traj (选取轨迹) 命令。系统此时弹出菜单管理器，依次选择 ▼ CHAIN (链) → Curve Chain (曲线链) → Select (选取) 命令，选取图 15.34 所示的投影 1 为扫描轨迹，选择 ▼ CHAIN OPT (链选项) → Select All (全选) → Done (完成) → Okay (确定) 命令。

（3）创建扫描特征的截面。绘制并标注图 15.37 所示的扫描截面草图，完成后单击草绘工具栏中的“完成”按钮✓，在系统弹出的菜单管理器中选择 Okay (确定) 命令。

（4）单击“扫描特征信息”对话框中的 确定 按钮，完成扫描特征的创建。

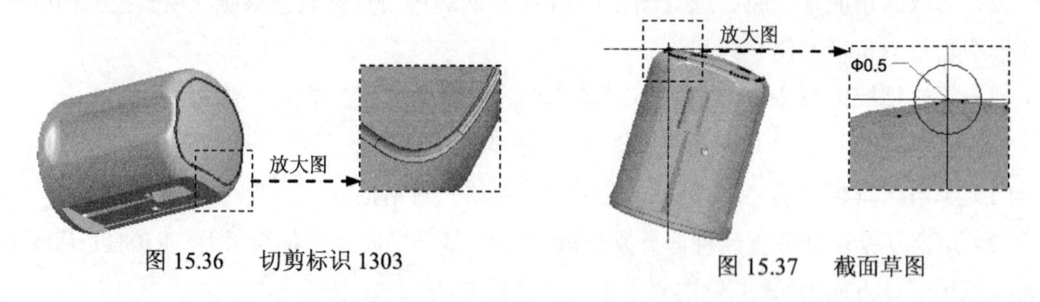

图 15.36　切剪标识 1303　　　图 15.37　截面草图

Step23. 后面的详细操作过程请参见随书光盘中 video\ch15\reference\文件下的语音视频讲解文件 PENCILSHARPENER-r02.exe。

实例 16　电源线插头

实例概述

本实例主要讲述了一款插头的设计过程，该设计过程中运用了拉伸、扫描、边界混合、基准点、基准面、阵列、旋转和曲面合并等命令。其中阵列的操作技巧性较强，需要读者用心体会。零件模型及模型树如图 16.1 所示。

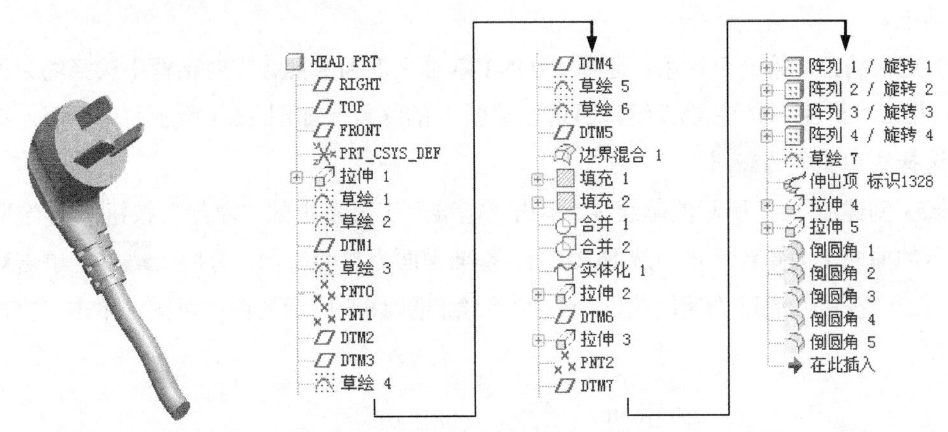

图 16.1　零件模型及模型树

说明：本例前面的详细操作过程请参见随书光盘中 video\ch16\reference\文件下的语音视频讲解文件 HEAD-r01.exe。

Step1. 打开文件 proewf5.5\work\ch16\HEAD_ex.prt。

Step2. 创建图 16.2 所示的草绘 1。

（1）单击“基准”工具条中的“草绘”按钮，系统弹出“草绘”对话框。

（2）设置草绘平面与参照平面。选取 RIGHT 基准平面为草绘平面，选取 TOP 基准平面为参照平面，方向为顶；单击对话框中的草绘按钮。

（3）进入截面草绘环境，绘制图 16.2 所示的截面草图；完成绘制后，单击“完成”按钮。

Step3. 创建图 16.3 所示的草绘 2。单击“基准”工具条中的“草绘”按钮，选取 RIGHT 基准平面为草绘平面，选取 TOP 基准平面为参照平面，方向为顶；单击对话框中的草绘按钮。绘制图 16.3 所示的截面草图，单击“完成”按钮。

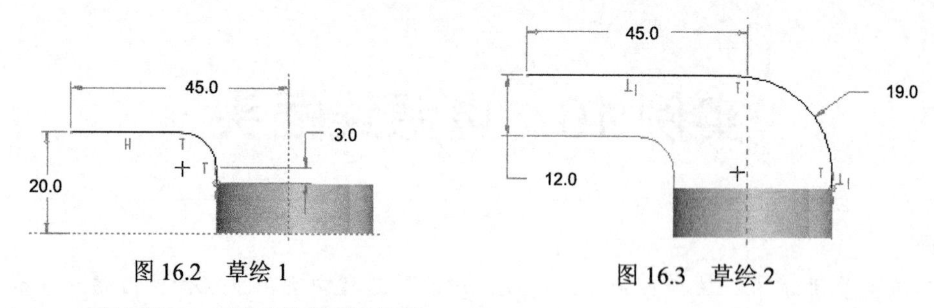

图 16.2　草绘 1　　　　图 16.3　草绘 2

Step4. 创建图 16.4 所示的基准平面——DTM1。

（1）选择下拉菜单 插入(I) ➡ 模型基准(D) ➡ 平面(L)... 命令，系统弹出“基准平面”对话框。

（2）定义约束。第一个约束：选择 FRONT 基准平面为参照，在对话框中选择约束类型为平行；第二个约束：按住 Ctrl 键，再选取草图 1 的终点（如图 16.4 所示）为参照；在对话框中选择约束类型为穿过。

Step5. 创建图 16.5 所示的草绘 3。单击“基准”工具条中的“草绘”按钮，选取图 16.5 所示的曲面 1 为草绘平面，选取 RIGHT 基准平面为参照平面，方向为底部。单击对话框中的 草绘 按钮；通过“使用边” 命令绘制图 16.5 所示的截面草图，单击“完成”按钮✓。

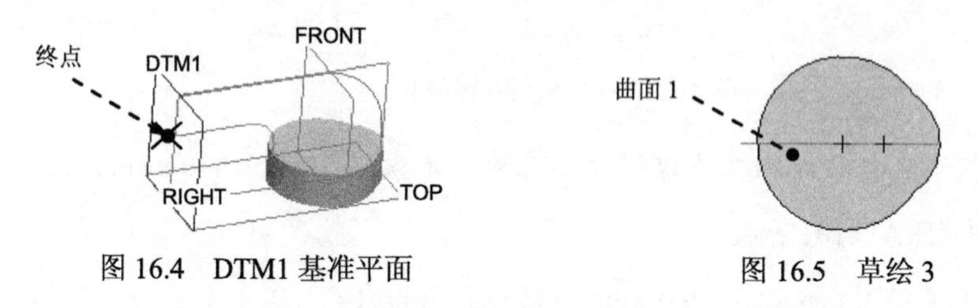

图 16.4　DTM1 基准平面　　　　图 16.5　草绘 3

Step6. 创建图 16.6 所示的基准点——PNT0。

（1）选择下拉菜单 插入(I) ➡ 模型基准(D) ➡ 点(P) ➡ 点(P)... 命令，系统弹出“基准点”对话框。

（2）选取图 16.6 所示的草绘 1，在该曲线上立即出现一个基准点 PNT0.

（3）在“基准点”对话框中，选择基准点的定位方式为比率，并在偏移文本框中输入基准点的定位比率值 0.6。

（4）单击对话框中的 确定 按钮，完成基准点 PNT0 的创建。

Step7. 创建图 16.7 所示的 PNT1 基准点。选择下拉菜单 插入(I) ➡ 模型基准(D) ➡ 点(P) ➡ 点(P)... 命令；选取图 16.7 所示的基准曲线 2 为基准点的放置参照；选择基准点的定位方式为比率，输入定位比率值 0.75；单击“基准点”对话框中的 确定 按钮，完成 PNT1 基准点的创建。

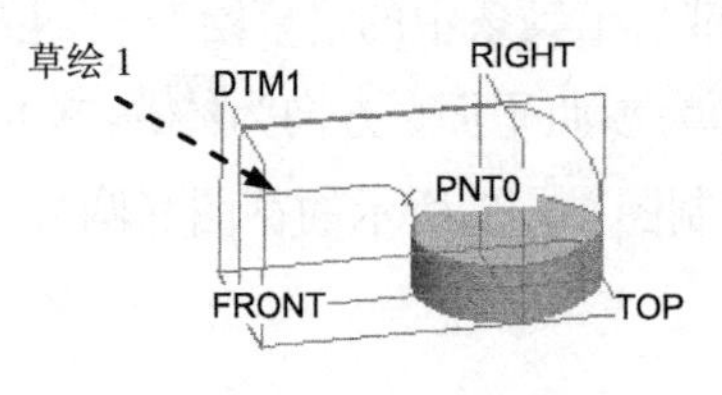

图 16.6 PNT0 基准点

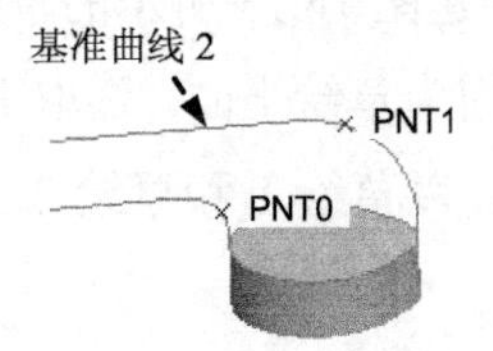

图 16.7 PNT1 基准点

Step8. 创建图 16.8 所示的 DTM2 基准平面。选择下拉菜单 插入(I) → 模型基准(D) ▸ → 平面(L)... 命令；选取 PNT0 基准点为参照，定义约束类型为 穿过；再选取 FRONT 基准平面为参照，定义约束类型为 平行，单击“基准平面”对话框中的 确定 按钮。

Step9. 创建图 16.9 所示的 DTM3 基准平面。选择下拉菜单 插入(I) 命令，然后选择 模型基准(D) ▸ → 平面(L)... 命令；选取基准点 PNT1 为参照，定义约束类型为 穿过；再选取 FRONT 基准平面为参照，定义约束类型为 平行，单击“基准平面”对话框中的 确定 按钮。

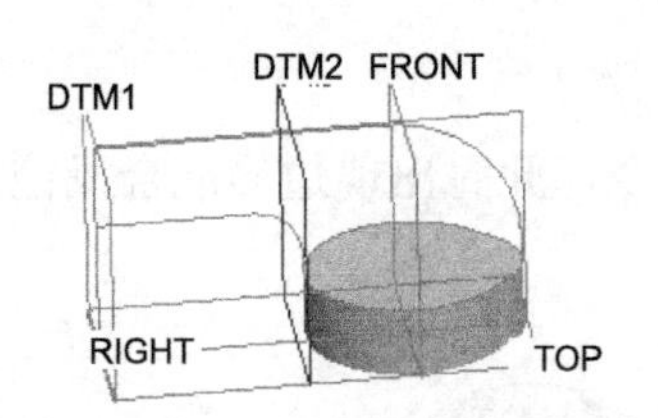

图 16.8 DTM2 基准平面

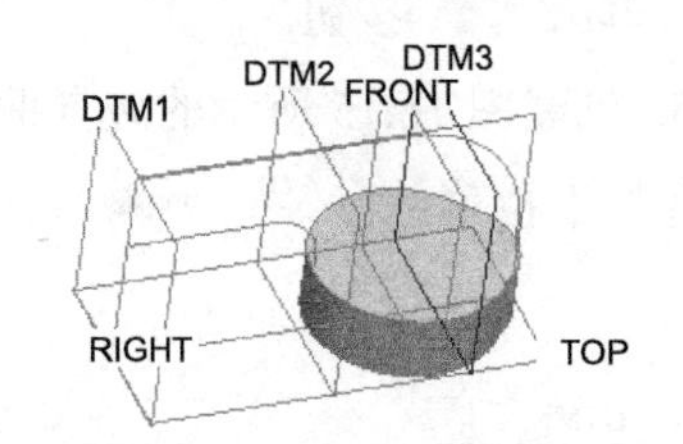

图 16.9 DTM3 基准平面

Step10. 创建图 16.10 所示的草绘 4。单击“基准”工具条中的“草绘” 按钮，选取 DTM2 基准平面为草绘平面，选取 RIGHT 基准平面为参照平面，方向为 右。单击对话框中的 草绘 按钮；绘制图 16.10 所示的草图，完成后单击 ✓ 按钮。

Step11. 创建图 16.11 所示的 DTM4 基准平面。选择下拉菜单 插入(I) → 模型基准(D) ▸ → 平面(L)... 命令；选取 PNT1 基准点为参照，定义约束类型为 穿过，再选取 Step10 绘制的草绘 4，定义约束类型为 穿过，单击“基准平面”对话框中的 确定 按钮。

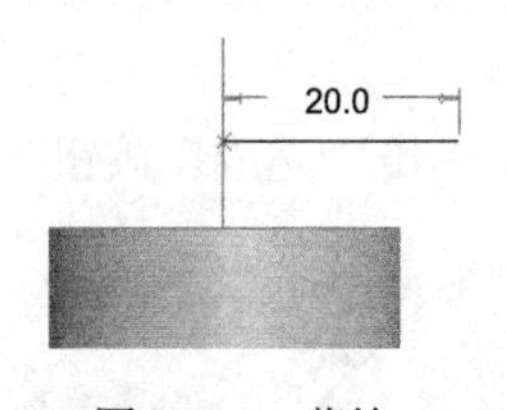

图 16.10 草绘 4

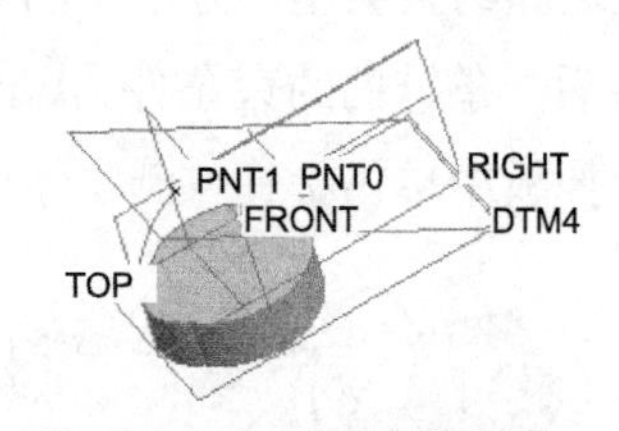

图 16.11 DTM4 基准平面

Step12. 创建图 16.12 所示的草绘 5。单击“基准”工具条中的“草绘”按钮，选取 DTM4 基准平面为草绘平面，选取 RIGHT 基准平面为参照平面，方向为 顶；单击对话框中的 草绘 按钮；以点 PNT0 和 PNT1 为参照绘制图 16.12 所示的草图（圆），完成后单击 ✓ 按钮。

Step13. 创建图 16.13 所示的草绘 6。单击“基准”工具条中的“草绘”按钮，选取 DTM1 基准平面为草绘平面，选取 RIGHT 基准平面为参照平面，方向为左；单击对话框中的草绘按钮；以草绘 1 和草绘 2 的端点为参照绘制图 16.13 所示的草图（圆），完成后单击✓按钮。

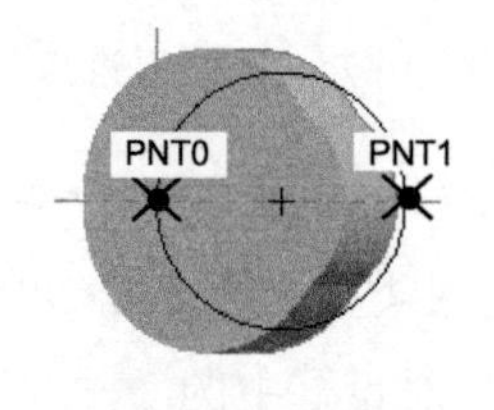

图 16.12　草绘 5

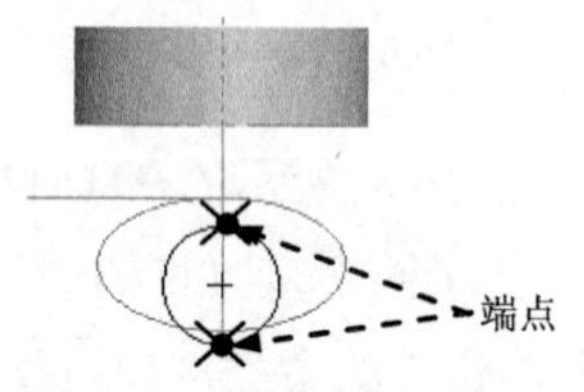

图 16.13　草绘 6

Step14. 创建图 16.14 所示的基准平面——DTM5。选择下拉菜单 插入(I) ➡ 模型基准(D) ▸ ➡ 平面(L)... 命令；选取 TOP 基准平面为参照，定义约束类型为偏移，偏距值为 13.0；单击确定按钮。

Step15. 创建图 16.15 所示的边界曲面——边界混合 1。

（1）选择下拉菜单 插入(I) ➡ 边界混合(B)... 命令，此时出现边界混合操控板。

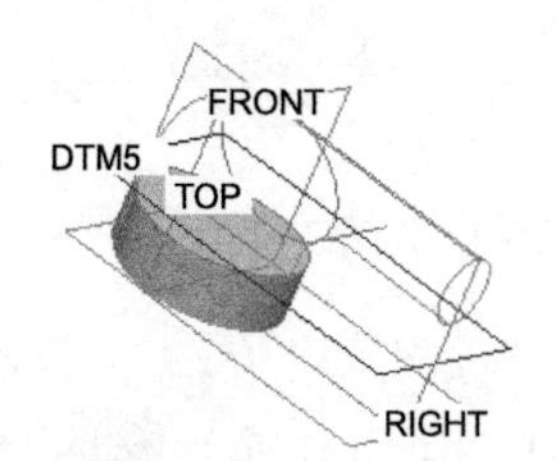

图 16.14　DTM5 基准平面

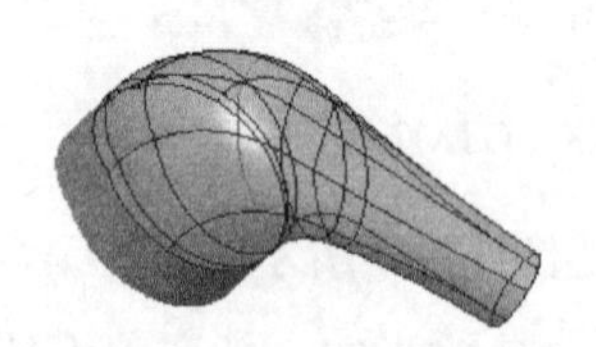
图 16.15　边界混合 1

（2）定义边界曲线。按住 Ctrl 键，依次选择草绘 3、草绘 1 和草绘 6（如图 16.16 所示）为第一方向边界曲线；单击操控板中的第二方向曲线操作栏，按住 Ctrl 键，依次选择草绘 1 和草绘 2（如图 16.17 所示）为第二方向边界曲线。

（3）定义边界约束类型。方向 1 的第一条链和最后一条链的约束条件为垂直，方向 2 的第一条链和最后一条链的约束条件为自由。

（4）在操控板中单击按钮☑ 60，预览所创建的特征；单击“完成”按钮✓。

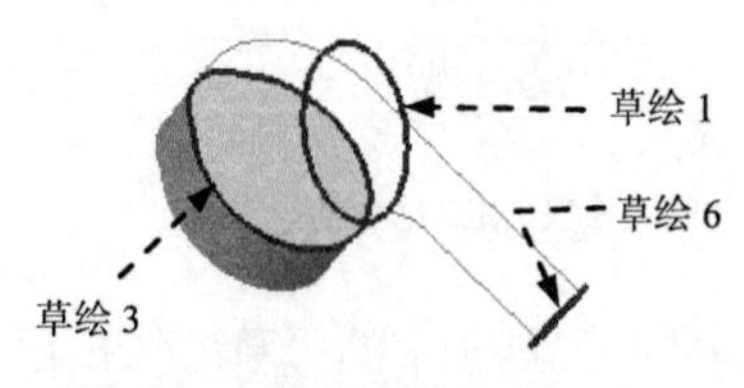

图 16.16　第一方向曲线

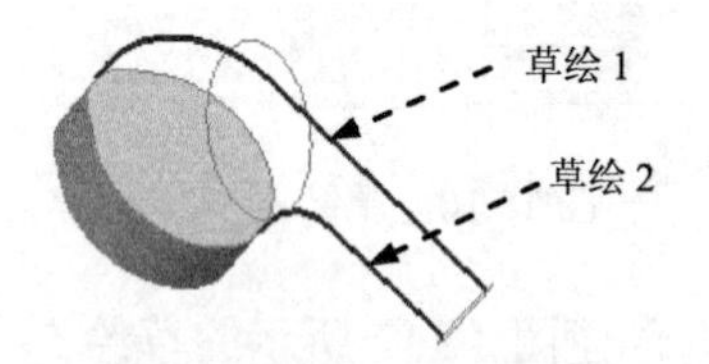

图 16.17　第二方向曲线

Step16. 创建图 16.18 所示的填充 1。选择下拉菜单 编辑(E) ➡ 填充(L)... 命令；选取草绘 3 为参照；在操控板中单击“完成”按钮✓，完成平整曲面的创建。

Step17. 创建图 16.19 所示的填充 2。选择下拉菜单 编辑(E) ➡ 填充(L)... 命令；选择草绘 6 为参照，在操控板中单击“完成”按钮✔，完成平整曲面的创建。

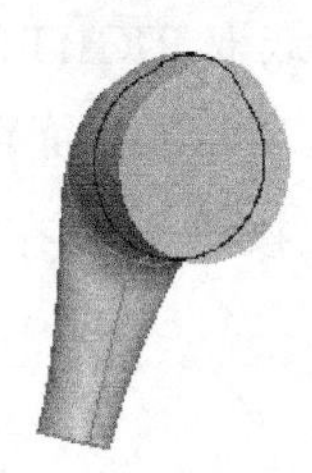

图 16.18　填充 1

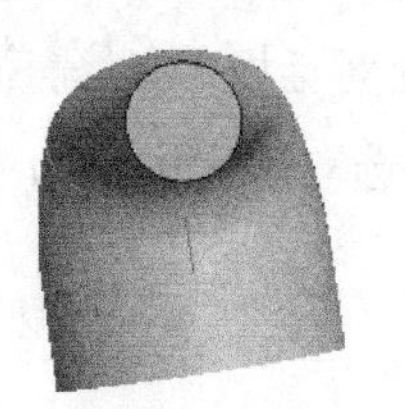

图 16.19　填充 2

Step18. 将边界曲面与填充 2 进行合并。按住 Ctrl 键，选取边界曲面和填充 2，然后选择下拉菜单 编辑(E) ➡ 合并(G)... 命令，单击“完成”按钮✔，完成合并 1 的创建。

Step19. 将合并 1 与填充 1 进行合并。按住 Ctrl 键，选取合并 1 和填充 1，再选择下拉菜单 编辑(E) ➡ 合并(G)... 命令；单击“完成”按钮✔，完成合并 2 的创建。

Step20. 实体化曲面。选取 Step19 创建的合并 2，然后选择下拉菜单 编辑(E) ➡ 实体化(Y)... 命令，接受操控板中的默认选项；单击“完成”按钮✔，完成实体化 1 的创建。

说明：只有将封闭的曲面实体化之后，模型才为实体状态。

Step21. 创建图 16.20 所示的拉伸特征——拉伸 2。

（1）选择下拉菜单 插入(I) ➡ 拉伸(E)... 命令。

（2）定义截面放置属性。在绘图区右击，从弹出的快捷菜单中选择 定义内部草绘... 命令，系统弹出“草绘”对话框。选取 FRONT 基准平面为草绘平面，选取 RIGHT 基准平面为参照平面，方向为 底部；单击对话框中的 草绘 按钮。

（3）此时系统进入截面草绘环境，绘制图 16.21 所示的截面草图；完成绘制后，单击“草绘完成”按钮✔。

（4）在操控板中单击 选项 按钮，系统弹出 深度 界面，设定 侧 1 的拉伸类型为 ⫼，侧 2 的拉伸类型为 ⫼，单击“移除材料”按钮 ◿。

（5）在操控板中单击“完成”按钮✔。

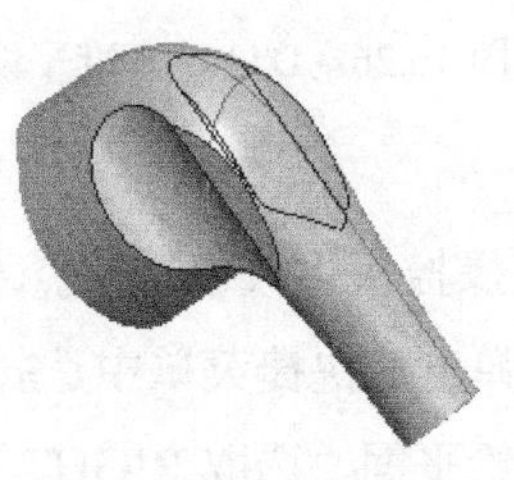

图 16.20　拉伸 2

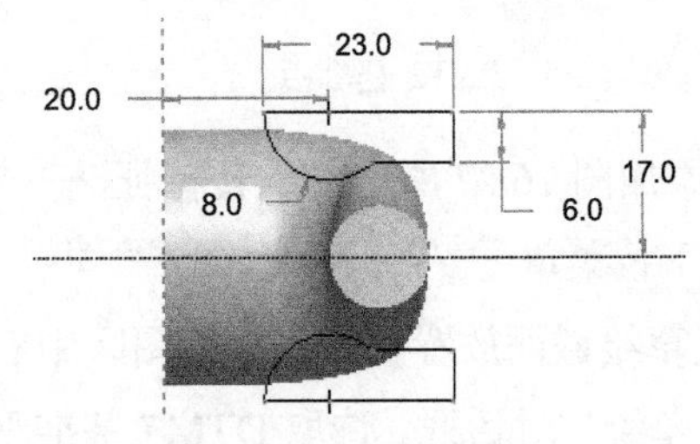

图 16.21　截面草图

Step22. 创建图 16.22 所示的 DTM6 基准平面。选择下拉菜单 插入(I) ➡ 模型基准(D) ▸ ➡ 平面(L)... 命令；选取 TOP 基准平面为参照，定义约束类型为偏移，偏移值为 8，单击“基准平面”对话框中的确定按钮。

Step23. 创建图 16.23 所示的拉伸“移除材料”特征——拉伸 3。选择下拉菜单插入(I) ➡ 拉伸(E)...命令；选取 DTM6 基准平面为草绘平面，选取 RIGHT 基准平面为参照平面，方向为右；单击对话框中的草绘按钮，绘制图 16.24 所示的截面草图，单击“完成”按钮✓；在操控板中选取深度类型为⫼，单击“移除材料”按钮；在操控板中单击“完成”按钮✓。

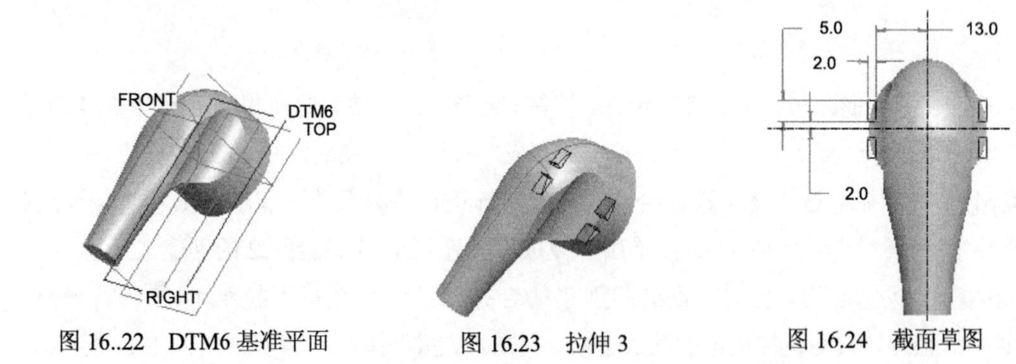

图 16..22　DTM6 基准平面　　图 16.23　拉伸 3　　图 16.24　截面草图

Step24. 创建图 16.25 所示的基准点——PNT2。选择下拉菜单插入(I) ➡ 模型基准(D) ▸ ➡ 点(P) ▸ ➡ 点(P)...命令；选取草绘 6 为放置参照；选择约束为“居中”；单击确定按钮，完成 PNT2 基准点的创建。

Step25. 创建图 16.26 所示的基准平面——DTM7。选择下拉菜单插入(I) ➡ 模型基准(D) ▸ ➡ 平面(L)...命令；选取 PNT2 基准点为参照，定义约束类型为穿过；再选取 TOP 基准平面为参照，定义约束类型为平行，单击“基准平面”对话框中的确定按钮。

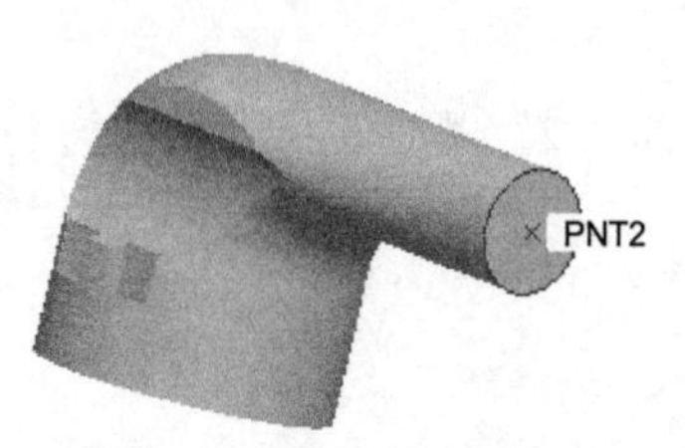

图 16.25　PNT2 基准点

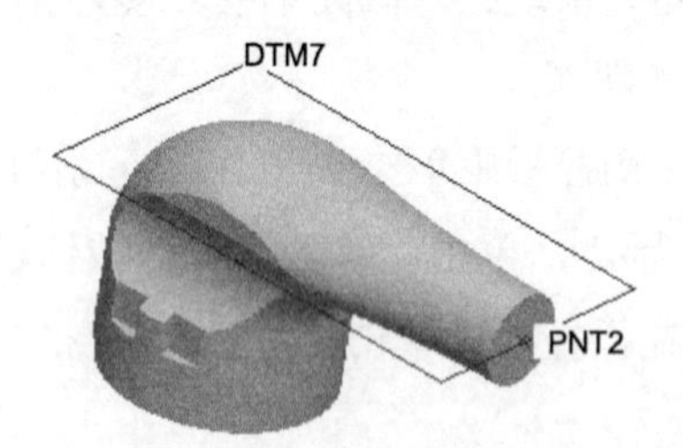

图 16.26　DTM7 基准平面

Step26. 添加图 16.27 所示的旋转特征——旋转 1。

（1）选择下拉菜单插入(I) ➡ 旋转(R)...命令，在操控板中按下“移除材料”按钮。

（2）定义草绘截面放置属性。在绘图区中右击，从弹出的快捷菜单中选择定义内部草绘...命令，进入“草绘”对话框。选取 DTM7 基准平面为草绘平面，选取 RIGHT 基准平面为参照平面，方向为右；单击对话框中的草绘按钮。

（3）进入截面草绘环境后，绘制图 16.28 所示的旋转中心线和特征截面草图；完成特征截面绘制后，单击“完成”按钮✓。

（4）在操控板中选取深度类型（即“定值”旋转），输入旋转角度值 90。单击“完成”按钮。

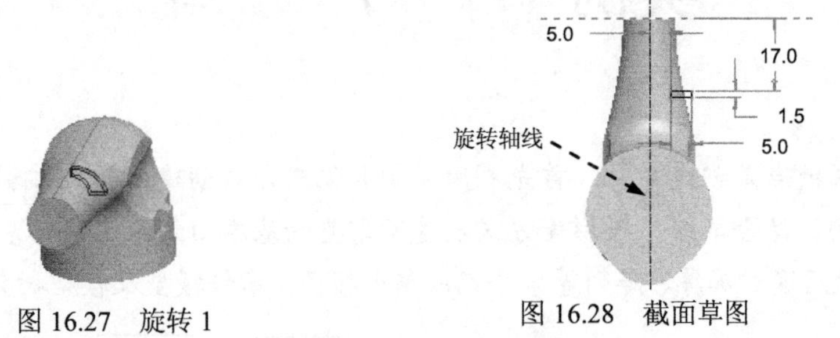

图 16.27　旋转 1　　　　图 16.28　截面草图

Step27. 创建图 16.29b 所示的方向阵列特征——阵列 1。在模型树中选取“旋转 1”特征后右击，在弹出的快捷菜单中选择 阵列... 命令；在“阵列”操控板的 选项 界面中选中 一般。在“阵列”操控板中选取以 方向 方式来控制阵列；选取填充 2 为参照方向。在操控板中输入阵列成员中心之间的距离值为 6，阵列个数为 3 个；在操控板中单击按钮，完成阵列 1 的创建。

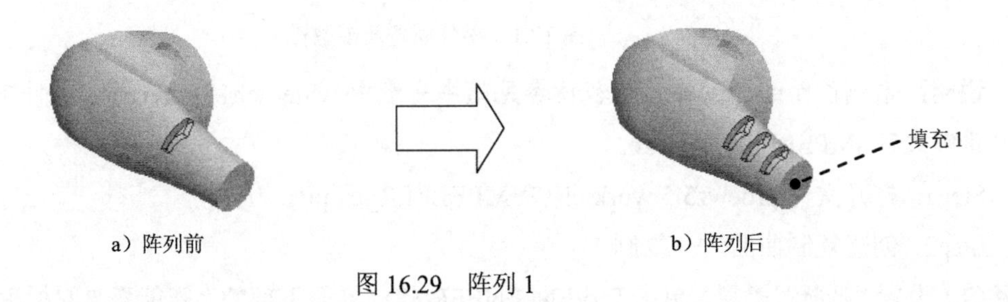

a）阵列前　　　　b）阵列后

图 16.29　阵列 1

Step28. 后面的详细操作过程请参见随书光盘中 video\ch16\reference\文件下的语音视频讲解文件 HEAD-r02.exe。

实例17　叶　　轮

实例概述

该实例的关键点是创建叶片，首先利用复制和偏距方式创建曲面，再利用这些曲面及创建的基准平面，结合草绘、投影等方式创建所需要的基准曲线。由这些基准曲线创建边界混合曲面，最后通过加厚、阵列等命令完成整个模型。零件模型及模型树如图 17.1 所示。

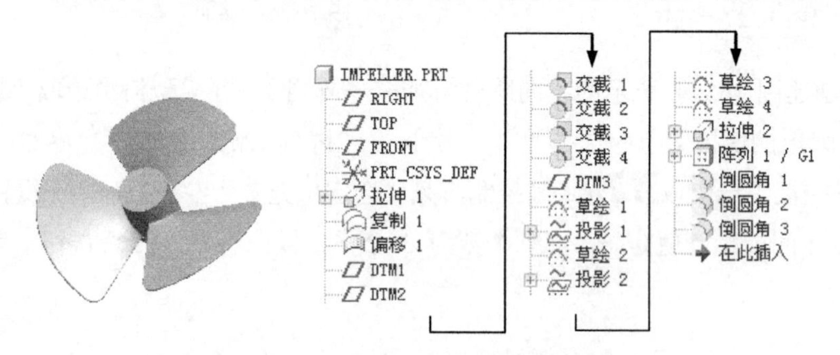

图 17.1　零件模型及模型树

说明：本例前面的详细操作过程请参见随书光盘中 video\ch17\reference\文件下的语音视频讲解文件 IMPELLER-r01.exe。

Step1. 打开文件 proewf5.5\work\ch17\IMPELLER_ex.prt。

Step2. 创建复制曲面——复制 1。

（1）设置“选择”类型。单击 Pro/ENGINEER 软件界面下部的“智能”选取栏后面的按钮，选择“几何”选项，这样将会很轻易地选取到模型上的几何目标，例如模型上的表面、边线和顶点等。

（2）按住 Ctrl 键，选择图 17.2 所示的圆柱的外表面。

（3）选择下拉菜单 编辑(E) ➡ 复制(C) 命令。

（4）选择下拉菜单 编辑(E) ➡ 粘贴(P) 命令，系统弹出操控板。

（5）单击操控板中的“完成”按钮。

Step3. 创建图 17.3 所示的偏移的曲面——偏移 1。

（1）选取图 17.3 所示的圆柱的外表面作为要偏移的曲面。

（2）选择下拉菜单 编辑(E) ➡ 偏移(O)... 命令。

（3）定义偏移类型。在操控板中的偏移类型栏中选取（标准）。

（4）定义偏移控制属性。单击操控板中的 选项，选取 垂直于曲面。

（5）定义偏移值。在操控板中的偏移数值栏中输入偏移距离值 102.0，并按 Enter 键。

（6）在操控板中单击按钮，预览所创建的偏移曲面，然后单击“完成”按钮，完成操作。

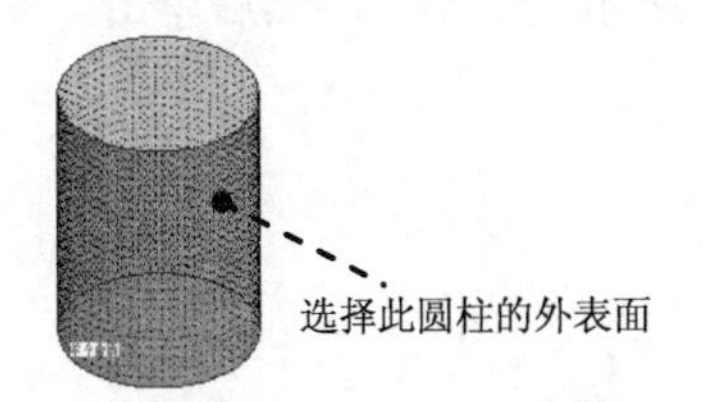

图 17.2 定义复制面组

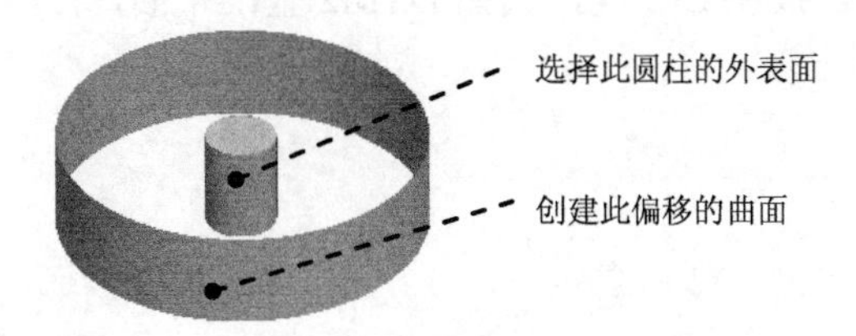

图 17.3 偏移 1

Step4. 创建图 17.4 所示的基准平面——DTM1。

（1）单击“创建基准平面”按钮，系统弹出“基准平面”对话框。

（2）在模型上选择基准轴 A_1，将约束设置为穿过。按住 Ctrl 键，选择 TOP 基准平面，将约束设置为偏移，输入旋转值-45.0，然后单击“基准平面”对话框中的确定按钮，完成 DTM1 基准平面的创建。

Step5. 用相同的方法创建图 17.5 所示的基准平面——DTM2。

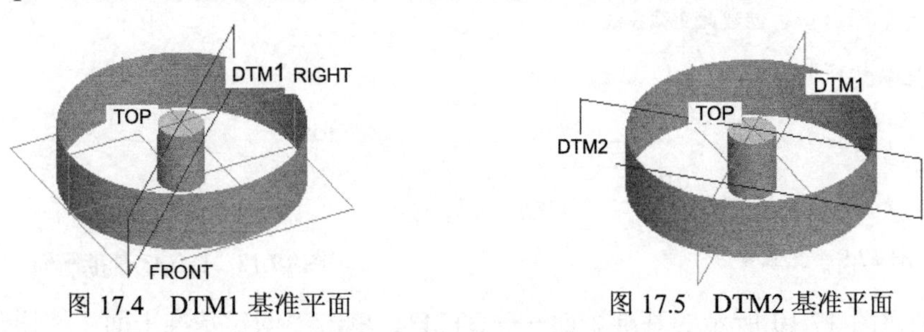

图 17.4 DTM1 基准平面　　图 17.5 DTM2 基准平面

Step6. 用曲面求交的方法创建图 17.6 所示的交截曲线——交截 1。

（1）在模型中选择圆柱的外表面。

（2）选择下拉菜单 编辑(E) ➡ 相交(I)... 命令，系统弹出相交操控板。

（3）按住 Ctrl 键，选择图中的基准平面 DTM1，系统将生成图 17.6 所示的交截曲线，然后单击操控板中的“完成”按钮。

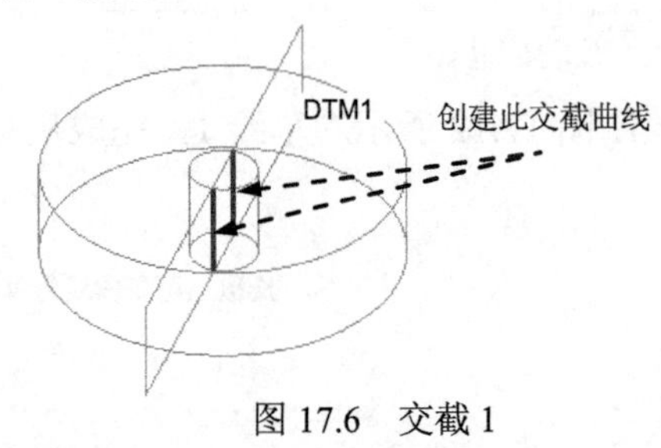

图 17.6 交截 1

Step7. 用相同的方法创建图 17.7 所示的交截曲线——交截 2。在模型中选择 Step2 创建的复制 1。按住 Ctrl 键，选择 DTM1 基准平面，生成图 17.7 所示的交截 2，然后单击“完成”按钮。

Step8. 用相同的方法创建图 17.8 所示的交截曲线 3——交截 3。在模型中选择圆柱的外表面。按住 Ctrl 键，选择 DTM2 基准平面，产生图 17.8 所示的交截 3，然后单击“完成”按钮。

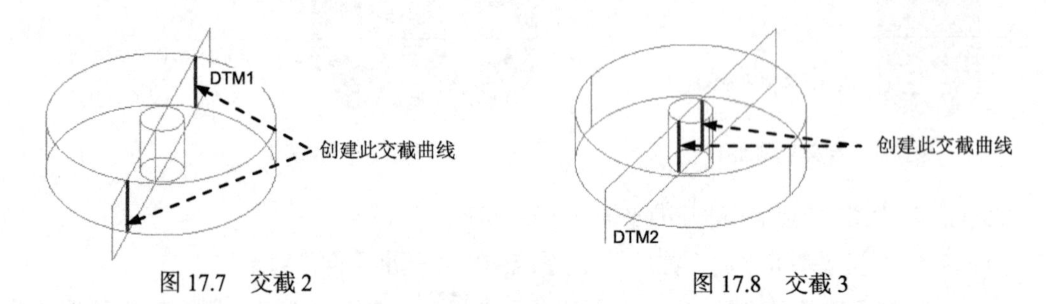

图 17.7　交截 2　　　　图 17.8　交截 3

Step9. 用相同的方法创建图 17.9 所示的交截曲线——交截 4。在模型中选择偏距 1，按住 Ctrl 键，选择 DTM2 为基准平面，产生图 17.9 所示的交截曲线，然后单击“完成”按钮。

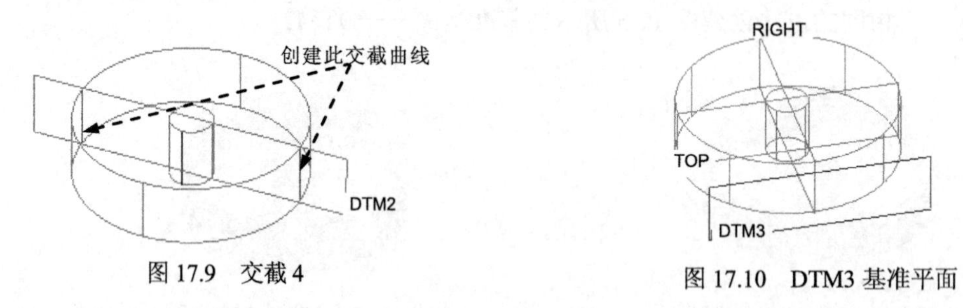

图 17.9　交截 4　　　　图 17.10　DTM3 基准平面

Step10. 创建图 17.10 所示的基准平面——DTM3。单击“创建基准平面”按钮，选取 TOP 基准平面，然后在“基准平面”对话框的 平移 文本框中输入 150.0，并按 Enter 键；单击“基准平面”对话框中的 确定 按钮。

Step11. 创建图 17.11 所示的草绘 1。

（1）单击工具栏上的“草绘”按钮，系统弹出“草绘”对话框。

（2）定义草绘截面放置属性。选取 DTM3 基准平面为草绘平面，RIGHT 基准平面为参照平面，方向为 底部，单击 草绘 按钮。

（3）进入草绘环境后，绘制图 17.12 所示的草绘 1，完成后单击“完成”按钮。

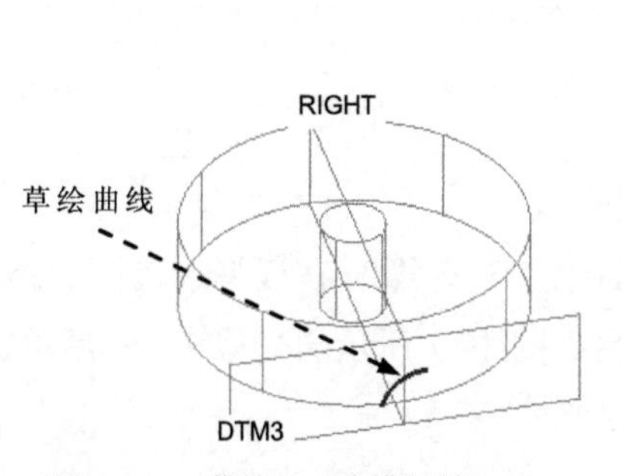

图 17.11　草绘 1（建模环境）

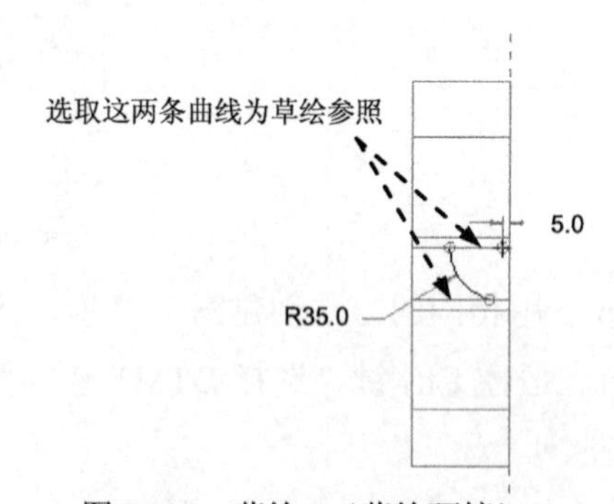

图 17.12　草绘 1（草绘环境）

Step12. 创建图 17.13 所示的投影曲线——投影 1。在图 17.11 所示的模型中，选择草绘曲线。选择下拉菜单 编辑(E) ➡ 投影(J)... 命令，此时系统弹出投影操控板。选择圆柱的外表面，系统立即产生图 17.13 所示的投影曲线。在操控板中单击“完成”按钮✓。

Step13. 创建图 17.14 所示的草绘曲线——草绘 2。单击“草绘”按钮。选取 DTM3 基准平面为草绘面，RIGHT 基准平面为参照平面，方向为 底部；单击 草绘 按钮；绘制图 17.15 所示的草绘 2，单击“完成”按钮✓。

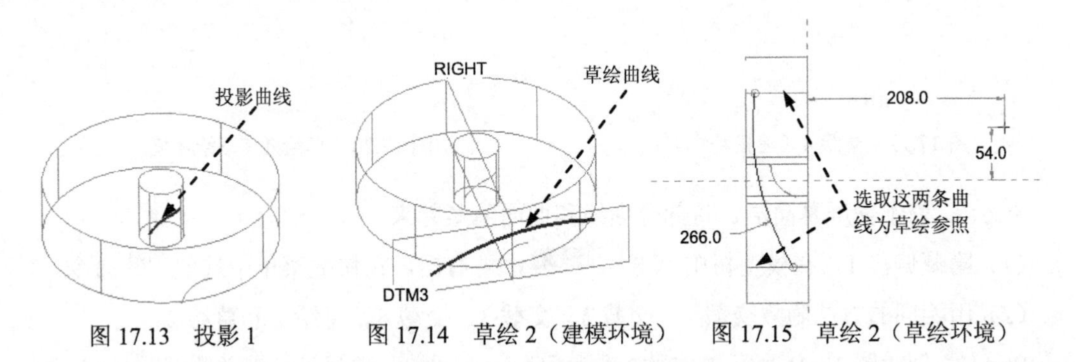

图 17.13 投影 1　　图 17.14 草绘 2（建模环境）　　图 17.15 草绘 2（草绘环境）

Step14. 创建图 17.16 所示的投影曲线 2——投影 2。选择草绘 2，选择下拉菜单 编辑(E) ➡ 投影(J)... 命令，选择图 17.16 所示的偏距 1，系统立即产生图 17.16 所示的投影曲线。在操控板中单击“完成”按钮✓。

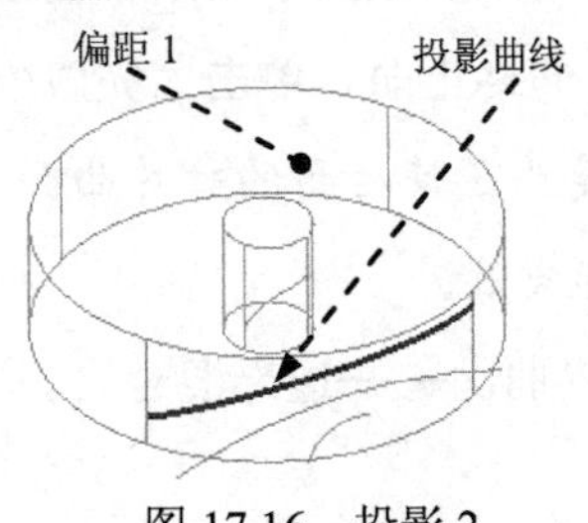

图 17.16 投影 2

Step15. 创建图 17.17 所示的草绘曲线——草绘 3。单击工具栏上的“草绘”按钮。选取 DTM1 基准平面为草绘平面；FRONT 基准平面为参照平面；方向为 顶；单击 草绘 按钮。绘制图 17.18 所示的草绘 3，完成后单击✓按钮。

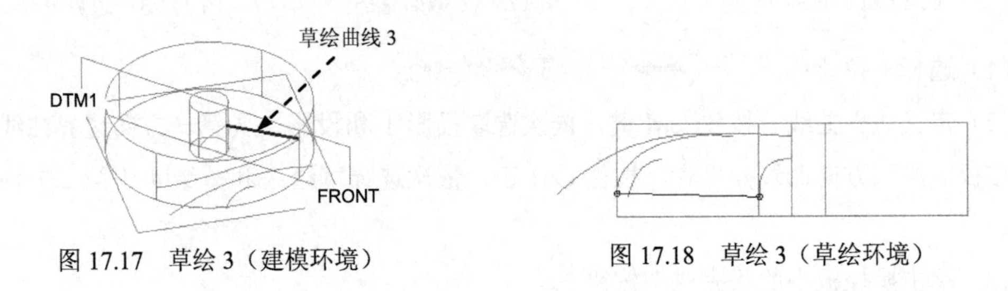

图 17.17 草绘 3（建模环境）　　图 17.18 草绘 3（草绘环境）

Step16. 创建图 17.19 所示的草绘曲线——草绘 4。单击工具栏上的“草绘”按钮。选取 DTM2 基准平面为草绘平面，选取 FRONT 基准平面为参照平面，方向为顶，单击草绘按钮。绘制图 17.20 所示的草绘 4，完成后单击✓按钮。

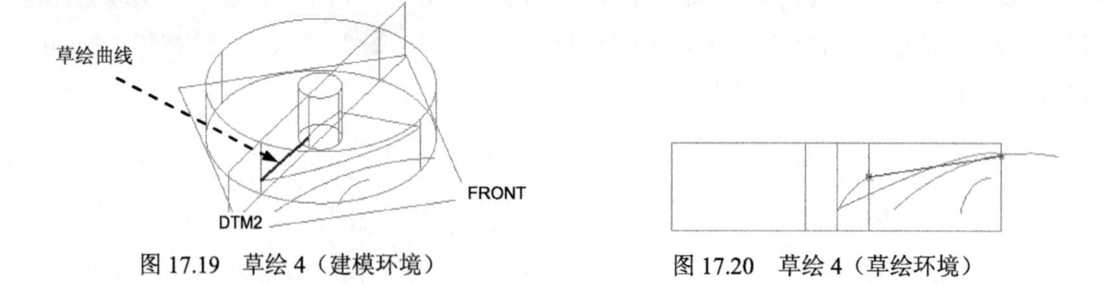

图 17.19 草绘 4（建模环境） 图 17.20 草绘 4（草绘环境）

Step17. 为了使屏幕简洁，将部分曲线和曲面隐藏起来。

（1）隐藏偏移 1。在模型树中单击偏移 1，再右击，在快捷菜单中选取隐藏命令。

（2）用相同的方法隐藏交截 1、交截 2、交截 3、交截 4、草绘 1 和草绘 2。

Step18. 创建图 17.21 所示的实体拉伸特征——拉伸 2。选择下拉菜单插入(I) ➡ 拉伸(E)...命令；在绘图区中右击，从弹出的快捷菜单中选择定义内部草绘...命令，选取图 17.21 所示的圆柱的底面为草绘平面，RIGHT 基准平面为参照平面，方向为底部，单击对话框中的草绘按钮；绘制图 17.22 所示的截面草图，单击✓按钮。选取深度类型，选取图 17.21 所示的圆柱的顶面作为拉伸终止面。单击“完成”按钮✓。

注意：创建此拉伸特征的目的是为了使后面的叶片曲面加厚、叶片阵列、倒圆角等操作能顺利完成，否则，这些操作可能失败。

Step19. 创建图 17.23 所示的边界曲面——边界混合 1。

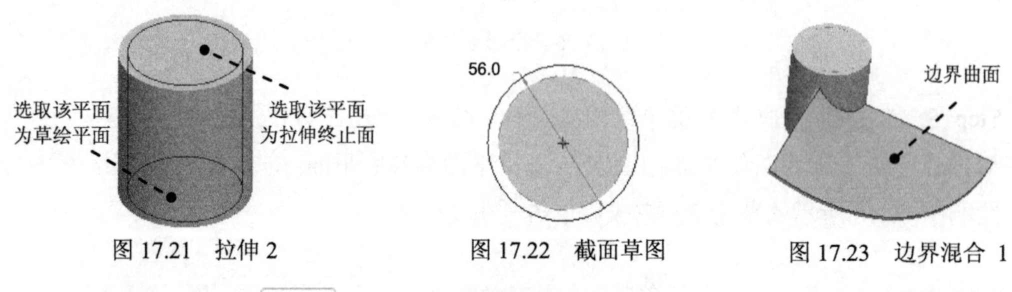

图 17.21 拉伸 2 图 17.22 截面草图 图 17.23 边界混合 1

（1）选择下拉菜单插入(I) ➡ 边界混合(B)...命令。

（2）定义边界曲线。按住 Ctrl 键，依次选取投影 1 和投影 2 为第一方向边界曲线；单击操控板中第二方向曲线操作栏，按住 Ctrl 键，依次选择草绘 3 和草绘 4 为第二方向边界曲线。

（3）单击操控板中的“完成”按钮✓。

Step20. 添加图 17.24b 所示的加厚曲面——加厚 1。选取 Step19 创建的边界混合 1。选

择下拉菜单 编辑(E) ➡ 加厚(K)... 命令，加厚的方向指示箭头如图 17.25 所示，输入薄壁实体的厚度值 3.0，单击“完成”按钮✓，完成加厚操作。

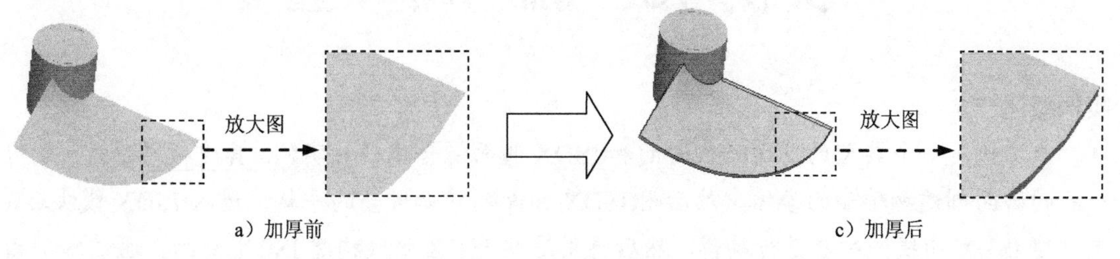

a）加厚前　　c）加厚后

图 17.24 加厚 1

Step21. 为了进行叶片的阵列，创建组特征——组 G1。

（1）按住 Ctrl 键，在模型树中选取 Step19 所创建的边界混合 1 和 Step20 所创建的加厚 1。

（2）选择下拉菜单 编辑(E) ➡ 组 命令，此时边界混合 1 和加厚 1 合并为 组LOCAL_GROUP，先单击 组LOCAL_GROUP，然后右击，将 组LOCAL_GROUP 重命名为 组G1，完成组的创建。

Step22. 创建图 17.26b 所示的“轴”阵列特征——阵列 1。

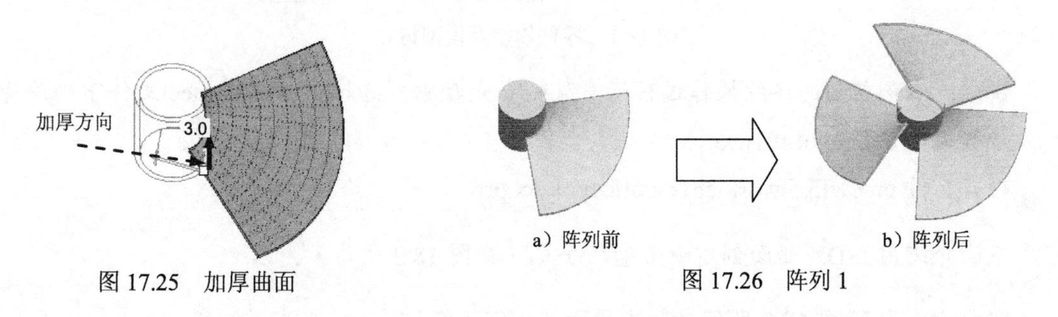

图 17.25 加厚曲面

a）阵列前　　b）阵列后

图 17.26 阵列 1

（1）在模型树中单击 组G1 后右击，在快捷菜单中选取 阵列... 命令，弹出阵列操控板。

（2）在操控板中选择 轴 选项，在模型中选择基准轴 A_1；在操控板中输入阵列的个数 3，按 Enter 键；输入角度增量值为 120.0，并按 Enter 键。

（3）单击操控板中的“完成”按钮✓，完成特征的创建。

Step23. 后面的详细操作过程请参见随书光盘中 video\ch17\reference\文件下的语音视频讲解文件 IMPELLER-r02.exe。

实例 18 咖 啡 壶

实例概述

本实例是一个典型的运用一般曲面和 ISDX 曲面综合建模的实例。其建模思路是：先用一般的曲面创建咖啡壶的壶体，然后用 ISDX 曲面创建咖啡壶的手柄；进入 ISDX 模块后，先创建 ISDX 曲线并对其进行编辑，然后再用这些 ISDX 曲线构建 ISDX 曲面。通过本例的学习，读者可认识到，ISDX 曲面造型的关键是 ISDX 曲线，只有创建高质量的 ISDX 曲线才能获得高质量的 ISDX 曲面。零件模型及模型树如图 18.1 所示。

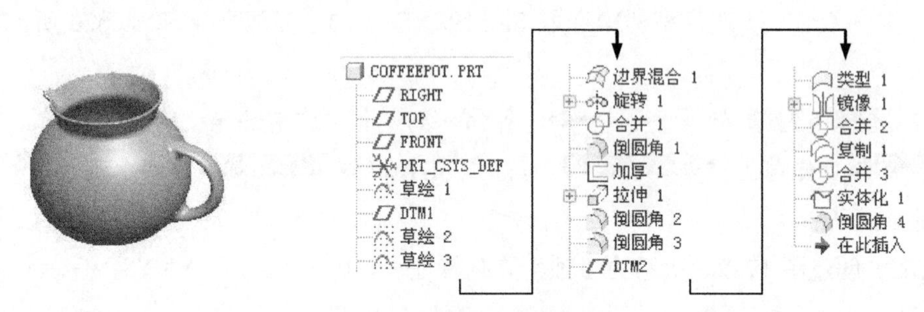

图 18.1 零件模型及模型树

说明：本例前面的详细操作过程请参见随书光盘中 video\ch18\reference\文件下的语音视频讲解文件 coffeepot-r01.exe。

打开文件 proewf5.5\work\ch18\coffeepot_ex.prt。

下面介绍用 ISDX 曲面创建咖啡壶的手柄（如图 18.2 所示）。

Stage1．创建图 18.3 所示的基准平面——DTM2

图 18.2 用 ISDX 曲面创建咖啡壶的手柄

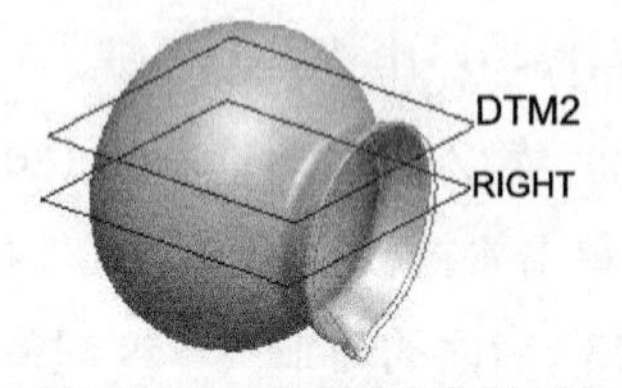

图 18.3 DTM2 基准平面

单击“创建基准平面”按钮，系统弹出“基准平面”对话框。选取 RIGHT 基准平面，然后在“基准平面”对话框的 平移 文本框中输入 60.0，单击“基准平面”对话框中的 确定 按钮。

Stage2．创建图 18.4 所示的造型曲面特征——类型 1

Step1. 进入造型环境。选择下拉菜单 插入(I) ➡ 造型(Y)... 命令。

Step2. 创建图 18.5 所示的 ISDX 曲线 1。

（1）设置活动平面。单击按钮（或选择下拉菜单 造型(Y) ➡ 设置活动平面(P) 命令），选择图 18.6 所示的 TOP 基准平面为活动平面。

注意： 如果活动平面的栅格太稀或太密，可选择下拉菜单 造型(Y) ➡ 首选项(P)... 命令，在“造型首选项”对话框的 栅格 区域中调整 间隔 值。

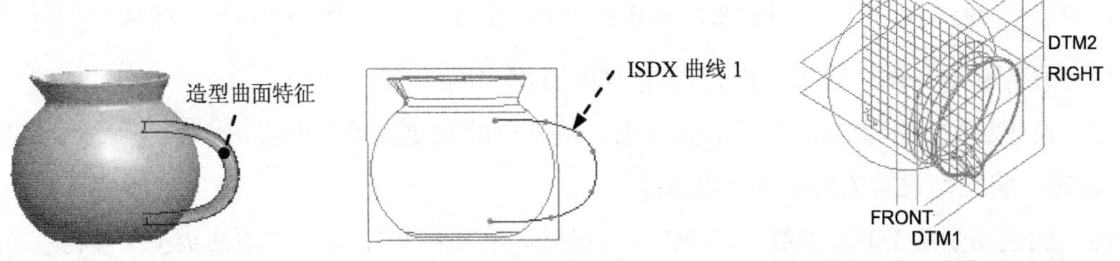

图 18.4 类型 1　　图 18.5 ISDX 曲线 1　　图 18.6 设置 TOP 基准平面为活动平面

（2）设置模型显示状态。完成以上操作后，模型如图 18.6 所示，显然这样的显示状态很难进行 ISDX 曲线的创建。为了使图面清晰是查看方便，需进行如下模型显示状态设置。

① 单击按钮和，使基准轴和坐标系不显示。

② 选择下拉菜单 造型(Y) ➡ 首选项(P)... 命令，在“造型首选项”对话框的 栅格 区域中，取消 显示栅格 复选框，关闭“造型优先选项”对话框。

③ 在模型树中右击 TOP 基准平面，然后从系统弹出的快捷菜单中选择 隐藏 命令。

④ 在图形区右击，从弹出的快捷菜单中选择 活动平面方向 命令，单击按钮，将模型设置为消隐显示状态，此时模型如图 18.7 所示。

（3）创建初步的 ISDX 曲线 1。单击按钮，在操控板中选中单选按钮，绘制图 18.8 所示的初步的 ISDX 曲线 1，然后单击操控板中的“完成”按钮。

（4）对照曲线的曲率图，编辑初步的 ISDX 曲线 1。

① 单击“编辑曲线”按钮，选取图 18.8 所示的初步的 ISDX 曲线 1，此时系统显示 ISDX 曲线编辑操控板。

② 单击图 18.9 所示的编辑操控板中的按钮，当按钮变为时，再单击“曲率”按钮，系统弹出“曲率”对话框，然后选取图 18.8 所示的 ISDX 曲线 1，在对话框 比例 区域的文本框中输入 100.0。然后单击“曲率”对话框中的按钮，退出“曲率”对话框。

③ 单击操控板中的按钮，完成曲率选项的设置。

④ 对照图 18.9 所示的曲率图，对 ISDX 曲线 1 上的几个点进行拖拉编辑。此时可观察到曲线的曲率图随着点的移动而即时变化。

⑤ 如果要关闭曲线曲率图的显示，选择“工具栏”按钮。

注意： 如果曲率图太大或太密，可在“曲率”对话框中调整 质量 滑块和 比例 滚轮。

（5）完成编辑后，单击操控板中的“完成”按钮。

Step3. 创建图 18.10 所示的 ISDX 曲线 2。

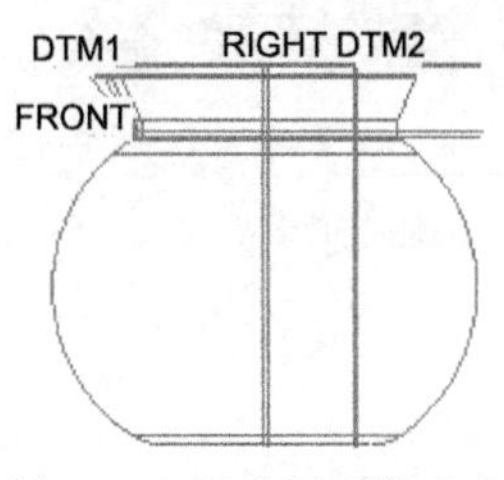

图 18.7 活动平面的方向

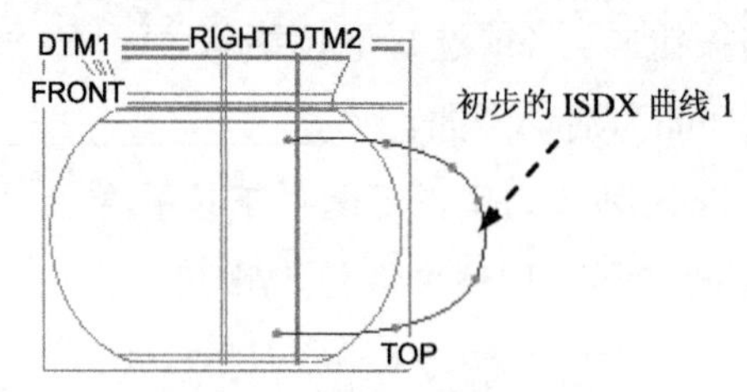

图 18.8 初步的 ISDX 曲线 1

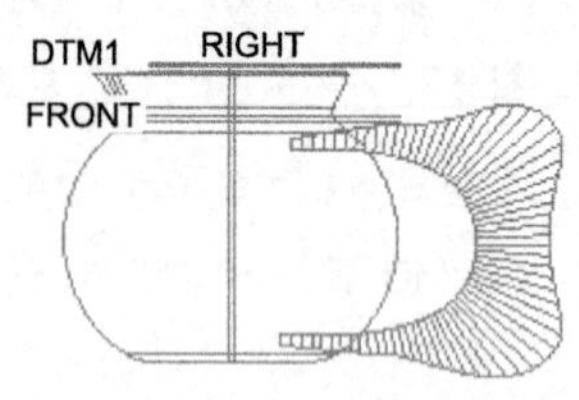

图 18.9 ISDX 曲线 1 的曲率图

（1）设置活动平面。活动平面仍然是 TOP 基准平面。

（2）设置模型显示状态。在图形区右击，从弹出的快捷菜单中选择活动平面方向命令。单击按钮，将模型设置为消隐显示状态。

（3）创建初步的 ISDX 曲线 2。单击按钮，在操控板中选中“曲线类型”单选按钮，绘制图 18.11 所示的初步的 ISDX 曲线 2，然后单击操控板中的“完成”按钮。

（4）对照曲线的曲率图，编辑初步的 ISDX 曲线 2。

① 单击“编辑曲线”按钮，单击图 18.11 中初步的 ISDX 曲线 2。

② 先单击操控板中的按钮，然后单击“曲率”按钮，对照图 18.12 所示的曲率图（注意：在“曲率”对话框的比例文本框中输入 100.0），对 ISDX 曲线 2 上的点进行拖拉编辑。

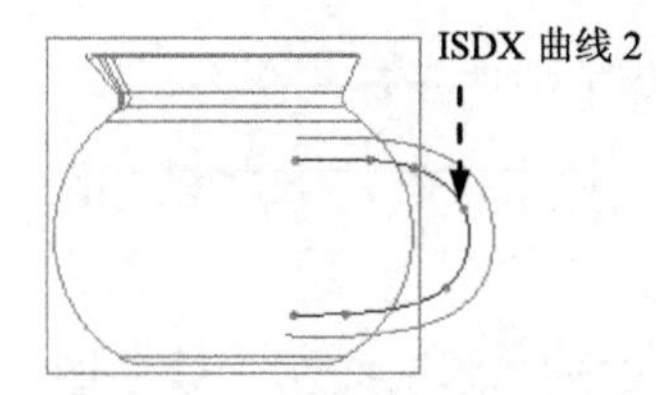

图 18.10 创建 ISDX 曲线 2

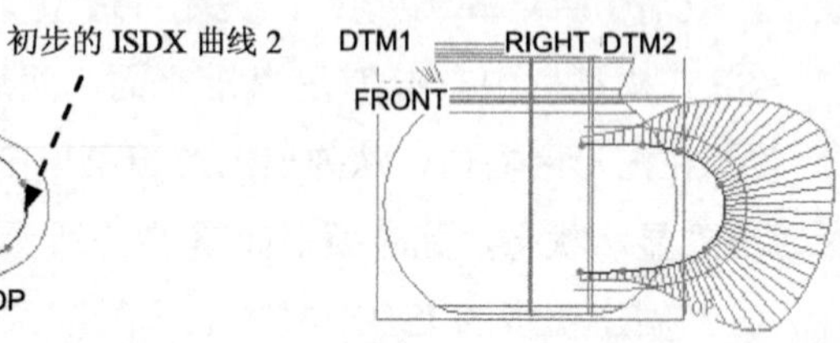

图 18.11 初步的 ISDX 曲线 2　　图 18.12 ISDX 曲线 2 的曲率图

（5）完成编辑后，单击操控板中的“完成”按钮。

Step4. 创建图 18.13 所示的 ISDX 曲线 3。

（1）设置活动平面。单击按钮，选择 DTM2 基准平面为活动平面，如图 18.14 所示。

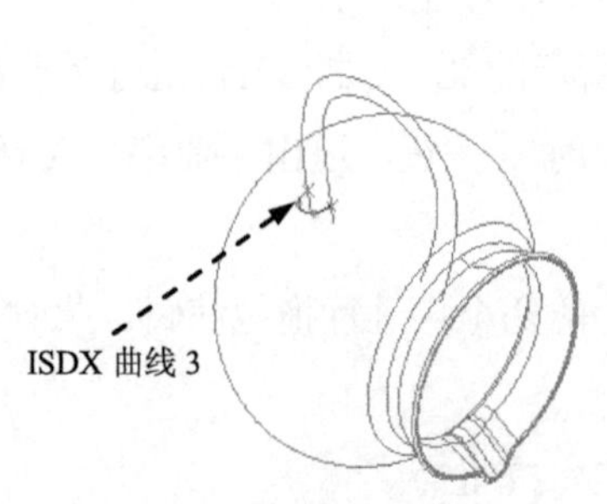

图 18.13 创建 ISDX 曲线 3

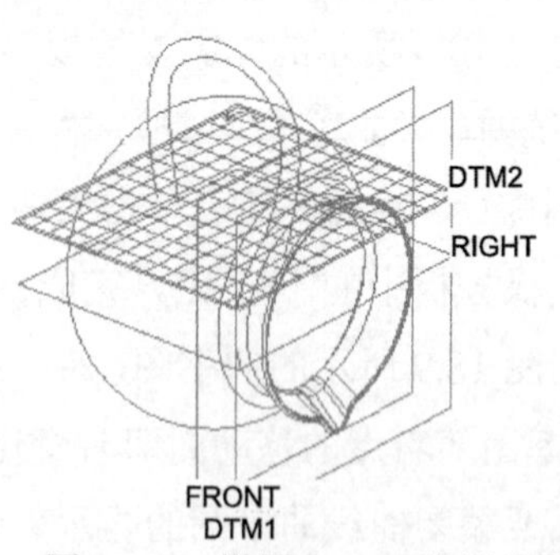

图 18.14 设置 DTM2 为活动平面

（2）创建初步的 ISDX 曲线 3。单击按钮。在操控板中选中“曲线类型”单选按钮。绘制图 18.15 所示的初步的 ISDX 曲线 3，然后单击操控板中的按钮。

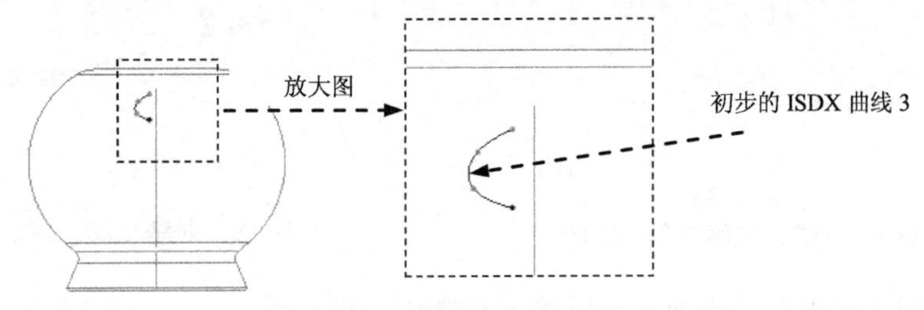

图 18.15 初步的 ISDX 曲线 3

（3）编辑初步的 ISDX 曲线 3。单击“编辑曲线”按钮，单击图 18.16 中的 ISDX 曲线 3。按住键盘 Shift 键，分别将 ISDX 曲线 3 的左、右两个端点拖移到 ISDX 曲线 1 和 ISDX 曲线 2，直到这两个端点变成小叉“×”，如图 18.16 所示。

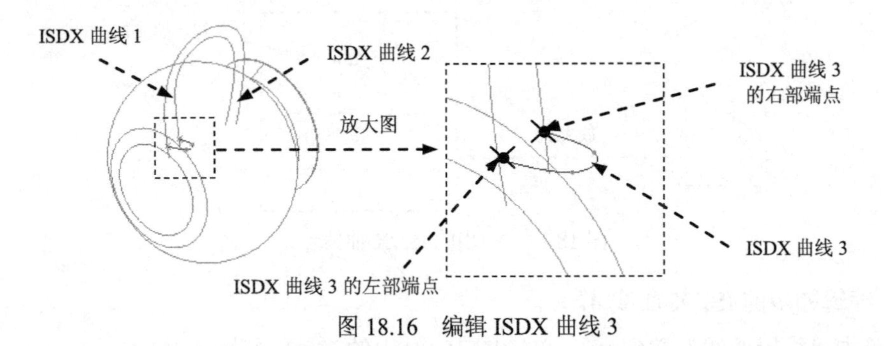

图 18.16 编辑 ISDX 曲线 3

（4）设置 ISDX 曲线 3 的两个端点的法向约束。

① 在模型树中右击 TOP 基准平面，然后从系统弹出的快捷菜单中选择 取消隐藏 命令。

② 选取 ISDX 曲线 3 的左端点，单击操控板上的 相切 按钮，选择 法向 选项，选择 TOP 基准平面作为法向平面，在 长度 文本框中输入该端点切线的长度值 18.0，并按 Enter 键。

③ 同样选取 ISDX 曲线 3 的右端，进行相同的操作。

注意： 切线的长度值不是一个确定的值，读者可根据具体情况设定长度值。由于在后面的操作中，需对创建的 ISDX 曲面进行镜像，镜像平面正是 TOP 基准平面。为了使镜像前后的两个曲面光滑连接，这里必须对 ISDX 曲线 3 的左、右两个端点设置法向约束，否则镜像前后的两个曲面连接处会有一道明显不光滑的“痕迹”。

（5）对照曲线的曲率图，进一步编辑 ISDX 曲线 3。

① 单击按钮，将模型设置为消隐显示状态。然后单击按钮，使基准平面不显示。

② 单击“曲率”按钮，对照图 18.17 所示的曲率图（注意：此时在 比例 区域的文本框中输入 25.0），对 ISDX 曲线 3 上的点进行拖拉编辑。

（6）完成编辑后，单击操控板中的“完成”按钮。

Step5. 创建图 18.18 所示的 ISDX 曲线 4。

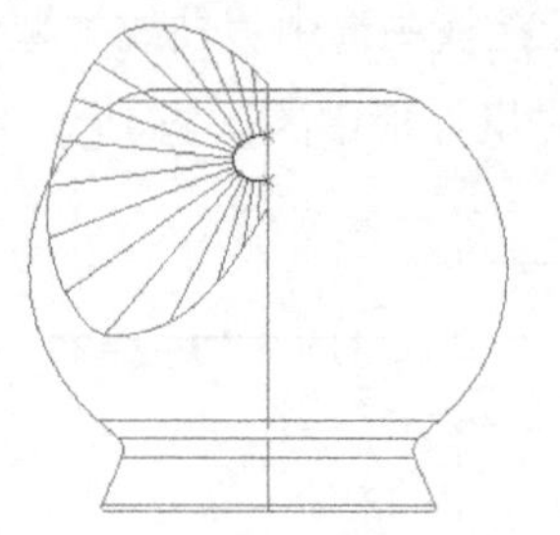

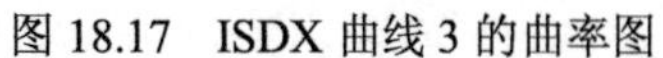

图 18.17 ISDX 曲线 3 的曲率图

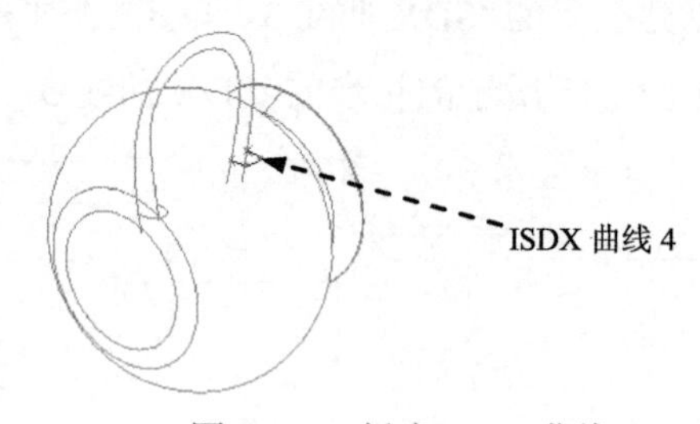

图 18.18 创建 ISDX 曲线 4

（1）设置活动平面。活动平面仍然是 DTM2 基准平面。

（2）设置模型显示状态。确认按钮被按下，将模型设置为线框显示状态。

（3）创建初步的 ISDX 曲线 4。单击按钮，在操控板中选中“曲线类型”单选按钮，绘制图 18.19 所示的初步的 ISDX 曲线 4，然后单击操控板中的按钮。

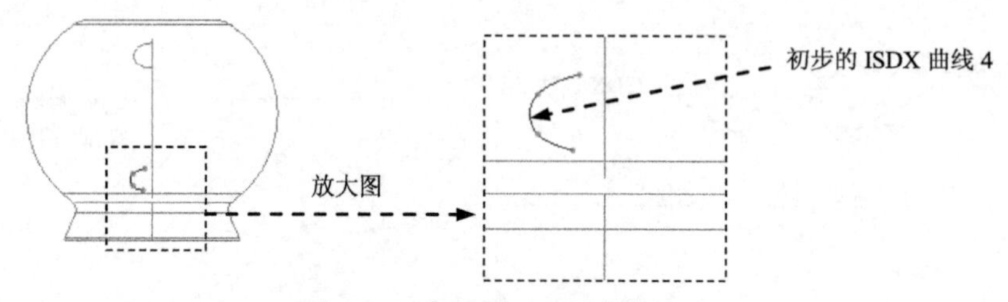

图 18.19 初步的 ISDX 曲线 4

（4）编辑初步的 ISDX 曲线 4。

① 单击“编辑曲线”按钮，单击图 18.20 中的 ISDX 曲线 4。

② 按住键盘 Shift 键，分别将 ISDX 曲线 4 的左、右两个端点拖移到 ISDX 曲线 1 和 ISDX 曲线 2，直到这两个端点变成小叉“×”，如图 18.20 所示。

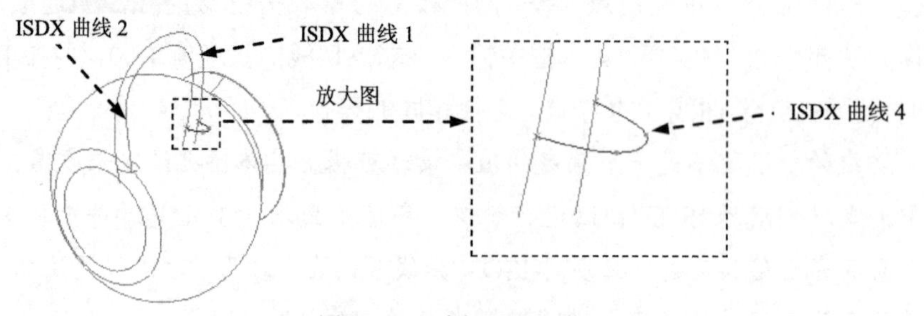

图 18.20 编辑 ISDX 曲线 4

（5）设置 ISDX 曲线 4 的两个端点的法向约束。

① 选取 ISDX 曲线 4 的左端点，单击操控板上的相切按钮，选择法向选项，选择 TOP 基准平面作为法向平面，在长度文本框中输入该端点切线的长度值 23.0，并按 Enter 键。

② 选取 ISDX 曲线 4 的右端点，单击操控板上的相切按钮，选择法向选项，选择 TOP 基准平面作为法向平面，端点切线的长度值为 23.0。

（6）对照曲线的曲率图，进一步编辑 ISDX 曲线 4。

① 确认按钮被按下，将模型设置为消隐显示状态。

② 确认按钮被按下，使基准面不显示。

③ 先单击操控板中的按钮，然后单击“曲率”按钮，对照图 18.21 所示的曲率图（注意：在比例区域的文本框中输入 25.0），对 ISDX 曲线 4 上的点进行拖拉编辑。

（7）完成编辑后，单击操控板中的“完成”按钮。

Step6. 创建图 18.22 所示的造型曲面。

（1）单击“创建 ISDX 曲面”按钮。

（2）选取边界曲线。在图 18.22 中，选取 ISDX 曲线 1，然后按住键盘上的 Ctrl 键，分别选取 ISDX 曲线 2、ISDX 曲线 3 和 ISDX 曲线 4，此时系统便以这四条 ISDX 曲线为边界形成一个 ISDX 曲面。

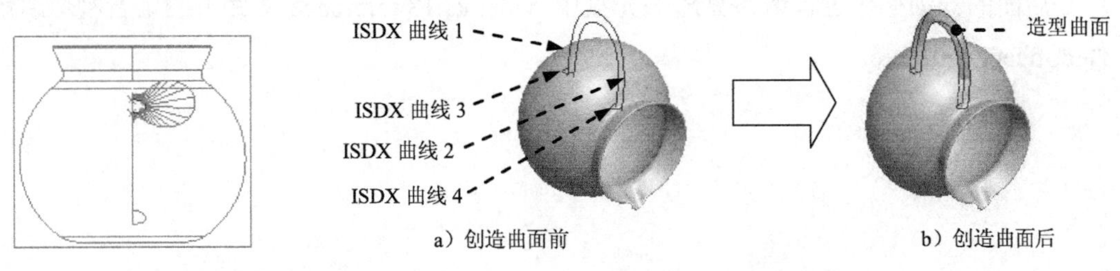

图 18.21　ISDX 曲线 4 的曲率图

图 18.22　创建造型曲面

（3）在“曲面创建”操控板中，单击“完成”按钮。

Step7. 退出造型环境：选择下拉菜单 造型(Y) → 完成(D) 命令（或单击按钮）。

Stage3. 镜像、合并造型曲面

Step1. 创建图 18.23b 所示的造型曲面的镜像——镜像 1。选择要镜像的造型曲面，选择下拉菜单 编辑(E) → 镜像(I)... 命令，选取镜像平面——TOP 基准平面，单击操控板中的“完成”按钮。

Step2. 将 Step1 创建的镜像后的面组与源面组合并，创建合并特征——合并 2。

（1）按住键盘上的 Ctrl 键，选取图 18.24 所示的要合并的两个曲面。

（2）选择下拉菜单 编辑(E) → 合并(G)... 命令，单击“完成”按钮。

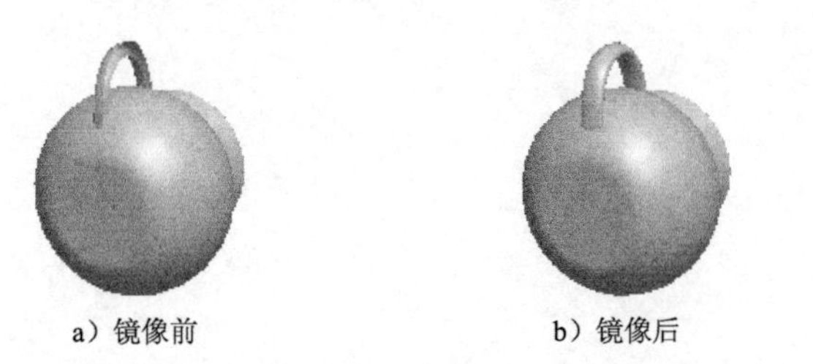

图 18.23　镜像 1

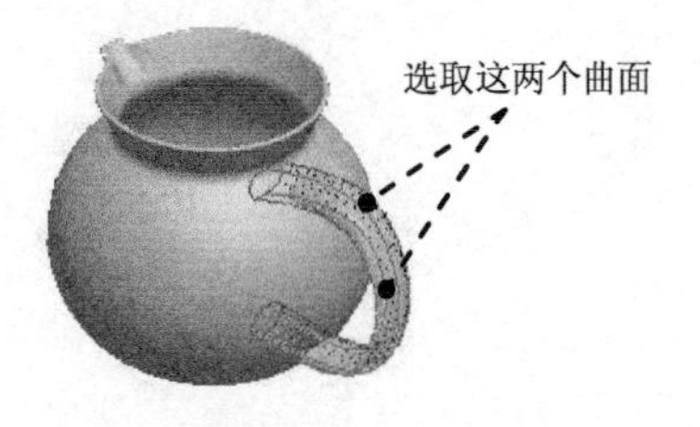

图 18.24　合并 2

Stage4．创建复制曲面，将其与面组 1 合并，然后将合并后的面组实体化

将模型旋转到图 18.25 所示的视角状态，从咖啡壶的壶口看去，可以查看到面组 1 已经探到里面。下面将从模型上创建一个复制曲面，将该复制 1 与合并 2 进行合并，会得到一个封闭的面组（如图 18.26 所示）。

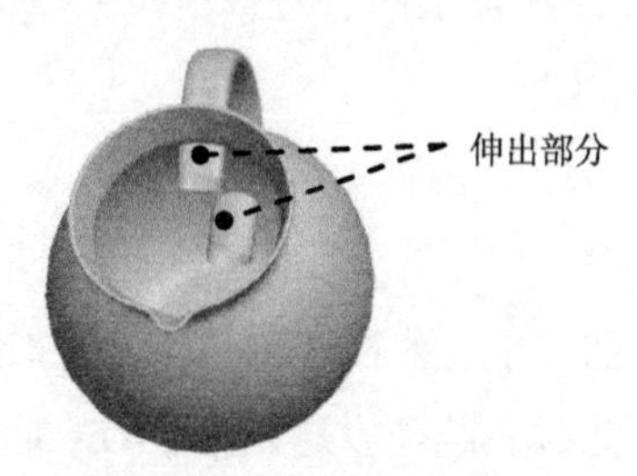

图 18.25 旋转视角方向后

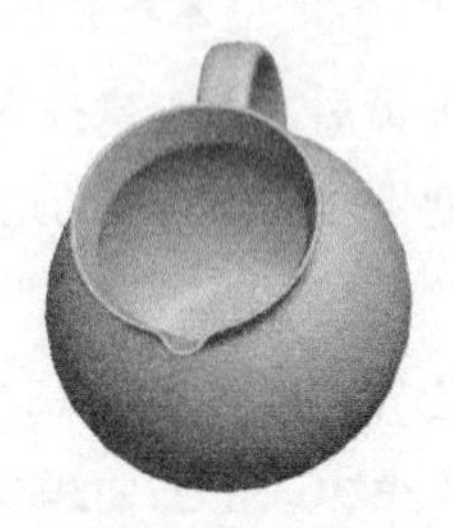
图 18.26 合并曲面后

后面的详细操作过程请参见随书光盘中 video\ch18\reference\文件下的语音视频讲解文件 coffeepot-r02.exe。

实例19　鼠　标　盖

实例概述

本实例的建模思路是先创建几条草图曲线，然后通过绘制的草图曲线构建曲面，最后将构建的曲面加厚并添加圆角等特征，其中用到的有边界混合、填充、修剪、合并以及加厚等特征命令。零件模型及模型树如图 19.1 所示。

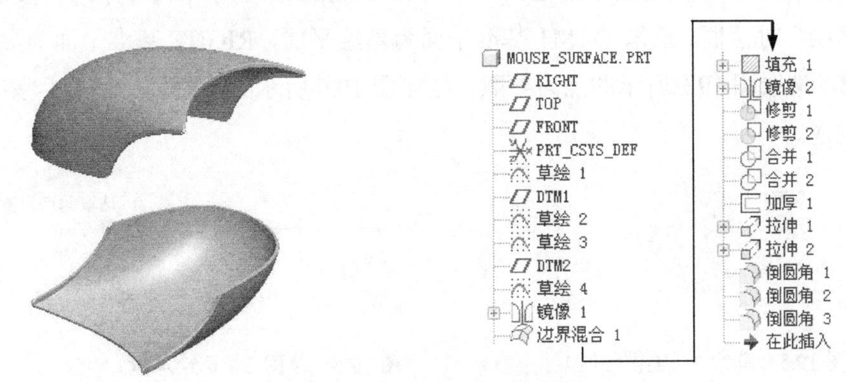

图 19.1　零件模型及模型树

Step1. 新建并命名零件模型为 MOUSE_SURFACE，选用 mmns_part_solid 零件模板。

Step2. 创建图 19.2 所示的草绘特征——草绘 1。

（1）在工具栏中单击“草绘”按钮，系统弹出“草绘”对话框。

（2）选取 FRONT 基准平面为草绘平面，RIGHT 基准平面为参照平面，方向为右；单击“草绘”对话框中的草绘按钮。

（3）进入草绘环境后，接受默认的草绘参照；绘制图 19.3 所示的草图 1。

（4）单击“完成”按钮，完成草绘 1 的创建。

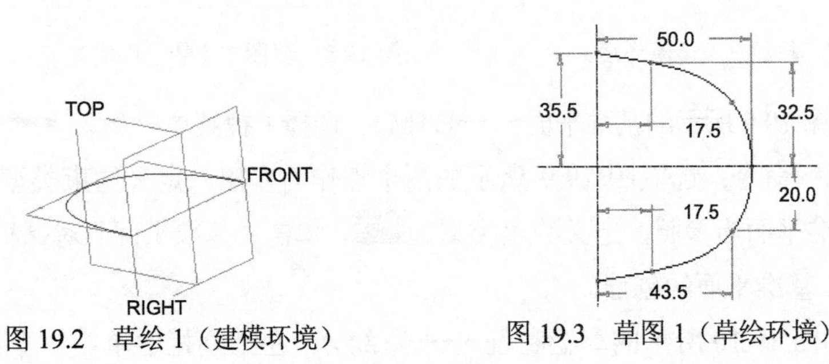

图 19.2　草绘 1（建模环境）　　图 19.3　草图 1（草绘环境）

Step3. 创建图 19.4 所示的基准平面——DTM1。选择下拉菜单 插入(I) ➡ 模型基准(D) ➡ 平面(L)... 命令；选取图 19.4 所示的点作为参照，定义约束类型为穿过，再选取 TOP 基准平面为参照平面，定义约束类型为平行，单击“基准平面”对话框中的确定按钮。

完成 DTM1 基准平面的创建。

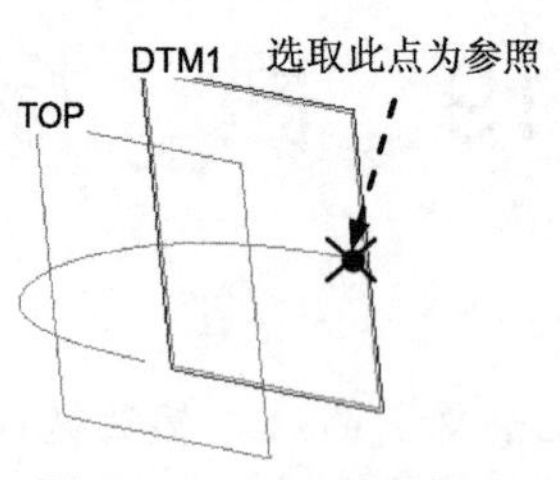

图 19.4 DTM1 基准平面

Step4. 添加图 19.5 所示的草绘特征——草绘 2。在工具栏中单击“草绘”按钮，系统弹出“草绘”对话框。选取 DTM1 基准平面为草绘平面，RIGHT 基准平面为参照平面，方向为右，选取图 19.6 所示的点为参照；绘制图 19.6 所示的草图 2，单击✓按钮，完成草绘 2 的创建。

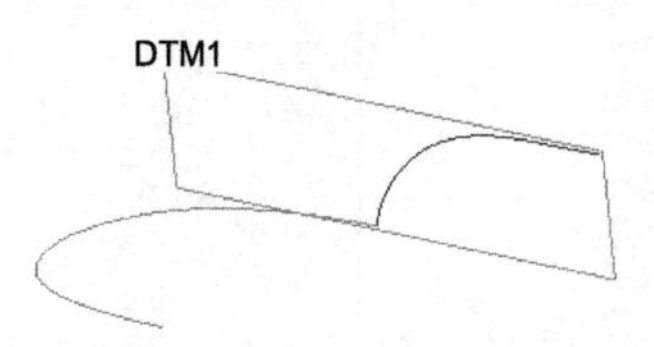

图 19.5 草绘 2（建模环境）

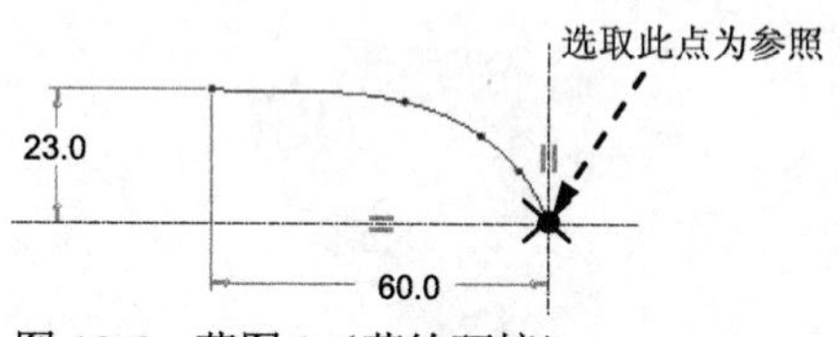

图 19.6 草图 2（草绘环境）

Step5. 添加图 19.7 所示的草绘特征——草绘 3。在工具栏中单击“草绘”按钮，系统弹出“草绘”对话框。选取 TOP 基准平面为草绘平面，RIGHT 基准平面为参照平面，方向为右，选取图 19.8 所示的两个点作为参照，绘制图 19.8 所示的草图 3；单击✓按钮，完成草绘 3 的创建。

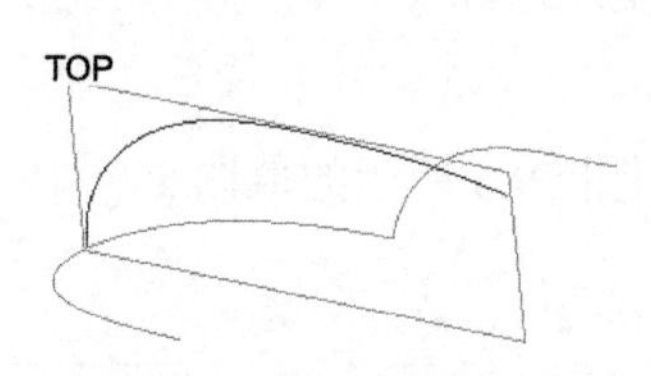

图 19.7 草绘 3（建模环境）

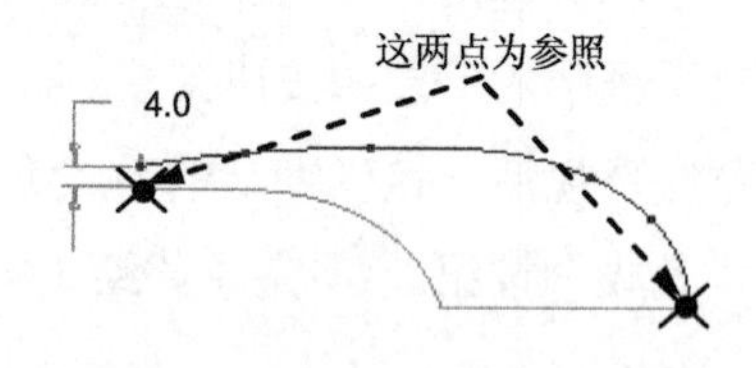

图 19.8 草图 3（草绘环境）

Step6. 创建图 19.9 所示的基准平面——DTM2。选择下拉菜单 插入(I) ➡ 模型基准(D) ▸ ➡ 平面(L)... 命令；选取图 19.9 所示的两个点作为参照，定义约束类型为穿过；再选取 RIGHT 基准平面为参照，定义约束类型为平行，单击“基准平面”对话框中的确定按钮，完成 DTM2 基准平面的创建。

Step7. 添加图 19.10 所示的草绘特征——草绘 4。在工具栏中单击“草绘”按钮，系统弹出“草绘”对话框。选取 DTM2 基准平面为草绘平面，TOP 基准平面为参照平面，方向为左，选取图 19.11 所示的两个点为参照；绘制图 19.11 所示的草图 4，单击✓按钮，完成草绘 4 的创建。

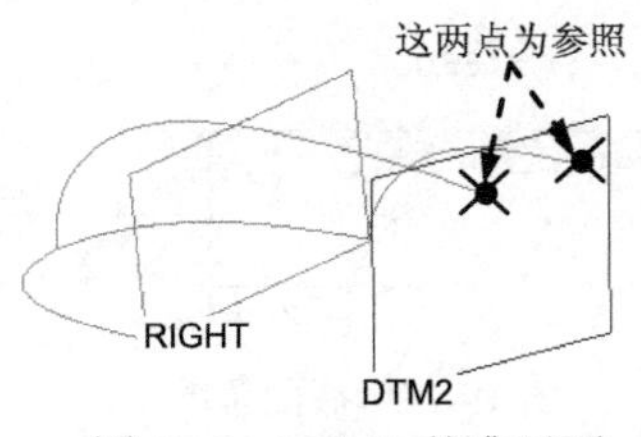

图 19.9　DTM2 基准平面

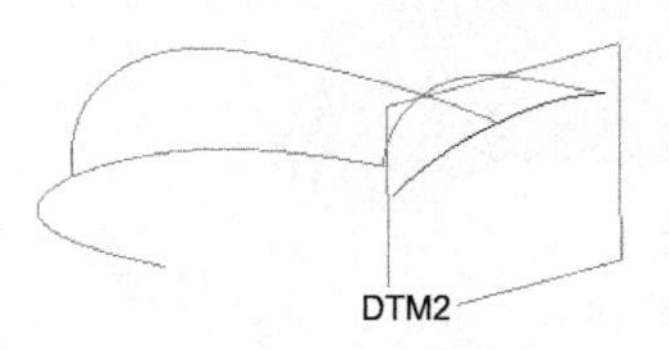

图 19.10　草绘 4（建模环境）

Step8. 创建图 19.12b 所示的镜像特征——镜像 1。在模型树中选取草绘 2 特征为镜像源，选择下拉菜单 编辑(E) ➡ 镜像(I)... 命令，选取 TOP 基准平面为镜像平面，完成镜像特征的创建。

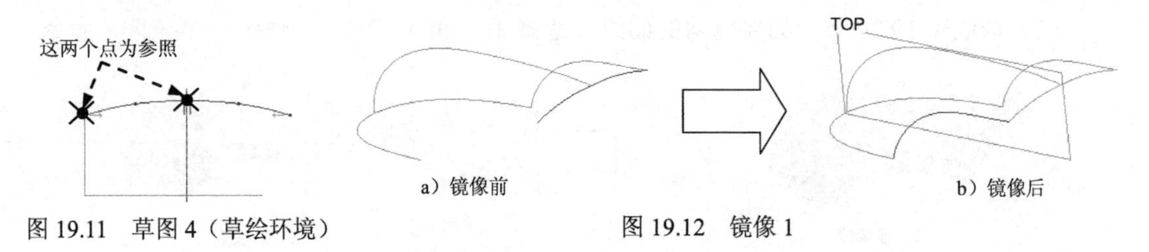

图 19.11　草图 4（草绘环境）　　图 19.12　镜像 1

Step9. 创建图 19.13 所示的边界混合特征——边界混合 1。

（1）选择下拉菜单 插入(I) ➡ 边界混合(B)... 命令，此时系统弹出边界混合操控板。

（2）定义边界曲线。

① 选择图 19.14 所示的第一方向曲线。单击操控板中的第一方向曲线操作栏，按住 Ctrl 键，依次选择草绘 2、草绘 3 和镜像 1 为第一方向边界曲线。

② 选择图 19.15 所示的第二方向曲线。单击操控板中的第二方向曲线操作栏，按住 Ctrl 键，依次选择草绘 4 和草绘 1 为第二方向边界曲线。

（3）单击操控板中的“完成”按钮✓。完成边界混合 1 特征的创建。

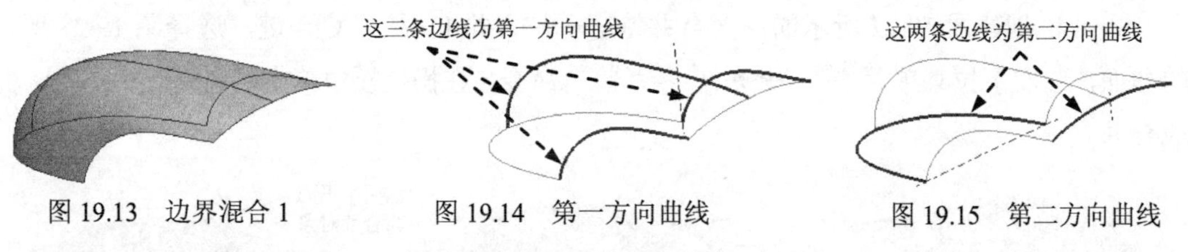

图 19.13　边界混合 1　　图 19.14　第一方向曲线　　图 19.15　第二方向曲线

Step10. 创建图 19.16 所示的填充特征——填充 1。

（1）选择下拉菜单 编辑(E) ➡ 填充(L)... 命令，系统弹出操控板。

（2）在绘图区中右击，在弹出的快捷菜单中选择 定义内部草绘... 命令；选择 DTM1 基准平面为草绘平面，RIGHT 基准平面为参照平面，方向为 右，绘制图 19.17 所示的截面草图。

（3）在操控板中单击“完成”按钮✓，完成平整曲面的创建。

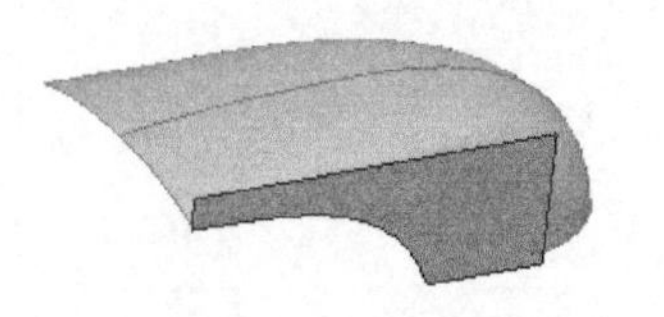

图 19.16　填充 1

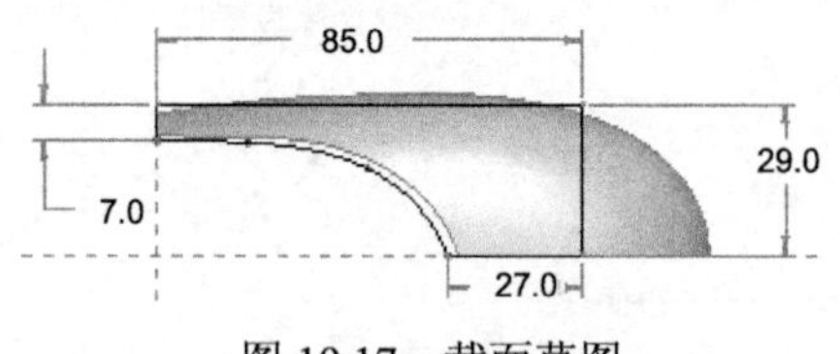

图 19.17　截面草图

Step11. 添加图 19.18b 所示的镜像特征——镜像 2。在模型树中选取填充 1 特征为镜像源，选取下拉菜单 编辑(E) → 镜像(I)... 命令，选取 TOP 基准平面为镜像平面，完成镜像特征。

Step12. 创建图 19.19 所示的曲面修剪特征——修剪 1。

（1）选取图 19.20 所示的要修剪的面组。选择下拉菜单 编辑(E) → 修剪(T)... 命令。

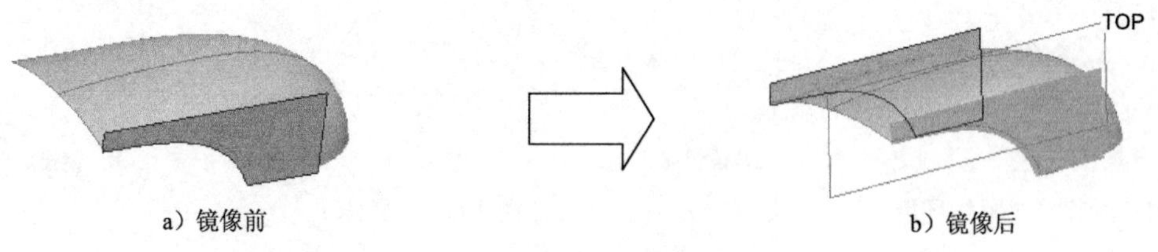

a）镜像前　　b）镜像后

图 19.18　镜像 2

（2）选取图 19.20 所示的修剪对象。保留方向如图 19.20 所示。

（3）在操控板中单击“完成”按钮，完成曲面修剪特征 1 的创建。

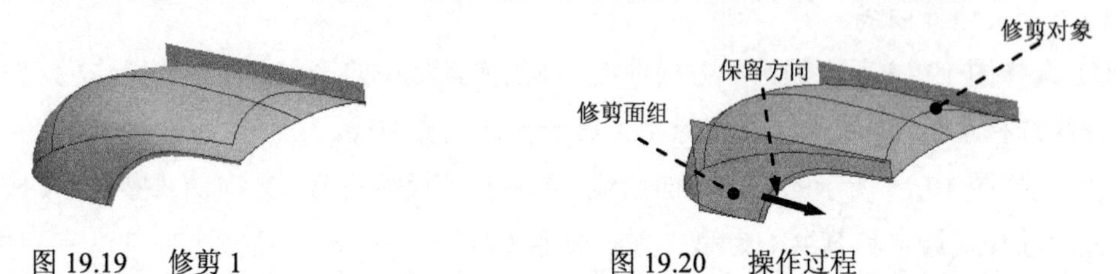

图 19.19　修剪 1　　　图 19.20　操作过程

Step13. 添加图 19.21 所示的曲面修剪特征——修剪 2。其创建方法步骤参见 Step12。

Step14. 创建图 19.22 所示的曲面合并特征——合并 1。按住 Ctrl 键，选择图 19.23 所示的曲面，选取下拉菜单 编辑(E) → 合并(G)... 命令，在操控板中单击“完成”按钮，完成合并。

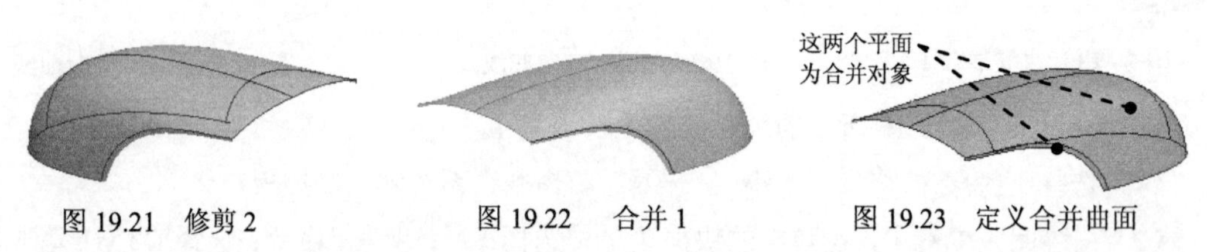

图 19.21　修剪 2　　图 19.22　合并 1　　图 19.23　定义合并曲面

Step15. 添加图 19.24 所示的曲面合并特征——合并 2。详细步骤请参见 Step14。

Step16. 创建图 19.25 所示的加厚曲面特征——加厚 1。

（1）选取合并 2 为要加厚的面组。

（2）选择下拉菜单 编辑(E) → 加厚(K)... 命令，输入薄壁实体的厚度值 1.5。加厚方向如图 19.26 所示。

（3）单击“完成”按钮✓，完成加厚操作。

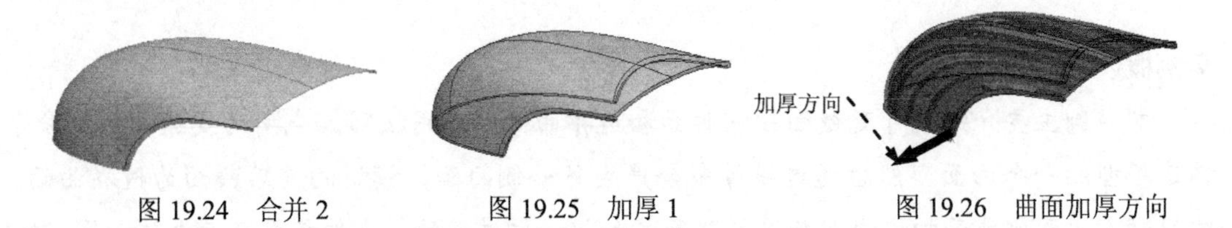

图 19.24　合并 2　　图 19.25　加厚 1　　图 19.26　曲面加厚方向

Step17. 添加图 19.27 所示的拉伸特征——拉伸 1。

（1）选择下拉菜单 插入(I) → 拉伸(E)... 命令，在操控板中确认“移除材料”按钮被按下。

（2）定义草绘截面。在绘图区中右击，在弹出的快捷菜单中选择 定义内部草绘... 命令，进入“草绘”对话框。选取 FRONT 基准平面为草绘平面，RIGHT 基准平面为参照平面，方向是 左；单击“草绘”对话框中的 草绘 按钮。绘制图 19.28 所示的截面草图；单击工具栏中的“完成”按钮✓。

（3）在操控板中选取深度类型；单击“完成”按钮✓，完成特征的创建。

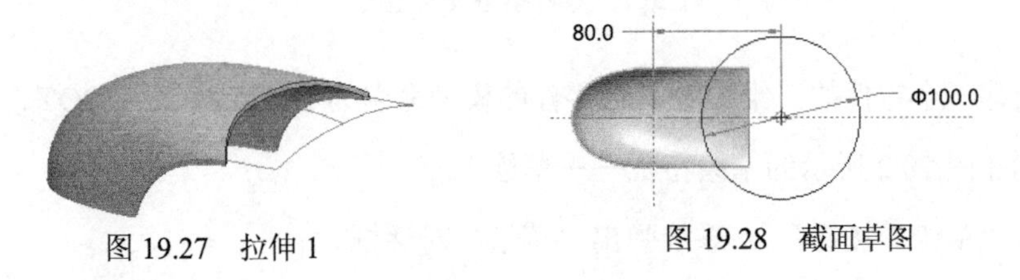

图 19.27　拉伸 1　　图 19.28　截面草图

Step18. 添加图 19.29 所示的拉伸特征——拉伸 2。

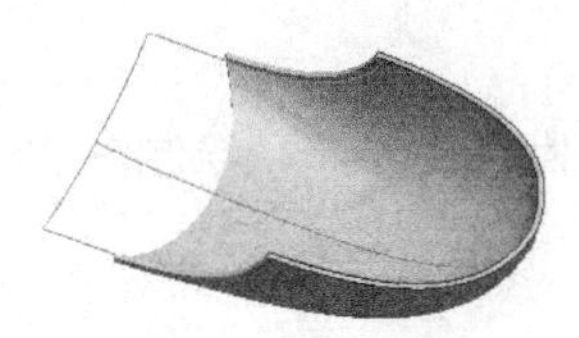

图 19.29　拉伸 2

Step19. 后面的详细操作过程请参见随书光盘中 video\ch19\reference\文件下的语音视频讲解文件 MOUSE_SURFACE-r02.exe。

实例20　皮 靴 鞋 面

实例概述

本实例主要介绍了可变截面扫描曲面和边界曲面的应用技巧。先用可变截面扫描命令构建模型的一个曲面，然后通过镜像命令产生另一侧曲面，模型的前后曲面为边界曲面。练习时，注意变截面扫描曲面与边界曲面是如何相切过渡的。零件模型及模型树如图 20.1 所示。

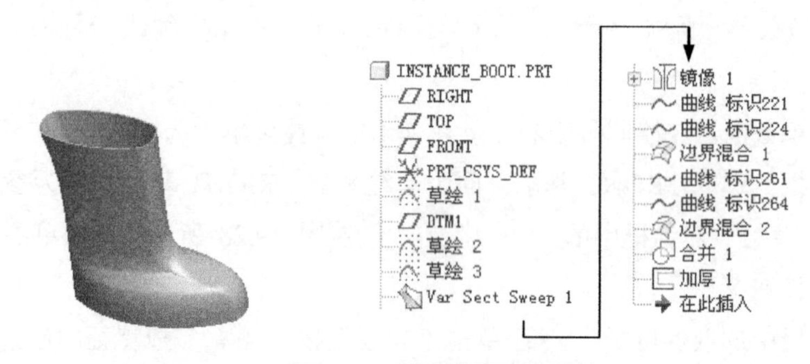

图 20.1　零件模型及模型树

Step1. 新建一个零件的三维模型，将零件的模型命名为 INSTANCE_BOOT。

Step2. 创建图 20.2 所示的草绘特征——草绘 1。

（1）单击“草绘”按钮，系统弹出“草绘”对话框。

（2）选取 FRONT 基准平面为草绘平面，RIGHT 基准平面为参考平面，方向为右，单击草绘按钮进入草绘环境。

（3）进入草绘环境后，接受默认的参照，绘制图 20.2 所示的草绘 1。

（4）单击“完成”按钮，退出草绘环境。

Step3. 创建基准平面——DTM1（注：本步的详细操作过程请参见随书光盘中 video\ch20\reference\文件下的语音视频讲解文件 INSTANCE_BOOT-r01.exe）。

Step4. 创建图 20.3 所示的草绘特征——草绘 2。单击“草绘”按钮，系统弹出“草绘”对话框。选取 DTM1 基准平面为草绘平面，RIGHT 基准平面为参考平面，方向为右，单击草绘按钮进入草绘环境；选择下拉菜单草绘(S) ➡ 参照(R)...命令，选取 Step2 创建的草绘 1 为参照，绘制图 20.3 所示的草绘 2；单击按钮，退出草绘环境。

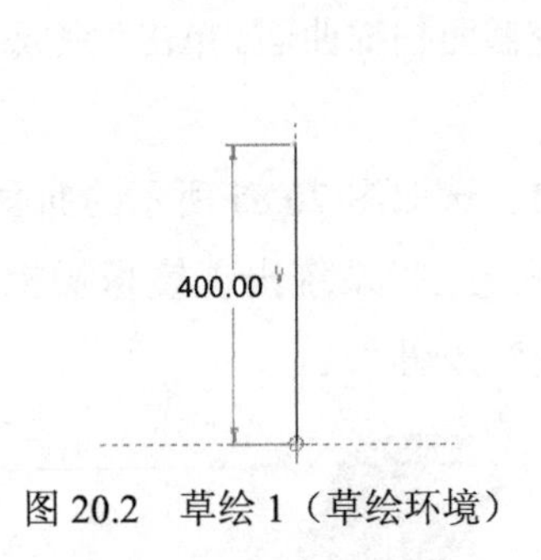

图 20.2　草绘 1（草绘环境）

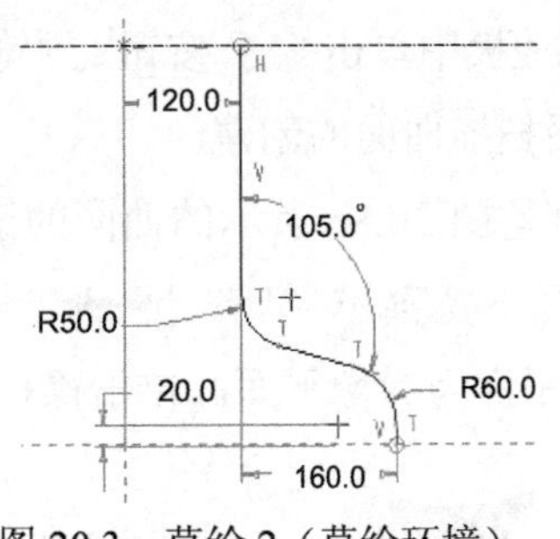

图 20.3　草绘 2（草绘环境）

Step5. 创建图 20.4 所示的草绘特征——草绘 3。单击“草绘”按钮，系统弹出“草绘”对话框。选取 DTM1 基准平面为草绘平面，RIGHT 基准平面为参考平面，方向为 右，单击 草绘 按钮进入草绘环境；选择下拉菜单 草绘(S) ➡ 参照(R)... 命令，选取 Step2 创建的草绘 1 为参照，绘制图 20.4 所示的草绘 3；单击✓按钮，退出草绘环境。

Step6. 创建图 20.5 所示的可变截面扫描曲面——Var Sect Sweep 1。

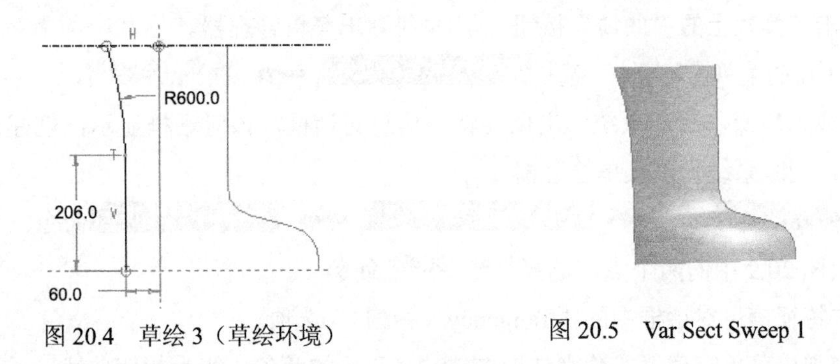

图 20.4　草绘 3（草绘环境）　　图 20.5　Var Sect Sweep 1

（1）选择下拉菜单 插入(I) ➡ 可变截面扫描(V)... 命令（或单击工具栏中的按钮），此时系统出现可变截面扫描操控板。

（2）在操控板中单击曲面类型按钮。

（3）选择 选项 菜单项，选中 可变截面 单选按钮。

（4）按住 Ctrl 键，依次选取原点轨迹曲线、轨迹 1 曲线和轨迹 2 曲线，如图 20.6 所示。

（5）单击操控板的 参照 菜单项，在 剖面控制 下拉列表中选择 垂直于轨迹 选项。

（6）在操控板中单击“草绘”按钮，进入草绘环境后，创建图 20.7 所示的截面草图。

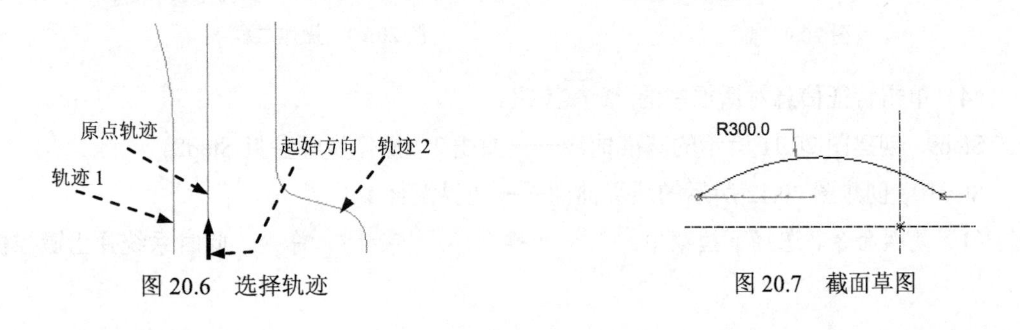

图 20.6　选择轨迹　　图 20.7　截面草图

（7）在操控板中单击 ☑ 👓 按钮，预览所创建的可变截面扫描曲面。单击“完成”按钮 ✓，完成可变截面扫描曲面的创建。

Step7. 创建图 20.8b 所示的曲面的镜像——镜像 1。选取图 20.8a 所示的曲面为要镜像的对象。选择下拉菜单 编辑(E) ➡ 镜像(I)... 命令，此时系统出现镜像操控板。选取 FRONT 基准平面为镜像平面。单击操控板中的“完成”按钮 ✓。

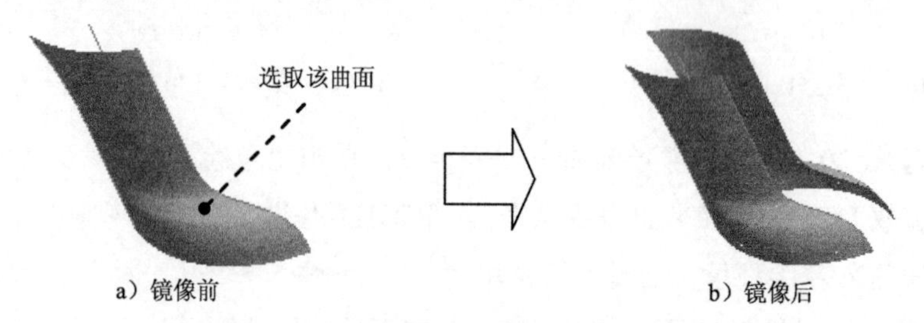

图 20.8　镜像 1

Step8. 创建图 20.9 所示的基准曲线——曲线 1。

（1）单击工具栏上的“曲线”按钮 ～，系统弹出菜单管理器。

（2）在弹出的菜单管理器中，选择 Thru Points（通过点） ➡ Done（完成）命令。

（3）完成上步操作后，系统弹出曲线特征信息对话框，该对话框显示出创建曲线将要定义的元素，同时系统弹出菜单管理器。

① 选择 Spline（样条） ➡ Whole Array（整个阵列） ➡ Add Point（添加点）命令。

② 选取图 20.9 中的两个点，选择 Done（完成）命令。

③ 双击特征信息对话框中的“Tangency（相切）”选项。

④ 系统弹出菜单管理器，分别选取图 20.10 所示的两条边线为相切曲线，并选取相应的相切方向。

⑤ 选择 Done/Return（完成/返回）命令。

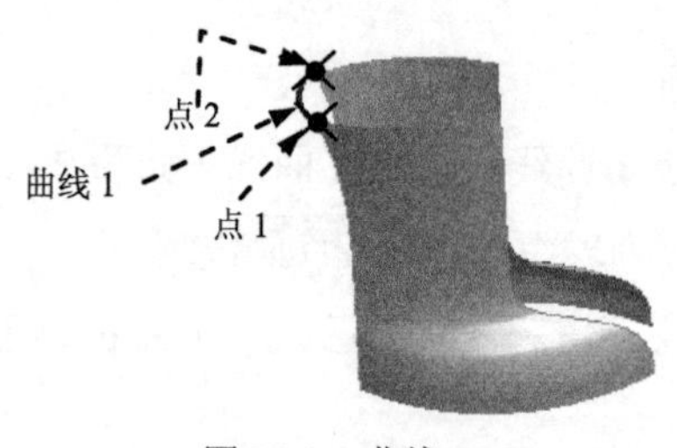

图 20.9　曲线 1

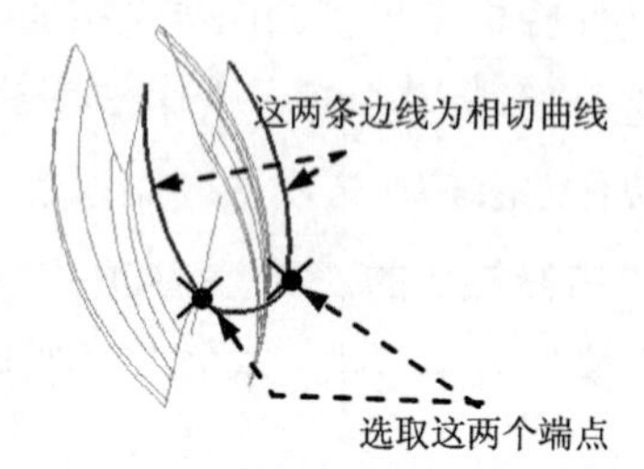

图 20.10　操作过程

（4）单击特征信息对话框中的 确定 按钮。

Step9. 创建图 20.11 所示的基准曲线——曲线 2，操作步骤参见 Step8。

Step10. 创建图 20.12 所示的边界曲面——边界混合 1。

（1）使用命令。选择下拉菜单 插入(I) ➡ 边界混合(B)... 命令，此时系统弹出操控板。

（2）定义第一方向的边界曲线。按住 Ctrl 键，依次选择图 20.12 所示的基准曲线 1 和基准曲线 2。

（3）定义第二方向的边界曲线。单击操控板中的第二方向曲线操作栏，选择图 20.12 所示的曲线 4 和曲线 3。

（4）单击操控板中的“完成”按钮。

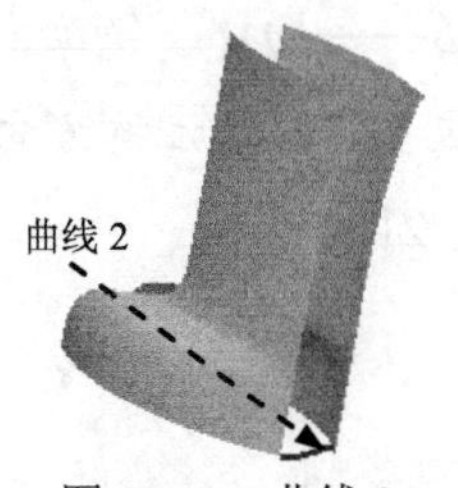

图 20.11　曲线 2

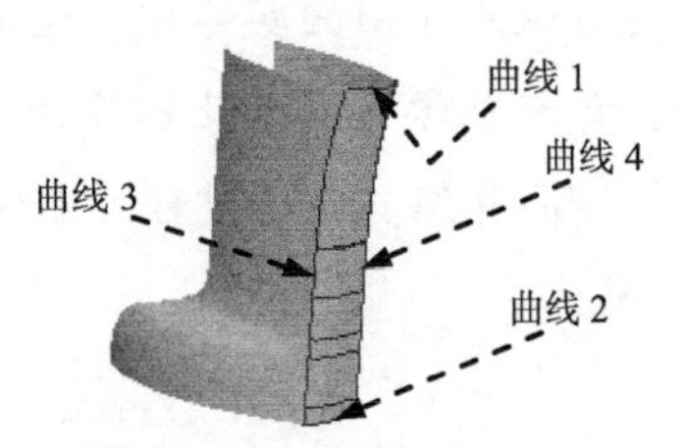

图 20.12　边界混合 1

Step11. 创建图 20.13 所示的两条基准曲线——曲线 3 和曲线 4，操作步骤参见 Step8。

Step12. 创建图 20.14 所示的边界曲面——边界混合 2，操作步骤详见 Step10。

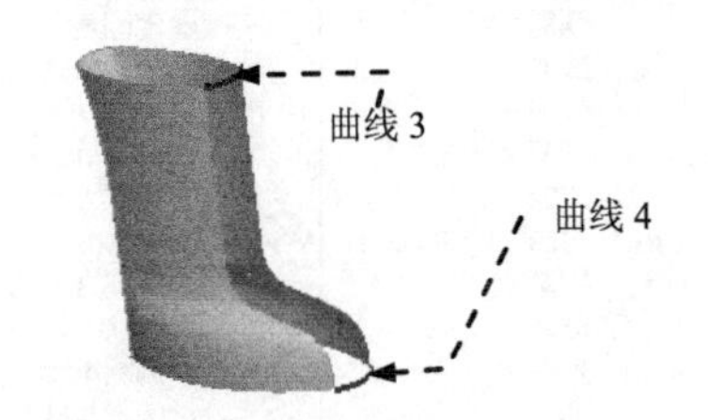

图 20.13　曲线 3 和曲线 4

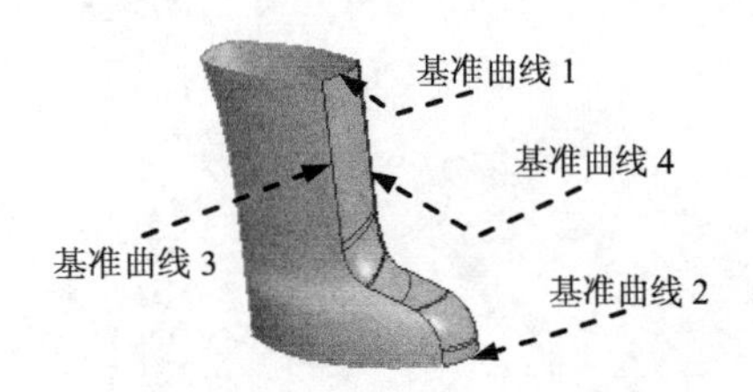

图 20.14　边界混合 2

Step13. 合并曲面。将前面所创建的曲面合并——合并 1，组成一个整体面组，如图 20.15 所示。选取要合并的四个曲面，选择下拉菜单 编辑(E) → 合并(G)... 命令，单击 按钮预览合并后的面组；正确无误后，单击“完成”按钮。

Step14. 创建图 20.16 所示的实体加厚特征——加厚 1。在模型树中选取合并 1 特征；选择下拉菜单 编辑(E) → 加厚(K)... 命令，系统弹出操控板；选取图 20.16 所示的方向为材料的加厚方向；在操控板中单击 选项 按钮，选取偏距类型为 垂直于曲面；输入薄壁实体的厚度值 3.0。单击“完成”按钮，完成加厚操作。

图 20.15　合并 1

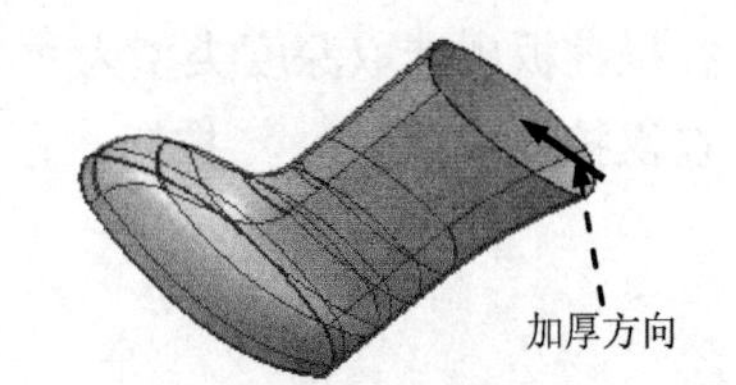

图 20.16　加厚 1

Step15. 保存零件模型文件。

实例21　控 制 面 板

实例概述

本实例充分运用了曲面实体化、边界混合、投影、扫描——切口、镜像、阵列及抽壳等特征命令，读者在学习设计此零件的过程中应灵活运用这些特征，注意方向的选择以及参照的选择，下面介绍其设计过程。零件模型及模型树如图21.1所示。

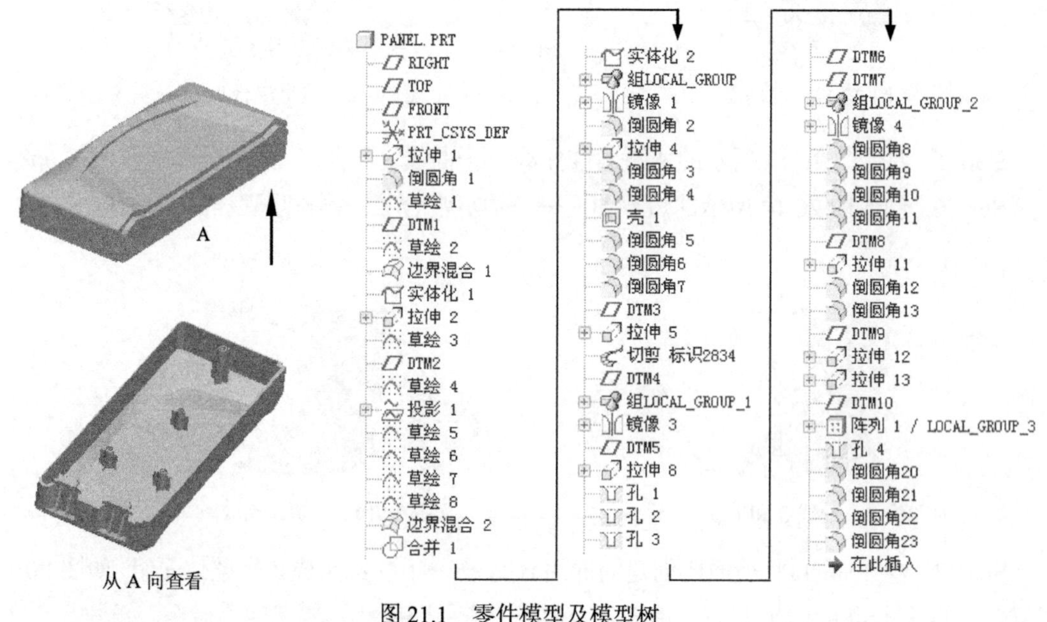

图21.1　零件模型及模型树

Step1. 新建一个零件的三维模型，将其命名为PANEL，选用 mmns_part_solid 零件模板。

Step2. 创建图21.2所示的实体基础拉伸特征——拉伸1。

（1）选择下拉菜单 插入(I) → 拉伸(E)... 命令。

（2）定义截面放置属性。选取FRONT基准平面为草绘平面，RIGHT基准平面为参照平面，方向为 右；单击对话框中的 草绘 按钮。

（3）此时系统进入截面草绘环境，绘制图21.3所示的截面草图，单击 ✓ 按钮。

（4）在操控板中选取深度类型为 ⊥，输入深度值40.0。

（5）在操控板中单击 ☑ 按钮，预览所创建的特征；单击"完成"按钮 ✓。

图21.2　拉伸1

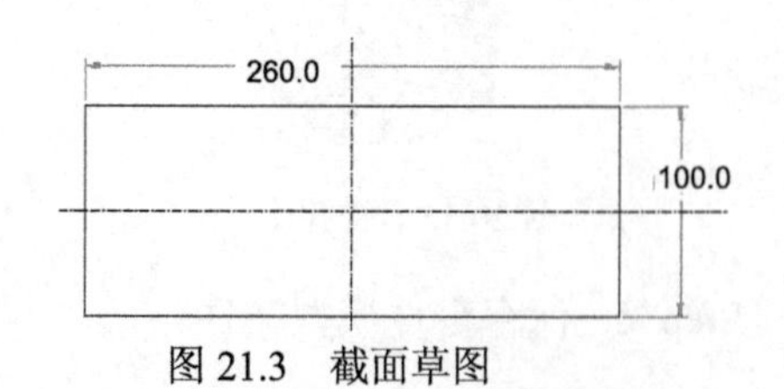

图21.3　截面草图

Step3. 添加图 21.4b 所示的倒圆角特征——倒圆角 1。

（1）选择下拉菜单 插入(I) → 倒圆角(O)... 命令。

（2）选取圆角放置参照。选取图 21.4a 所示的两条边线为圆角放置参照，在操控板的圆角尺寸框中输入圆角半径值 8.0。

（3）在操控板中单击 按钮，预览所创建圆角的特征；单击“完成”按钮。

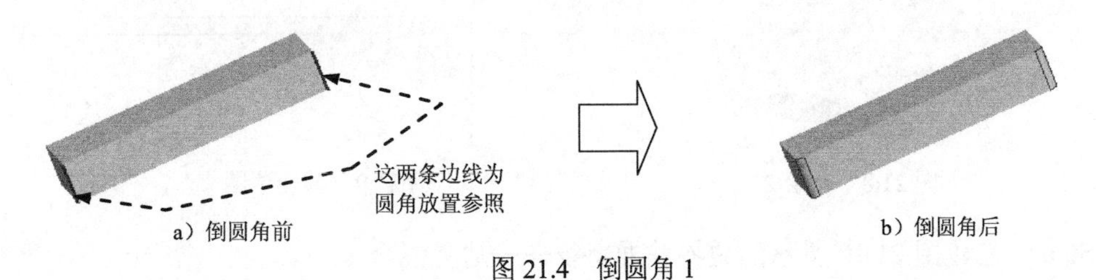

图 21.4 倒圆角 1

Step4. 创建图 21.5 所示的草绘特征——草绘 1。

（1）单击工具栏中的“草绘”按钮，系统弹出“草绘”对话框。

（2）选取图 21.5 所示的模型表面为草绘平面，RIGHT 基准平面为参照平面，方向为 右；单击“草绘”对话框中的 草绘 按钮。

（3）进入草绘环境后，接受默认的草绘参照，绘制图 21.6 所示的截面草图。

（4）单击“完成”按钮，完成草绘 1 的创建。

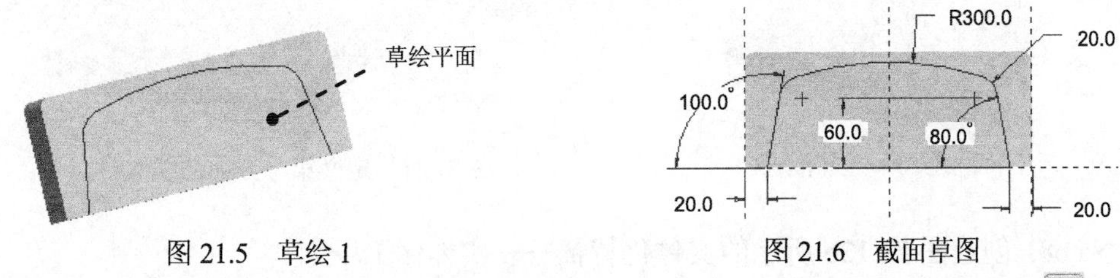

图 21.5 草绘 1　　图 21.6 截面草图

Step5. 创建图 21.7b 所示的基准平面——DTM1。单击“创建基准平面”按钮；选取 FRONT 基准平面为放置参照，将其设置为 偏移，偏距值为 10.0；单击“基准平面”对话框中的 确定 按钮。

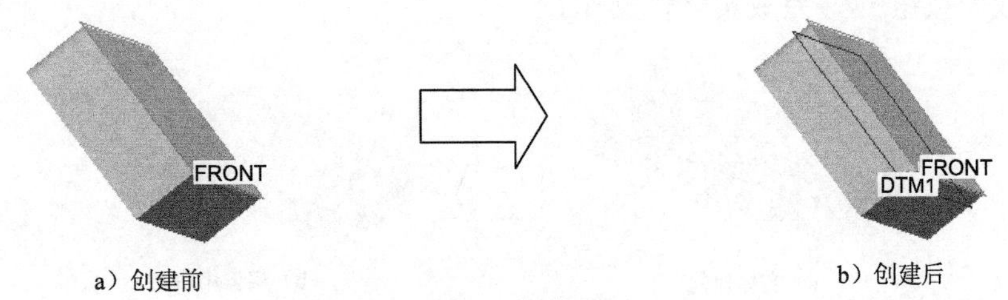

图 21.7 DTM1 基准平面

Step6. 添加图 21.8 所示的草绘特征——草绘 2。

（1）单击工具栏中的“草绘”按钮，系统弹出“草绘”对话框。

（2）分别选取 DTM1 基准平面作为草绘平面，选取 RIGHT 基准平面作为参照平面，方向为左；单击“草绘”对话框中的草绘按钮。

（3）进入草绘环境后，通过边创建图元（即草绘工具器中的□）。选取要创建的边，绘制图 21.9 所示的截面草图。

（4）单击“完成”按钮✓，完成基准曲线的创建。

图 21.8 草绘 2

图 21.9 截面草图

Step7. 创建图 21.10 所示的边界曲面特征——边界混合 1。

（1）选择下拉菜单 插入(I) ➡ 边界混合(B)... 命令，系统弹出“边界混合”操控板。

（2）定义边界曲线。按住 Ctrl 键，依次选取图 21.11 所示的草绘 1 和草绘 2 为第一方向边界曲线。

（3）定义边界约束类型。将第一方向的边界约束类型均设置为自由。

（4）在操控板中单击☑ 60按钮，预览所创建的特征，单击“完成”按钮✓。

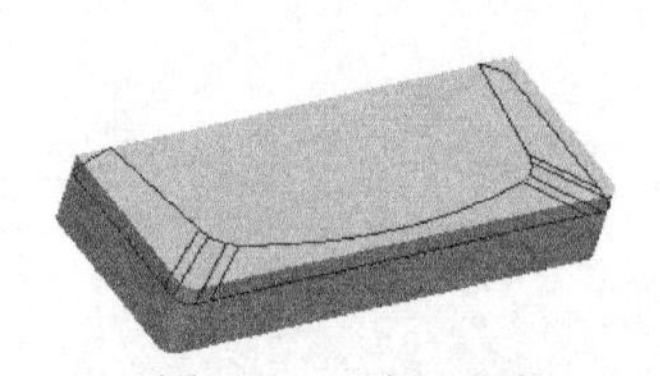

图 21.10 边界混合 1

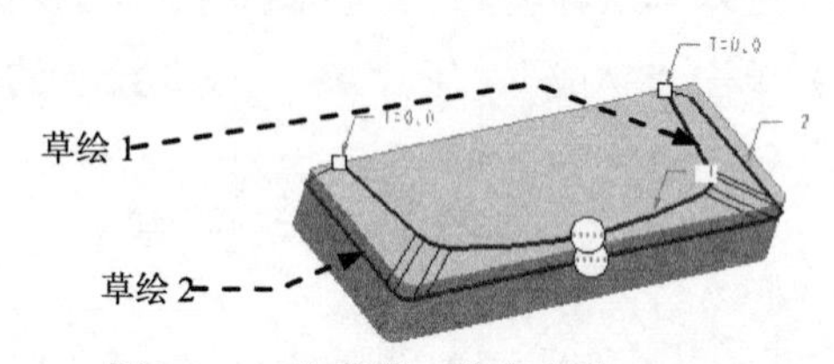

图 21.11 定义第一方向曲线

Step8. 创建图 21.12b 所示的实体化特征——实体化 1。

（1）选取 Step7 中创建的边界混合 1 为实体化对象。

（2）选择下拉菜单 编辑(E) ➡ 实体化(Y)... 命令。

（3）在弹出的操控板中将“移除材料”按钮按下，单击按钮使移除材料方向反向；单击“完成”按钮✓，完成实体化操作。

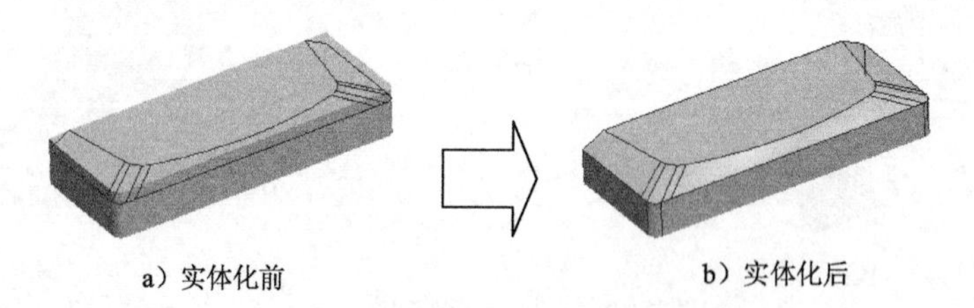

a）实体化前　　b）实体化后

图 21.12 实体化 1

Step9. 添加图 21.13 所示的拉伸曲面特征——拉伸 2。

（1）选择下拉菜单 插入(I) ➡ 拉伸(E)... 命令，按下按钮。

（2）定义截面放置属性。选取图 21.14 所示的模型表面为草绘平面，选取 RIGHT 基准平面为参照平面，方向为 右 ；单击对话框中的 草绘 按钮。

（3）进入截面草绘环境，绘制图 21.15 所示的截面草图，单击“完成”按钮 ✓。

（4）在操控板中选取深度类型为 ；输入深度值 100.0。单击 按钮，预览所创建的特征；单击“完成”按钮 ✓。

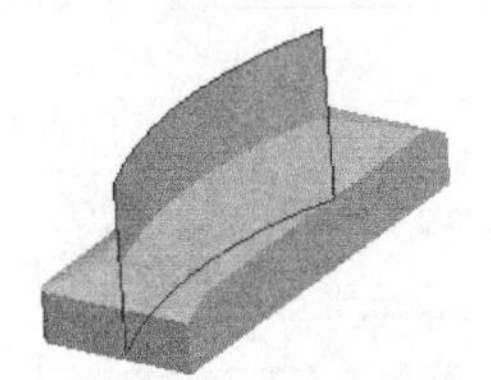

图 21.13　拉伸 2

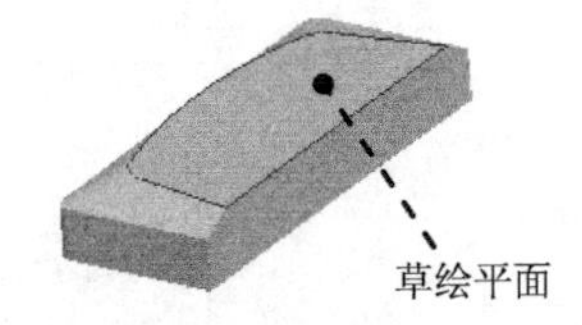

图 21.14　定义草绘平面

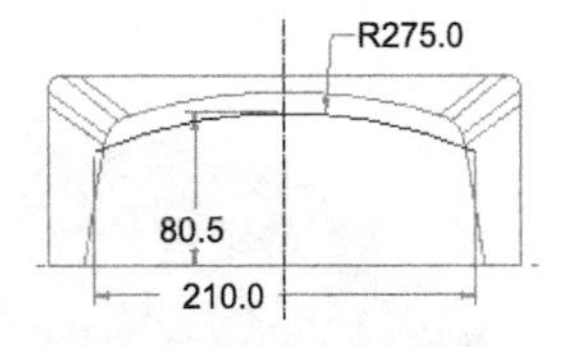

图 21.15　截面草图

Step10. 添加图 21.16 所示的草绘特征——草绘 3。

（1）单击工具栏中的“草绘”按钮 ，系统弹出“草绘”对话框。

（2）选取图 21.17 所示的面为草绘平面和参照平面，方向为 顶 ；单击“草绘”对话框中的 草绘 按钮。

（3）进入草绘环境后，选取图 21.18 所示的点 1 和点 2 为草绘参照，绘制图 21.18 所示的草绘 3。

（4）单击“完成”按钮 ✓，完成草绘 3 的创建。

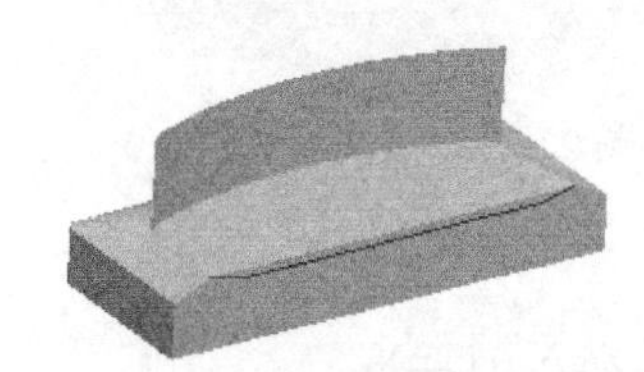

图 21.16　草绘 3（建模环境）

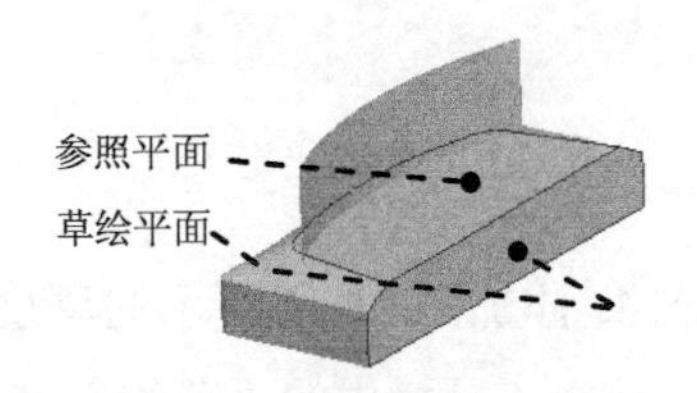

图 21.17　定义草绘参照

Step11. 添加图 21.19 所示的基准平面——DTM2。单击“创建基准平面”按钮 ；选取 FRONT 基准平面为放置参照，将其设置为 平行 ；选取图 21.19 所示的草绘 3 的终点为放置参照，将其设置为 穿过 ；单击“基准平面”对话框中的 确定 按钮。

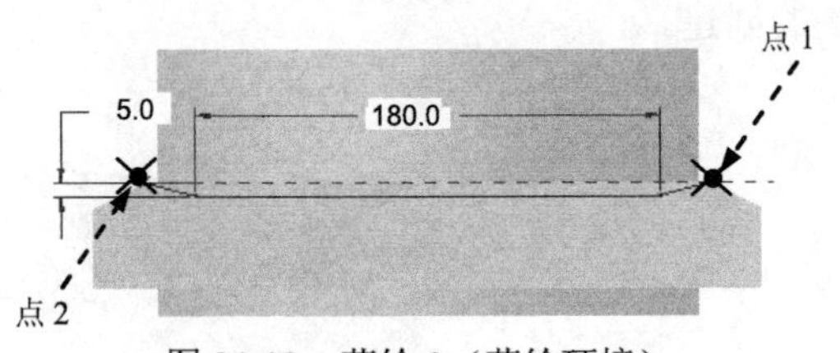

图 21.18　草绘 3（草绘环境）

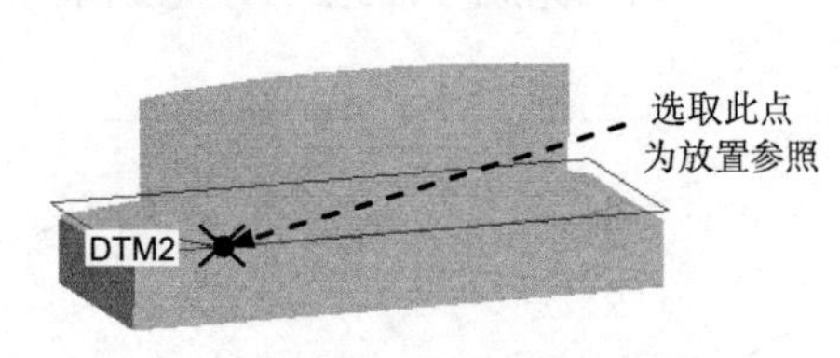

图 21.19　DTM2 基准平面

Step12. 添加图 21.20 所示的草绘特征——草绘 4。

（1）单击工具栏中的“草绘”按钮，系统弹出“草绘”对话框。

（2）选取图 21.17 所示的面为草绘平面和参照平面，方向为 顶；单击“草绘”对话框中的 草绘 按钮。

（3）进入草绘环境后，选取图 21.21 所示的点 1 和点 2 为草绘参照，绘制图 21.21 所示的草绘 4。

（4）单击“完成”按钮，完成草绘 4 的创建。

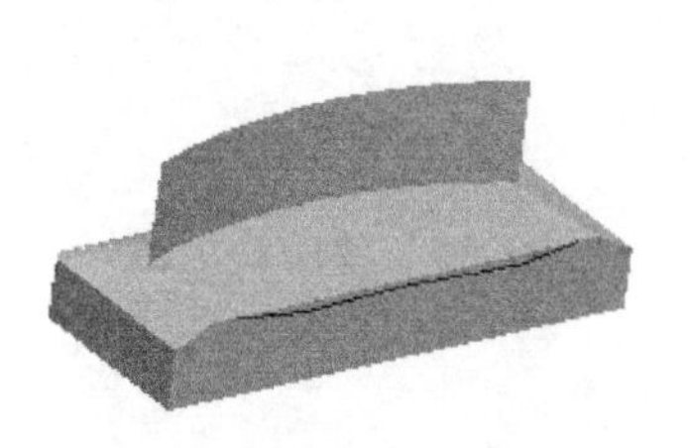

图 21.20 草绘 4（建模环境）

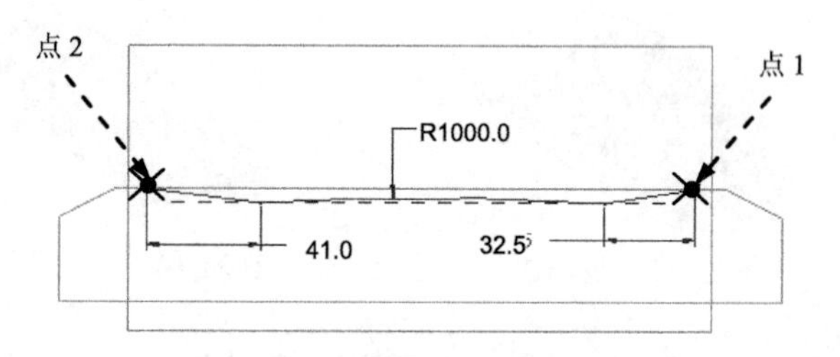

图 21.21 草绘 4（草绘环境）

Step13. 创建图 21.22 所示的投影曲线——投影 1。在模型树中选取 Step12 所创建的草绘 4，选择下拉菜单 编辑(E) ➡ 投影(J)... 命令；选取图 21.23 所示的面为投影面，接受系统默认的投影方向和方向参照；单击“完成”按钮。

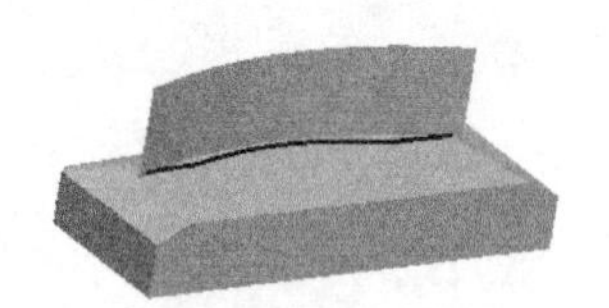

图 21.22 投影 1

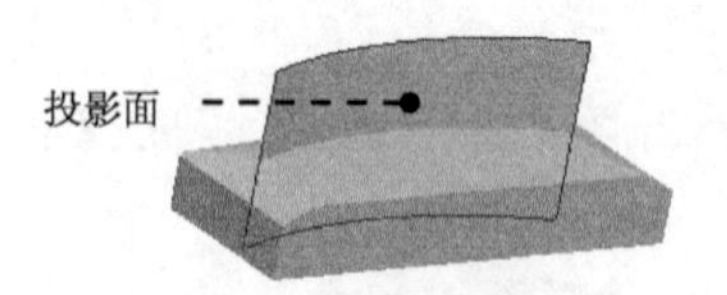

图 21.23 定义投影面

Step14. 添加图 21.24 所示的草绘特征——草绘 5。

（1）单击工具栏中的“草绘”按钮，系统弹出“草绘”对话框。

（2）选取图 21.25 所示的模型表面为草绘平面，RIGHT 基准平面为参照平面，方向为 右；单击“草绘”对话框中的 草绘 按钮。

（3）进入草绘环境后，选取图 21.24 所示的点 1 和点 2 为草绘参照，绘制图 21.24 所示的草绘 5。

（4）单击“完成”按钮，完成草绘 5 的创建。

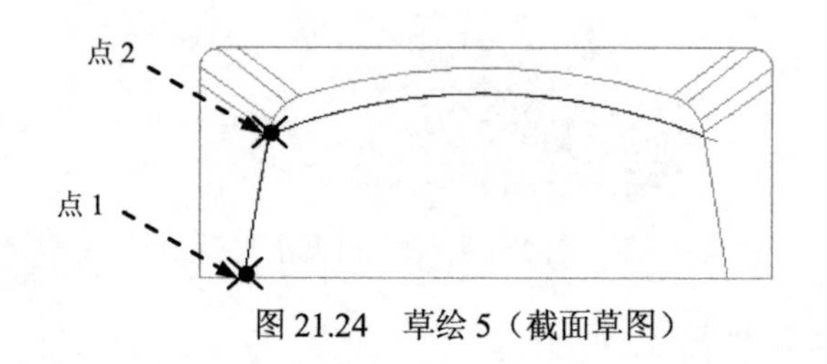

图 21.24 草绘 5（截面草图）

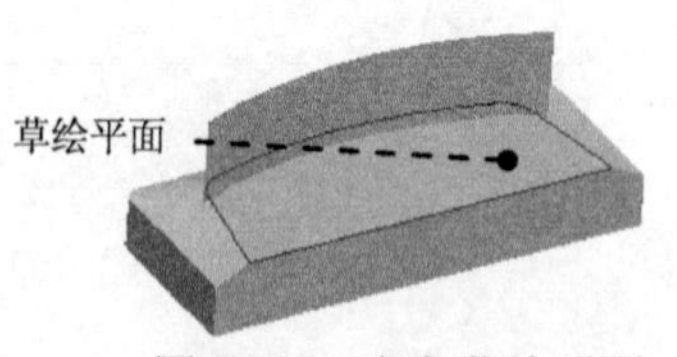

图 21.25 定义草绘平面

Step15. 创建图 21.26 所示的草绘特征——草绘 6。

（1）单击工具栏中的“草绘”按钮，系统弹出“草绘”对话框。

（2）选取图 21.27 所示的面为草绘平面，RIGHT 基准平面为参照平面，方向为右；单击“草绘”对话框中的草绘按钮。

（3）进入草绘环境后，选取图 21.26 所示的点 1 和点 2 为草绘参照，绘制图 21.26 所示的草绘 6。

（4）单击“完成”按钮，完成草绘 6 的创建。

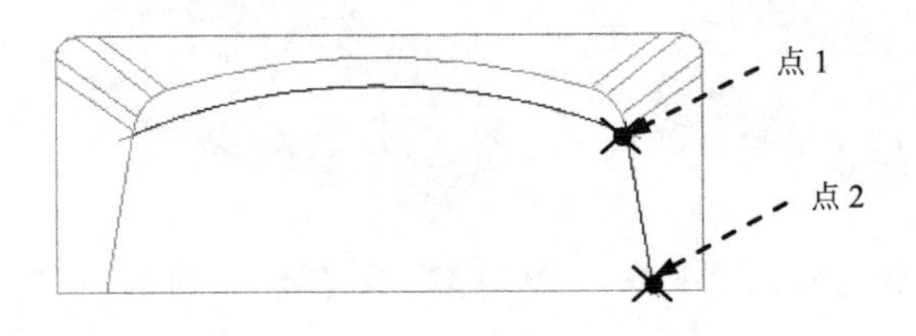

图 21.26 草绘 6

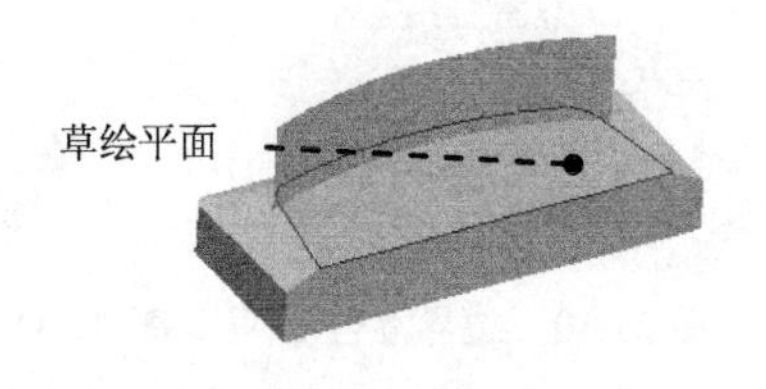

图 21.27 设置草绘平面

Step16. 创建图 21.28 所示的草绘特征——草绘 7。

（1）单击工具栏中的“草绘”按钮，系统弹出“草绘”对话框。

（2）选取 DTM2 基准平面为草绘平面，RIGHT 基准平面为参照平面，方向为右；单击“草绘”对话框中的草绘按钮。

（3）进入草绘环境后，选取投影曲线 1 和草绘 3 的曲线终点为草绘参照，绘制图 21.28 所示的草绘 7。

（4）单击“完成”按钮，完成草绘 7 的创建。

Step17. 创建图 21.29 所示的草绘特征——草绘 8。

（1）单击工具栏中的“草绘”按钮，系统弹出“草绘”对话框。

（2）选取 DTM2 基准平面为草绘平面，RIGHT 基准平面为参照平面，方向为右；单击“草绘”对话框中的草绘按钮。

（3）进入草绘环境后，选取投影曲线 1 和草绘 3 的曲线的终点为草绘参照，绘制图 21.29 所示的草绘 8。

（4）单击“完成”按钮，完成草绘 8 的创建。

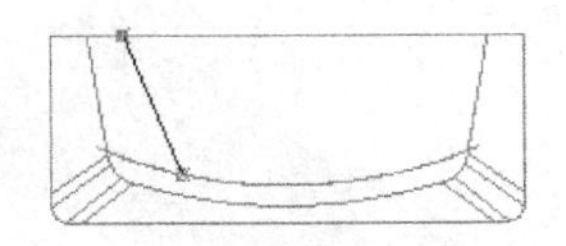

图 21.28 草绘 7（草绘环境）

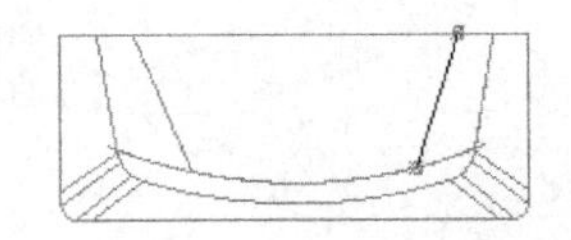

图 21.29 草绘 8（草绘环境）

Step18. 创建图 21.30 所示的边界曲面特征——边界混合 2。

（1）选择下拉菜单 插入(I) → 边界混合(B)... 命令，系统弹出边界混合操控板。

（2）定义边界曲线。按住 Ctrl 键，依次选取投影曲线 1 和草绘 3 的曲线为第一方向边界曲线，如图 21.32 所示；单击操控板中的第二方向曲线操作栏，按住 Ctrl 键，依次选取草绘 5、草绘 7、草绘 8 和草绘 6 的曲线为第二方向边界曲线，如图 21.31 所示。

（3）定义边界约束类型。将第一方向和第二方向边界曲线的边界约束类型均设置为自由。

（4）在操控板中单击按钮，预览所创建的特征；单击“完成”按钮。

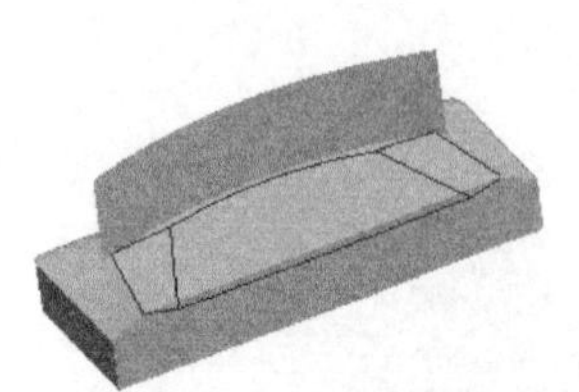

图 21.30　边界混合 2

图 21.31　定义第二方向边界曲线

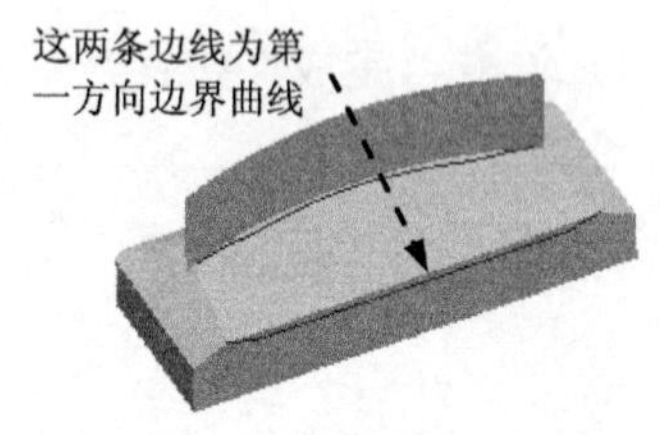

图 21.32　定义第一方向边界曲线

Step19. 添加图 21.33 所示的曲面合并特征——合并 1。

（1）按住 Ctrl 键，选择图 21.33a 所示的面组 1 和面组 2，选择下拉菜单 编辑(E) → 合并(G)... 命令。

（2）在 选项 界面中定义合并类型为 连接，保留侧面的箭头指示方向，如图 21.33a 所示；单击按钮预览合并后的面组，单击“完成”按钮。

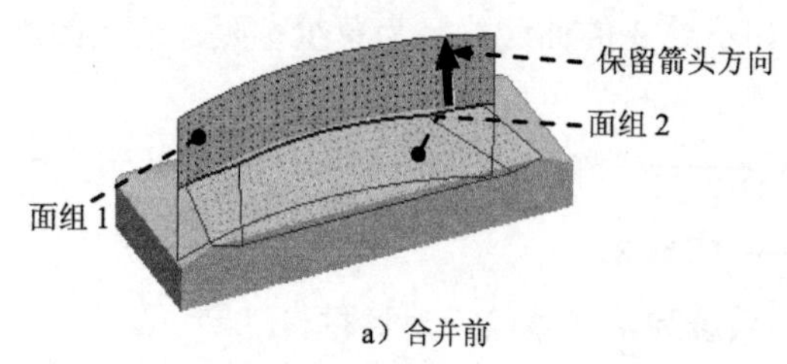

a）合并前

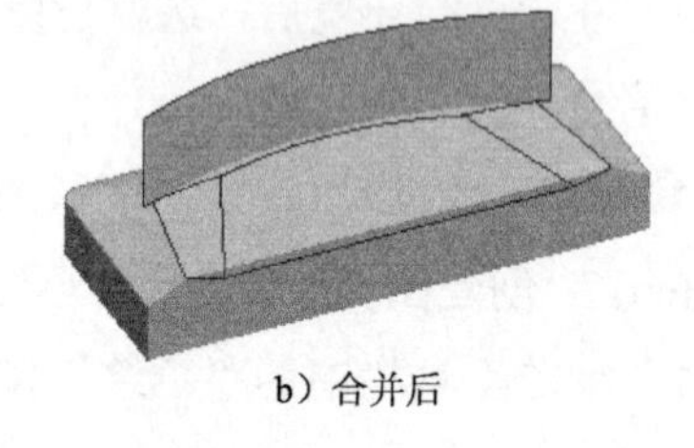

b）合并后

图 21.33　合并 1

Step20. 添加图 21.34b 所示的实体化特征——实体化 2。选取图 21.34a 所示的面组为实体化对象。选择下拉菜单 编辑(E) → 实体化(Y)... 命令，按下“移除材料”按钮，确认实体去除部分的方向（如图 21.34a 所示）。单击“完成”按钮。

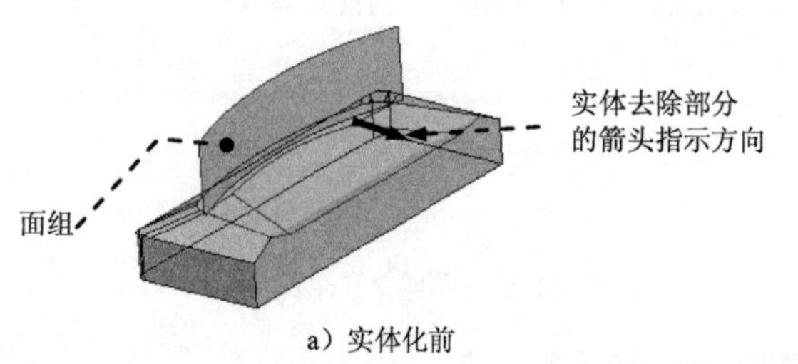

a）实体化前

b）实体化后

图 21.34　实体化 2

Step21. 添加图 21.35 所示的拉伸特征——拉伸 3。

（1）选择下拉菜单 插入(I) ➡ 拉伸(E)... 命令，在操控板中按下“移除材料”按钮。

（2）定义截面放置属性。在绘图区中右击，从弹出的快捷菜单中选择 定义内部草绘... 命令，系统弹出“草绘”对话框。选取图 21.35 所示的模型表面为草绘平面，RIGHT 基准平面为参照平面，方向为 左；单击对话框中的 草绘 按钮。

（3）进入截面草绘环境，绘制图 21.36 所示的截面草图，单击“完成”按钮。

（4）在操控板中选取深度类型为，输入深度值 25.0。单击按钮，预览所创建的特征；单击“完成”按钮。

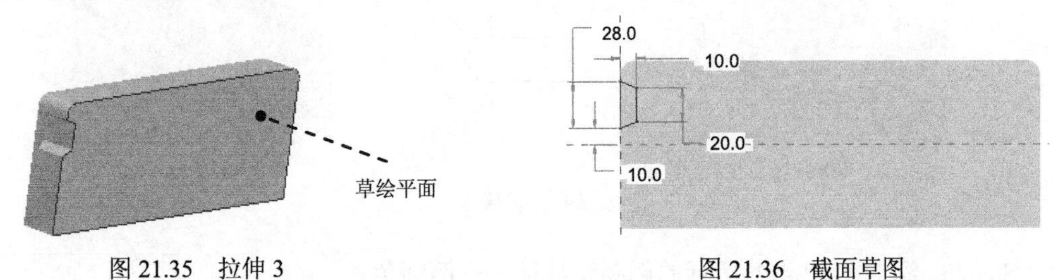

图 21.35 拉伸 3　　　　图 21.36 截面草图

Step22. 添加图 21.37b 所示的拔模特征——斜度 1。

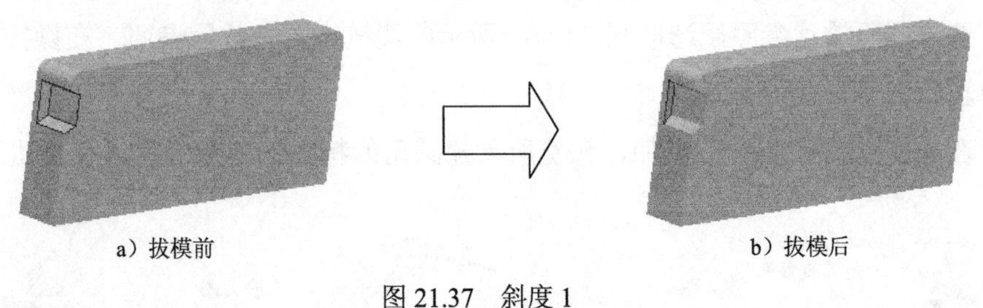

图 21.37 斜度 1

（1）选择下拉菜单 插入(I) ➡ 斜度(F)... 命令。

（2）选取要拔模的曲面。选取图 21.38 所示的模型表面作为要拔模的表面。

（3）选取拔模枢轴平面。

① 在操控板中，单击“参照”按钮 参照，选取要拔模的曲面与枢轴平面。

② 选取图 21.38 所示的模型表面作为拔模枢轴平面。完成此步操作后，模型如图 21.38 所示。

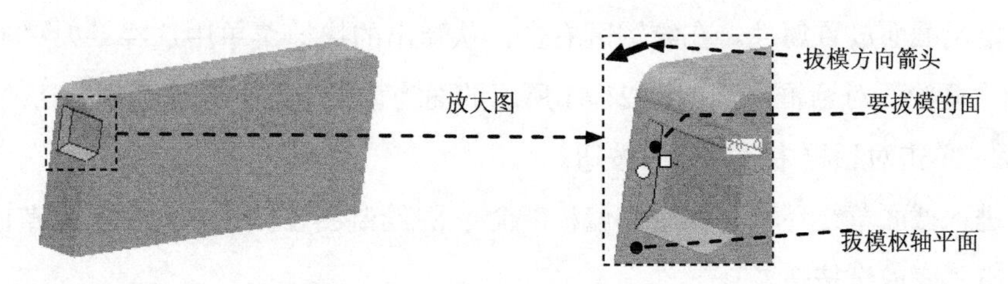

图 21.38 定义拔模参照

（4）在操控板中，输入拔模角度值 20.0。单击“完成”按钮，完成拔模特征的创建。

Step23. 创建组特征——组 LOCAL_GROUP。按住 Ctrl 键，在模型树中选取拉伸 3 和斜度 1 后右击，在弹出的快捷菜单中选择组命令，此时拉伸 3 和斜度 1 合并为组LOCAL_GROUP。

Step24. 创建图 21.39b 所示实体的镜像特征——镜像 1。在模型树中选取 Step23 创建的组特征组LOCAL_GROUP。选择下拉菜单编辑(E) ➡ 镜像(I)...命令。选取 TOP 基准平面为镜像平面。单击操控板中的“完成”按钮。

a）镜像前　b）镜像后

图 21.39　镜像 1

Step25. 添加图 21.40b 所示的倒圆角特征——倒圆角 2。

（1）选择下拉菜单插入(I) ➡ 倒圆角(O)...命令。

（2）选取圆角放置参照，选取图 21.40a 所示的边链为圆角放置参照，在操控板的圆角尺寸框中输入圆角半径值 5.0。

（3）在操控板中单击按钮，预览所创建圆角的特征；单击“完成”按钮。

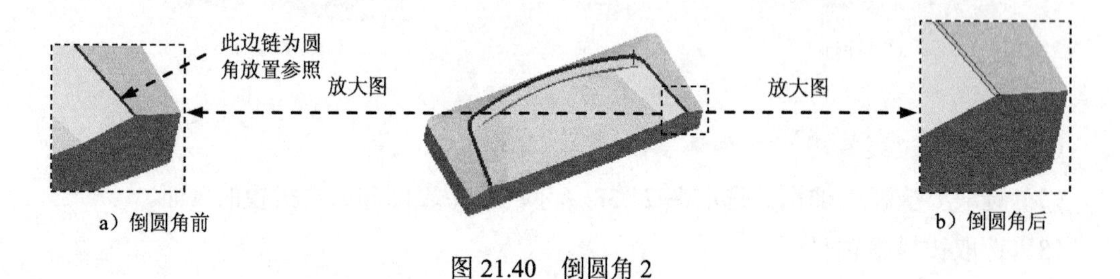

a）倒圆角前　b）倒圆角后

图 21.40　倒圆角 2

Step26. 添加图 21.41 所示的拉伸特征——拉伸 4。

（1）选择下拉菜单插入(I) ➡ 拉伸(E)...命令。

（2）定义截面放置属性。在绘图区右击，从弹出的快捷菜单中选择定义内部草绘...命令，系统弹出“草绘”对话框。选取图 21.41 所示的面为草绘平面，接受系统默认的参照平面，方向为顶；单击对话框中的草绘按钮。

（3）进入截面草绘环境，利用“偏移”命令绘制图 21.42 所示的截面草图，完成绘制后，单击“完成”按钮。

（4）在操控板中选取深度类型为，输入深度值 5.0。单击按钮，预览所创建的特征；单击“完成”按钮。

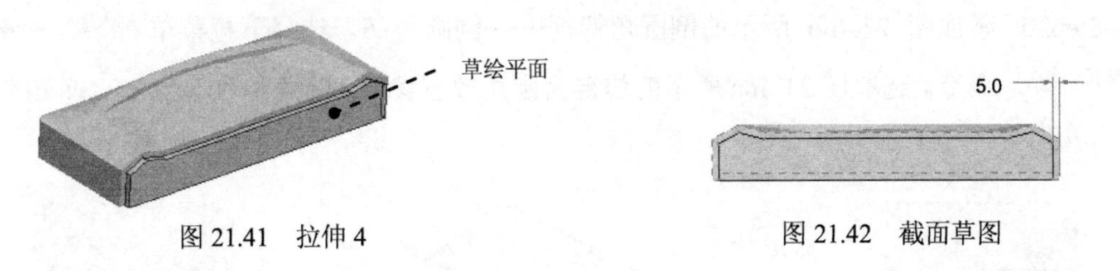

图 21.41 拉伸 4 图 21.42 截面草图

Step27. 添加图 21.43b 所示的倒圆角特征——倒圆角 3。选择下拉菜单 插入(I) ➡ 倒圆角(O)... 命令。选取图 21.43a 所示的三条边线为圆角放置参照，在操控板的圆角尺寸框中输入圆角半径值 5.0。单击“完成”按钮。

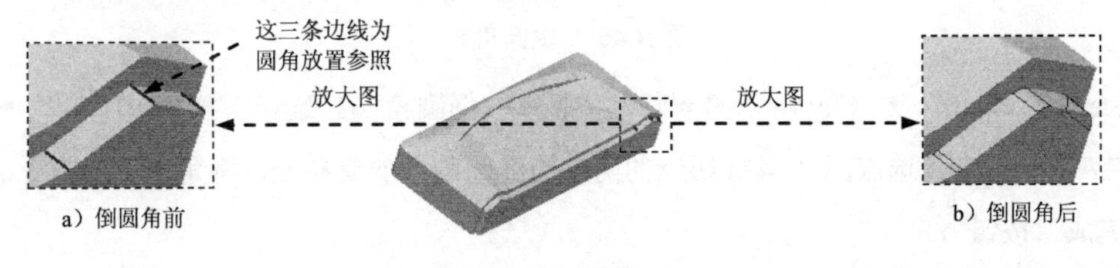

图 21.43 倒圆角 3

Step28. 添加图 21.44b 所示的倒圆角特征——倒圆角 4。选择下拉菜单 插入(I) ➡ 倒圆角(O)... 命令。选取图 21.44a 所示的三条边线为圆角放置参照，圆角半径值为 5.0。单击“完成”按钮。

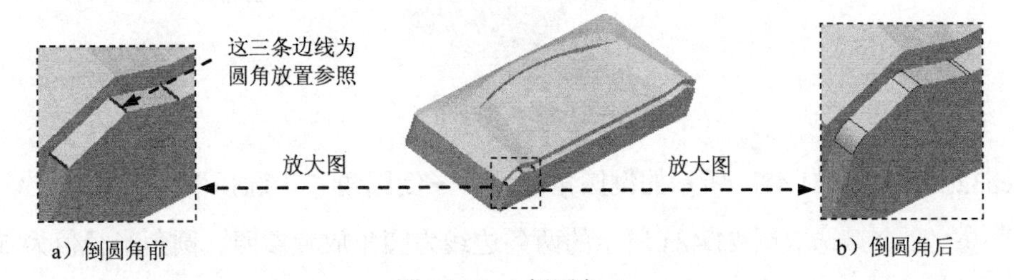

图 21.44 倒圆角 4

Step29. 创建图 21.45b 所示的抽壳特征——壳 1。

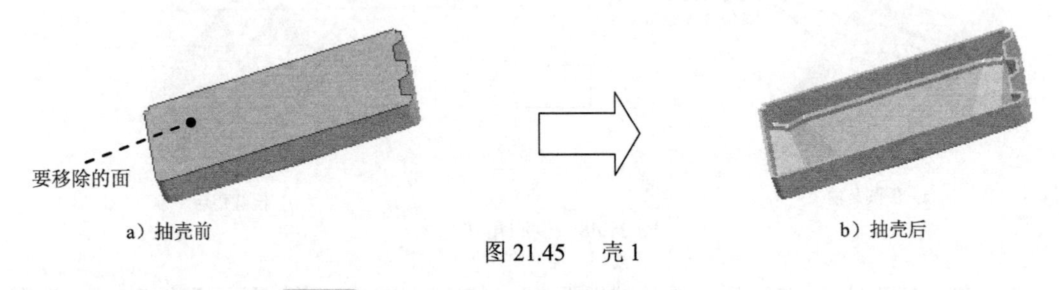

图 21.45 壳 1

（1）选择下拉菜单 插入(I) ➡ 壳(L)... 命令。

（2）选取抽壳时要去除的实体表面。选取图 21.45a 所示的面为要移除的面。

（3）定义壁厚。在操控板的“厚度”文本框中，输入壳的壁厚值 2.5。

（4）在操控板中单击按钮，预览所创建的特征；单击“完成”按钮。

Step30. 添加图 21.46b 所示的倒圆角特征——倒圆角 5。选择下拉菜单 插入(I) → 倒圆角(O)... 命令。选取图 21.46a 所示的边链为圆角放置参照，圆角半径值为 3.0。单击“完成”按钮✓。

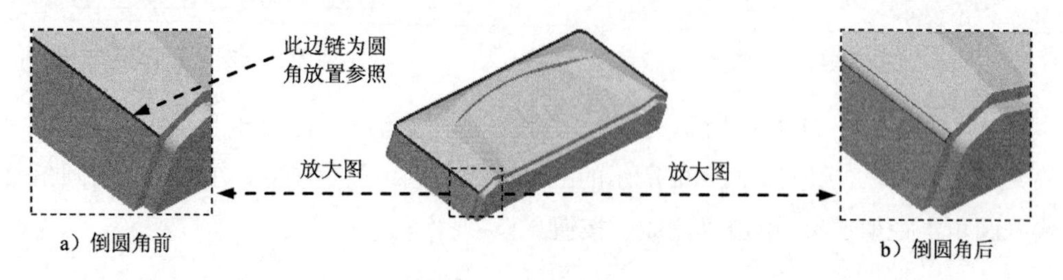

图 21.46　倒圆角 5

Step31. 添加图 21.47b 所示的倒圆角特征——倒圆角 6。选择下拉菜单 插入(I) → 倒圆角(O)... 命令。选取图 21.47a 所示的两条边线为圆角放置参照，圆角半径值为 5.0。单击“完成”按钮✓。

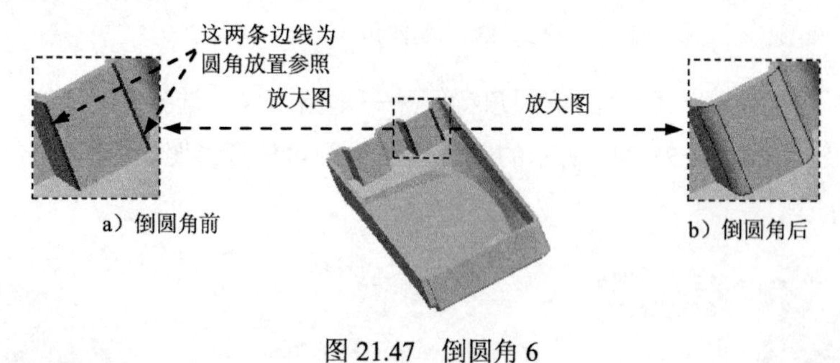

图 21.47　倒圆角 6

Step32. 添加图 21.48b 所示的倒圆角特征——倒圆角 7。选择下拉菜单 插入(I) → 倒圆角(O)... 命令。选取图 21.48a 所示的两条边线为圆角放置参照，圆角半径值为 5.0。单击“完成”按钮✓。

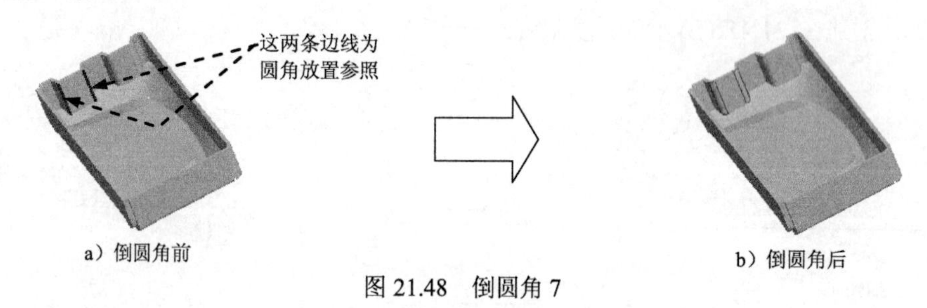

图 21.48　倒圆角 7

Step33. 创建图 21.49b 所示的基准平面——DTM3。单击“基准平面”按钮▱；选取 TOP 基准平面为放置参照，将其设置为 偏移，偏距值为 25.0；单击“基准平面”对话框中的 确定 按钮。

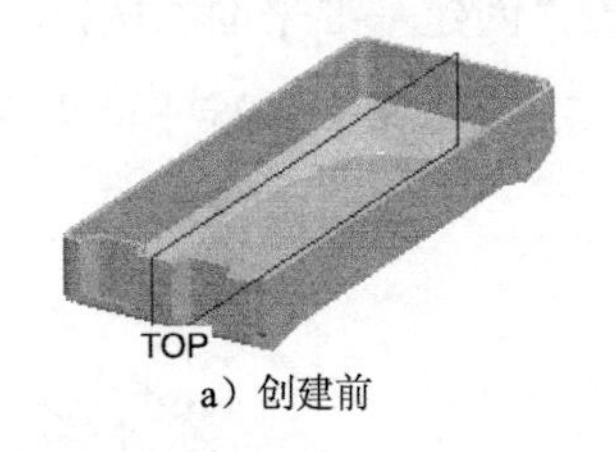

a）创建前

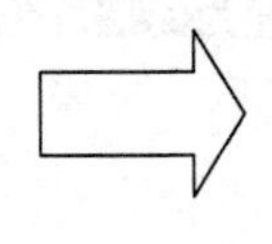

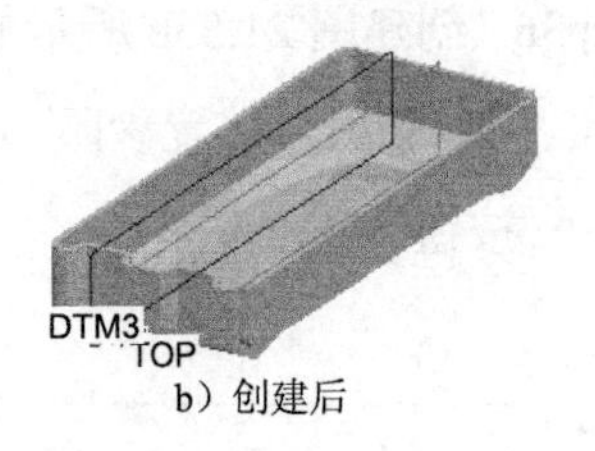

b）创建后

图 21.49　DTM3 基准平面

Step34. 添加图 21.50 所示的拉伸特征——拉伸 5。

（1）选择下拉菜单 插入(I) ➡ 拉伸(E)... 命令，在操控板中按下“移除材料”按钮。

（2）定义截面放置属性。在绘图区中右击，从弹出的快捷菜单中选择 定义内部草绘... 命令，系统弹出“草绘”对话框。选取 TOP 基准平面为草绘平面，选取 RIGHT 基准平面为参照平面，方向为 右；单击对话框中的 草绘 按钮。

（3）进入截面草绘环境，绘制图 21.51 所示的截面草图，单击“完成”按钮。

（4）在操控板中，单击操控板中的 选项 按钮，在“深度”界面中将 侧 1 的深度类型设置为；将 侧 2 的深度类型设置为，输入深度值 45.0。单击按钮，预览所创建的特征；单击“完成”按钮。

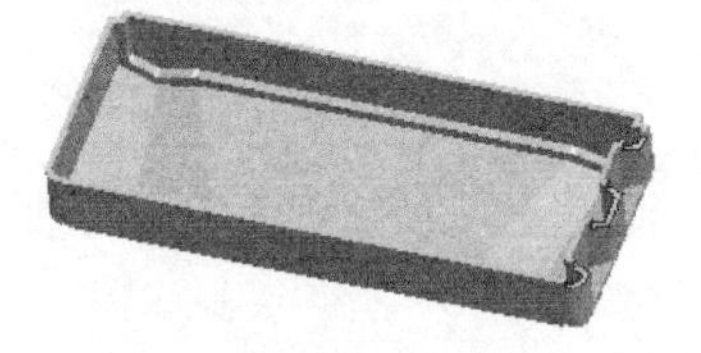
图 21.50　拉伸 5

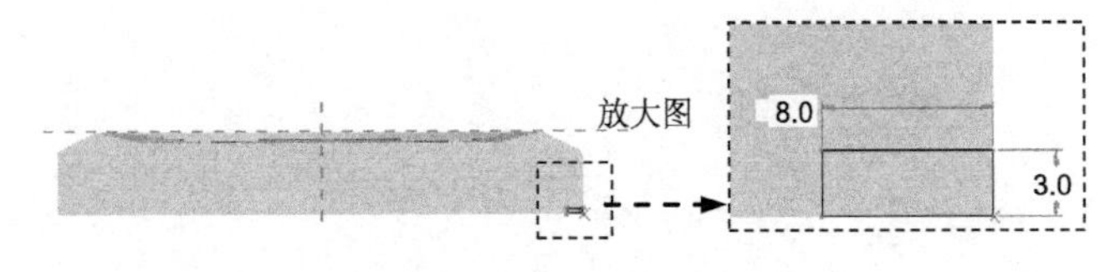

图 21.51　截面草图

Step35. 添加图 21.52 所示的扫描特征——切剪标识。

（1）选择下拉菜单 插入(I) ➡ 扫描(S) ▸ ➡ 切口(C)... 命令。

（2）定义扫描轨迹。选择“扫描轨迹”菜单中的 Select Traj（选取轨迹） ➡ One By One（依次） ➡ Select（选取），按住 Ctrl 键，依次选取图 21.53 所示的边线为扫描轨迹。

（3）在弹出的菜单管理器中选择 Done（完成） ➡ Accept（接受） ➡ Okay（确定） 命令。

（4）创建扫描特征的截面。绘制并标注图 21.54 所示的扫描截面草图，完成后单击草绘工具栏中的“完成”按钮。

（5）定义移除材料的方向。选择 ▾ DIRECTION（方向） ➡ Okay（确定） 命令。

（6）单击扫描特征信息对话框下部的 确定 按钮，完成扫描特征的创建。

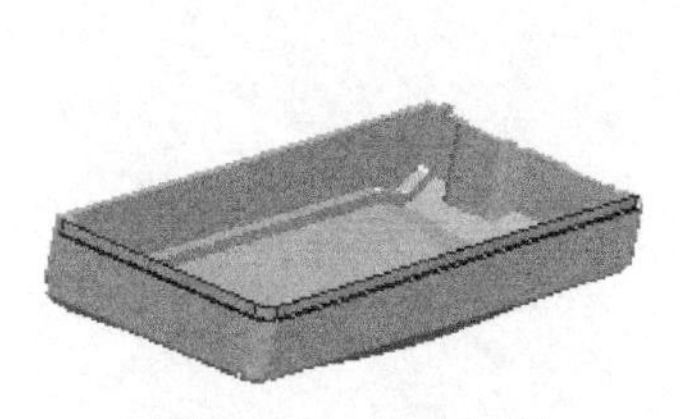
图 21.52　切剪标识

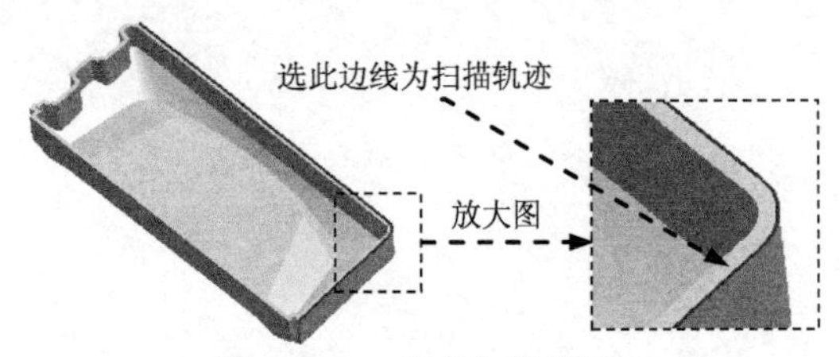

图 21.53　定义扫描轨迹

Step36. 创建图 21.55b 所示的基准平面——DTM4。单击“创建基准平面”按钮▱；选取 DTM3 基准平面为放置参照，将其设置为偏移，偏距值为 5.0；单击“基准平面”对话框中的确定按钮。

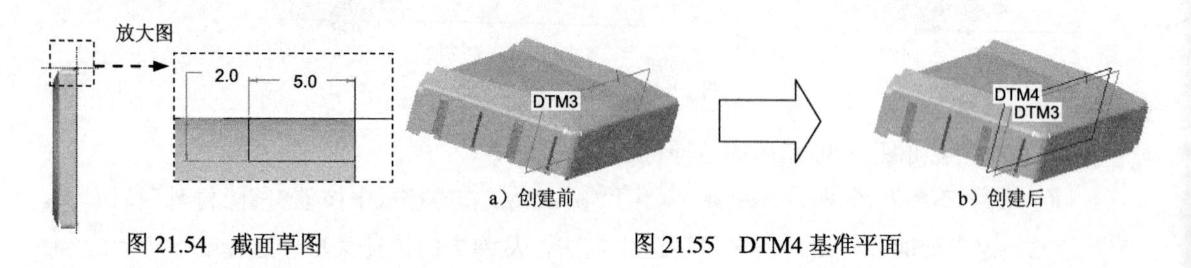

图 21.54　截面草图　　　图 21.55　DTM4 基准平面

Step37. 后面的详细操作过程请参见随书光盘中 video\ch21\reference\文件下的语音视频讲解文件 PANEL-r01.exe。

实例 22　电风扇底座

实例概述

本实例讲解了电风扇基座的设计过程，该设计过程主要应用了拉伸、实体化、倒圆角、扫描和镜像命令。其中变倒角的创建较为复杂，需要读者仔细体会。零件模型及模型树如图 22.1 所示。

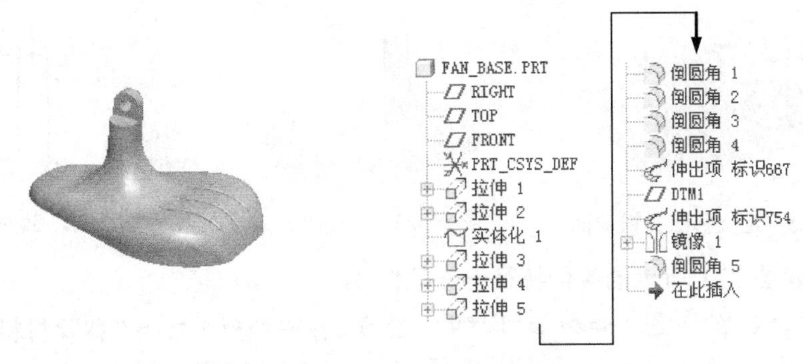

图 22.1　零件模型和模型树

说明：本例前面的详细操作过程请参见随书光盘中 video\ch22\reference\文件下的语音视频讲解文件 fan_base-r01.exe。

Step1. 打开文件 proewf5.5\work\ch22\fan_base_ex.prt。

Step2. 创建图 22.2 所示的拉伸曲面特征——拉伸 1。

（1）选择下拉菜单 插入(I) ➡ 拉伸(E)... 命令，在操控板中按下“曲面”按钮。

（2）在绘图区中右击，在弹出的快捷菜单中选择 定义内部草绘... 命令，系统弹出“草绘”对话框；选取 TOP 基准平面为草绘平面，RIGHT 基准平面为参照平面，方向为 左。单击对话框中的 草绘 按钮。

（3）绘制图 22.3 所示的截面草图，单击“完成”按钮。

（4）在操控板中选取深度类型为，输入深度值 150.0，单击“完成”按钮。

Step3. 创建图 22.4 所示的实体化特征——实体化 1。

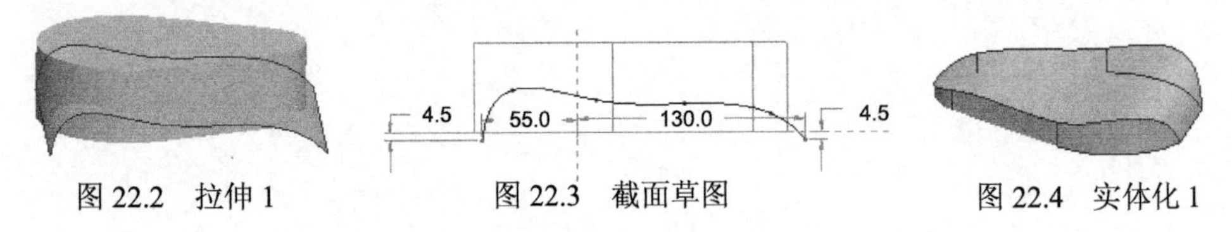

图 22.2　拉伸 1　　图 22.3　截面草图　　图 22.4　实体化 1

（1）选取 Step2 中创建的曲面。

（2）选择下拉菜单 编辑(E) ➡ 实体化(Y)... 命令。

（3）在操控板中按下“移除材料”按钮，选取图 22.5 所示的曲面作为移除材料基准面，保留实体的下端。单击“完成”按钮✓。

Step4. 创建图 22.6 所示的零件基础特征——拉伸 3。

（1）选择下拉菜单 插入(I) ➡ 拉伸(E)... 命令。

（2）在绘图区中右击，在弹出的快捷菜单中选择 定义内部草绘... 命令，系统弹出“草绘”对话框；选取 TOP 基准平面为草绘平面，RIGHT 基准平面为参照平面，方向为 左 。单击对话框中的 草绘 按钮。

（3）绘制图 22.7 所示的截面草图，单击“完成”按钮✓。

（4）在操控板中，选取深度类型为（对称），输入深度值 25.0，单击“完成”按钮✓。

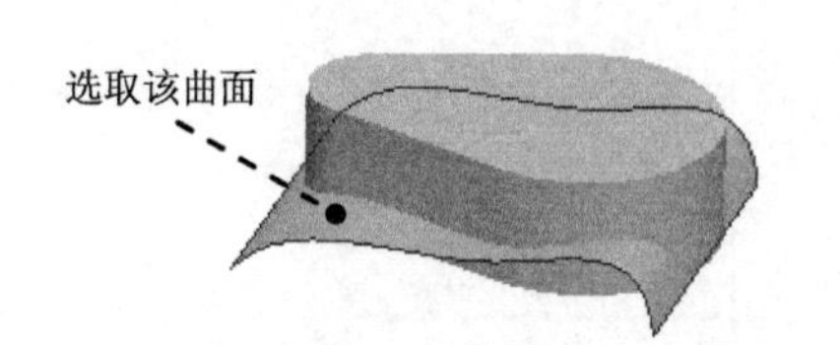

图 22.5 定义移除材料曲面

图 22.6 拉伸 3

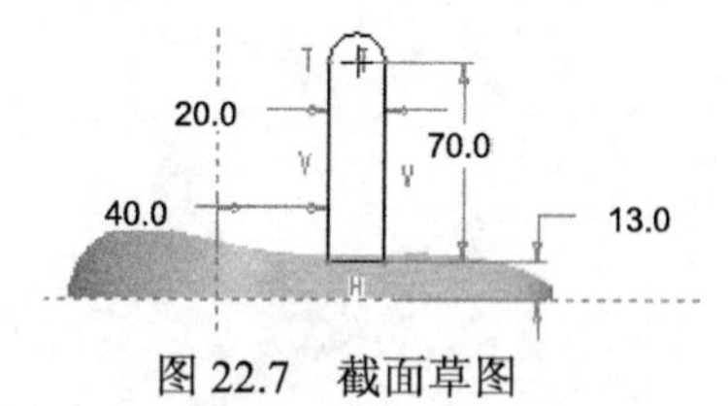

图 22.7 截面草图

Step5. 创建图 22.8 所示的拉伸特征——拉伸 4。

（1）选择下拉菜单 插入(I) ➡ 拉伸(E)... 命令，在操控板中按下“移除材料”按钮。

（2）在绘图区中右击，在弹出的快捷菜单中选择 定义内部草绘... 命令，系统弹出“草绘”对话框；选取 TOP 基准平面为草绘平面，RIGHT 基准平面为参照平面，方向为 左 ；单击对话框中的 草绘 按钮。

（3）绘制图 22.9 所示的截面草图，单击“完成”按钮✓。

（4）在操控板中，选取深度类型为（穿透）；单击“完成”按钮✓。

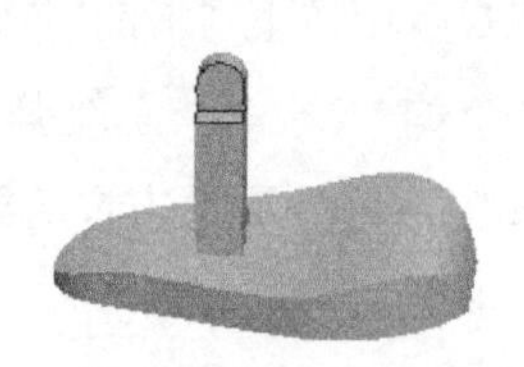

图 22.8 拉伸 4

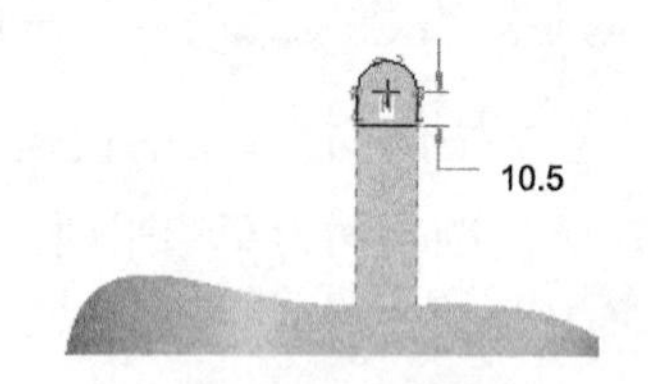

图 22.9 截面草图

Step6. 后面的详细操作过程请参见随书光盘中 video\ch22\reference\文件下的语音视频讲解文件 fan_base -r02.exe。

实例 23　淋浴喷头手柄

实例概述

本实例是一个典型的曲面建模实例，先使用基准平面、基准轴和基准点等创建基准曲线，再利用基准曲线构建边界混合曲面，最后再合并、加厚、倒圆角。零件模型及模型树如图 23.1 所示。

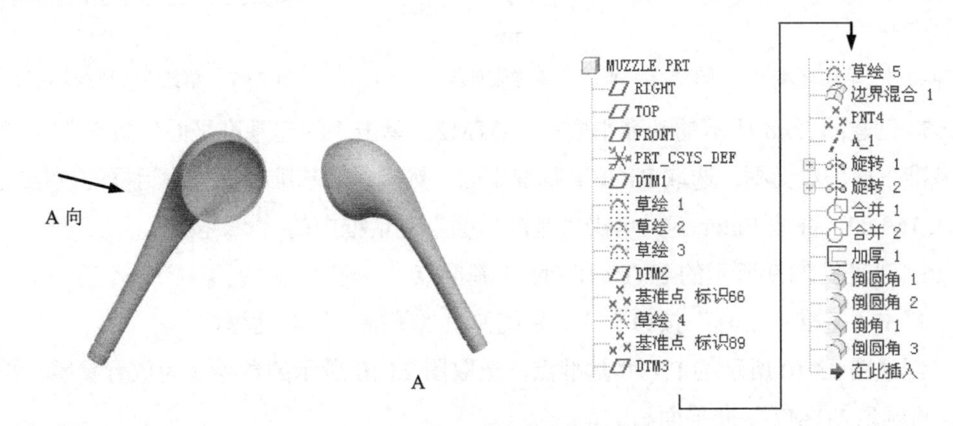

图 23.1　零件模型及模型树

说明：本例前面的详细操作过程请参见随书光盘中 video\ch23\reference\文件下的语音视频讲解文件 MUZZLE-r01.exe。

Step1. 打开文件 proewf5.5\work\ch23\MUZZLE_ex.prt。

Step2. 创建图 23.2 所示的草绘特征——草绘 1。

（1）单击工具栏上的“草绘”按钮，系统弹出“草绘”对话框。

（2）定义草绘截面放置属性。选取 DTM1 基准平面为草绘平面，TOP 基准平面为参照平面，方向为顶；单击草绘按钮。

（3）进入草绘环境后，绘制图 23.3 所示的草绘 1，单击“完成”按钮。

Step3. 创建图 23.4 所示的草绘特征——草绘 2。单击工具栏上的“草绘”按钮；选取 TOP 基准平面为草绘平面，RIGHT 基准平面为参照平面，方向为右，单击草绘按钮；绘制图 23.5 所示的草绘 2；单击“完成”按钮。

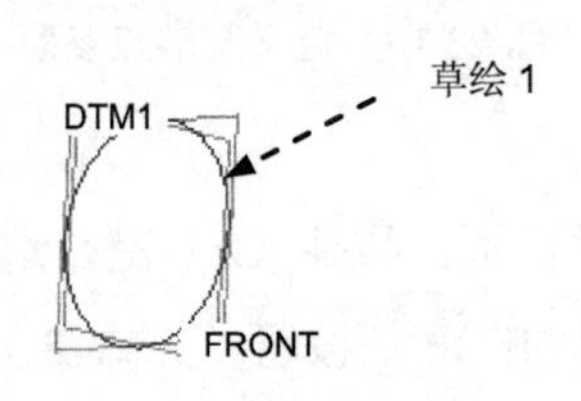

图 23.2　草绘 1（建模环境）

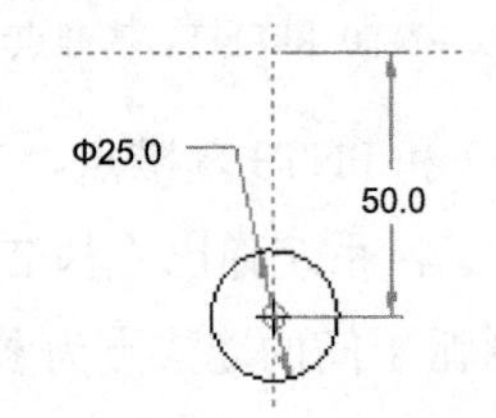

图 23.3　草绘 1（草绘环境）

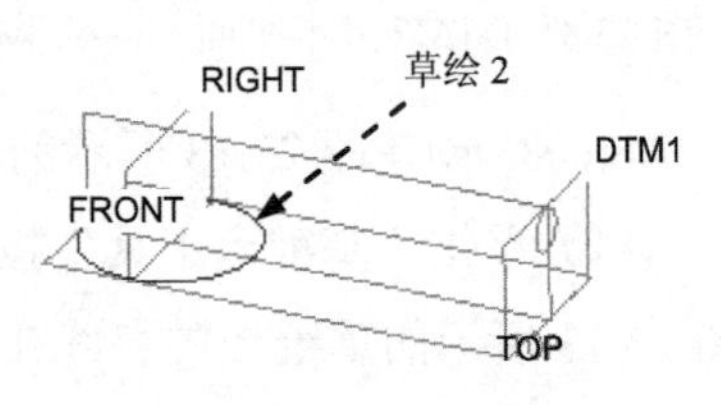

图 23.4　草绘 2（建模环境）

Step4. 创建图 23.6 所示的草绘特征——草绘 3。单击工具栏上的“草绘”按钮；选取 FRONT 基准平面为草绘平面，RIGHT 基准平面为参照平面，方向为 右 ，单击 草绘 按钮；选择下拉菜单 草绘(S) ➡ 参照(R)... 命令，选取草绘 1 和草绘 2 为草绘 3 的参照；绘制图 23.7 所示的草绘 3；单击“完成”按钮。

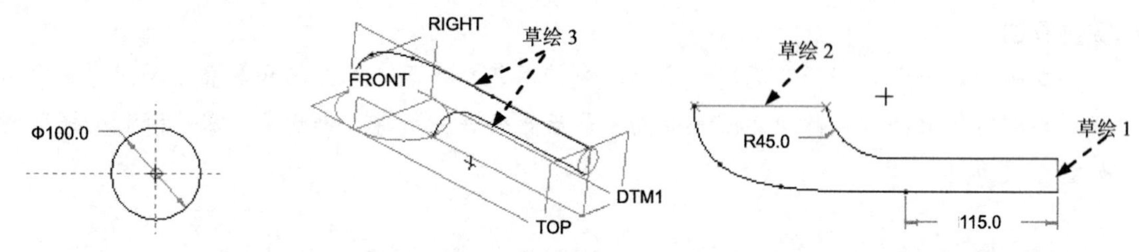

图 23.5 草绘 2（草绘环境） 图 23.6 草绘 3（建模环境） 图 23.7 草绘 3（草绘环境）

Step5. 创建图 23.8 所示的基准平面——DTM2。单击“创建基准平面”按钮，系统弹出“基准平面”对话框；选取 RIGHT 基准平面，然后在“基准平面”对话框的 平移 文本框中输入 160.00，并按 Enter 键；单击“基准平面”对话框中的 确定 按钮。

Step6. 创建图 23.9 所示的 PNT0 和 PNT1 基准点。

（1）单击“基准点工具”按钮，系统弹出“基准点”对话框。

（2）创建图 23.10 所示的 PNT0 基准点，选取图 23.10 所示的草绘 3 为放置参照，按住 Ctrl 键，再选取 DTM2 基准平面。

（3）用同样的方法创建 PNT1 基准点。选取图 23.10 所示的草绘 3 为放置参照，按住 Ctrl 键，再选取 DTM2 基准平面。

（4）此时单击“基准点”对话框的 确定 按钮，完成 PNT0 和 PNT1 基准点的创建。

Step7. 创建图 23.11 所示的草绘特征——草绘 4。单击工具栏上的“草绘”按钮；选取 DTM2 基准平面为草绘平面，TOP 基准平面为草绘平面的参照，方向为 底部 ，单击 草绘 按钮；选择下拉菜单 草绘(S) ➡ 参照(R)... 命令，选取基准点 PNT0 和 PNT1 为草绘参照，绘制图 23.12 所示的草绘 4，完成后单击按钮。

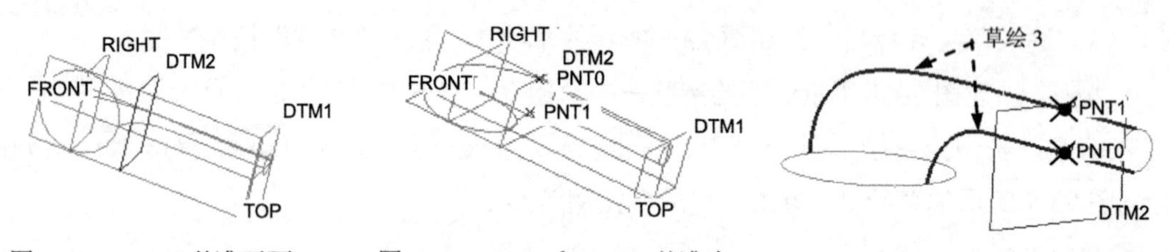

图 23.8 DTM2 基准平面 图 23.9 PNT0 和 PNT1 基准点 图 23.10 定义基准点参照

Step8. 创建图 23.13 所示的 PNT2 和 PNT3 基准点。

（1）单击“基准点工具”按钮，系统弹出“基准点”对话框；按住 Ctrl 键，选取图 23.13 所示的草绘 3 的直线 1 和圆弧 1 间的连接点为参照；单击 确定 按钮，完成 PNT2 基准点的创建。

（2）单击“基准点工具”按钮，系统弹出“基准点”对话框；按住 Ctrl 键，选取图 23.13 所示的草绘 3 的直线 2 和圆弧 2 间的连接点为参照；单击确定按钮，完成 PNT3 基准点的创建。

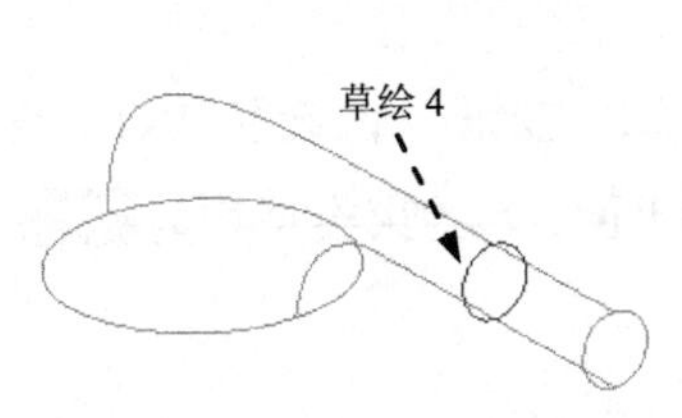

图 23.11　草绘 4（建模环境）

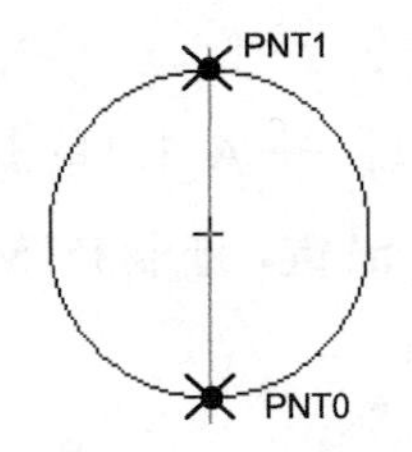

图 23.12　草绘 4（草绘环境）

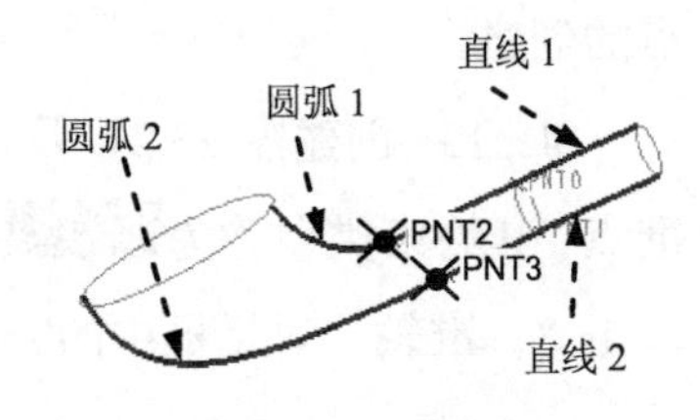

图 23.13　PNT2 和 PNT3 基准点

Step9. 创建图 23.14 所示的基准平面——DTM3。单击“创建基准平面”按钮，系统弹出“基准平面”对话框；按住 Ctrl 键，选取 PNT2、PNT3 基准点和 FRONT 基准平面为放置参照；单击“基准平面”对话框中的确定按钮。

Step10. 创建图 23.15 所示的草绘特征——草绘 5。单击工具栏上的“草绘”按钮；选取 DTM3 基准平面为草绘面，FRONT 基准平面为草绘平面的参照，方向为右；单击草绘按钮；选取 PNT2 和 PNT3 基准点为草绘参照，然后绘制 Rx20.0 椭圆的草绘 5，完成后单击按钮。

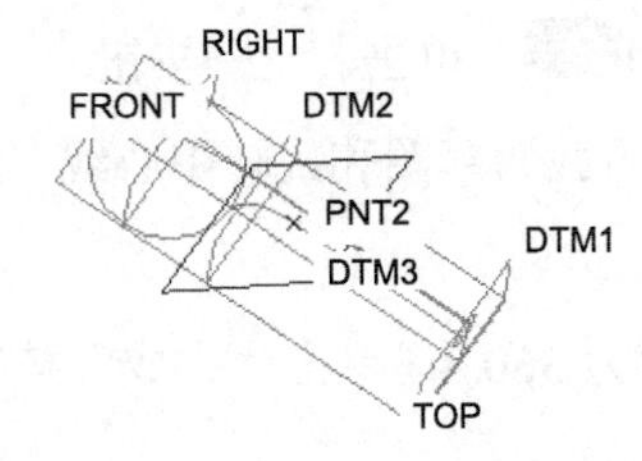

图 23.14　DTM3 基准平面

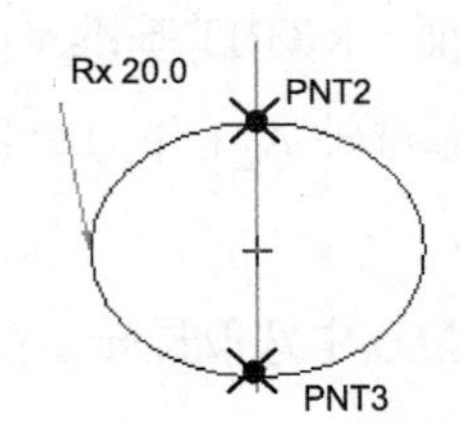

图 23.15　草绘 5（建模环境）

Step11. 创建图 23.16 所示的边界曲面特征——边界混合 1。

（1）选择下拉菜单插入(I) ➡ 边界混合(B)...命令。

（2）定义边界曲线。

① 定义第一方向边界曲线。按住 Ctrl 键，依次选取图 23.17 所示的草绘 1、草绘 4、草绘 5 和草绘 2 为第一方向边界曲线。

② 定义第二方向边界曲线。单击操控板中第二方向曲线操作栏，按住 Ctrl 键，依次选取图 23.18 所示的草绘 3_1 和草绘 3_2 为第二方向边界曲线。

（3）单击操控板中的“完成”按钮。

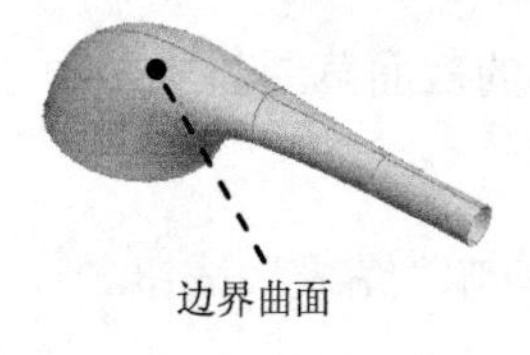

图 23.16　边界混合 1

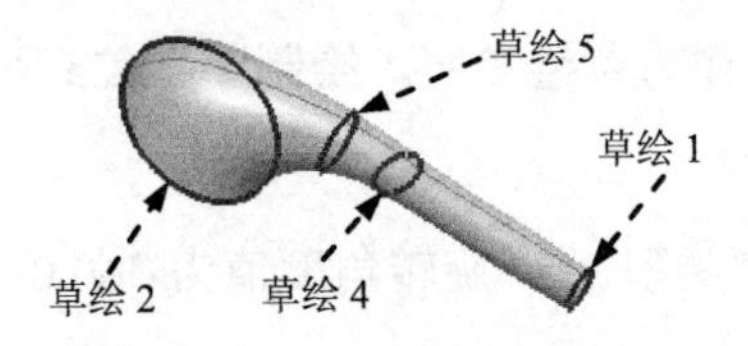

图 23.17　定义第一方向边界曲线

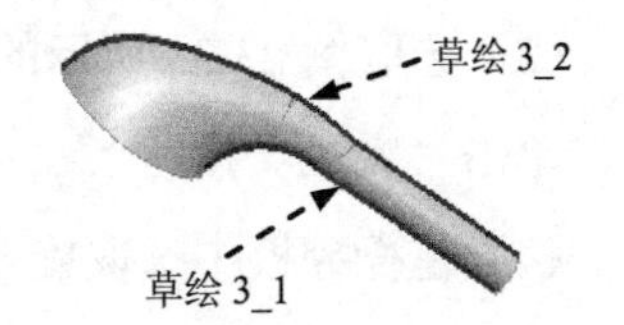

图 23.18　定义第二方向边界曲线

Step12. 创建图 23.19 所示的基准点——PNT4。单击“基准点工具”按钮，系统弹出“基准点”对话框；在模型上选取图 23.20 所示的草绘 1 为放置参照；在“基准点”对话框的下拉列表中选取居中选项；在“基准点”对话框中单击确定按钮，完成 PNT4 基准点的创建。

Step13. 创建图 23.21 所示的基准轴——A_1。单击“基准轴”按钮；选取 PNT4 基准点，其约束类型均为穿过；按住 Ctrl 键，选取 DTM1 基准平面，其约束类型均为法向；单击“基准轴”对话框中的确定按钮。

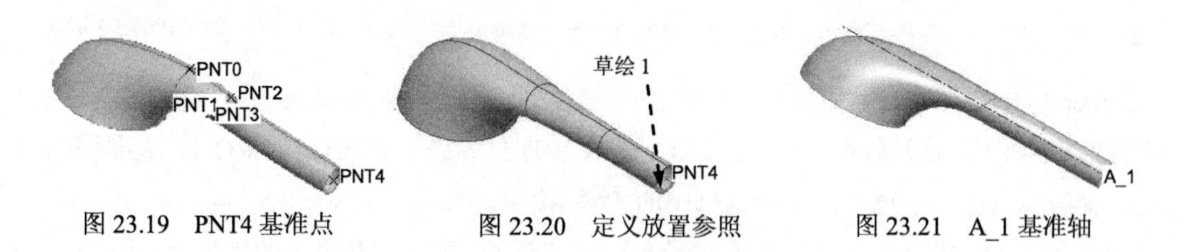

图 23.19　PNT4 基准点　　图 23.20　定义放置参照　　图 23.21　A_1 基准轴

Step14. 创建图 23.22 所示的曲面旋转特征——旋转 1。

（1）选择下拉菜单 插入(I) → 旋转(R)... 命令，按下“曲面”按钮。

（2）在绘图区中右击，在弹出的快捷菜单中选择定义内部草绘...命令；选取 FRONT 基准平面为草绘平面，RIGHT 基准平面为参照平面，方向为右；单击草绘按钮。

（3）选取基准轴 A_1 作为参照，绘制图 23.23 所示的截面草图和旋转中心线；单击“完成”按钮。

（4）在操控板中选取旋转角度类型，旋转角度值为 360.0；单击“完成”按钮。

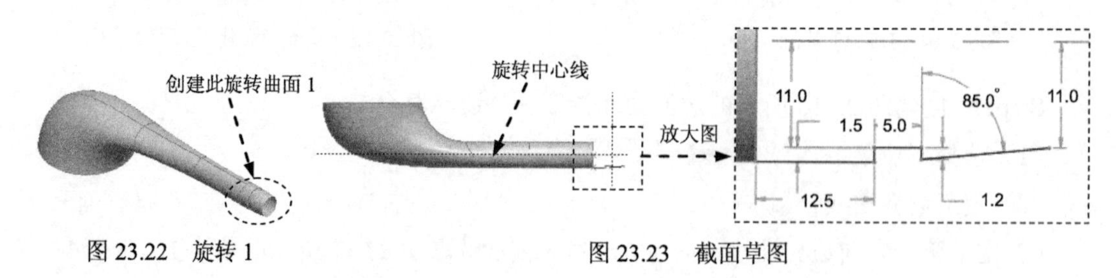

图 23.22　旋转 1　　图 23.23　截面草图

Step15. 创建图 23.24 所示的曲面旋转特征——旋转 2。

（1）选择下拉菜单 插入(I) → 旋转(R)... 命令，按下“曲面”类型按钮。

（2）在绘图区中右击，在弹出的快捷菜单中选择定义内部草绘...命令，选取 RIGHT 基准平面为草绘平面，TOP 基准平面为参照平面，方向为顶；单击草绘按钮。

（3）选取图 23.25 所示的边线作为草绘参照，绘制图 23.25 所示的截面草图和旋转中心线，单击“完成”按钮。

（4）在操控板中选取旋转角度类型，旋转角度值为 360.0；单击“完成”按钮。

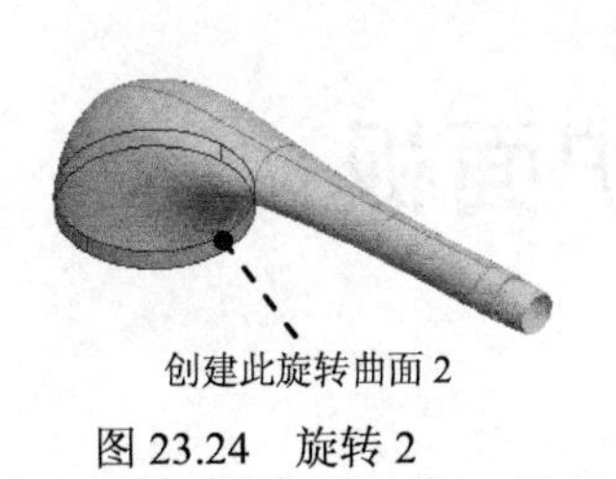

图 23.24　旋转 2

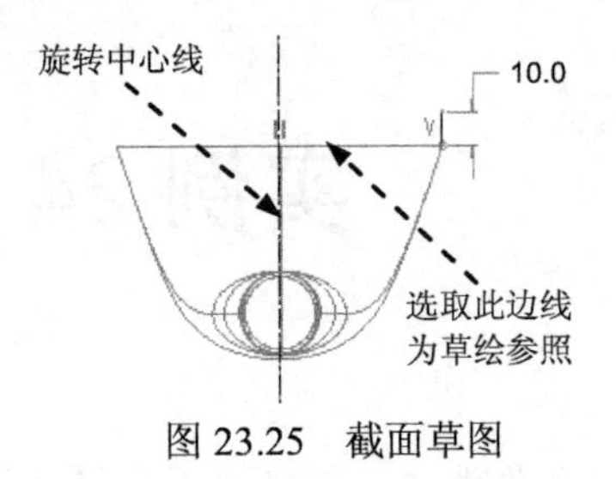

图 23.25　截面草图

Step16. 创建图 23.26 所示的曲面合并特征——合并 1。

（1）设置“选择”类型。单击界面下部的“智能选取”栏后面的按钮▾，选择面组选项，这样将会很轻易地选取到曲面。

（2）按住 Ctrl 键，选取图 23.26 所示的边界曲面和旋转 1，选择下拉菜单编辑(E) ➡ 合并(G)...命令。单击“完成”按钮✓。

Step17. 创建图 23.27 所示的曲面合并特征——合并 2。按住 Ctrl 键，选取图 23.27 所示的合并 1 和旋转 2，选择下拉菜单编辑(E) ➡ 合并(G)...命令。单击“完成”按钮✓。

Step18. 创建图 23.28 所示的曲面加厚特征——加厚 1。选取 Step17 创建的合并 2 为加厚的面组，选择下拉菜单编辑(E) ➡ 加厚(K)...命令，加厚的方向如图 23.28 所示，输入薄壁实体的厚度值 2.5，并按 Enter 键；单击“完成”按钮✓，完成加厚操作。

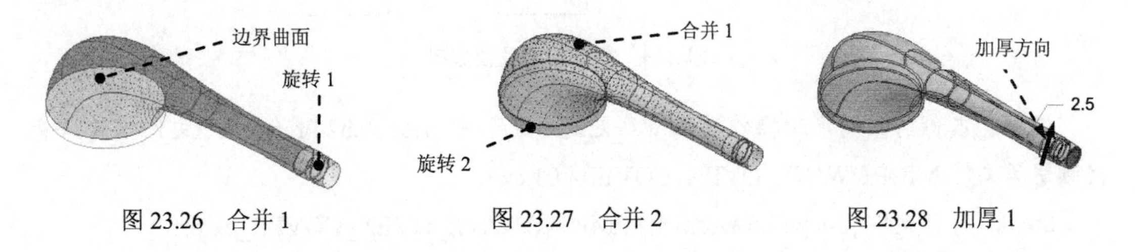

图 23.26　合并 1　　图 23.27　合并 2　　图 23.28　加厚 1

Step19. 后面的详细操作过程请参见随书光盘中 video\ch23\reference\文件下的语音视频讲解文件 MUZZLE-r02.exe。

实例 24　微波炉面板

实例概述

本实例主要讲述一款微波炉面板的设计过程，该设计过程是先用曲面创建面板，然后再将曲面转变为实体面板。通过使用基准面、基准曲线、拉伸曲面、边界混合、曲面合并、加厚和倒圆角命令将面板完成。零件模型及模型树如图 24.1 所示。

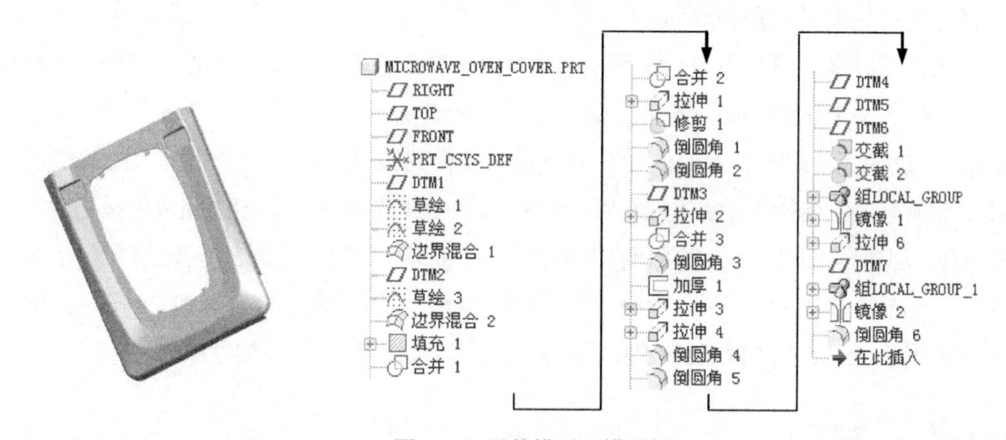

图 24.1　零件模型及模型树

说明：本例前面的详细操作过程请参见随书光盘中 video\ch24\reference\文件下的语音视频讲解文件 MICROWAVE_OVEN_COVER-r01.exe。

Step1. 打开文件 proewf5.5\work\ch24\MICROWAVE_OVEN_COVER_ex.prt。

Step2. 添加图 24.2 所示的草绘特征——草绘 1。

（1）单击工具栏上的“草绘”按钮，系统弹出“草绘”对话框。

（2）设置草绘平面与参照平面。选取 FRONT 基准平面为草绘平面，选取 RIGHT 基准平面为参照平面，方向为 右；单击对话框中的 草绘 按钮。

（3）进入截面草绘环境，绘制图 24.3 所示的草绘 1，单击“完成”按钮。

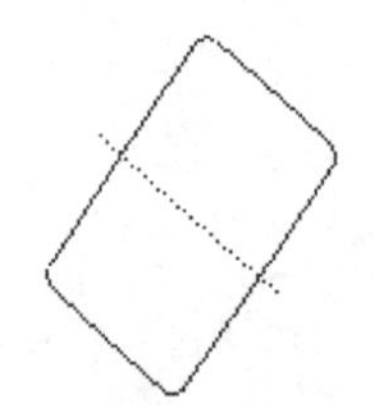

图 24.2　草绘 1（建模环境）

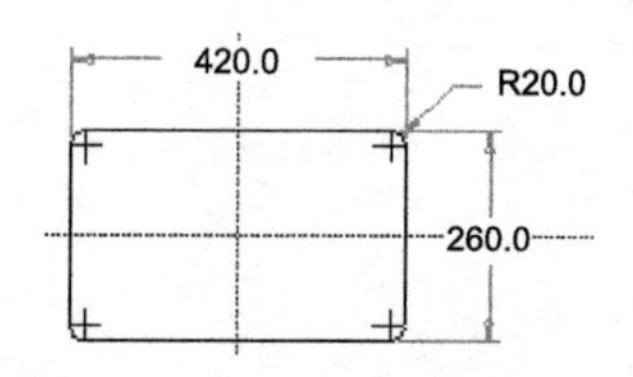

图 24.3　草绘 1（草绘环境）

Step3. 添加图 24.4 所示的草绘特征——草绘 2。

（1）单击工具栏上的“草绘”按钮，系统弹出“草绘”对话框。

（2）设置草绘平面与参照平面。选取 DTM1 基准平面为草绘平面，选取 RIGHT 基准平面为参照平面，方向为 右；单击对话框中的 草绘 按钮。

（3）进入截面草绘环境，绘制图 24.5 所示的草绘 2，单击“完成”按钮。

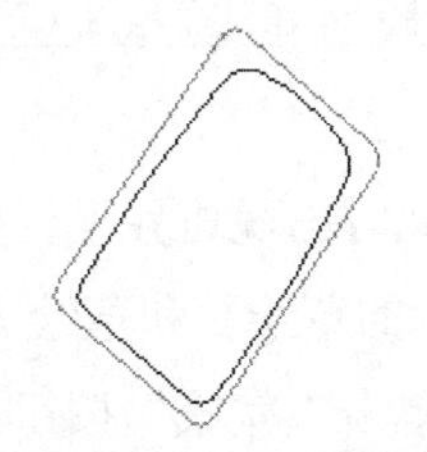

图 24.4　草绘 2（建模环境）

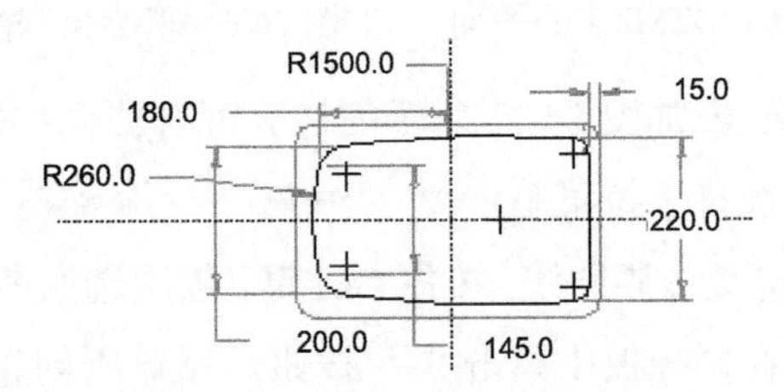

图 24.5　草绘 2（草绘环境）

Step4. 添加图 24.6 所示的边界曲面——边界混合 1。

（1）选择下拉菜单 插入(I) ➡ 边界混合(B)... 命令，此时出现“边界混合”操控板。

（2）定义边界曲线。按住 Ctrl 键，依次选取图 24.7 所示的草绘 1 和草绘 2 为边界曲线。

（3）在操控板中单击 按钮，预览所创建的特征；单击“完成”按钮。

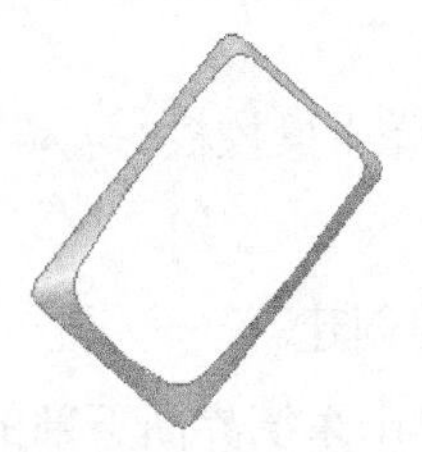

图 24.6　边界混合 1

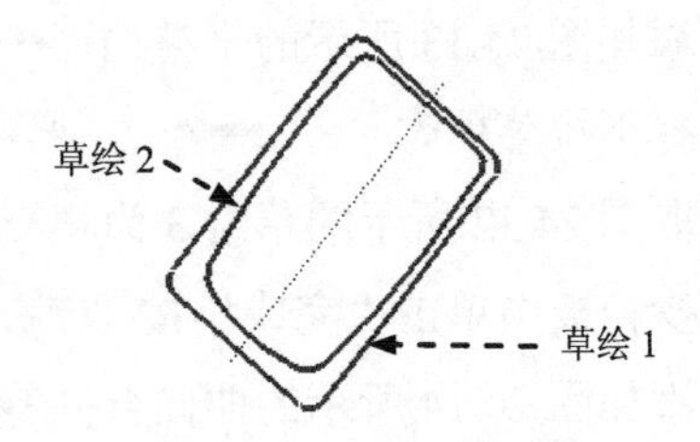

图 24.7　定义边界曲线

Step5. 添加图 24.8 所示的基准平面——DTM2。

（1）选择下拉菜单 插入(I) ➡ 模型基准(D) ▸ ➡ 平面(L)... 命令，系统弹出“基准平面”对话框。

（2）定义约束。选取 FRONT 基准面为偏移参照，设置约束类型为 偏移，输入偏移值 10.0。

（3）单击 确定 按钮，完成 DTM2 基准平面的创建。

Step6. 添加图 24.9 所示的草绘特征——草绘 3。

（1）单击工具栏上的“草绘”按钮，系统弹出“草绘”对话框。

（2）设置草绘平面与参照平面。选取 DTM2 基准平面为草绘平面，选取 RIGHT 基准平面为参照平面，方向为 右；单击对话框中的 草绘 按钮。

（3）进入截面草绘环境，绘制图 24.10 所示的草绘 3，单击“完成”按钮。

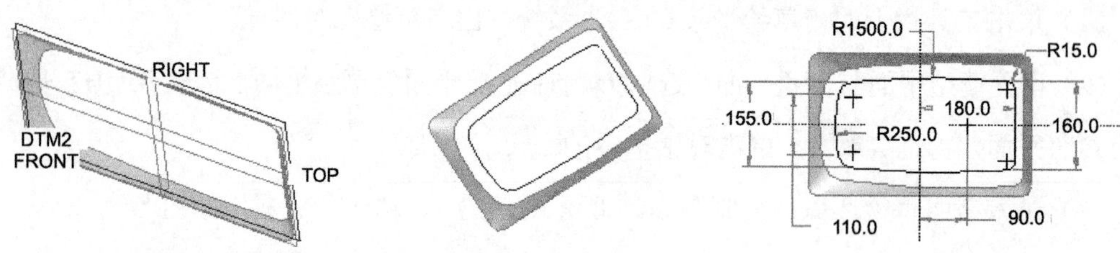

图 24.8　DTM2 基准平面　　图 24.9　草绘 3（建模环境）　　图 24.10　草绘 3（草绘环境）

Step7. 添加图 24.11 所示的边界混合曲面——边界混合 2。

（1）选择下拉菜单 插入(I) → 边界混合(B)... 命令，此时出现边界混合操控板。

（2）定义边界曲线。按住 Ctrl 键，依次选取图 24.12 所示的草绘 2 和草绘 3 为边界曲线。

（3）在操控板中单击 按钮，预览所创建的特征；单击“完成”按钮。

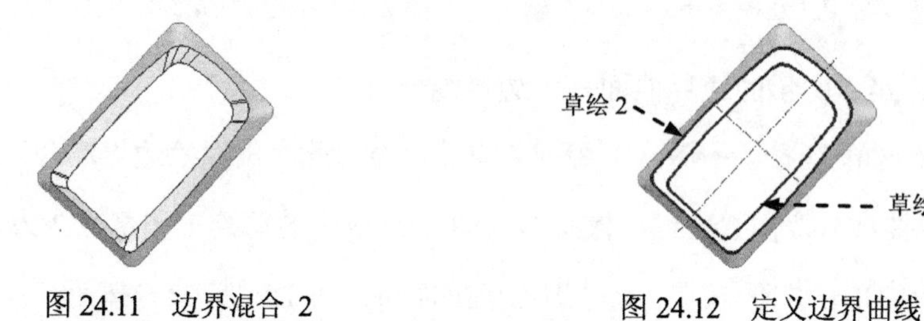

图 24.11　边界混合 2　　图 24.12　定义边界曲线

Step8. 添加图 24.13 所示的平整曲面——填充 1。

（1）选择下拉菜单 编辑(E) → 填充(L)... 命令，系统弹出操控板。

（2）选取图 24.12 所示的草绘 3 为填充参照。

（3）在操控板中单击“完成”按钮，完成平整曲面的创建。

Step9. 添加图 24.14 所示的曲面合并特征——合并 1。单击系统界面下部的“智能选取”栏后面的按钮，选择 面组 选项；按住 Ctrl 键，选取图 24.14 所示的边界混合 2 与图 24.14 所示的填充 1 为要合并的面组；选择下拉菜单 编辑(E) → 合并(G)... 命令；单击“完成”按钮。

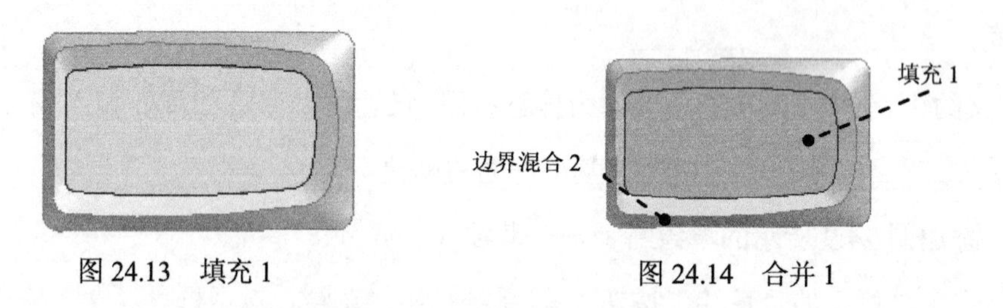

图 24.13　填充 1　　图 24.14　合并 1

Step10. 添加图 24.15 所示的曲面合并特征——合并 2。按住 Ctrl 键，选取图 24.15 所示的边界混合 1 与图 24.15 所示的合并 1 为要合并的面组；选择下拉菜单 编辑(E) → 合并(G)... 命令；单击“完成”按钮。

Step11. 添加图 24.16 所示的拉伸曲面特征——拉伸 1。

（1）选择下拉菜单 插入(I) ➡ 拉伸(E)... 命令，在系统弹出的操控板中单击“曲面”按钮。

（2）定义截面放置属性。

① 在绘图区右击，从弹出的快捷菜单中选择 定义内部草绘... 命令，系统弹出“草绘”对话框。

② 设置草绘平面与参照平面。选取 FRONT 基准平面为草绘平面，选取 RIGHT 基准平面为参照平面，方向为 右；单击对话框中的 草绘 按钮。

（3）此时系统进入截面草绘环境，绘制图 24.17 所示的截面草图，完成绘制后，单击“完成”按钮。

（4）在操控板中选取深度类型为 （即“两侧定值”拉伸）；输入深度值 50.0。

（5）在操控板中单击 按钮，预览所创建的特征；单击“完成”按钮。

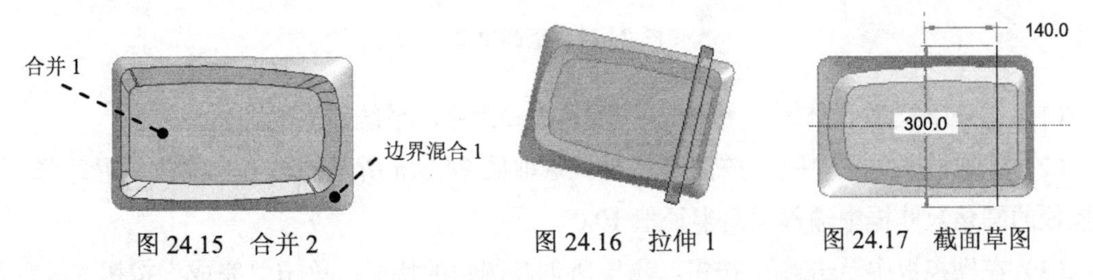

图 24.15　合并 2　　图 24.16　拉伸 1　　图 24.17　截面草图

Step12. 添加图 24.18 所示的曲面修剪特征——修剪 1。在模型树中选取图 24.19 所示的合并 2 为修剪的面组，单击菜单工具中的 命令，选取图 24.19 所示的拉伸 1 为修剪对象，修剪保留方向如图 24.19 所示，单击操控板的“完成”按钮。

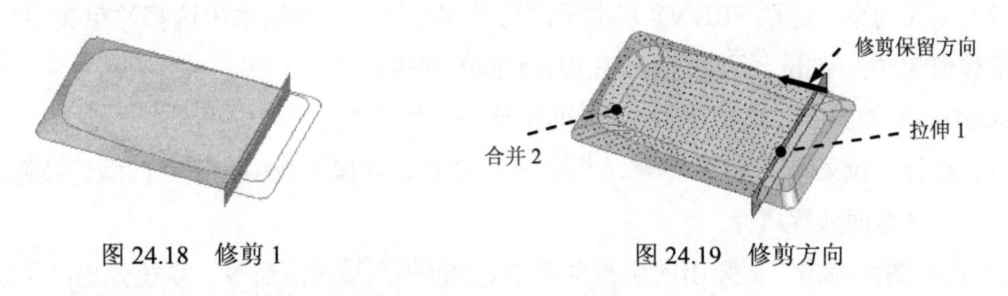

图 24.18　修剪 1　　图 24.19　修剪方向

Step13. 添加图 24.20b 所示的倒圆角特征——倒圆角 1。

（1）选择 插入(I) ➡ 倒圆角(O)... 命令，系统弹出倒圆角操控板。

（2）选取圆角放置参照。选取图 24.20a 所示的边链为圆角放置参照，在操控板的圆角尺寸框中输入圆角半径值 8.0。

（3）在操控板中单击 按钮，预览所创建圆角的特征；单击“完成”按钮。

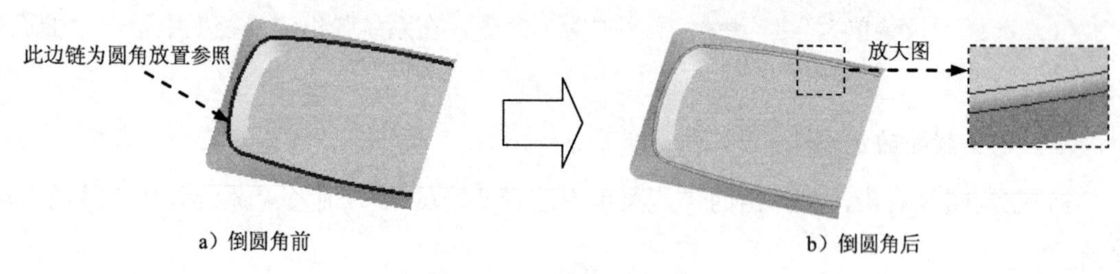

图 24.20　倒圆角 1

Step14. 添加图 24.21b 所示的倒圆角特征——倒圆角 2。

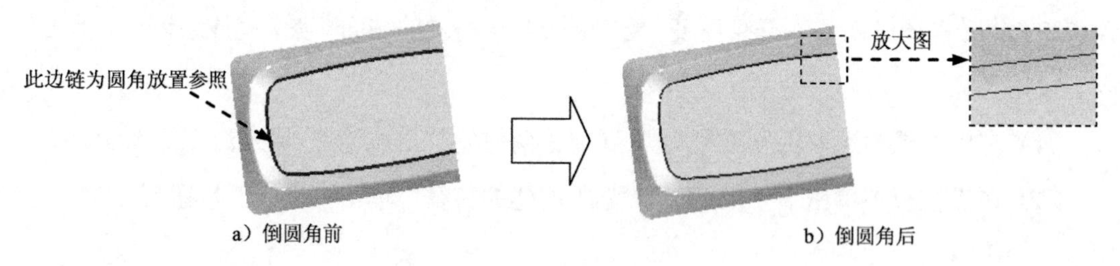

图 24.21　倒圆角 2

（1）选择下拉菜单 插入(I) ➡ 倒圆角(O)... 命令，系统弹出倒圆角操控板。

（2）选取圆角放置参照。按住 Ctrl 键，选取图 24.21a 所示的边链为圆角放置参照，在操控板的圆角尺寸框中输入圆角半径值 10.0。

（3）在操控板中单击 ☑ 60 按钮，预览所创建圆角的特征；单击“完成”按钮 ✔。

Step15. 添加图 24.22 所示的基准平面——DTM3。

（1）选择下拉菜单 插入(I) ➡ 模型基准(D) ▸ ➡ 平面(L)... 命令，系统弹出“基准平面”对话框。

（2）定义约束。选取 FRONT 基准平面为放置参照，在对话框中选择约束类型为 偏移，输入偏移值 30.0；单击 确定 按钮，完成基准面的创建。

Step16. 添加图 24.23 所示的拉伸曲面特征——拉伸 2。

（1）选择下拉菜单 插入(I) ➡ 拉伸(E)... 命令，在操控板中按下“曲面”按钮。

（2）定义截面放置属性。

① 在绘图区右击，从弹出的快捷菜单中选择 定义内部草绘... 命令，系统弹出“草绘”对话框。

② 设置草绘平面与参照平面。选取 DTM3 基准平面为草绘平面，选取 RIGHT 基准平面为参照平面，方向为 底部；单击对话框中的 草绘 按钮。

（3）此时系统进入截面草绘环境，绘制图 24.24 所示的截面草图；完成绘制后，单击“完成”按钮 ✔。

（4）在操控板中选取深度类型为 ⊥⊥，拉伸到图 24.23 所示的边线。单击 ☑ 60 按钮，预览所创建的特征；单击“完成”按钮✓。

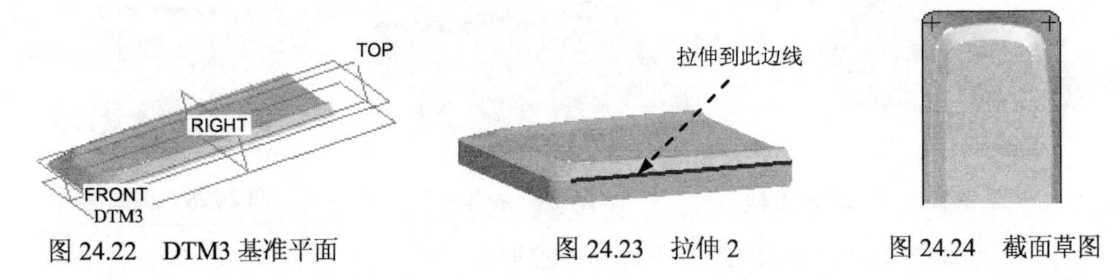

图 24.22　DTM3 基准平面　　图 24.23　拉伸 2　　图 24.24　截面草图

Step17. 添加图 24.25 所示的曲面合并特征——合并 3。按住 Ctrl 键，选取图 24.25 所示的拉伸 2 与图 24.25 所示的合并 2 为要合并的面组；选择下拉菜单 编辑(E) ➡ 合并(G)... 命令；单击“完成”按钮✓。

Step18. 添加图 24.26b 所示的倒圆角特征——倒圆角 3。

（1）选择下拉菜单 插入(I) ➡ 倒圆角(O)... 命令，系统弹出倒圆角操控板。

（2）选取圆角放置参照。选取图 24.26a 所示的边链为圆角放置参照，在操控板的圆角尺寸框中输入圆角半径值 8.0。

（3）在操控板中单击 ☑∞ 按钮，预览所创建圆角的特征；单击“完成”按钮✓。

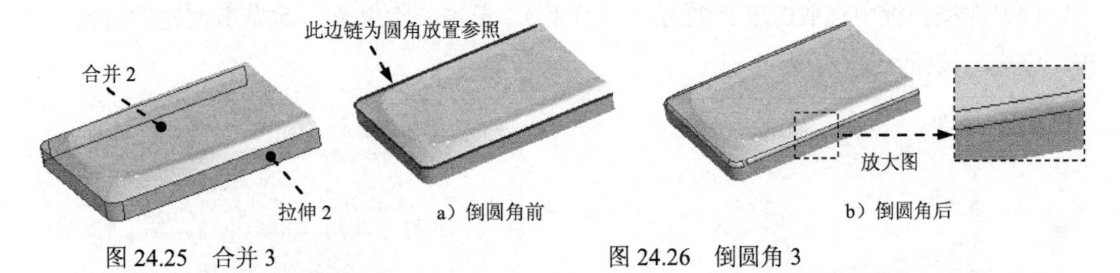

图 24.25　合并 3　　图 24.26　倒圆角 3

Step19. 添加加厚曲面特征——加厚 1。选取合并 3 为要加厚的面组，选择菜单 编辑(E) ➡ 加厚(K)... 命令，加厚的方向为曲面内部（如图 24.27 所示），输入加厚值 3.0，并按 Enter 键。

Step20. 添加图 24.28 所示的拉伸曲面特征——拉伸 3。

（1）选择下拉菜单 插入(I) ➡ 拉伸(E)... 命令。

（2）定义截面放置属性。

① 在绘图区右击，从弹出的快捷菜单中选择 定义内部草绘... 命令，系统弹出“草绘”对话框。

② 设置草绘平面与参照平面。选取 DTM3 基准平面为草绘平面，选取 RIGHT 基准平面为参照平面，方向为 右；单击对话框中的 草绘 按钮。

（3）此时系统进入截面草绘环境，绘制图 24.29 所示的截面草图，完成绘制后，单击“完成”按钮✓。

（4）在操控板中选取深度类型为 ≝（拉伸到下一曲面）。单击加厚 ⊏ 按钮，输入加厚值 5.0。单击按钮，预览所创建的特征；单击“完成”按钮。

图 24.27 定义加厚方向 图 24.28 拉伸 3 图 24.29 截面草图

Step21. 添加图 24.30 所示的拉伸特征——拉伸 4。

（1）选择下拉菜单 插入(I) → 拉伸(E)... 命令，在操控板中按下“移除材料”按钮。

（2）定义截面放置属性。

① 在绘图区右击，从弹出的快捷菜单中选择 定义内部草绘... 命令，系统弹出“草绘”对话框。

② 设置草绘平面与参照平面。选取 DTM3 基准平面为草绘平面，选取 RIGHT 基准平面为参照平面，方向为 右；单击对话框中的 草绘 按钮。

（3）此时系统进入截面草绘环境，绘制图 24.31 所示的截面草图，完成绘制后，单击“草绘完成”按钮。

（4）在操控板中选取深度类型为（穿孔）。单击按钮，预览所创建的特征；单击“完成”按钮。

图 24.30 拉伸 4

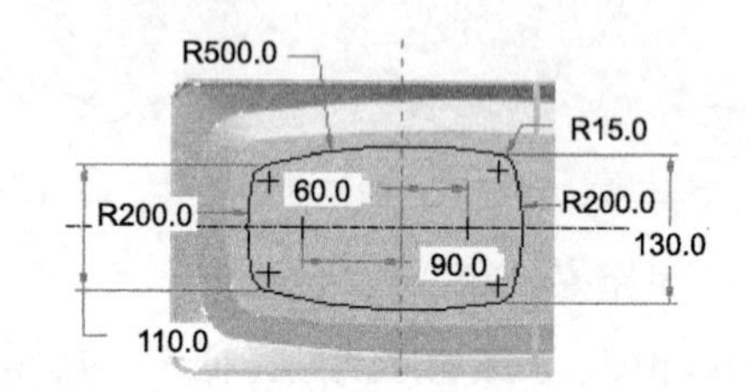

图 24.31 截面草图

Step22. 添加图 24.32b 所示的倒圆角特征——倒圆角 4。

（1）选择下拉菜单 插入(I) → 倒圆角(O)... 命令。

（2）选取圆角放置参照。选取图 24.32a 所示的边链为圆角放置参照，在操控板的圆角尺寸框中输入圆角半径值 1.0。

（3）在操控板中单击按钮，预览所创建圆角的特征；单击“完成”按钮。

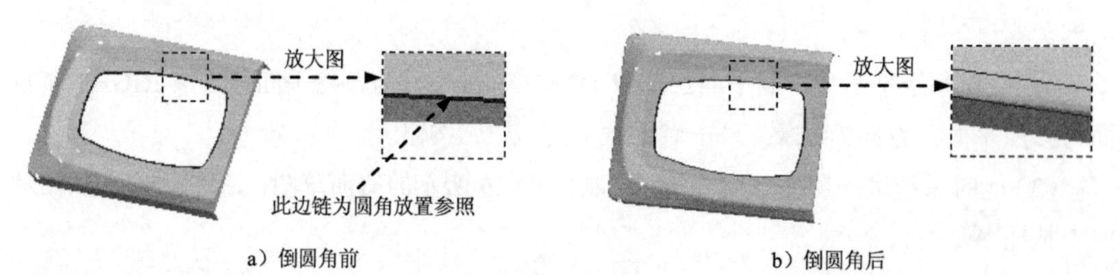

a）倒圆角前 b）倒圆角后

图 24.32 倒圆角 4

Step23. 添加图 24.33b 所示的倒圆角特征——倒圆角 5。

（1）先将曲面拉伸特征 1 隐藏，选择下拉菜单 插入(I) ➡ 倒圆角(O)... 命令。

（2）选取圆角放置参照。选取图 24.33a 所示的边链为圆角放置参照，在操控板的圆角尺寸框中输入圆角半径值 1.0。

（3）在操控板中单击 ☑ 👓 按钮，预览所创建圆角的特征；单击“完成”按钮 ✓。

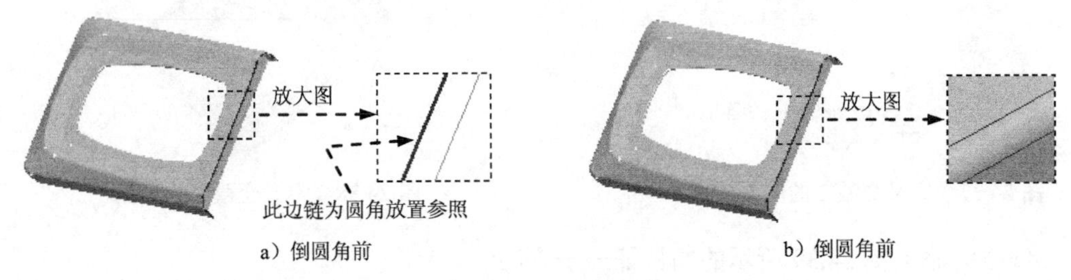

a）倒圆角前　　b）倒圆角前

图 24.33　倒圆角 5

Step24. 添加图 24.34 所示的基准平面——DTM4。

（1）选择下拉菜单 插入(I) ➡ 模型基准(D) ▸ ➡ ▱ 平面(L)... 命令，系统弹出“基准平面”对话框。

（2）定义约束。选取 RIGHT 基准平面为放置参照，设置约束类型为 偏移，输入偏移值为 60.0；单击 确定 按钮，完成基准平面的创建。

Step25. 添加图 24.35 所示的基准平面——DTM5。

（1）选择下拉菜单 插入(I) ➡ 模型基准(D) ▸ ➡ ▱ 平面(L)... 命令，系统弹出“基准平面”对话框。

（2）定义约束。选取 RIGHT 基准平面为放置参照，设置约束类型为 偏移，输入偏移值 115.0；单击 确定 按钮，完成基准平面的创建。

Step26. 添加图 24.36 所示的基准平面——DTM6。

（1）选择下拉菜单 插入(I) ➡ 模型基准(D) ▸ ➡ ▱ 平面(L)... 命令，系统弹出“基准平面”对话框。

（2）定义约束。选取 TOP 基准平面为放置参照，设置约束类型为 偏移，偏移值为 40.0；单击 确定 按钮，完成基准平面的创建。

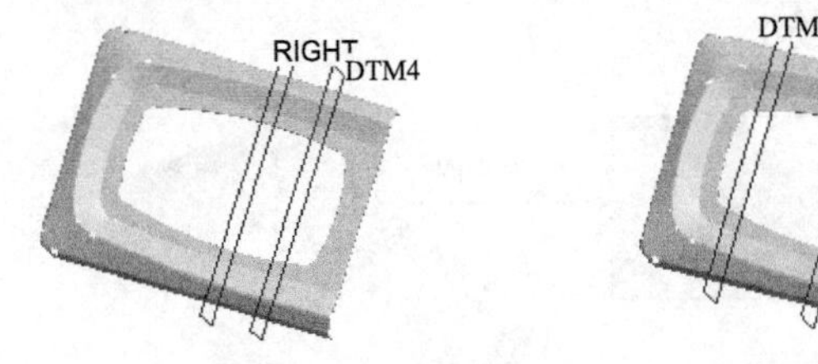

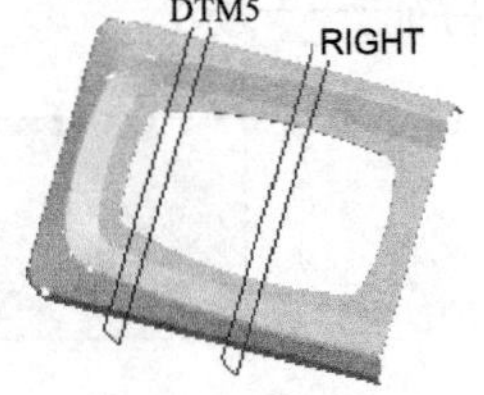

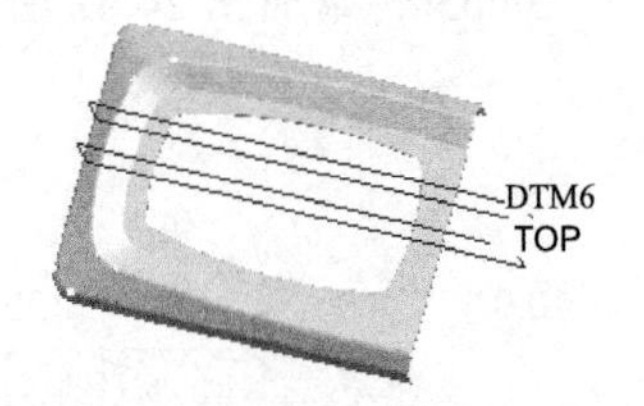

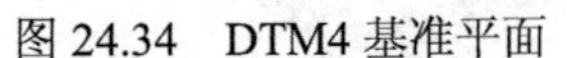

图 24.34　DTM4 基准平面　　图 24.35　DTM5 基准平面　　图 24.36　DTM6 基准平面

Step27. 添加相交特征——交截 1。按住 Ctrl 键，选取图 24.37 所示的曲面 1 和 DTM4

基准平面为交截 1 的参照；选择下拉菜单 编辑(E) → 相交(I)... 命令，完成特征的创建。

Step28. 添加相交特征——交截 2。按住 Ctrl 键，选取图 24.38 所示的曲面和 DTM5 基准平面为交截 2 的参照；选择下拉菜单 编辑(E) → 相交(I)... 命令，完成特征的创建。

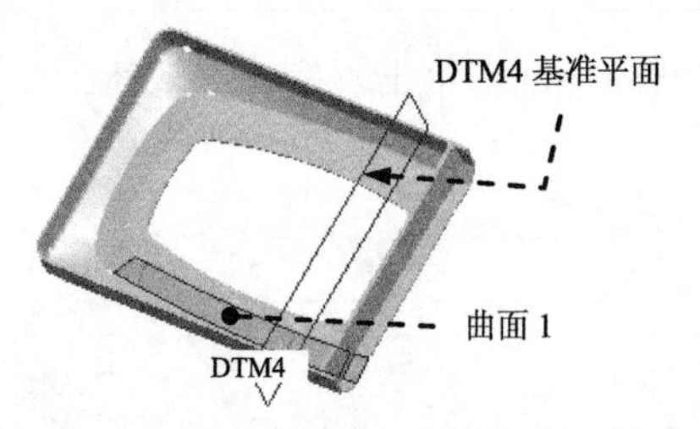

图 24.37　定义交截 1 的曲面

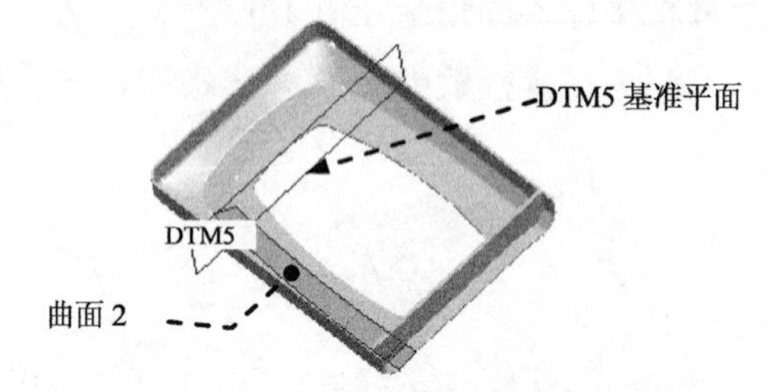

图 24.38　定义交截 2 的曲面

Step29. 添加图 24.39 所示的筋特征——筋 1。

（1）选择下拉菜单 插入(I) → 筋(I) ▸ → 轮廓筋(P)... 命令，系统弹出操控板。

（2）定义草绘截面放置属性。在绘图区中右击，从弹出的快捷菜单中选择 定义内部草绘... 命令，进入“草绘”对话框。选取 DTM4 基准平面为草绘平面，TOP 基准平面为参照平面，方向为 左；单击对话框中的 草绘 按钮。

（3）进入草绘环境后，选择下拉菜单 草绘(S) → 参照(R)... 命令，系统弹出“参照”对话框，选取图 24.40 所示的草绘参照，单击 关闭(C) 按钮。

（4）绘制图 24.41 所示的筋特征截面草图。完成绘制后，单击“完成”按钮 ✓。

（5）定义加材料的方向和筋的厚度。在模型中单击“方向”箭头，使箭头的方向如图 24.40 所示；在操控板的文本框中输入筋的厚度值 5.0。

（6）在操控板中单击 ☑ 👓 按钮，预览所创建的特征；单击“完成”按钮 ✓。

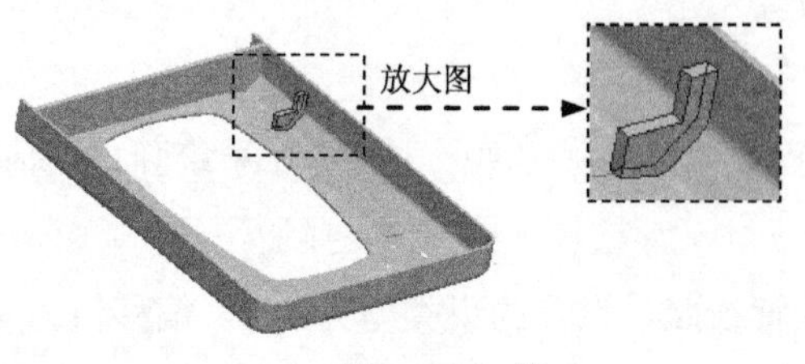

图 24.39　筋 1

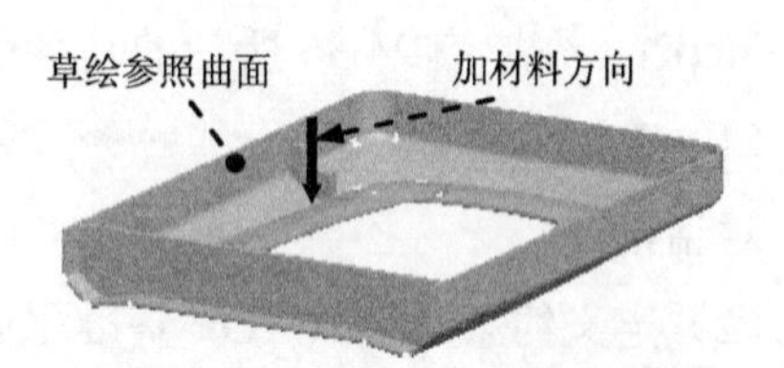

图 24.40　定义加材料的方向

Step30. 添加图 24.42 所示的筋特征——筋 2。

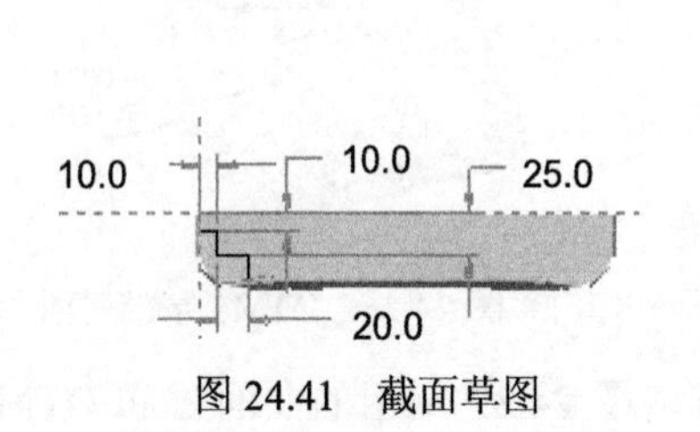

图 24.41　截面草图

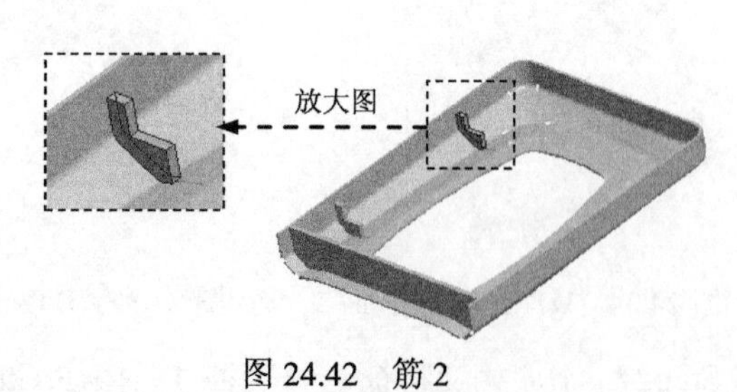

图 24.42　筋 2

（1）选择下拉菜单 插入(I) ➡ 筋(I) ➡ 轮廓筋(P)... 命令，系统弹出操控板。

（2）定义草绘截面放置属性。在绘图区中右击，从弹出的快捷菜单中选择 定义内部草绘... 命令，进入“草绘”对话框。选取 DTM5 基准平面为草绘平面，TOP 基准平面为参照平面，方向为 顶；单击对话框中的 草绘 按钮。

（3）定义草绘参照。进入草绘环境后，选择下拉菜单 草绘(S) ➡ 参照(R)... 命令，系统弹出“参照”对话框，选取图 24.43 所示的草绘参照，单击 关闭(C) 按钮。

（4）绘制图 24.44 所示的筋特征截面图形。完成绘制后，单击“完成”按钮✔。

（5）定义加材料的方向和筋的厚度。在模型中单击“方向”箭头，使箭头的方向如图 24.43 所示；在操控板的文本框中输入筋的厚度值 5.0。

（6）在操控板中单击 ☑ 👓 按钮，预览所创建的特征；单击“完成”按钮✔。

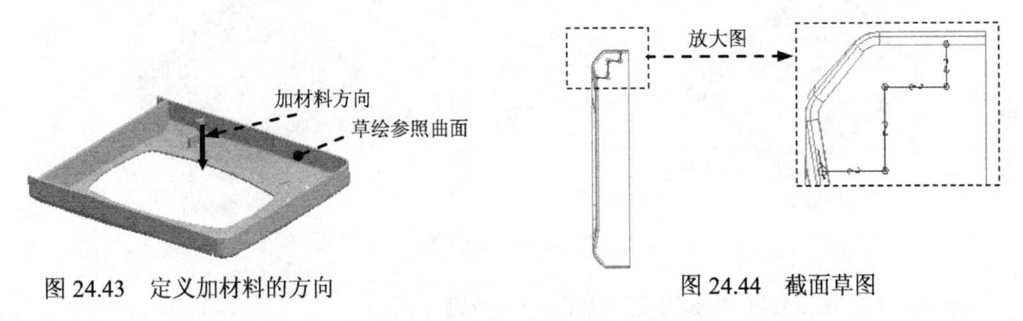

图 24.43 定义加材料的方向

图 24.44 截面草图

Step31. 添加图 24.45 所示的拉伸特征——拉伸 5。

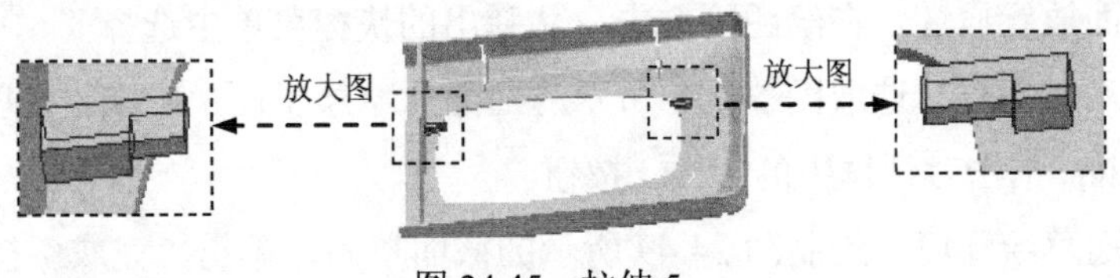

图 24.45 拉伸 5

（1）选择下拉菜单 插入(I) ➡ 拉伸(E)... 命令。

（2）定义截面放置属性。在绘图区右击，从弹出的快捷菜单中选择 定义内部草绘... 命令，系统弹出“草绘”对话框。选取 DTM6 基准平面为草绘平面，RIGHT 基准平面为参照平面，方向为 左；单击对话框中的 草绘 按钮。

（3）此时系统进入截面草绘环境，选取拉伸 3 和加厚 1 的边线为草绘参照，绘制图 24.46 所示的截面草图；完成绘制后，单击“完成”按钮✔。

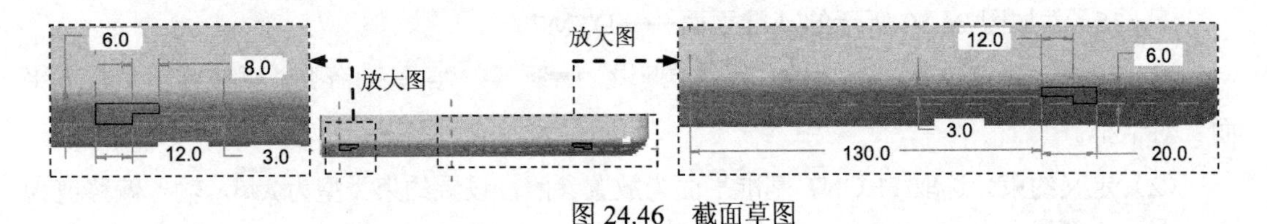

图 24.46 截面草图

（4）在操控板中选取深度类型为，输入深度值 8.0。

（5）在操控板中单击按钮，预览所创建的特征；单击“完成”按钮。

Step32. 添加组特征——组 1。选择要组合的特征。按住 Ctrl 键，选取筋 1、筋 2 和拉伸 5 特征为要组合的对象后右击，在弹出的快捷菜单中选择 组 命令，完成特征组合。

Step33. 添加图 24.47b 所示的镜像特征——镜像 1。

（1）选取要镜像的特征。选取 Step32 创建的组特征为要镜像的特征。

（2）选择下拉菜单 编辑(E) ➡ 镜像(I)... 命令。

（3）定义镜像中心平面。选取 TOP 基准平面为镜像平面。

（4）单击操控板中的“完成”按钮，完成镜像特征。

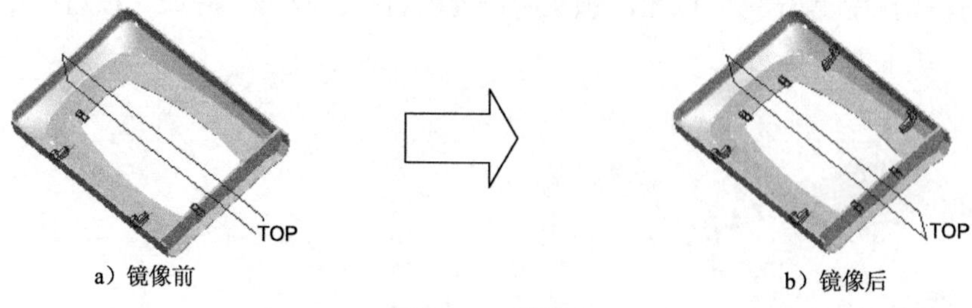

a）镜像前　　b）镜像后

图 24.47　镜像 1

Step34. 添加图 24.48 所示的拉伸特征——拉伸 6。

（1）选择下拉菜单 插入(I) ➡ 拉伸(E)... 命令。

（2）定义截面放置属性。在绘图区右击，从弹出的快捷菜单中选择 定义内部草绘... 命令，系统弹出“草绘”对话框。选取图 24.48 所示的曲面为草绘平面，RIGHT 基准平面为参照平面，方向为 右；单击对话框中的 草绘 按钮。

（3）进入截面草绘环境，绘制图 24.49 所示的截面草图，单击“完成”按钮。

（4）在操控板中按下“移除材料”按钮；选取深度类型为，输入拉伸值 20.0。单击按钮，预览所创建的特征；单击“完成”按钮。

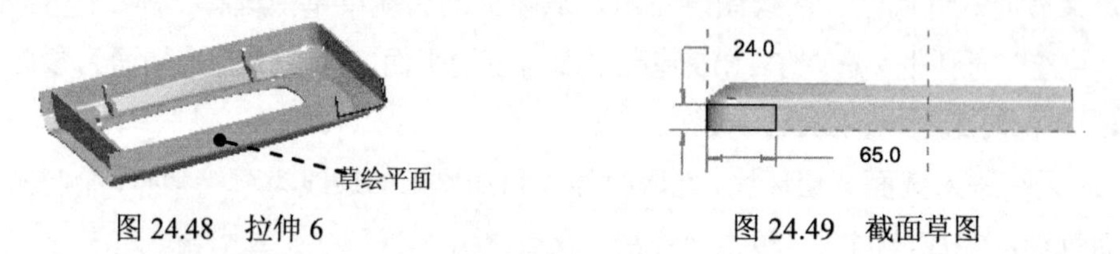

图 24.48　拉伸 6　　图 24.49　截面草图

Step35. 添加图 24.50 所示的基准平面——DTM7。

（1）选择下拉菜单 插入(I) ➡ 模型基准(D) ▸ ➡ 平面(L)... 命令，系统弹出“基准平面”对话框。

（2）定义约束。选取 FRONT 基准平面为放置参照，设置约束类型为 偏移，输入偏移值为 −3.0；单击 确定 按钮，完成基准面的创建。

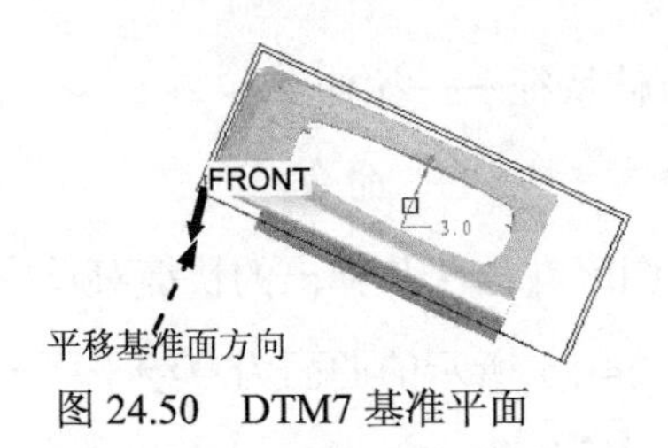

图 24.50 DTM7 基准平面

Step36. 添加图 24.51 所示的拉伸特征——拉伸 7。

（1）选择下拉菜单 插入(I) ➡ 拉伸(E)... 命令。

（2）定义截面放置属性。在绘图区右击，从弹出的快捷菜单中选择 定义内部草绘... 命令，系统弹出“草绘”对话框。选取 DTM7 基准平面为草绘平面，RIGHT 基准平面为参照平面，方向为 右；单击对话框中的 草绘 按钮。

（3）进入截面草绘环境，绘制图 24.52 所示的截面草图，单击“完成”按钮 ✔。

（4）在操控板中选取深度类型为 ⫼。单击 ☑ 👓 按钮，预览所创建的特征；单击“完成”按钮 ✔。

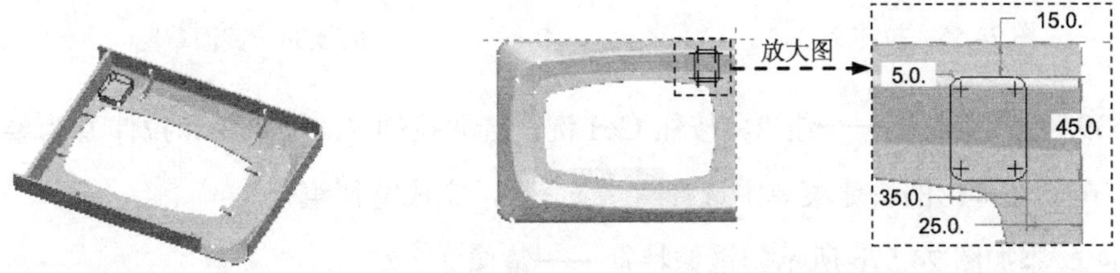

图 24.51 拉伸 7

图 24.52 截面草图

Step37. 添加图 24.53 所示的拉伸特征——拉伸 8。

（1）选择下拉菜单 插入(I) ➡ 拉伸(E)... 命令。

（2）定义截面放置属性。在绘图区右击，从弹出的快捷菜单中选择 定义内部草绘... 命令，系统弹出“草绘”对话框。选取 FRONT 基准平面为草绘平面，RIGHT 基准平面为参照平面，方向为 右；单击对话框中的 草绘 按钮。

（3）进入截面草绘环境，选取拉伸 3 的一侧面和拉伸 7 的三个侧面作为草绘参照，绘制图 24.54 所示的截面草图，单击“完成”按钮 ✔。

（4）在操控板中按下“移除材料”按钮 ◿，选取深度类型为 ⫼。单击 ☑ 👓 按钮，预览所创建的特征；单击“完成”按钮 ✔。

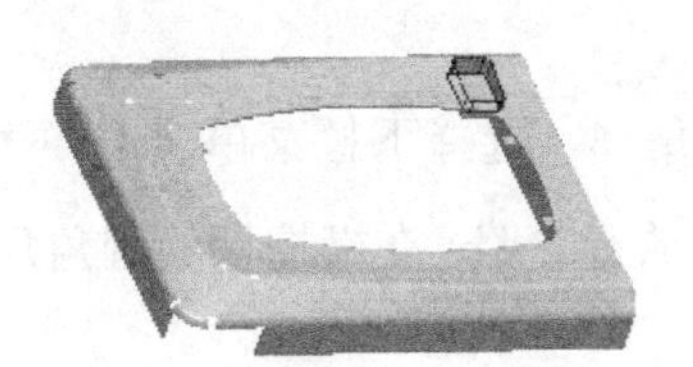
图 24.53 拉伸 8

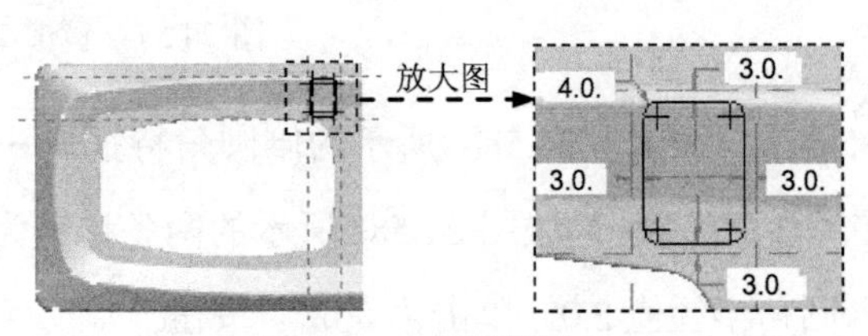

图 24.54 截面草图

Step38. 创建图 24.55 所示的拉伸特征——拉伸 9。

（1）选择下拉菜单 插入(I) ➡ 拉伸(E)... 命令。

（2）定义截面放置属性。在绘图区右击，从弹出的快捷菜单中选择 定义内部草绘... 命令，系统弹出"草绘"对话框。选取图 24.55 所示的曲面为草绘平面，RIGHT 基准平面为参照平面，方向为 右；单击对话框中的 草绘 按钮。

（3）进入截面草绘环境，绘制图 24.56 所示的截面草图，单击"完成"按钮 ✓。

（4）在操控板中单击"移除材料"按钮，选取深度类型为，选取图 24.55 所示的面为拉伸边界。单击按钮，预览所创建的特征；单击"完成"按钮 ✓。

图 24.55　拉伸 9　　　图 24.56　截面草图

Step39. 添加组特征——组 2。按住 Ctrl 键，选取拉伸 7、拉伸 8 和拉伸 9 为要组合的特征后右击，在弹出的快捷菜单中选择 组 命令，完成特征组合。

Step40. 添加图 24.57b 所示的镜像特征——镜像 2。

（1）选取镜像的特征。选取 Step39 创建的组特征为要镜像的特征。

（2）选择下拉菜单 编辑(E) ➡ 镜像(I)... 命令。

（3）定义镜像平面。选取 TOP 基准平面为镜像平面。

（4）单击操控板中的 ✓ 按钮，完成镜像特征。

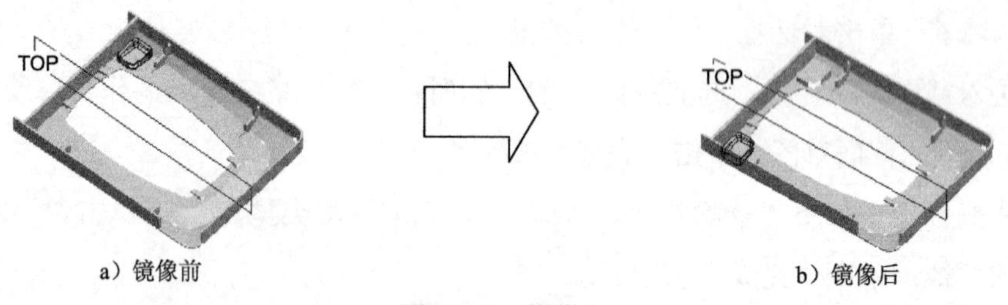

图 24.57　镜像 2

Step41. 添加图 24.58b 所示的倒圆角特征——倒圆角 6。选择下拉菜单 插入(I) ➡ 倒圆角(O)... 命令。选取图 24.58a 所示的两条边链为圆角放置参照，在操控板的圆角尺寸框中输入圆角半径值 2.0。单击"完成"按钮 ✓。

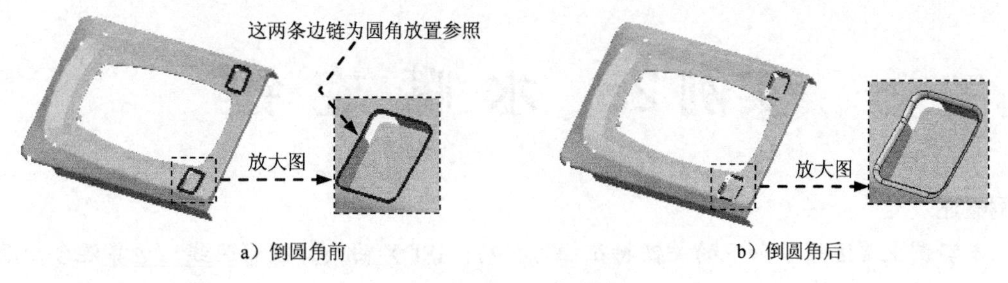

图 24.58　倒圆角 6

Step42. 保存零件模型文件。

实例25　水 嘴 旋 钮

实例概述

本实例主要运用了如下的关键特征操作技巧：ISDX 曲线、投影曲线、边界混合曲面、阵列、曲面合并和曲面实体化等，其中 ISDX 曲线的创建、曲面的合并技巧性很强，值得借鉴。零件模型及模型树如图 25.1 所示。

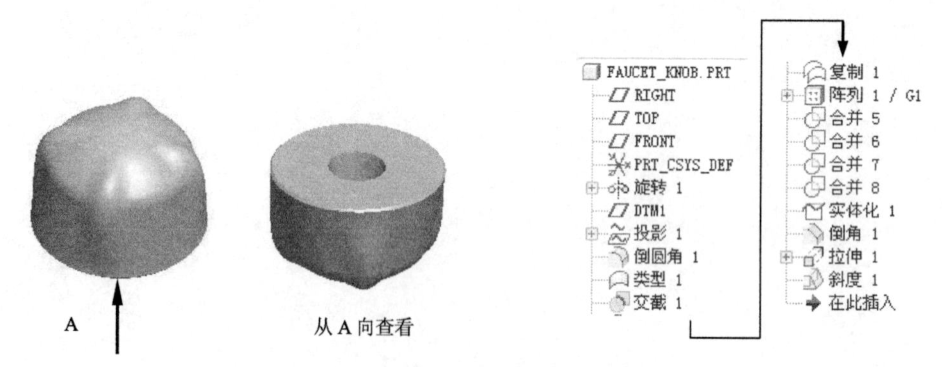

图 25.1　零件模型及模型树

说明：本例前面的详细操作过程请参见随书光盘中 video\ch25\reference\文件下的语音视频讲解文件 FAUCET_KNOB-r01.exe。

Step1. 打开文件 proewf5.5\work\ch25\FAUCET_KNOB_ex.prt。

Step2. 创建图 25.2 所示的基准平面——DTM1。

（1）单击“创建基准平面”按钮，系统弹出“基准平面”对话框。

（2）定义约束。选取图 25.2 所示的基准轴 A_1 为放置参照，将约束类型设置为穿过；按住 Ctrl 键，选取图 25.2 所示的 FRONT 基准平面为放置参照，将约束类型设置为偏移，输入与参照平面间的旋转角度值-25.5。

（3）单击“基准平面”对话框中的确定按钮。

Step3. 创建图 25.3 所示的投影曲线——投影 1。

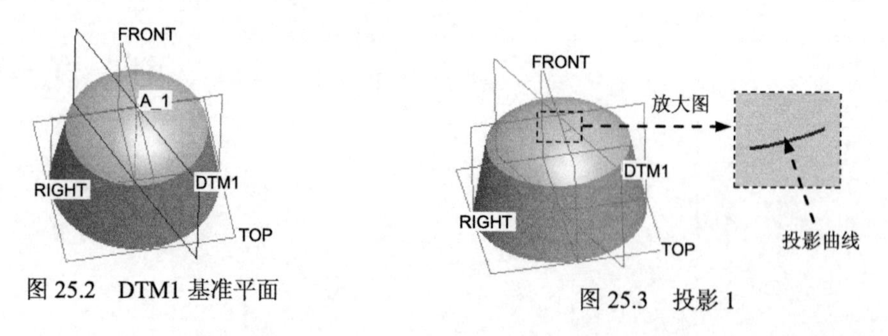

图 25.2　DTM1 基准平面

图 25.3　投影 1

（1）选择下拉菜单 编辑(E) ➡ 投影(J)... 命令，此时系统弹出“投影”操控板。

（2）在操控板的第一个文本框中单击 • 单击此处添加 字符，按住 Ctrl 键，在模型中选择图 25.4 所示的圆柱的顶面（两部分），作为要在其上投影的曲面组。

（3）在操控板的第二个文本框中单击 • 单击此处添加 字符，在模型中选择图 25.4 所示的 TOP 基准平面作为方向参照；投影方向如图 25.4 所示。

（4）在操控板中单击“参照”按钮，在弹出的界面中的下拉列表中选择“投影草绘”选项。

（5）在绘图区右击，在弹出的快捷菜单中选择 定义内部草绘... 命令；选取 TOP 基准平面为草绘平面，FRONT 基准平面为参照平面，方向为 底部；单击 草绘 按钮。

（6）进入截面草绘环境后，先选取 FRONT 基准平面和 DTM1 基准平面作为草绘参照，再绘制图 25.5 所示的截面草图；单击“完成”按钮 ✓。

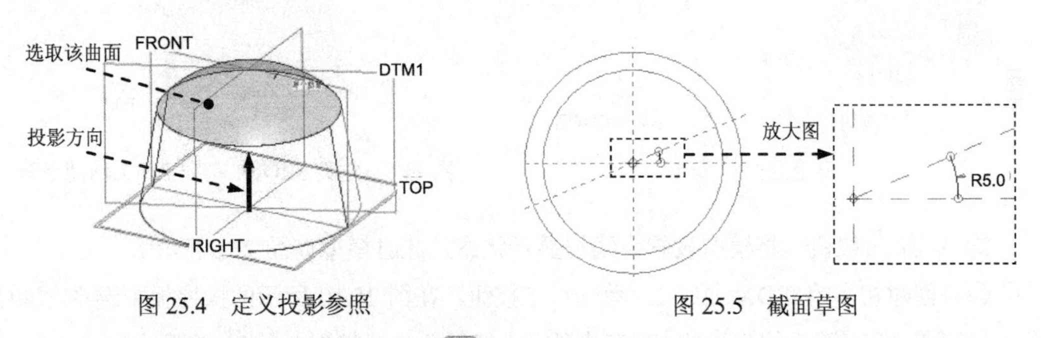

图 25.4　定义投影参照　　　　图 25.5　截面草图

（7）在操控板中单击“完成”按钮 ✓。

Step4. 创建图 25.6b 所示的倒圆角特征——倒圆角 1。选择下拉菜单 插入(I) ➡ 倒圆角(O)... 命令；在图形区选取图 25.6a 所示的边线为圆角放置参照，在圆角半径文本框中输入 5.0，按 Enter 键；最后单击“完成”按钮 ✓，完成特征的创建。

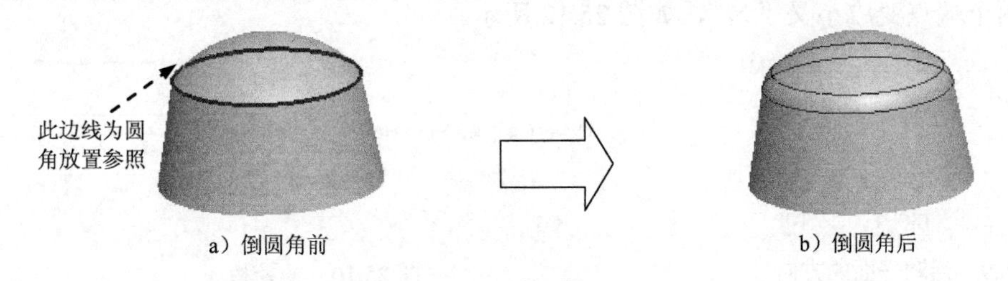

a）倒圆角前　　b）倒圆角后

图 25.6　倒圆角 1

Step5. 创建图 25.7b 所示的 ISDX 曲线——类型 1。

（1）进入造型环境。选择下拉菜单 插入(I) ➡ 造型(Y)... 命令。

（2）设置活动平面。单击 按钮（或选择下拉菜单 造型(Y) ➡ 设置活动平面(P) 命令），选取 FRONT 基准平面为活动平面，如图 25.8 所示。

注意：如果活动平面的栅格太稀或太密，可选择下拉菜单 造型(Y) ➡ 首选项(F)... 命令，在“造型首选项”对话框的 栅格 区域中调整 间距 值。

（3）设置模型显示状态。完成以上操作后，模型如图 25.8 所示，显然这样的显示状态很难进行 ISDX 曲线的创建。为了使图面清晰且查看方便，需进行如下模型显示状态设置。

① 单击和按钮，使基准轴和坐标系不显示。

② 选择下拉菜单 造型(Y) ➡ 首选项(P)... 命令，在“造型首选项”对话框的 栅格 区域中取消 显示栅格 复选框，关闭“造型首选项”对话框。

③ 在模型树中右击 FRONT 基准平面，然后从系统弹出的快捷菜单中选择 隐藏 命令。

④ 在绘图区右击，从弹出的快捷菜单中选择 活动平面方向 命令，使模型按图 25.9 所示的方位摆放。

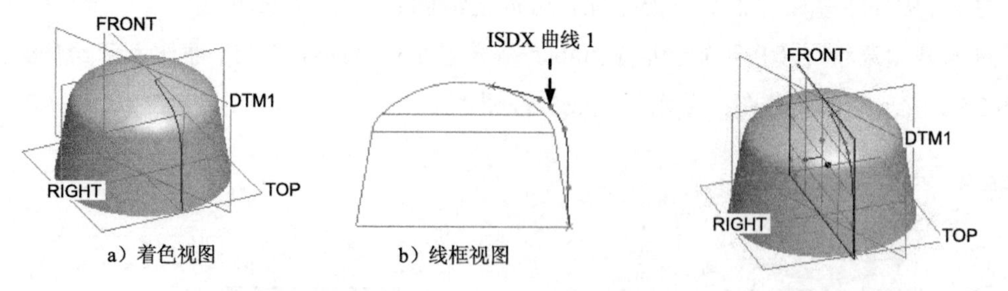

图 25.7　类型 1　　　　图 25.8　定义 FRONT 基准平面为活动平面

⑤ 单击按钮，将模型设置为线框显示状态，此时模型如图 25.9 所示。

（4）创建初步的 ISDX 曲线 1。单击按钮，在图 25.10 所示的操控板中选中单选项，绘制图 25.11 所示的初步的 ISDX 曲线 1，然后单击操控板中的按钮。

（5）编辑初步的 ISDX 曲线 1。单击按钮，使基准面不显示，单击“曲线编辑”按钮，选取图 25.11 所示的初步的 ISDX 曲线 1；将模型调整至图 25.11 所示的视图方位，然后按住 Shift 键，分别将 ISDX 曲线 1 的上、下两个端点拖移到投影曲线 1 和圆柱的底边，直到这两个端点变成小叉“×”，如图 25.12 所示。

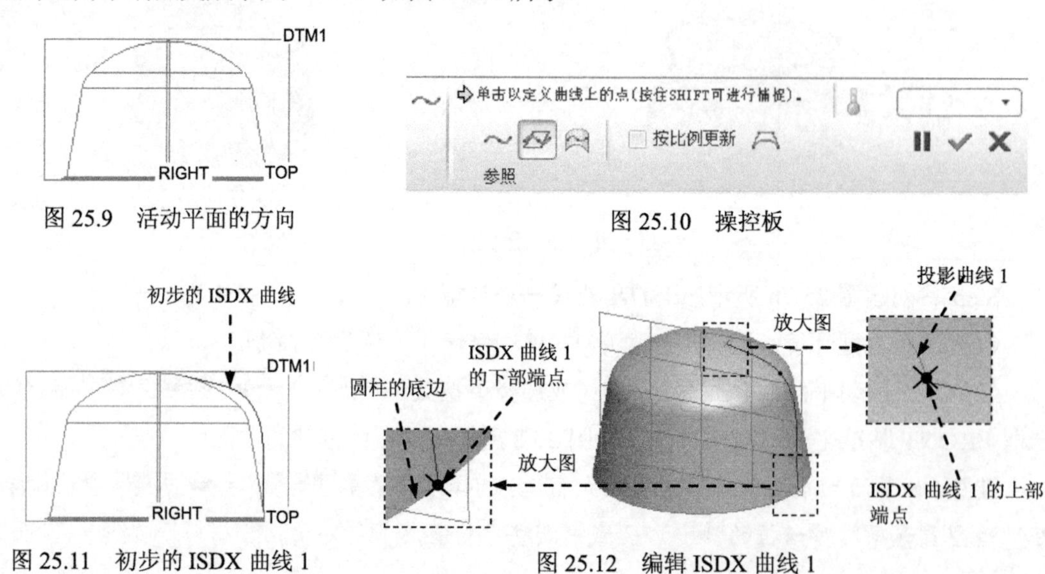

图 25.9　活动平面的方向　　　　图 25.10　操控板

图 25.11　初步的 ISDX 曲线 1　　　　图 25.12　编辑 ISDX 曲线 1

（6）设置 ISDX 曲线 1 两个端点的“曲面相切”约束。

① 选取 ISDX 曲线 1 的上部端点，单击操控板上的 相切 按钮，选择“曲面相切”选项，选择图 25.13a 所示的圆柱的顶面作为相切曲面。

② 选取 ISDX 曲线 1 的下部端点，单击操控板上的 相切 按钮，选择“曲面相切”选项，选择图 25.13b 所示的圆柱的侧表面作为相切曲面。

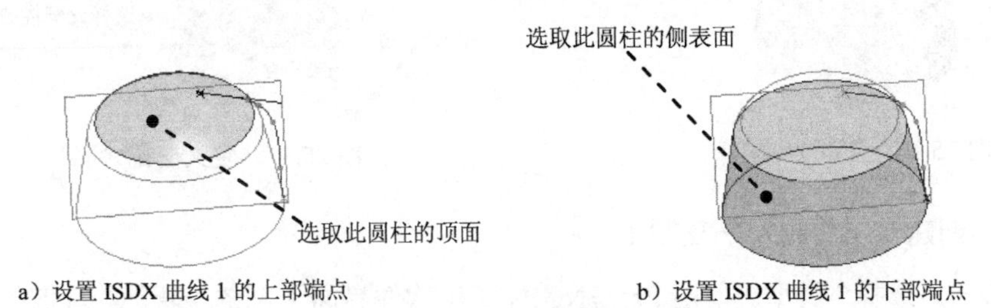

a）设置 ISDX 曲线 1 的上部端点　　b）设置 ISDX 曲线 1 的下部端点

图 25.13 设置曲面相切

（7）对照曲线的曲率图，进一步编辑 ISDX 曲线 1。

① 先单击操控板中按钮，然后单击“显示曲率”按钮，系统弹出“曲率”对话框，然后单击图 25.14 所示的 ISDX 曲线 1，在对话框的 比例 文本框中输入 12.00。

② 单击“曲率”对话框中的按钮，退出“曲率”对话框。

③ 单击操控板中的按钮，在图形区右击，从弹出的快捷菜单中选择 活动平面方向 命令，使模型按图 25.14 所示的方位摆放。

④ 对照图 25.15 所示的曲率图，对 ISDX 曲线 1 上的几个点进行拖拉编辑。此时可观察到曲线的曲率图随着点的移动而即时变化。

⑤ 如果要关闭曲线曲率图的显示，选择“工具栏”按钮。

注意： 如果曲率图太大或太密，可在“曲率”对话框中调整 质量 滑块和 比例 滚轮。

（8）完成编辑后，单击操控板中的按钮。

（9）退出造型环境。选择下拉菜单 造型(Y) ➡ 完成(D) 命令（或单击按钮）。

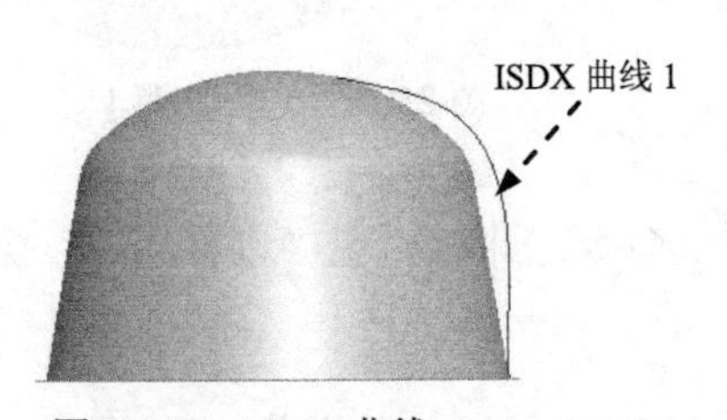

图 25.14 ISDX 曲线 1

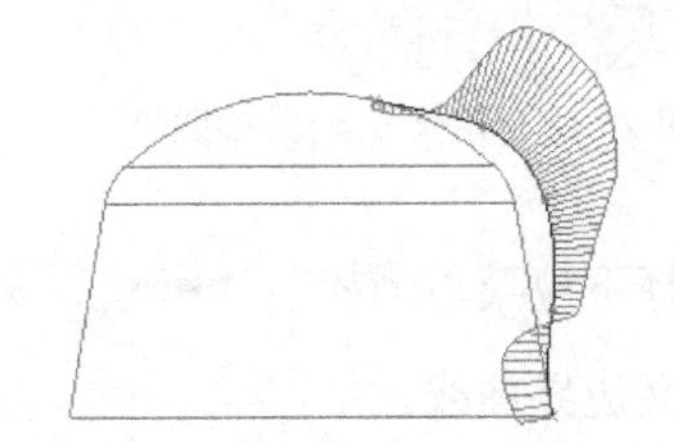

图 25.15 ISDX 曲线 1 的曲率图

Step6. 创建图 25.16 所示的交截曲线——交截 1。

（1）按住 Ctrl 键，在模型中选择图 25.17 所示的圆柱的侧表面、倒圆角面和圆柱的顶面。

（2）选择下拉菜单 编辑(E) ➡ 相交(I)... 命令，此时系统显示“交截”操控板。

（3）按住 Ctrl 键，选择图 25.17 所示的 DTM1 基准平面，系统立即产生图 25.16 所示的交截曲线，然后单击操控板中的“完成”按钮。

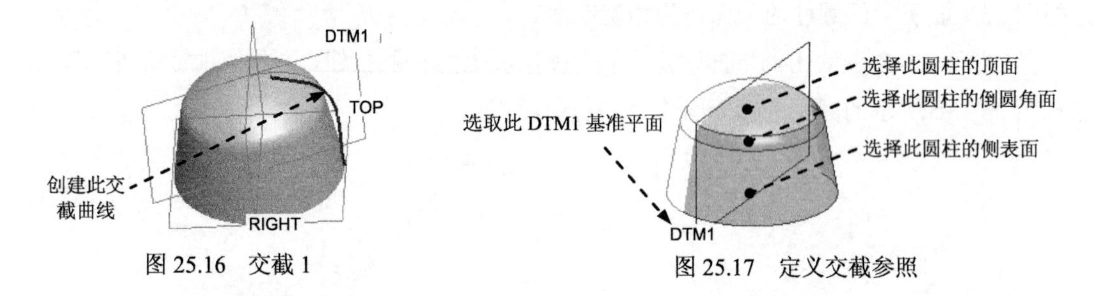

图 25.16　交截 1　　　图 25.17　定义交截参照

Step7. 创建复制曲面——复制 1。

（1）设置“选择”类型。单击 Pro/ENGINEER 软件界面下部的“智能”选取栏后面的按钮，选择“几何”选项，这样将会很轻易地选取到模型上的几何目标，例如模型上的表面、边线和顶点等。

（2）按住 Ctrl 键，在模型中选中除底面的其余六个面（两个侧表面、两个倒圆角面和两个圆柱的顶面），如图 25.18 所示。

（3）选择下拉菜单 编辑(E) ➡ 复制(C) 命令。

（4）选择下拉菜单 编辑(E) ➡ 粘贴(P) 命令，系统弹出“复制”操控板。

（5）单击操控板中的“完成”按钮。

Step8. 创建图 25.19 所示的边界曲面——边界曲面 1。

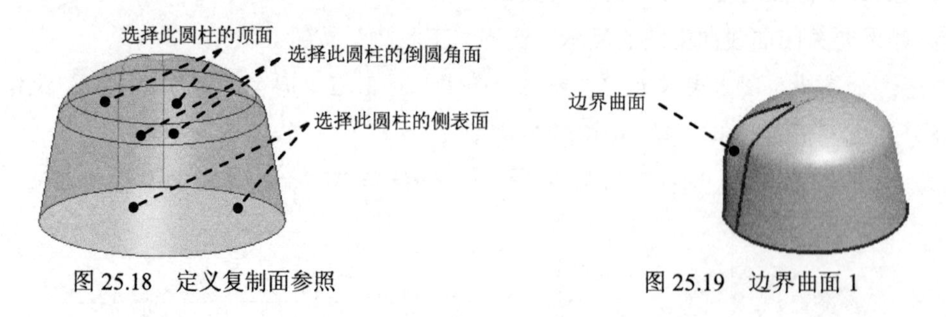

图 25.18　定义复制面参照　　　图 25.19　边界曲面 1

（1）选择下拉菜单 插入(I) ➡ 边界混合(B)... 命令，此时出现“边界混合”操控板。

（2）定义边界曲线。

① 选择第一方向曲线。按住 Ctrl 键，依次选择 ISDX 曲线 1 和交截 1（如图 25.20 所示）为第一方向边界曲线。

② 选择第二方向曲线。单击操控板中第二方向曲线操作栏，按住 Ctrl 键，依次选择投影 1 和圆柱的底边线（如图 25.21 所示）为第二方向边界曲线。

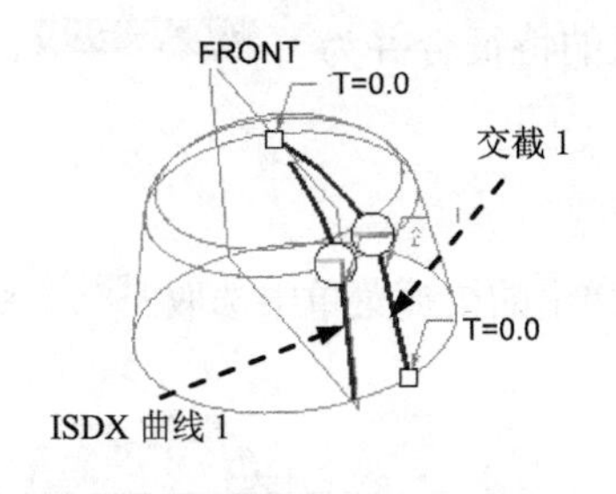

图 25.20 定义第一方向边界曲线

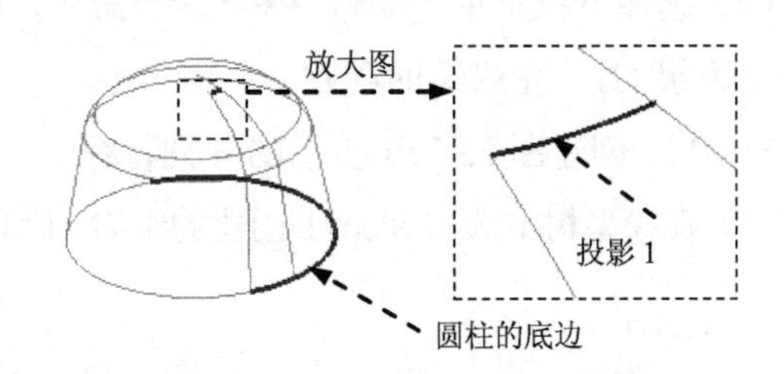

图 25.21 定义第二方向边界曲线

（3）设置边界条件。

① 设置“第一方向”的“第一条链”与 FRONT 基准平面 “垂直”。在操控板中单击约束按钮，在弹出的界面中将“第一方向”的“第一条链”的“条件”设置为垂直，然后选取 FRONT 基准平面。

② 设置“第一方向”的“最后一条链”与模型表面“相切”。在约束界面中，将“第一方向”的“最后一条链”的“条件”设置为相切。

（4）单击操控板中的“完成”按钮。

Step9. 创建图 25.22b 所示的曲面镜像特征——镜像 1。选择下拉菜单 编辑(E) ➡ 特征操作(O) 命令。然后依次在弹出的菜单管理器中选择 Copy（复制） ➡ Mirror（镜像） ➡ Dependent（从属） ➡ Done（完成） 命令，选取 Step8 创建的边界曲面 1 为镜像对象，然后单击确定按钮，选取图 25.23 所示的 FRONT 基准平面为镜像平面，单击 Done（完成） 命令。

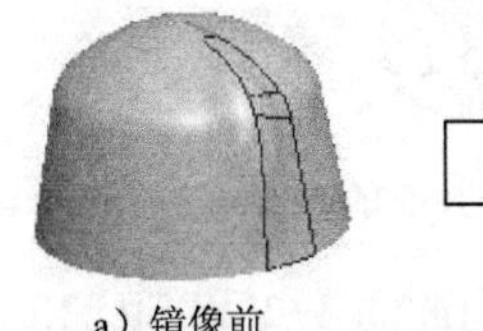

a）镜像前

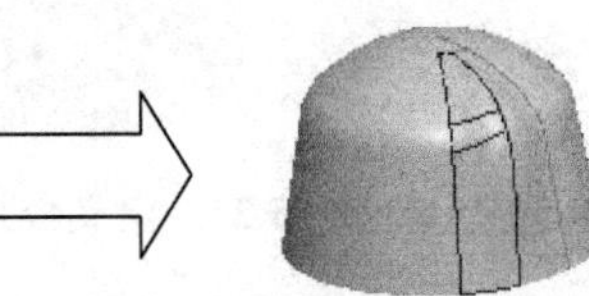

b）镜像后

图 25.22 镜像 1

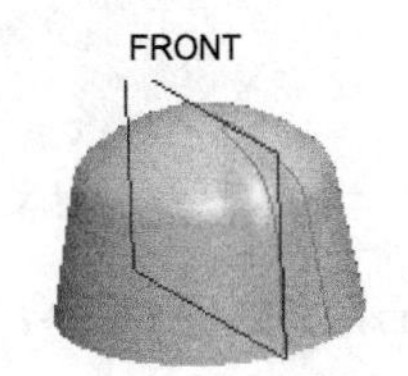

图 25.23 定义镜像平面

Step10. 创建图 25.24 所示的曲面合并特征——合并 1。

（1）设置“选择”类型。单击 Pro/ENGINEER 软件界面下部的“智能”选取栏后面的按钮，选择面组选项，这样将会很轻易地选取到曲面。

（2）按住 Ctrl 键，选取图 25.24 所示的面为要合并的曲面。

（3）选择下拉菜单 编辑(E) ➡ 合并(G)... 命令。

（4）单击按钮预览合并后的面组，正确无误后，单击“完成”按钮。

Step11. 创建组——组 G1。

（1）按住 Ctrl 键，在模型树中选取前三步所创建的边界混合 1、组COPIED_GROUP以及合并 1。

（2）选择下拉菜单 编辑(E) ➡ 组 命令，此时选取的特征合并为 组LOCAL_GROUP，将其重命名为组 G1，完成组的创建。

Step12. 创建图 25.25b 所示的阵列特征——阵列 1。

（1）在模型树中选取 Step11 创建的组 G1 后右击，从弹出的快捷菜单中选取 阵列... 命令。

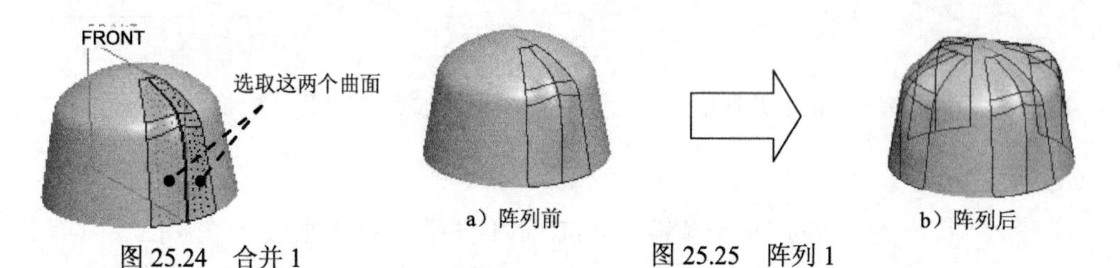

图 25.24　合并 1　　　　图 25.25　阵列 1

（2）在操控板中选取 轴 选项，在图 25.26 所示的模型中选取基准轴 A_1 为阵列参照，在操控板中输入阵列的个数 4，输入角度增量值 90.0，并按 Enter 键。单击 ✔ 按钮。

Step13. 创建曲面合并特征——合并 5。

（1）按住 Ctrl 键，选取图 25.27 所示的复制 1 和合并 1。选择下拉菜单 编辑(E) ➡ 合并(G)... 命令。

（2）在 选项 界面中定义合并类型为 连接，保留侧面的箭头指示方向，如图 25.27 所示；单击 ☑ 60 按钮，预览合并后的面组，正确无误后，单击“完成”按钮 选项。

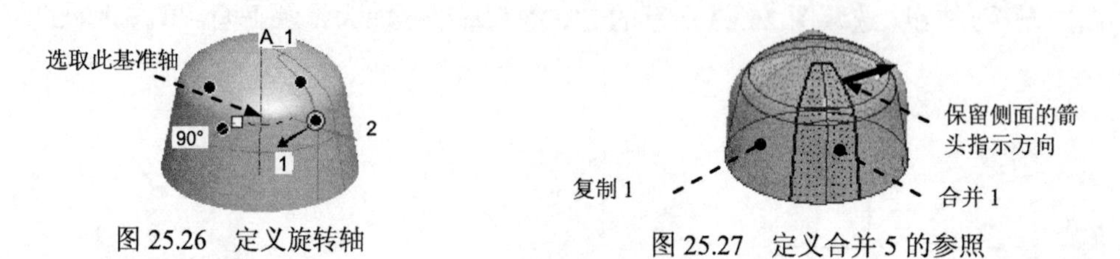

图 25.26　定义旋转轴　　　　图 25.27　定义合并 5 的参照

Step14. 创建曲面合并特征——合并 6。按住 Ctrl 键，选取阵列曲面 1_1 和 Step13 创建的合并 5。选择下拉菜单 编辑(E) ➡ 合并(G)... 命令。在 选项 界面中定义合并类型为 连接，保留侧面的箭头指示方向，如图 25.28 所示；单击“完成”按钮 ✔。

Step15. 创建曲面合并特征——合并 7。按住 Ctrl 键，选择阵列曲面 1_2 和 Step14 创建的合并 6，合并类型为 连接，保留侧面的箭头指示方向（如图 25.29 所示）。

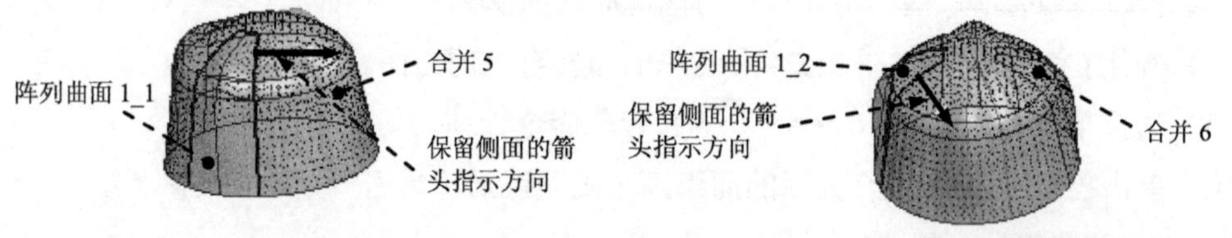

图 25.28　定义合并的 6 参照　　　　图 25.29　定义合并 7 的参照

Step16. 创建曲面合并特征——合并 8。按住 Ctrl 键，选择阵列曲面 1_3 和 Step15 创建的合并 7，合并类型为 连接，保留侧面的箭头指示方向如图 25.30 所示。

Step17. 创建曲面实体化特征——实体化 1。

（1）选取要将其变成实体的面组，即选择上一步创建的合并 8，如图 25.31 所示。

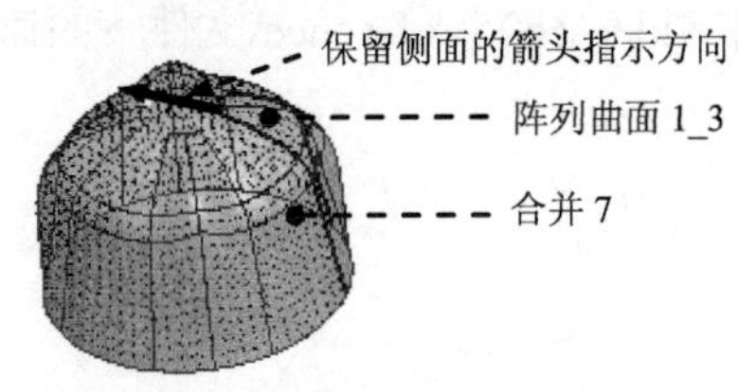

图 25.30　定义合并 8 的参照

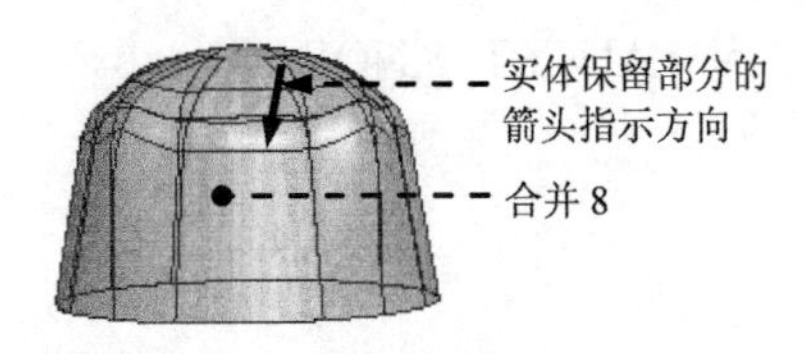

图 25.31　定义实体化参照

（2）选择下拉菜单 编辑(E) ➡ 实体化(Y)... 命令。

（3）确认实体保留部分的方向（如图 25.31 所示）。

（4）单击“完成”按钮 ✓，完成实体化操作。

Step18. 为了使图面清晰且查看方便，需将曲线层和曲面层遮蔽起来。

（1）在模型树中选取 类型 1，然后右击，在快捷菜单中选择 隐藏 命令。

（2）选择导航命令卡中的 ➡ 层树(L) 命令，即可进入“层”的操作界面。

（3）在“层”的操作界面中，选取曲线所在的层 03___PRT_ALL_CURVES，然后右击，在快捷菜单中选择 隐藏 命令，再次右击曲线所在的层 03___PRT_ALL_CURVES，在快捷菜单中选择 保存状态 命令。

（4）参照步骤（1）、（2）、（3），用相同的方法，隐藏层 CURVE 和层 QUILT。

Step19. 创建一个图 25.32b 所示的“平面”剖截面，来验证模型是否被正确、有效地实体化。

（1）选择下拉菜单 视图(V) ➡ 视图管理器(W) 命令。

（2）在弹出的“视图管理器”对话框中单击 剖面 选项卡，即可进入剖截面操作界面，在剖截面操作界面中单击 新建 按钮，接受系统默认的名称 Xsec0001，并按 Enter 键。

（3）选择剖面类型。在弹出的菜单管理器中，选择默认的 Planar（平面） ➡ Single（单一） 命令，并选择 Done（完成） 命令。

（4）定义剖切平面。在菜单管理器的 ▼ SETUP PLANE（设置平面） 菜单中，选择 Planar（平面） 命令。在绘图区中选取 FRONT 基准平面，此时系统返回剖面操作界面。

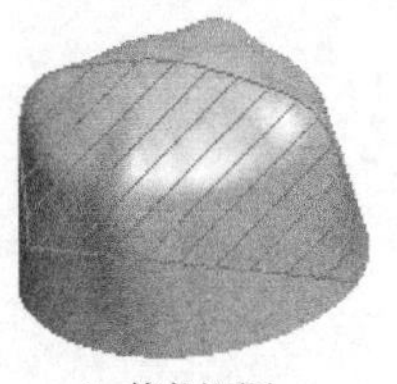

a）着色视图

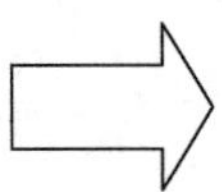
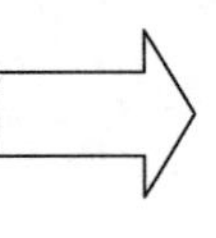

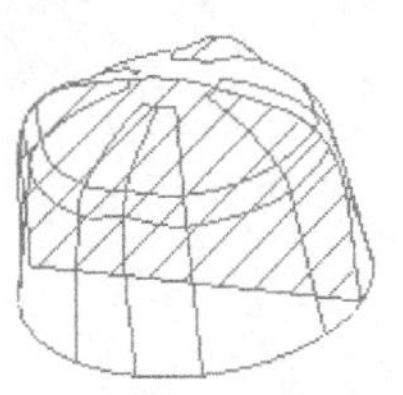

b）线框视图

图 25.32　创建“平面”剖截面

（5）在剖面操作界面中右击Xsec0001，选择可见性命令；此时在模型上显示新建的剖面，表示实体化验证成功；在剖面操作界面中右击Xsec0001，取消可见性命令。

（6）在“视图管理器”对话框中单击关闭按钮。

Step20. 后面的详细操作过程请参见随书光盘中 video\ch25\reference\文件下的语音视频讲解文件 FAUCET_KNOB-r02.exe。

实例 26　充 电 器 壳

实例概述

本实例主要运用了拉伸曲面、拔模、合并、修剪、镜像、边界混合和实体化等特征命令，在进行实体化特征操作时，注意实体化的曲面必须是封闭的，否则会导致无法实体化。在边界混合特征中，注意选取正确的混合边线。零件模型及模型树如图 26.1 所示。

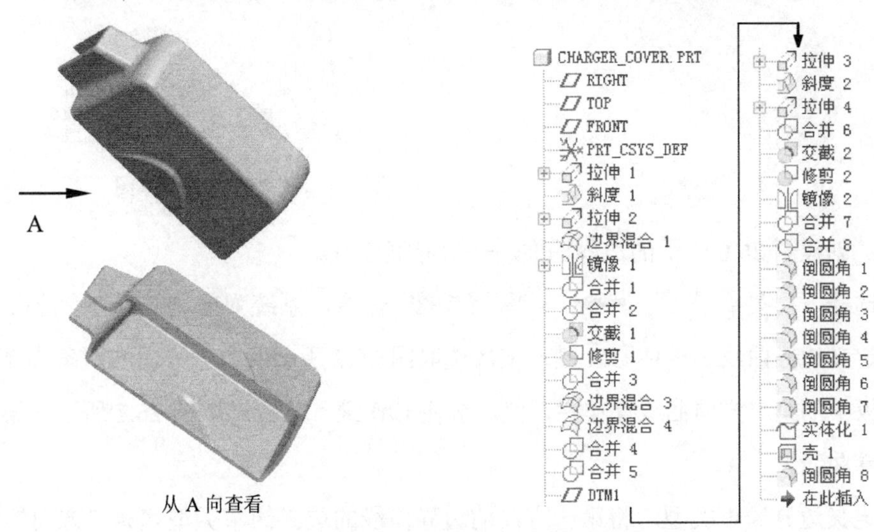

图 26.1　零件模型及模型树

说明：本例前面的详细操作过程请参见随书光盘中 video\ch26\reference\文件下的语音视频讲解文件 charger_cover-r01.exe。

Step1. 打开文件 proewf5.5\work\ch26\charger_cover_ex.prt。

Step2. 添加图 26.2b 所示的拔模特征——斜度 1。

（1）选择下拉菜单 插入(I) → 斜度(F)... 命令。

（2）选取要拔模的曲面。选取图 26.3 所示的模型表面作为要拔模的表面。

（3）选取拔模枢轴平面。选取 FRONT 基准平面为拔模枢轴平面。在操控板中，单击图标后的 单击此处添加项目 字符。选取 FRONT 基准平面作为拔模枢轴平面。完成此步操作后，模型如图 26.3 所示。

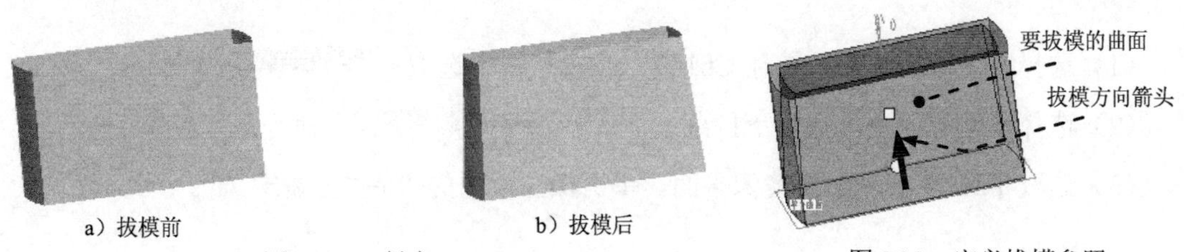

图 26.2　斜度 1　　　图 26.3　定义拔模参照

（4）设置拔模角度。在操控板中输入拔模角度值 5.0。单击“完成”按钮，完成拔模特征的创建。

Step3. 创建图 26.4 所示的实体拉伸特征—— 拉伸 2。选择下拉菜单 插入(I) → 拉伸(E)... 命令；在操控板中按下按钮，在绘图区中右击，从弹出的快捷菜单中选择 定义内部草绘... 命令；选取 TOP 基准平面为草绘平面，RIGHT 基准平面为参照平面，方向为 左；单击对话框中的 草绘 按钮。绘制图 26.5 所示的截面草图，单击按钮；在操控板中选取深度类型为，输入深度值 10.0。单击“完成”按钮。

图 26.4 拉伸 2

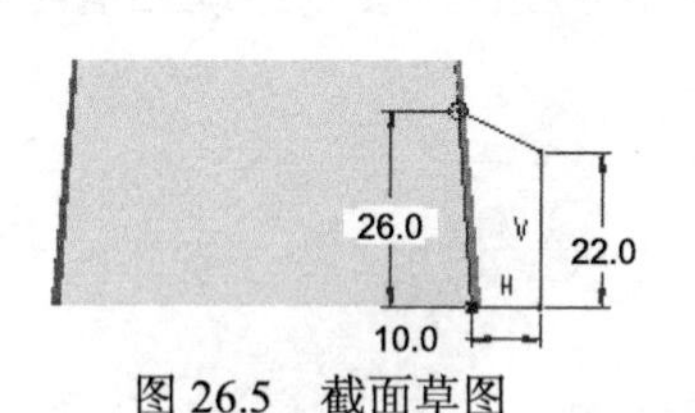

图 26.5 截面草图

Step4. 创建图 26.6 所示的边界曲面——边界混合 1。

（1）选择下拉菜单 插入(I) → 边界混合(B)... 命令，系统弹出边界混合操控板。

（2）定义边界曲线。按住 Ctrl 键，依次选取图 26.7 所示的第一方向的两条边界曲线，单击操控板中的第二方向曲线操作栏，然后按住 Ctrl 键，依次选取图 26.7 所示的第二方向的两条边界曲线。

（3）定义边界约束类型。将第一方向的边界曲线的边界约束类型和第二方向的边界曲线的边界约束均设置为 自由。

（4）在操控板中单击按钮，预览所创建的特征；单击“完成”按钮。

Step5. 创建图 26.8b 所示的实体的镜像特征——镜像 1。

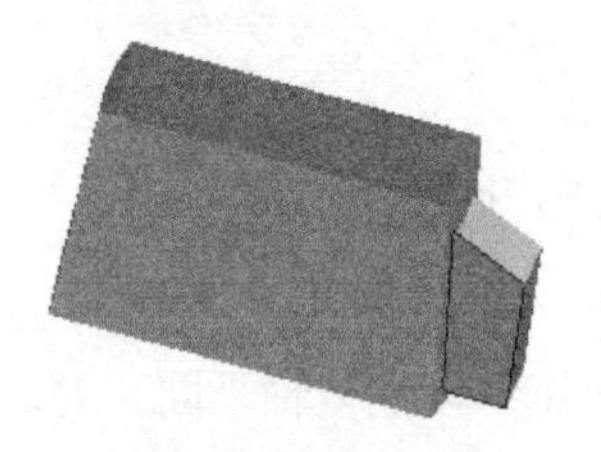
图 26.6 边界混合 1

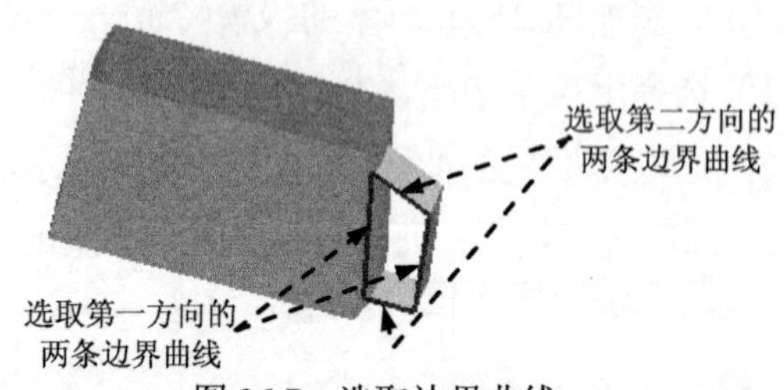

图 26.7 选取边界曲线

（1）选择要镜像的曲面。按住 Ctrl 键，在模型树中选取 边界混合 1。

（2）选择镜像的命令。选择下拉菜单 编辑(E) → 镜像(I)... 命令。

（3）选取 TOP 基准平面为镜像平面。单击操控板中的“完成”按钮。

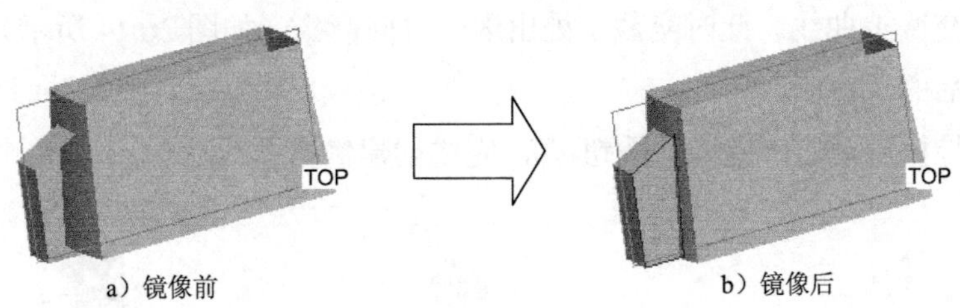

图 26.8　镜像 1

Step6. 创建图 26.9 所示的合并特征——合并 1。

（1）设置“选择”类型。单击 Pro/ENGINEER 软件界面下部的“智能选取”栏后面的 按钮，选择面组 选项，这样将会很轻易地选取到曲面。

（2）先按住 Ctrl 键，选取图 26.9 所示的面组 1 和面组 2，再选择下拉菜单 编辑(E) ➡ 合并(G)... 命令。

（3）在操控板中单击 按钮，预览合并后的面组确认无误后，单击“完成”按钮。

Step7. 添加图 26.10 所示的合并特征——合并 2。先按住 Ctrl 键，选取图 26.10 所示的面组 1 和面组 2，再选择下拉菜单 编辑(E) ➡ 合并(G)... 命令；在操控板中单击 按钮，预览合并后的面组，确认无误后，单击“完成”按钮。

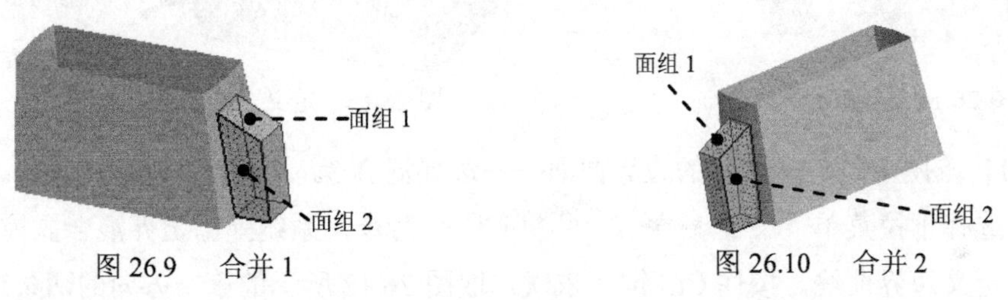

图 26.9　合并 1　　图 26.10　合并 2

Step8. 创建图 26.11 所示的交截特征——交截 1。

（1）在模型中选择实体的外表面，如图 26.12 所示。选择下拉菜单 编辑(E) ➡ 相交(I)... 命令。

（2）按住 Ctrl 键，选择图 26.12 中的实体外表面，系统立即产生图 26.11 所示的交截曲线，然后单击操控板中的“完成”按钮。

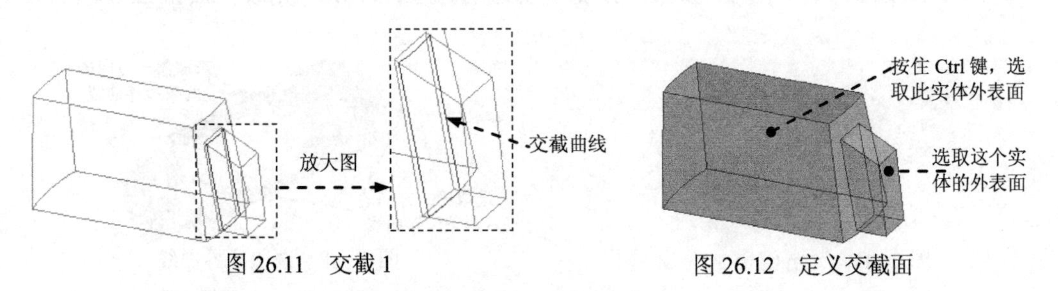

图 26.11　交截 1　　图 26.12　定义交截面

Step9. 创建图 26.13b 所示的修剪特征——修剪 1。

（1）选取模型树中的合并 2 作为修剪的面组，然后选择下拉菜单 编辑(E) ➡ 修剪(T)... 命令。

（2）选取交截 1 曲线。此时交截 1 处出现一方向箭头（如图 26.14 所示），该箭头指向的一侧为修剪后的保留侧。

（3）在操控板中单击“完成”按钮，完成创建修剪曲线。

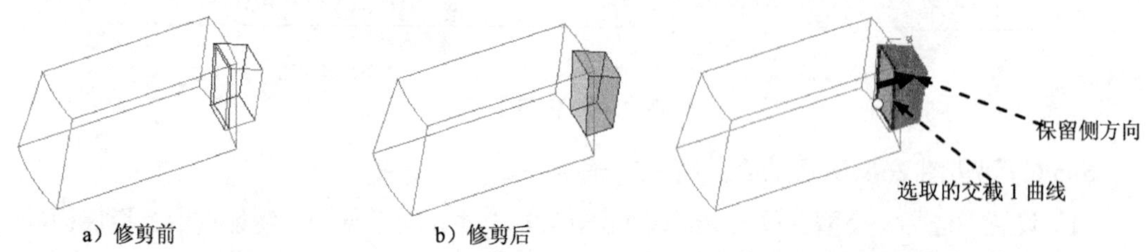

图 26.13 修剪 1　　图 26.14 定义修剪面

Step10. 添加图 26.15 所示的合并特征——合并 3。按住 Ctrl 键，选取图 26.16 所示的面组 1 和面组 2，选择下拉菜单 编辑(E) ➡ 合并(G)... 命令，此时合并处出现图 26.16 所示的方向箭头，该箭头指向的一侧为合并后的保留侧，单击“完成”按钮。

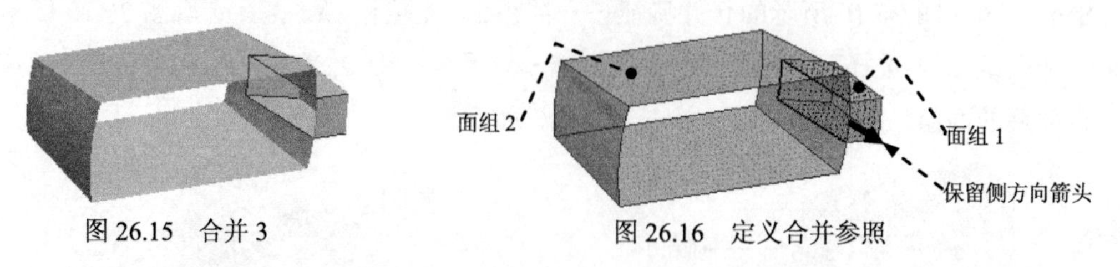

图 26.15 合并 3　　图 26.16 定义合并参照

Step11. 创建图 26.17 所示的边界曲面——边界混合 3。

（1）选择下拉菜单 插入(I) ➡ 边界混合(B)... 命令，系统弹出边界混合操控板。

（2）定义边界曲线。按住 Ctrl 键，依次选取图 26.18 所示的第一方向的两条边界曲线，单击“第二方向”区域中的 单击此处添加 字符，然后按住 Ctrl 键，依次选取图 26.18 所示的第二方向的两条边界曲线。

（3）定义边界约束类型。将第一方向的边界曲线的边界约束类型和第二方向的边界曲线的边界约束类型均设置为 自由。

（4）在操控板中单击 按钮，预览所创建的特征；单击“完成”按钮。

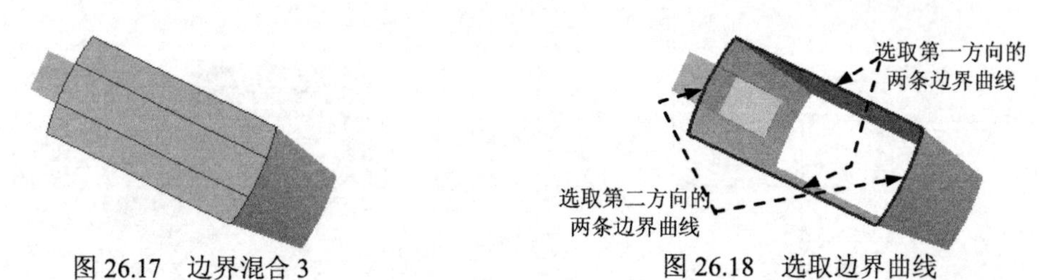

图 26.17 边界混合 3　　图 26.18 选取边界曲线

Step12. 创建图 26.19 所示的边界曲面——边界混合 4。

（1）选择下拉菜单 插入(I) ➡ 边界混合(B)... 命令，系统弹出边界混合操控板。

（2）定义边界曲线。按住 Ctrl 键，依次选取图 26.20 所示的第一方向的两条边界曲线。

（3）定义边界约束类型。将第一方向的边界曲线的边界约束类型设置为自由。

（4）在操控板中单击 按钮，预览所创建的特征；单击“完成”按钮。

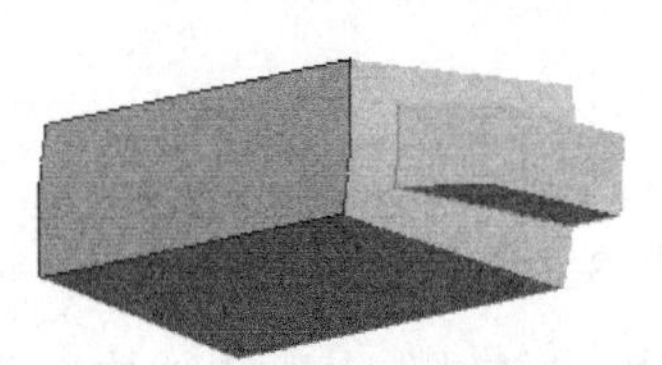
图 26.19 边界混合 4

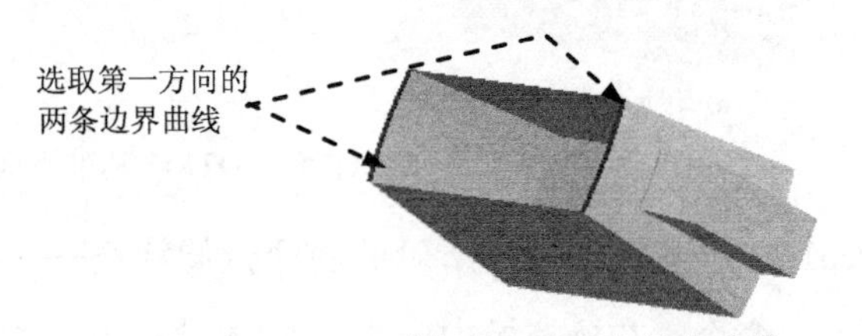

图 26.20 选取边界曲线

Step13. 添加图 26.21 所示的合并特征——合并 4。先按住 Ctrl 键，选取图 26.22 所示的面组 1 和面组 2，选择下拉菜单 编辑(E) ➡ 合并(G)... 命令；在操控板中单击 按钮，预览合并后的面组，确认无误后，单击“完成”按钮。

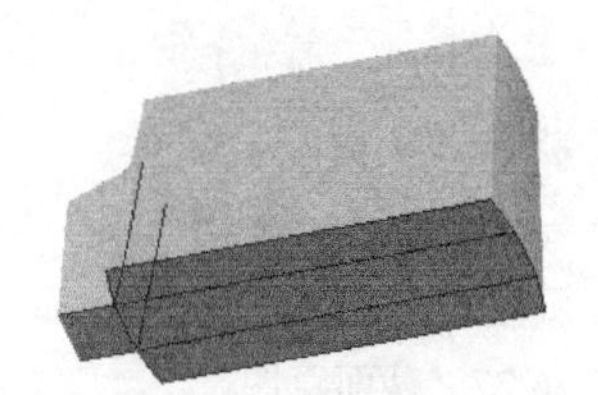
图 26.21 合并 4

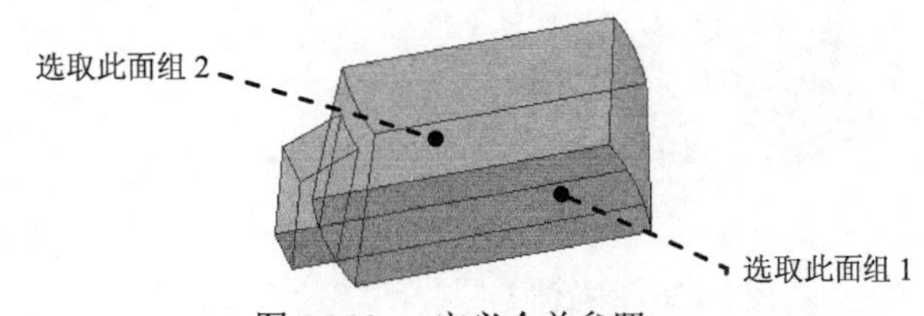

图 26.22 定义合并参照

Step14. 添加图 26.23 所示的合并特征——合并 5。先按住 Ctrl 键，选取图 26.24 所示的面组 1 和面组 2，选择下拉菜单 编辑(E) ➡ 合并(G)... 命令；在操控板中单击 按钮，预览合并后的面组，确认无误后，单击“完成”按钮。

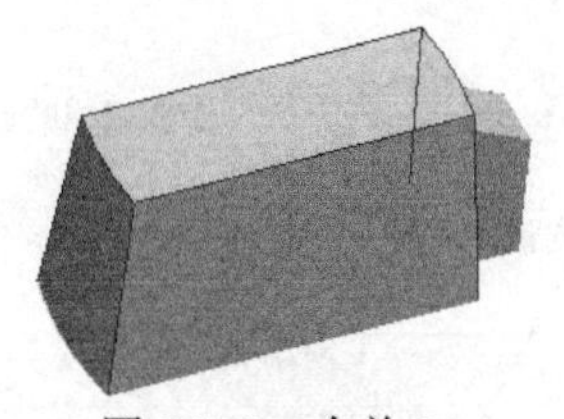
图 26.23 合并 5

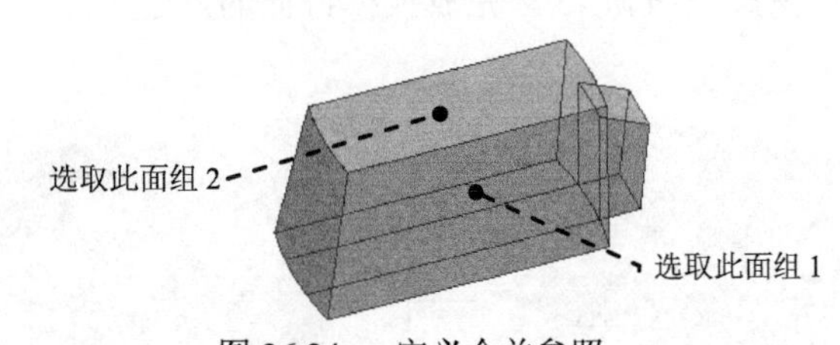

图 26.24 定义合并参照

Step15. 添加图 26.25b 所示的基准平面——DTM1。

（1）选择下拉菜单 插入(I) ➡ 模型基准(D) ▸ ➡ 平面(L)... 命令，系统弹出“基准平面”对话框。

（2）定义约束。第一个约束：选择图 26.25a 所示的边线为参照，在对话框中选择约束类型为穿过。第二个约束：按住 Ctrl 键，选取图 26.25a 所示的 TOP 基准平面为参照，在对话框中选择约束类型为平行。

（3）单击对话框中的 确定 按钮，完成基准平面 DTM1 的创建。

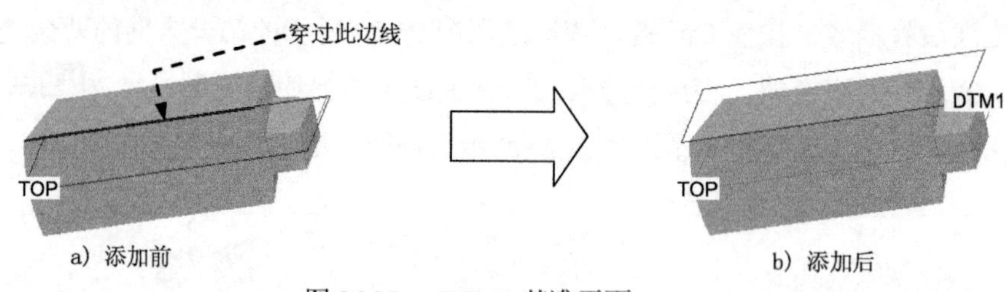

图 26.25 DTM1 基准平面

Step16. 创建图 26.26 所示的曲面拉伸特征——拉伸 3。选择下拉菜单 插入(I) → 拉伸(E)... 命令；在操控板中确认按钮被按下，在绘图区中右击，从弹出的快捷菜单中选择 定义内部草绘... 命令；选取 DTM1 基准平面为草绘平面，RIGHT 基准平面为参照平面，方向为 左。单击对话框中的 草绘 按钮；绘制图 26.27 所示的截面草图，单击按钮；在操控板中选取深度类型为，输入深度值 30.0。单击“完成”按钮。

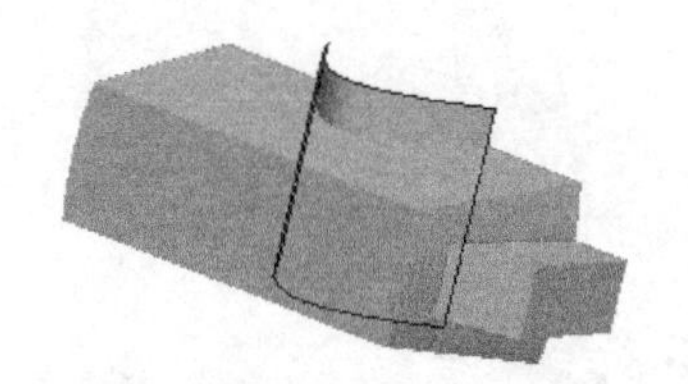

图 26.26 拉伸 3

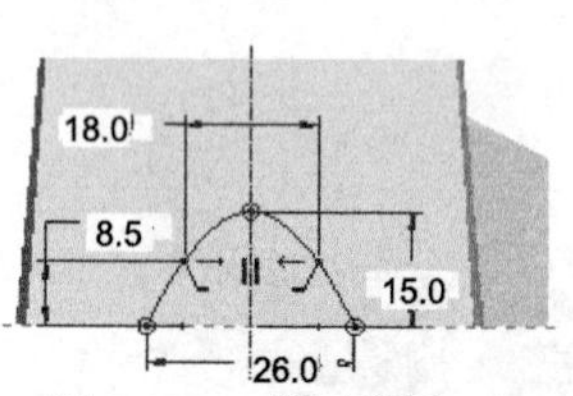

图 26.27 截面草图

Step17. 添加图 26.28b 所示的拔模特征——斜度 2。选择下拉菜单 插入(I) → 斜度(F)... 命令；选取图 26.29 所示的模型表面作为要拔模的曲面。在操控板中，单击图标后的 • 单击此处添加 字符。选取图 26.29 所示的面作为拔模枢轴平面，拔模角度值为 30.0。单击“完成”按钮，完成拔模特征的创建。

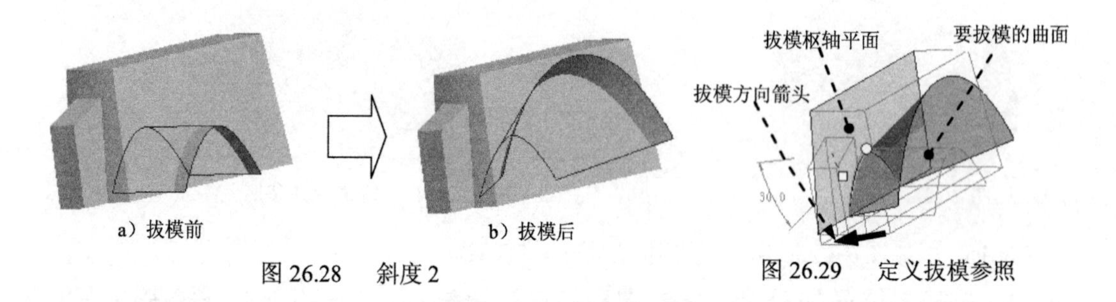

图 26.28 斜度 2

图 26.29 定义拔模参照

Step18. 创建图 26.30 所示的曲面拉伸特征——拉伸 4。选择下拉菜单 插入(I) → 拉伸(E)... 命令；按下按钮，在绘图区中右击，从弹出的快捷菜单中选择 定义内部草绘... 命令；选取 FRONT 基准平面为草绘平面，RIGHT 基准平面为参照平面，方向为 左；单击对话框中的 草绘 按钮；利用边创建工具绘制图 26.31 所示的截面草图，单击按钮；在操控板中选取深度类型为，输入深度值 22.0。单击“完成”按钮。

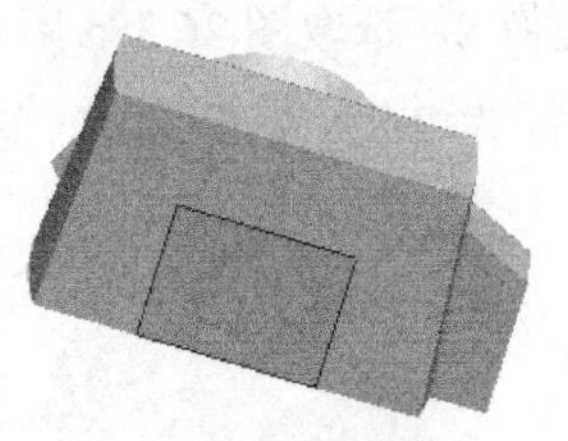

图 26.30　拉伸 4

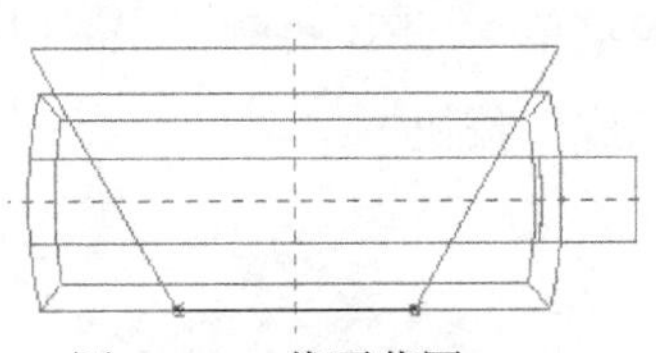

图 26.31　截面草图

Step19. 添加图 26.32 所示的合并特征——合并 6。先按住 Ctrl 键，选取图 26.33 所示的面组 1 和面组 2，再选择下拉菜单 编辑(E) ➡ 合并(G)... 命令，此时合并处出现一方向箭头，如图 26.33 所示，该箭头指向的一侧为合并后的保留侧，单击“完成”按钮✓。

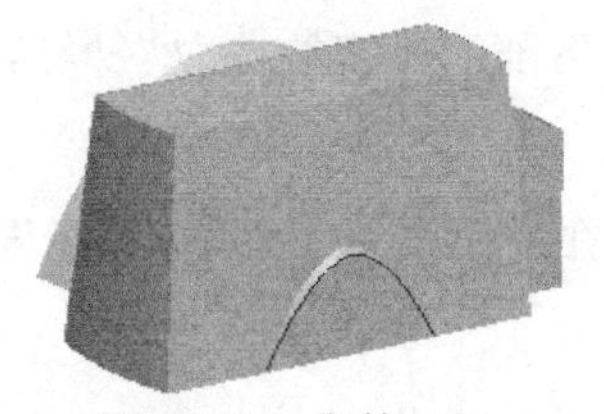

图 26.32　合并 6

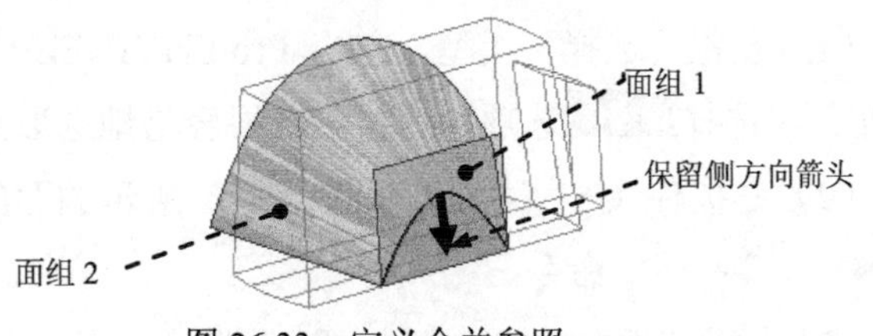

图 26.33　定义合并参照

Step20. 用曲面求交的方法创建图 26.34 所示的相交特征——交截 2。在模型中选择图 26.35 所示实体的外表面。选择下拉菜单 编辑(E) ➡ 相交(I)... 命令。按住 Ctrl 键，选择图 26.35 中的实体外表面，系统立即产生图 26.34 所示的交截曲线，然后单击操控板中的“完成”按钮✓。

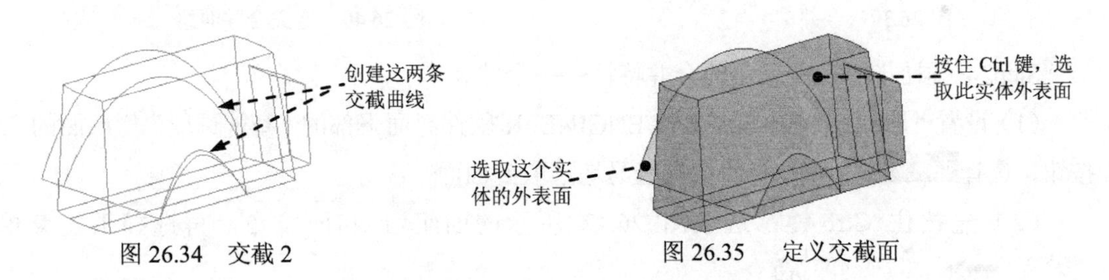

图 26.34　交截 2　　图 26.35　定义交截面

Step21. 添加图 26.36b 所示的模型修剪特征——修剪 2。选取图 26.37 所示的面作为要修剪的面，选择下拉菜单 编辑(E) 修剪(T)... 命令；选取交截 2 曲线。此时交截 2 处出现如图 26.37 所示的方向箭头，该箭头指向的一侧为修剪后的保留侧。在操控板中单击“完成”按钮✓，完成创建修剪 2 曲线。

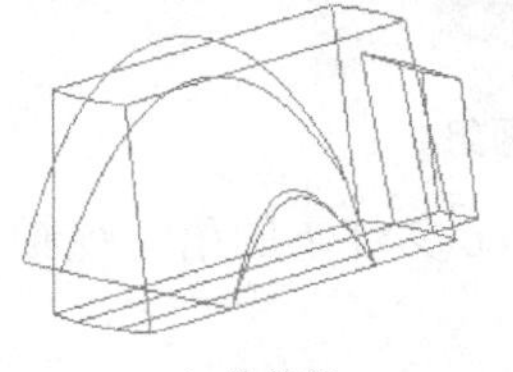

a）修剪前

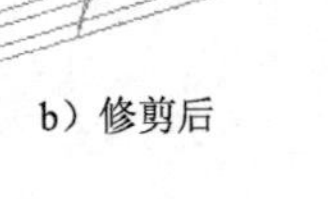

b）修剪后

图 26.36　修剪 2

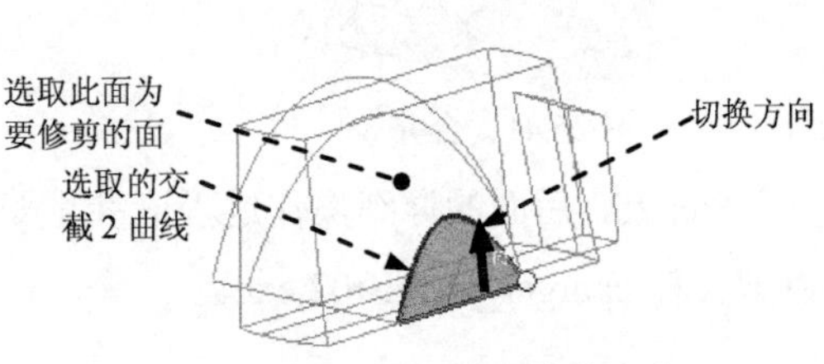

图 26.37　定义修剪方向

Step22. 添加图 26.38b 所示的实体的镜像特征——镜像 2。选取图 26.38a 所示的面组。选择下拉菜单 编辑(E) ➡ 镜像(I)... 命令。选取镜像平面为 TOP 基准平面，单击操控板中的“完成”按钮 ✓。

a）镜像前　　b）镜像后

图 26.38　镜像 2

Step23. 添加图 26.39 所示的合并特征——合并 7。

（1）设置“选择”类型。单击 Pro/ENGINEER 软件界面下部的“智能选取”栏后面的按钮 ▾，选择 面组 选项，这样将会很轻易地选取到曲面。

（2）先按住 Ctrl 键，选取图 26.40 所示的面组 1 和面组 2，再选择下拉菜单 编辑(E) ➡ 合并(G)... 命令。

（3）在操控板中单击 ☑ 👓 按钮，预览合并后的面组，确认无误后，单击“完成”按钮 ✓。

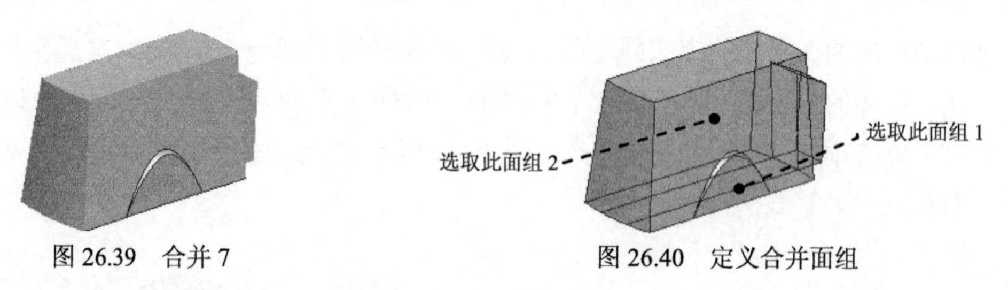

图 26.39　合并 7　　图 26.40　定义合并面组

Step24. 添加图 26.41 所示的合并特征——合并 8。

（1）设置“选择”类型。单击 Pro/ENGINEER 软件界面下部的“智能选取”栏后面的 ▾ 按钮，选择 面组 选项，这样将会很轻易地选取到曲面。

（2）先按住 Ctrl 键，选取图 26.42 所示的面组 1 和面组 2，再选择下拉菜单 编辑(E) ➡ 合并(G)... 命令。

（3）在操控板中单击 ☑ 👓 按钮，预览合并后的面组，确认无误后，单击“完成”按钮 ✓。

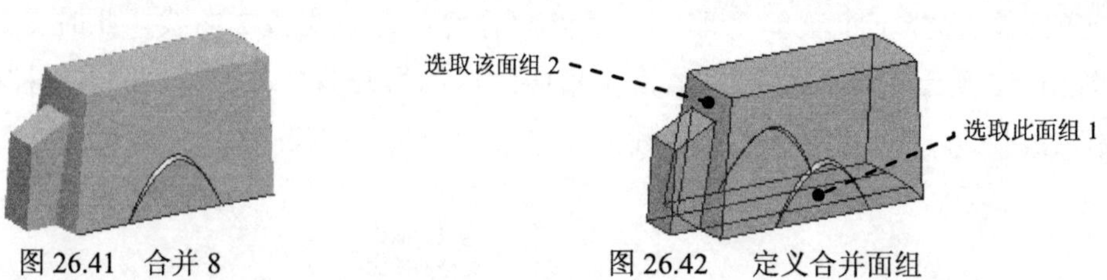

图 26.41　合并 8　　图 26.42　定义合并面组

Step25. 后面的详细操作过程请参见随书光盘中 video\ch26\reference\文件下的语音视频讲解文件 charger_cover-r02.exe。

实例 27　瓶　　子

实例概述

本实例模型较复杂，在其设计过程中充分运用了边界曲面、曲面投影、曲面复制、曲面实体化、阵列和螺旋扫描等命令。在螺旋扫描过程中，读者应注意扫描轨迹和扫描截面绘制的草绘参照。零件模型及模型树如图 27.1 所示。

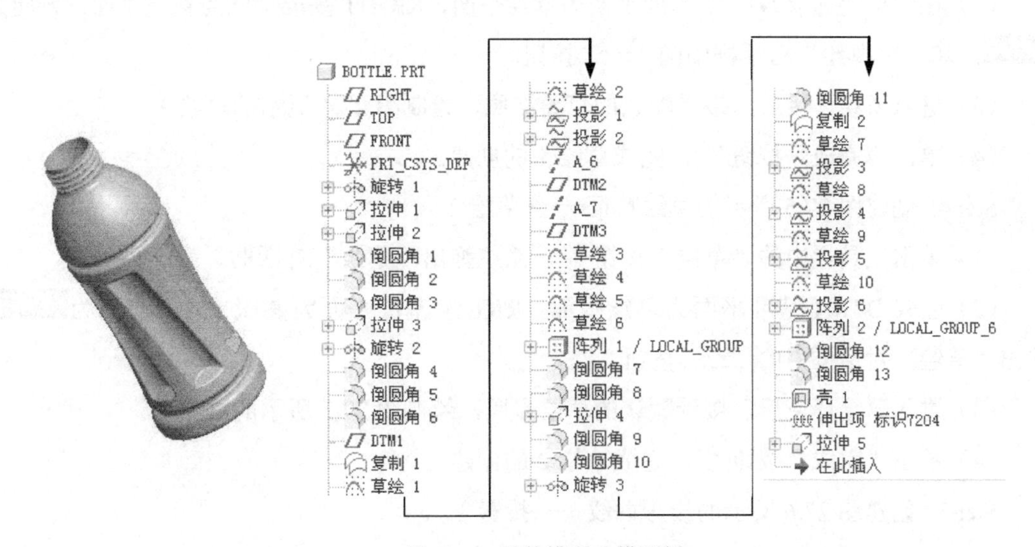

图 27.1　零件模型及模型树

说明：本例前面的详细操作过程请参见随书光盘中 video\ch27\reference\文件下的语音视频讲解文件 BOTTLE-r01.exe。

Step1. 打开文件 proewf5.5\work\ch27\BOTTLE_ex.prt。

Step2. 创建图 27.2 所示的复制曲面——复制 1。

（1）设置“选择”类型。单击“智能选取”栏后面的 按钮，选择 几何 选项。

说明：这样将会很轻易地选取到模型上的几何目标，例如模型的表面、边线和顶点等。

（2）按住 Ctrl 键，选取图 27.3 所示的两个曲面为要复制的对象。

（3）选择下拉菜单 编辑(E) ➡ 复制(C) 命令。

（4）选择下拉菜单 编辑(E) ➡ 粘贴(P) 命令。

（5）单击系统弹出的操控板中的“完成”按钮 。

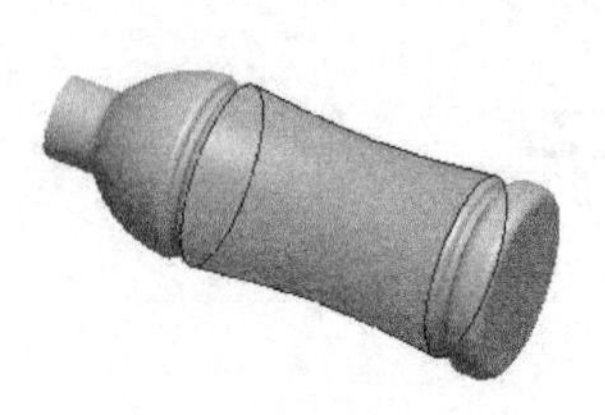

图 27.2　复制 1

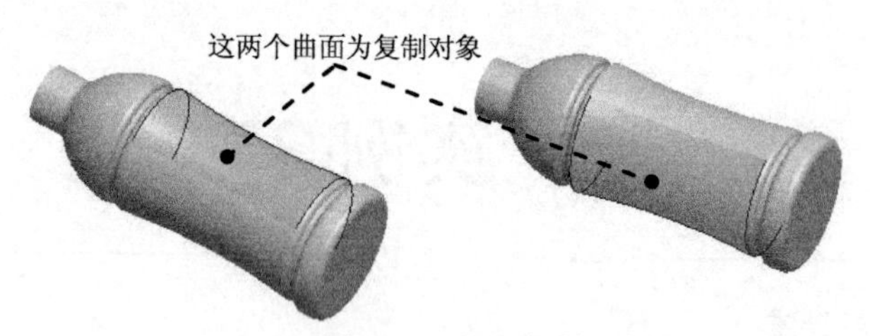

图 27.3　定义复制对象

Step3. 创建图 27.4 所示的草绘特征——草绘 1。

（1）单击工具栏中的“草绘”按钮，系统弹出“草绘”对话框。

（2）在模型中选取 DTM1 基准平面为草绘平面，RIGHT 基准平面为参照平面，方向为底部；单击“草绘”对话框中的草绘按钮。

（3）进入草绘环境后，接受默认的草绘参照，绘制图 27.4 所示的草绘 1。

（4）单击“完成”按钮，完成草绘 1 的创建。

Step4. 创建图 27.5 所示的草绘特征——草绘 2。

（1）单击工具栏中的“草绘”按钮，系统弹出“草绘”对话框。

（2）选取 DTM1 基准平面为草绘平面，RIGHT 基准平面为参照平面，方向为底部；单击“草绘”对话框中的草绘按钮。

（3）进入草绘环境后，接受默认的草绘参照，绘制图 27.5 所示的草绘 2。

（4）单击“完成”按钮，完成草绘 2 的创建。

Step5. 创建图 27.6 所示的投影曲线——投影 1。

（1）在模型树中单击 Step4 所创建的草绘 2。

（2）选择下拉菜单 编辑(E) → 投影(J)... 命令。

（3）选取 DTM1 基准平面为方向参照，接受系统默认的投影方向；选取图 27.7 所示的曲面为投影面，单击“完成”按钮。

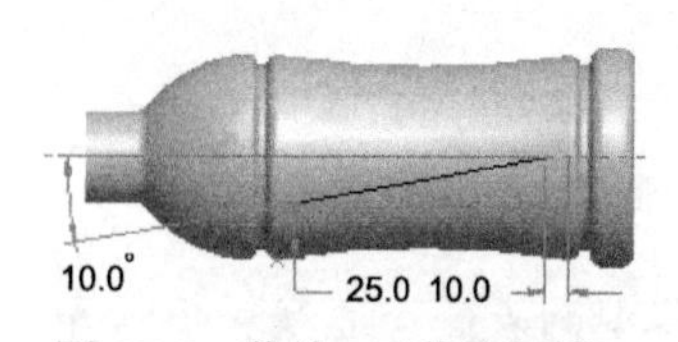

图 27.4　草绘 1（草绘环境）

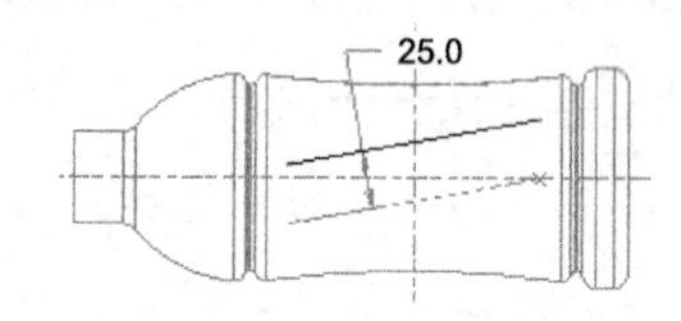

图 27.5　草绘 2（草绘环境）

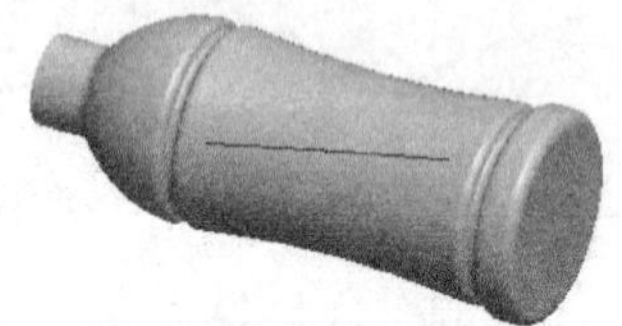

图 27.6　投影 1

Step6. 创建图 27.8 所示的投影曲线——投影 2。

（1）在模型树中单击 Step3 所创建的草绘 1。

（2）选择下拉菜单 编辑(E) → 投影(J)... 命令。

（3）选取 DTM1 基准平面为方向参照，接受系统默认的投影方向；选取图 27.9 所示的曲面为投影面，单击“完成”按钮。

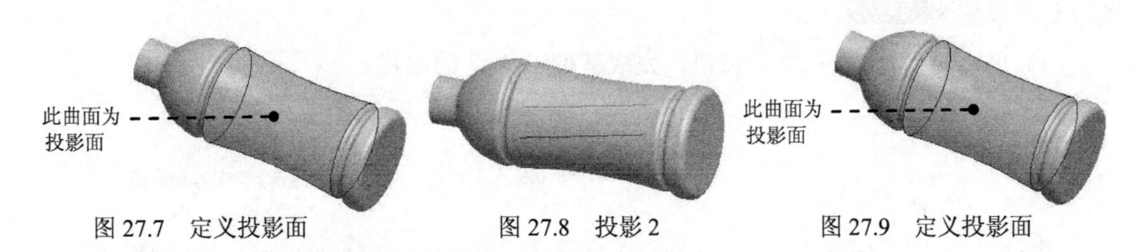

图 27.7 定义投影面　　图 27.8 投影 2　　图 27.9 定义投影面

Step7. 创建图 27.10 所示的基准轴——A_6。

（1）单击工具栏中的“基准轴”按钮，系统弹出“基准轴”对话框。

（2）定义约束。

① 第一个约束。选取图 27.11 所示的投影曲线的终点为基准轴参照，将其约束类型设置为穿过。

② 第二个约束。按住 Ctrl 键，选取图 27.11 所示的投影曲线的终点为基准轴参照，将其约束类型设置为穿过。

（3）单击对话框中的确定按钮，完成基准轴 A_6 的创建。

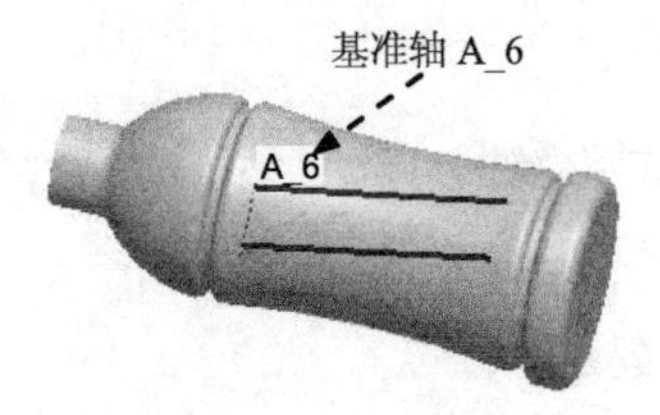

图 27.10 A_6 基准轴

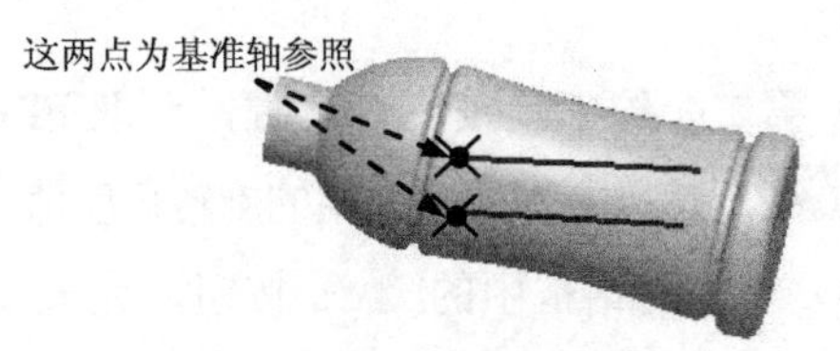

图 27.11 定义基准轴参照

Step8. 创建图 27.12 所示的基准平面——DTM2。

（1）单击“创建基准平面”按钮（或选择下拉菜单 插入(I) ➡ 模型基准(D) ▸ ➡ 平面(L)... 命令），系统弹出“基准平面”对话框。

（2）定义约束。

① 第一个约束。选取 Step7 创建的基准轴 A_6 为参照，在对话框中选择约束类型为穿过。

② 第二个约束。按住 Ctrl 键，选取 FRONT 基准平面为参照；在对话框中选择约束类型为偏移，输入与参照平面间的旋转角度值-30.0。

（3）单击对话框中的确定按钮，完成基准平面的创建。

Step9. 创建图 27.13 所示的基准轴——A_7。

（1）单击工具栏中的“基准轴”按钮，系统弹出“基准轴”对话框。

（2）定义约束。

① 第一个约束。选取图 27.14 所示的两点为基准轴参照，将其约束类型设置为穿过。

② 第二个约束。按住 Ctrl 键，选取图 27.14 所示的投影曲线的终点为基准轴参照，将其

约束类型设置为穿过。

（3）单击对话框中的确定按钮，完成基准轴 A_7 的创建。

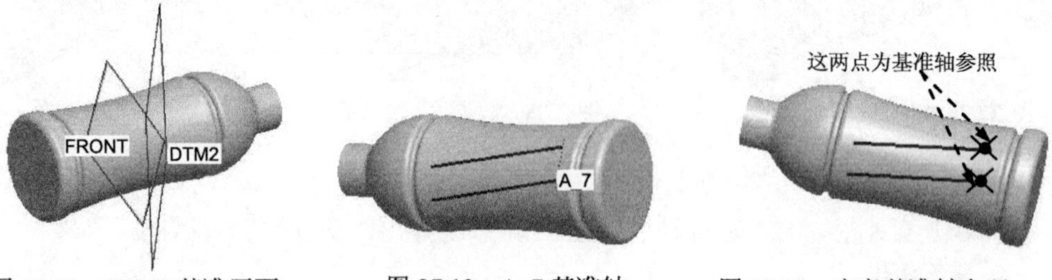

图 27.12 DTM2 基准平面　　图 27.13 A_7 基准轴　　图 27.14 定义基准轴参照

Step10. 创建图 27.15 所示的基准平面——DTM3。

（1）单击“创建基准平面”按钮（或选择下拉菜单 插入(I) → 模型基准(D) ▸ → 平面(L)... 命令），系统弹出“基准平面”对话框。

（2）定义约束。

① 第一个约束。选取 Step9 创建的基准轴 A_7 为参照，在对话框中选择约束类型为穿过。

② 第二个约束。按住 Ctrl 键，选取 FRONT 基准平面为参照；在对话框中选择约束类型为偏移，输入与参照平面间的旋转角度值 30.0。

（3）单击对话框中的确定按钮，完成基准平面的创建。

Step11. 创建图 27.16 所示的草绘特征——草绘 3。

（1）单击工具栏中的“草绘”按钮，系统弹出“草绘”对话框。

（2）选取 DTM2 基准平面为草绘平面；单击“草绘”对话框中的草绘按钮。

（3）进入草绘环境后，选取图 27.16 所示的两点为草绘参照，绘制图 27.16 所示的草绘 3。

（4）单击“完成”按钮，完成草绘 3 的创建。

Step12. 创建图 27.17 所示的草绘特征——草绘 4。

（1）单击工具栏中的“草绘”按钮，系统弹出“草绘”对话框。

（2）选取 DTM2 基准平面为草绘平面；单击“草绘”对话框中的草绘按钮。

（3）进入草绘环境后，选取图 27.17 所示的两点为草绘参照，绘制图 27.17 所示的草绘 4。

（4）单击“完成”按钮，完成草绘 4 的创建。

Step13. 创建图 27.18 所示的草绘特征——草绘 5。

（1）单击工具栏中的“草绘”按钮，系统弹出“草绘”对话框。

（2）选取 DTM3 基准平面为草绘平面；单击“草绘”对话框中的草绘按钮。

（3）进入草绘环境后，选取图 27.18 所示的两点为草绘参照，绘制图 27.18 所示的草绘 5。

（4）单击“完成”按钮，完成草绘 5 的创建。

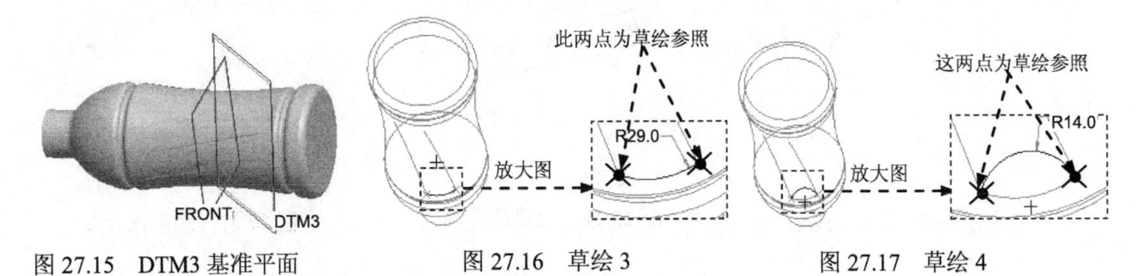

图 27.15 DTM3 基准平面 图 27.16 草绘 3 图 27.17 草绘 4

Step14. 创建图 27.19 所示的草绘特征——草绘 6。

（1）单击工具栏中的“草绘”按钮，系统弹出“草绘”对话框。

（2）选取 DTM3 基准平面为草绘平面，单击“草绘”对话框中的草绘按钮。

（3）进入草绘环境后，选取图 27.19 所示的两点为草绘参照，绘制图 27.19 所示的草绘 6。

（4）单击“完成”按钮，完成草绘 6 的创建。

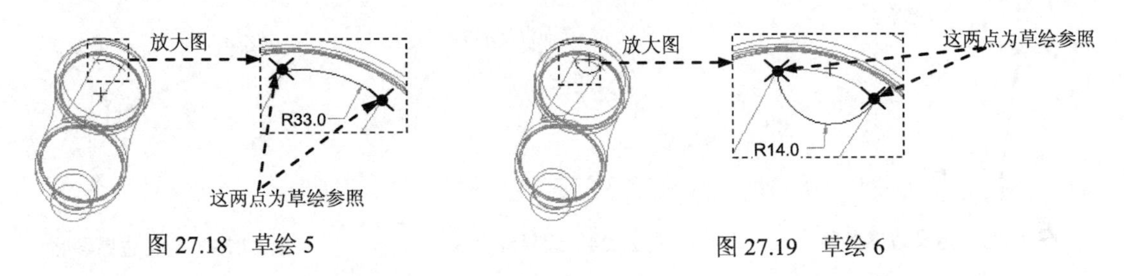

图 27.18 草绘 5 图 27.19 草绘 6

Step15. 创建图 27.20 所示的边界曲面——边界混合 1。

（1）选择下拉菜单 插入(I) ➡ 边界混合(B)... 命令，系统弹出边界混合操控板。

（2）定义边界曲线。按住 Ctrl 键，依次选取图 27.21 所示的曲线为第一方向边界曲线；单击操控板中的第二方向曲线操作栏，按住 Ctrl 键，依次选取图 27.21 所示的曲线为第二方向边界曲线。

（3）定义边界约束类型。将第一方向和第二方向的边界曲线的边界约束类型均设置为 自由。

（4）在操控板中单击按钮，预览所创建的特征；单击“完成”按钮。

Step16. 创建图 27.22 所示的边界曲面——边界混合 2。

（1）选择下拉菜单 插入(I) ➡ 边界混合(B)... 命令，系统弹出边界混合操控板。

（2）定义边界曲线。按住 Ctrl 键，依次选取图 27.23 所示的草绘 5 和草绘 6 为第一方向边界曲线。

（3）定义边界约束类型。将第一方向的边界曲线的边界约束类型设置为自由。

（4）在操控板中单击按钮，预览所创建的特征；单击“完成”按钮。

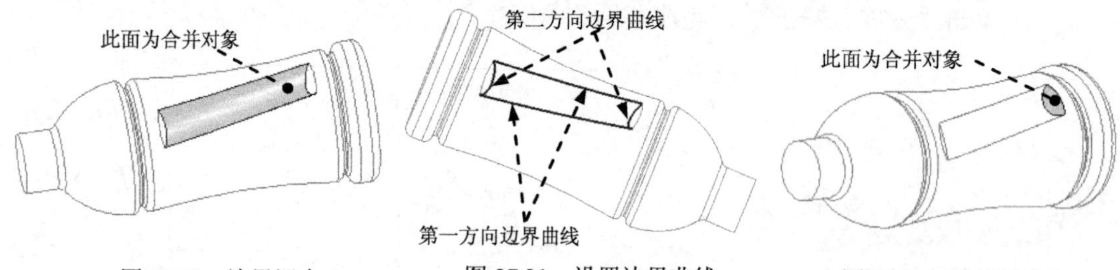

图 27.20　边界混合 1　　图 27.21　设置边界曲线　　图 27.22　边界混合 2

Step17. 创建图 27.24 所示的边界曲面——边界混合 3。

（1）选择下拉菜单 插入(I) ➡ 边界混合(B)... 命令，系统弹出边界混合操控板。

（2）定义边界曲线。按住 Ctrl 键，依次选取图 27.25 所示的草绘 3 和草绘 4 为第一方向边界曲线。

（3）定义边界约束类型。将第一方向的边界曲线的边界约束类型设置为自由。

（4）在操控板中单击按钮，预览所创建的特征；单击“完成”按钮。

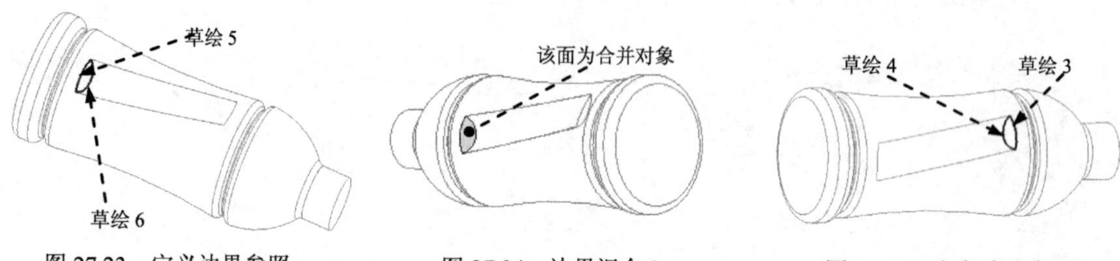

图 27.23　定义边界参照　　图 27.24　边界混合 3　　图 27.25　定义边界参照

Step18. 创建图 27.26 所示的合并曲面特征——合并 1。

（1）选取要合并的曲面。按住 Ctrl 键，分别选取图 27.20 所示的边界混合 1 和图 27.22 所示的边界混合 2 为合并对象。

（2）选择“合并”命令。选择下拉菜单 编辑(E) ➡ 合并(G)... 命令。

（3）接受系统默认的合并类型。

（4）单击按钮，预览合并后的面组；单击“完成”按钮。

Step19. 创建图 27.27 所示的合并曲面特征——合并 2。

（1）选取要合并的曲面。按住 Ctrl 键，分别选取图 27.26 所示的合并 1 和图 27.24 所示的边界混合 3 为合并对象。

（2）选择“合并”命令。选择下拉菜单 编辑(E) ➡ 合并(G)... 命令。

（3）接受系统默认的合并类型。

（4）单击按钮，预览合并后的面组；单击“完成”按钮。

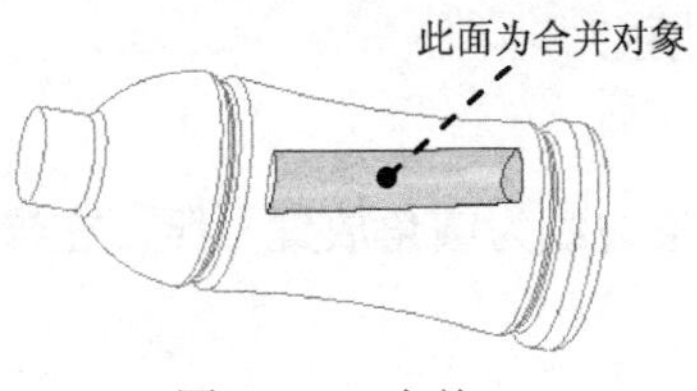

图 27.26　合并 1

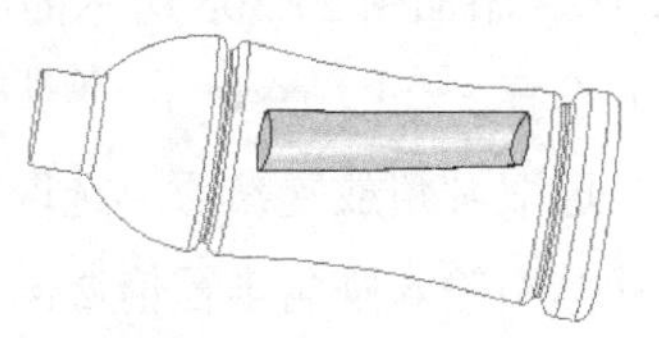

图 27.27　合并 2

Step20. 创建图 27.28b 所示的实体化特征——实体化 1。

（1）选取图 27.27 所示的合并 2 为实体化对象。

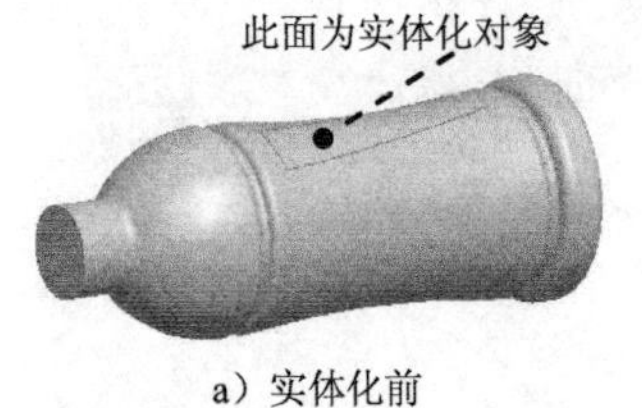

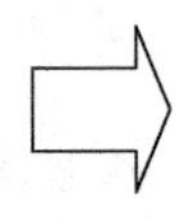

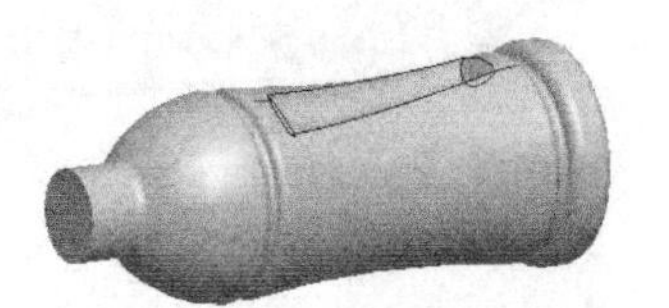

a）实体化前　　b）实体化后

图 27.28　实体化 1

（2）选择下拉菜单 编辑(E) → 实体化(Y)... 命令。

（3）在弹出的操控板中将“移除材料”按钮按下，接受系统默认的移除材料方向；单击“完成”按钮，完成实体化操作。

Step21. 添加图 27.29 所示的“轴”阵列特征——阵列 1。

（1）创建组。按住 Ctrl 键，在模型树中选择 Step15~Step20 所创建的特征后右击，在弹出的快捷菜单中选择 组 命令，所创建的特征即可合并为 组LOCAL_GROUP。

（2）在模型树中单击 组LOCAL_GROUP 特征后右击，在弹出的快捷菜单中选择 阵列... 命令。

说明：也可以选择下拉菜单 编辑(E) → 阵列(P)... 命令。

（3）选取阵列类型。在“阵列”操控板的 选项 界面中选中 一般 单选按钮。

（4）选取控制阵列方式。在“阵列”操控板中选择以 轴 方式来控制阵列。

（5）选取阵列参照。选取图 27.29a 所示的旋转特征 2 对应的基准轴 A_5 为阵列参照，接受系统默认的阵列角度方向。

（6）设置阵列参数值。输入阵列成员间的角度值为 60.0，输入阵列个数值为 6.0。

（7）在操控板中单击“完成”按钮，完成操作。

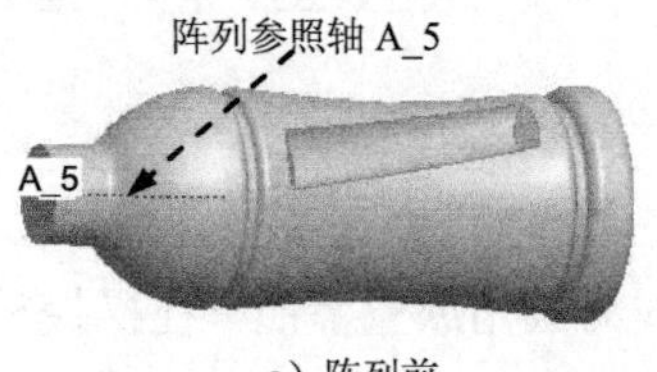

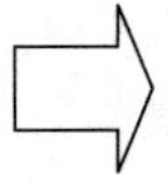

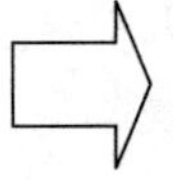

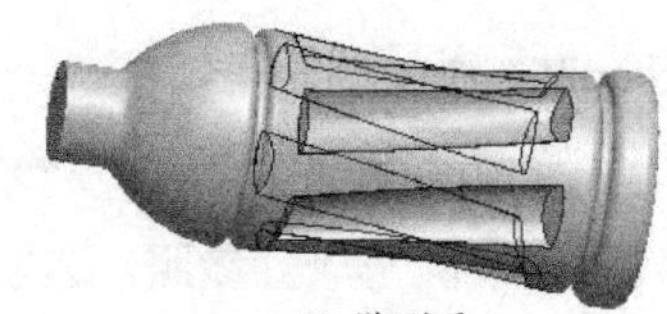

a）阵列前　　b）阵列后

图 27.29　阵列 1

Step22. 添加图 27.30b 所示的倒圆角特征——倒圆角 7。

（1）选择 插入(I) → 倒圆角(O)... 命令。

（2）选取圆角放置参照。选取图 27.30 所示的 12 条边线为圆角放置参照，在操控板的圆角尺寸框中输入圆角半径值 2.0。

（3）在操控板中单击 ☑ 60 按钮，预览所创建的圆角特征；单击“完成”按钮 ✓。

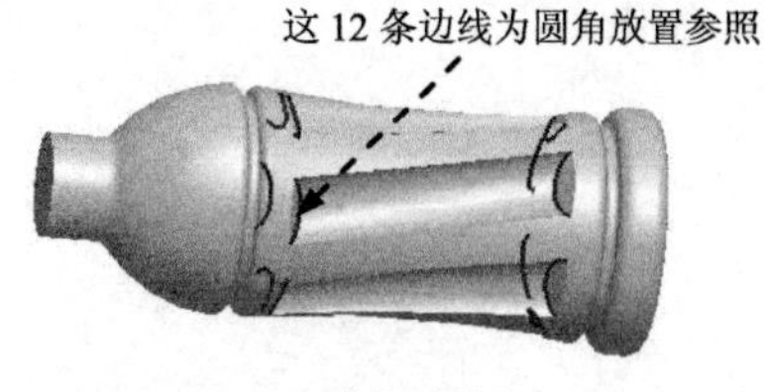

a）倒圆角前

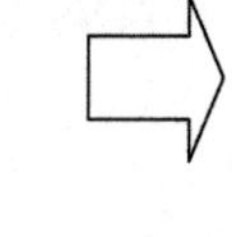

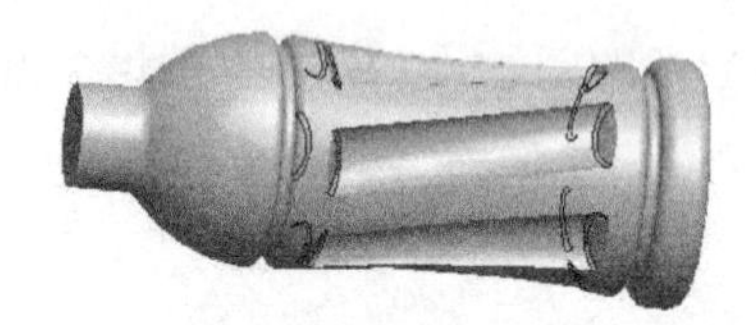

b）倒圆角后

图 27.30 倒圆角 7

Step23. 添加图 27.31 所示的倒圆角特征——倒圆角 8。

（1）选择 插入(I) → 倒圆角(O)... 命令。

（2）选取圆角放置参照。选取图 27.31 所示的 6 条边链为圆角放置参照，在操控板的圆角尺寸框中输入圆角半径值 2.0。

（3）在操控板中，单击 ☑ 60 按钮，预览所创建圆角的特征；单击“完成”按钮 ✓。

Step24. 添加图 27.32 所示的拉伸特征——拉伸 4。

（1）选择下拉菜单 插入(I) → 拉伸(E)... 命令，在操控板中按下“移除材料”按钮 。

（2）定义草绘截面放置属性。选取图 27.33 所示的面为草绘平面，采用默认的参照，方向为 左；单击对话框中的 草绘 按钮。

（3）进入截面草绘环境后，绘制图 27.34 所示的特征截面草图；单击“完成”按钮 ✓。

（4）在操控板中选取深度类型 ，输入深度值 4.0。

（5）在操控板中单击 ☑ 60 按钮，预览所创建的特征；单击“完成”按钮 ✓。

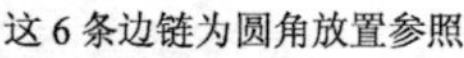

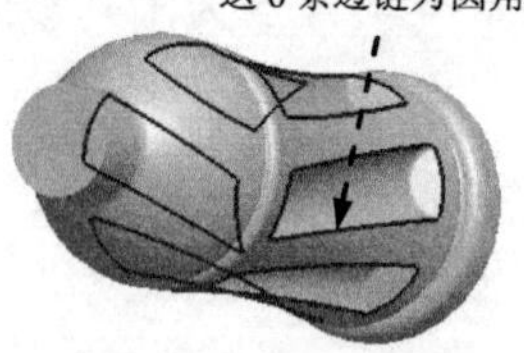

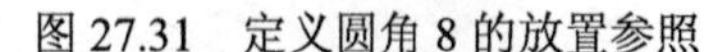

图 27.31 定义圆角 8 的放置参照

图 27.32 拉伸 4

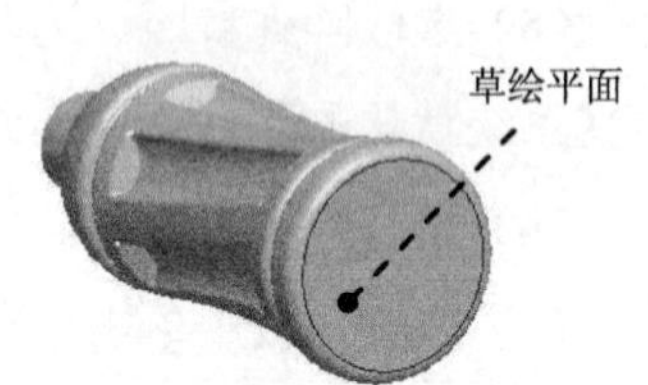

图 27.33 定义草绘平面

Step25. 添加倒圆角特征——倒圆角 9。

（1）选择下拉菜单 插入(I) → 倒圆角(O)... 命令。

（2）选取圆角放置参照。选取图 27.35 所示的两条边线为圆角放置参照，在操控板的圆角尺寸框中输入圆角半径值 3.0。

（3）在操控板中单击 ☑ 60 按钮，预览所创建的圆角特征；单击“完成”按钮 ✓。

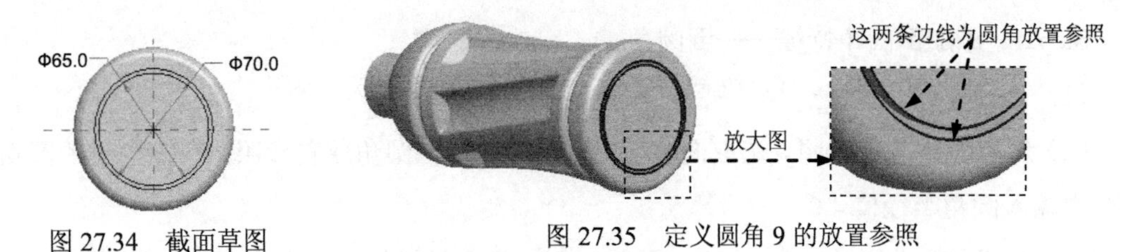

图 27.34　截面草图　　　图 27.35　定义圆角 9 的放置参照

Step26. 添加图 27.36b 所示的倒圆角特征——倒圆角 10。

（1）选择下拉菜单 插入(I) ➡ 倒圆角(O)... 命令。

（2）选取圆角放置参照。选取图 27.36a 所示的两条边线为圆角放置参照，在操控板的圆角尺寸框中输入圆角半径值 1.0。

（3）在操控板中单击 ☑ 6ổ 按钮，预览所创建圆角的特征；单击“完成”按钮 ✔。

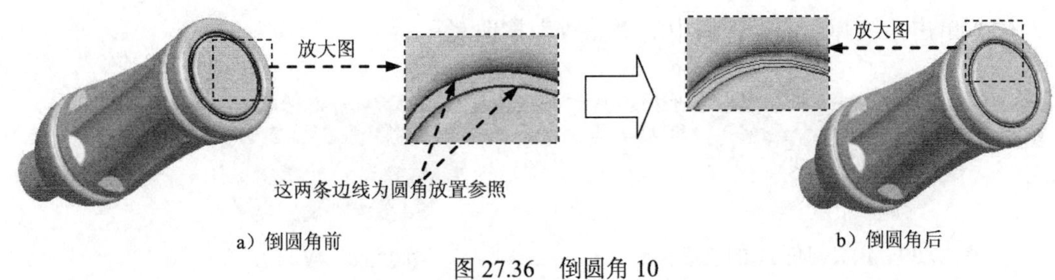

图 27.36　倒圆角 10

Step27. 添加图 27.37 所示的旋转特征——旋转 3。

（1）选择下拉菜单 插入(I) ➡ 旋转(R)... 命令，在操控板中按下“移除材料”按钮 ◿。

（2）定义截面放置属性。

① 在绘图区右击，从弹出的快捷菜单中选择 定义内部草绘... 命令，系统弹出“草绘”对话框。

② 设置草绘平面与参照平面。选取 TOP 基准平面为草绘平面，RIGHT 基准平面为参照平面，方向为 底部；单击对话框中的 草绘 按钮。

（3）进入截面草绘环境后，选择下拉菜单 草绘(S) ➡ 参照(R)... 命令，选取图 27.38 所示的边线为草绘参照，单击 关闭(C) 按钮；绘制图 27.38 所示的旋转中心线和截面草图；单击“完成”按钮 ✔。

（4）在操控板中选取深度类型 ⊥⊥，输入旋转角度值 360。

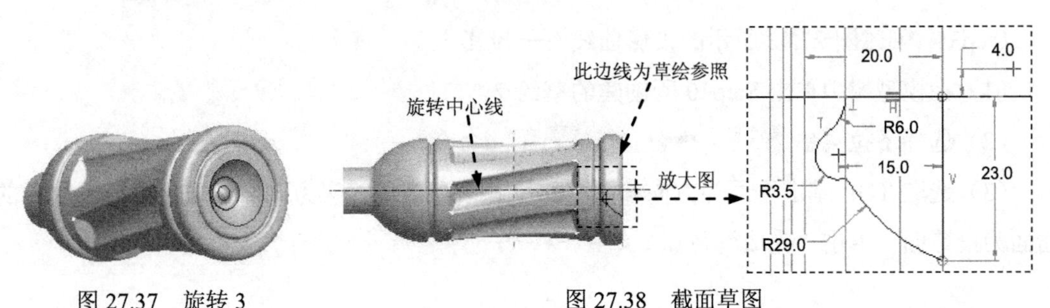

图 27.37　旋转 3　　　图 27.38　截面草图

Step28. 添加倒圆角特征——倒圆角 11。

（1）选择 插入(I) ➡ 倒圆角(O)... 命令。

（2）选取圆角放置参照。选取图 27.39 所示的边线为圆角放置参照，在操控板的圆角尺寸框中输入圆角半径值 4.0。

（3）在操控板中单击 按钮，预览所创建圆角的特征；单击“完成”按钮。

Step29. 创建图 27.40 所示的复制曲面——复制 2。

（1）设置“选择”类型。单击“智能选取”选取栏后面的按钮，选择 几何 选项。

（2）按住 Ctrl 键，选取图 27.40 所示的面组为要复制的对象。

（3）选择下拉菜单 编辑(E) ➡ 复制(C) 命令。

（4）选择下拉菜单 编辑(E) ➡ 粘贴(P) 命令。

（5）单击系统弹出的操控板中的“完成”按钮。

图 27.39 定义圆角 11 的放置参照

图 27.40 复制 2

Step30. 创建图 27.41 所示的草绘特征——草绘 7。

（1）单击工具栏中的“草绘”按钮，系统弹出“草绘”对话框。

（2）选取 TOP 基准平面为草绘平面，RIGHT 基准平面为参照平面，方向为 底部；单击“草绘”对话框中的 草绘 按钮。

（3）进入草绘环境后，接受默认的草绘参照，绘制图 27.41 所示的草绘 7。

（4）单击“完成”按钮，完成草绘 7 的创建。

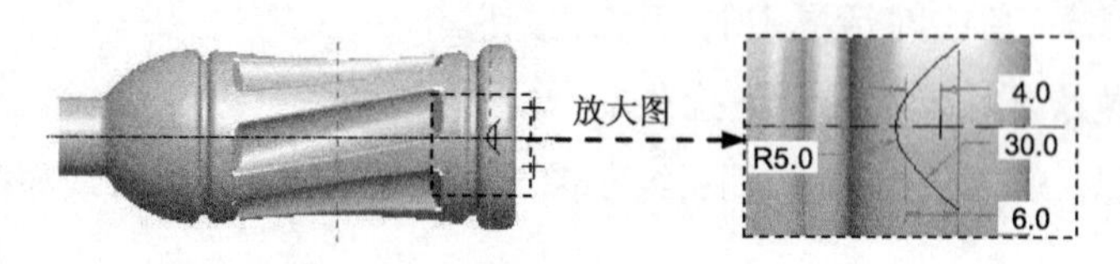

图 27.41 草绘 7（草绘环境）

Step31. 创建图 27.42 所示的投影曲线——投影 3。

（1）在模型树中单击 Step30 所创建的草绘 7。

（2）选择下拉菜单 编辑(E) ➡ 投影(J)... 命令。

（3）选取 TOP 基准平面为方向参照，接受系统默认的投影方向；选取图 27.43 所示的曲面为投影面，单击“完成”按钮。

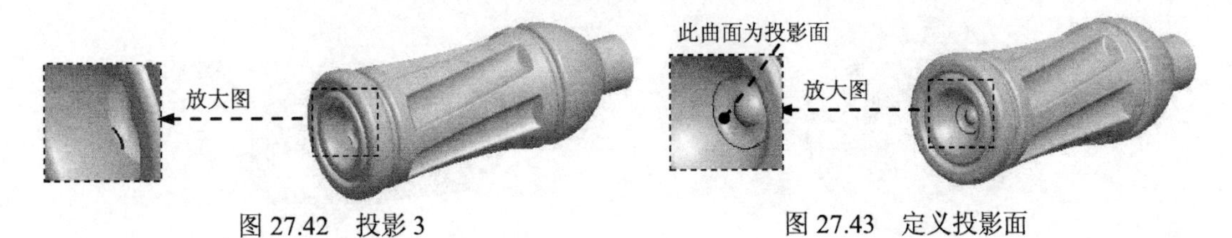

图 27.42　投影 3　　　　图 27.43　定义投影面

Step32. 创建图 27.44 所示的草绘特征——草绘 8。

（1）单击工具栏中的“草绘”按钮，系统弹出“草绘”对话框。

（2）选取图 27.45 所示的平面为草绘平面，RIGHT 基准平面为参照平面，方向为 顶；单击“草绘”对话框中的 草绘 按钮。

（3）进入草绘环境后，接受默认的草绘参照，绘制图 27.44 所示的草绘 8。

（4）单击“完成”按钮，完成草绘 8 的创建。

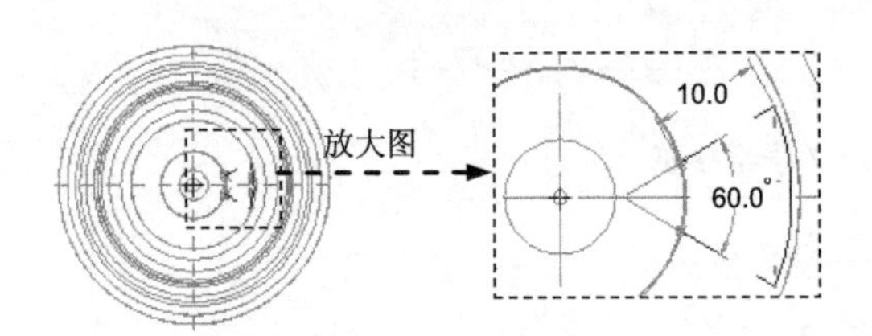

图 27.44　草绘 8

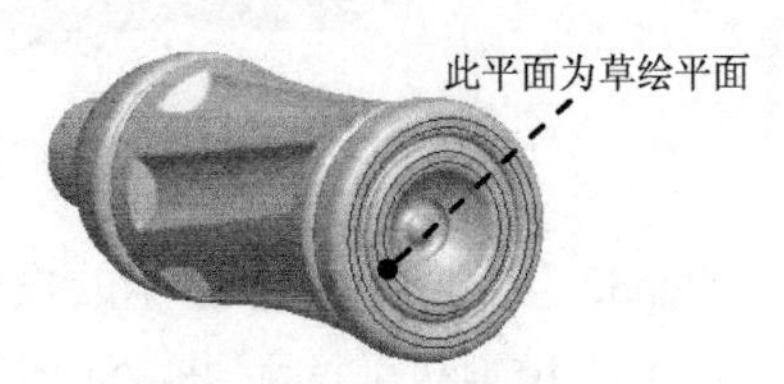

图 27.45　定义草绘平面

Step33. 创建图 27.46 所示的投影曲线——投影 4。

（1）在模型树中单击 Step32 所创建的草绘 8。

（2）选择下拉菜单 编辑(E) ➡ 投影(J)... 命令。

（3）选取图 27.47 所示的曲面为投影面，接受系统默认的投影方向和方向参照；单击“完成”按钮。

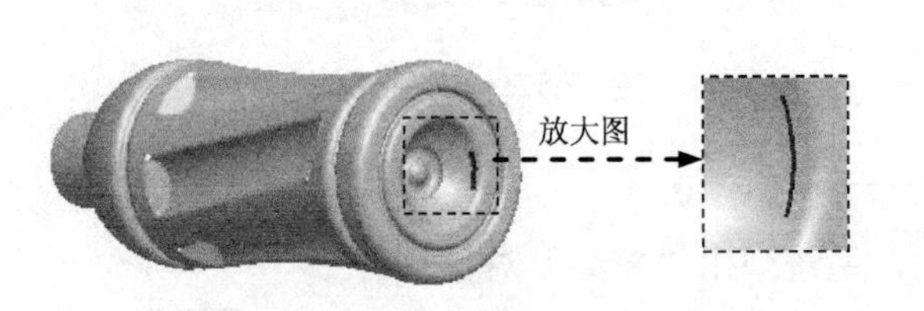

图 27.46　投影 4

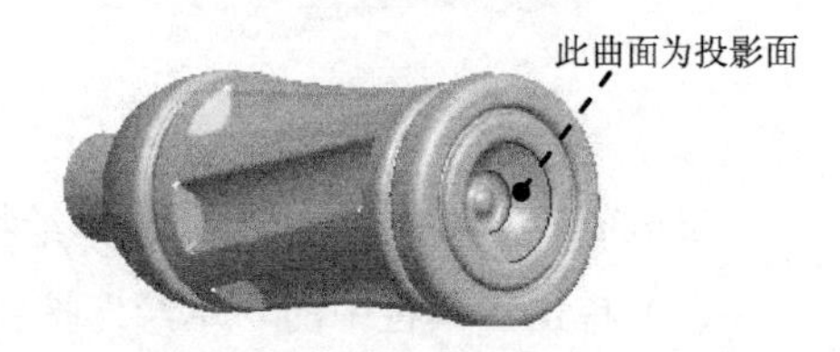

图 27.47　定义投影面

Step34. 创建图 27.48 所示的草绘特征——草绘 9。

（1）单击工具栏中的“草绘”按钮，系统弹出“草绘”对话框。

（2）选取图 27.49 所示的平面为草绘平面，采用系统默认的参照，方向为 底部；单击“草绘”对话框中的 草绘 按钮。

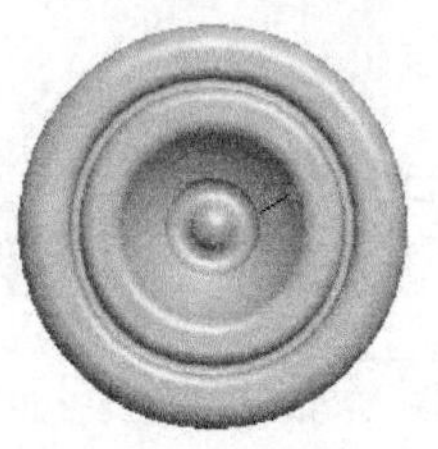

图 27.48　草绘 9（草绘环境）

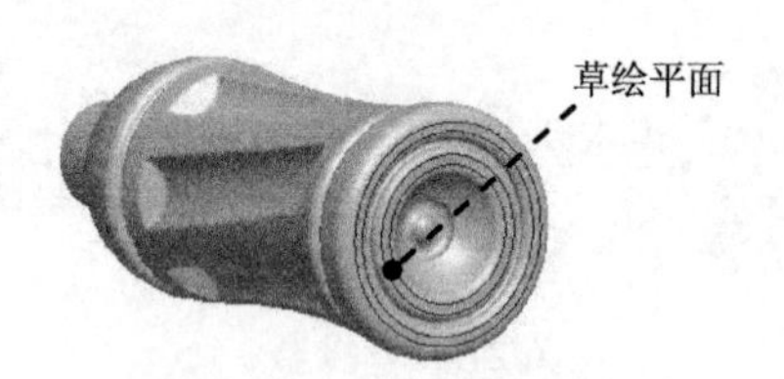

图 27.49　定义草绘平面

（3）进入草绘环境后，选择下拉菜单 草绘(S) ➡ 参照(R)... 命令，选取图 27.50 所示的点 1 和点 2 为草绘参照，绘制图 27.48 所示的草绘 9。

（4）单击“完成”按钮✓，完成草绘 9 的创建。

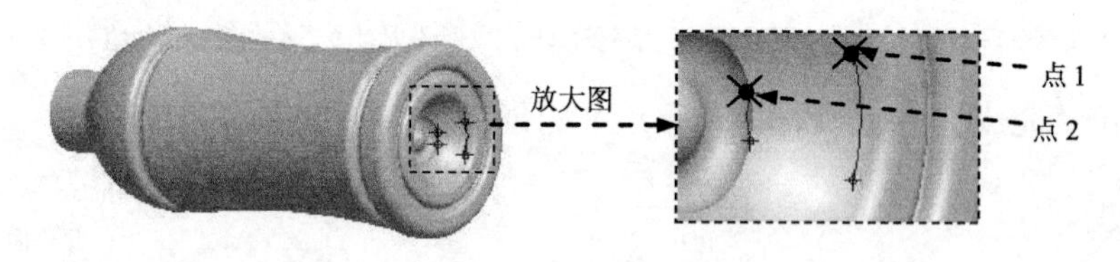

图 27.50　定义草绘参照

Step35. 创建图 27.51 所示的投影曲线——投影 5。

（1）在模型树中单击 Step34 所创建的草绘 9。

（2）选择下拉菜单 编辑(E) ➡ 投影(J)... 命令。

（3）选取图 27.52 所示的曲面为投影面，接受系统默认的投影方向和方向参照；单击“完成”按钮✓。

图 27.51　投影 5

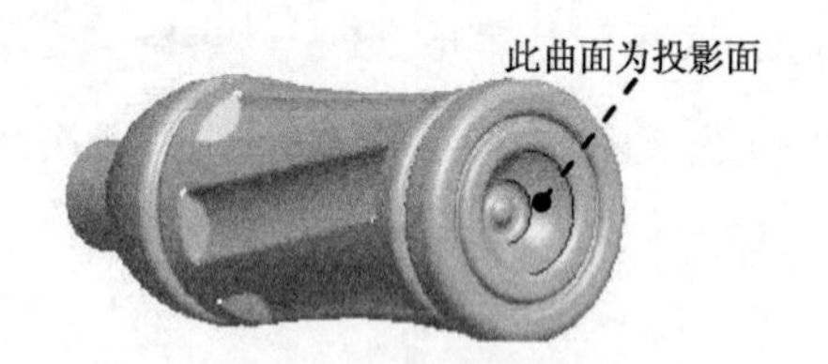

图 27.52　定义投影面

Step36. 创建图 27.53 所示的草绘特征——草绘 10。

（1）单击工具栏中的“草绘”按钮，系统弹出“草绘”对话框。

（2）选取图 27.54 所示的平面为草绘平面，采用系统默认的参照，方向为 底部 ；单击“草绘”对话框中的 草绘 按钮。

（3）进入草绘环境后，选择下拉菜单 草绘(S) ➡ 参照(R)... 命令，选取图 27.55 所示的点 3 和点 4 为草绘参照，绘制图 27.53 示的草绘 10。

（4）单击“完成”按钮✓，完成草绘 10 的创建。

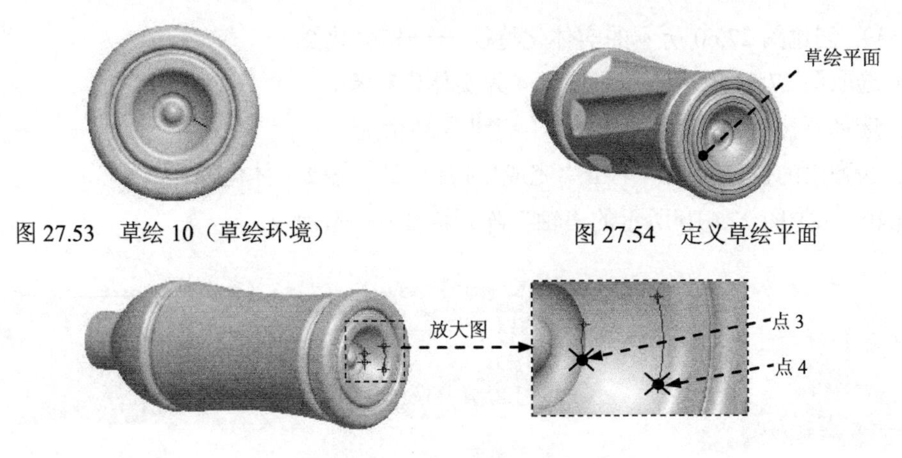

图 27.53 草绘 10（草绘环境）

图 27.54 定义草绘平面

图 27.55 定义草绘参照

Step37. 创建图 27.56 所示的投影曲线——投影 6。

（1）在模型树中单击 Step36 所创建的草绘 10。

（2）选择下拉菜单 编辑(E) ➡ 投影(J)... 命令。

（3）选取图 27.57 所示的曲面为投影面，接受系统默认的投影方向和方向参照；单击“完成”按钮。

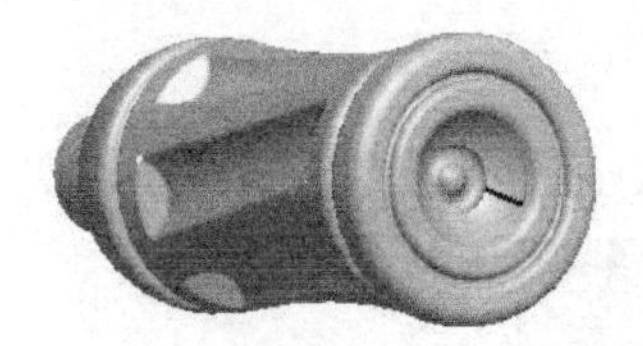

图 27.56 投影 6

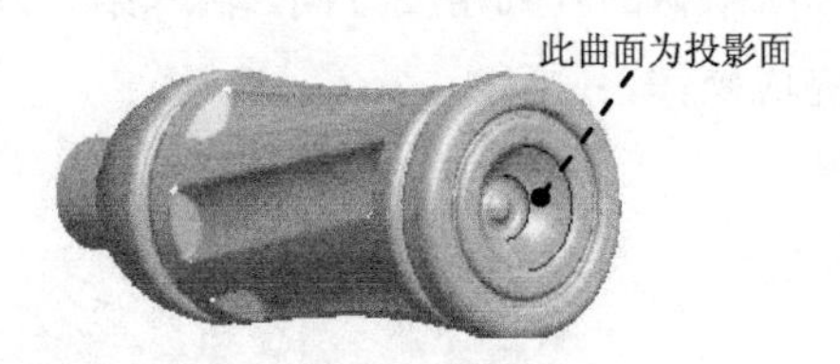

图 27.57 定义投影面

Step38. 创建图 27.58 所示的边界曲面——边界混合 4。

（1）选择下拉菜单 插入(I) ➡ 边界混合(B)... 命令，系统弹出“边界混合”操控板。

（2）定义边界曲线。按住 Ctrl 键，依次选取图 27.59 所示的草绘 5 和草绘 6 为第一方向边界曲线；单击操控板中的第二方向曲线操作栏，按住 Ctrl 键，依次选取图 27.59 所示的草绘 3 和草绘 4 为第二方向边界曲线。

（3）定义边界约束类型。将第一方向和第二方向的边界曲线的边界约束类型均设置为 自由。

（4）在操控板中单击 按钮，预览所创建的特征；单击“完成”按钮。

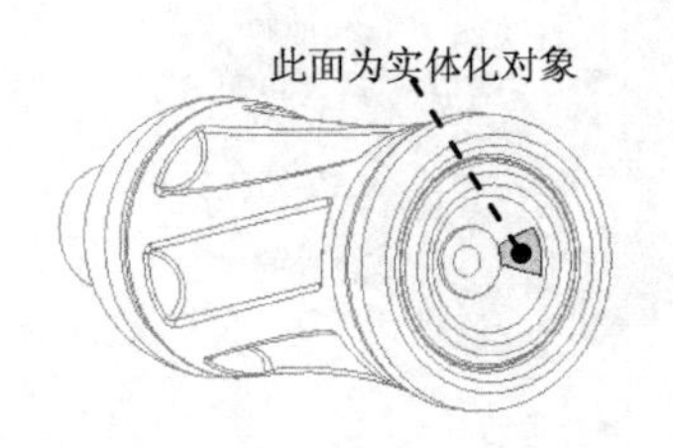

图 27.58 边界混合 4

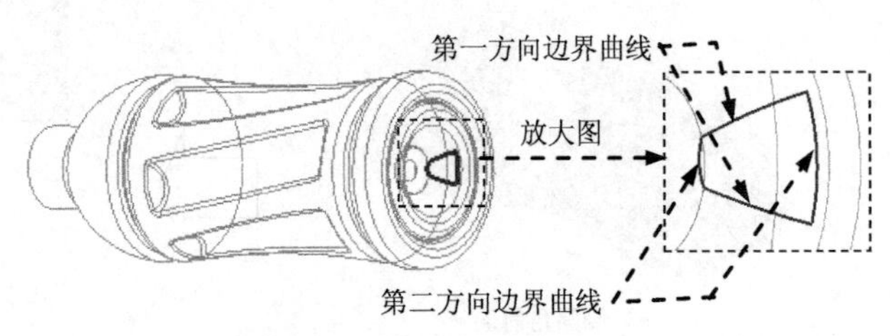

图 27.59 定义边界参照

Step39. 创建图 27.60 所示的实体化特征——实体化 2。

（1）选取图 27.58 所示的边界混合 4 为实体化对象。

（2）选择下拉菜单 编辑(E) ➡ 实体化(Y)... 命令。

（3）在弹出的操控板中，单击“完成”按钮，完成实体化操作。

Step40. 添加图 27.61b 所示的“轴”阵列特征——阵列 2。

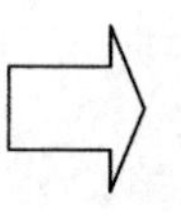

a）阵列前　b）阵列后

图 27.60 实体化 2　图 27.61 阵列 2

（1）创建组。按住 Ctrl 键，在模型树中选择 Step38、Step39 所创建的边界混合 4 和实体化 2 特征后右击，在弹出的快捷菜单中选择 组 命令。

（2）选择 轴 阵列方式进行阵列。在模型树中单击 组LOCAL_GROUP_6 特征后右击，在弹出的快捷菜单中选择 阵列... 命令；选取图 27.62 所示的旋转 3 对应的基准轴 A_3 为阵列参照，接受系统默认的阵列角度方向，输入第一方向的阵列个数为 4，阵列角度为 90.0；单击按钮，完成操作。

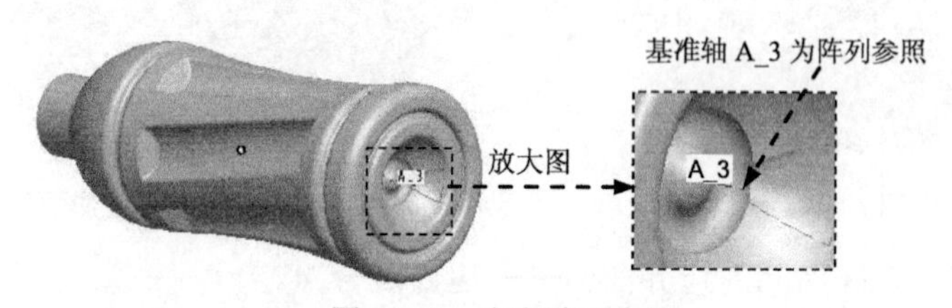

图 27.62 定义阵列参照

Step41. 添加图 27.63b 所示的倒圆角特征——倒圆角 12。

（1）选择下拉菜单 插入(I) ➡ 倒圆角(O)... 命令。

（2）选取圆角放置参照。选取图 27.63a 所示的四条边线为圆角放置参照，在操控板的圆角尺寸框中输入圆角半径值 2.0。

（3）在操控板中单击按钮，预览所创建圆角的特征；单击“完成”按钮。

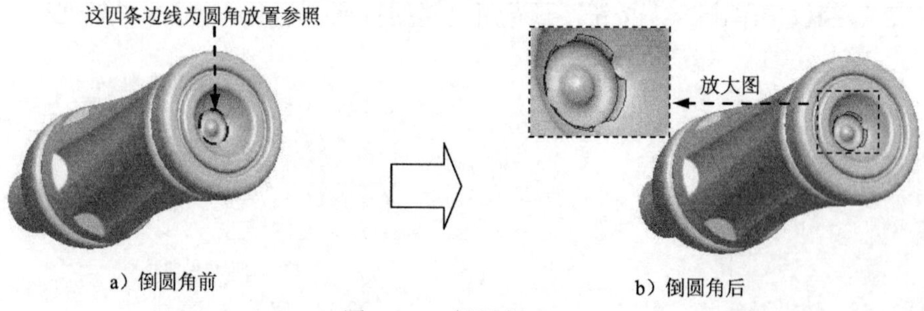

a）倒圆角前　b）倒圆角后

图 27.63 倒圆角 12

Step42. 添加倒圆角特征——倒圆角13。

（1）选择下拉菜单 插入(I) ➡ 倒圆角(O)... 命令。

（2）选取圆角放置参照。选取图27.64所示的四条边链为圆角放置参照，在操控板的圆角尺寸框中输入圆角半径值2.0。

（3）在操控板中单击 按钮，预览所创建圆角的特征；单击“完成”按钮。

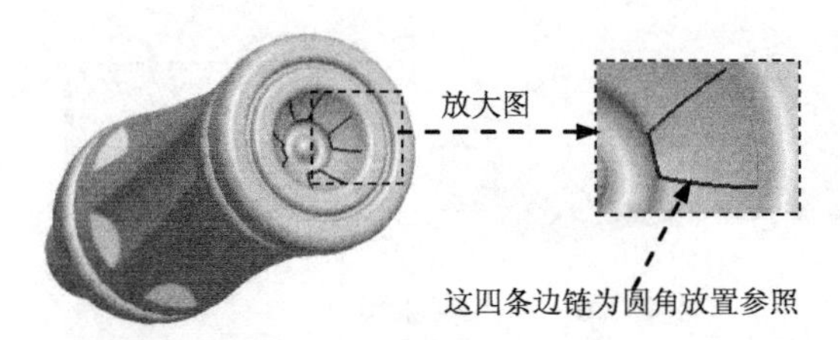

图27.64 定义倒圆角13的参照

Step43. 添加图27.65b所示的抽壳特征——壳1。

（1）选择下拉菜单 插入(I) ➡ 壳(L)... 命令，同时系统提示 ➪选取要从零件删除的曲面。。

（2）选取图27.65所示的面为要移除的实体表面。

（3）定义壁厚。在操控板的“厚度”文本框中，输入抽壳的壁厚值1.0。

（4）在操控板中单击 按钮，预览所创建的特征；单击“完成”按钮。

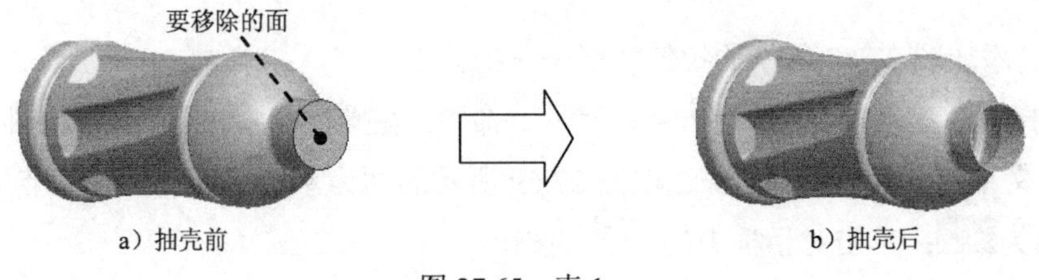

图27.65 壳1

Step44. 添加图27.66所示的螺旋扫描特征——伸出项 标识。

（1）选择下拉菜单 插入(I) ➡ 螺旋扫描(H) ▸ ➡ 伸出项(P)... 命令。

（2）定义螺旋扫描的属性。依次在弹出的 ▼ATTRIBUTES (属性) 菜单中，选择 Constant (常数) ➡ Thru Axis (穿过轴) ➡ Right Handed (右手定则) 命令，然后选择 Done (完成) 命令。

（3）定义螺旋扫描轨迹。

① 定义螺旋扫描轨迹的草绘平面及参照平面。选择 Plane (平面) 命令，选取RIGHT基准平面作为草绘平面；选择 Okay (确定) ➡ Left (左) 命令，选取TOP基准平面作为参照平面，系统进入草绘环境。

② 定义扫描轨迹的草绘参照。进入草绘环境后，接受系统给出的默认参照RIGHT和TOP基准平面。

③ 绘制和标注图27.67所示的扫描轨迹，然后单击草绘工具栏中的“完成”按钮。

（4）定义螺旋节距。在系统提示下输入节距值 5.0，按 Enter 键。

（5）创建螺旋扫描特征的截面。进入草绘环境后，绘制和标注图 27.68 所示的截面草图，然后单击草绘工具栏中的“完成”按钮✔。

说明：系统自动选取草绘平面并进行定向。在三维场景中绘制截面比较直观。

（6）单击螺旋扫描特征信息对话框中的 预览 按钮，预览并完成所创建的螺旋扫描特征。

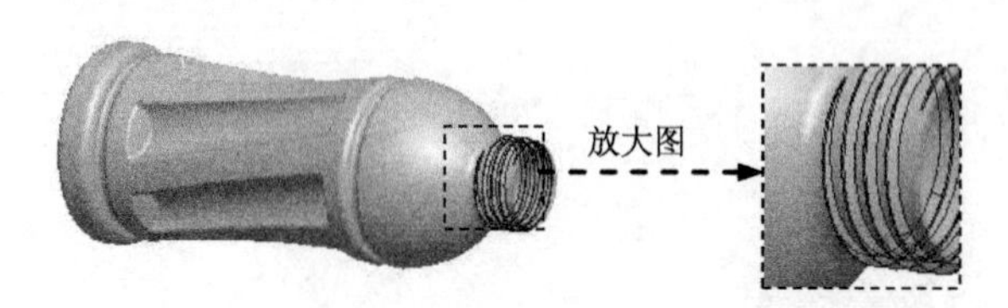

图 27.66　伸出项 标识

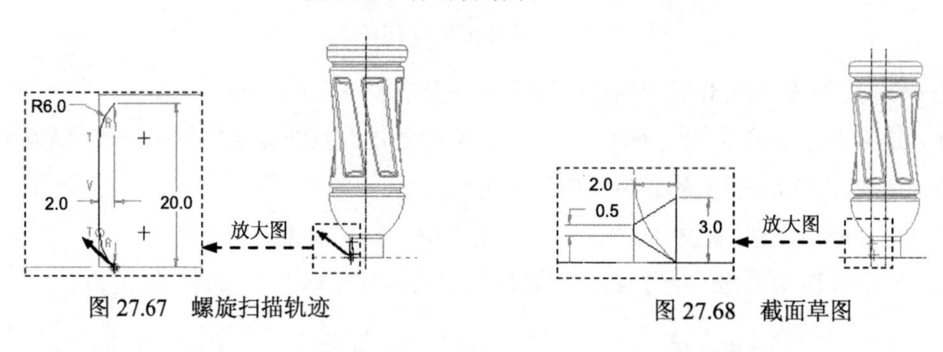

图 27.67　螺旋扫描轨迹

图 27.68　截面草图

Step45. 添加图 27.69 所示的拉伸特征——拉伸 5。

（1）选择下拉菜单 插入(I) ➡ 拉伸(E)... 命令，在操控板中按下“移除材料”按钮。

（2）定义草绘截面放置属性。选取图 27.69 所示的面为草绘平面，TOP 基准平面为参照平面，方向为 右；单击对话框中的 草绘 按钮。

（3）进入截面草绘环境后，绘制图 27.70 所示的特征截面草图；完成特征截面绘制后，单击“完成”按钮✔。

（4）在操控板中选取深度类型，输入深度值 70.0。

（5）在操控板中单击按钮，预览所创建的特征；单击“完成”按钮✔。

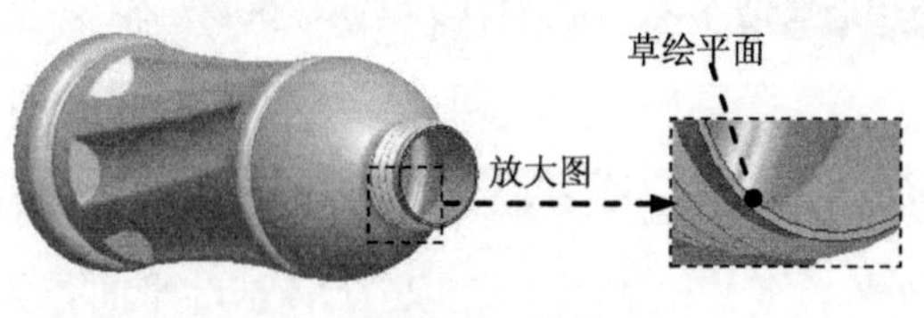

图 27.69　拉伸 5

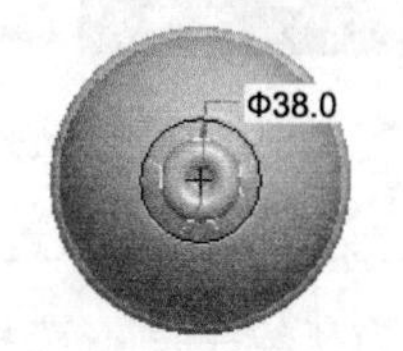

图 27.70　截面草图

Step46. 保存零件模型文件。

实例 28　订书机塑料盖

实例概述

该实例主要运用了如下一些命令：实体草绘、拉伸、造型、修剪和合并等特征，其中大量地使用了修剪和合并特征，以使读者能更熟练地应用这些特征，构思也很巧。零件模型及模型树如图 28.1 所示。

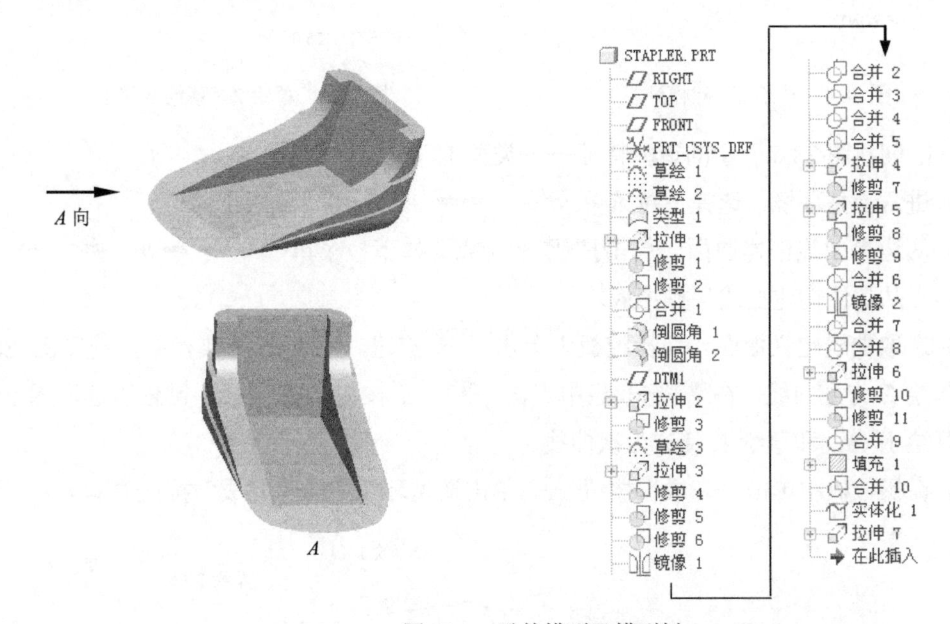

图 28.1　零件模型及模型树

Step1. 新建并命名零件模型为 STAPLER。

Step2. 创建图 28.2 所示的草绘特征——草绘 1。

（1）单击工具栏上的“草绘“按钮，系统弹出“草绘”对话框。

（2）定义草绘截面放置属性。选取 TOP 基准平面为草绘平面，RIGHT 基准平面为草绘平面的参照平面，方向为 右；单击 草绘 按钮。

（3）创建草绘图。进入草绘环境后，绘制图 28.3 所示的草绘 1，完成后单击按钮。

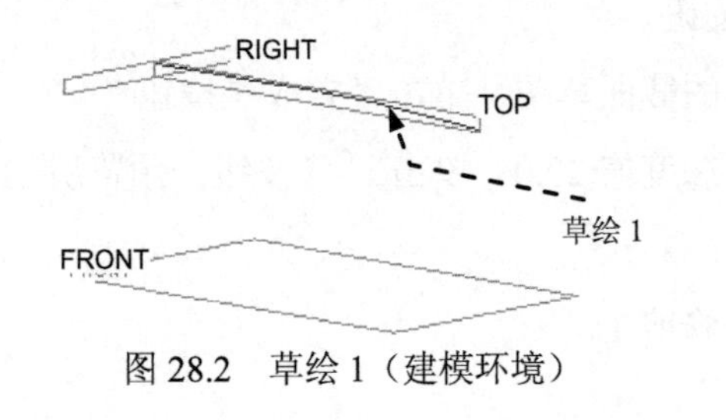

图 28.2　草绘 1（建模环境）

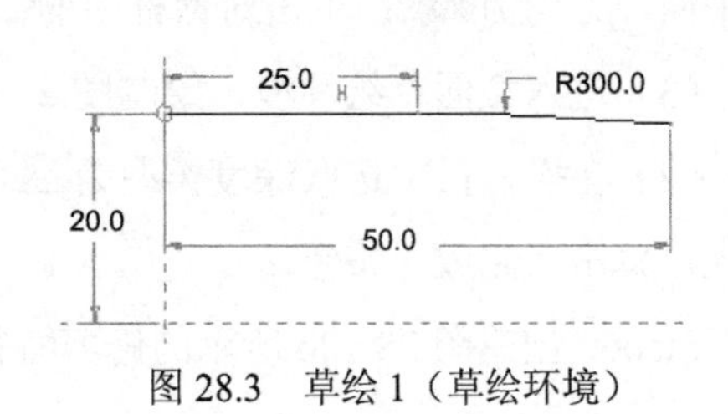

图 28.3　草绘 1（草绘环境）

Step3. 创建图 28.4 所示的草绘特征——草绘 2。

（1）单击工具栏上的“草绘”按钮，系统弹出“草绘”对话框。

（2）定义草绘截面放置属性。选取 RIGHT 基准平面为草绘平面，TOP 基准平面为参照平面，方向为左；单击草绘按钮。

（3）创建草绘图。进入草绘环境后，绘制图 28.5 所示的草绘 2，完成后单击按钮。

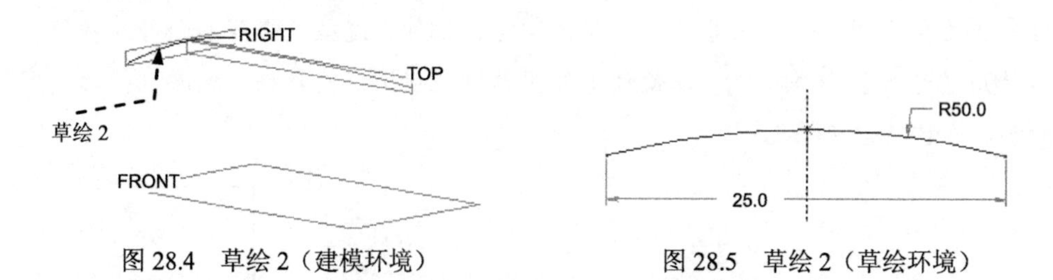

图 28.4 草绘 2（建模环境） 图 28.5 草绘 2（草绘环境）

Step4. 创建图 28.6 所示的造型特征——类型 1。

（1）进入造型环境。选择下拉菜单 插入(I) ➡ 造型(Y)... 命令。

（2）从边界曲线创建曲面。单击按钮（或选择下拉菜单 造型(Y) ➡ 曲面(S)...），系统弹出“从边线创建曲线”操控板。

（3）选取曲线定义曲面。在操控板中单击参照按钮，在首要选取栏中，选取图 28.7 所示的草绘 2 为主曲线，在内部选取栏中点击细节...按钮，按住 Ctrl 键依次选取图 28.7 所示的草绘 1（a）和草绘 1（b）为次曲线。

（4）在操控板中单击“完成”按钮，单击造型环境中的“完成”按钮。

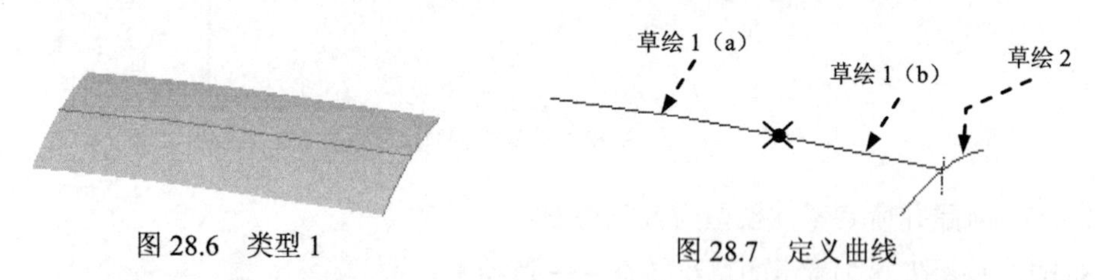

图 28.6 类型 1 图 28.7 定义曲线

Step5. 创建图 28.8 所示的拉伸面特征——拉伸 1。

（1）选择下拉菜单 插入(I) ➡ 拉伸(E)... 命令，按下按钮，即拉伸为曲面。

（2）定义截面放置属性。在绘图区右击，从弹出的快捷菜单中选择定义内部草绘...命令，系统弹出“草绘”对话框；选取 FRONT 基准平面为草绘平面，选取 RIGHT 基准平面为参照平面，方向为右；单击对话框中的草绘按钮。

（3）进入截面草绘环境，绘制图 28.9 所示的截面草图，单击“完成”按钮。

（4）在操控板中选取深度类型为，输入深度值 20.0。单击按钮，预览所创建的特征；单击“完成”按钮。

Step6. 创建图 28.10b 所示的修剪特征——修剪 1。

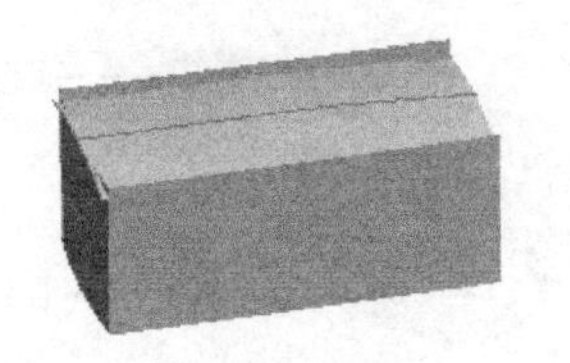

图 28.8 拉伸 1

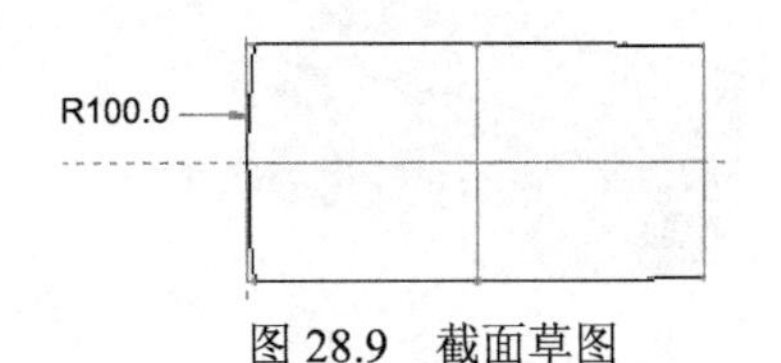

图 28.9 截面草图

（1）定义修剪面。选取图 28.10a 所示的类型面作为要修剪的面，然后选择下拉菜单 编辑(E) ➡ 修剪(T)... 命令。

（2）定义修剪对象。选取图 28.10a 所示的拉伸面为修剪对象。

（3）在操控板中单击“完成”按钮✓，完成创建修剪 1。

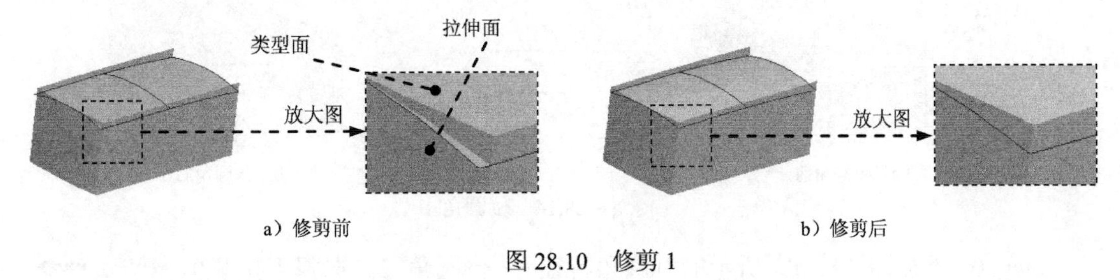

图 28.10 修剪 1

Step7. 添加图 28.11b 所示的修剪特征——修剪 2。

（1）定义修剪面。选取图 28.11a 所示的拉伸面作为要修剪的面，然后选择下拉菜单 编辑(E) ➡ 修剪(T)... 命令。

（2）定义修剪对象。选取图 28.11a 所示的类型面作为要修剪的对象。

（3）在操控板中单击“完成”按钮✓，完成创建修剪 2。

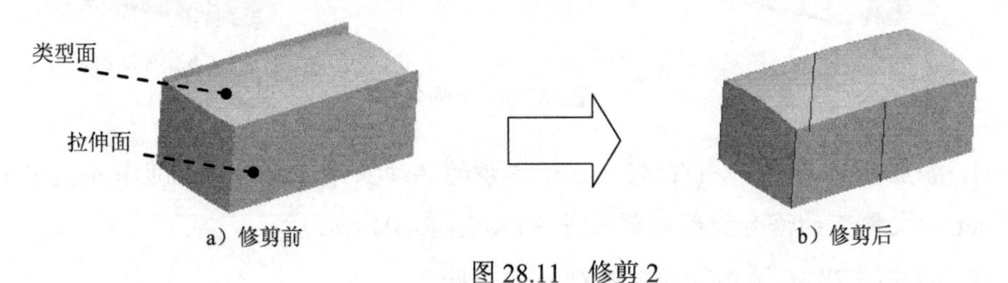

图 28.11 修剪 2

Step8. 创建图 28.12 所示的合并特征——合并 1。

（1）设置“选择”类型。单击 Pro/ENGINEER 软件界面下部的“智能”选取栏后面的按钮▾，选择 面组 选项，这样将会很轻易地选取到曲面。

（2）先按住 Ctrl 键，选取图 28.13 所示的面组 1 和面组 2，再选择下拉菜单 编辑(E) ➡ 合并(G)... 命令。

（3）在操控板中单击 ☑ 👓 按钮，预览合并后的面组，确认无误后，单击“完成”按钮✓。

Step9. 添加图 28.14b 所示倒圆角特征——倒圆角 1。

（1）选择下拉菜单 插入(I) ➡ 倒圆角(O)... 命令。

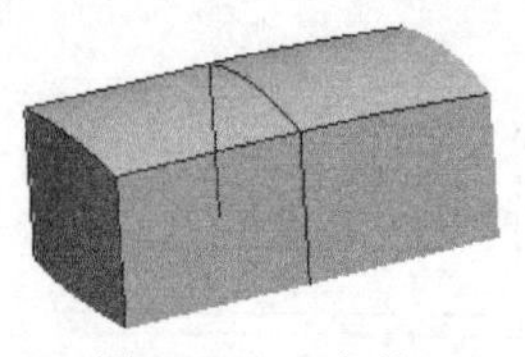

图 28.12　合并 1

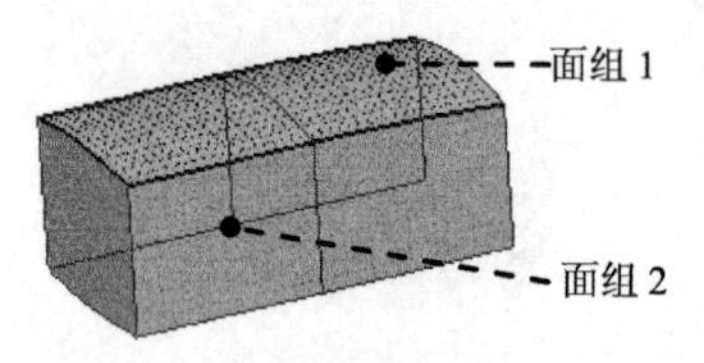

图 28.13　定义合并面

（2）选取圆角放置参照。按住 Ctrl 键，选取图 28.14a 所示的两条边线为圆角放置参照，在操控板的圆角尺寸框中输入圆角半径值 5.0。

（3）在操控板中单击按钮，预览所创建圆角的特征；单击“完成”按钮。

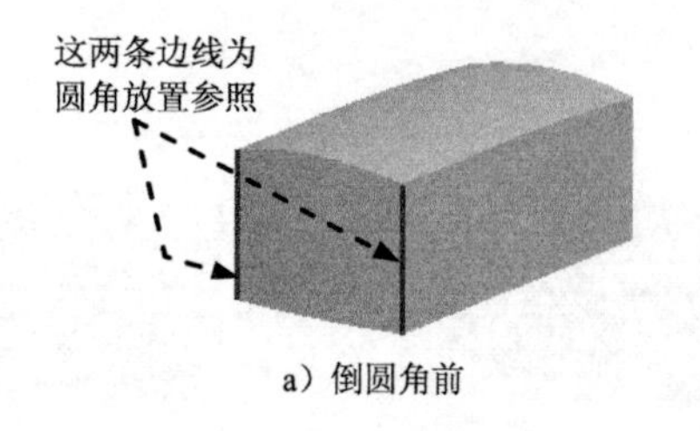

a）倒圆角前

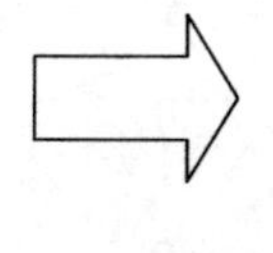

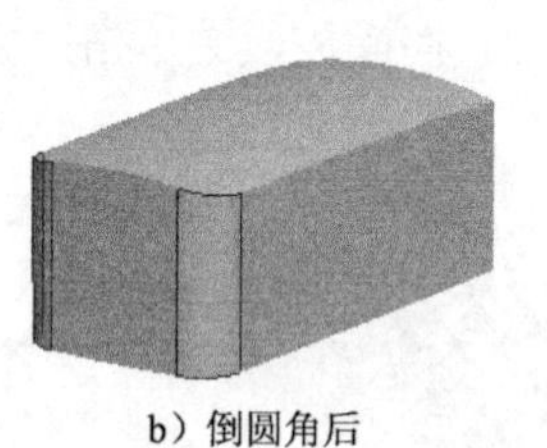

b）倒圆角后

图 28.14　倒圆角 1

Step10. 添加图 28.15b 所示的倒圆角特征——倒圆角 2。选择下拉菜单 插入(I) → 倒圆角(O)... 命令；按住 Ctrl 键，选取图 28.15a 所示的边链为圆角放置参照，圆角半径值为 5.0。

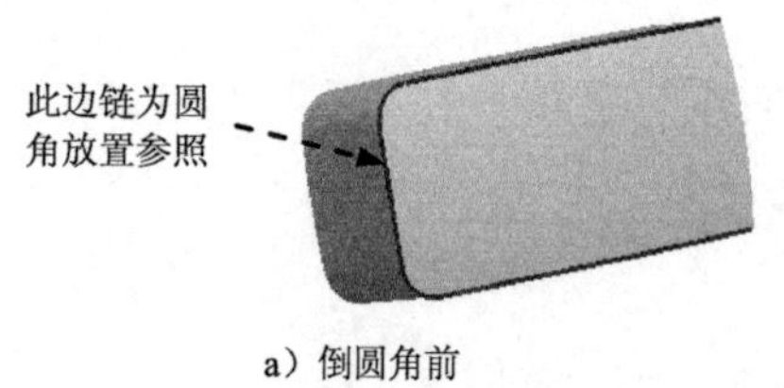

a）倒圆角前

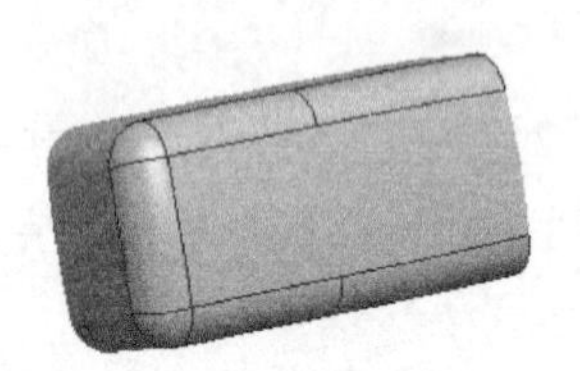

b）倒圆角后

图 28.15　倒圆角 2

Step11. 添加基准平面——DTM1（注：本步的详细操作过程请参见随书光盘中 video\ch28\reference\文件下的语音视频讲解文件 STAPLER-r01.exe）。

Step12. 创建图 28.16 所示的拉伸特征——拉伸 2。

（1）选择下拉菜单 插入(I) → 拉伸(E)... 命令，按下按钮，即拉伸为曲面。

（2）定义截面放置属性。在绘图区右击，从弹出的快捷菜单中选择 定义内部草绘... 命令，系统弹出“草绘”对话框；选取 DTM1 基准平面为草绘平面，选取 RIGHT 基准平面为参照平面，单击“反向”按钮 反向，方向为 左；单击对话框中的 草绘 按钮。

（3）进入截面草绘环境，绘制图 28.17 所示的截面草图，单击“完成”按钮。

（4）在操控板中选取深度类型为，输入深度值 40.0；单击按钮，预览所创建的特征；单击“完成”按钮。

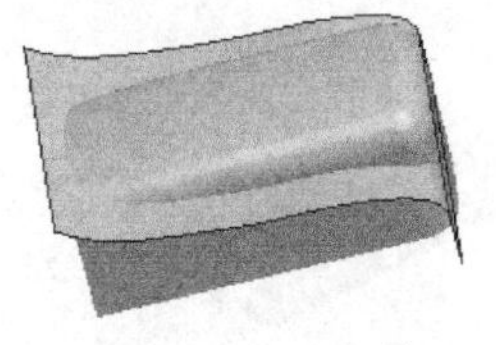

图 28.16　拉伸 2

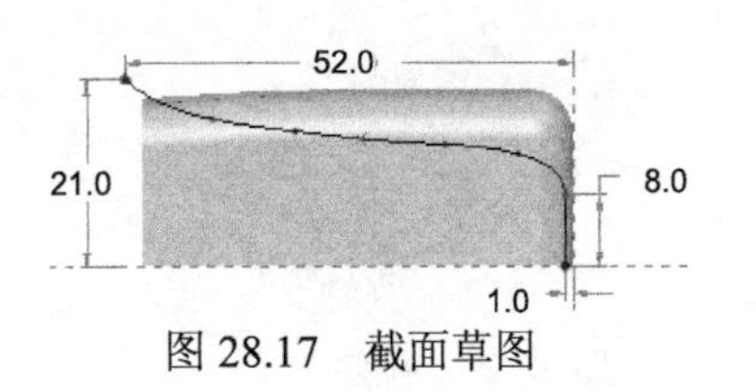

图 28.17　截面草图

Step13. 添加图 28.18b 所示的修剪特征——修剪 3。

(1)定义修剪面。选取图 28.18a 所示的面作为要修剪的面，然后选择下拉菜单 编辑(E) → 修剪(T)... 命令。

（2）定义修剪对象。选取图 28.18a 所示的实体面为要修剪的对象，图中箭头指向的一侧为修剪后的保留侧。

（3）在操控板中单击“完成”按钮，完成创建修剪 3。

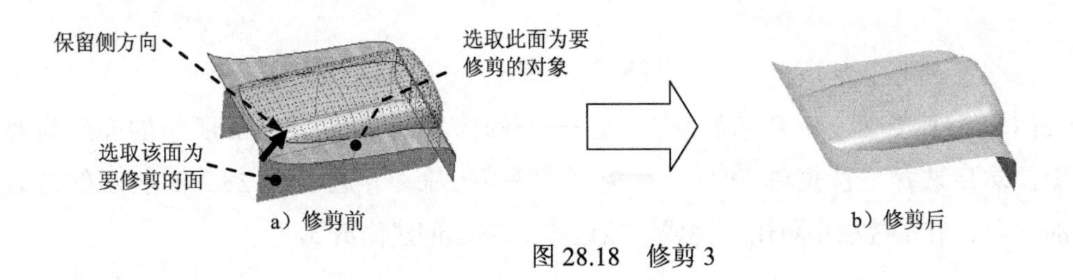

图 28.18　修剪 3

Step14. 创建图 28.19 所示的草绘特征——草绘 3。

（1）单击工具栏上的“草绘”按钮，系统弹出“草绘”对话框。

（2）定义草绘截面放置属性。选取 FRONT 基准平面为草绘平面，RIGHT 基准平面为参照平面；方向为 左；单击 草绘 按钮。

（3）进入草绘环境后，绘制图 28.20 所示的草绘 3，完成后单击按钮。

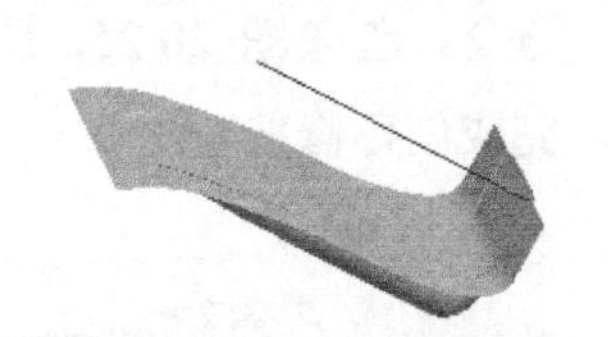

图 28.19　草绘 3（建模环境）

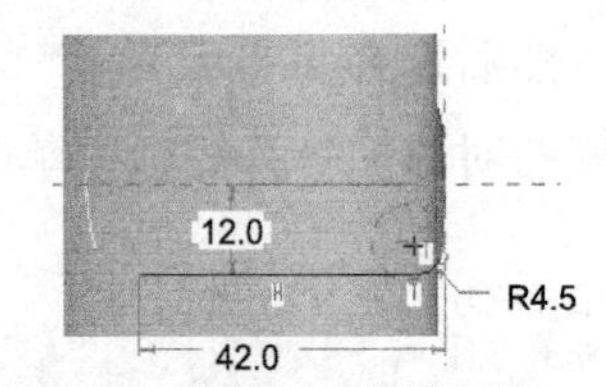

图 28.20　草绘 3（草绘环境）

Step15. 创建图 28.21 所示的拉伸特征——拉伸 3。

（1）选择下拉菜单 插入(I) → 拉伸(E)... 命令，按下按钮，即拉伸为曲面。

（2）定义截面放置属性。选取图 28.22 中的草绘 3 为要拉伸的特征 3 的截面草图。

（3）在操控板中，选取深度类型为，输入深度值 25.0；单击按钮，预览所创建的特征；单击“完成”按钮。

图 28.21 拉伸 3

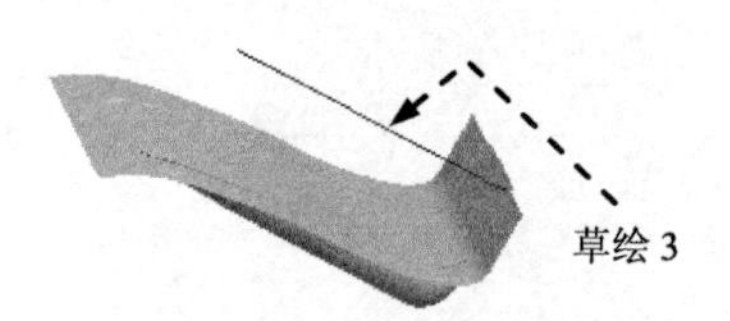

图 28.22 定义截面草图

Step16. 添加图 28.23b 所示的修剪特征——修剪 4。选取图 28.23a 所示的面作为要修剪的面，然后选择下拉菜单 编辑(E) ➡ 修剪(T)... 命令。选取图 28.23a 所示的实体面为要修剪的对象，在操控板中单击“完成”按钮✓，完成创建修剪 4。

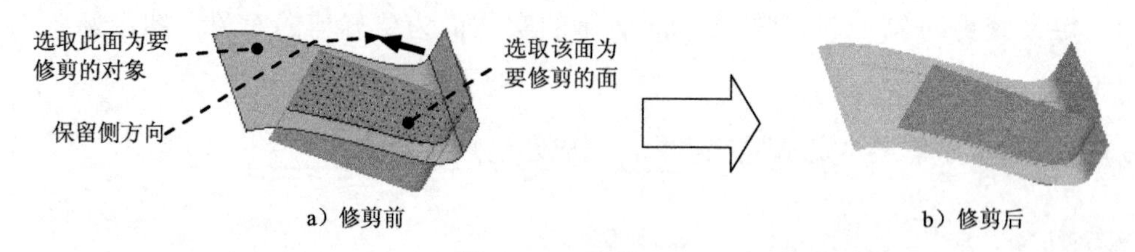

图 28.23 修剪 4

Step17. 添加图 28.24b 所示的修剪特征——修剪 5。选取图 28.24a 所示的面作为要修剪的面，然后选择下拉菜单 编辑(E) ➡ 修剪(T)... 命令。选取图 28.24a 所示的链为要修剪的对象，在操控板中单击“完成”按钮✓，完成创建修剪 5。

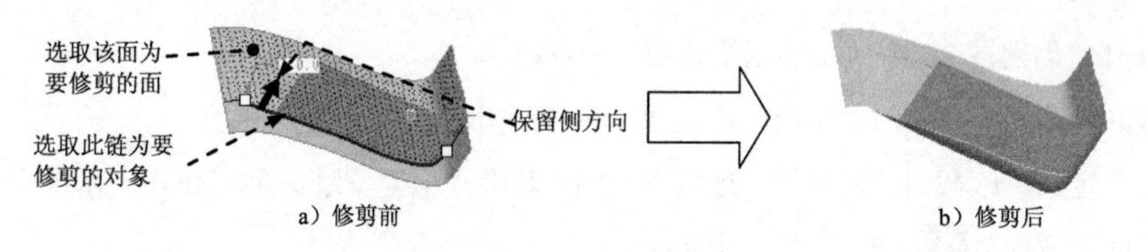

图 28.24 修剪 5

Step18. 添加图 28.25b 所示的修剪特征——修剪 6。选取图 28.25a 所示的面作为要修剪的面，然后选择下拉菜单 编辑(E) ➡ 修剪(T)... 命令。选取图 28.25a 所示的实体面为要修剪的对象，在操控板中单击“完成”按钮✓，完成创建修剪 6。

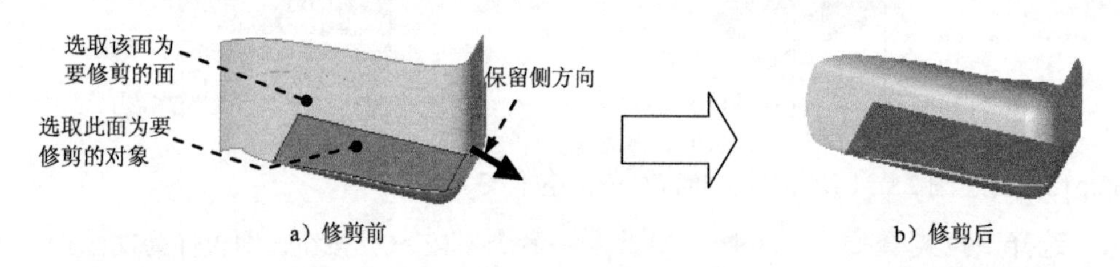

图 28.25 修剪 6

Step19. 添加图 28.26b 所示实体的镜像特征——镜像 1。

（1）定义镜像源。按住 Ctrl 键，选取图 28.26a 所示的两个面组为镜像源。

（2）选择镜像的命令。选择下拉菜单 编辑(E) ➡ 镜像(I)... 命令，选取镜像平面为 TOP 基准平面。

（3）单击操控板中的“完成”按钮✓，完成创建镜像特征。

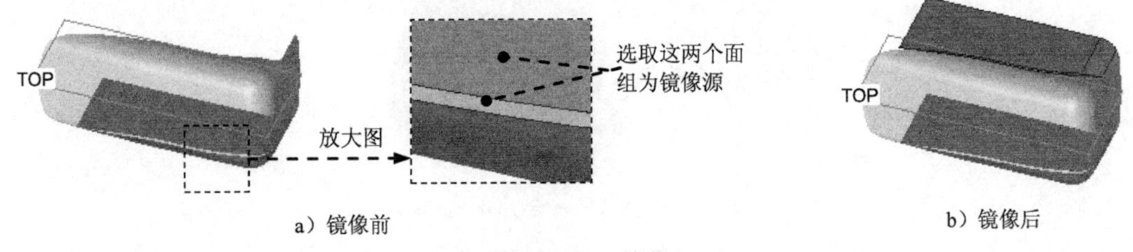

a）镜像前　　b）镜像后

图 28.26　镜像 1

Step20. 添加图 28.27 所示的合并特征——合并 2。

（1）设置“选择”类型。单击 Pro/ENGINEER 软件界面下部的“智能选取”栏后面的▼按钮，选择面组选项，这样将会很轻易地选取到曲面。

（2）定义合并面组。先按住 Ctrl 键，选取图 28.28 所示的面组 1 和面组 2，将两个面组进行合并，再选择下拉菜单 编辑(E) ➡ 合并(G)... 命令。

（3）在操控板中单击 ☑ 👓 按钮，预览合并后的面组，确认无误后，单击“完成”按钮✓。

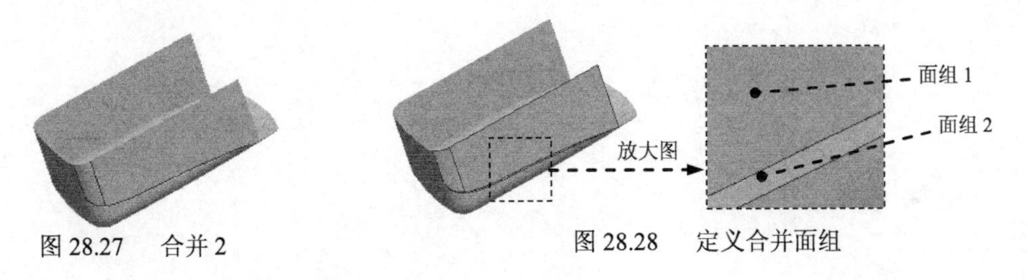

图 28.27　合并 2　　图 28.28　定义合并面组

Step21. 添加图 28.29 所示的合并特征——合并 3。

（1）设置“选择”类型。单击 Pro/ENGINEER 软件界面下部的“智能选取”栏后面的▼按钮，选择面组选项，这样将会很轻易地选取到曲面。

（2）定义合并面组。先按住 Ctrl 键，选取图 28.30 所示的合并面组 2，将其与面 1 合并，再选择下拉菜单 编辑(E) ➡ 合并(G)... 命令。

（3）在操控板中单击 ☑ 👓 按钮，预览合并后的面组，确认无误后，单击“完成”按钮✓。

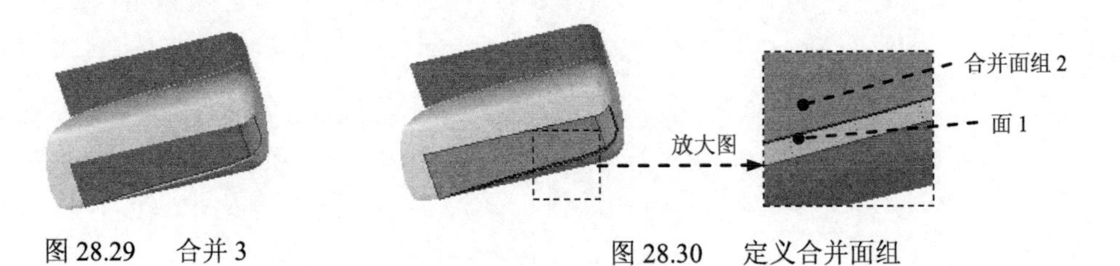

图 28.29　合并 3　　图 28.30　定义合并面组

Step22. 添加图 28.31 所示的合并特征——合并 4。选取图 28.31 所示的两个面组进行合并，再选择下拉菜单 编辑(E) → 合并(G)... 命令，预览合并后的面组，确认无误后，单击“完成”按钮✓。

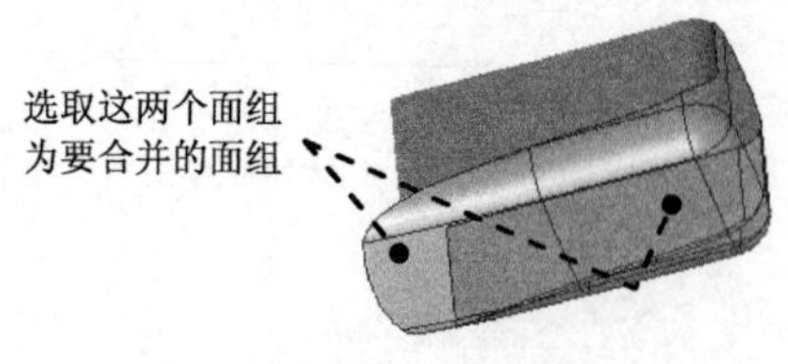

图 28.31　合并 4

Step23. 后面的详细操作过程请参见随书光盘中 video\ch28\reference\文件下的语音视频讲解文件 STAPLER-r02.exe。

实例 29　加热器加热部件

实例概述

本实例是一个比较复杂的曲面建模的实例。注意本例中一个重要曲线的创建方法，就是先运用可变截面扫描命令和关系式 sd4=trajpar*360*6 创建曲面，然后利用该曲面的边线产生所需要的曲线。零件模型及模型树如图 29.1 所示。

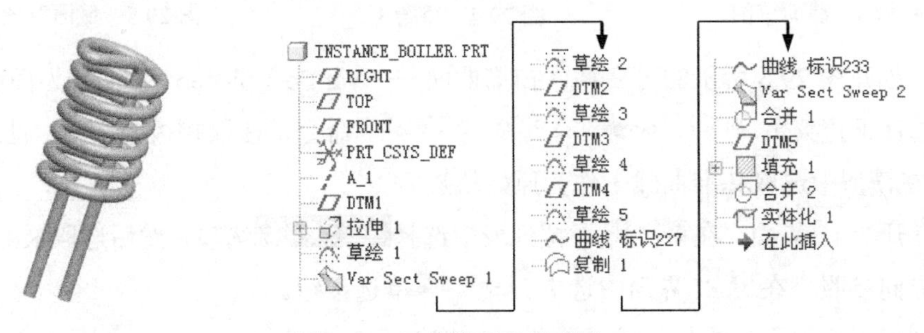

图 29.1　零件模型及模型树

Step1. 新建一个零件的三维模型，将其命名为 INSTANCE_BOILER，选用 mmns_part_solid 零件模板。

Step2. 创建基准轴——A_1。单击“轴”按钮；按住 Ctrl 键，选取 FRONT 及 RIGHT 基准平面为参照，设置为穿过。在其交线处创建一个基准轴 A_1。

Step3. 创建基准平面——DTM1（注：本步的详细操作过程请参见随书光盘中 video\ch29\reference\文件下的语音视频讲解文件 INSTANCE_BOILER-r01.exe）。

Step4. 创建图 29.2 所示的拉伸曲面—拉伸 1。选择下拉菜单 插入(I) ➡ 拉伸(E)... 命令；在操控板中按下“曲面”类型按钮；草绘平面为 TOP 基准平面，参照平面为 DTM1 基准平面，方向为底部。进入草绘后，选取 FRONT 基准平面和 A_1 基准轴为参照。绘制图 29.3 所示的截面草图；选取深度类型为，深度值为 4.5。

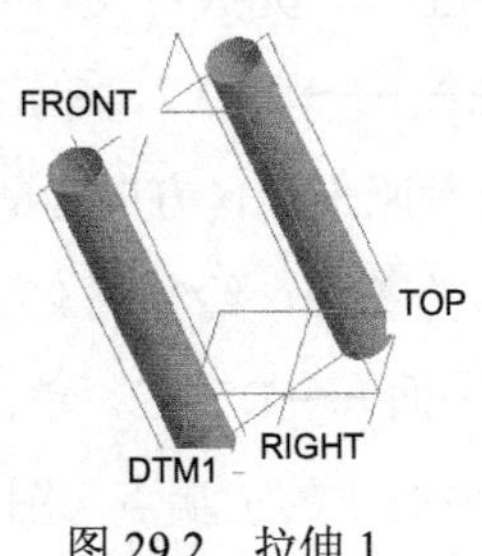

图 29.2　拉伸 1

Step5. 创建图 29.4 所示的草绘特征——草绘 1。单击工具栏中的“草绘”按钮，系统弹出“草绘”对话框。选取 FRONT 基准平面为草绘平面，TOP 基准平面为参照平面，方向为底部；选取 TOP 基准平面及 A_1 轴为参照，草绘图 29.5 所示的截面草图。

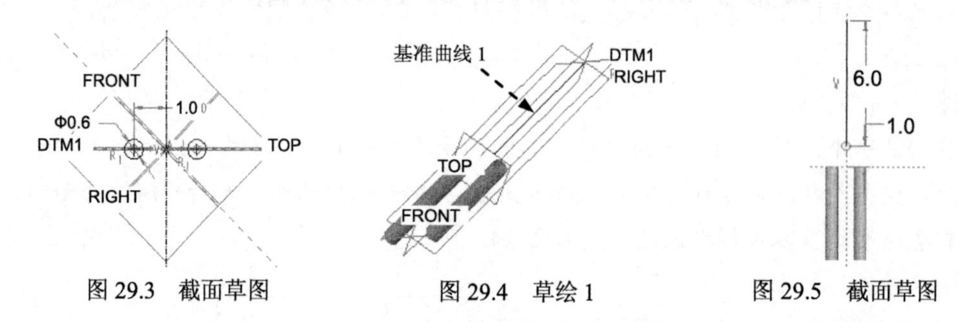

图 29.3　截面草图　　　图 29.4　草绘 1　　　图 29.5　截面草图

Step6. 创建图 29.6 所示的可变截面扫描曲面——Var Sect Sweep 1（编号为面组 1）。

（1）选择下拉菜单 插入(I) ➡ 可变截面扫描(V)... 命令，在操控板中按下“曲面”类型按钮。在模型中选取基准曲线 1 作为原始轨迹。

（2）打开 参照 界面，在 剖面控制 下拉列表中选择 垂直于投影 选项，然后选取 RIGHT 基准平面作为方向参照。在 选项 界面中选中 可变截面 单选按钮。

（3）创建可变截面扫描特征的截面。在操控板中单击“草绘”按钮，进入草绘环境后，创建图 29.7a 所示的特征截面，定义时的截面草图如图 29.7b 所示；选择下拉菜单 工具(T) ➡ 关系(R)... 命令，在弹出的“关系”对话框中的编辑区，输入关系式 sd4=trajpar*360*6；单击“完成”按钮。

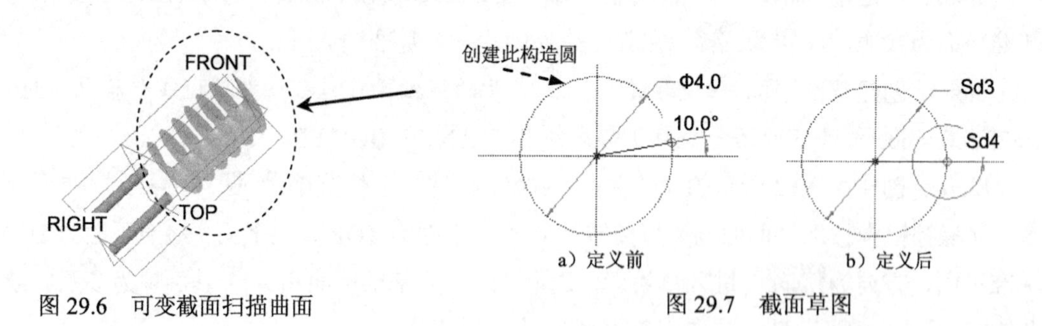

图 29.6　可变截面扫描曲面　　　图 29.7　截面草图

（4）在操控板中单击“完成”按钮，完成可变截面扫描特征的创建。

Step7. 创建图 29.8 所示的草绘曲线——草绘 2。单击“草绘”按钮；选取 DTM1 基准平面为草绘平面，TOP 基准平面为参照平面，方向为底部；进入草绘环境后，选取 TOP 基准平面及图 29.9 所示的顶点、轴线为参照，绘制图 29.9 所示的截面草图。

Step8. 创建图 29.10 所示的基准平面——DTM2。单击“创建基准平面”按钮；系统弹出“基准平面”对话框，选取基准曲线 1 的上端点（图 29.10）为参照，约束类型为穿过，然后按住 Ctrl 键，选取 TOP 基准平面为参照，并设置为平行。单击对话框中的 确定 按钮，完成 DTM2 基准平面的创建。

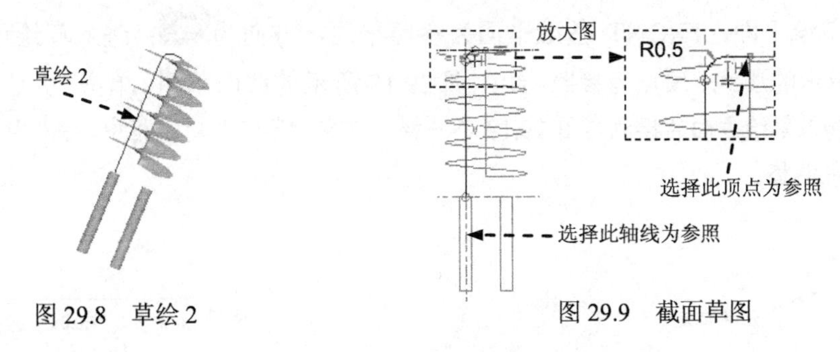

图 29.8　草绘 2　　图 29.9　截面草图

Step9. 创建图 29.11 所示的草绘曲线——草绘 3。单击“草绘”按钮；选取 DTM2 基准平面为草绘平面，FRONT 基准平面为参照平面，方向为顶；选取轴线 A_1、A_2 及图 29.12 中的圆为草绘参照，绘制图 29.12 所示的截面草图。

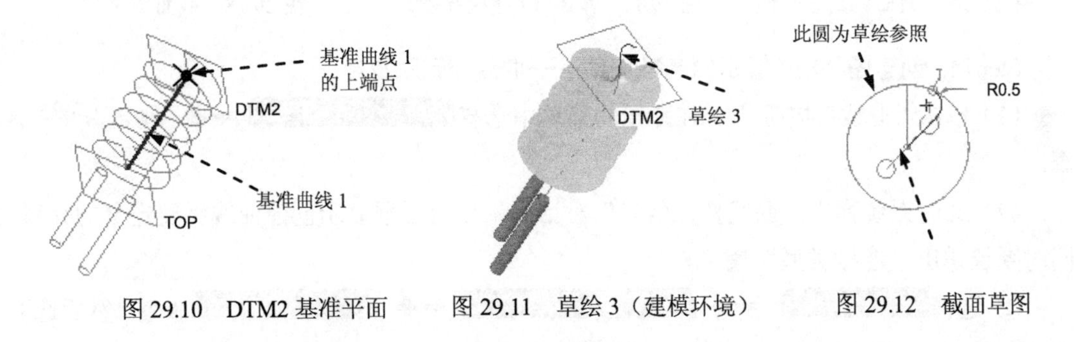

图 29.10　DTM2 基准平面　　图 29.11　草绘 3（建模环境）　　图 29.12　截面草图

Step10. 创建图 29.13 所示的基准平面——DTM3。单击“创建基准平面”按钮；选取 FRONT 基准平面为参照，设置为“平行”。按住 Ctrl 键，再选取 A_2 轴线为参照，设置为“穿过”。

Step11. 创建图 29.14 所示的草绘曲线——草绘 4。单击“草绘”按钮；选取 DTM3 基准平面为草绘平面，TOP 基准平面为参照平面，方向为底部；选取 TOP 基准平面、轴线 A_2 及图 29.15 中的顶点为参照，绘制图 29.15 所示的截面草图。

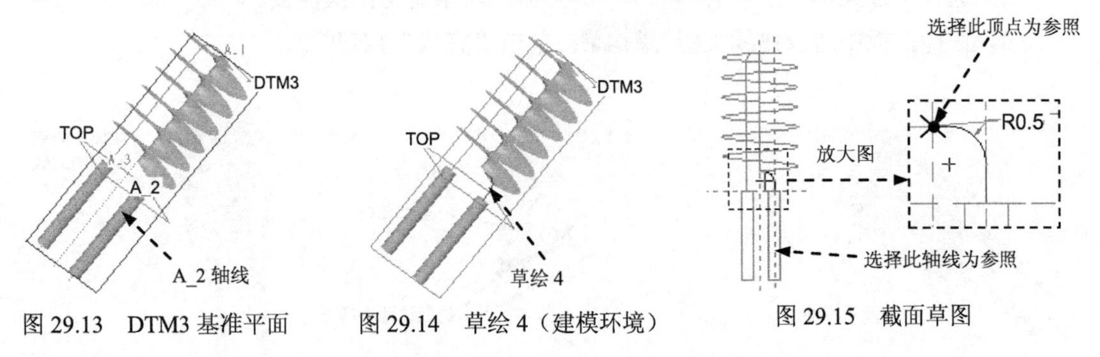

图 29.13　DTM3 基准平面　　图 29.14　草绘 4（建模环境）　　图 29.15　截面草图

Step12. 创建图 29.16 所示的基准平面——DTM4。选取图 29.16 所示的基准曲线 1 的下端点为参照；按住 Ctrl 键，再选取 TOP 基准平面为参照，并设置为“平行”。

Step13. 创建图 29.17 所示的草绘曲线——草绘 5。单击“草绘”按钮；选取 DTM4

基准平面为草绘平面，FRONT 基准平面为参照平面，方向为 右；进入草绘环境后，选取图 29.18 所示的边线、顶点为参照；绘制图 29.18 所示的截面草图，单击“完成”按钮✓。

注意：如果草绘方向的摆放与图 29.18 不一样，可在“草绘”对话框中单击 反向 按钮，进行草绘方向的调整。

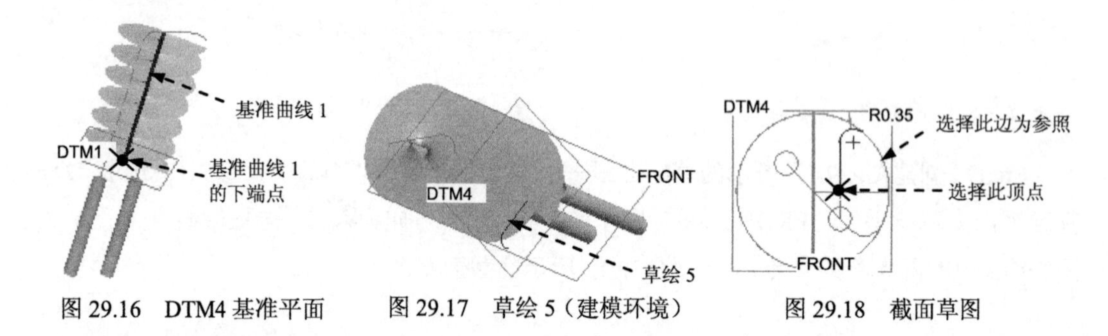

图 29.16 DTM4 基准平面　　图 29.17 草绘 5（建模环境）　　图 29.18 截面草图

Step14. 创建图 29.19 所示的基准曲线——曲线 标识 227。

（1）单击“曲线”按钮；在弹出的菜单中选择 Thru Points（通过点） ➡ Done（完成） 命令。

（2）此时系统弹出“曲线特征信息”对话框，该对话框显示创建曲线将要定义的元素，同时系统弹出“连接类型”菜单。

① 选择 Spline（样条） ➡ Whole Array（整个阵列） ➡ Add Point（添加点） 命令，然后选取图 29.20 所示的两个端点；选择 Done（完成） 命令。

② 双击信息对话框中的 Tangency（相切）元素；选取图 29.20 所示的基准曲线 3 作为相切的曲线，并选取相切方向。

③ 选择 Done/Return（完成/返回） 命令，然后单击信息对话框中的 确定 按钮。

Step15. 用复制的方法创建基准曲线——复制 1。

（1）选取图 29.21 中要复制的边线，然后选择下拉菜单 编辑(E) ➡ 复制(C) 命令。

（2）选择下拉菜单 编辑(E) ➡ 粘贴(P) 命令，系统弹出操控板。

（3）在操控板中选取曲线类型为 精确；单击“完成”按钮✓。

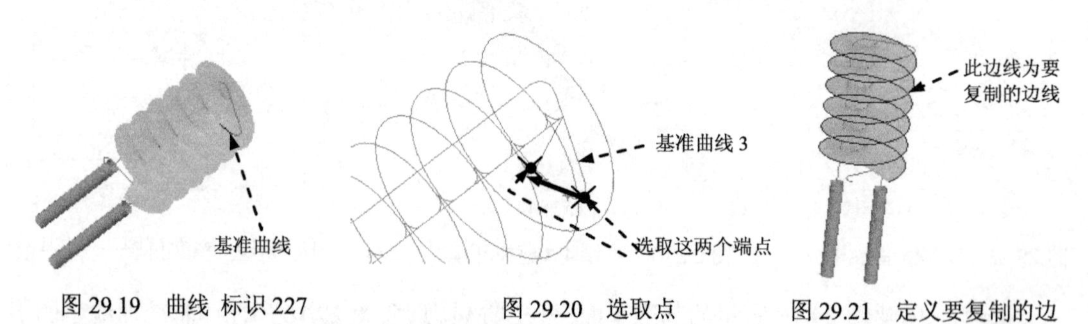

图 29.19 曲线 标识 227　　图 29.20 选取点　　图 29.21 定义要复制的边

Step16. 创建图 29.22 所示的基准曲线——曲线 标识 233。单击“曲线”按钮；在弹出的菜单中，选择 Thru Points（通过点） → Done（完成）命令；系统弹出特征信息对话框和“连结类型”菜单；选择 Spline（样条） → Whole Array（整个阵列） → Add Point（添加点）命令，然后选取图 29.23 所示的两个点，选择 Done（完成）命令；双击信息对话框中的“Tangency（相切）”元素，然后选取图 29.23 所示的曲线作为相切的曲线，并选取相切方向；选择 Done/Return（完成/返回）命令，再单击信息对话框中的 确定 按钮。

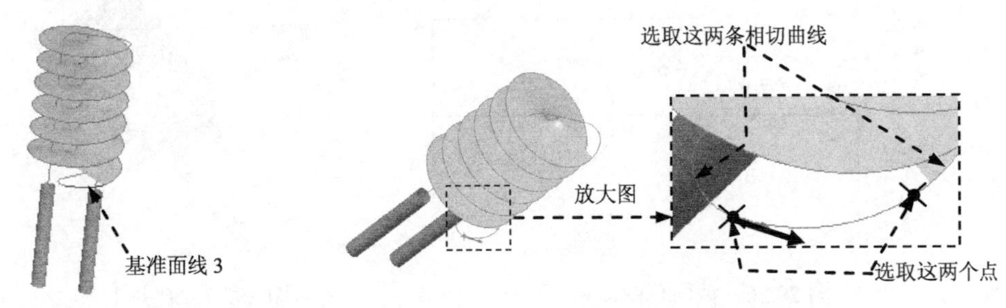

图 29.22　曲线 标识 233　　　　图 29.23　定义曲线参照

Step17. 将 Step6 创建的可变截面扫描曲面（面组 1）隐藏。

Step18. 将 Step6 创建的基准曲线 1 隐藏。

Step19. 创建图 29.24 所示的可变截面扫描曲面——Var Sect Sweep 2 面组 2。

（1）选择下拉菜单 插入(I) → 可变截面扫描(V)... 命令，在操控板中按下“曲面”类型按钮。

（2）定义可变截面扫描的轨迹。首先在模型树中选取草绘 4，然后按住 Shift 键，依次选取草绘 5、如图 29.25 所示的曲线 3、曲线 2、曲线 1、草绘 3 和草绘 2，系统便自动将这些曲线定义为原始轨迹。

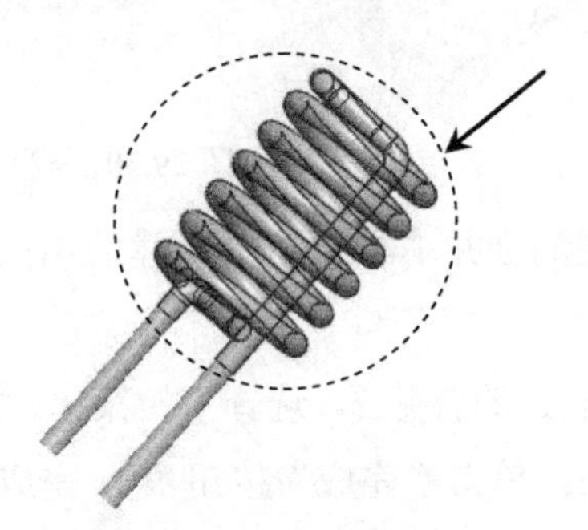

图 29.24　可变截面扫描曲面

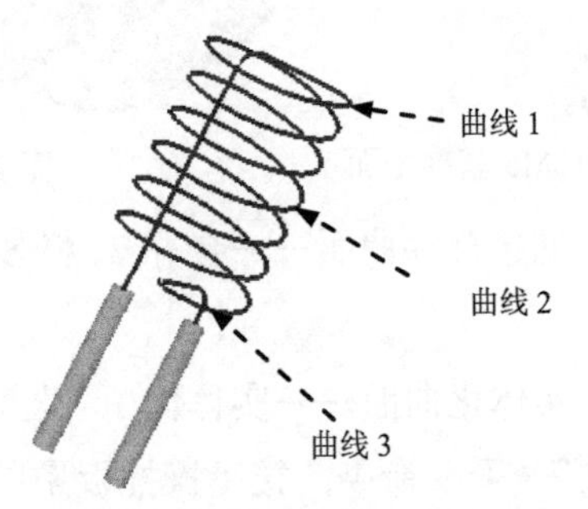

图 29.25　选取曲线

（3）在 选项 界面中选中 可变截面 单选按钮。在 参照 界面的 剖面控制 下拉列表中，选择 垂直于轨迹 选项。

（4）创建特征的截面。在操控板中单击“草绘”按钮，创建图 29.26 所示的特征截面。

（5）在操控板中单击“预览”按钮，可预览所创建的可变截面扫描特征。单击“完成”按钮，完成可变截面扫描特征的创建。

Step20. 创建合并曲面——合并 1。按住 Ctrl 键，选取图 29.27 所示的面组 1 和面组 2 进行合并。选择下拉菜单 编辑(E) ➡ 合并(G)... 命令；单击操控板中的“完成”按钮✓。

Step21. 创建图 29.28 所示的基准平面——DTM5。选取圆柱底端的边线为参照，设置为穿过。

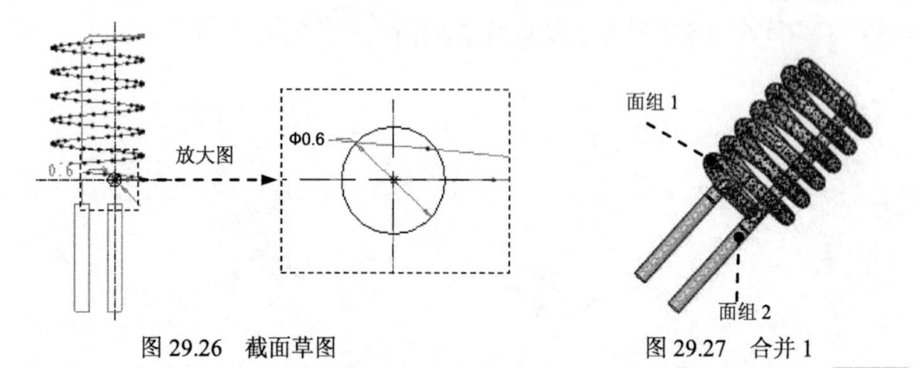

图 29.26 截面草图　　图 29.27 合并 1

Step22. 创建图 29.29 所示的平整曲面特征——填充 1。选择下拉菜单 编辑(E) ➡ 填充(L)... 命令；在图形区右击，选择 定义内部草绘... 命令；选取 DTM5 基准平面为草绘平面，FRONT 基准平面为参照平面，方向为底部；利用“使用边”命令，创建图 29.30 所示的草图。单击“完成”按钮✓。在操控板中单击“完成”按钮✓，完成平整曲面的创建。

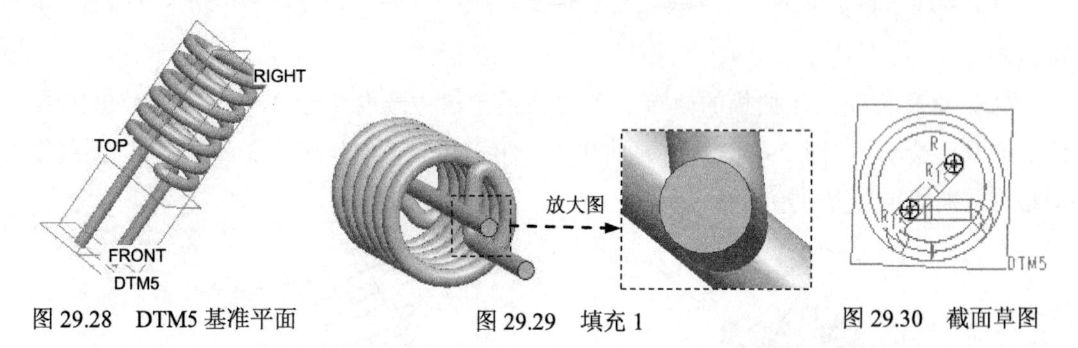

图 29.28 DTM5 基准平面　　图 29.29 填充 1　　图 29.30 截面草图

Step23. 创建合并曲面——合并 2。将 Step20 创建的合并 1 与 Step22 创建的填充 1 进行合并。

Step24. 实体化曲面——实体化 1。选取 Step23 创建的合并 2，选择下拉菜单 编辑(E) ➡ 实体化(Y)... 命令，接受操控板中的默认选项；单击“完成”按钮✓，完成实体化操作。

Step25. 保存零件模型文件。

实例 30　球轴承详细设计

30.1　概　　述

本实例介绍球轴承的创建和装配过程：首先是创建轴承的内圈、保持架及滚动体，它们分别生成一个模型文件，然后装配模型，并在装配体中创建轴承外圈。其中，创建外圈时用到的“在装配体中创建零件模型”方法尤为重要。装配组件模型如图 30.1.1 所示。

30.2　轴 承 内 圈

轴承内圈零件模型及模型树如图 30.2.1 所示。

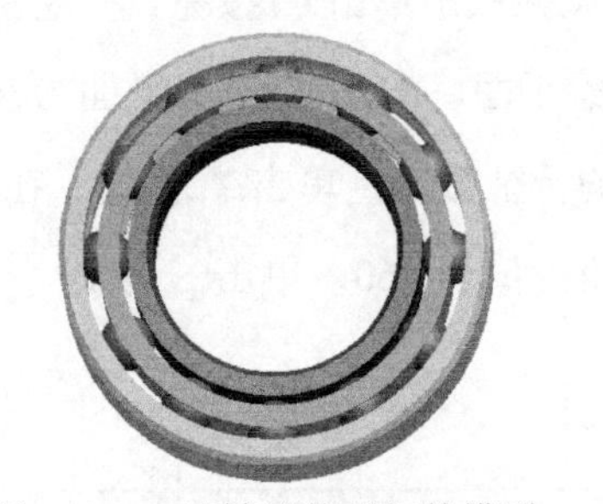

图 30.1.1　球轴承装配组件模型

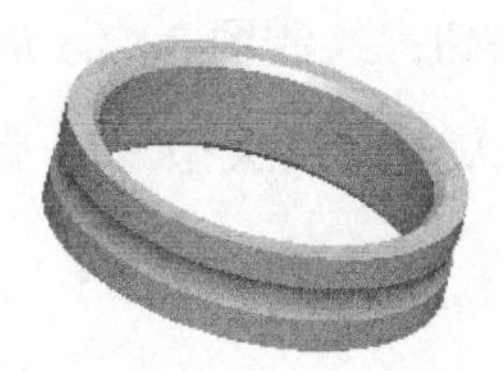

BEARING_IN.PRT
RIGHT
TOP
FRONT
PRT_CSYS_DEF
旋转 1
倒角 1
在此插入

图 30.2.1　轴承内圈零件模型及模型树

说明：本例前面的详细操作过程请参见随书光盘中 video\ch30\ch30.02\reference\文件下的语音视频讲解文件 BEARING_IN-r01.exe。

Step1. 打开文件 proewf5.5\work\ch30\BEARING_IN_ex.prt。

Step2. 添加图 30.2.2b 所示的倒角特征——倒角 1。

（1）选择下拉菜单 插入(I) ➡ 倒角(M) ▸ ➡ 边倒角(E)... 命令。

（2）选取倒角放置参照。按住 Ctrl 键，选取图 30.2.2a 所示的边线。

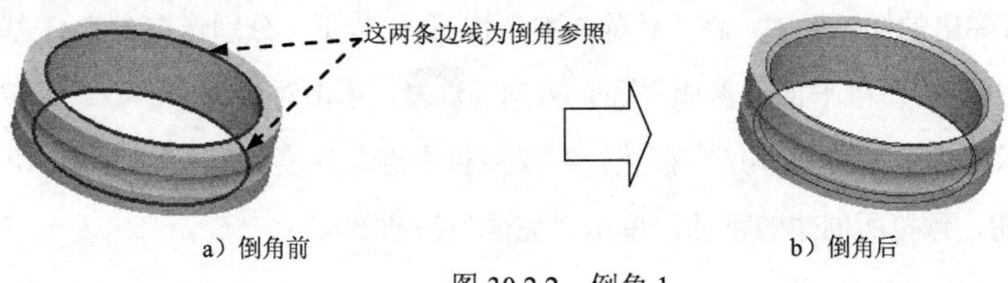

a）倒角前　　　　b）倒角后

图 30.2.2　倒角 1

（3）设置倒角方案。在操控板中选取倒角方案D x D，输入 D 值 1.0。

（4）单击操控板中的按钮，预览所创建的倒角特征；单击“完成”按钮。

30.3 轴承保持架

轴承保持架零件模型及模型树如图 30.3.1 所示。

图 30.3.1 轴承保持架零件模型及模型树

Step1. 新建并命名零件模型为 BEARING_RING，选用mmns_part_solid零件模板。

Step2. 创建图 30.3.2 所示的实体旋转特征——旋转 1。选择下拉菜单插入(I) ➡ 旋转(R)...命令；在操控板中确认按钮被按下，并在操控板中单击按钮，在绘图区右击，选择定义内部草绘...命令；以 FRONT 基准平面为草绘平面，RIGHT 基准平面为参照平面，方向为右；单击草绘按钮；绘制图 30.3.3 所示的特征截面，单击按钮；在的文本框中输入加厚值 1.0。选取旋转角度类型，旋转角度值为 360，单击按钮。

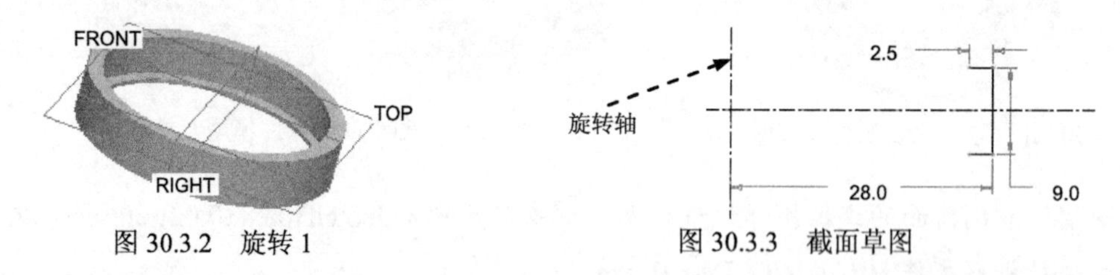

图 30.3.2 旋转 1　　图 30.3.3 截面草图

Step3. 创建图 30.3.4 所示的基准平面——DTM1。单击“创建基准平面”按钮，系统弹出“基准平面”对话框，选取 FRONT 基准平面，然后在对话框的平移文本框中输入 28.0，单击对话框中的确定按钮。

Step4. 添加图 30.3.5 所示拉伸特征——拉伸 1。选择下拉菜单插入(I) ➡ 拉伸(E)...命令；在系统弹出的操控板中，将“移除材料”按钮按下。分别选取 DTM1 基准平面为草绘平面，RIGHT 基准平面为参照平面，方向为右。单击对话框中的草绘按钮；绘制图 30.3.6 所示的截面草图，单击按钮。在操控板中选取深度类型，输入深度值为 20，单击按钮，预览所创建的特征；单击“完成”按钮。

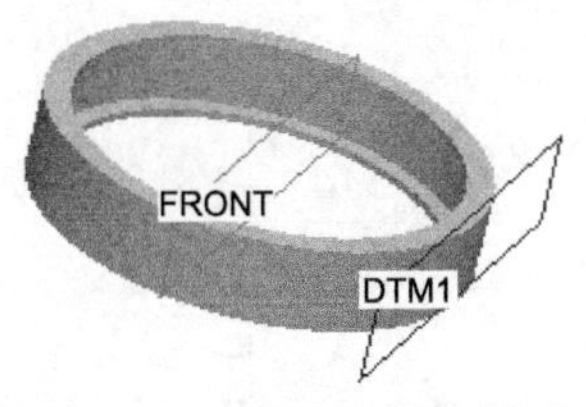

图 30.3.4　DTM1 基准平面

图 30.3.5　拉伸 1

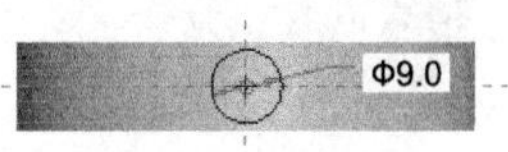

图 30.3.6　截面草图

Step5. 创建图 30.3.7b 所示的阵列特征——阵列 1。

（1）在模型树中选择拉伸 1，然后右击，在弹出的快捷菜单中选择 阵列... 命令，系统出现“阵列”操控板。

（2）在“阵列”操控板的下拉列表中选择 轴 。

（3）选择图 30.3.8 中的轴 A_1 为阵列中心轴；在阵列操控板中输入阵列个数为 12。成员之间的角度值为 30。

（4）在操控板中单击 ✓ 按钮，完成创建阵列特征。

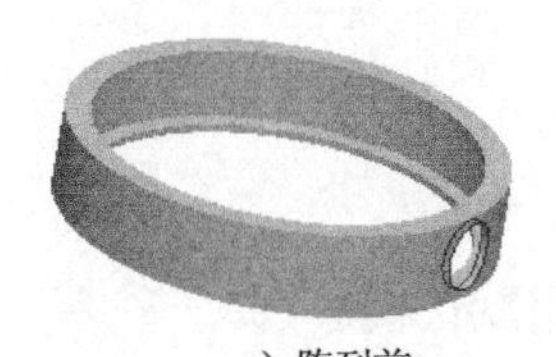
a）阵列前

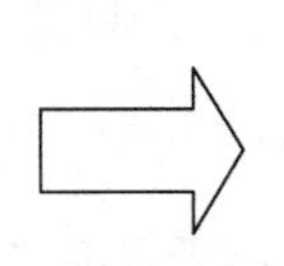

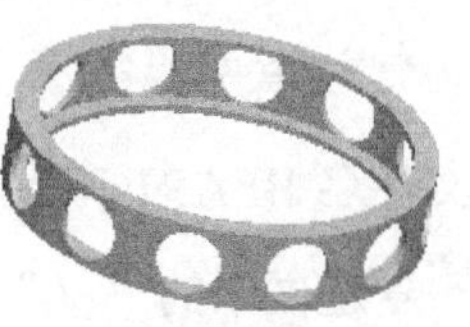
b）阵列后

图 30.3.7　阵列 1

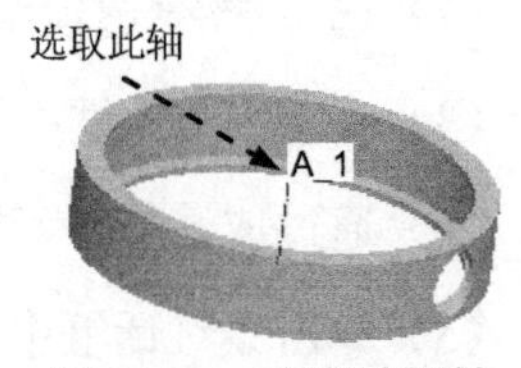

图 30.3.8　定义阵列轴

30.4　轴承滚动体

轴承滚动体零件模型和模型树如图 30.4.1 所示。

Step1. 新建并命名零件模型为 BALL，选用 mmns_part_solid 零件模板。

Step2. 创建图 30.4.2 所示的实体旋转特征——旋转 1。

（1）选择下拉菜单 插入(I) ➡ 旋转(R)... 命令。

（2）在出现的操控板中确认“实体”类型按钮 □ 被按下，在图形区右击，选择 定义内部草绘... 命令；FRONT 基准平面为草绘平面，RIGHT 基准平面为参照平面，方向为 右 ；单击 草绘 按钮。

（3）进入截面草绘环境后，绘制图 30.4.3 所示的特征截面；完成后，单击“草绘完成”按钮 ✓ 。

（4）在操控板中选取旋转角度类型 ⊥ ，输入旋转角度值 360，单击“完成”按钮 ✓ 。

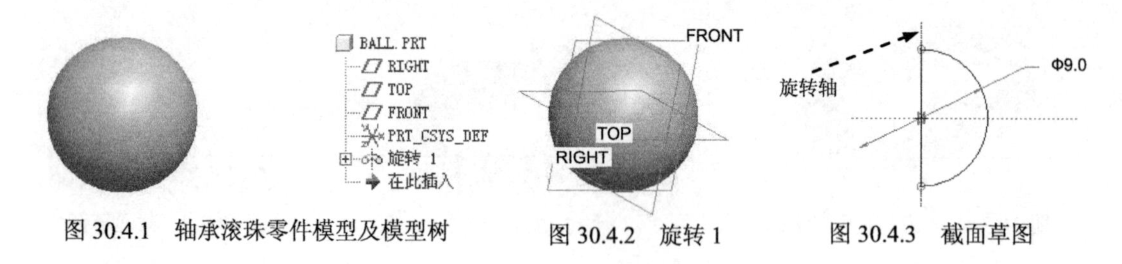

图 30.4.1 轴承滚珠零件模型及模型树　　图 30.4.2 旋转 1　　图 30.4.3 截面草图

30.5 轴承的装配

装配组件如图 30.1.1 所示。

Step1. 将工作目录设置至 D:\proewf5.5\work\ch30。

Step2. 单击“新建”按钮，在弹出的文件“新建”对话框中，进行下列操作。

（1）选中类型选项组下的 组件 单选按钮。

（2）选中子类型选项组下的设计单选按钮。

（3）在名称文本框中输入文件名 BEARING_ASM。

（4）通过取消☑ 使用缺省模板复选框中的“√”号，来取消“使用默认模板”。

（5）单击该对话框中的确定按钮。

Step3. 选取适当的装配模板。在系统弹出的“新文件选项”对话框中，进行下列操作。

（1）在模板选项组中选取mmns_asm_design模板命令。

（2）对话框中的两个参数 DESCRIPTION 和 MODELED_BY 与 PDM 有关，一般不对此进行操作。

（3）复制相关绘图复选框一般不用进行操作。

（4）单击该对话框中的确定按钮。

Step4. 引入第一个零件。

（1）在下拉菜单中选择插入(I) ➡ 元件(C) ➡ 装配(A)...命令。

（2）此时系统弹出文件“打开”对话框，选择轴承零件模型文件 BEARING_IN.PRT，然后单击打开按钮。

Step5. 完全约束放置第一个零件。完成 Step4 操作后，系统弹出图 30.5.1 所示的元件放置操控板，在该操控板中单击放置按钮，在“放置”界面的约束类型下拉列表中选择缺省选项，将元件按默认放置，此时状态区域显示的信息为完全约束；单击✔按钮。

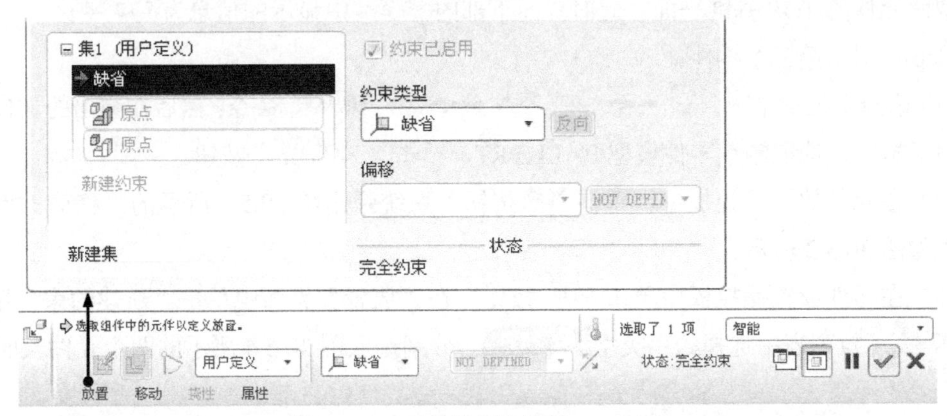

图 30.5.1　元件放置操控板

Step6. 引入第二个零件。

（1）选择下拉菜单 插入(I) → 元件(C) → 装配(A)... 命令；然后在弹出的文件“打开”对话框中，选取轴承零件模型 BEARING_RING.PRT，单击 打开 按钮。

（2）在元件放置操控板中单击 移动 按钮，系统弹出图 30.5.2 所示的“移动”界面，其设置如图 30.5.2 所示。

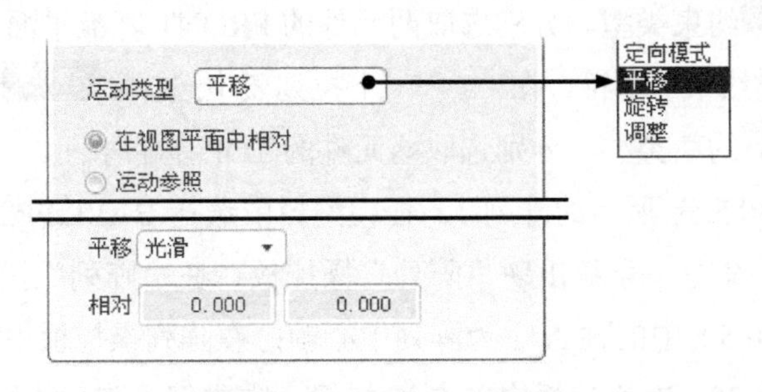

图 30.5.2　“移动”界面

（3）在元件放置操控板中单击 放置 按钮，在“放置”界面中单击“新建约束”字符。在 约束类型 下拉列表中选择 对齐 约束类型。分别选取 30.5.3 所示的两个元件上要对齐的轴线 A_1。此时界面下部的 状态 中显示的信息为 完全约束。

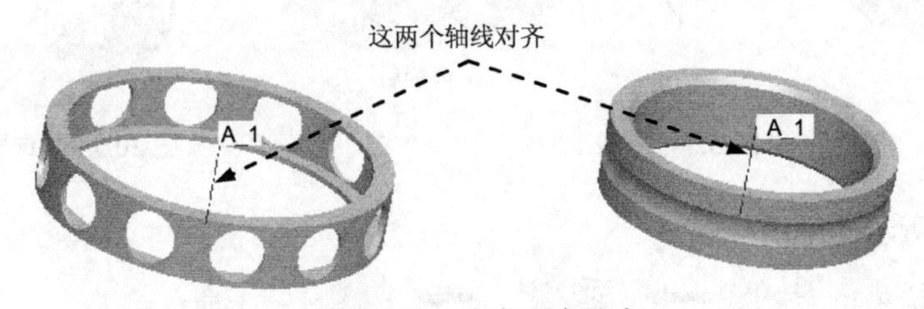

图 30.5.3　定义对齐约束

（4）在元件放置操控板中单击 放置 按钮，在“放置”界面中单击“新建约束”字符。在 约束类型 下拉列表中选择 对齐 约束类型，在 偏移 下拉列表中选择 重合 约束类型。分别选取两元件的 TOP 基准平面。此时界面下部的状态中显示的信息为完全约束。

Step7. 引入第三个零件。

（1）选择下拉菜单 插入(I) ➡ 元件(C) ▸ ➡ 装配(A)... 命令；然后在弹出的文件“打开”对话框中，选取轴承零件模型 BALL.PRT，单击 打开 按钮。

（2）在元件放置操控板中，单击 移动 按钮，系统弹出图 30.5.2 所示的“移动”界面，其设置如图 30.5.2 所示。

（3）在元件放置操控板中单击 放置 按钮，在“放置”界面中单击“新建约束”字符。在 约束类型 下拉列表中选择约束类型 相切。分别选取图 30.5.4 所示的两个元件表面。

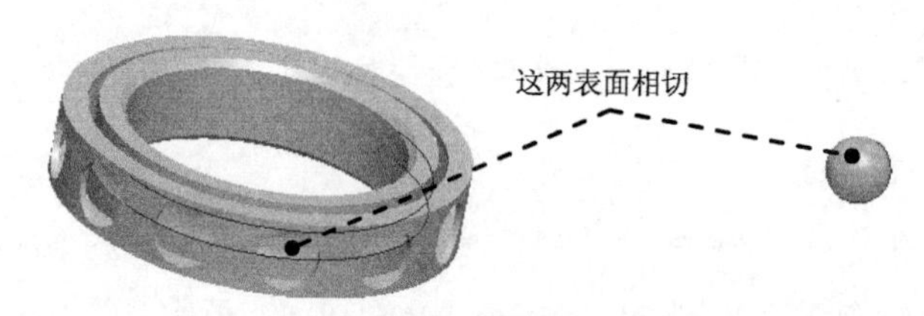

图 30.5.4　定义相切约束

（4）单击“新建约束”字符，在 约束类型 下拉列表中选择 对齐 约束类型。在 偏移 下拉列表中选择 重合 约束类型。分别选取两元件的 FRONT 基准平面。

（5）单击“新建约束”字符，在 约束类型 下拉列表中选择 对齐 约束类型。在 偏移 下拉列表中选择 重合 约束类型。分别选取两元件的 TOP 基准平面。

Step8. 创建图 30.5.5b 所示的阵列 1。在模型树中选择 BALL.PRT，右击，在弹出的快捷菜单中选择 阵列... 命令，系统出现“阵列”操控板；在“阵列”操控板的下拉列表中选择 轴；选择图 30.5.6 中的轴 A_1 为阵列中心轴；在阵列操控板中输入阵列个数为 12，成员之间的角度值为 30。在操控板中单击 ✓ 按钮，完成创建阵列特征。

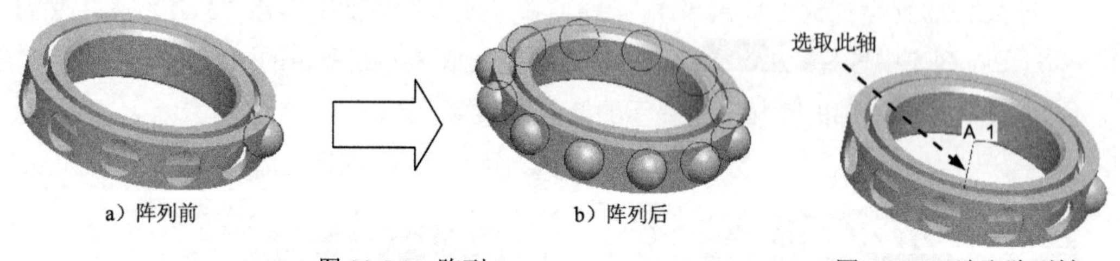

图 30.5.5　阵列 1　　图 30.5.6　选取阵列轴

Step9. 创建所示的轴承外圈。

（1）选择下拉菜单 插入(I) ➡ 元件(C) ▸ ➡ 创建(C)... 命令。

（2）定义元件的类型及创建方法。

① 此时系统弹出图 30.5.7 所示的“元件创建”对话框，选中 类型 选项组中的 ◉ 零件 单选

项，选中子类型选项组中的 ◉ 实体 单选项，然后在 名称 文本框中输入文件名 BEARING_OUT；单击 确定 按钮。

② 此时系统弹出图 30.5.8 所示的“创建选项”对话框，选中 ◉ 创建特征 单选项，并单击 确定 按钮。

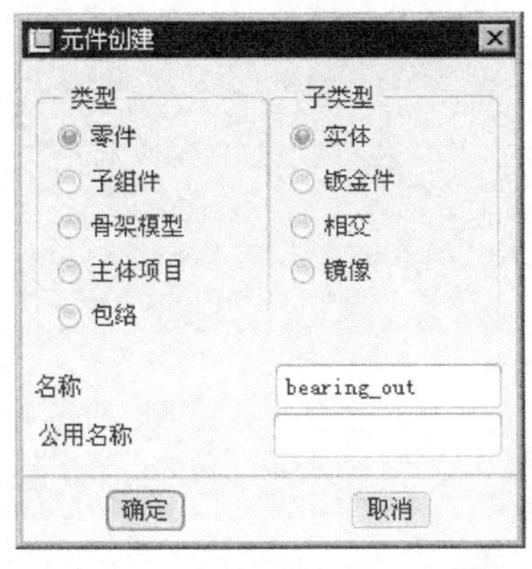

图 30.5.7 “元件创建”对话框

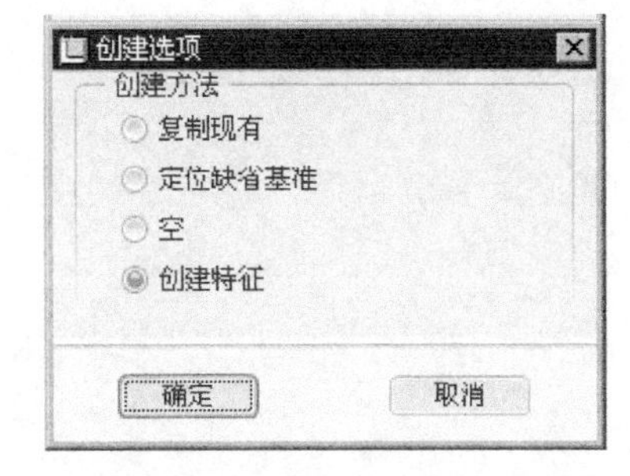

图 30.5.8 “创建选项”对话框

（3）在装配模型树中右击 BEARING_OUT.PRT，在系统弹出的快捷菜单中选择 激活 命令。

Step10. 创建图 30.5.9 所示的实体旋转特征——旋转 1。选择下拉菜单 插入(I) ➡ 旋转(R)... 命令；在操控板中确认 按钮被按下，在图形区右击，选择 定义内部草绘... 命令；选择 ASM_FRONT 基准平面为草绘平面，ASM_RIGHT 基准平面为参照平面，方向为 右；单击 草绘 按钮；绘制图 30.5.10 所示的特征截面；单击 ✓ 按钮；在操控板中选取旋转角度类型为 ，输入旋转角度值 360；单击“完成”按钮 ✓。

图 30.5.9 旋转特征 1

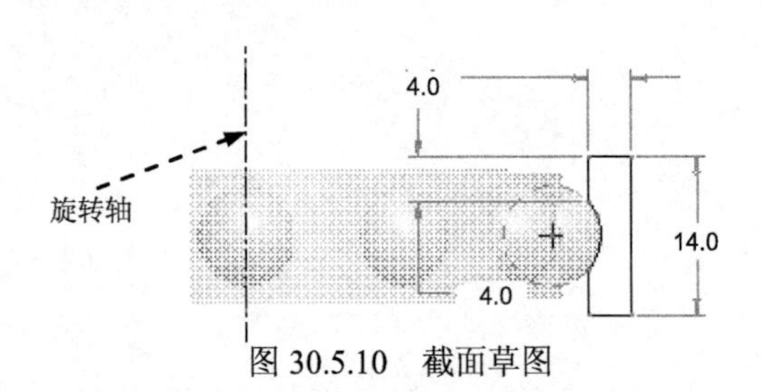

图 30.5.10 截面草图

Step11. 添加图 30.5.11b 所示的倒角特征——倒角 1。选择 插入(I) ➡ 倒角(M) ▸ ➡ 边倒角(E)... 命令；选取图 30.5.11a 所示的边线为倒角放置参照；选取倒角方案为 D x D，输入 D 值 1.0；预览并完成倒角 1。

Step12. 在装配模型树中右击 BEARING_ASM.ASM，在系统弹出的快捷菜单中选择 激活 命令。

Step13. 保存装配模型文件。

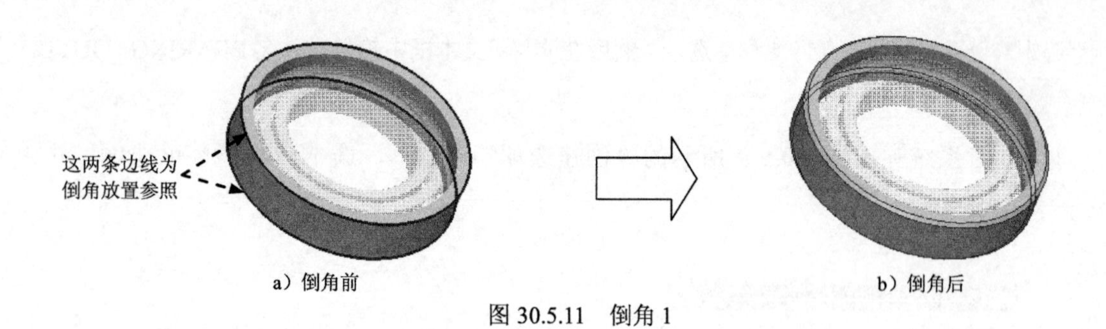

图 30.5.11　倒角 1

实例 31　减振器综合设计

31.1　概　　述

本实例详细讲解了减振器的整个设计过程，该过程是先将连接轴、减振弹簧、驱动轴、限位轴、下挡环及上挡环设计完成后，再在装配环境中将它们组装起来，最后在装配环境中创建。零件组装模型如图 31.1.1 所示。

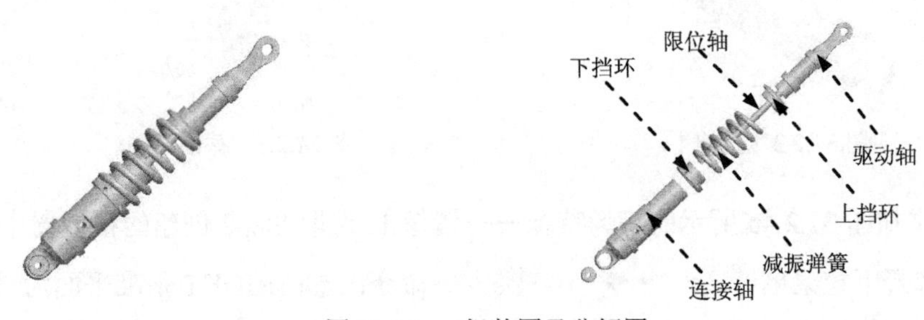

图 31.1.1　组装图及分解图

31.2　连　接　轴

连接轴为减振器的一个轴类连接零件，主要运用旋转、旋转切除、拉伸切除、孔以及镜像等特征命令。连接轴零件模型及模型树如图 31.2.1 所示。

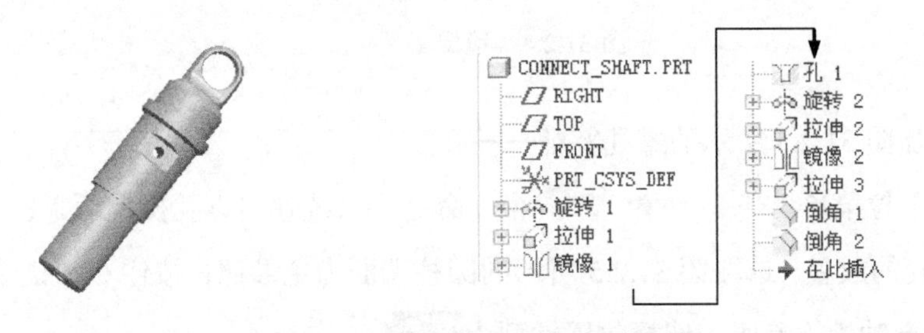

图 31.2.1　连接轴零件模型及模型树

说明：本例前面的详细操作过程请参见随书光盘中 video\ch31.02\reference\文件下的语音视频讲解文件 CONNECT_SHAFT-r01.exe。

Step1. 打开文件 proewf5.5\work\ch31\CONNECT_SHAFT_ex.prt。

Step2. 添加图 31.2.2 所示拉伸特征——拉伸 1。

（1）选择下拉菜单 插入(I) ➡ 拉伸(E)... 命令。

（2）定义草绘截面放置属性。分别选取 TOP 基准平面为草绘平面，RIGHT 基准平面为草绘参照平面，方向为 右；单击对话框中的 草绘 按钮。

（3）进入截面草绘环境后，绘制图 31.2.3 所示的特征截面草图；完成特征截面绘制后，单击“完成”按钮✓。

（4）在操控板中将“移除材料”按钮按下，选取深度类型为（即“定值两侧”拉伸）；输入深度值 50.0。单击“完成”按钮✓。

图 31.2.2 拉伸 1

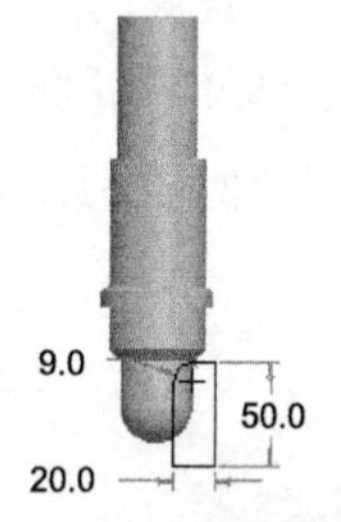

图 31.2.3 截面草图

Step3. 添加图 31.2.4b 所示的镜像特征——镜像 1。选取 Step2 创建的模型树中的拉伸 1 为镜像源，选择下拉菜单 编辑(E) ➡ 镜像(I)... 命令；选取 RIGHT 基准平面为镜像平面。单击操控板中的✓按钮，完成镜像特征。

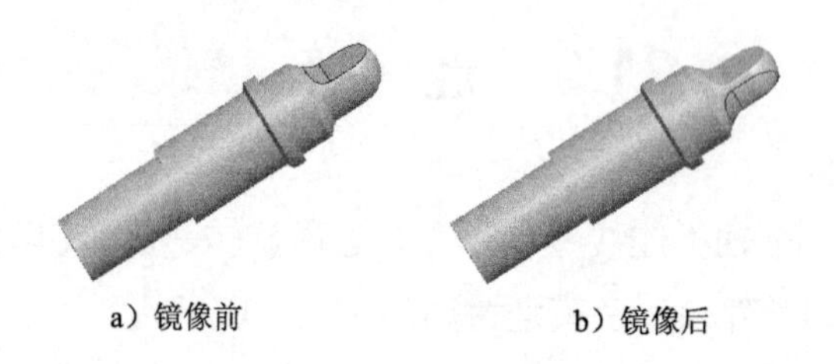

图 31.2.4 镜像 1

Step4. 添加图 31.2.5 所示的螺孔特征——孔 1。

（1）选择下拉菜单 插入(I) ➡ 孔(H)... 命令，系统弹出螺孔操控板。

（2）定义孔的放置。选取图 31.2.5 所示的圆柱端面为主参照；按住 Ctrl 键选取图 31.2.5 所示的 A_1 基准轴为次参照，选择放置类型为 同轴。

（3）输入直径值 12.0 和深度值 100.0。

（4）在操控板中单击 形状 按钮，按照图 31.2.6 所示的“形状”界面中的参数设置来定义孔的形状。

（5）在操控板中单击按钮，预览所创建的特征；单击“完成”按钮✓。

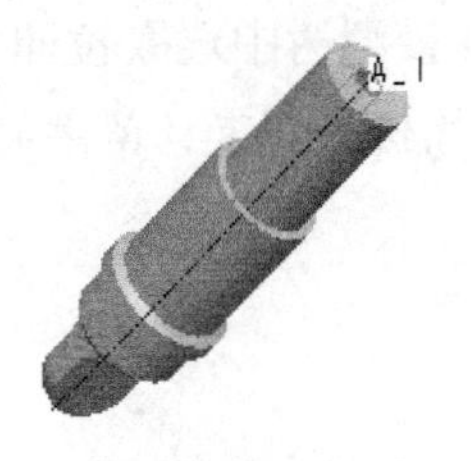

图 31.2.5 孔 1

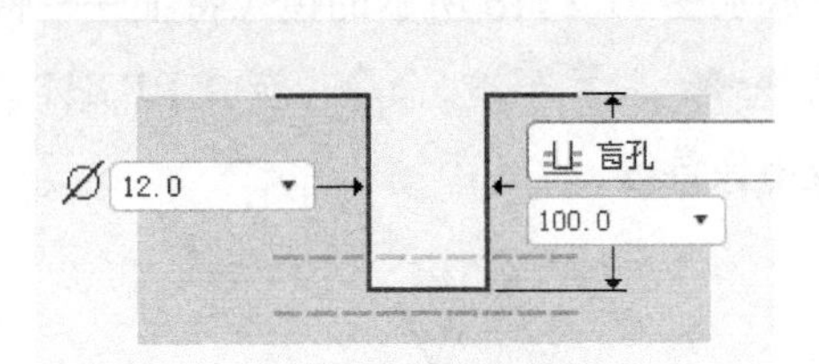

图 31.2.6 定义参数

Step5. 创建图 31.2.7 所示的实体旋转特征——旋转 2。

（1）选择下拉菜单 插入(I) → 旋转(R)... 命令。

（2）定义草绘截面放置属性。在绘图区中右击，从弹出的快捷菜单中选择 定义内部草绘... 命令，进入“草绘”对话框。分别选取 TOP 基准平面为草绘平面，RIGHT 基准平面为参照平面，方向为 顶；单击对话框中的 草绘 按钮。

（3）进入截面草绘环境后，选择下拉菜单 草绘(S) → 参照(R)... 命令，选取图 31.2.8 所示的边线为参照，单击 关闭(C) 按钮；绘制图 31.2.8 所示的旋转轴线和特征截面草图；完成特征截面绘制后，单击“完成”按钮✓。

（4）在操控板中将“移除材料”按钮按下，选取深度类型（即“定值”旋转），输入旋转角度值 360。单击按钮，预览所创建的特征；单击“完成”按钮✓。

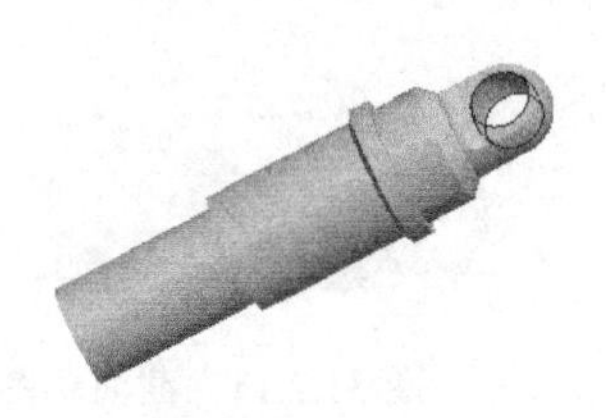

图 31.2.7 旋转 2

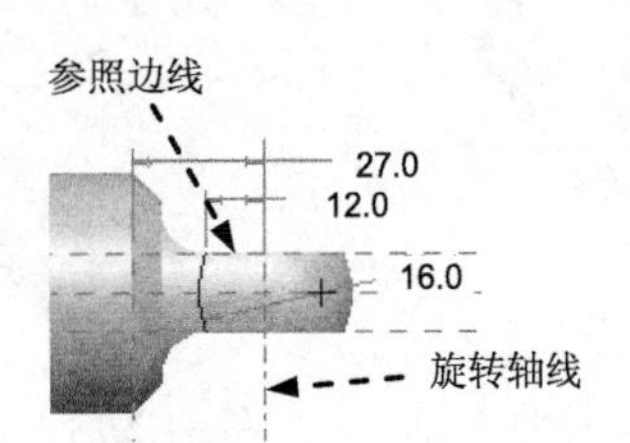

图 31.2.8 草绘截面

Step6. 添加图 31.2.9 所示的拉伸特征——拉伸 2。

（1）选择下拉菜单 插入(I) → 拉伸(E)... 命令；在操控板中按下“移除材料”按钮。

（2）定义草绘截面放置属性。分别选取 TOP 基准平面为草绘平面，RIGHT 基准平面为草绘参照平面，方向为 顶，单击对话框中的 草绘 按钮。

（3）绘制图 31.2.10 所示的特征截面草图；单击“完成”按钮✓。

（4）在操控板中选取深度类型，输入深度值 50.0。单击“完成”按钮✓。

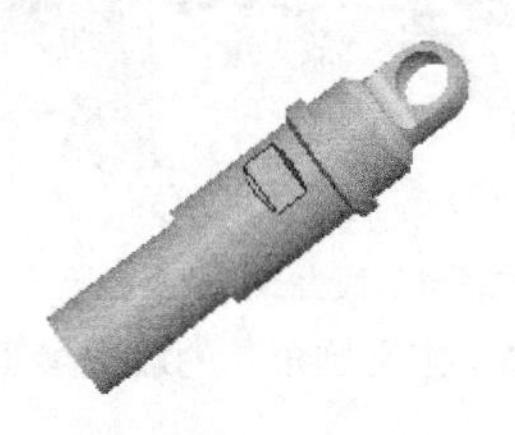

图 31.2.9 拉伸 2

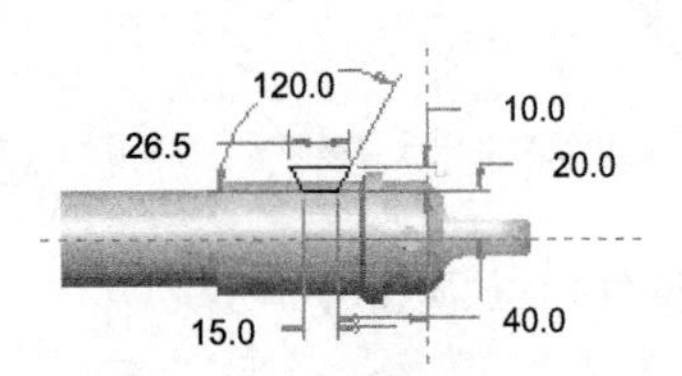

图 31.2.10 截面草图

Step7. 添加图 31.2.11b 所示的镜像特征——镜像 2。在模型树中选取拉伸 2，选择下拉菜单 编辑(E) ➡ 镜像(I)... 命令；选择 RIGHT 基准平面为镜像平面，单击操控板中的 ✔ 按钮，完成镜像特征。

a）镜像前　　　　b）镜像后

图 31.2.11　镜像 2

Step8. 添加图 31.2.12 所示的拉伸特征——拉伸 3。选择下拉菜单 插入(I) ➡ 拉伸(E)... 命令，在系统弹出的操控板中将“移除材料”按钮 按下；分别选取图 31.2.13 所示的模型表面为草绘平面，TOP 基准平面为参照平面，方向为 顶。单击对话框中的 草绘 按钮；绘制图 31.2.14 所示的特征截面草图，单击“完成”按钮 ✔；在操控板中选取深度类型 ，单击“完成”按钮 ✔。

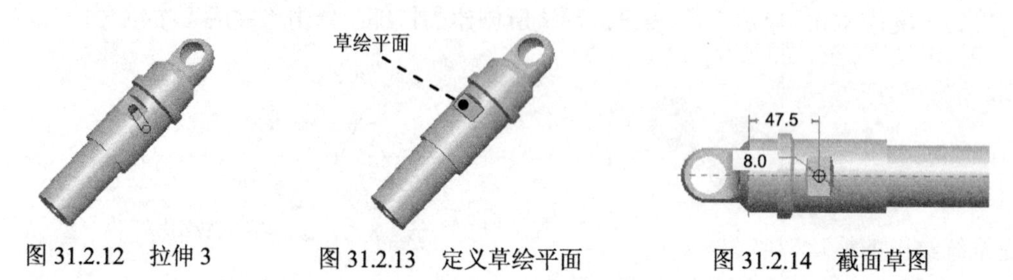

图 31.2.12　拉伸 3　　　图 31.2.13　定义草绘平面　　　图 31.2.14　截面草图

Step9. 添加图 31.2.15 所示倒角特征——倒角 1。选择下拉菜 插入(I) ➡ 倒角(M) ▸ ➡ 边倒角(E)... 命令；选取图 31.2.15 所示的边线为倒角放置参照；在操控板中，选取倒角方案 D x D；输入 D 值 2.0；单击“完成”按钮 ✔。

Step10. 添加图 31.2.16 所示的倒角特征——倒角 2。选择下拉菜单 插入(I) ➡ 倒角(M) ▸ ➡ 边倒角(E)... 命令，选取图 31.2.16 所示的两条边线为倒角放置参照；选取倒角方案 D x D；输入 D 值 1.0；单击“完成”按钮 ✔。

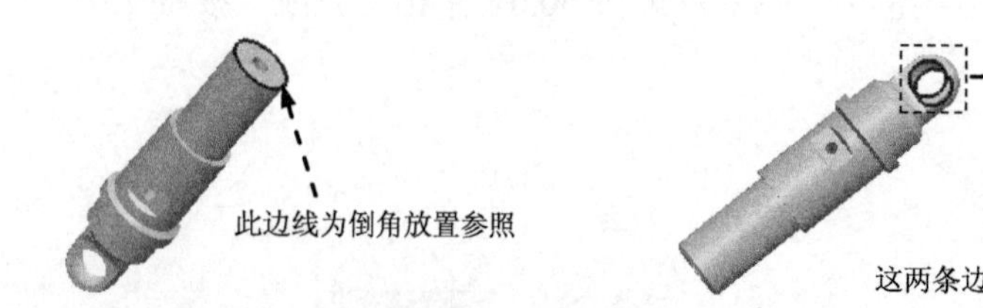

图 31.2.15　定义倒角 1 的放置参照　　　图 31.2.16　定义倒角 2 的放置参照

Step11. 保存零件模型文件。

31.3 减 振 弹 簧

此零件为减振器的一个减振弹簧，主要运用螺旋线扫描、拉伸切除特征命令创建，结构比较简单。减振弹簧零件模型及其模型树如图 31.3.1 所示。

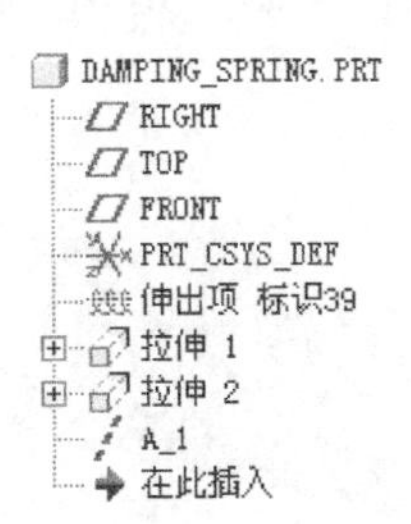

图 31.3.1　减振弹簧零件模型及模型树

Step1. 新建文件，零件模型命名为 DAMPING_SPRING，选用 mmns_part_solid 零件模板。

Step2. 创建图 31.3.2 所示的螺旋扫描特征——伸出项 标识 39。

（1）选择下拉菜单 插入(I) ➡ 螺旋扫描(H) ▸ ➡ 伸出项(P)... 命令。

（2）定义螺旋扫描的属性。依次在弹出的 ▼ ATTRIBUTES（属性） 菜单中，选择 Constant（常数） ➡ Thru Axis（穿过轴） ➡ Right Handed（右手定则） 命令，然后选择 Done（完成） 命令。

（3）定义螺旋的扫描线。选择 Plane（平面） 命令，选取 TOP 基准平面作为草绘面；选择 Okay（确定） ➡ Right（右） 命令，选取 RIGHT 基准平面作为参照面；进入草绘环境后，接受系统给出的默认参照 RIGHT 和 TOP 基准平面；绘制图 31.3.3 所示的轨迹线，然后单击草绘工具栏中的“完成”按钮✓。

（4）定义螺旋节距。在系统提示下输入节距值 20。

（5）创建螺旋扫描特征的截面。进入草绘环境后，绘制图 31.3.4 所示的截面草图，然后单击“完成”按钮✓。

（6）单击螺旋扫描特征信息对话框中的 预览 按钮，预览并完成所创建的螺旋扫描特征。

Step3. 添加图 31.3.5 所示的拉伸特征——拉伸 1。

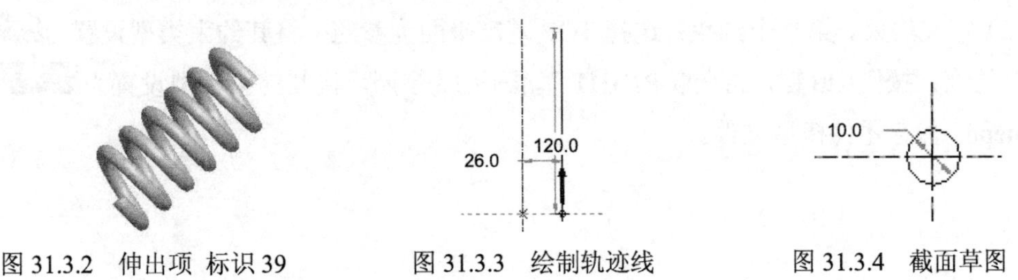

图 31.3.2　伸出项 标识 39　　图 31.3.3　绘制轨迹线　　图 31.3.4　截面草图

（1）选择下拉菜单 插入(I) ➡ 拉伸(E)... 命令。

（2）定义草绘截面放置属性。分别选取 RIGHT 基准平面为草绘平面，FRONT 基准平面为参照平面，单击“反向”按钮反向，方向为底部；单击对话框中的草绘按钮。

（3）进入截面草绘环境后，绘制图 31.3.6 所示的特征截面草图；完成特征截面绘制后，单击“完成”按钮✔。

（4）在操控板中将“移除材料”按钮按下，选取深度类型。单击按钮，预览所创建的特征；单击“完成”按钮✔。

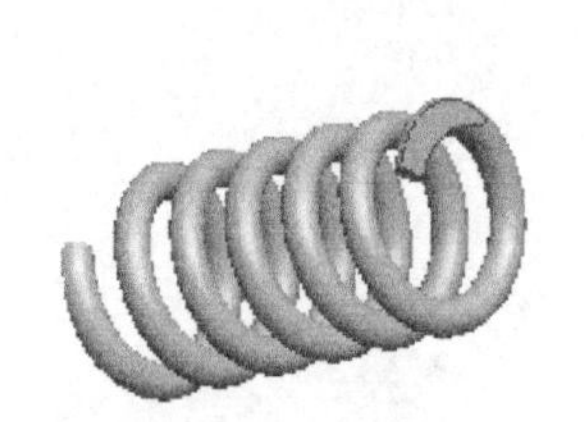
图 31.3.5　拉伸 1

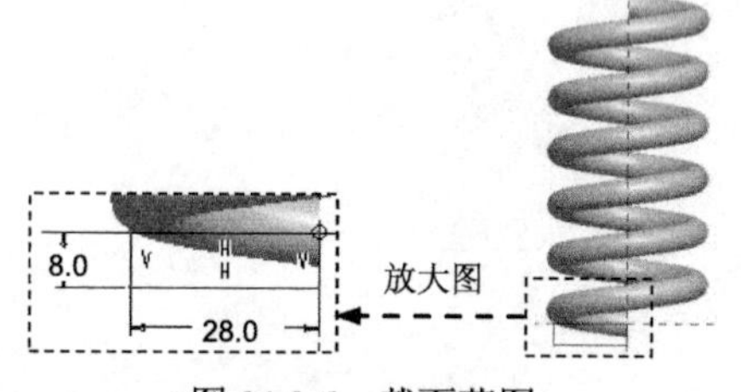

图 31.3.6　截面草图

Step4. 添加图 31.3.7 所示的拉伸特征——拉伸 2。选择下拉菜单插入(I) → 拉伸(E)...命令，选取 TOP 基准平面为草绘平面，RIGHT 基准平面为参照平面，方向为左；单击“反向”按钮反向，单击对话框中的草绘按钮；绘制图 31.3.8 所示的特征截面草图；单击“完成”按钮✔；在操控板中将“移除材料”按钮按下，选取深度类型；单击按钮，预览所创建的特征；单击“完成”按钮✔。

Step5. 添加图 31.3.9 所示的基准轴——A_1。

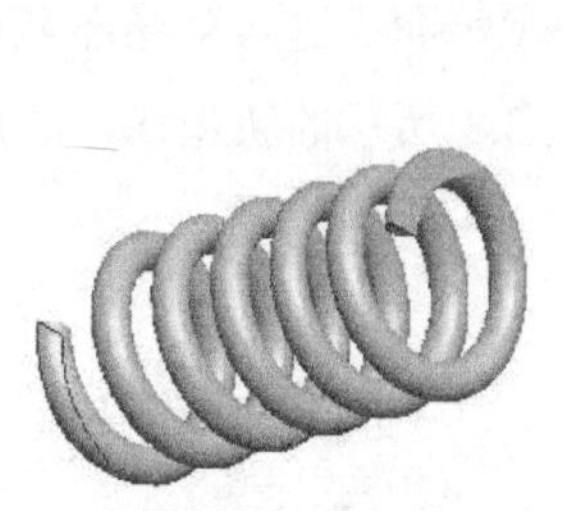
图 31.3.7　拉伸 2

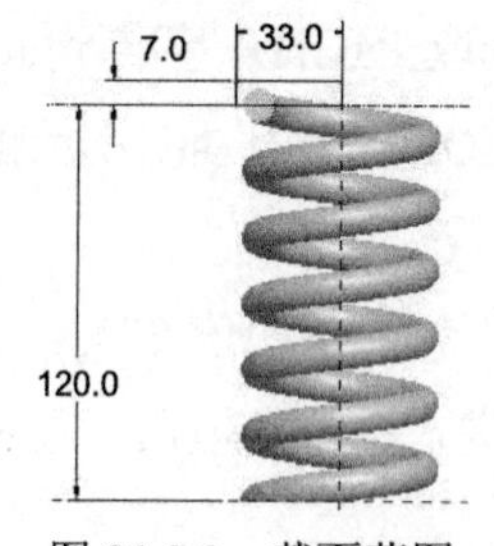

图 31.3.8　截面草图

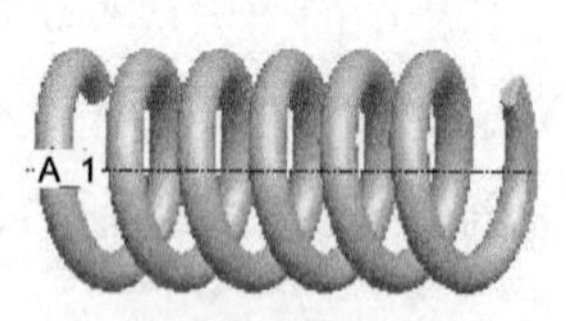

图 31.3.9　轴 A_1

（1）单击工具栏中的“基准轴”按钮，系统弹出“基准轴”对话框。

（2）定义约束。第一个约束：选择 TOP 基准平面为参照，将其约束类型设置为穿过。第二个约束：按住 Ctrl 键，再选取 RIGHT 基准平面为参照，将其约束类型设置为穿过。

Step6. 保存零件模型文件。

31.4　驱　动　轴

驱动轴为减振器的一个驱动零件，主要运用旋转、拉伸切除、镜像、孔及其圆角等特征命令，其造型与连接轴类似。驱动轴零件模型及模型树如图 31.4.1 所示。

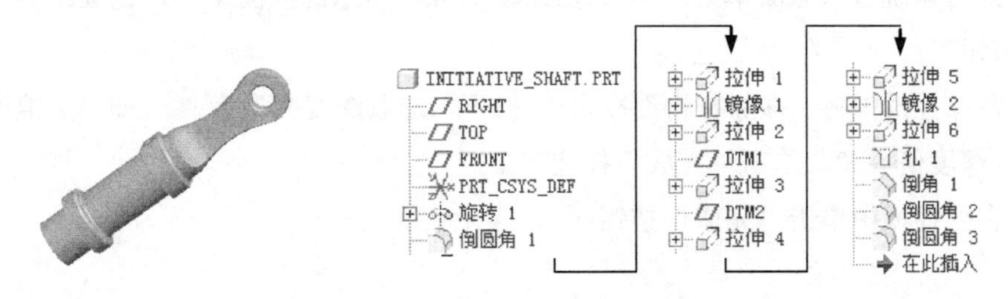

图 31.4.1　驱动轴零件模型及模型树

Step1. 新建文件，零件模型命名为 initiative_shaft，选用 mmns_part_solid 零件模板。

Step2. 创建图 31.4.2 所示的基础特征——旋转 1。

（1）选择下拉菜单 插入(I) ➡ 旋转(R)... 命令，按下操控板中的“实体”按钮□。

（2）定义截面放置属性。在绘图区右击，在弹出的快捷菜单中选择 定义内部草绘... 命令；选取 FRONT 基准平面为草绘平面，RIGHT 基准平面为参照平面，方向为 右；单击 草绘 按钮。

（3）进入草绘环境后，绘制如图 31.4.3 所示的截面草图；完成后，单击“完成”按钮✓。

（4）在操控板中选取旋转角度类型，旋转角度值为 360.0；单击“完成”按钮✓。

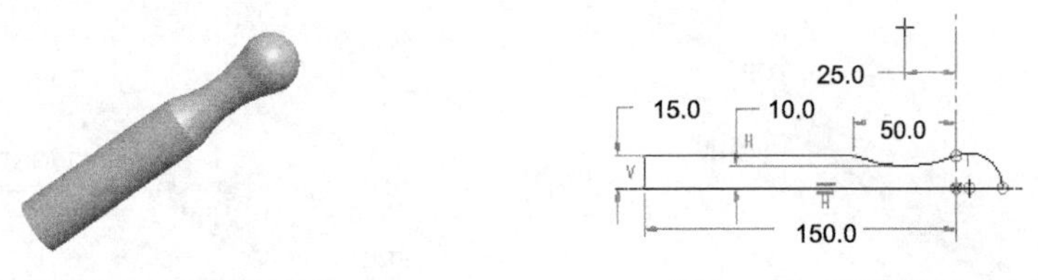

图 31.4.2　旋转 1　　　　图 31.4.3　截面草图

Step3. 添加图 31.4.4b 所示的倒圆角特征——倒圆角 1。选择下拉菜单 插入(I) ➡ 倒圆角(O)... 命令；选择图 31.4.4a 所示的边线为圆角放置参照；在操控板中的圆角半径文本框中输入 10.0，单击“完成”按钮✓。

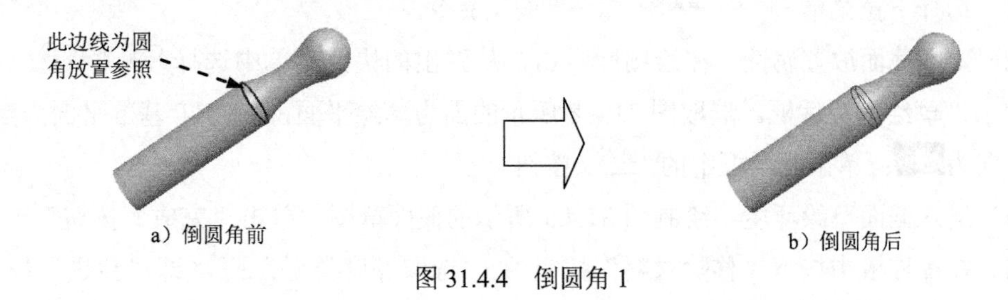

图 31.4.4　倒圆角 1

Step4. 添加图 31.4.5 所示的拉伸特征——拉伸 1。

（1）选择下拉菜单 插入(I) ➡ 拉伸(E)... 命令。

（2）定义截面放置属性。在绘图区右击，从弹出的快捷菜单中选择 定义内部草绘... 命令，系统弹出“草绘”对话框。选取 FRONT 基准平面为草绘平面，RIGHT 基准平面为参照平面，方向为 右；单击对话框中的 草绘 按钮。

（3）此时系统进入截面草绘环境，绘制图 31.4.6 所示的截面草图，完成绘制后，单击“完成”按钮✓。

（4）在操控板中将“移除材料”按钮按下，选取深度类型为（即“定值两侧”拉伸）；输入深度值 50.0。单击“完成”按钮✓。

（5）在操控板中单击“完成”按钮✓。

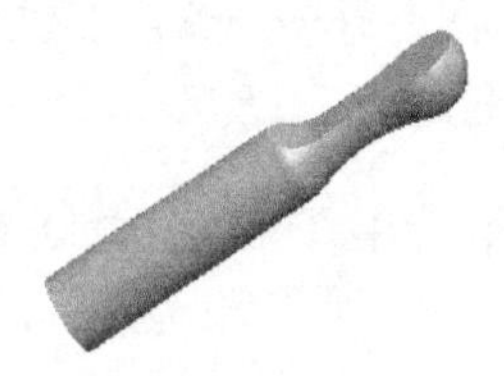

图 31.4.5　拉伸 1

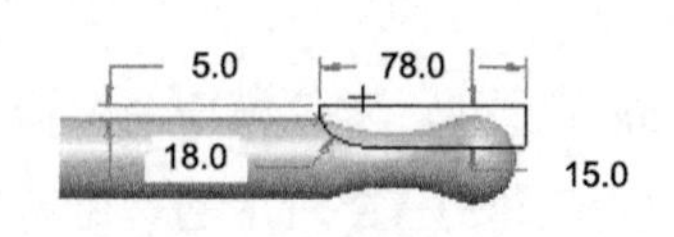

图 31.4.6　截面草图

Step5. 添加图 31.4.7b 所示的镜像特征——镜像 1。

（1）选取要镜像的特征。选取拉伸 1 为要镜像的特征。

（2）选择下拉菜单 编辑(E) ➡ 镜像(I)... 命令。

（4）定义镜像平面。选择 TOP 基准平面为镜像平面。

（5）单击操控板中单击“完成”按钮✓。

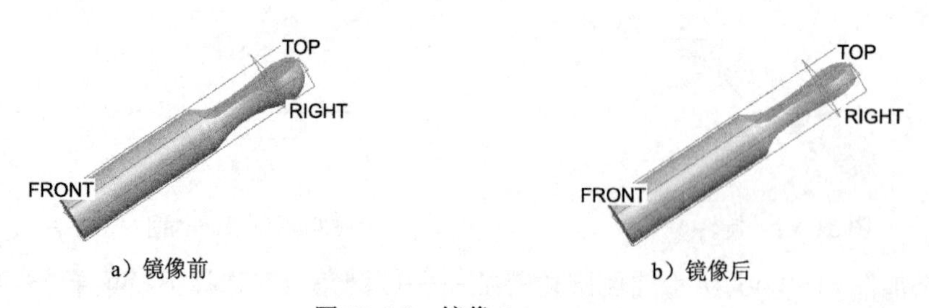

a）镜像前　　b）镜像后

图 31.4.7　镜像 1

Step6. 添加图 31.4.8 所示的拉伸特征——拉伸 2。

（1）选择下拉菜单 插入(I) ➡ 拉伸(E)... 命令。

（2）定义截面放置属性。在绘图区右击，从弹出的快捷菜单中选择 定义内部草绘... 命令，系统弹出“草绘”对话框。选取图 31.4.8 所示的面为草绘平面，RIGHT 基准平面为参照平面，方向为 右；单击对话框中的 草绘 按钮。

（3）进入截面草绘环境，绘制图 31.4.9 所示的截面草图，单击“完成”按钮✓。

（4）在操控板中按下“移除材料”按钮，选取深度类型为（即“穿透”拉伸）。

在操控板中单击“完成”按钮✓。

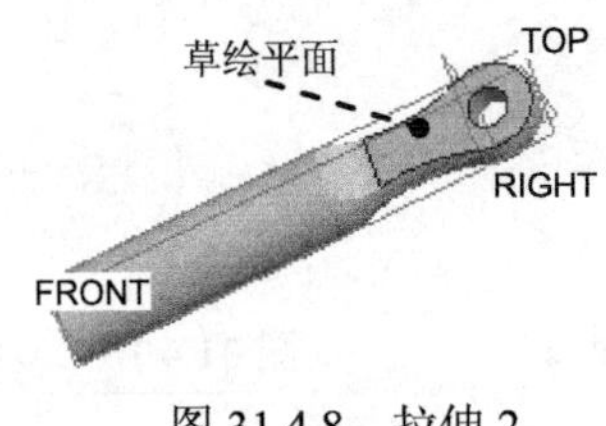

图 31.4.8　拉伸 2

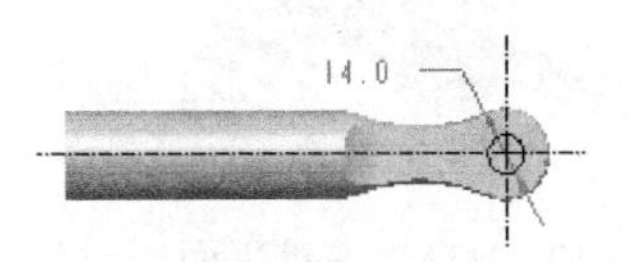

图 31.4.9　截面草图

Step7. 添加图 31.4.10 所示的基准平面——DTM1。单击“创建基准平面”按钮▱；选取 RIGHT 基准平面为参照平面，偏移值为 60.0，方向如图 31.4.10 所示，设置为偏移。

Step8. 添加图 31.4.11 所示的拉伸特征——拉伸 3。

（1）选择下拉菜单 插入(I) ➡ 拉伸(E)... 命令。

（2）定义截面放置属性。在绘图区右击，从弹出的快捷菜单中选择 定义内部草绘... 命令，系统弹出“草绘”对话框。选取 DTM1 基准平面为草绘平面，TOP 基准平面为参照平面，单击“反向”按钮 反向 ，方向为左；单击对话框中的 草绘 按钮。

（3）此时进入截面草绘环境，绘制图 31.4.12 所示的截面草图，单击“完成”按钮✓。

（4）在操控板中选取深度类型为⊟，输入深度值 12.0，单击“完成”按钮✓。

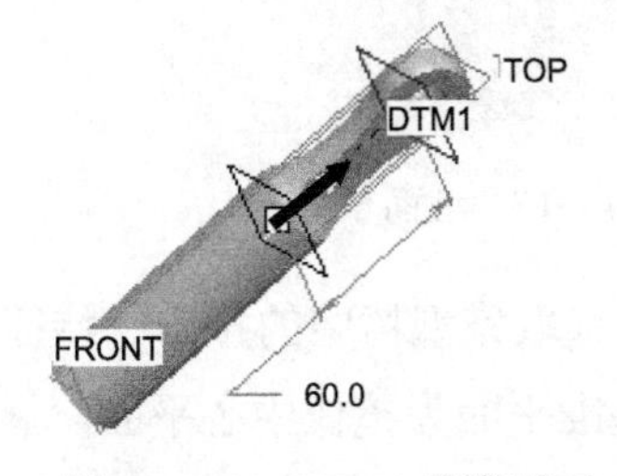

图 31.4.10　DTM1 基准平面

图 31.4.11　拉伸 3

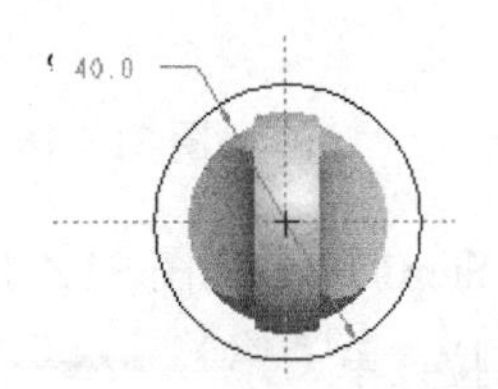

图 31.4.12　截面草图

Step9. 添加图 31.4.13 所示的基准平面——DTM2。单击“创建基准平面”按钮▱；选取图 31.4.13 所示的模型端面为参照平面，偏移值为 20.0，方向如图 31.4.13 所示，设置为偏移。

Step10. 添加图 31.4.14 所示的拉伸特征——拉伸 4。

（1）选择下拉菜单 插入(I) ➡ 拉伸(E)... 命令。

（2）定义截面放置属性。在绘图区右击，在弹出的快捷菜单中选择 定义内部草绘... 命令，系统弹出“草绘”对话框。选取 DTM2 基准平面为草绘平面，采用系统默认的参照平面，方向为底部。单击对话框中的 草绘 按钮。

（3）此时进入截面草绘环境，绘制图 31.4.15 所示的截面草图，单击“完成”按钮✓。

（4）在操控板中选取深度类型为⊟，输入深度值 12.0，单击“完成”按钮✓。

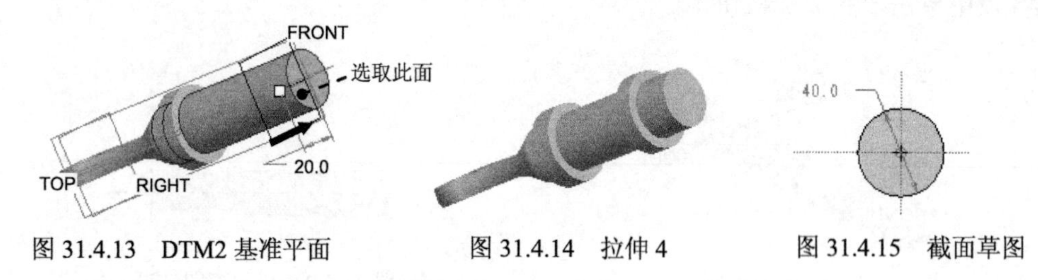

图 31.4.13　DTM2 基准平面　　图 31.4.14　拉伸 4　　图 31.4.15　截面草图

Step11. 添加图 31.4.16 所示的拉伸特征——拉伸 5。

（1）选择下拉菜单 插入(I) ➡ 拉伸(E)... 命令。

（2）定义截面放置属性。在绘图区右击，在弹出的快捷菜单中选择 定义内部草绘... 命令，系统弹出“草绘”对话框。选取 DTM1 基准平面为草绘平面，TOP 基准平面为参照平面，方向为 右；单击对话框中的 草绘 按钮。

（3）进入截面草绘环境，绘制图 31.4.17 所示的截面草图，单击“完成”按钮✔。

（4）在操控板中，按下“移除材料”按钮，选取深度类型为（即“选定”拉伸），选取拉伸到图 31.4.16 所示的平面。单击“完成”按钮✔。

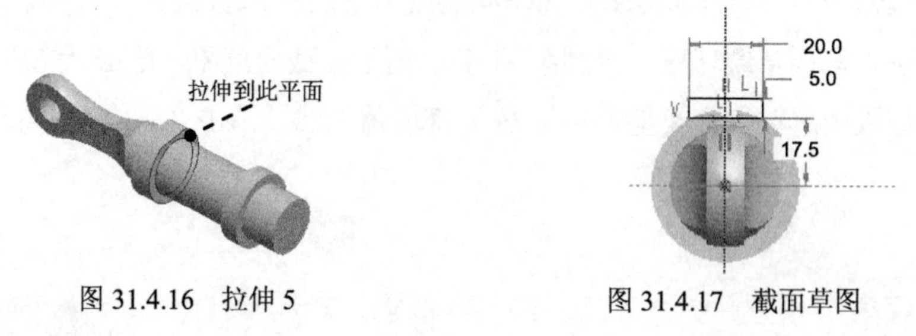

图 31.4.16　拉伸 5　　图 31.4.17　截面草图

Step12. 添加图 31.4.18b 所示的镜像特征——镜像 2。选取模型树中的拉伸 5 特征，选择下拉菜单 编辑(E) ➡ 镜像(I)... 命令；选择 FRONT 基准平面为镜像中心平面，单击操控板中的✔按钮，完成镜像 2 的添加。

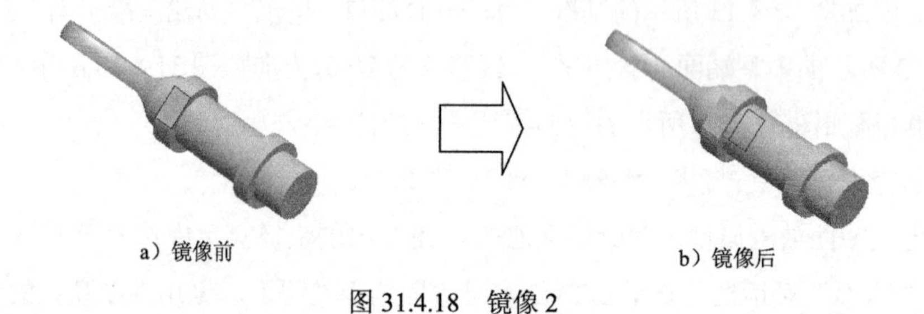

a）镜像前　　b）镜像后

图 31.4.18　镜像 2

Step13. 添加图 31.4.19 所示的拉伸特征——拉伸 6。

（1）选择下拉菜单 插入(I) ➡ 拉伸(E)... 命令。

（2）定义截面放置属性。在绘图区右击，从弹出的快捷菜单中选择 定义内部草绘... 命令，系统弹出“草绘”对话框。选取图 31.4.20 所示的模型表面为草绘平面，TOP 基准平面为参照平面，方向为 右 ；单击对话框中的 草绘 按钮。

（3）进入截面草绘环境，绘制图 31.4.21 所示的截面草图，单击“完成”按钮✓。

（4）在操控板中按下“移除材料”按钮，选取深度类型为（即“穿透”拉伸）。单击“完成”按钮✓。

Step14. 添加图 31.4.22 所示的孔特征——孔 1。

（1）选择下拉菜单 插入(I) ➡ 孔(H)... 命令，系统弹出孔操控板。

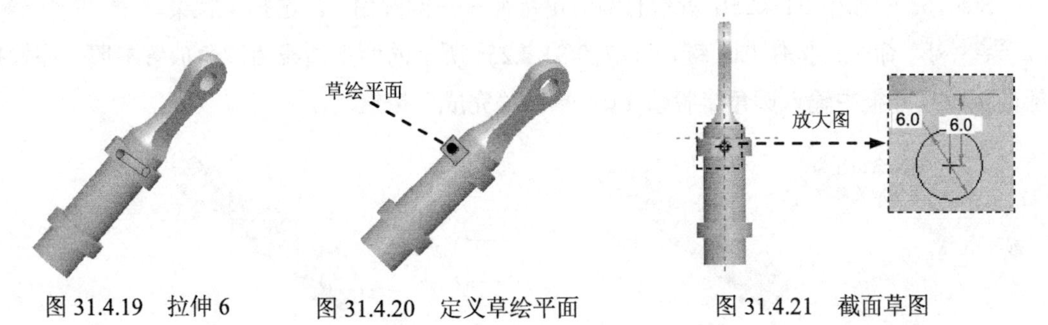

图 31.4.19　拉伸 6　　图 31.4.20　定义草绘平面　　图 31.4.21　截面草图

（2）定义孔的放置。选取图 31.4.22 所示的平面为孔放置面；按住 Ctrl 键选取 A_1 基准轴为次参照；选择放置类型为 同轴 。

（3）在操控板中按下标准孔按钮，并按下添加“攻螺纹”按钮；选择 ISO 标准螺孔，螺孔大小为 M12×1，深度类型为，输入深度值 20.00。

（4）在操控板中单击 形状 按钮，按照图 31.4.23 所示的“形状”界面中的参数设置来定义孔的形状。

（5）在操控板中单击按钮，预览所创建的特征；单击“完成”按钮✓。

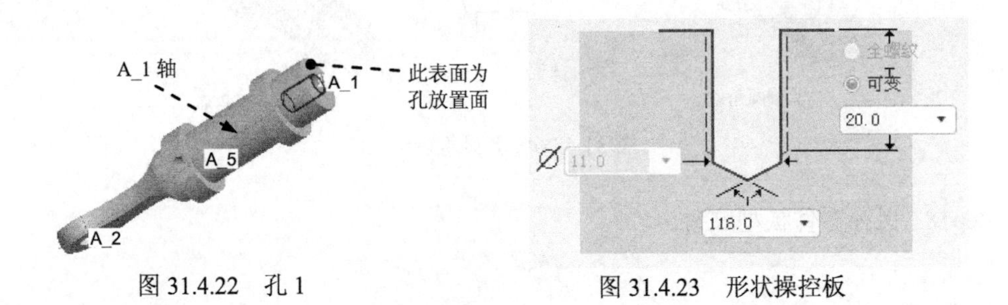

图 31.4.22　孔 1　　图 31.4.23　形状操控板

Step15. 添加图 31.4.24b 所示的倒角特征——倒角 1。选择下拉菜单 插入(I) ➡ 倒角(M) ▸ ➡ 边倒角(E)... 命令；按住 Ctrl 键，选取图 31.4.24a 所示的边线；在操控板中选取倒角方案 D x D ，输入 D 值 1.0；单击“完成”按钮✓。

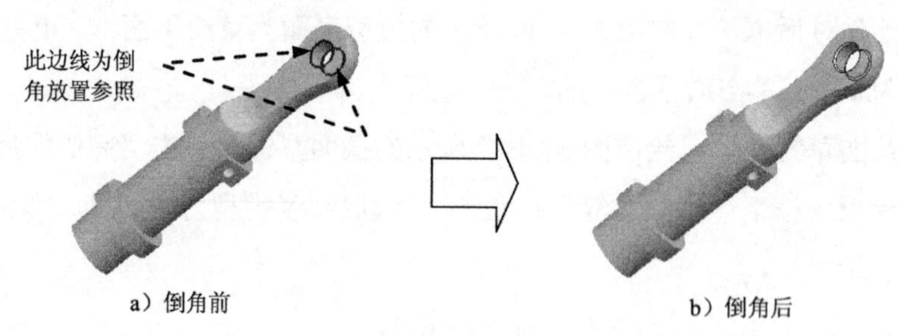

a）倒角前　　　b）倒角后

图 31.4.24　倒角 1

Step16. 添加图 31.4.25b 所示的倒圆角特征——倒圆角 2。选择下拉菜单 插入(I) ➡ 倒圆角(O)... 命令；按住 Ctrl 键，选取图 31.4.25a 所示的两条边线为圆角放置参照，在操控板的圆角尺寸框中输入圆角半径值 1.0；单击“完成”按钮✓。

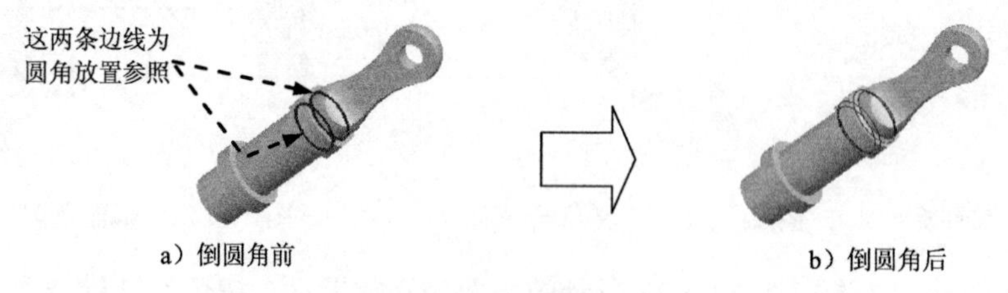

a）倒圆角前　　　b）倒圆角后

图 31.4.25　倒圆角 2

Step17. 添加图 31.4.26b 所示的倒圆角特征——倒圆角 3。选择下拉菜单 插入(I) ➡ 倒圆角(O)... 命令；按住 Ctrl 键，选取图 31.4.26 所示的边线为圆角放置参照，在操控板的圆角尺寸框中输入圆角半径值 1.0。单击“完成”按钮✓。

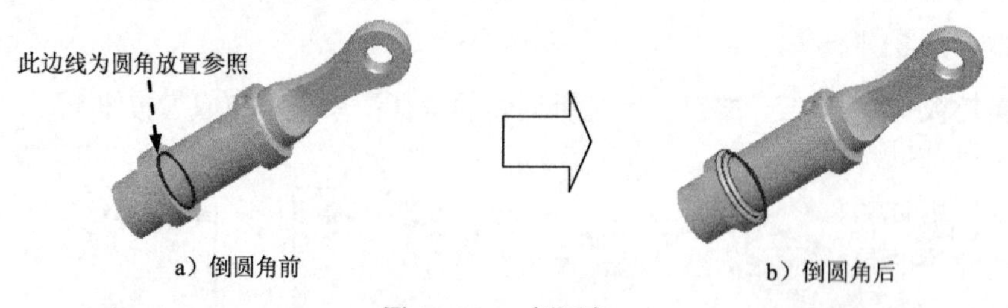

a）倒圆角前　　　b）倒圆角后

图 31.4.26　倒圆角 3

Step18. 保存零件模型文件。

31.5　限　位　轴

限位轴为减振器的一个轴类限位零件，主要运用拉伸、装饰螺纹线及倒角特征命令。限位轴零件模型及模型树如图 31.5.1 所示。

图 31.5.1　限位轴零件模型及模型树

Step1. 新建文件，零件模型命名为 limit_shaft，选用 mmns_part_solid 零件模板。

Step2. 创建图 31.5.2 所示的零件基础特征——拉伸 1。

（1）选择下拉菜单 插入(I) ➡ 拉伸(E)... 命令。

（2）定义截面放置属性。在绘图区右击，从弹出的快捷菜单中选择 定义内部草绘... 命令，系统弹出“草绘”对话框。选取 TOP 基准平面为草绘平面，RIGHT 基准平面为参照平面，方向为 左；单击对话框中的 草绘 按钮。

（3）进入截面草绘环境，绘制图 31.5.3 所示的截面草图，单击“完成”按钮✔。

（4）在操控板中选取深度类型为（即“定值”拉伸），输入深度值 120.0。单击按钮，预览所创建的特征；单击“完成”按钮✔。

图 31.5.2　拉伸 1　　　　图 31.5.3　截面草图

Step3. 添加图 31.5.4 所示的螺纹修饰特征——修饰 标识 60。

（1）选择下拉菜单 插入(I) ➡ 修饰(E) ▸ ➡ 螺纹(T)... 命令，系统弹出“修饰：螺纹”以及“选取”对话框。

（2）选取要进行螺纹修饰的曲面。选取图 31.5.4 所示的要进行螺纹修饰的曲面。

（3）选取螺纹的起始曲面。选取图 31.5.4 所示的螺纹起始曲面。

（4）定义螺纹的长度方向和长度，以及螺纹小径（图 31.5.5）。在 ▼ DIRECTION (方向) 菜单中，选择 Okay (确定) 命令；在“指定到”菜单中，选择 Blind (盲孔) ➡ Done (完成) 命令，然后输入螺纹深度值 20.0，单击✔按钮；在系统的提示下输入螺纹小径值 12，单击✔按钮。

（5）检索、修改螺纹注释参数。完成上步操作后，系统弹出 ▼ FEAT PARAM (特征参数) 菜单，用户可以用此菜单进行相应操作，也可在此选择 Done/Return (完成/返回) 命令直接转到步骤（6）的操作。

（6）单击“修饰：螺纹”对话框中的 预览 按钮，预览所创建的螺纹修饰特征（将模型显示换到线框状态，可看到螺纹示意线），如果定义的螺纹修饰特征符合设计意图，可单击对话框中的 确定 按钮，完成螺纹修饰特征。

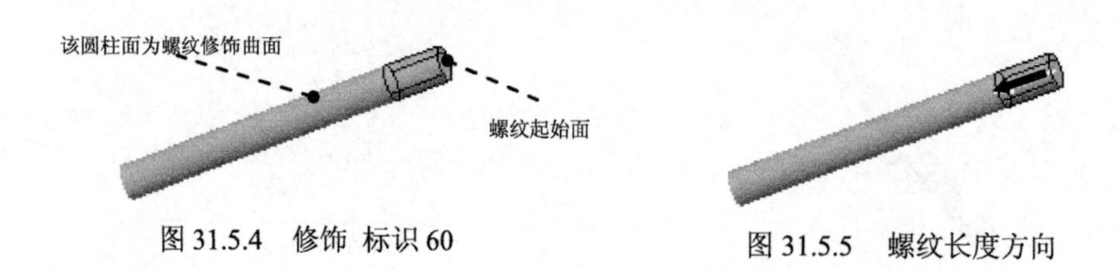

图 31.5.4　修饰 标识 60　　　　图 31.5.5　螺纹长度方向

Step4. 添加图 31.5.6b 所示的倒角特征——倒角 1。选择下拉菜单 插入(I) ➡ 倒角(M) ▸ ➡ 边倒角(E)... 命令，选取图 31.5.6a 所示的边线为倒角放置参照；在操控板中，选取倒角方案 D x D；输入 D 值 1.0；单击“完成”按钮 ✔。

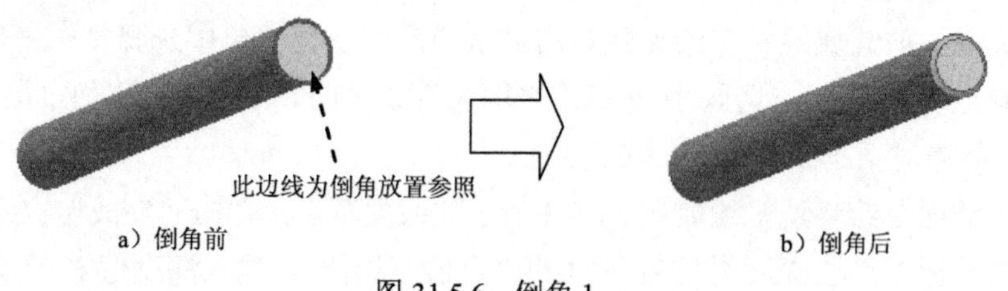

a）倒角前　　　　b）倒角后

图 31.5.6　倒角 1

Step5. 保存零件模型文件。

31.6 下 挡 环

下挡环为减振器的一个挡环零件，主要运用旋转、孔、阵列及倒角等特征命令。下挡环零件模型及其模型树如图 31.6.1 所示。

图 31.6.1　下挡环零件模型及模型树

Step1. 新建文件，零件模型命名为 ringer_down，选用 mmns_part_solid 零件模板。

Step2. 创建图 31.6.2 所示的基础特征——旋转 1。

（1）选择下拉菜单 插入(I) ➡ 旋转(R)... 命令。

（2）定义草绘截面放置属性。从弹出的快捷菜单中选择 定义内部草绘... 命令，进入“草绘”对话框。分别选取 FRONT 基准平面为草绘平面，RIGHT 基准平面为参照平面，方向为 右；单击对话框中的 草绘 按钮。

（3）进入截面草绘环境后，绘制图 31.6.3 所示的旋转中心线和特征截面草图；完成特征截面绘制后，单击“完成”按钮✓。

（4）在操控板中，选取旋转类型⊥（即“定值”），输入旋转角度值 360.0。单击☑ 👓按钮，预览所创建的特征；单击“完成”按钮✓。

图 31.6.2　旋转 1

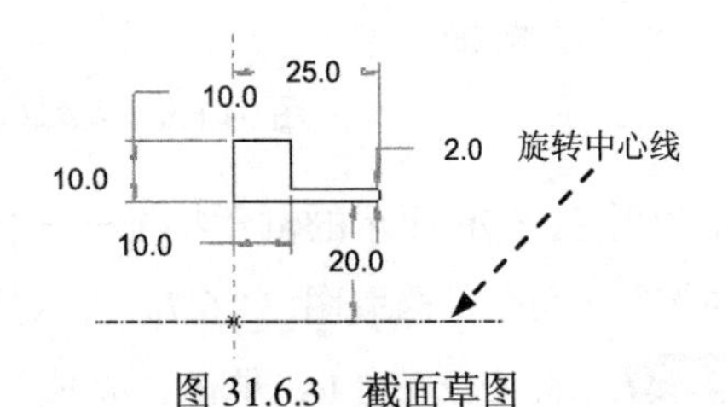

图 31.6.3　截面草图

Step3. 添加图 31.6.4 所示的孔特征——孔 1。

（1）选择下拉菜单 插入(I) ➡ 孔(H)... 命令，系统弹出孔操控板。

（2）定义孔的放置。选取图 31.6.4 所示的曲面 1 为主参照；选择放置类型为 径向；选取 TOP 基准平面为偏移参照 1，并在其后的文本框中输入 0，选取曲面 2 为偏移参照 2，并在其后的文本框中输入偏移值 5。

（3）在操控板中按下“使用标准孔轮廓”按钮∪与“钻孔肩部深度”按钮∪；输入钻孔直径 6.0，深度类型为⊥，输入深度值 6.0。

（4）在操控板中单击 形状 按钮，按照图 31.6.5 所示的“形状”界面中的参数设置来定义孔的形状。

（5）在操控板中单击☑ 👓按钮，预览所创建的特征；单击“完成”按钮✓。

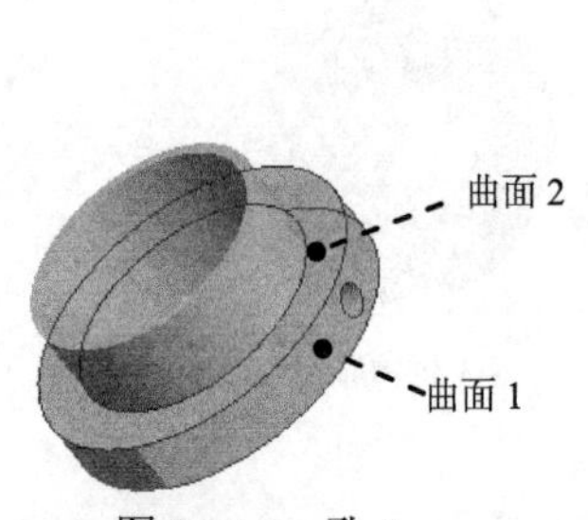

图 31.6.4　孔 1

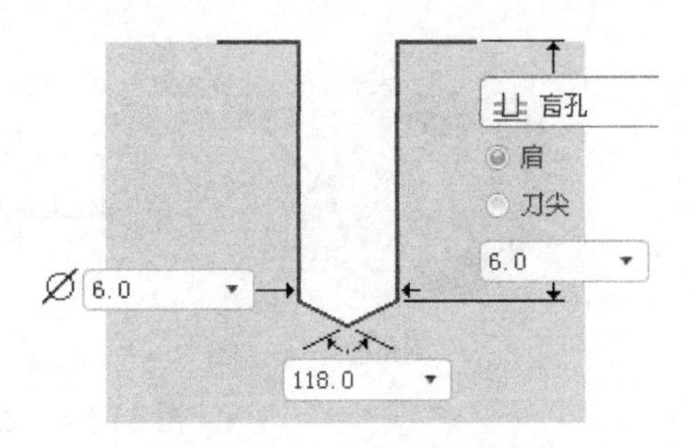

图 31.6.5　形状操控板

Step4. 添加图 31.6.6b 所示的“轴”阵列特征——阵列 1。

（1）在模型树中单击 Step3 创建的孔特征，再右击，从快捷菜单中选取 阵列... 命令。

（2）在操控板中选择阵列类型为 轴 选项，在模型中选择基准轴 A_1；在操控板中输入阵列的个数 6 和角度增量值 60.0，并按 Enter 键。

（3）单击操控板中的✓按钮，完成特征的创建。

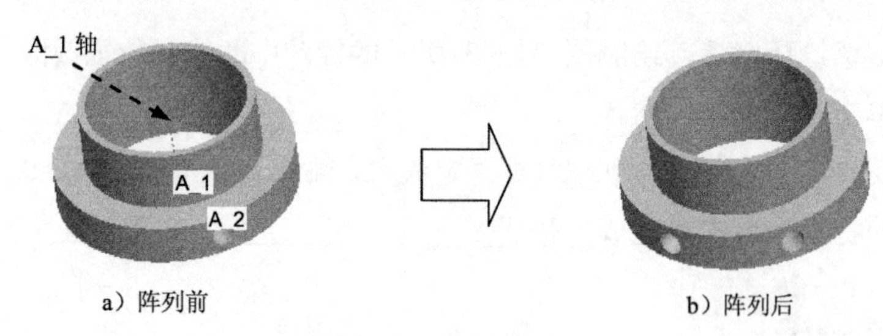

图 31.6.6　阵列/孔 1

Step5. 添加图 31.6.7b 所示的倒角特征——倒角 1。选择下拉菜单 插入(I) ➡ 倒角(M) ▸ ➡ 边倒角(E)... 命令；选取图 31.6.7a 所示的两条边线为倒角放置参照，在操控板中选取倒角方案 D x D；输入 D 值 1.0；单击"完成"按钮 ✓。

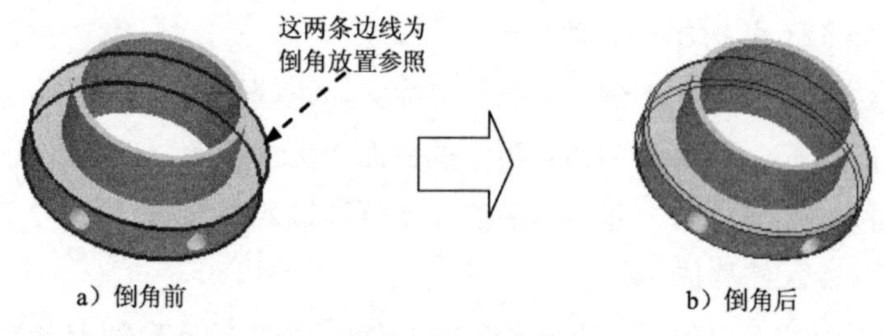

图 31.6.7　倒角 1

Step6. 添加图 31.6.8b 所示的倒角特征——倒角 2。选择下拉菜单 插入(I) ➡ 倒角(M) ▸ ➡ 边倒角(E)... 命令，在操控板中选取如图 31.6.8a 所示的边线为倒角放置参照；选取倒角方案 D x D；输入 D 值 1.0；单击"完成"按钮 ✓。

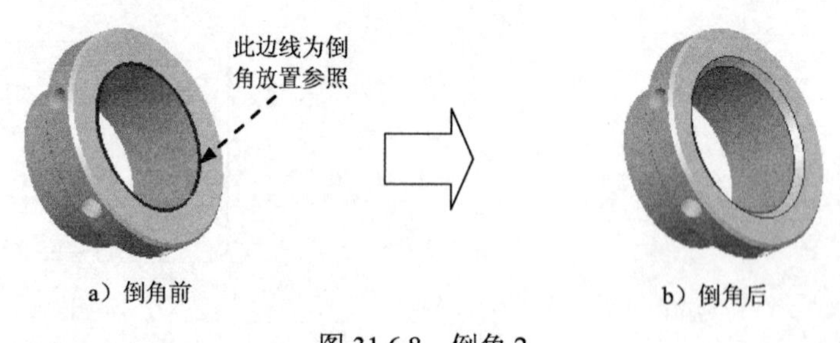

图 31.6.8　倒角 2

Step7. 保存零件模型文件。

31.7 上　挡　环

上挡环也是减振器的一个挡环零件，运用旋转和倒角特征命令即可完成创建。上挡环零件及模型树如图 31.7.1 所示。

图 31.7.1　上挡环零件模型及模型树

Step1. 新建文件，零件模型命名 RINGER_TOP，选用 mmns_part_solid 零件模板。

Step2. 添加图 31.7.2.所示的基础特征——旋转 1。

（1）选择下拉菜单 插入(I) ➡ 旋转(R)... 命令。

（2）定义草绘截面放置属性。在绘图区中右击，在弹出的快捷菜单中选择 定义内部草绘... 命令，进入“草绘”对话框。选取 FRONT 基准平面为草绘平面，RIGHT 基准平面为参照平面，方向为 左；单击对话框中的 草绘 按钮。

（3）进入截面草绘环境后，绘制图 31.7.3 所示的旋转轴线和特征截面草图；完成特征截面绘制后，单击“完成”按钮 ✓。

（4）在操控板中选取旋转类型 （即“定值”），输入旋转角度值 360.0。单击 按钮预览所创建的特征；单击“完成”按钮 ✓。

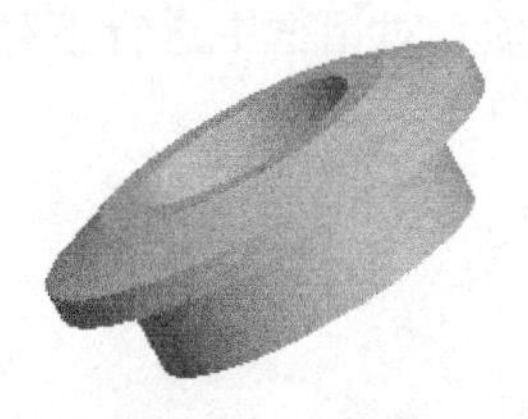

图 31.7.2　旋转 1

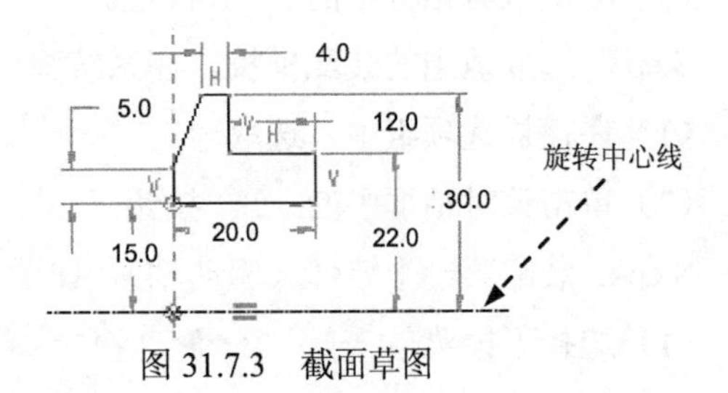

图 31.7.3　截面草图

Step3. 添加图 31.7.4b 所示的倒角特征——倒角 1。选择下拉菜单 插入(I) ➡ 倒角(M) ▸ ➡ 边倒角(E)... 命令，选取图 31.7.4a 所示的边线为倒角放置参照；在操控板中选取倒角方案 D x D，输入 D 值 1.0；单击“完成”按钮 ✓。

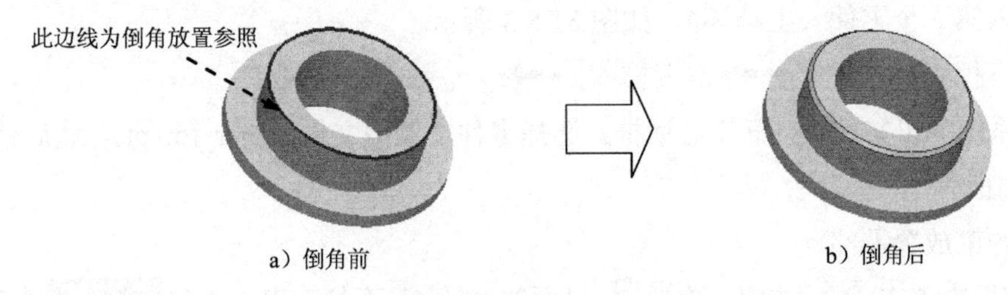

a）倒角前　　b）倒角后

图 31.7.4　倒角 1

31.8　装 配 零 件

Task1．添加驱动轴、限位轴和上挡环的子装配（图 31.8.1）

图 31.8.1　组装图和分解图

Step1. 选择下拉菜单 文件(F) → 设置工作目录(W)... 命令，将工作目录设置至 D:\proewf5.5\work\ch31。

Step2. 单击“新建文件”按钮，在弹出的文件“新建”对话框中进行下列操作。

（1）选中 类型 选项组下的 组件 单选按钮。

（2）选中 子类型 选项组下的 设计 单选按钮。

（3）在 名称 文本框中输入文件名 sub_asm_01。

（4）通过取消 使用缺省模板 复选框中的“√”号，来取消“使用默认模板”。

（5）单击该对话框中的 确定 按钮。

Step3. 选取适当的装配模板。在系统弹出的“新文件选项”对话框中进行下列操作。

（1）在模板选项组中，选取 mmns_asm_design 模板命令。

（2）单击该对话框中的 确定 按钮。

Step4. 装配第一个零件（驱动轴），如图 31.8.2 所示。

（1）选择下拉菜单 插入(I) → 元件(C) ▸ → 装配(A)... 命令。

（2）此时系统弹出文件“打开”对话框，选择零件 1 模型文件 initiative_shaft.prt，然后单击 打开 按钮。

（3）完全约束放置零件。进入零件装配界面，在操控板中单击 放置 按钮，在 放置 界面的 约束类型 下拉列表中选择 缺省 选项，将元件按默认放置，此时 状态 区域显示的信息为 完全约束；单击操控板中的 ✓ 按钮。

Step5. 引入第二个零件（上挡环），如图 31.8.3 所示。

（1）选择下拉菜单 插入(I) → 元件(C) ▸ → 装配(A)... 命令。

（2）此时系统弹出文件“打开”对话框，选择零件 2 模型文件 ringer_top.prt，然后单击 打开 按钮。

（3）完全约束放置零件。

① 在操控板中单击 放置 按钮，在 放置 界面的 约束类型 下拉列表中选择 对齐 选项，

选择元件中的 A1 轴（如图 31.8.4 所示），再选择组件中的 A1 轴（如图 31.8.4 所示）。完成后点击新建约束。

② 选择约束类型为对齐，选择元件中的曲面 1（如图 31.8.5 所示），再选择组件中的曲面 2（如图 31.8.5 所示）。偏移类型为重合，此时状态区域显示的信息为完全约束；单击操控板中的✓按钮。

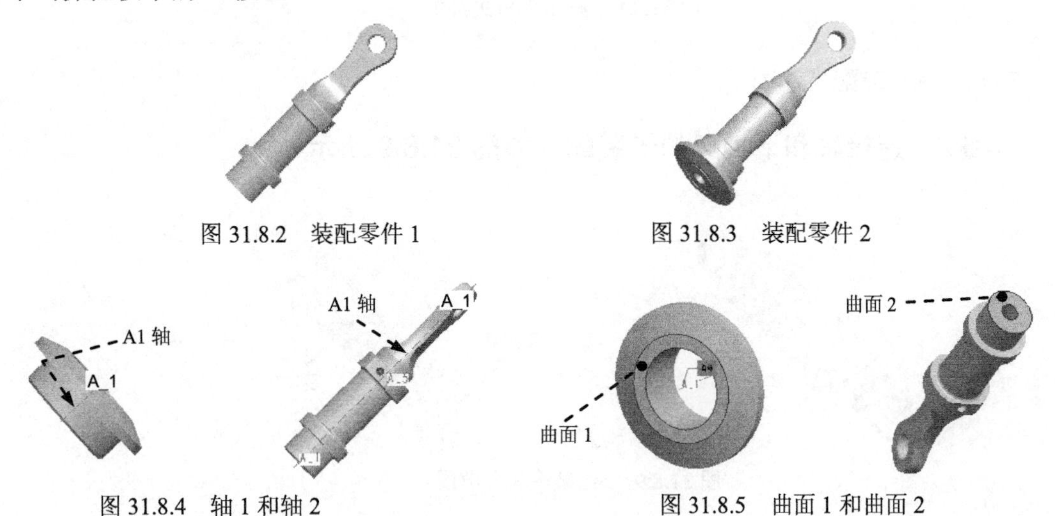

图 31.8.2　装配零件 1　　图 31.8.3　装配零件 2

图 31.8.4　轴 1 和轴 2　　图 31.8.5　曲面 1 和曲面 2

Step6. 装配第三个零件（限位轴），如图 31.8.6 所示。

（1）选择下拉菜单插入(I) ➡ 元件(C) ➡ 装配(A)...命令。

（2）此时系统弹出“打开”对话框，选择零件 3 模型文件 limit_shaft.prt，然后单击打开按钮。

（3）完全约束放置零件。

① 进入零件装配界面，在操控板中单击放置按钮，在放置界面的约束类型下拉列表中选择对齐选项，选择元件中的 A1 轴（如图 31.8.7 所示），再选择组件中的 A1 轴（如图 31.8.7 所示），完成后点击新建约束。

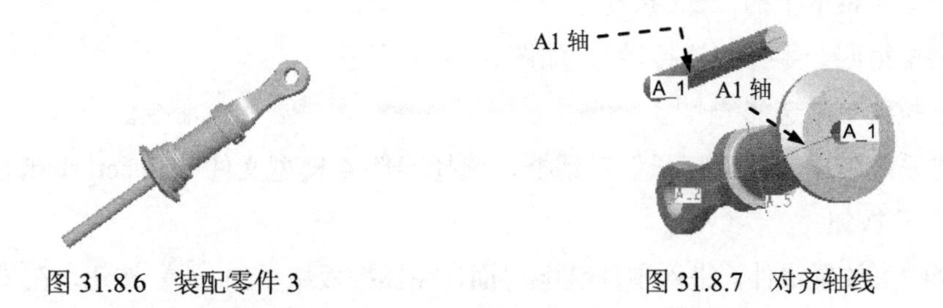

图 31.8.6　装配零件 3　　图 31.8.7　对齐轴线

② 选择约束类型为对齐，选择元件中的曲面 3（如图 31.8.8 所示），再选择组件中的曲面2（如图 31.8.8 所示）。偏移类型为偏移，输入偏移值为 20.0，将元件放置，此时状态区域显示的信息为完全约束；单击操控板中的✓按钮。

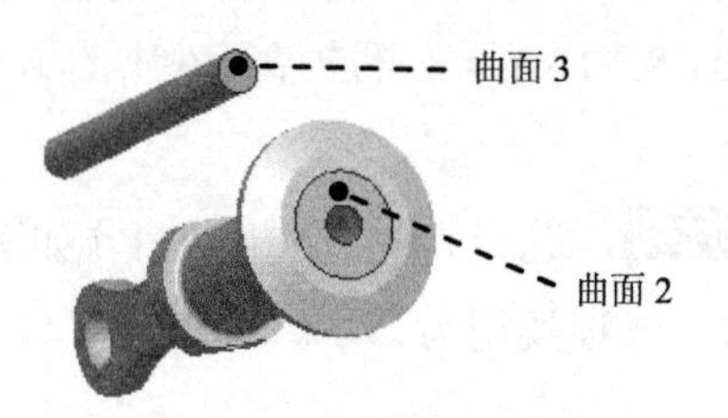

图 31.8.8　曲面 2 和曲面 3

Step7. 保存装配零件 1。

Task2. 连接轴和下挡环的子装配（如图 31.8.9 所示）

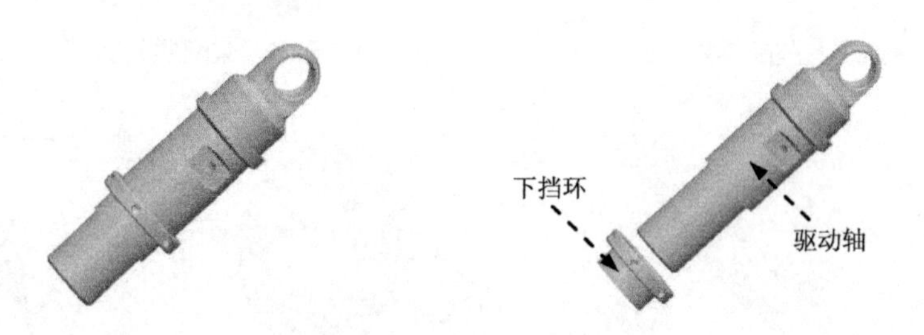

图 31.8.9　组装图和分解图

Step1. 单击“新建”按钮，在弹出的文件“新建”对话框中进行下列操作。

（1）选中 类型 选项组下的 组件 单选按钮。

（2）选中 子类型 选项组下的 设计 单选按钮。

（3）在 名称 文本框中输入文件名 SUB_ASM_02。

（4）通过取消 使用缺省模板 复选框中的“√”号，来取消“使用默认模板”。

（5）单击该对话框中的 确定 按钮。

Step2. 选取适当的装配模板。在系统弹出的“新文件选项”对话框中，进行下列操作。

（1）在模板选项组中选取 mmns_asm_design 模板命令。

（2）单击该对话框中的 确定 按钮。

Step3. 装配第四个零件（连接轴），如图 31.8.10 所示。

（1）在下拉菜单中选择 插入(I) ➡ 元件(C) ▸ ➡ 装配(A)... 命令。

（2）此时系统弹出文件“打开”对话框，选择零件 4 模型文件 connect_shaft.prt，然后单击 打开 按钮。

（3）完全约束放置零件。进入零件装配界面，在操控板中单击 放置 按钮，在 放置 界面的 约束类型 下拉列表中选择 缺省 选项，将元件按默认放置，此时 状态 区域显示的信息为 完全约束；单击操控板中的 ✓ 按钮。

Step4. 装配第五个零件（下挡环），如图 31.8.11 所示。

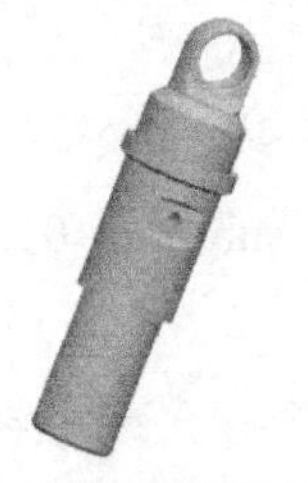

图 31.8.10　装配零件 4

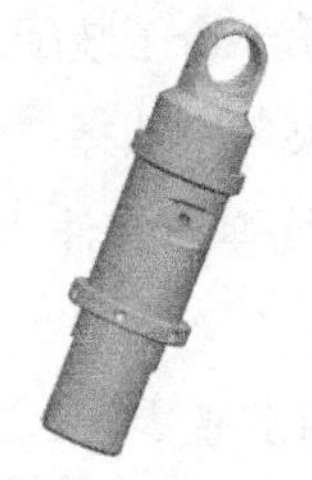

图 31.8.11　装配零件 5

（1）在下拉菜单中选择 插入(I) ➡ 元件(C) ▸ ➡ 装配(A)... 命令。

（2）此时系统弹出文件“打开”对话框，选择零件 5 模型文件 ringer_down.prt，然后单击 打开 按钮。

（3）完全约束放置零件。

① 进入零件装配界面，在操控板中单击 放置 按钮，在 放置 界面的 约束类型 下拉列表中选择 对齐 选项，选择元件中的 A1 轴（如图 31.8.12 所示），再选择组件中的 A1 轴（如图 31.8.12 所示）。完成后点击新建约束，

② 选择约束类型为 对齐，选择元件中的曲面 4（如图 31.8.13 所示），再选择组件中的曲面 5（如图 31.8.13 所示）。偏移为 重合，将元件放置，此时 状态 区域显示的信息为 完全约束；单击操控板中的 ✓ 按钮。

Step5. 保存装配零件 2。

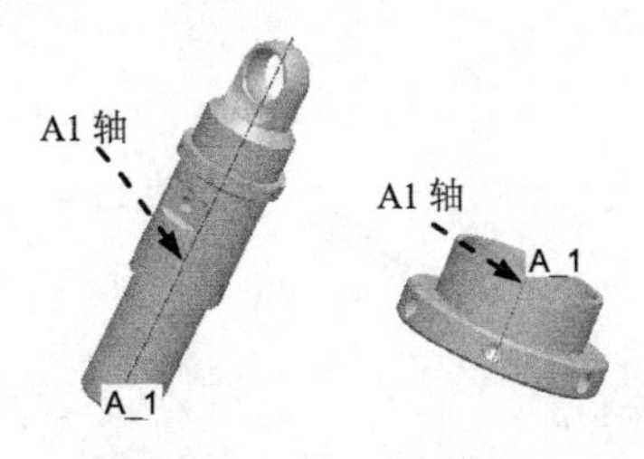

图 31.8.12　轴 1 和 轴 2

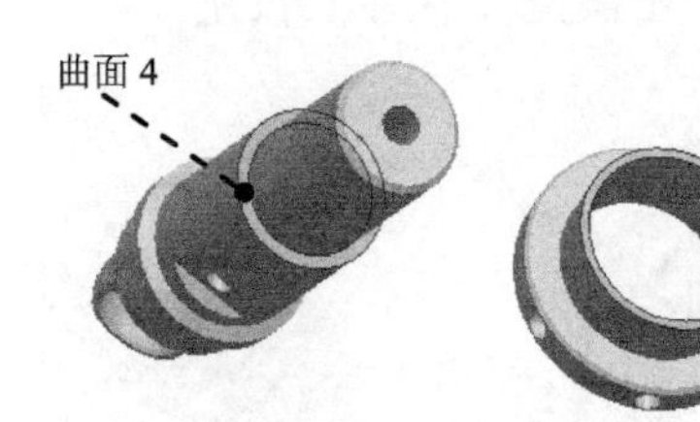

图 31.8.13　曲面 4 和 曲面 5

Task3. 减振器的总装配过程（如图 31.1.1 所示）

Step1. 单击“新建”按钮 ，在弹出的文件“新建”对话框中，进行下列操作。

（1）选中 类型 选项组下的 ◉ 组件 单选按钮。

（2）选中 子类型 选项组下的 ◉ 设计 单选按钮。

（3）在 名称 文本框中输入文件名 DAMPER.ASM。

（4）通过取消 ☑ 使用缺省模板 复选框中的“ √ ”号，来取消“使用默认模板”。

（5）单击该对话框中的 确定 按钮。

Step2. 选取适当的装配模板。在系统弹出的“新文件选项”对话框中，进行下列操作。

（1）在模板选项组中，选取 mmns_asm_design 模板命令。

（2）单击该对话框中的 确定 按钮。

Step3. 装配第一个子装配。

（1）在下拉菜单中选择 插入(I) → 元件(C) ▸ → 装配(A)... 命令。

（2）此时系统弹出文件“打开”对话框，选择装配文件 sub_asm_01.asm，然后单击 打开 按钮。

（3）完全约束放置零件。进入零件装配界面，在操控板中单击 放置 按钮，在 放置 界面的 约束类型 下拉列表中选择 缺省 选项，将元件按默认放置，此时 状态 区域显示的信息为 完全约束；单击操控板中的 ✓ 按钮。

Step4. 装配零件 damping_spring.prt（弹簧）。

（1）在下拉菜单中选择 插入(I) → 元件(C) ▸ → 装配(A)... 命令。

（2）此时系统弹出文件“打开”对话框，选择零件模型文件 damping_spring.prt，然后单击 打开 按钮。

（3）完全约束放置零件。

① 进入零件装配界面，在操控板中单击 放置 按钮，在 放置 界面的 约束类型 下拉列表中选择 对齐 选项，选择元件中的轴 1（如图 31.8.14 所示），再选择组件中的轴 2（如图 31.8.14 所示）。完成后点击新建约束，

② 选择约束类型为 配对，选择元件中的平面 1（如图 31.8.15 所示），再选择组件中的平面 2（如图 31.8.15 所示）。偏移为 重合，将元件放置，此时 状态 区域显示的信息为 完全约束；单击操控板中的 ✓ 按钮。

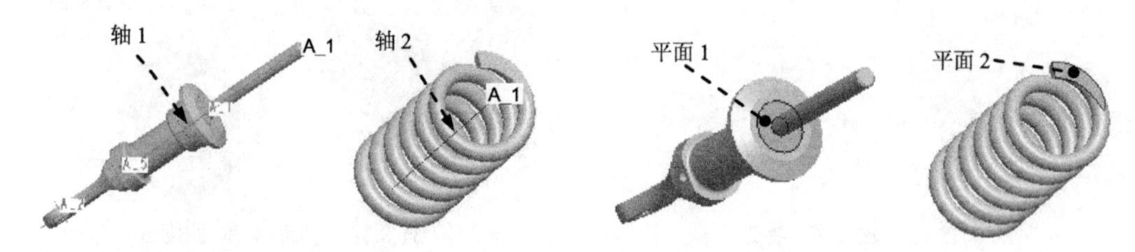

图 31.8.14　选取对齐轴　　　图 31.8.15　选取配对面

Step5. 装配零件 SUB_ASM_02.ASM。

（1）在下拉菜单中选择 插入(I) → 元件(C) ▸ → 装配(A)... 命令。

（2）此时系统弹出文件“打开”对话框，选择装配模型文件 sub_asm_02.asm，然后单击 打开 按钮。

（3）完全约束放置零件。

① 进入零件装配界面，在操控板中单击 放置 按钮，在 放置 界面的 约束类型 下拉列表中选择 对齐 选项，选择元件中的轴 2（如图 31.8.16 所示），再选择组件中的轴 4（如图 31.8.16 所示），完成后点击新建约束。

② 选择约束类型为 配对，选择元件中的平面 3（如图 31.8.17 所示），再选择组件中的平面 4（如图 31.8.17 所示）。偏移为 重合，将元件放置，此时 状态 区域显示的信息

为完全约束；单击操控板中的✓按钮。

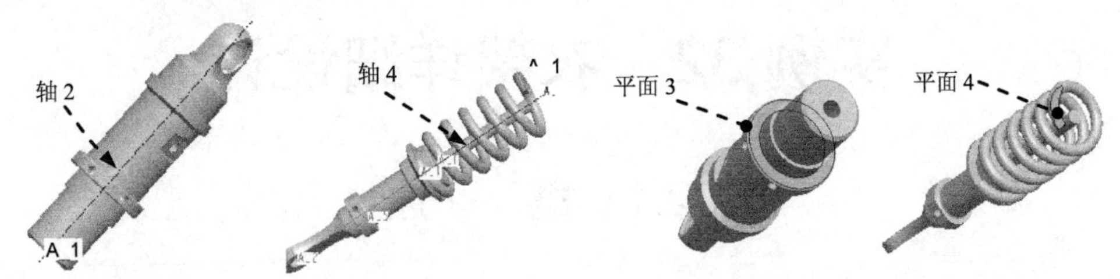

图 31.8.16 选取对齐轴　　图 31.8.17 选取配对面

Step6. 在装配零件上创建旋转特征，如图 31.8.18 所示。

（1）选择下拉菜单 插入(I) ➡ 元件(C) ▸ ➡ 创建(C)... 命令。

（2）此时系统弹出“元件创建”对话框，选中 类型 选项组中的 ◉ 零件，选中 子类型 选项组中的 ◉ 实体，然后在 名称 文本框中输入文件名 ROTATE_RINGER，单击 确定 按钮。

（3）在弹出的“创建选项”对话框中，选中 ◉ 空 单选按钮，单击 确定 按钮。

（4）激活模型。在模型树中选择 ROTATE_RINGER.PRT，然后右击，在弹出的快捷菜单中选择 激活 命令。

（5）选择下拉菜单 插入(I) ➡ 旋转(R)... 命令。

（6）定义草绘截面放置属性。

① 在绘图区中右击，从弹出的快捷菜单中选择 定义内部草绘... 命令，进入“草绘”对话框。

② 设置草绘平面与草绘参照平面。分别选取 ASM_FRONT 基准平面为草绘平面，ASM_RIGHT 基准平面为参照，方向为 右；单击对话框中的 草绘 按钮。

（7）进入截面草绘环境后，绘制图 31.8.19 所示的旋转中心线和特征截面草图；完成特征截面绘制后，单击“完成”按钮✓。

（8）在操控板中，选取旋转类型 ⊥（即“定值”），输入旋转角度值 360.0。

（9）在操控板中单击 ☑ 👓 按钮，预览所创建的特征；单击“完成”按钮✓。

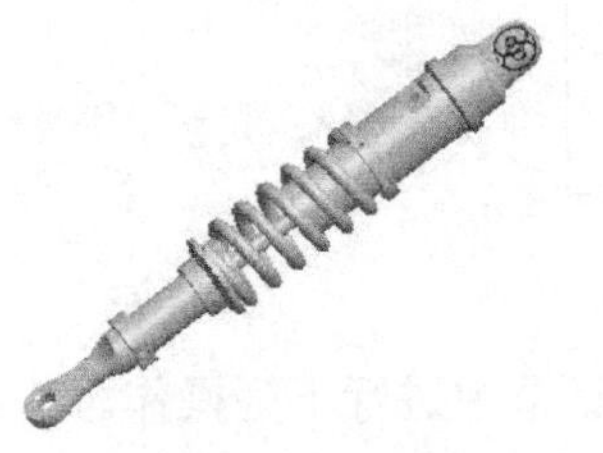

图 31.8.18 增加旋转特征

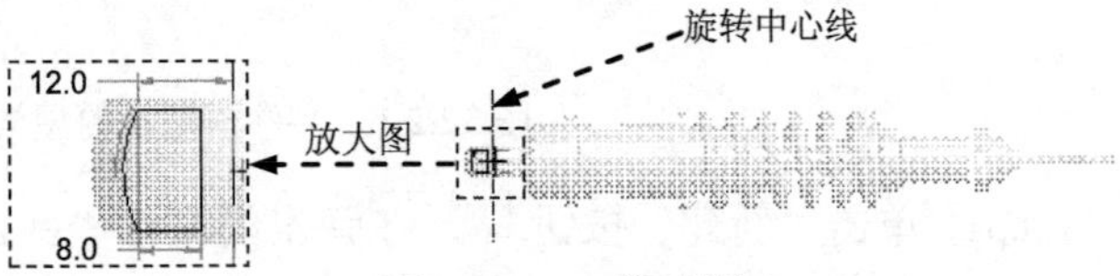

旋转中心线
放大图
12.0
8.0

图 31.8.19 截面草图

Step7. 保存装配文件。

实例32　衣架详细设计

32.1　概　　述

本实例详细讲解了衣架的整个设计过程，下面将通过介绍图32.1.1所示衣架的设计，来学习和掌握产品装配的一般过程，熟悉装配的操作流程。本实例先通过设计每个零部件，然后再到装配，循序渐进，由浅入深。在设计零件的过程中，需要将所有零件保存在同一目录下，并注意零件的尺寸及每个特征的位置，为以后的装配提供方便。衣架的最终装配模型如图32.1.1所示。

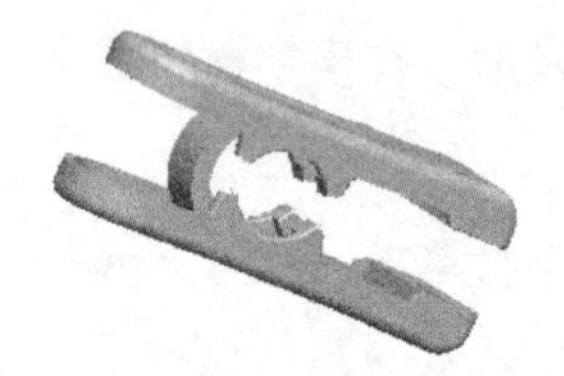

图32.1.1　装配模型

32.2　衣 架 零 件（一）

零件模型及模型树如图32.2.1所示。

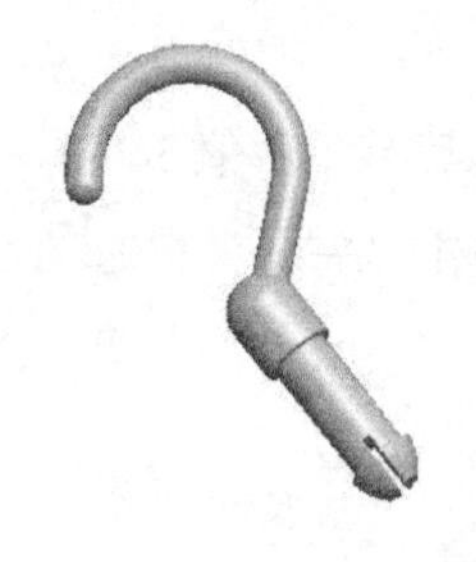
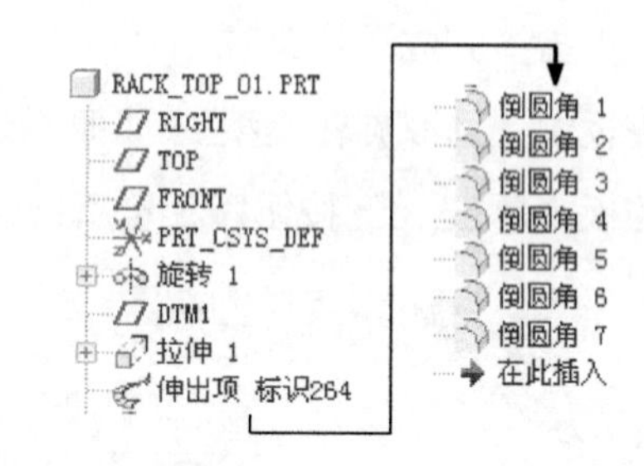

图32.2.1　零件模型及模型树

Step1. 单击“新建”按钮，在弹出的文件“新建”对话框中进行下列操作。

（1）选中类型选项组下的零件单选项。

（2）在名称文本框中输入文件名RACK_TOP_01。

（3）取消使用缺省模板复选框中的“√”号，单击该对话框中的确定按钮。

（4）在系统弹出的“新文件选项”对话框的模板选项组中，选择mmns_part_solid模板，单击该对话框中的确定按钮。

Step2. 创建图 32.2.2a 所示的零件基础特征——旋转 1。

（1）选择命令。选择下拉菜单 插入(I) ➡ 旋转(R)... 命令。

（2）定义截面放置属性。

① 在绘图区右击，从弹出的快捷菜单中选择 定义内部草绘... 命令，系统弹出“草绘”对话框。

② 设置草绘平面与参照平面。选取 FRONT 基准平面为草绘平面，RIGHT 基准平面为参照平面，方向为右；单击对话框中的草绘按钮。

（3）系统进入截面草绘环境，绘制图 32.2.2b 所示的旋转中心线和截面草图，完成绘制后，单击“完成”按钮✓。

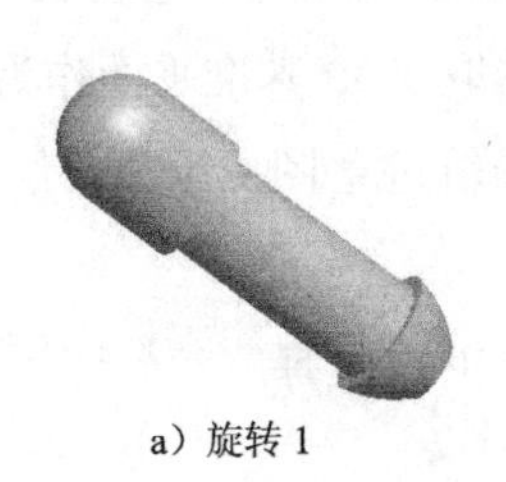

a）旋转 1

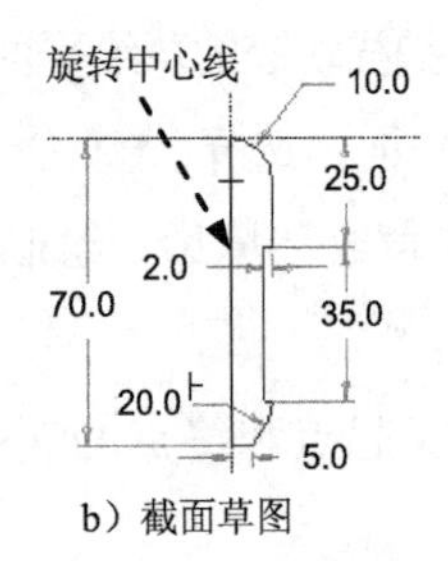

b）截面草图

图 32.2.2　旋转 1

（4）在操控板中选取旋转类型（即“定值”），采用系统默认的旋转角度值 360.0。

（5）在操控板中单击按钮，预览所创建的特征；单击“完成”按钮✓。

Step3. 创建图 32.2.3 所示的 DTM1 基准平面。

（1）单击“创建基准平面”按钮，系统弹出“基准平面”对话框。

（2）选取图 32.2.3 所示的模型表面为参照，设置类型为偏移，将偏距值设置为 0.0；在“基准平面”对话框中单击确定按钮，完成 DTM1 基准平面的创建。

Step4. 添加图 32.2.4 所示的拉伸特征——拉伸 1。

（1）选择下拉菜单 插入(I) ➡ 拉伸(E)... 命令，在操控板中按下“移除材料”按钮。

（2）定义截面放置属性。

① 在绘图区右击，从弹出的快捷菜单中选择 定义内部草绘... 命令，系统弹出“草绘”对话框。

② 设置草绘平面与参照平面。选取 DTM1 基准平面为草绘平面，接受系统默认的参照平面，方向为右；单击对话框中的草绘按钮。

（3）进入截面草绘环境后，绘制图 32.2.5 所示的特征截面草图；单击“完成”按钮✓。

（4）在操控板中选取深度类型（即“定值”），输入深度值 15.0。单击按钮，预览所创建的特征；单击“完成”按钮✓。

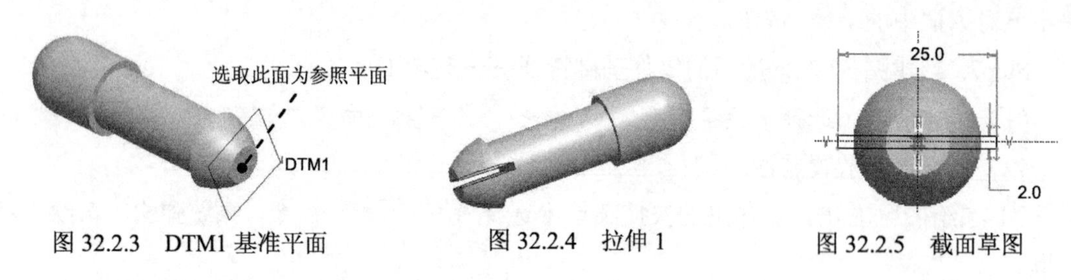

图 32.2.3　DTM1 基准平面　　图 32.2.4　拉伸 1　　图 32.2.5　截面草图

Step5. 添加图 32.2.6 所示的伸出项扫描特征——伸出项标识 264。

（1）选择下拉菜单 插入(I) ➡ 扫描(S) ▸ ➡ 伸出项(P)... 命令。

（2）定义扫描轨迹。

① 选择“扫描轨迹”菜单中的 Sketch Traj（草绘轨迹）命令。

② 定义扫描轨迹的草绘平面及其垂直参考面。选择 Plane（平面）命令，选取 RIGHT 基准平面作为草绘平面，选择 Okay（确定） ➡ Left（左）命令，选取 TOP 基准平面作为参照平面。

③ 进入草绘环境后，绘制并标注图 32.2.7 所示的扫描轨迹草图；单击草绘工具栏中的“完成”按钮✓。

（3）定义起点和终点的属性。在弹出的“属性”菜单中，选择 Free Ends（自由端） ➡ Done（完成）命令。

（4）创建扫描特征的截面。绘制并标注图 32.2.8 所示的扫描截面草图，完成后单击草绘工具栏中的“完成”按钮✓。

（5）单击扫描特征信息对话框下部的 确定 按钮，完成扫描特征的创建。

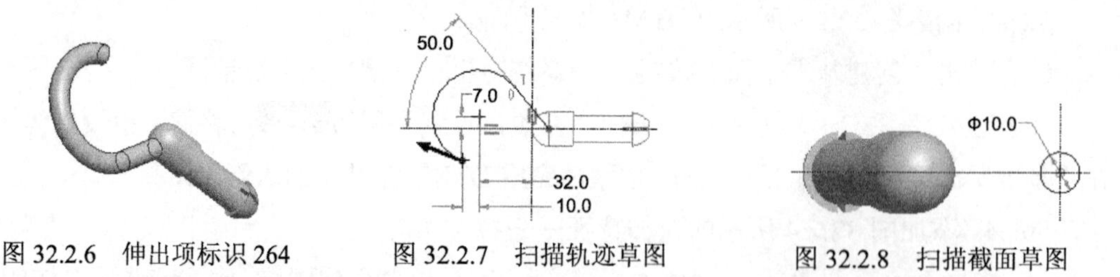

图 32.2.6　伸出项标识 264　　图 32.2.7　扫描轨迹草图　　图 32.2.8　扫描截面草图

Step6. 后面的详细操作过程请参见随书光盘中 video\ch32.02\reference\文件下的语音视频讲解文件 RACK_TOP_01-r01.exe。

32.3 衣架零件（二）

零件模型及模型树如图 32.3.1 所示。

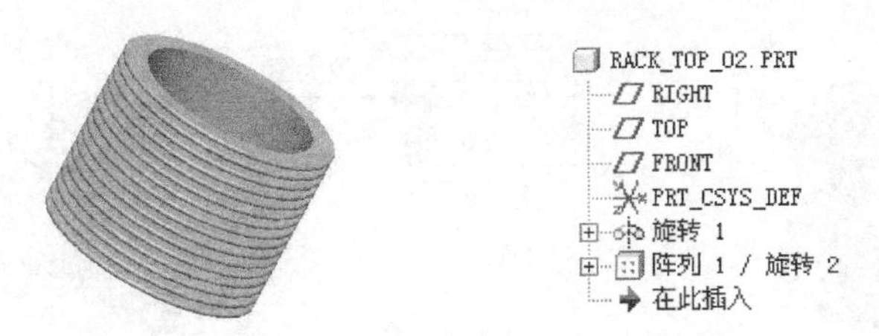

图 32.3.1　零件模型及模型树

Step1. 单击“新建”按钮，在弹出的文件“新建”对话框中进行下列操作。

（1）选中类型选项组下的零件单选项。

（2）在名称文本框中输入文件名 RACK_TOP_02。

（3）取消使用缺省模板复选框中的“√”号，单击该对话框中的确定按钮。

（4）在系统弹出的“新文件选项”对话框的模板选项组中，选择mmns_part_solid模板，单击该对话框中的确定按钮。

Step2. 创建图 32.3.2 所示的零件基础特征——旋转 1。

（1）选择下拉菜单插入(I) ➡ 旋转(R)...命令，在操控板中按下“曲面”按钮。

（2）定义截面放置属性。在绘图区右击，从弹出的快捷菜单中选择定义内部草绘...命令，系统弹出“草绘”对话框。选取 FRONT 基准平面为草绘平面，RIGHT 基准平面为参照平面，方向为右；单击对话框中的草绘按钮。

（3）此时系统进入截面草绘环境，绘制图 32.3.3 所示的旋转中心线和截面草图，完成绘制后，单击“完成”按钮。

图 32.3.2　旋转 1

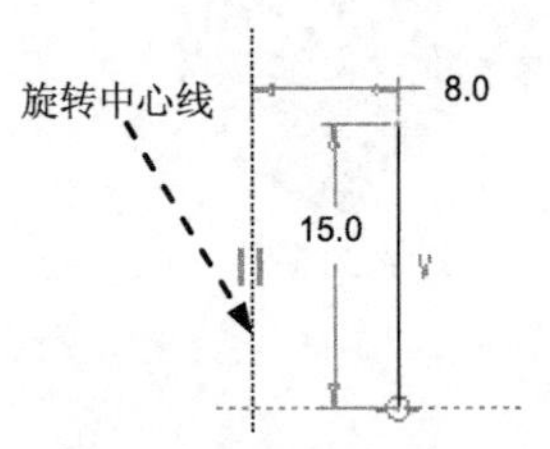

图 32.3.3　截面草图

（4）定义旋转角度。在操控板中选择旋转角度类型（即草绘平面以指定的角度值旋转），再在角度文本框中输入角度值 360.0，单击“完成”按钮，完成特征的创建。

Step3. 添加图 32.3.4 所示的旋转特征—— 旋转 2。

（1）选择下拉菜单插入(I) ➡ 旋转(R)...命令，在操控板中按下“实体”按钮。

（2）定义截面放置属性。在绘图区右击，从弹出的快捷菜单中选择定义内部草绘...命令，系统弹出“草绘”对话框。选取 FRONT 基准平面为草绘平面，RIGHT 基准平面为参照平面，方向为右；单击对话框中的草绘按钮。

（3）系统进入截面草绘环境，绘制图 32.3.5 所示的旋转中心线和截面草图，完成绘制后，单击“完成”按钮。

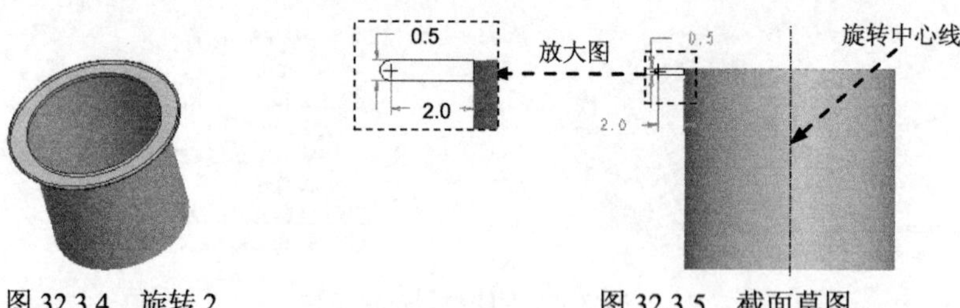

图 32.3.4 旋转 2　　图 32.3.5 截面草图

（4）在操控板中选取旋转类型（即“定值”），输入旋转角度值 360.0。单击按钮，预览所创建的特征；单击“完成”按钮。

Step4. 添加图 32.3.6b 所示的阵列特征——阵列 1。

（1）在模型树中，选择 Step3 创建的旋转 2 后右击，从快捷菜单中选取阵列...命令。

（2）选取阵列类型。在操控板的选项界面中选中一般。

（3）选择阵列控制方式。在操控板中选择方向方式控制阵列。

（4）给出增量（间距）、阵列个数。选取图 32.3.6 所示的基准轴 A_1 为第一方向的参照，在操控板中设置第一方向的增量（间距）值 1.0，并按 Enter 键；输入第一方向阵列个数值 16，并按 Enter 键。

（5）在操控板中单击“完成”按钮，结果如图 32.3.6b 所示。

Step5. 保存零件模型文件。

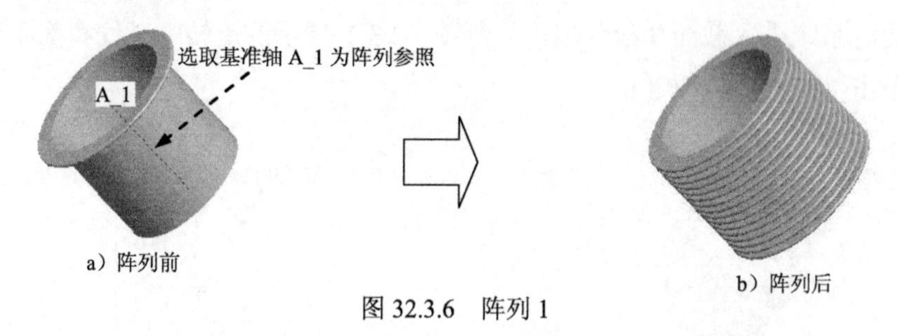

a）阵列前　　b）阵列后

图 32.3.6 阵列 1

32.4 衣架零件（三）

零件模型和模型树如图 32.4.1 所示。

Step1. 单击“新建”按钮，在弹出的文件“新建”对话框中进行下列操作。

（1）选中类型选项组下的零件单选项。

（2）在名称文本框中输入文件名 RACK_DOWN。

（3）取消使用缺省模板复选框中的“√”号，单击该对话框中的确定按钮。

（4）在系统弹出的“新文件选项”对话框的模板选项组中，选择mmns_part_solid模板，单击该对话框中的确定按钮。

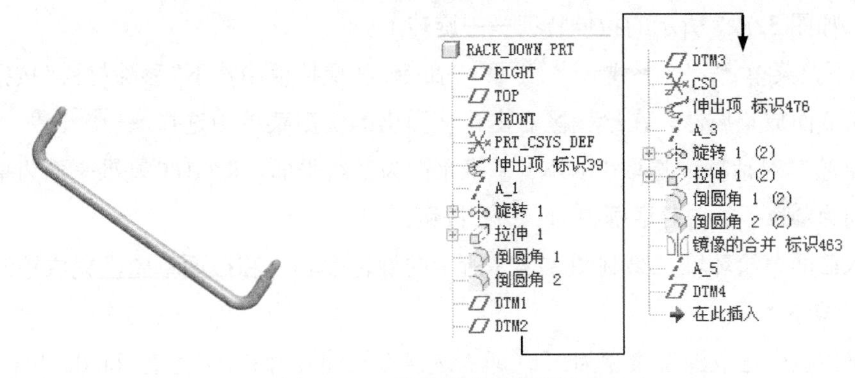

图 32.4.1　零件模型及模型树

Step2. 创建图 32.4.2 所示的伸出项扫描特征——伸出项 标识 39。

（1）选择下拉菜单 插入(I) ➡ 扫描(S) ▸ ➡ 伸出项(P)... 命令。

（2）定义扫描轨迹。

① 选择“扫描轨迹”菜单中的 Sketch Traj (草绘轨迹) 命令。

② 定义扫描轨迹的草绘平面及其垂直参考面。选择 Plane (平面) 命令，选取 FRONT 基准平面为草绘平面，选择 Okay (确定) ➡ Right (右) 命令，选取 RIGHT 基准平面为参照平面。

③ 进入草绘环境后，绘制图 32.4.3 所示的轨迹草图；单击“完成”按钮✓。

（3）定义起点和终点的属性。在弹出的“属性”菜单中，选择 Free Ends (自由端) ➡ Done (完成) 命令。

（4）创建扫描特征的截面。绘制图 32.4.4 所示的扫描截面草图，单击“完成”按钮✓。

（5）单击扫描特征信息对话框的 确定 按钮，完成扫描特征的创建。

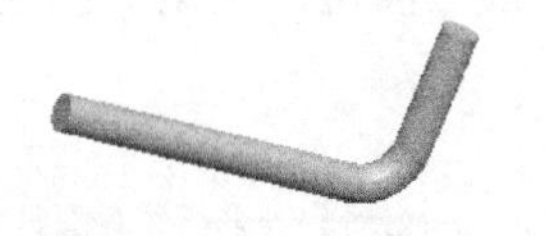

图 32.4.2　伸出项 标识 39

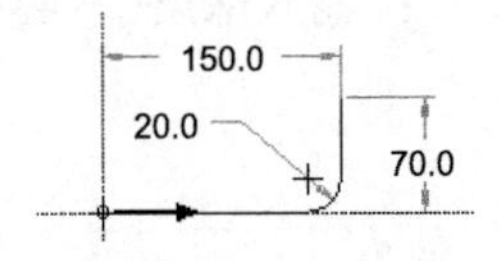

图 32.4.3　扫描轨迹草图

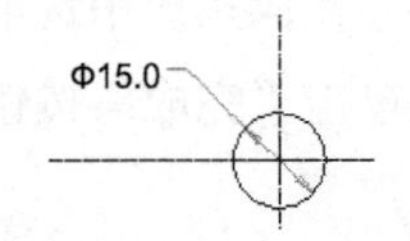

图 32.4.4　扫描截面草图

Step3. 创建图 32.4.5 所示的基准轴——A_1。

（1）单击工具栏中的“基准轴”按钮 /，系统弹出“基准轴”对话框。

（2）定义放置参照。选取图 32.4.6 所示的扫描特征曲面为参照，将其约束类型设置为 穿过，单击对话框中的 确定 按钮，完成基准轴 A_1 的创建。

图 32.4.5　基准轴 A_1

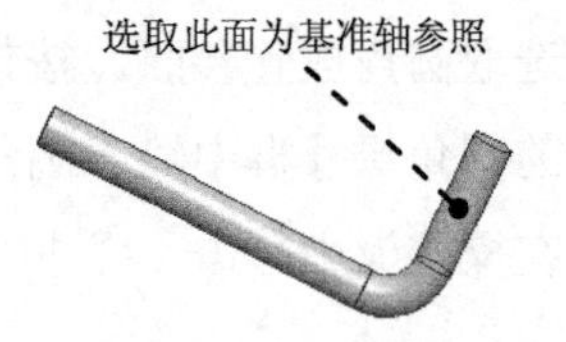

图 32.4.6　定义放置参照

Step4. 添加图 32.4.7 所示的拉伸特征——旋转 1。

（1）选择下拉菜单 插入(I) → 旋转(R)... 命令，在操控板中按下“移除材料”按钮。

（2）定义截面放置属性。在绘图区右击，从弹出的快捷菜单中选择 定义内部草绘... 命令，系统弹出“草绘”对话框。选取 FRONT 基准平面为草绘平面，RIGHT 基准平面为草绘参照平面，方向为 右；单击对话框中的 草绘 按钮。

（3）进入截面草绘环境，绘制图 32.4.8 所示的旋转中心线和截面草图，完成绘制后，单击“完成”按钮。

（4）在操控板中选取深度类型为（即“定值”拉伸）；输入深度值 360.0。单击按钮，预览所创建的特征；单击“完成”按钮。

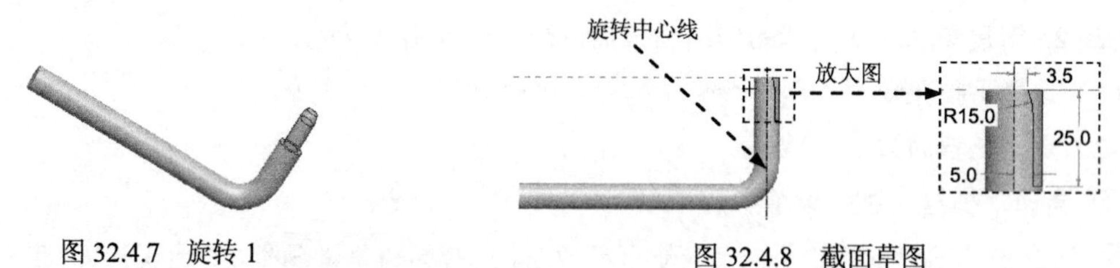

图 32.4.7　旋转 1　　　　图 32.4.8　截面草图

Step5. 添加图 32.4.9 所示的拉伸特征——拉伸 1。

（1）选择下拉菜单 插入(I) → 拉伸(E)... 命令。

（2）定义截面放置属性。在绘图区右击，从弹出的快捷菜单中选择 定义内部草绘... 命令，系统弹出“草绘”对话框。选取 FRONT 基准平面为草绘平面，RIGHT 基准平面为草绘参照平面，方向为 右；单击对话框中的 草绘 按钮。

（3）进入截面草绘环境，绘制图 32.4.10 所示的截面草图，单击“完成”按钮。

（4）在操控板中选取深度类型为；输入深度值 4.0。单击按钮，预览所创建的特征；单击“完成”按钮。

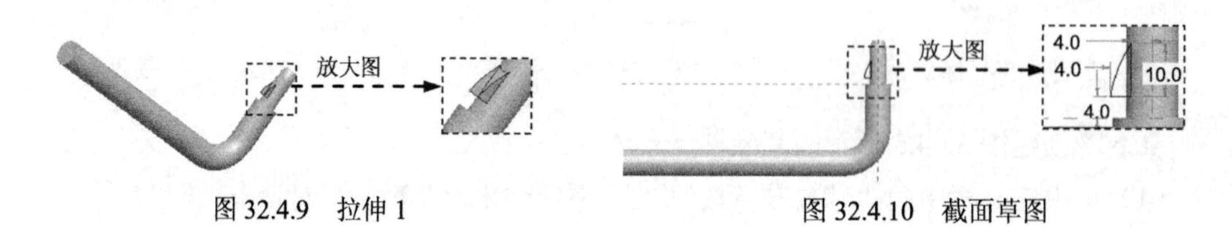

图 32.4.9　拉伸 1　　　　图 32.4.10　截面草图

Step6. 添加图 32.4.11b 所示的倒圆角特征——倒圆角 1。

（1）选择下拉菜单 插入(I) → 倒圆角(O)... 命令。

（2）选取圆角放置参照。按住 Ctrl 键，选取图 32.4.11a 所示的边链为圆角放置参照，在操控板的圆角尺寸框中输入圆角半径值 0.5。

（3）在操控板中单击按钮，预览所创建圆角的特征；单击“完成”按钮。

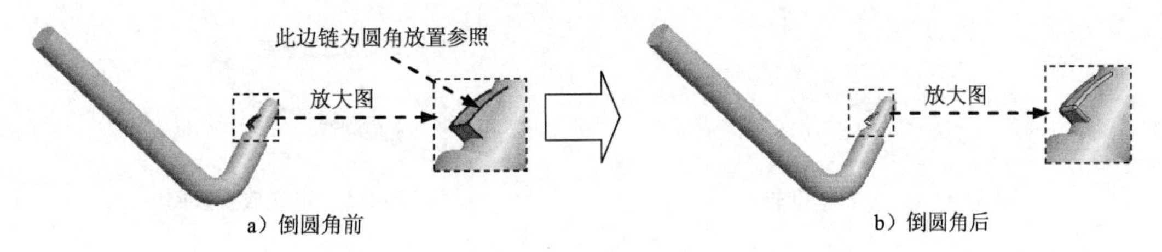

图 32.4.11　倒圆角 1

Step7. 添加图 32.4.12 所示的倒圆角特征——倒圆角 2。

（1）选择下拉菜单 插入(I) ➡ 倒圆角(O)... 命令。

（2）选取圆角放置参照。按住 Ctrl 键，选取图 32.4.12 所示的边链为圆角放置参照，在操控板的圆角尺寸框中输入圆角半径值 0.5。

（3）在操控板中单击 按钮，预览所创建圆角的特征；单击“完成”按钮。

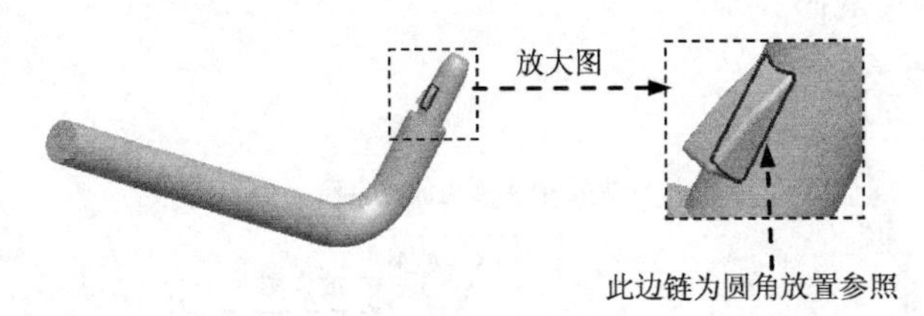

图 32.4.12　倒圆角 2

Step8. 添加图 32.4.13b 所示的镜像复制特征——镜像的合并 标识 463。

（1）选择下拉菜单 编辑(E) ➡ 特征操作(O) 命令。

（2）定义复制类型。在“特征”菜单中选择 Copy (复制) 命令，在展开的菜单中依次选取 Mirror (镜像) ➡ All Feat (所有特征) ➡ Dependent (从属) ➡ Done (完成) 命令。

（3）定义镜像平面。选取 RIGHT 基准平面为镜像平面。

（4）单击菜单管理器中的 Done (完成) 命令，完成镜像复制。

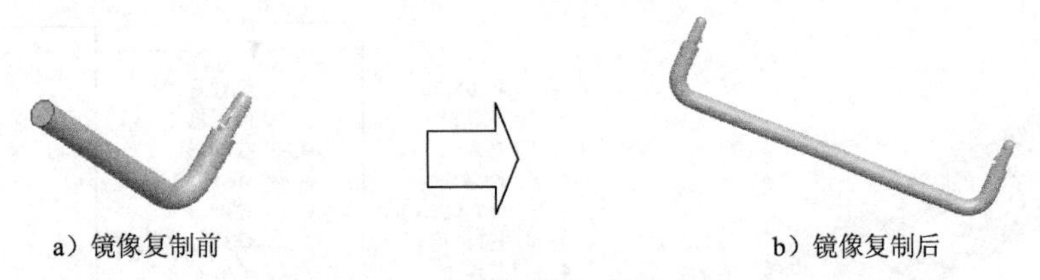

图 32.4.13　镜像的合并 标识 463

Step9. 创建图 32.4.14 所示的基准轴——A_5。

（1）单击工具栏中的“基准轴”按钮，系统弹出“基准轴”对话框。

（2）定义放置参照。选择图 32.4.15 所示的扫描特征曲面为参照，将其约束类型设置为 穿过，单击对话框中的 确定 按钮，完成基准轴 A_5 的创建。

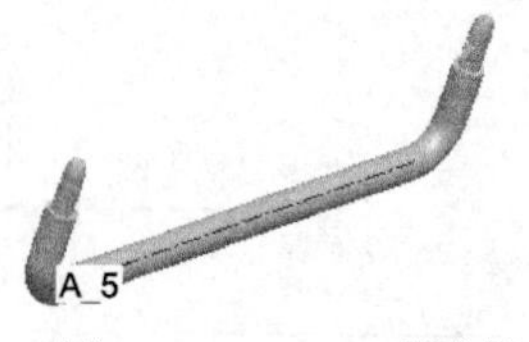

图 32.4.14 A_5 基准轴

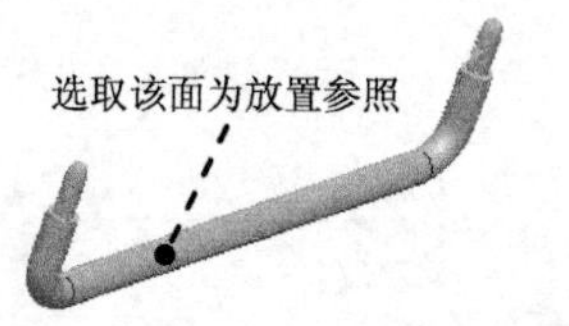

图 32.4.15 定义放置参照

Step10. 创建如图 32.4.16 所示的基准平面——DTM4。

（1）单击“创建基准平面”按钮，系统弹出“基准平面”对话框。

（2）选取图 32.4.17 所示的基准轴 A_4 为放置参照，将其设置为穿过；选取 RIGHT 基准平面为放置参照，将其设置为平行；在“基准平面”对话框中单击确定按钮，完成 DTM4 基准平面的创建。

说明：在此创建的 A_5 基准轴和 DTM4 基准平面用于装配中添加约束，也可以在装配的过程中再创建基准轴和基准面。

Step11. 保存零件模型文件。

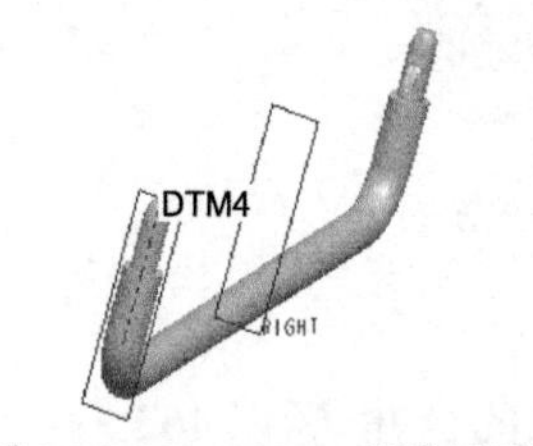

图 32.4.16 DTM4 基准平面

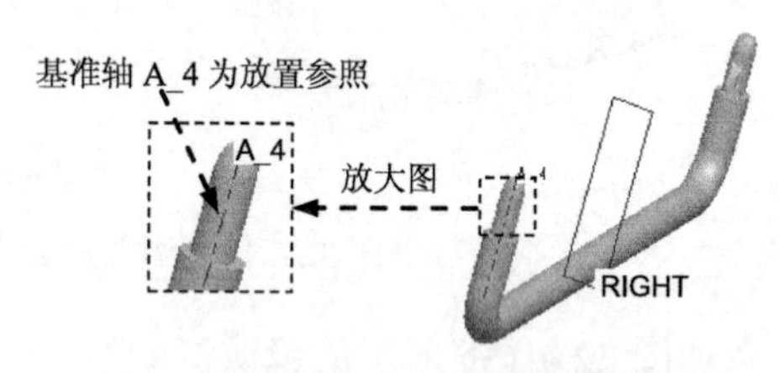

图 32.4.17 定义放置参照

32.5 衣架零件（四）

零件模型及模型树如图 32.5.1 所示。

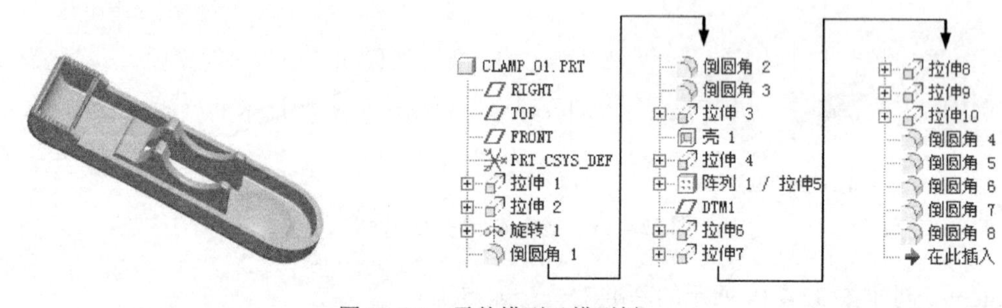

图 32.5.1 零件模型及模型树

Step1. 单击“新建”按钮，在弹出的文件“新建”对话框中进行下列操作。

（1）选中类型选项组下的零件单选项。

（2）在名称文本框中输入文件名 CLAMP_01。

（3）取消☑ 使用缺省模板复选框中的“√”号，单击该对话框中的确定按钮。

（4）在系统弹出的“新文件选项”对话框的模板选项组中，选择mmns_part_solid模板，单击该对话框中的确定按钮。

Step2. 创建图 32.5.2 所示的零件基础特征——拉伸 1。

（1）选择下拉菜单插入(I) ➡ 拉伸(E)...命令。

（2）定义截面放置属性。在绘图区右击，从弹出的快捷菜单中选择定义内部草绘...命令，系统弹出“草绘”对话框。选取 FRONT 基准平面为草绘平面，RIGHT 基准平面为参照平面，方向为右；单击对话框中的草绘按钮。

（3）进入截面草绘环境，绘制图 32.5.3 所示的截面草图，单击“完成”按钮✓。

（4）在操控板中选取深度类型为；输入深度值 20.0。单击按钮，预览所创建的特征；单击“完成”按钮✓。

图 32.5.2　拉伸 1

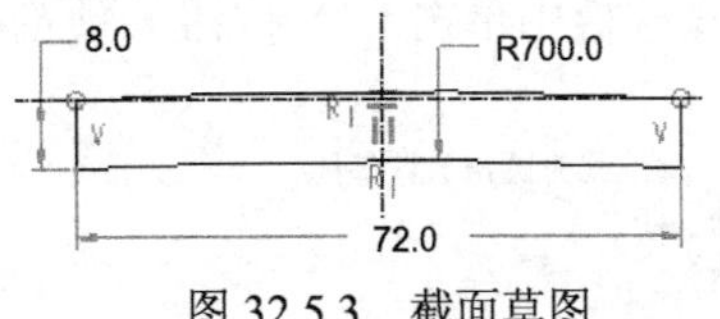

图 32.5.3　截面草图

Step3. 添加图 32.5.4 所示的拉伸特征——拉伸 2。

（1）选择下拉菜单插入(I) ➡ 拉伸(E)...命令，在操控板中按下“移除材料”按钮。

（2）定义截面放置属性。在绘图区右击，从弹出的快捷菜单中选择定义内部草绘...命令，系统弹出“草绘”对话框。选取 TOP 基准平面为草绘平面，RIGHT 基准平面为参照平面，方向为右；单击对话框中的草绘按钮。

（3）进入截面草绘环境，绘制图 32.5.5 所示的截面草图，单击“完成”按钮✓。

（4）在操控板中选择深度类型，单击选项按钮，在深度界面的侧 1下拉列表中选择穿透选项；在侧 2的下拉列表中选择穿透选项。单击“完成”按钮✓。

图 32.5.4　拉伸 2

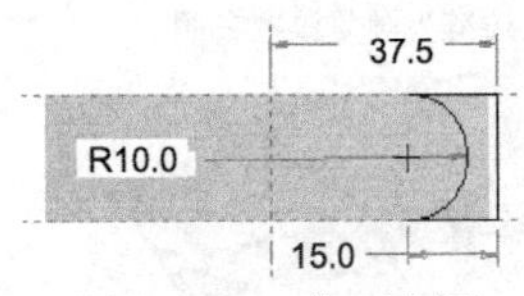

图 32.5.5　截面草图

Step4. 添加图 32.5.6 所示的旋转特征——旋转 1。

（1）选择下拉菜单插入(I) ➡ 旋转(R)...命令，在操控板中按下“移除材料”按钮。

（2）定义截面放置属性。在绘图区右击，从弹出的快捷菜单中选择定义内部草绘...命令，系统弹出“草绘”对话框。选取 FRONT 基准平面为草绘平面，RIGHT 基准平面为草绘参照平面，方向为右；单击对话框中的草绘按钮。

（3）进入截面草绘环境，绘制图 32.5.7 所示的旋转中心线和特征截面草图；完成绘制后，单击“完成”按钮。

（4）在操控板中选取深度类型为；输入深度值 360.0。单击按钮预览所创建的特征；单击“完成”按钮。

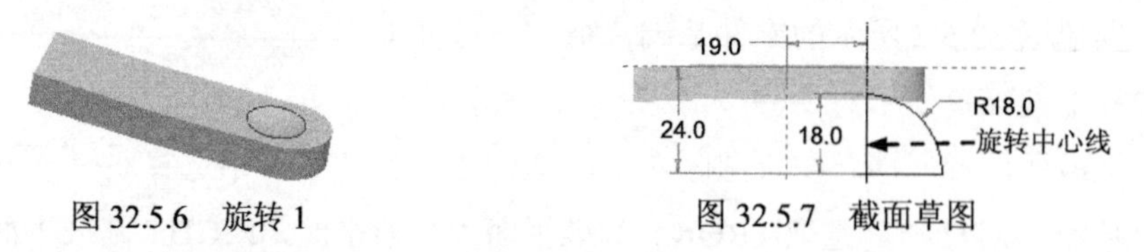

图 32.5.6 旋转 1　　图 32.5.7 截面草图

Step5. 添加图 32.5.8b 所示的倒圆角特征——倒圆角 1。

（1）选择下拉菜单 插入(I) → 倒圆角(O)... 命令。

（2）选取圆角放置参照。选取图 32.5.8 所示的边线为圆角放置参照，在操控板的圆角尺寸框中输入圆角半径值 5.0。

（3）在操控板中单击按钮，预览所创建圆角的特征；单击“完成”按钮。

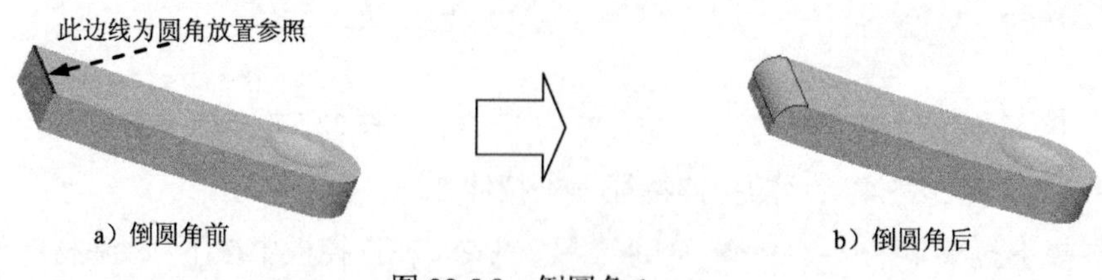

a）倒圆角前　　b）倒圆角后

图 32.5.8 倒圆角 1

Step6. 添加图 32.5.9b 所示的倒圆角特征——倒圆角 2。

（1）选择下拉菜单 插入(I) → 倒圆角(O)... 命令。

（2）选取圆角放置参照。选取图 32.5.9a 所示的边链为圆角放置参照，在操控板的圆角尺寸框中输入圆角半径值 2.0。

（3）在操控板中单击按钮，预览所创建圆角的特征；单击“完成”按钮。

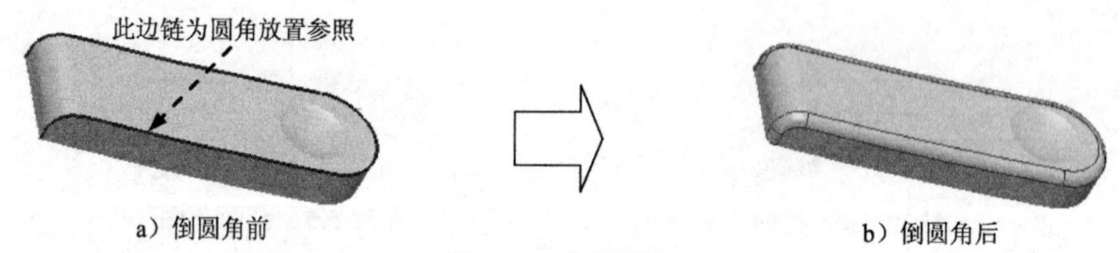

a）倒圆角前　　b）倒圆角后

图 32.5.9 倒圆角 2

Step7. 添加图 32.5.10b 所示的倒圆角特征——倒圆角 3。

（1）选择下拉菜单 插入(I) → 倒圆角(O)... 命令。

（2）选取圆角放置参照。选取图 32.5.10a 所示的边线为圆角放置参照，在操控板的圆角尺寸框中输入圆角半径值 5.0。

（3）在操控板中单击按钮，预览所创建圆角的特征；单击“完成”按钮。

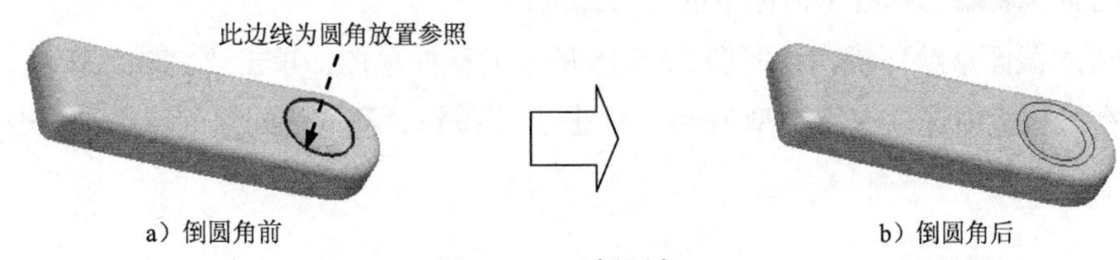

图 32.5.10　倒圆角 3

Step8. 添加图 32.5.11 所示的拉伸特征——拉伸 3。

（1）选择下拉菜单 插入(I) → 拉伸(E)... 命令，在操控板中按下“移除材料”按钮。

（2）定义截面放置属性。在绘图区右击，从弹出的快捷菜单中选择 定义内部草绘... 命令，系统弹出“草绘”对话框。选取 FRONT 基准平面为草绘平面，RIGHT 基准平面为参照平面，方向为 右；单击对话框中的 草绘 按钮。

（3）进入截面草绘环境，绘制图 32.5.12 所示的截面草图，单击“完成”按钮。

（4）在操控板中选取深度类型为；输入深度值 25.0。单击按钮，预览所创建的特征；单击“完成”按钮。

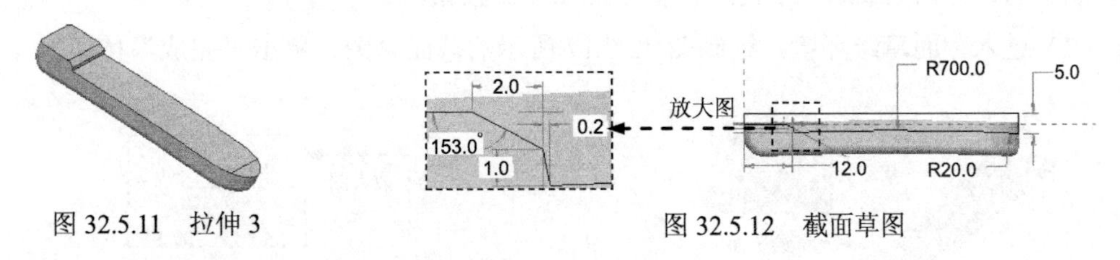

图 32.5.11　拉伸 3　　图 32.5.12　截面草图

Step9. 添加图 32.5.13b 所示的抽壳特征——壳 1。

（1）选择下拉菜单 插入(I) → 壳(L)... 命令。

（2）在系统 选取要从零件删除的曲面。提示下，按住 Ctrl 键，选取图 32.5.13a 所示的模型表面为要去除的面。

（3）在操控板的“厚度”文本框中，输入抽壳的壁厚值 1.5。单击按钮，预览所创建的特征，单击“完成”按钮。

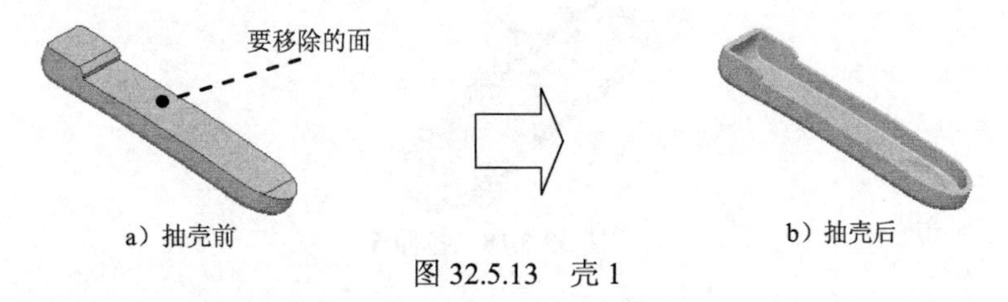

图 32.5.13　壳 1

Step10. 添加图 32.5.14 所示的拉伸特征——拉伸 4。

（1）选择下拉菜单 插入(I) → 拉伸(E)... 命令。

（2）定义截面放置属性。在绘图区右击，从弹出的快捷菜单中选择 定义内部草绘... 命令，系统弹出“草绘”对话框。选取图 32.5.14 所示的模型表面为草绘平面，采用系统默认的参照平面，方向为顶，单击对话框中的草绘按钮。

（3）进入截面草绘环境，绘制图 32.5.15 所示的截面草图；单击“完成”按钮✓。

（4）在操控板中选取深度类型为，单击按钮，预览所创建的特征；单击“完成”按钮✓。

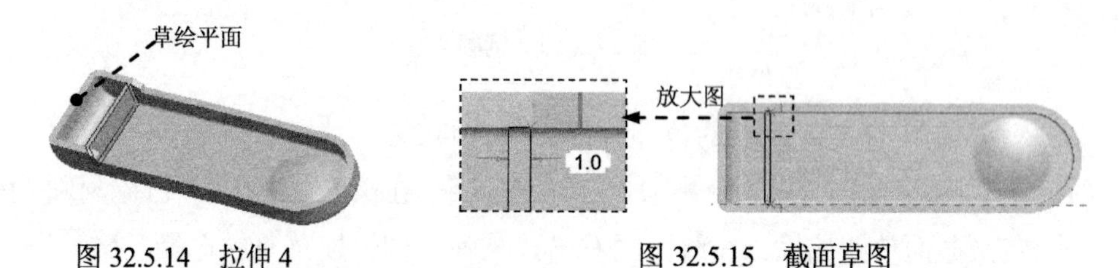

图 32.5.14 拉伸 4　　　　图 32.5.15 截面草图

Step11. 添加图 32.5.16 所示的拉伸特征——拉伸 5。

（1）选择下拉菜单 插入(I) ➡ 拉伸(E)... 命令，在操控板中按下“移除材料”按钮。

（2）定义截面放置属性。在绘图区右击，从弹出的快捷菜单中选择 定义内部草绘... 命令，系统弹出“草绘”对话框。选取图 32.5.16 所示的模型表面为草绘平面，RIGHT 基准平面为参照平面，方向为右，单击对话框中的草绘按钮。

（3）进入截面草绘环境，绘制图 32.5.17 所示的截面草图；单击“完成”按钮✓。

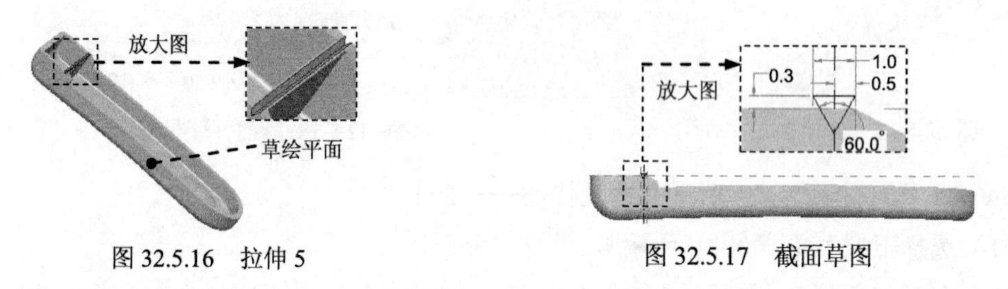

图 32.5.16 拉伸 5　　　　图 32.5.17 截面草图

（4）在操控板中，选取深度类型为，选取图 32.5.18 所示的平面为拉伸终止面，单击“完成”按钮✓。

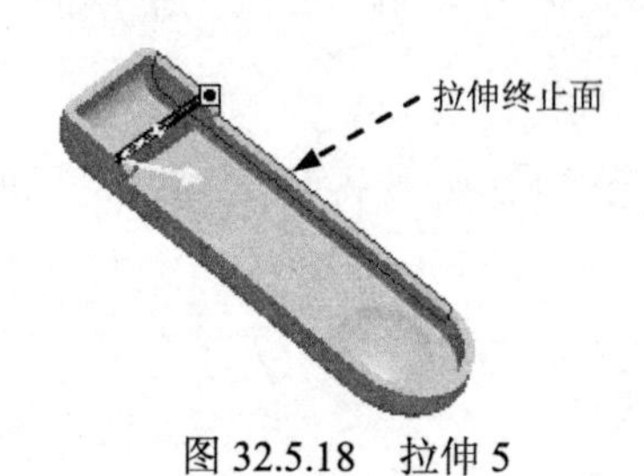

图 32.5.18 拉伸 5

Step12. 添加图 32.5.19b 所示的“方向”阵列特征——阵列 1。

（1）在模型树中，单击选中 Step11 创建的拉伸 5 后右击，在弹出的快捷菜单中选择 阵列... 命令。

（2）选取控制阵列方式。在“阵列”操控板中选择以方向方式来控制阵列。

（3）选取阵列参照。选取图 32.5.19 所示的边线为第一方向的参照，单击按钮使第一方向反向。

（4）设置阵列参数值。在操控板中设置第一方向的增量值 1.0，输入第一方向阵列个数值 10。单击“完成”按钮。

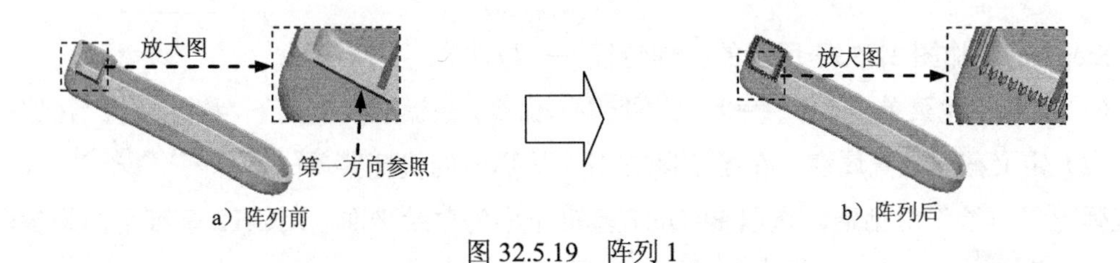

a）阵列前　　b）阵列后

图 32.5.19　阵列 1

Step13. 创建图 32.5.20 所示的基准平面——DTM1。

（1）单击“创建基准平面”按钮，系统弹出“基准平面”对话框。

（2）选择 TOP 基准平面为放置参照，设置为偏移，将偏距值设置为-3.0；在“基准平面”对话框中单击确定按钮，完成 DTM1 基准平面的创建。

Step14. 添加图 32.5.21 所示的拉伸特征——拉伸 6。

（1）选择下拉菜单插入(I) ➡ 拉伸(E)...命令。

（2）定义截面放置属性。在绘图区右击，从弹出的快捷菜单中选择定义内部草绘...命令，系统弹出“草绘”对话框。选取 DTM1 基准平面为草绘平面，RIGHT 基准平面为参照平面，方向为右；单击对话框中的草绘按钮。

（3）进入截面草绘环境，绘制图 32.5.22 所示的截面草图，单击“完成”按钮。

（4）在操控板中选取深度类型为，单击“完成”按钮。

图 32.5.20　DTM1 基准平面　　图 32.5.21　拉伸 6　　图 32.5.22　截面草图

Step15. 添加图 32.5.23 所示的拉伸特征——拉伸 7。

（1）选择下拉菜单插入(I) ➡ 拉伸(E)...命令。

（2）定义截面放置属性。在绘图区右击，从弹出的快捷菜单中选择定义内部草绘...命令，系统弹出“草绘”对话框。选取 FRONT 基准平面为草绘平面，RIGHT 基准平面为参照平面，方向为右；单击对话框中的草绘按钮。

（3）进入截面草绘环境，绘制图 32.5.24 所示的截面草图，单击“完成”按钮。

（4）在操控板中选择深度类型，深度值为 12.0，单击“完成”按钮。

图 32.5.23 拉伸 7

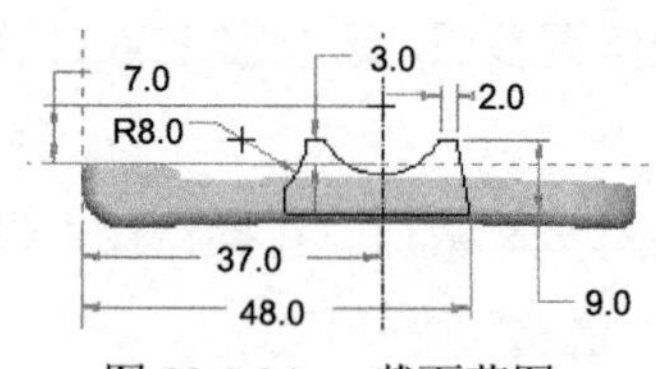

图 32.5.24 截面草图

Step16. 添加图 32.5.25 所示的拉伸特征——拉伸 8。

（1）选择下拉菜单 插入(I) ➡ 拉伸(E)... 命令，在操控板中按下“移除材料”按钮。

（2）定义截面放置属性。在绘图区右击，从弹出的快捷菜单中选择 定义内部草绘... 命令，系统弹出“草绘”对话框。选取 FRONT 基准平面为草绘平面，RIGHT 基准平面为参照平面，方向为 右；单击对话框中的 草绘 按钮。

（3）进入截面草绘环境，绘制图 32.5.26 所示的截面草图，单击“完成”按钮。

（4）在操控板中选择深度类型，深度值为 8.0，单击“完成”按钮。

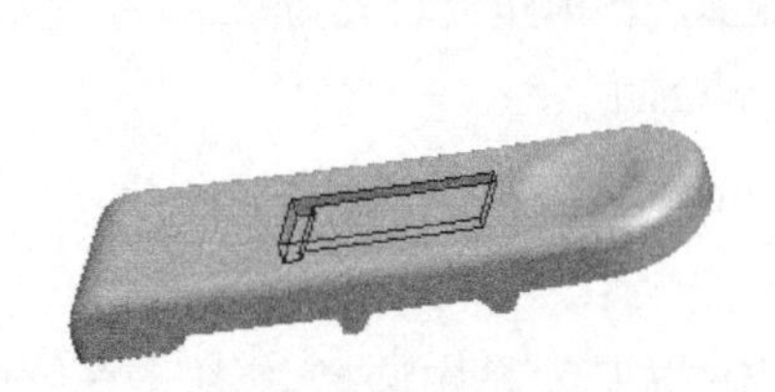

图 32.5.25 拉伸 8

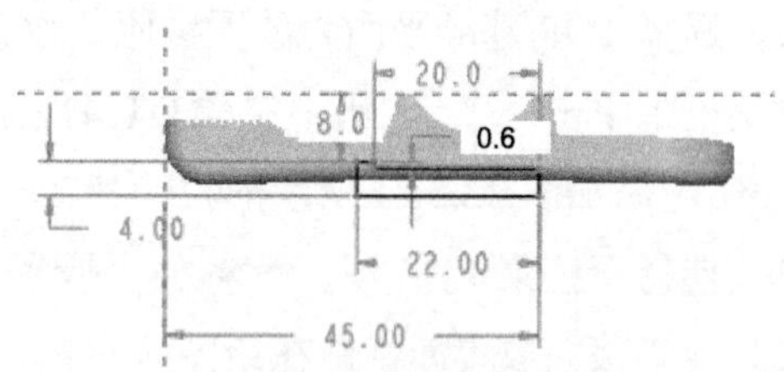

图 32.5.26 截面草图

Step17. 添加图 32.5.27 所示的拉伸特征——拉伸 9。

（1）选择下拉菜单 插入(I) ➡ 拉伸(E)... 命令，在操控板中按下“移除材料”按钮。

（2）定义截面放置属性。在绘图区右击，从弹出的快捷菜单中选择 定义内部草绘... 命令，系统弹出“草绘”对话框。选取 FRONT 基准平面为草绘平面，RIGHT 基准平面为参照平面，方向为 右；单击对话框中的 草绘 按钮。

（3）进入截面草绘环境，绘制图 32.5.28 所示的截面草图，单击“完成”按钮。

（4）在操控板中选择深度类型，深度值为 8.0，单击“完成”按钮。

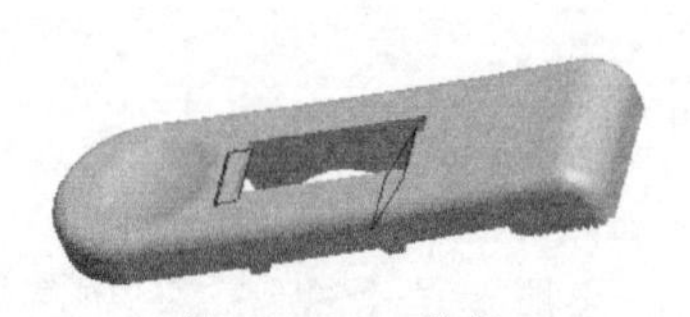

图 32.5.27 拉伸 9

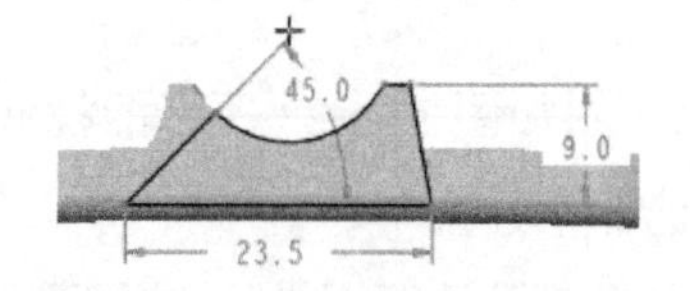

图 32.5.28 截面草图

Step18. 添加图 32.5.29 所示的拉伸特征——拉伸 10。

（1）选择下拉菜单 插入(I) ➡ 拉伸(E)... 命令，在控板中按下“移除材料”按钮。

（2）定义截面放置属性。在绘图区右击，从弹出的快捷菜单中选择 定义内部草绘... 命令，系统弹出“草绘”对话框。选取 TOP 基准平面为草绘平面，RIGHT 基准平面为参照平面，方向为 右；单击对话框中的 草绘 按钮。

（3）进入截面草绘环境，绘制图 32.5.30 所示的截面草图，单击“完成”按钮✓。

（4）在操控板中选择深度类型，单击 选项 按钮，在 深度 界面的 侧 1 下拉列表中选择 穿透 选项；在 侧 2 的下拉列表中选择 穿透 选项。单击“完成”按钮✓。

图 32.5.29　拉伸 10

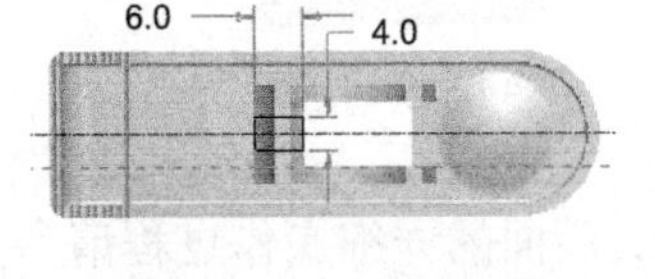

图 32.5.30　截面草图

Step19. 后面的详细操作过程请参见随书光盘中 video\ch32.05\reference\文件下的语音视频讲解文件 CLAMP_01-r01.exe。

32.6　衣架零件（五）

零件模型及模型树如图 32.6.1 所示。

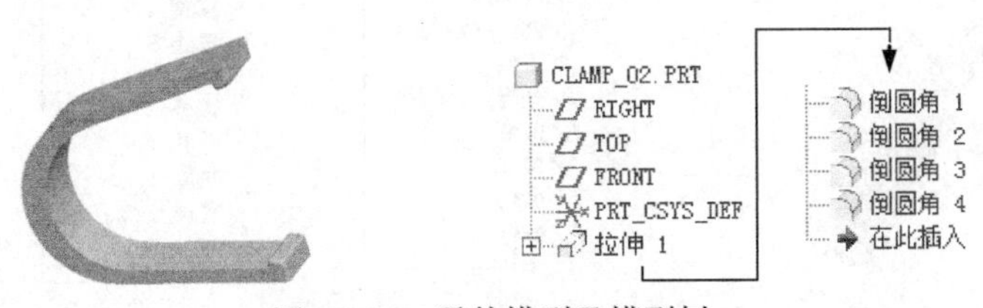

图 32.6.1　零件模型及模型树

Step1. 单击“新建”按钮，在弹出的文件“新建”对话框中进行下列操作。

（1）选中 类型 选项组下的 ◉ 零件 单选项。

（2）在 名称 文本框中输入文件名 CLAMP_02。

（3）取消 ☑ 使用缺省模板 复选框中的“√”号，单击该对话框中的 确定 按钮。

（4）在系统弹出的“新文件选项”对话框的 模板 选项组中，选择 mmns_part_solid 模板，单击该对话框中的 确定 按钮。

Step2. 创建图 32.6.2 所示的零件基础特征——拉伸 1。

（1）选择下拉菜单 插入(I) ➡ 拉伸(E)... 命令。

（2）设置草绘平面与参照平面。选取 FRONT 基准平面为草绘平面，RIGHT 基准平面为参照平面，方向为 右；单击对话框中的 草绘 按钮。

（3）进入截面草绘环境，绘制图 32.6.3 所示的截面草图，单击“完成”按钮✓。

（4）在操控板中选择深度类型，输入深度值 8.0。单击按钮，预览所创建的特征；单击“完成”按钮。

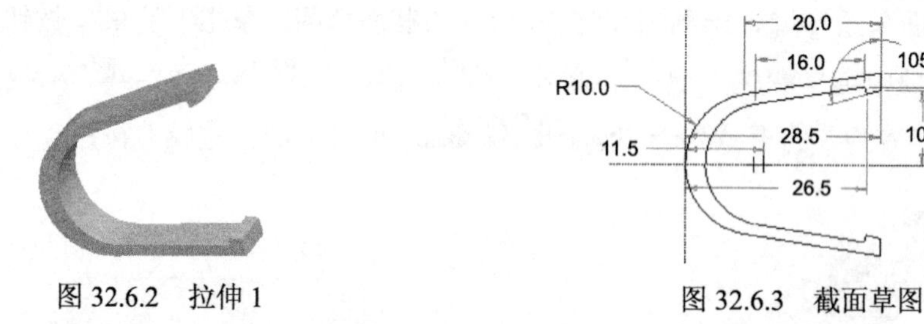

图 32.6.2　拉伸 1　　　　图 32.6.3　截面草图

Step3. 后面的详细操作过程请参见随书光盘中 video\ch32.06\reference\文件下的语音视频讲解文件 CLAMP_02-r01.exe。

32.7　衣架零件（六）

零件模型及模型树如图 32.7.1 所示。

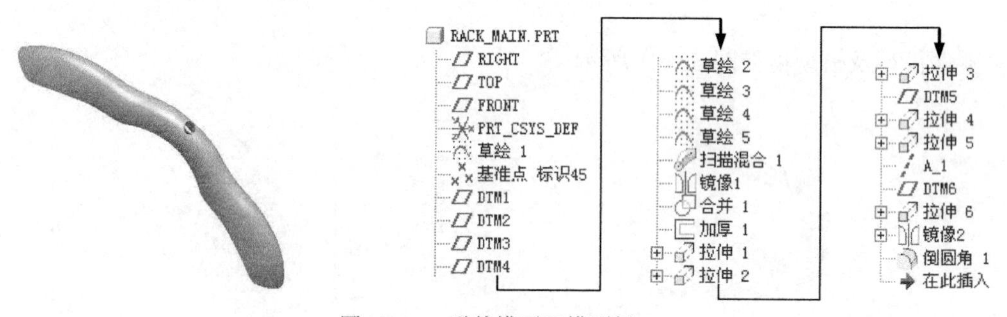

图 32.7.1　零件模型及模型树

Step1. 单击“新建”按钮，在弹出的文件“新建”对话框中进行下列操作。

（1）选中类型选项组下的零件单选项。

（2）在名称文本框中输入文件名 RACK_MAIN。

（3）取消使用缺省模板复选框中的“√”号，单击该对话框中的确定按钮。

（4）在系统弹出的“新文件选项”对话框的模板选项组中，选择mmns_part_solid模板，单击该对话框中的确定按钮。

Step2. 创建图 32.7.2 所示的草绘特征——草绘 1。

（1）单击工具栏上的“草绘”按钮，系统弹出“草绘”对话框。

（2）定义草绘截面放置属性。选取 FRONT 基准平面为草绘平面，RIGHT 基准平面为参照平面，方向为右，单击对话框中的草绘按钮。

（3）进入草绘环境后，接受默认的参照，绘制图 32.7.2 所示的草绘 1。

（4）单击“完成”按钮，退出草绘环境。

Step3. 创建图 32.7.3 所示的基准点——PNT0、PNT1、PNT2、PNT3。

（1）创建 PNT0、PNT1、PNT2、PNT3 基准点。

① 创建图 32.7.3 所示的 PNT0、PNT1 基准点。单击工具栏中“基准点工具”按钮，然后单击曲线 1 的两端点即可完成 PNT0、PNT1 基准点的创建。

② 创建图 32.7.3 所示的 PNT2、PNT3 基准点。在“基准点”列表框中单击 新点 命令，然后在曲线上单击任一点为 PNT2，选择 PNT1 为 PNT2 的偏移参照，在 偏移 下拉列表中选择 比率 选项，指定比率值为 0.8；在“基准点”列表框中单击 新点 命令，然后在曲线上单击任一点为 PNT3，选择 PNT1 为 PNT3 的偏移参照，在 偏移 下拉列表中选择 比率 选项，指定比率值为 0.4。

（2）单击 确定 按钮，完成基准点的创建。

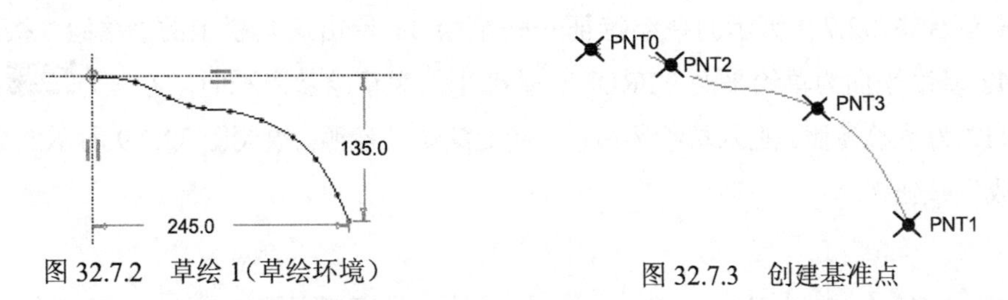

图 32.7.2　草绘 1（草绘环境）　　图 32.7.3　创建基准点

Step4. 创建图 32.7.4 所示的基准平面——DTM1。

（1）单击“创建基准平面”按钮，系统弹出“基准平面”对话框。

（2）如图 32.7.4 所示，选取基准曲线 1 为放置参照，设置为 法向；按住 Ctrl 键，选取 PNT0 基准点为放置参照，并设置为 穿过；在“基准平面”对话框中单击 确定 按钮。

Step5. 参照 Step4 创建图 32.7.5 所示的基准平面——DTM2。将基准曲线 1 设置为 法向；按住 Ctrl 键选取 PNT2 基准点并设置为 穿过。

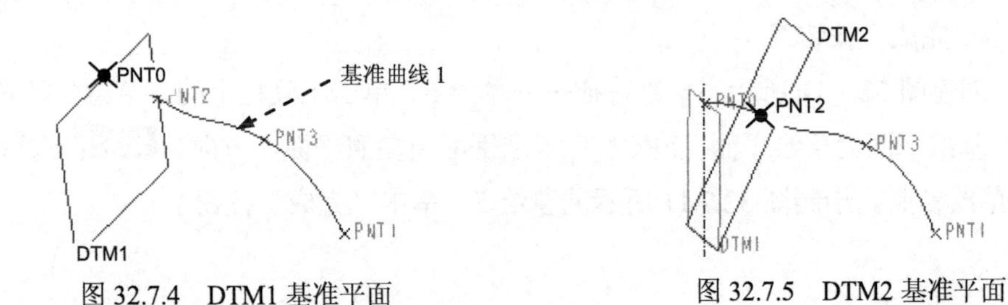

图 32.7.4　DTM1 基准平面　　图 32.7.5　DTM2 基准平面

Step6. 参照 Step4 创建图 32.7.6 所示的基准平面——DTM3。将基准曲线 1 设置为 法向；按住 Ctrl 键选取 PNT3 基准点并设置为 穿过。

Step7. 参照 Step4 创建图 32.7.7 所示的基准平面——DTM4。将基准曲线 1 设置为 法向；按住 Ctrl 键选取 PNT1 基准点并设置为 穿过。

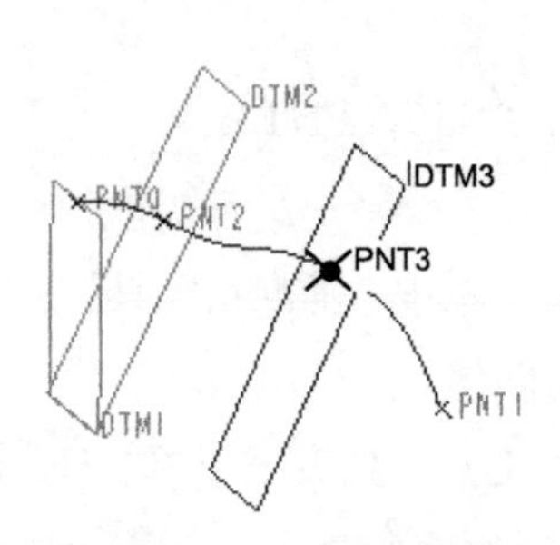

图 32.7.6 DTM3 基准平面

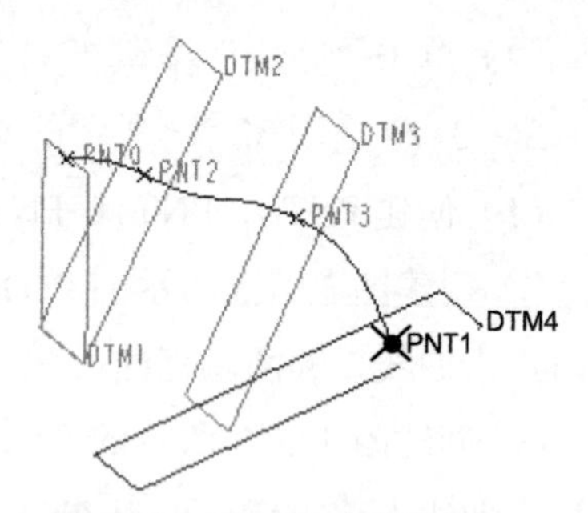

图 32.7.7 DTM4 基准平面

Step8. 创建图 32.7.8 所示的草绘特征——草绘 2。单击工具栏上的“草绘”按钮，选取 DTM1 基准平面为草绘平面，TOP 基准平面为参照平面，方向为顶；选取 PNT0 基准点为草绘参照。进入草绘环境后，接受系统默认的参照，绘制图 32.7.8 所示的草绘 2。单击“完成”按钮，退出草绘环境。

Step9. 创建图 32.7.9 所示的草绘特征——草绘 3。单击工具栏上的“草绘”按钮，选取 DTM2 基准平面为草绘平面，FRONT 基准平面为草绘参照平面，方向为底部；选取基准点 PNT2 为草绘参照。进入草绘环境后，接受默认的参照，绘制图 32.7.9 所示的草绘 3。单击“完成”按钮。

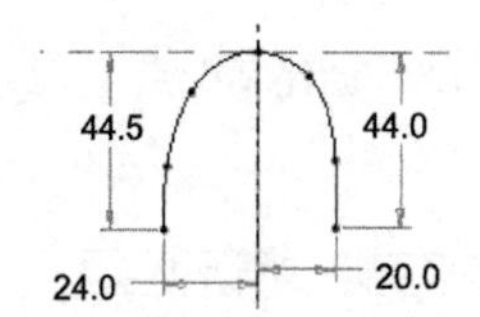

图 32.7.8 草绘 2（草绘环境）

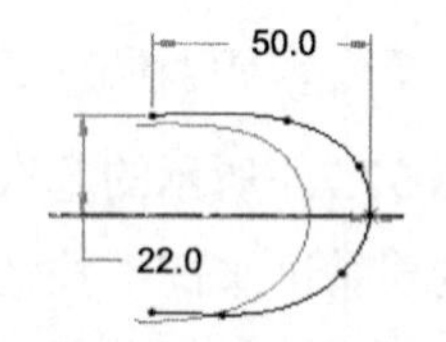

图 32.7.9 草绘 3（草绘环境）

Step10. 创建图 32.7.10 所示的草绘特征——草绘 4。单击工具栏上的“草绘”按钮，选取 DTM3 基准平面为草绘平面，FRONT 基准平面为草绘参照平面，方向为底部；选取基准点 PNT3 为草绘参照。进入草绘环境后，接受系统默认的参照，绘制图 32.7.10 所示的草绘 4。单击“完成”按钮。

Step11. 创建图 32.7.11 所示的草绘特征——草绘 5。单击工具栏上的“草绘”按钮，选取 DTM4 基准平面为草绘平面，FRONT 基准平面为参照平面，方向为底部；选取基准点 PNT1 为草绘参照。绘制图 32.7.11 所示的草绘 5，单击“完成”按钮。

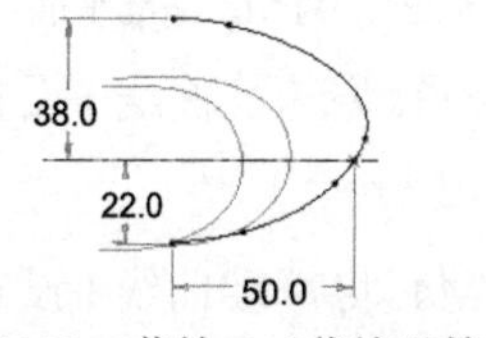

图 32.7.10 草绘 4（草绘环境）

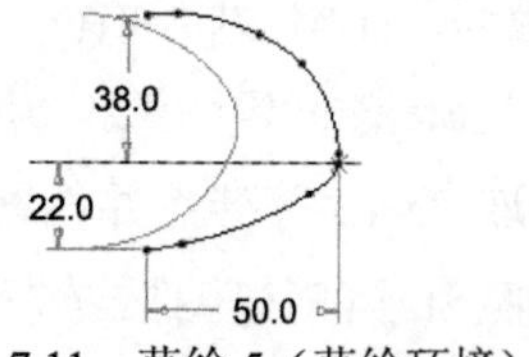

图 32.7.11 草绘 5（草绘环境）

Step12. 添加图 32.7.12 所示的曲面扫描混合特征——扫描混合 1。

（1）选择下拉菜单 插入(I) ➡ 扫描混合(S)... 命令，在操控板中按下“曲面” 按钮。

（2）定义扫描轨迹。选取 Step2 创建的草绘 1 为扫描的轨迹，箭头方向如图 32.7.13 所示。

（3）定义混合类型。在“扫描混合”操控板中单击 参照 按钮，在“参照”界面的 剖面控制 下拉列表中选择 垂直于轨迹。垂直于轨迹 为默认的选项，此步可省略。

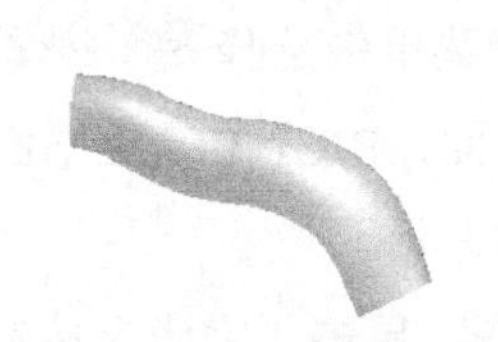

图 32.7.12　扫描混合 1

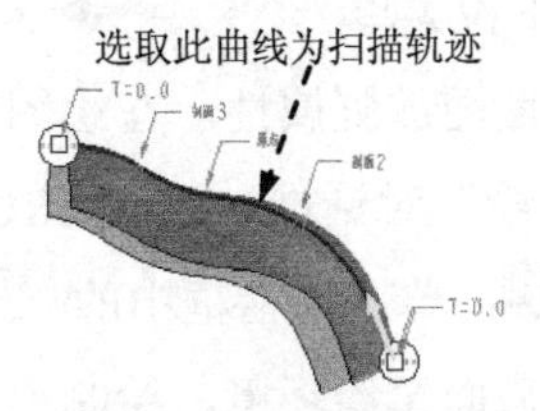

图 32.7.13　扫描轨迹

（4）定义混合截面。在“扫描混合”操控板中单击 截面 按钮，在 截面 界面中选择 所选截面 选项。

① 单击基准曲线 5 后，插入 按钮亮显，基准曲线 5 为剖面 1。

② 单击 插入 按钮，再单击基准曲线 4，此曲线即为剖面 2。

③ 单击 插入 按钮，再单击基准曲线 3，此曲线即为剖面 3。

④ 单击 插入 按钮，再单击基准曲线 2，此曲线即为剖面 4。

（5）定义约束。在“扫描混合”操控板中单击 相切 按钮，在 相切 界面的“终止截面”区域中选择 垂直 选项。

（6）在“扫描混合”操控板中单击“预览”按钮，预览所创建的扫描混合特征。单击“完成”按钮，完成扫描混合特征 1 的创建。

Step13. 添加图 32.7.14b 所示的镜像特征——镜像 1。

（1）在模型树中单击创建的特征 扫描混合 1 。

（2）选择下拉菜单 编辑(E) ➡ 镜像(I)... 命令。

（3）在系统 选取要相对于其进行镜像的平面。 的提示下，选取 RIGHT 基准平面为镜像平面，单击“完成”按钮。

Step14. 创建图 32.7.15 所示的合并曲面特征——合并 1。

（1）选取要合并的曲面。按住 Ctrl 键，在模型树中选取 扫描混合 1 和 镜像1 为要合并的对象。

（2）选择下拉菜单 编辑(E) ➡ 合并(G)... 命令。在操控板中，单击“完成”按钮。

a）镜像前

b）镜像后

图 32.7.14　镜像 1

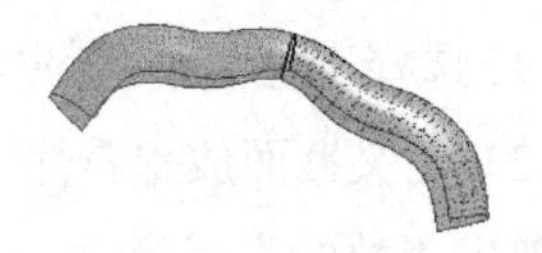

图 32.7.15　合并 1

Step15. 添加图 32.7.16 所示的加厚特征——加厚 1。

（1）在模型树中单击创建的特征 合并 1。

（2）选择下拉菜单 编辑(E) ➡ 加厚(K)... 命令，单击 按钮使加厚材料方向指向内侧，输入薄板实体的厚度值 2.0，选取偏距类型为 垂直于曲面，单击 ✓ 按钮。

Step16. 添加图 32.7.17 所示的拉伸特征——拉伸 1。

（1）选择下拉菜单 插入(I) ➡ 拉伸(E)... 命令，在操控板中按下“移除材料”按钮 。

（2）定义截面放置属性。在绘图区右击，从弹出的快捷菜单中选择 定义内部草绘... 命令，系统弹出“草绘”对话框。选取 FRONT 基准平面为草绘平面，RIGHT 基准平面为参照平面，方向为 右；单击对话框中的 草绘 按钮。

（3）进入截面草绘环境，绘制图 32.7.18 所示的截面草图，单击“完成”按钮 ✓。

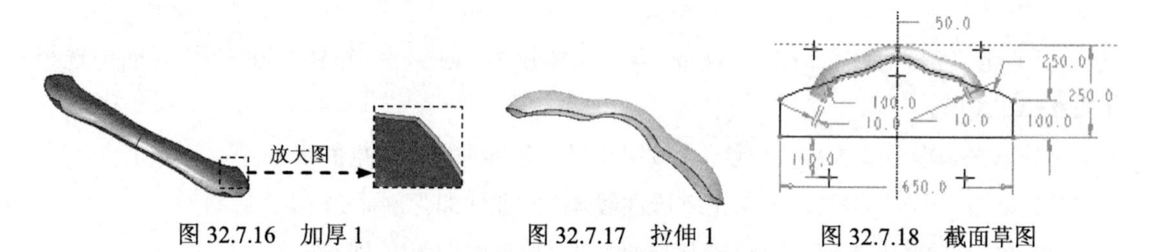

图 32.7.16　加厚 1　　图 32.7.17　拉伸 1　　图 32.7.18　截面草图

（4）在操控板中单击 选项 按钮，在 深度 界面的 侧 1 下拉列表中选择 穿透 选项；在 侧 2 的下拉列表中选择 穿透 选项。单击“完成”按钮 ✓。

Step17. 添加图 32.7.19 所示的拉伸特征——拉伸 2。

（1）选择下拉菜单 插入(I) ➡ 拉伸(E)... 命令。

（2）定义截面放置属性。在绘图区右击，从弹出的快捷菜单中选择 定义内部草绘... 命令，系统弹出“草绘”对话框。选取 TOP 基准平面为草绘平面，RIGHT 基准平面为参照平面，方向为 右；单击对话框中的 草绘 按钮。

（3）进入截面草绘环境，绘制图 32.7.20 所示的截面草图，单击“完成”按钮 ✓。

（4）在操控板中选取深度类型为 ；输入深度值 10.0。单击 按钮，预览所创建的特征；单击“完成”按钮 ✓。

图 32.7.19　拉伸 2　　图 32.7.20　截面草图

Step18. 添加图 32.7.21 所示的拉伸特征——拉伸 3。

（1）选择下拉菜单 插入(I) ➡ 拉伸(E)... 命令，在操控板中按下“移除材料”按钮 。

（2）定义截面放置属性。在绘图区右击，在弹出的快捷菜单中选择 定义内部草绘... 命令，系统弹出“草绘”对话框。选取 TOP 基准平面为草绘平面，RIGHT 基准平面为参照平面，方向为右；单击对话框中的草绘按钮。

（3）进入截面草绘环境，绘制图 32.7.22 所示的截面草图，单击“完成”按钮✓。

（4）在操控板中单击选项按钮，在深度界面的侧 1下拉列表中选择穿透选项；在侧 2的下拉列表中选择穿透选项。单击“完成”按钮✓。

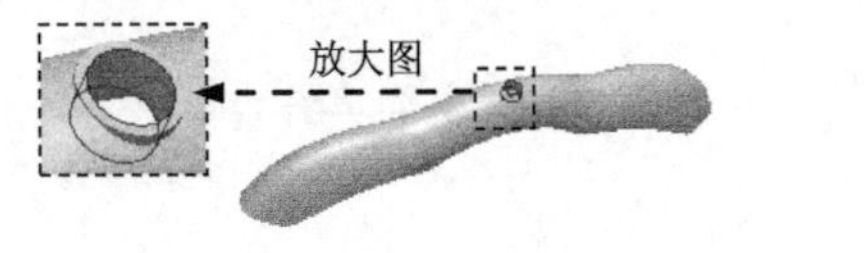

图 32.7.21　拉伸 3

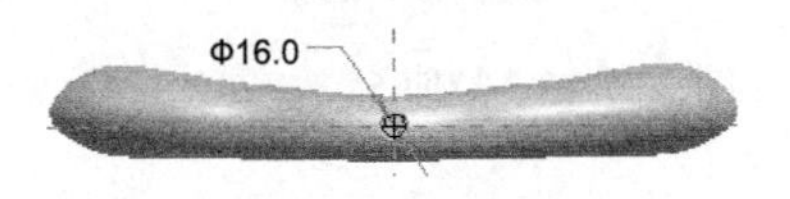

图 32.7.22　截面草图

Step19. 创建图 32.7.23 所示的基准平面——DTM5。

（1）单击“创建基准平面”按钮，系统弹出“基准平面”对话框。

（2）选取 TOP 基准平面为放置参照，设置类型为偏移，将偏距值设置为 70.0；在“基准平面”对话框中单击确定按钮，完成 DTM5 基准平面的创建。

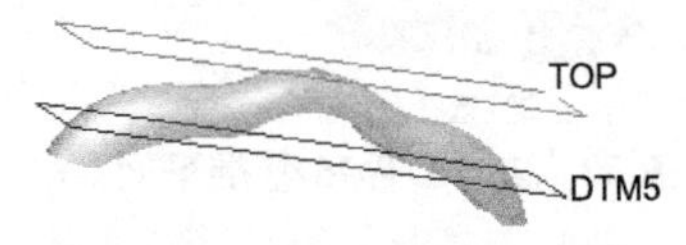

图 32.7.23　DTM5 基准平面

Step20. 添加图 32.7.24 所示的拉伸特征——拉伸 4。

（1）选择下拉菜单插入(I) ➡ 拉伸(E)...命令。

（2）定义截面放置属性。在绘图区右击，在弹出的快捷菜单中选择定义内部草绘...命令，系统弹出“草绘”对话框。选取 DTM5 基准平面为草绘平面，RIGHT 基准平面为参照平面，方向为右；单击对话框中的草绘按钮。

（3）进入截面草绘环境，绘制图 32.7.25 所示的截面草图，单击“完成”按钮✓。

（4）在操控板中选择深度类型为，单击“完成”按钮✓。

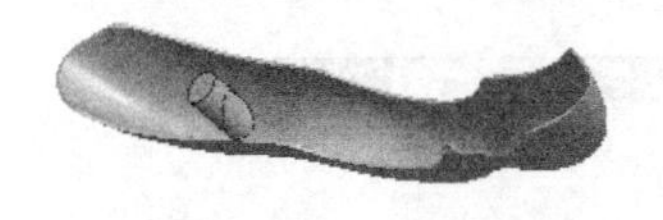

图 32.7.24　拉伸 4

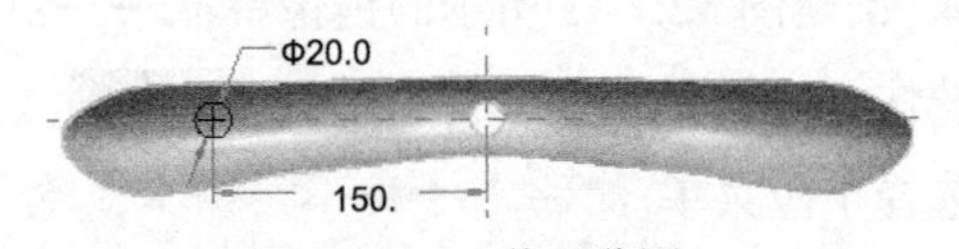

图 32.7.25　截面草图

Step21. 添加图 32.7.26 所示的拉伸特征——拉伸 5。

（1）选择下拉菜单插入(I) ➡ 拉伸(E)...命令，在操控板中按下“移除材料”按钮。

（2）定义截面放置属性。在绘图区右击，在弹出的快捷菜单中选择定义内部草绘...命令，系统弹出“草绘”对话框。选取 DTM5 基准平面为草绘平面，RIGHT 基准平面为参照平面，方向为右；单击对话框中的草绘按钮。

（3）进入截面草绘环境，绘制图 32.7.27 所示的截面草图，单击“完成”按钮✓。

（4）在操控板中选择深度类型，输入深度值 25.0。单击按钮，预览所创建的特征；单击“完成”按钮。

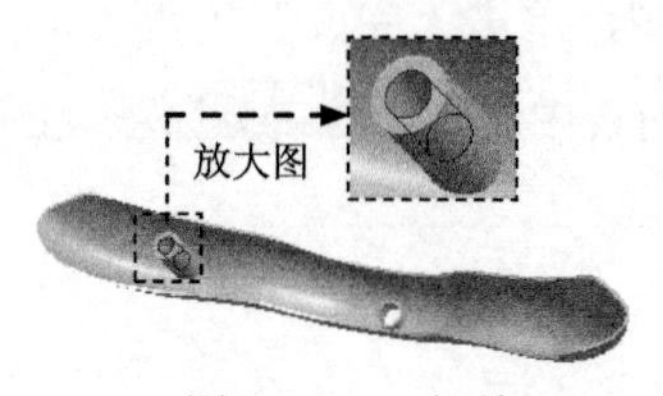

图 32.7.26 拉伸 5

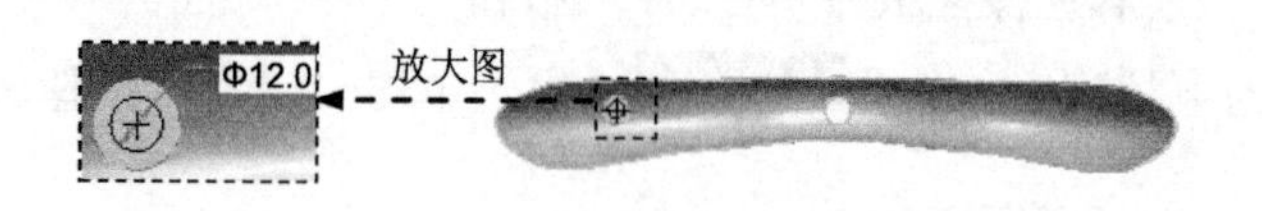

图 32.7.27 截面草图

Step22. 创建图 32.7.28 所示的基准面——DTM6。选取基准轴 A_3 为放置参照，设置类型为 穿过；按住 Ctrl 键，选取 RIGHT 基准平面为放置参照，设置类型为 平行，单击 确定 按钮，完成 DTM6 基准平面的创建。

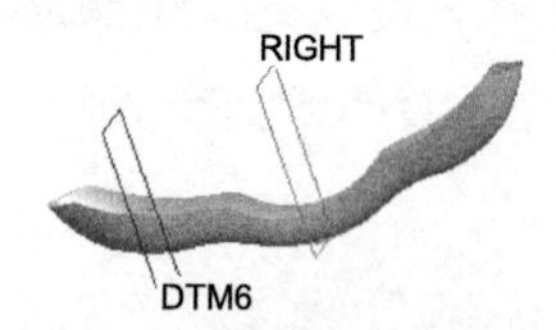

图 32.7.28 DTM6 基准平面

Step23. 添加图 32.7.29 所示的拉伸特征——拉伸 6。

（1）选择下拉菜单 插入(I) → 拉伸(E)... 命令，在操控板中按下“移除材料”按钮。

（2）定义截面放置属性。在绘图区右击，在弹出的快捷菜单中选择 定义内部草绘... 命令，系统弹出“草绘”对话框。选取 DTM6 基准平面为草绘平面，TOP 基准平面为参照平面，方向为 左；单击对话框中的 草绘 按钮。

（3）进入截面草绘环境，绘制图 32.7.30 所示的截面草图，单击“完成”按钮。

（4）在操控板中选择深度类型，输入深度值 12.0。单击按钮，预览所创建的特征；单击“完成”按钮。

Step24. 创建图 32.7.31 所示的镜像特征——镜像 2。

（1）按住 Ctrl 键，在模型树中单击 拉伸 4 、 拉伸 5 和 拉伸 6 特征。

（2）选择下拉菜单 编辑(E) → 镜像(I)... 命令。

（3）在系统 选取要相对于其进行镜像的平面。的提示下，选取 RIGHT 基准平面为镜像平面，单击“完成”按钮。

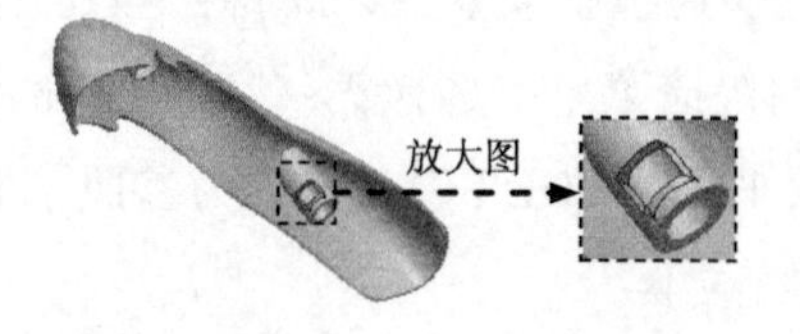

图 32.7.29 拉伸 6

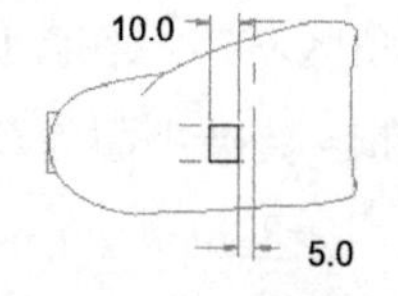

图 32.7.30 截面草图

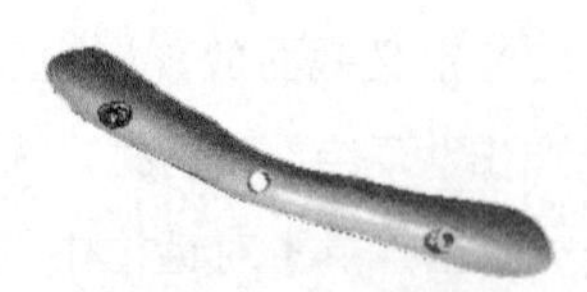

图 32.7.31 镜像 2

Step25. 添加图 32.7.32 所示的倒圆角特征——倒圆角 1。

（1）选择下拉菜单 插入(I) ➡ 倒圆角(O)... 命令。

（2）选取圆角放置参照。按住 Ctrl 键，选取图 32.7.32 所示的边线为圆角放置参照，圆角半径值为 0.5。

（3）在操控板中单击 按钮，预览所创建圆角的特征；单击“完成”按钮。

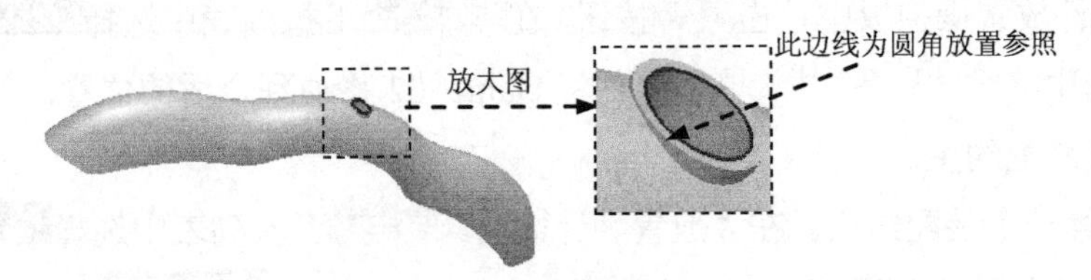

图 32.7.32　倒圆角 1

Step26. 隐藏项目。

（1）在导航选项卡区单击 按钮，在弹出的下拉菜单中选择 层树(L) 命令。

（2）在导航选项卡区右击，在弹出的快捷菜单中选择 新建层... 命令。

（3）系统弹出“层属性”对话框，将选项卡区切换到“模型树”界面。

（4）在模型树中单击要隐藏的对象。

（5）单击“层属性”对话框中的 确定 按钮，即可完成隐藏操作。

Step27. 保存零件模型文件。

32.8　零 件 装 配

Task1. 创建 clamp_01 和 clamp_02 的子装配模型

Step1. 单击“新建”按钮，在弹出的文件“新建”对话框中进行下列操作。

（1）选中 类型 选项组下的 组件 单选按钮。

（2）选中 子类型 选项组下的 设计 单选按钮。

（3）在 名称 文本框中输入文件名 pin。

（4）取消 使用缺省模板 复选框中的“√”号，单击该对话框中的 确定 按钮。

（5）在系统弹出的“新文件选项”对话框的 模板 选项组中，选择 mmns_asm_design 模板，单击该对话框中的 确定 按钮。

Step2. 添加图 32.8.1 所示的 clamp_01（1）。

（1）引入零件。选择下拉菜单 插入(I) ➡ 元件(C) ▸ ➡ 装配(A)... 命令（或单击工具栏中的“装配”按钮），在弹出的“打开”对话框中选择衣架零件模型文件 clamp_01.prt，单击 打开 按钮。

（2）在系统弹出的元件放置操控板中单击 放置 按钮，在“放置”界面的 约束类型 下拉

列表中选择 缺省 选项，将元件按默认放置，此时 状态 区域显示的信息为 完全约束；单击操控板中的 ✓ 按钮。

Step3. 添加图 32.8.2 所示的 clamp_02。

（1）引入零件。单击工具栏中的"装配"按钮，在弹出的"打开"对话框中选择衣架零件模型文件 clamp_02.prt；单击 打开 按钮。

（2）在元件放置操控板中单击 移动 按钮，在 运动类型 下拉列表中选择 平移 选项，在"移动"界面中选中 在视图平面中相对 单选项，将 clamp_02 移动到合适的位置。

（3）定义装配约束。

① 定义第一个装配约束。在"放置"界面的 约束类型 下拉列表中选择 配对 选项，选取图 32.8.3 所示的面为要匹配的面；在 偏移 下拉列表中选择 重合 选项。

② 定义第二个装配约束。单击 新建约束 选项，在"放置"界面的 约束类型 下拉列表中选择 配对 选项，选取 clamp_02 上的 FRONT 基准平面与 ASM_FRONT 基准平面对齐，在 偏移 下拉列表中选择 重合 选项。

③ 定义第三个装配约束。单击 新建约束 选项，在"放置"界面的 约束类型 下拉列表中选择 曲面上的边 选项，选取图 32.8.4 所示的 clamp_02 的边与 clamp_01 的面为约束参照，此时 状态 区域显示的信息为 完全约束；单击操控板中的 ✓ 按钮。

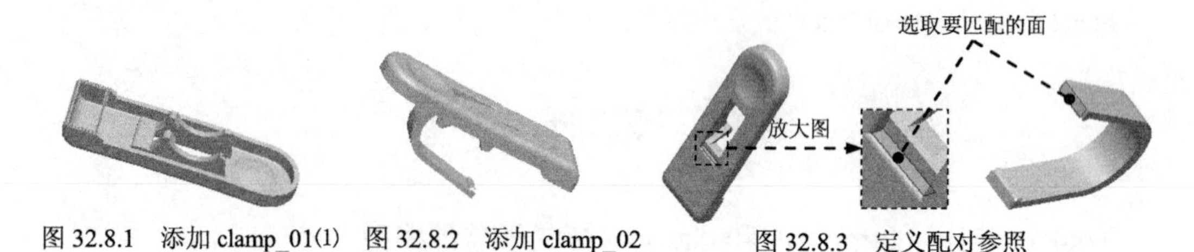

图 32.8.1　添加 clamp_01(1)　图 32.8.2　添加 clamp_02　图 32.8.3　定义配对参照

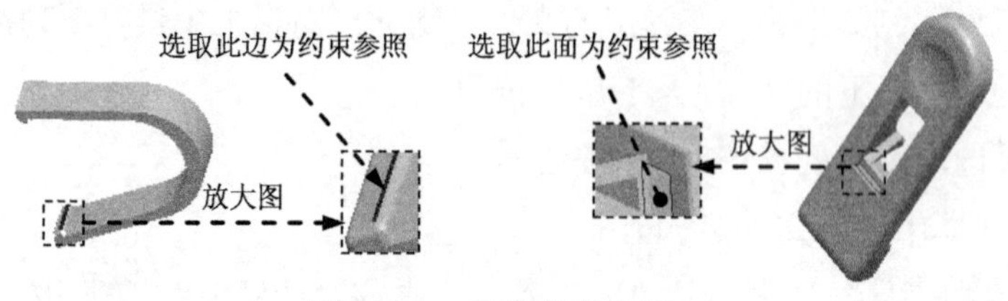

图 32.8.4　定义约束参照

Step4. 添加图 32.8.5 所示的 clamp_01(2)。

（1）单击工具栏中的"装配"按钮，在弹出的"打开"对话框中选择衣架零件模型文件 clamp_01.prt；单击 打开 按钮。

（2）在元件放置操控板中单击 移动 按钮，在 运动类型 下拉列表中选择 平移 选项，在"移动"界面中选中 在视图平面中相对 单选项，将 clamp_01 移动到合适的位置。

（3）定义装配约束。在"放置"界面的 约束类型 下拉列表中选择 配对 选项，选取

clamp_01 的 FRONT 基准平面与 PIN_ASM 的 FRONT 基准平面匹配，在 偏移 下拉列表中选择 重合 选项；单击 新建约束 选项，在 约束类型 下拉列表中选择 配对 选项，选取图 32.8.6 所示的面为要匹配的面，在 偏移 下拉列表中选择 重合 选项；单击 新建约束 选项，在 约束类型 下拉列表中选择 曲面上的边 选项，选取图 32.8.7 所示的 clamp_02 的边与 clamp_01 的曲面为约束参照，此时 状态 区域显示的信息为 完全约束；单击操控板中的 ✓ 按钮。

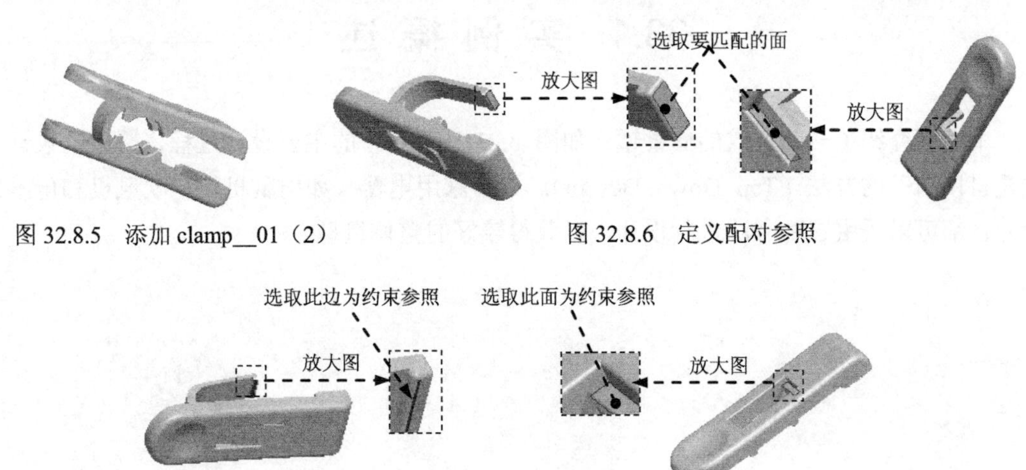

图 32.8.5　添加 clamp__01（2）　　图 32.8.6　定义配对参照

图 32.8.7　定义约束参照

Step5. 保存装配模型文件。

Step6. 后面的详细操作过程请参见随书光盘中 video\ch32\reference\文件下的语音视频讲解文件 RACK-r02.exe。

实例33 储　蓄　罐

33.1 实 例 概 述

本实例介绍了一款精致的储蓄罐（如图 33.1.1 所示）的主要设计过程，采用的设计方法是自顶向下的方法（Top_Down Design）。许多家用电器（如电脑机箱、吹风机和电脑鼠标）也都可以采用这种方法进行设计，以获得较好的整体造型。

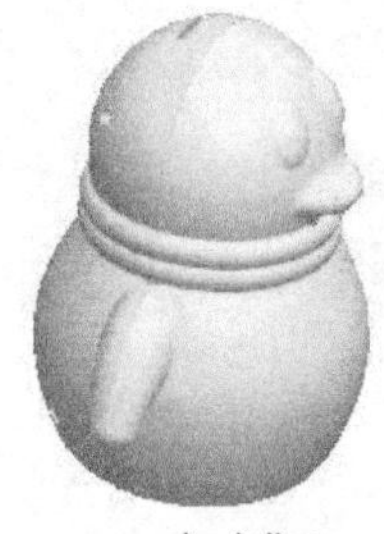

a）方位 1

b）方位 2

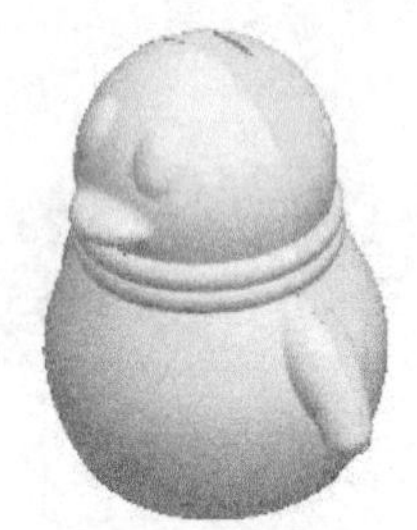

c）方位 3

图 33.1.1　储蓄罐

33.2 储蓄罐的设计过程

Task1．设置工作目录

将工作目录设置至 D:\proewf5.5\work\ch33\。

Task2．新建一个装配体文件。

Step1. 选择下拉菜单 文件(F) ➡ 新建(N)... 命令，在弹出的文件“新建”对话框中进行下列操作。

（1）选中 类型 选项组下的 ◉ 组件 单选按钮。

（2）选中 子类型 选项组下的 ◉ 设计 单选按钮。

（3）在 名称 文本框中输入文件名 MONEY_SAVER。

（4）取消选中 ☑ 使用缺省模板 复选框中的“ √ ”号。

（5）单击该对话框中的 确定 按钮。

Step2. 选取适当的装配模板。

（1）系统弹出“新文件选项”对话框，在模板选项组中选取mmns_asm_design模板。

（2）单击该对话框中的确定按钮。

Step3. 设置模型树的显示。在模型树操作界面中，选择 ➡ 树过滤器(F)... 命令，然后在“模型树项目”对话框中选中 特征 复选框，并单击确定按钮。

Task3. 创建图 33.2.1 所示的骨架模型

在装配模式下，创建一级主控件 FIRST 的各个特征（如图 33.2.1 所示）。

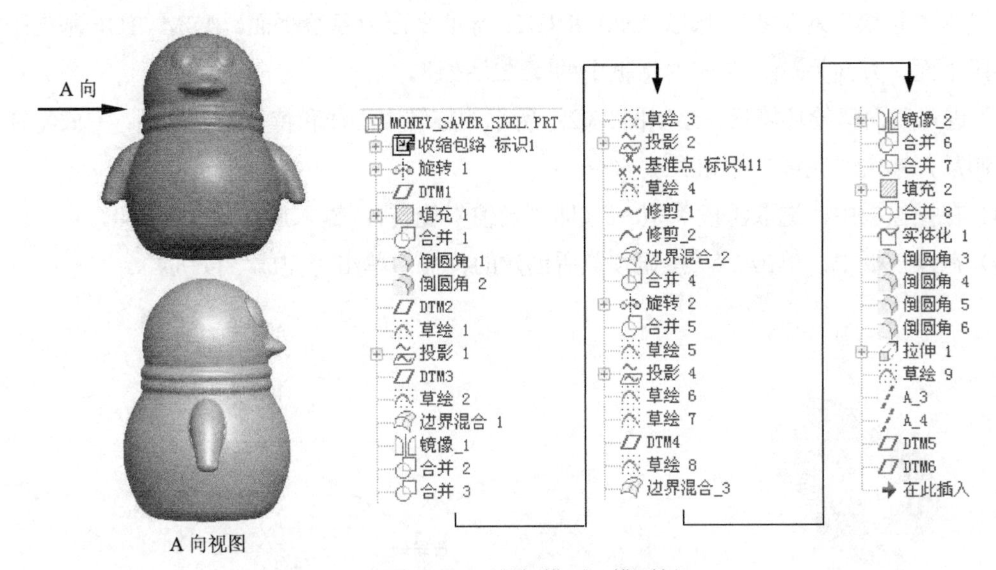

图 33.2.1 骨架模型及模型树

Step1. 在装配体中建立骨架模型 MONEY_SAVER_SKEL.PRT。

（1）选择下拉菜单插入(I) ➡ 元件(C) ➡ 创建(C)... 命令。

（2）此时系统弹出“元件创建”对话框，选中类型选项组中的 骨架模型，接受系统默认的名称 SKEL，然后单击确定按钮。

（3）在弹出的“创建选项”对话框中，选中 空 单选按钮，单击确定按钮。

Step2. 激活骨架模型。

（1）在模型树中选择 MONEY_SAVER_SKEL.PRT，然后右击，在弹出的快捷菜单中选择激活命令。

（2）选择下拉菜单插入(I) ➡ 共享数据(D) ➡ 收缩包络(S)... 命令，系统弹出“收缩包络”操控板，在该操控板中进行下列操作。

① 在“收缩包络”操控板中，确认“将参照类型设置为组件上下文”按钮被按下。

② 收缩包络。在“收缩包络”操控板中单击参照按钮，系统弹出“参照”界面。单击包括基准文本框中的 单击此处添加 字符，然后在模型树中依次选取 ASM_RIGHT、ASM_TOP、ASM_FRONT 和 ASM_DEF_CSYS 为基准参照。

③ 在“收缩包络”操控板中单击“完成”按钮。

④ 完成操作后，所选的基准平面便收缩到 MONEY_SAVER_SKEL.PRT 中，这样就把骨架模型中的设计意图传递到组件 MONEY_SAVER. ASM 中。

Step3. 在装配体中打开主控件 MONEY_SAVER_SKEL.PRT。在模型树中选择 MONEY_SAVER_SKEL.PRT 后右击，在快捷菜单中选择 打开 命令。

Step4. 创建图 33.2.2 所示的特征——旋转 1。

（1）选择下拉菜单 插入(I) ➡ 旋转(R)... 命令。在操控板中按下“曲面”按钮。

（2）定义草绘截面放置属性。在绘图区中右击，从弹出的快捷菜单中选择 定义内部草绘... 命令，进入“草绘”对话框。选取 ASM_RIGHT 基准平面为草绘平面，ASM_ TOP 基准平面为参照平面，方向为 左；单击对话框中的 草绘 按钮。

（3）进入截面草绘环境后，绘制图 33.2.3 所示的旋转中心线和特征截面草图；完成特征截面绘制后，单击“完成”按钮。

（4）在操控板中，选取深度类型（即“定值”旋转），输入旋转角度值 360。

（5）在操控板中，单击按钮预览所创建的特征；单击“完成”按钮。

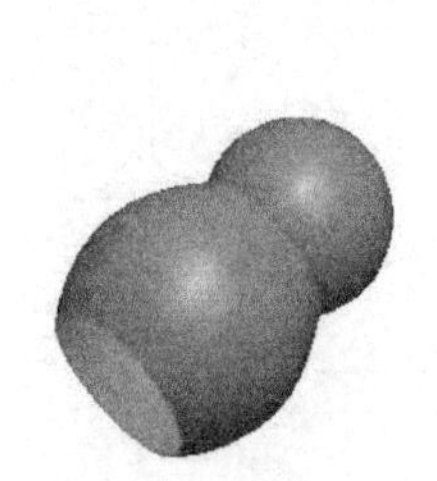

图 33.2.2 旋转 1

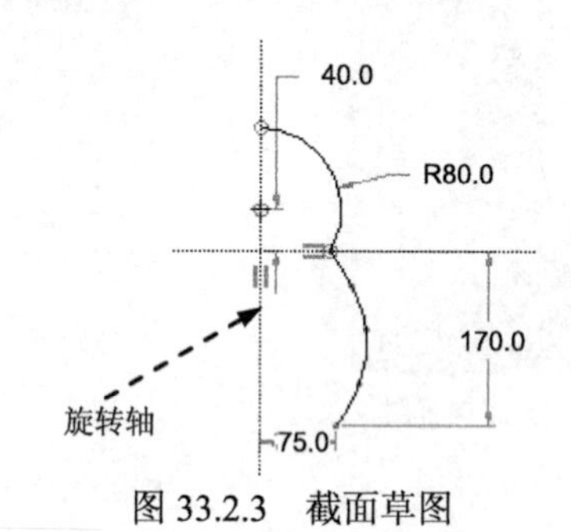

图 33.2.3 截面草图

Step5. 添加图 33.2.4 所示的基准平面——DTM1。

（1）选择下拉菜单 插入(I) ➡ 模型基准(D) ➡ 平面(L)... 命令，系统弹出“基准平面”对话框，选取 ASM_FRONT 为创建基准平面参照，选择约束类型为 偏移，在“平移”文本框中输入 170.0，

（2）单击对话框中的 确定 按钮，完成 DTM1 基准平面的创建。

Step6. 添加图 33.2.5 所示的特征——填充 1。

（1）选择下拉菜单 编辑(E) ➡ 填充(L)... 命令。

（2）定义草绘截面放置属性。在系统弹出的“填充”操控板中单击 参照 按钮，然后单击 编辑... 按钮，系统弹出“草绘”对话框，选取 DTM1 基准平面为草绘平面，单击对话框中的 反向 按钮，选取 ASM_RIGHT 基准平面为参照平面，方向为 顶，单击 草绘 按钮，进入草绘环境。

（3）进入草绘后，选取 ASM_TOP 基准平面和 ASM_RIGHT 基准平面为草绘参照。使用命令绘制图 33.2.6 所示的截面草图，绘制完成后，单击“完成”按钮。

（4）在“填充”操控板中单击“完成”按钮，完成填充面的创建。

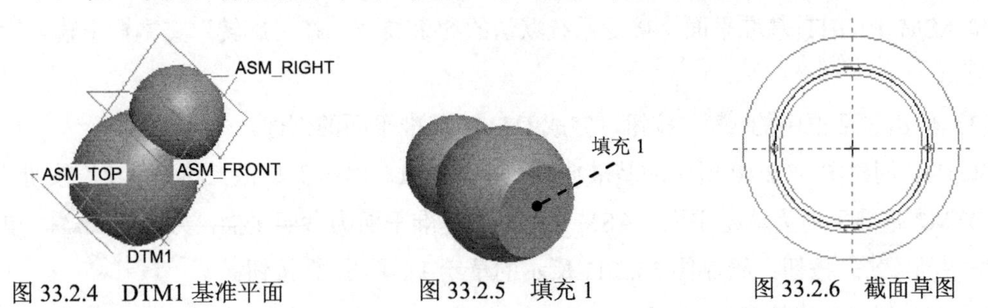

图 33.2.4 DTM1 基准平面　　图 33.2.5 填充 1　　图 33.2.6 截面草图

Step7. 将旋转曲面与填充面 1 进行合并——合并 1。

（1）设置“选取”类型。单击“智能选取”栏后面的按钮，在弹出的下拉列表中选择面组选项。

（2）按住 Ctrl 键，依次选取图 33.2.2 所示的旋转 1 和图 33.2.5 所示的填充 1，然后选择下拉菜单 编辑(E) ➡ 合并(G)... 命令。

（3）在操控板中单击按钮，预览合并后的面组，确认无误后，单击“完成”按钮。

Step8. 添加图 33.2.7b 所示的倒圆角的特征——倒圆角 1。选择下拉菜单 插入(I) ➡ 倒圆角(O)... 命令；选取图 33.2.7a 所示的边线为圆角放置参照，圆角半径值为 35.0。

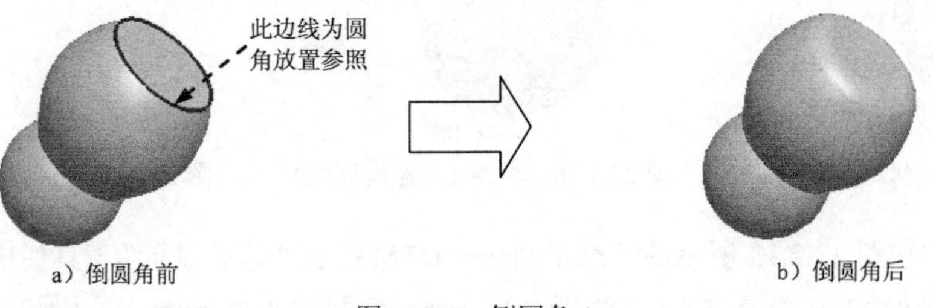

a）倒圆角前　　b）倒圆角后

图 33.2.7 倒圆角 1

Step9. 添加图 33.2.8b 所示的倒圆角特征——倒圆角 2。选择下拉菜单 插入(I) ➡ 倒圆角(O)... 命令；选取图 33.2.8a 所示的边线为圆角放置参照，圆角半径值为 20.0。

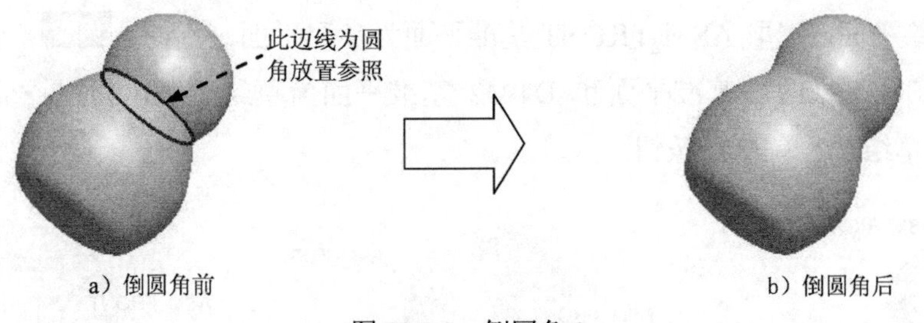

a）倒圆角前　　b）倒圆角后

图 33.2.8 倒圆角 2

Step10. 添加图 33.2.9 所示的基准平面——DTM2。

（1）在“基准显示”工具栏中，确认“基准轴”开关被按下。

（2）选择下拉菜单 插入(I) → 模型基准(D) ▸ → 平面(L)... 命令，依次选取 A_1 基准轴和 ASM_RIGHT 基准平面，接受系统默认的约束类型，在“旋转”文本框中输入旋转角度 25.0。

（3）单击对话框中的 确定 按钮，完成 DTM2 基准平面的创建。

Step11. 创建图 33.2.10 所示的基准曲线——草绘 1。单击工具栏上的“草绘”按钮；选取 DTM2 基准平面为草绘平面，ASM_FRONT 基准平面为参照平面，方向为 底部，单击对话框中的 草绘 按钮；绘制图 33.2.11 所示的草绘 1；单击 ✓ 按钮。

Step12. 创建投影特征——投影 1。

（1）选择草绘 1，然后选择下拉菜单 编辑(E) → 投影(J)... 命令。

（2）选择图 33.2.12 所示的投影曲面，系统立即产生图 33.2.12 所示的投影曲线，接受系统默认的投影方向。

（3）在操控板中单击“完成”按钮 ✓，完成投影特征 1 的创建。

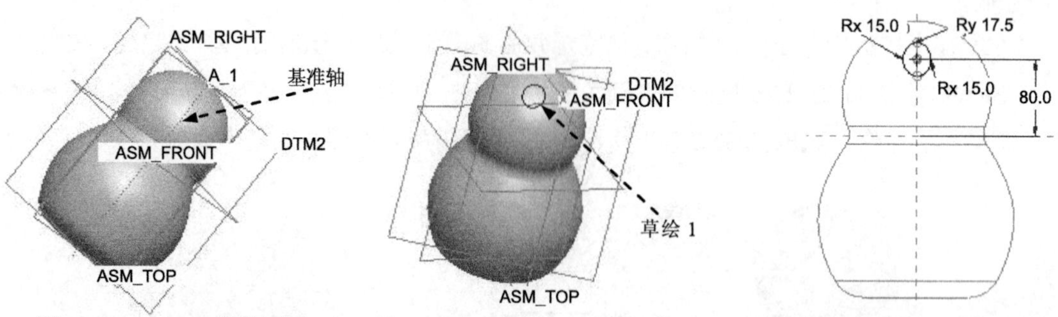

图 33.2.9 DTM2 基准平面　　图 33.2.10 草绘 1（建模环境）　　图 33.2.11 草绘 1（草绘环境）

Step13. 添加图 33.2.13 所示的基准平面——DTM3。在“基准显示”工具栏中，确认“基准轴”开关被按下；选择下拉菜单 插入(I) → 模型基准(D) ▸ → 平面(L)... 命令，依次选取图 33.2.14 所示的 DTM2 基准平面和 A_1 基准轴，接受系统默认的约束类型，旋转角度值为 90.0；单击对话框中的 确定 按钮，完成 DTM3 基准平面的创建。

Step14. 创建图 33.2.15 所示的基准曲线——草绘 2。单击“草绘”按钮，选取 DTM3 基准平面为草绘平面，选取 ASM_FRONT 基准平面为参照平面，方向为 底部；进入草绘环境后，选取 ASM_FRONT 基准平面和 DTM2 基准平面为草绘参照，使用 命令绘制图 33.2.16 所示的草绘 2，单击 ✓ 按钮。

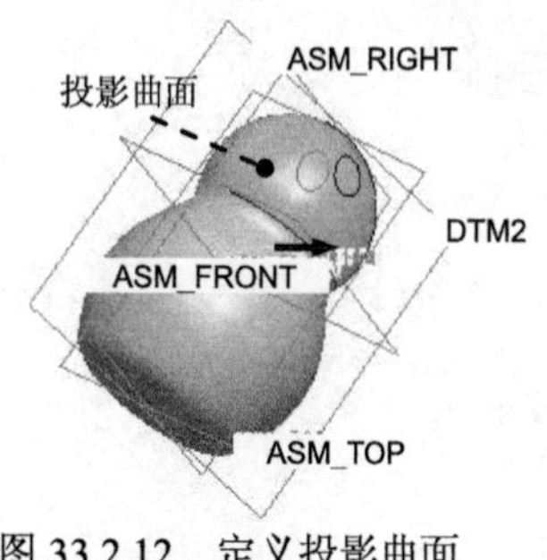

图 33.2.12 定义投影曲面

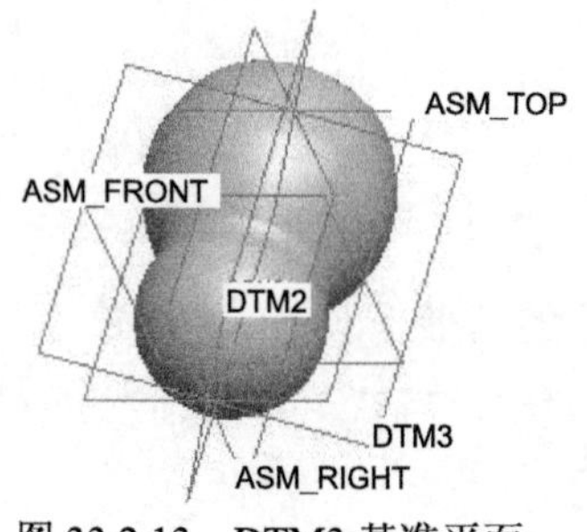

图 33.2.13 DTM3 基准平面

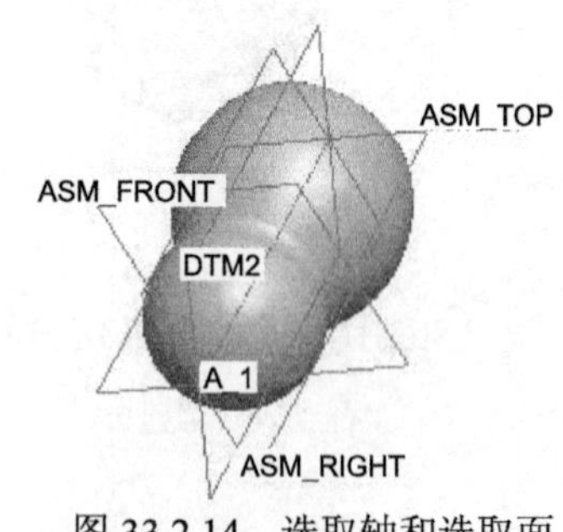

图 33.2.14 选取轴和选取面

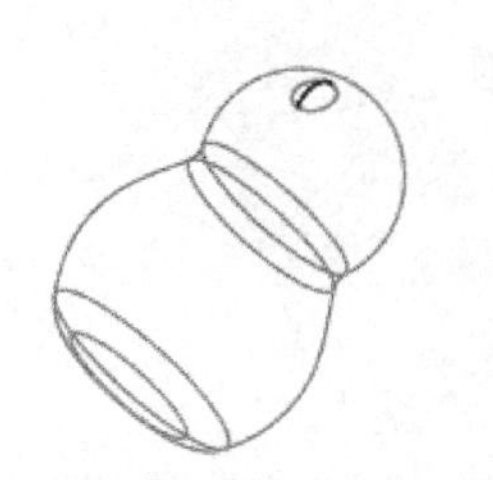

图 33.2.15 草绘 2（建模环境）

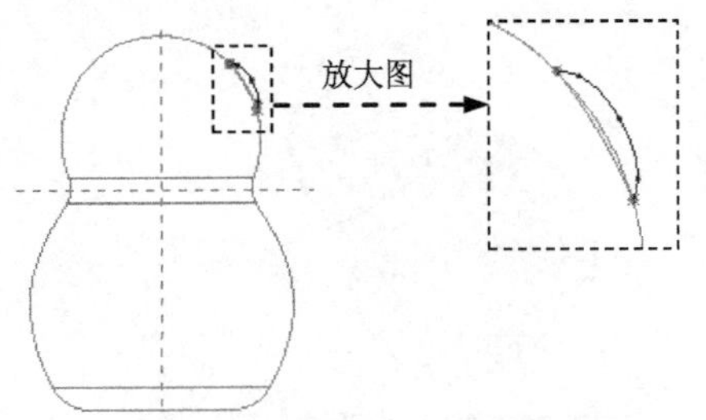

图 33.2.16 草绘 2（草绘环境）

Step15. 创建图 33.2.17 所示的边界曲面——边界混合 1。选择下拉菜单 插入(I) ➡ 边界混合(B)... 命令；按住 Ctrl 键，依次选取图 33.2.18 所示的曲线 1、曲线 2 为边界曲线，选取完成后，单击“完成”按钮✓。

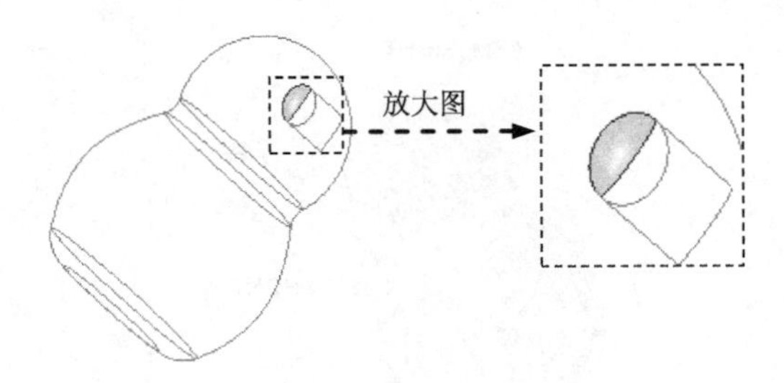

图 33.2.17 边界混合 1

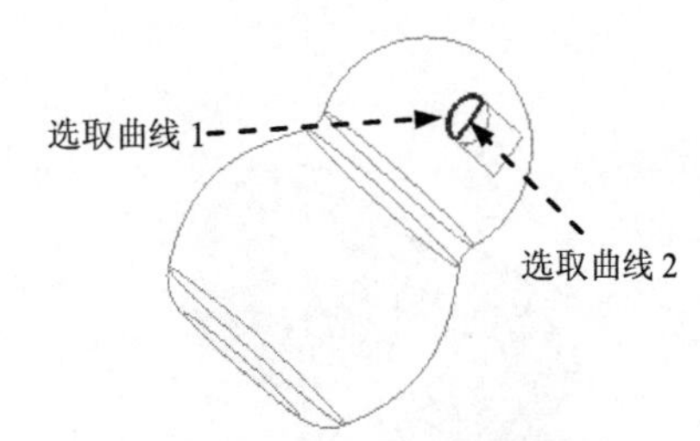

图 33.2.18 选取边界曲线

Step16. 添加图 33.2.19b 所示的镜像复制特征——镜像 1。选取 边界混合 1 为镜像源，然后选择下拉菜单 编辑(E) ➡ 镜像(I)... 命令；选取 ASM_TOP 基准平面为镜像平面，单击“完成”按钮✓。

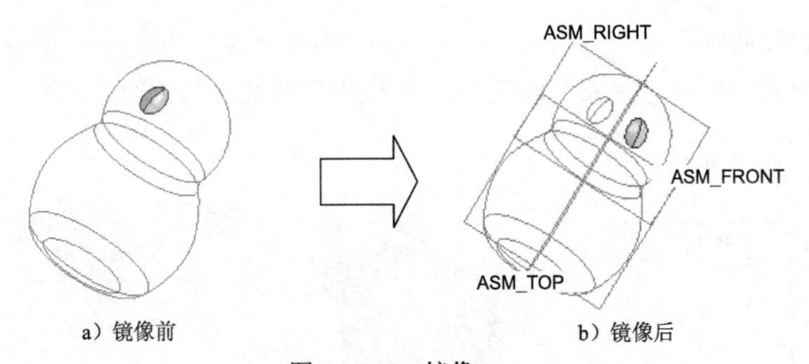

图 33.2.19 镜像 1

Step17. 添加图 33.2.20 示的曲面合并特征——合并 2。按住 Ctrl 键，选择图 33.2.21 所示的曲面，选取下拉菜单 编辑(E) ➡ 合并(G)... 命令，接受系统默认方向，单击“合并”操控板中的“完成”按钮✓。

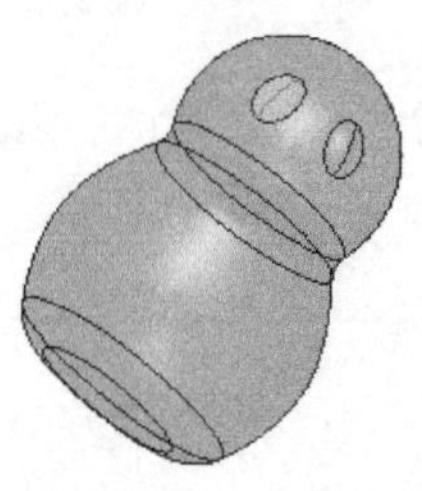
图 33.2.20 合并 2

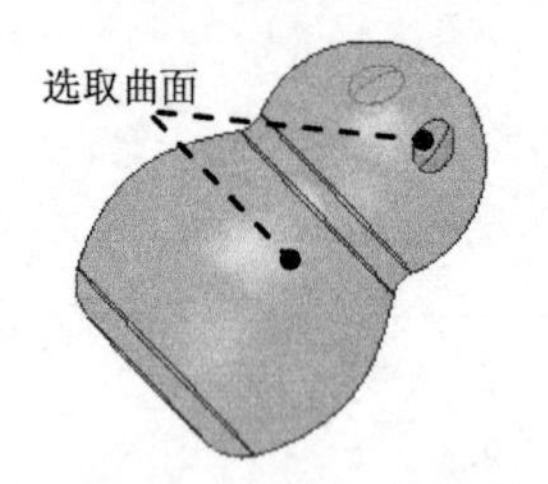

图 33.2.21 定义合并曲面

Step18. 参照 Step17，添加图 33.2.22 所示的曲面合并特征——合并 3。

Step19. 创建图 33.2.23 所示的基准曲线——草绘 3。单击工具栏上的“草绘”按钮；选取 ASM_RIGHT 基准平面为草绘平面，ASM_FRONT 基准平面为参照平面，方向为 底部，单击对话框中的 草绘 按钮；绘制图 33.2.24 所示的草绘 3；绘制完成后，单击✓按钮。

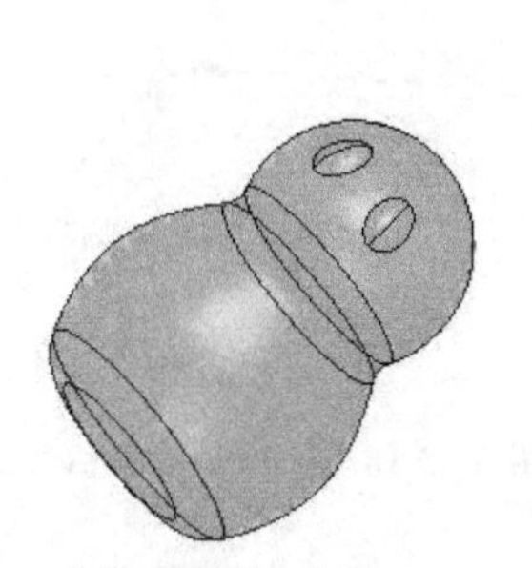
图 33.2.22 合并 3

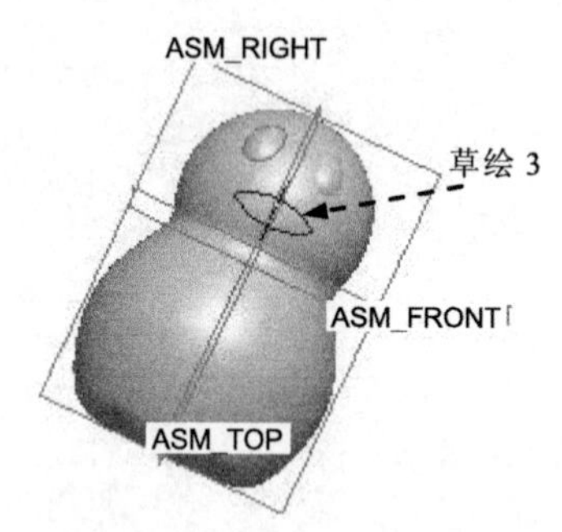

图 33.2.23 草绘 3（建模环境）

Step20. 创建图 33.2.25 所示的投影特征——投影 2。

（1）选择草绘 3，然后选择下拉菜单 编辑(E) ➡ 投影(J)... 命令。

（2）选择图 33.2.26 所示的投影曲面，系统立即产生图 33.2.26 所示的投影曲线，接受系统默认的投影方向。

（3）在操控板中单击“完成”按钮✓，完成投影特征 2 的创建。

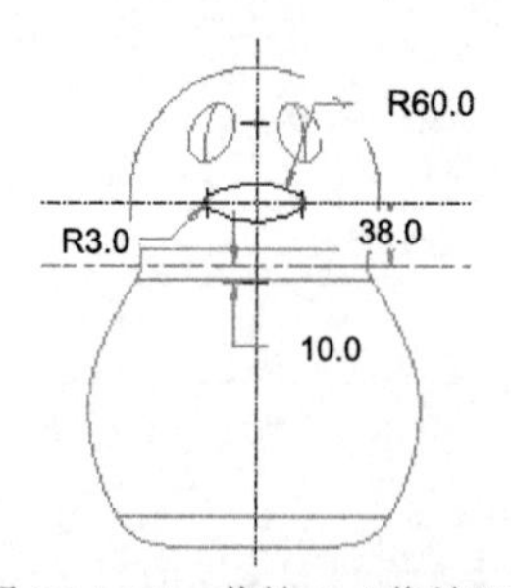

图 33.2.24 草绘 3（草绘环境）

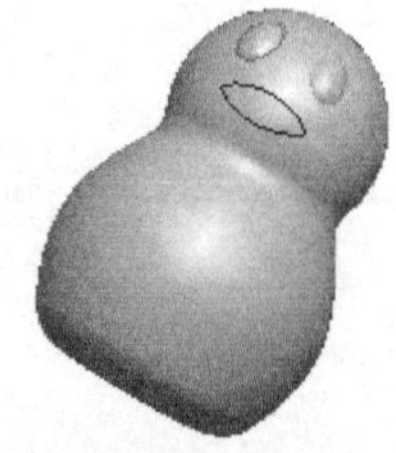
图 33.2.25 投影 2

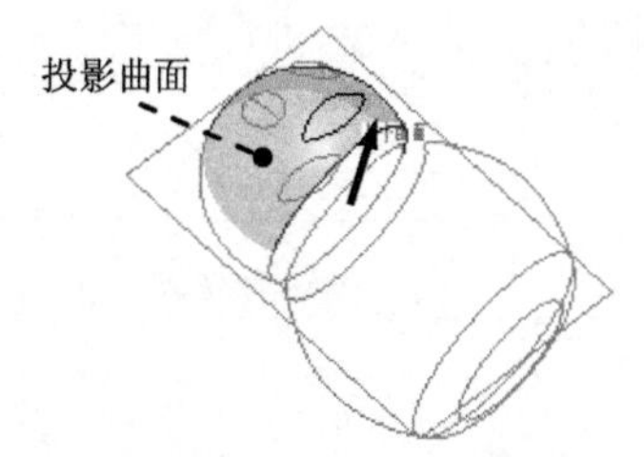

图 33.2.26 选取投影曲面

Step21. 添加图 33.2.27 所示的 PNT0、PNT1 基准点——基准点 标识 411。

（1）选择下拉菜单 插入(I) ➡ 模型基准(D) ▸ ➡ 点(P) ▸ ➡ 点(P)... 命令，系统弹出“基准点”对话框；按住 Ctrl 键，依次选取图 33.2.28 所示的曲线 1 和 ASM_TOP 基准平面，完成点 PNT0 的创建。

（2）单击“基准点”对话框中的 新点 命令，创建一个新点；按住 Ctrl 键，依次选取图 33.2.29 所示的曲线 2 和 ASM_TOP 基准平面，完成点 PNT1 的创建。该曲线上立即出现一个基准点 PNT1。

（3）单击对话框中的 确定 按钮，完成 PNT0、PNT1 基准点的创建。

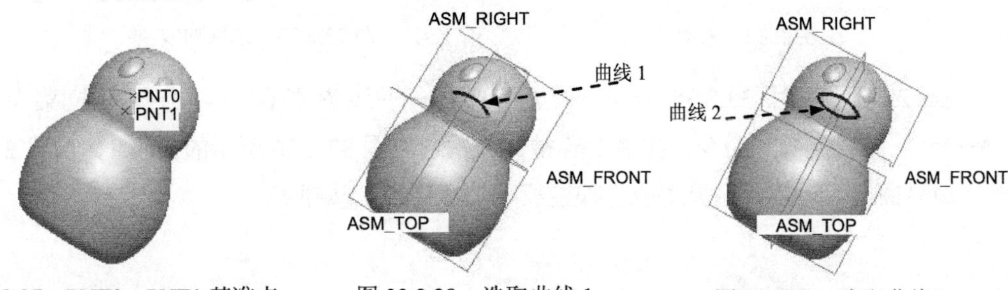

图 33.2.27 PNT0、PNT1 基准点　　图 33.2.28 选取曲线 1　　图 33.2.29 选取曲线 2

Step22. 创建图 33.2.30 所示的基准曲线——草绘 4。单击“草绘”按钮，选取 ASM_TOP 基准平面为草绘平面，ASM_FRONT 基准平面为参照平面，方向为 底部；进入草绘环境后，选取 ASM_FRONT 基准平面和 ASM_FIGHT 基准平面为草绘参照，使用命令绘制图 33.2.31 所示的草绘 4，单击按钮。

图 33.2.30 草绘 4（建模环境）

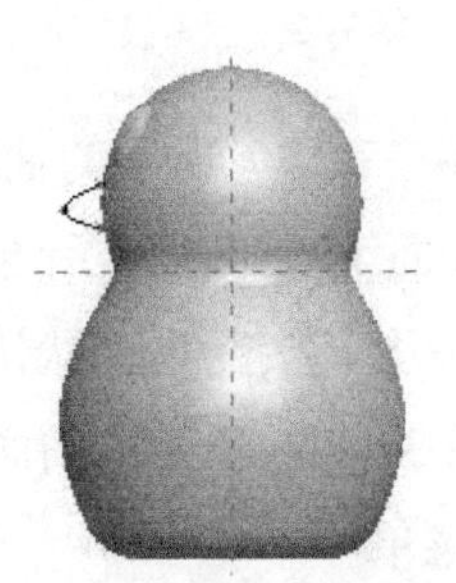

图 33.2.31 草绘 4（草绘环境）

Step23. 添加图 33.2.32 所示的模型上的修剪特征——修剪 1。

（1）选取图 33.2.33 所示的模型上的曲线 1，然后选择下拉菜单 编辑(E) ➡ 修剪(T)... 命令。

（2）选择基准点 PNT0。此时基准点 PNT0 处出现一方向箭头，调整箭头的方向，使箭头指向两侧。

（3）在操控板中单击“完成”按钮，完成修剪 1 的创建。

Step24. 添加模型上的修剪特征——修剪 2。参照 Step23 的方法，修剪图 33.3.34 所示的曲线。

图 33.2.32　修剪 1

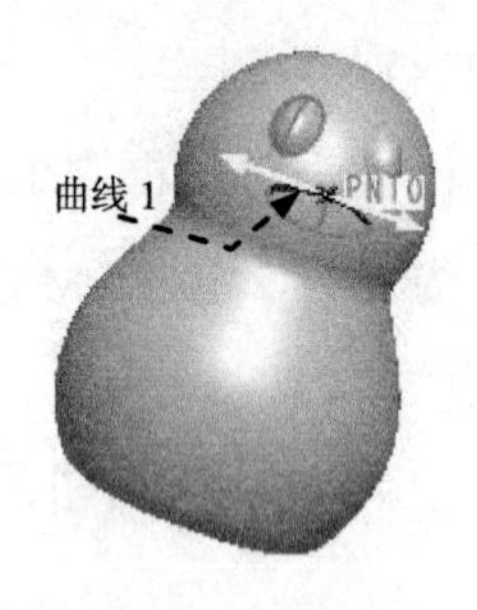

图 33.2.33　选取曲线

Step25. 创建图 33.2.35 所示的边界曲面——边界混合 2。选择下拉菜单 插入(I) ➡ 边界混合(B)... 命令；按住 Ctrl 键，依次选取图 33.2.36 所示的曲线 1、曲线 2、曲线 3 为边界曲线，单击“边界混合”操控板中的“完成”按钮✓。

图 33.2.34　修剪 2

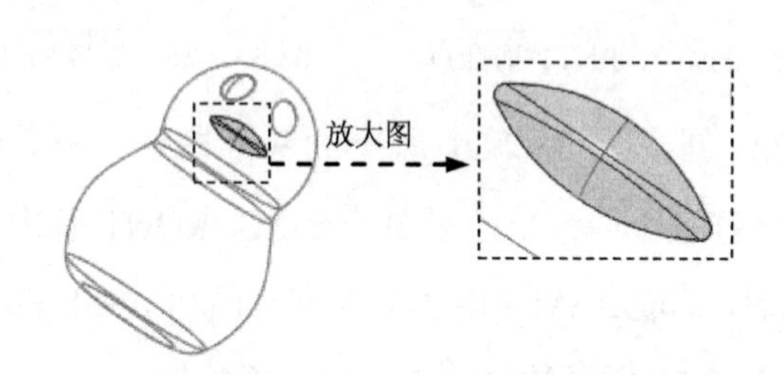

图 33.2.35　边界混合 2

Step26. 添加图 33.2.37 所示的曲面合并特征——合并 4。按住 Ctrl 键，依次选取图 33.2.37 所示的曲面和 Step25 所创建的边界混合 2；然后选择下拉菜单 编辑(E) ➡ 合并(G)... 命令，接受系统默认方向，单击“完成”按钮✓。

Step27. 添加图 33.2.38 所示的曲面特征——旋转 2。

（1）选择下拉菜单 插入(I) ➡ 旋转(R)... 命令，在操控板中按下“作为曲面旋转”按钮□。

（2）定义草绘截面放置属性。在绘图区中右击，从弹出的快捷菜单中选择 定义内部草绘... 命令，选取 ASM_RIGHT 基准平面为草绘平面，ASM_ FRONT 基准平面为参照平面，方向为 底部；单击对话框中的 草绘 按钮。

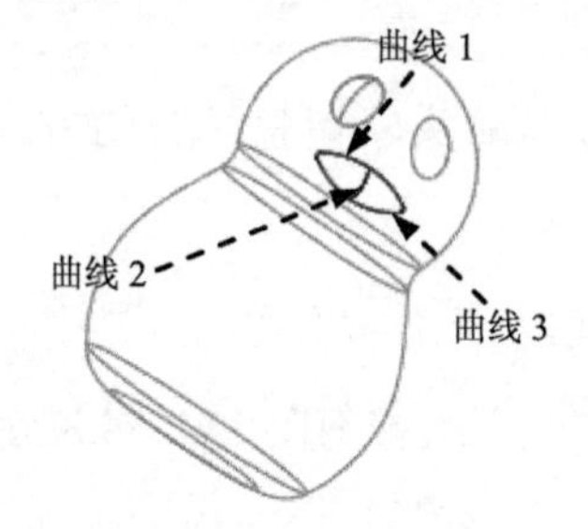

图 33.2.36　选取边界曲线

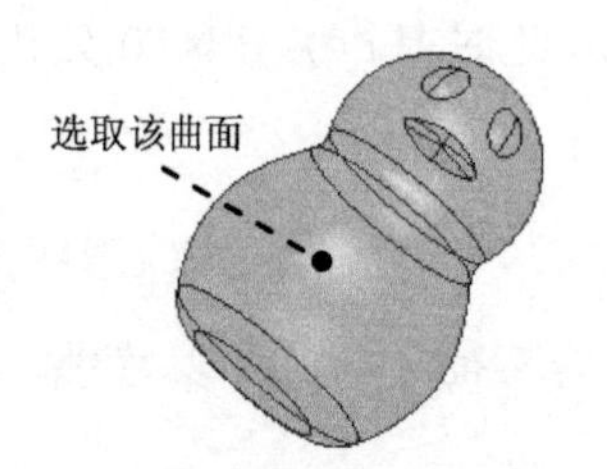

图 33.2.37　合并 4

图 33.2.38　旋转 2

（3）进入截面草绘环境后，接受系统默认的参照，绘制图 33.2.39 所示的旋转中心线和特征截面草图；完成特征截面绘制后，单击“完成”按钮✓。

（4）在操控板中选取深度类型⊥，输入旋转角度值 360。单击“完成”按钮✓，完成曲面旋转特征的创建。

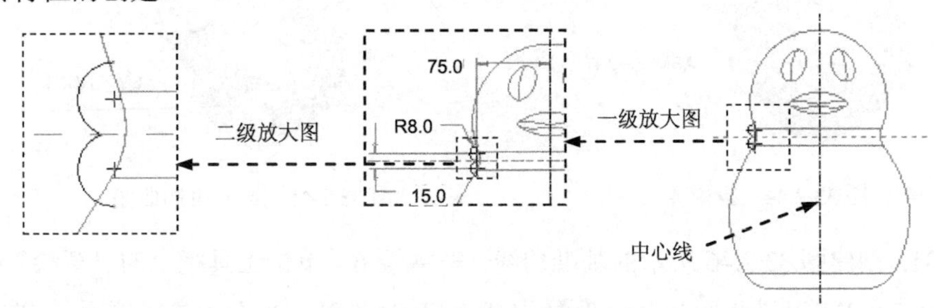

图 33.2.39 截面草图

Step28. 添加曲面合并特征——合并 5。按住 Ctrl 键，依次选取图 33.2.40 所示的曲面 1 和曲面 2；然后选择下拉菜单 编辑(E) ➡ 合并(G)... 命令，单击 按钮调整方向（图 33.2.41），单击“完成”按钮✓。

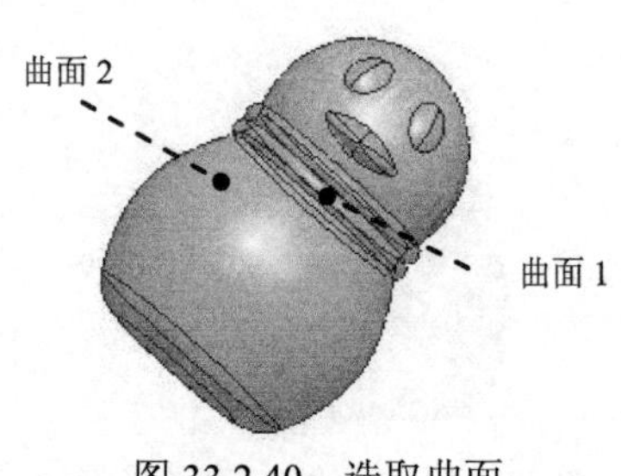

图 33.2.40 选取曲面

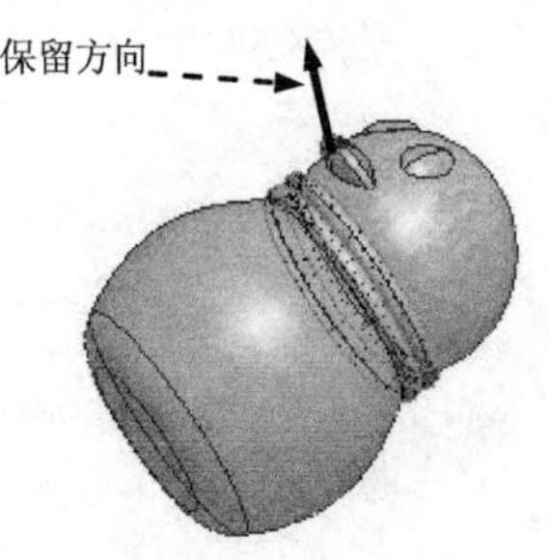

图 33.2.41 调整方向

Step29. 创建图 33.2.42 所示的基准曲线——草绘 5。单击工具栏上的“草绘”按钮；选取 ASM_TOP 基准平面为草绘平面，ASM_RIGHT 基准平面为参照平面，方向为 顶，单击对话框中的 草绘 按钮；进入草绘环境后，选取 ASM_RIGHT 基准平面和 ASM_FRONT 基准平面为草绘参照，使用 命令绘制图 33.2.43 所示的草绘 5；绘制完成后，单击✓按钮。

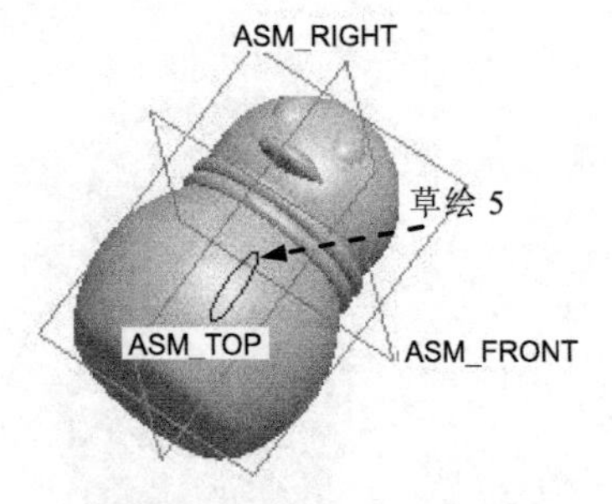

图 33.2.42 草绘 5（建模环境）

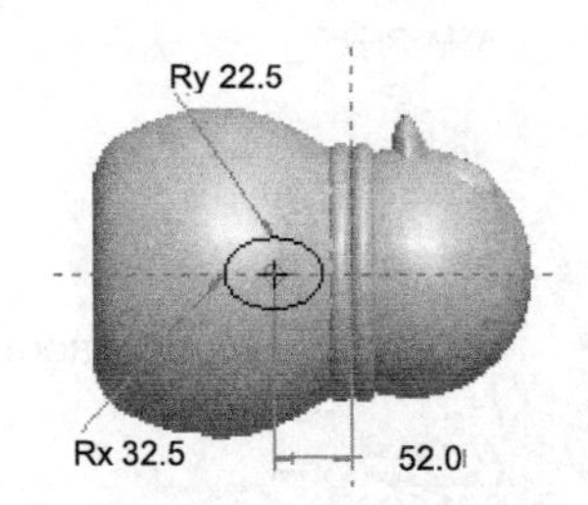

图 33.2.43 草绘 5（草绘环境）

Step30. 创建图 33.2.44 所示的投影特征——投影 4。选择草绘 5 为要投影的线，然后选择下拉菜单 编辑(E) ➡ 投影(T)... 命令；选择图 33.2.45 所示的投影曲面，系统立即产生

图 33.2.45 所示的投影曲线，接受系统默认的投影方向；在操控板中单击“完成”按钮。

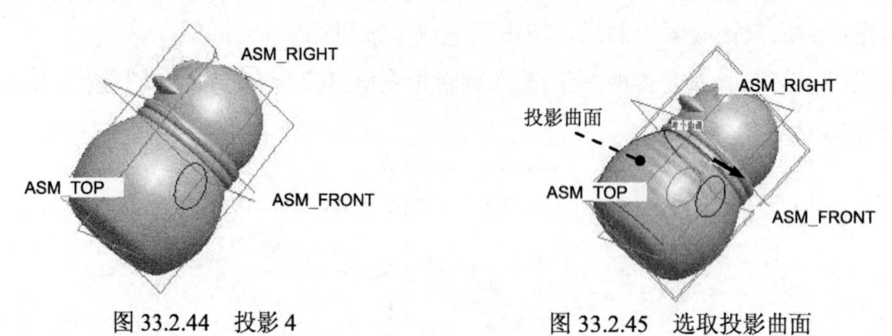

图 33.2.44　投影 4　　　　图 33.2.45　选取投影曲面

Step31. 创建图 33.2.46 所示的基准曲线——草绘 6。单击工具栏上的“草绘”按钮；选取 ASM_RIGHT 基准平面为草绘平面，ASM_FRONT 基准平面为参照平面，方向为底部，单击对话框中的草绘按钮；进入草绘环境后，选取 ASM_RIGHT 基准平面和 ASM_TOP 基准平面为草绘参照，使用命令绘制图 33.2.47 所示的草绘 6；绘制完成后单击按钮，退出草绘环境。

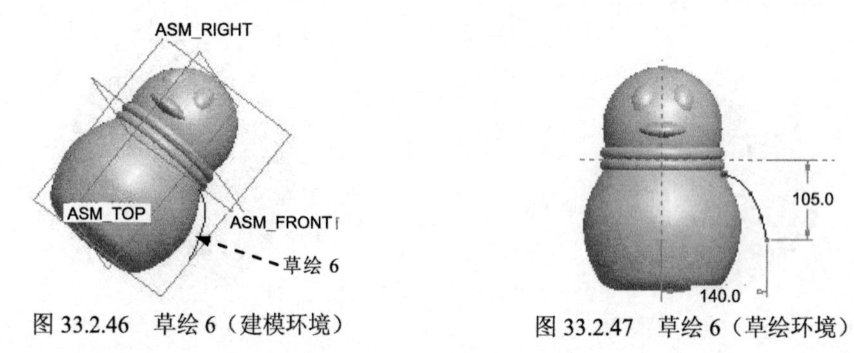

图 33.2.46　草绘 6（建模环境）　　　　图 33.2.47　草绘 6（草绘环境）

Step32. 创建图 33.2.48 所示的草绘特征——草绘 7。单击工具栏上的“草绘”按钮；在系统弹出的“草绘”对话框中单击使用先前的，进入草绘环境后，选取 ASM_RIGHT 基准平面和 ASM_TOP 基准平面为草绘参照，使用命令绘制图 33.2.49 所示的草绘 7；绘制完成后单击按钮，退出草绘环境。

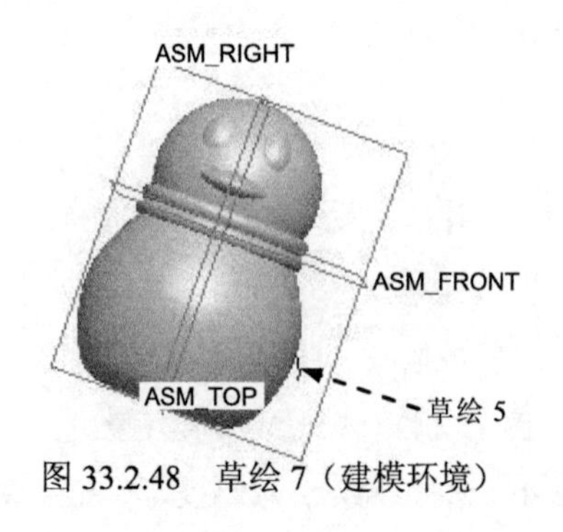

图 33.2.48　草绘 7（建模环境）

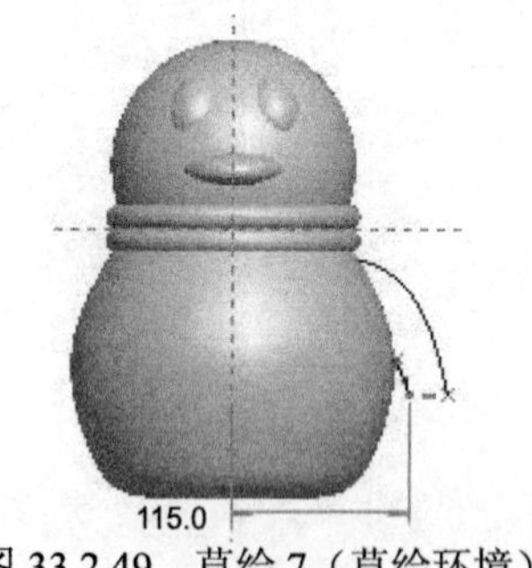

图 33.2.49　草绘 7（草绘环境）

Step33. 创建图 33.2.50 所示的基准平面——DTM4。选择下拉菜单 插入(I) ➡ 模型基准(D) ▸ ➡ 平面(L)... 命令；依次选取 ASM_FRONT 基准平面和图 33.2.50 所示的曲线 6 的端点为参照；采用系统默认的约束类型，单击对话框中的 确定 按钮，完成 DTM4 基准平面的创建。

Step34. 创建图 33.2.51 所示的基准曲线——草绘 8。单击工具栏上的“草绘”按钮；选取 DTM4 基准平面为草绘平面，ASM_RIGHT 基准平面为参照平面，方向为 顶；进入草绘环境后，选取 ASM_RIGHT 基准平面和 ASM_TOP 基准平面为草绘参照，绘制图 33.2.52 所示的截面草图；绘制完成后单击 ✓ 按钮，退出草绘环境。

注意：草绘中的圆是约束在草绘曲线 6 和草绘曲线 7 上面的，所以没有任何尺寸约束。

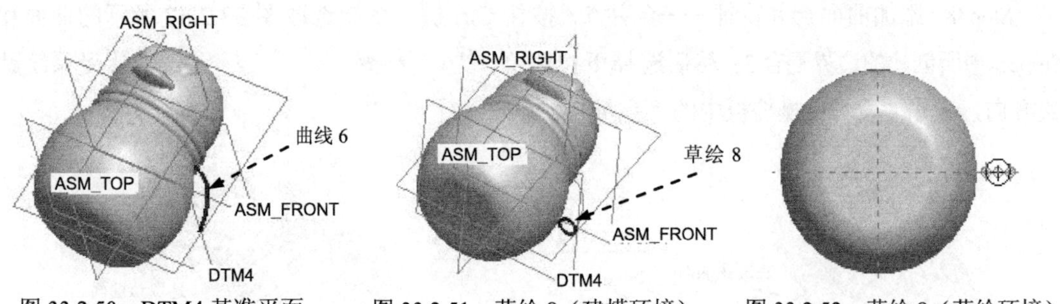

图 33.2.50　DTM4 基准平面　　图 33.2.51　草绘 8（建模环境）　　图 33.2.52　草绘 8（草绘环境）

Step35. 创建图 33.2.53 所示的边界曲面——边界混合 3。选择下拉菜单 插入(I) ➡ 边界混合(B)... 命令；按住 Ctrl 键，依次选取图 33.2.54 所示的曲线 1、曲线 2 为边界曲线，选取完成后，单击操控板中的第二方向曲线操作栏，然后在图形区选取图 33.2.54 所示的曲线 3、曲线 4。选取完成后，单击“边界混合”操控板中的“完成”按钮✓。

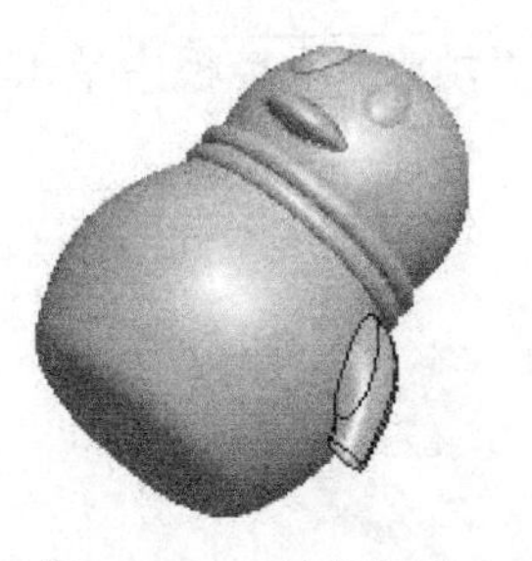

图 33.2.53　边界混合 3

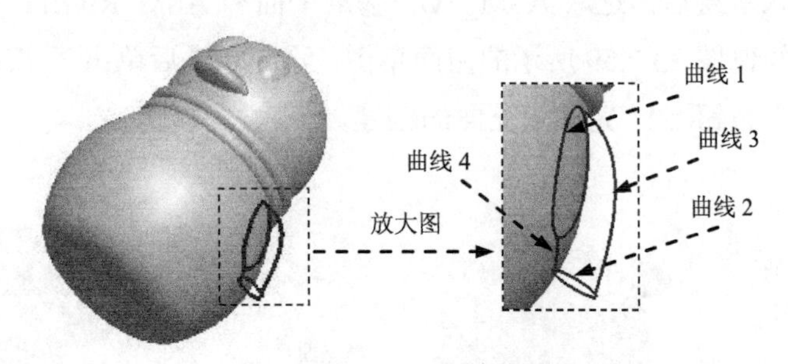

图 33.2.54　选取边界曲线

Step36. 添加图 33.2.55b 所示的镜像复制特征——镜像 2。选取 Step35 中创建的边界曲面为镜像源，然后选择下拉菜单 编辑(E) ➡ 镜像(I)... 命令；选取 ASM_TOP 基准平面为镜像平面，选取完成后，单击操控板中的“完成”按钮✓，完成镜像复制特征。

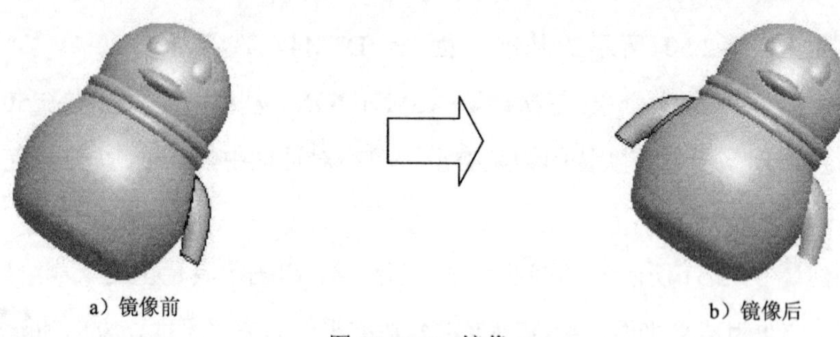

图 33.2.55 镜像 2

Step37. 添加曲面合并特征——合并 6。按住 Ctrl 键，依次选取图 33.2.56 所示的曲面和 Step36 中所镜像的曲面；然后选择下拉菜单 编辑(E) → 合并(G)... 命令，接受系统默认方向，单击“合并”操控板中的“完成”按钮。

Step38. 添加曲面合并特征——合并 7。按住 Ctrl 键，依次选取图 33.2.57 所示的曲面和 Step35 中所创建的边界混合 3；然后选择下拉菜单 编辑(E) → 合并(G)... 命令，接受系统默认方向，单击“合并”操控板中的“完成”按钮。

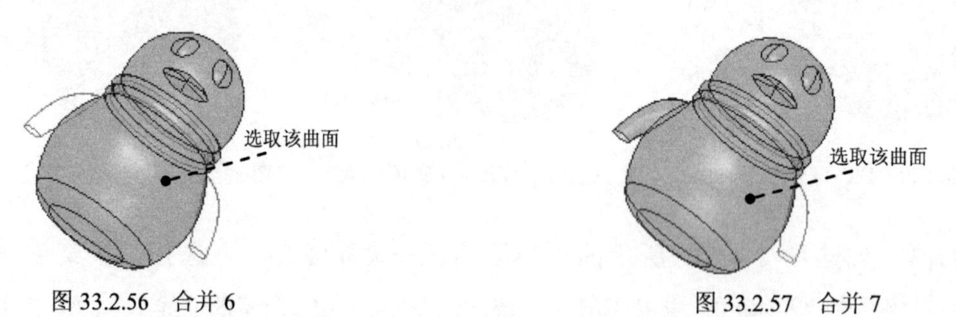

图 33.2.56 合并 6　　图 33.2.57 合并 7

Step39. 添加图 33.2.58 所示的特征——填充 2。选择下拉菜单 编辑(E) → 填充(L)... 命令；选取 DTM4 基准平面为草绘平面，选取 ASM_TOP 基准平面为参照平面，方向为 右；进入草绘后，选取 ASM_TOP 基准平面和 ASM_RIGHT 基准平面为草绘参照。使用命令绘制图 33.2.59 所示的截面草图，绘制完成后单击按钮；在“填充”操控板中单击“完成”按钮，完成填充面的创建。

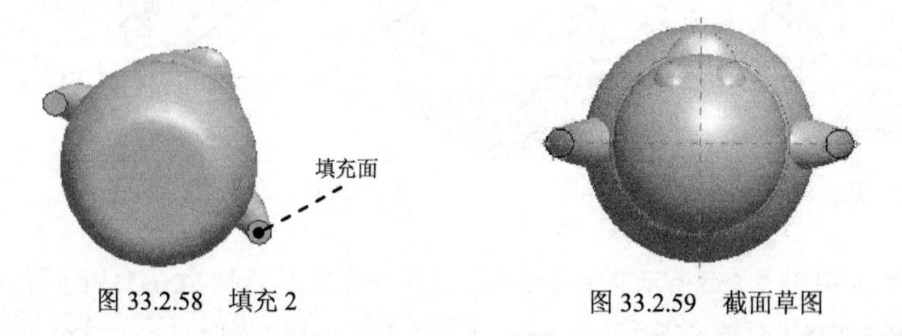

图 33.2.58 填充 2　　图 33.2.59 截面草图

Step40. 添加曲面合并特征——合并 8。按住 Ctrl 键，依次选取图 33.2.60 所示的曲面和 Step39 所创建的填充 2；然后选择下拉菜单 编辑(E) → 合并(G)... 命令，接受系统默认方向，单击“合并”操控板中的“完成”按钮✓。

Step41. 添加图 33.2.61 所示的特征——实体化 1。

（1）在“智能选取”栏中选取 几何 选项，然后选取图 Step40 中的合并曲面 8。

（2）选择下拉菜单 编辑(E) ➡ 实体化(Y)... 命令。

（3）在操控板中单击“完成”按钮✓，完成特征的创建。

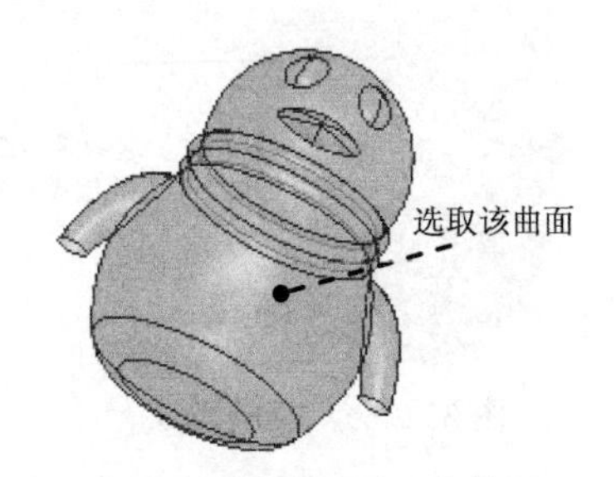

图 33.2.60 合并 8

图 33.2.61 实体化 1

Step42. 添加图 33.2.62b 所示的特征——倒圆角 3。

（1）选择 插入(I) ➡ 倒圆角(O)... 命令，系统弹出圆角操控板。

（2）选取圆角放置参照。按住 Ctrl 键，选取图 33.2.62a 所示的边线为圆角放置参照，在操控板的圆角尺寸框中输入圆角半径值 10.0。

（3）在操控板中单击按钮 ☑ 66°，预览所创建圆角的特征；单击“完成”按钮✓。

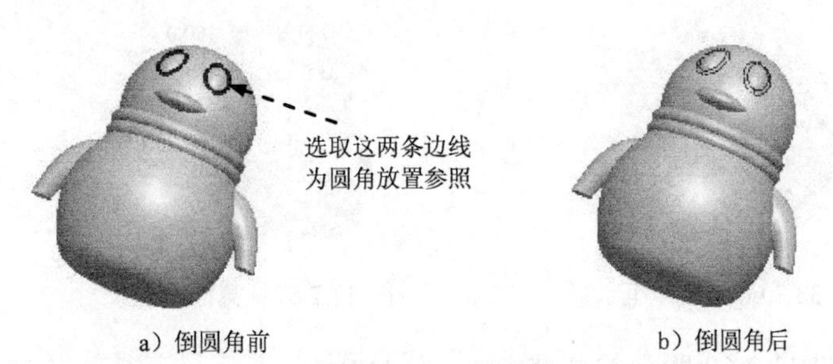

图 33.2.62 倒圆角 3

Step43. 添加图 33.2.63 所示的圆角特征——倒圆角 4。选择下拉菜单 插入(I) ➡ 倒圆角(O)... 命令，选取图 33.2.63a 所示的边链为圆角放置参照，在操控板中输入圆角半径值 15.0，预览并完成圆角特征 4。

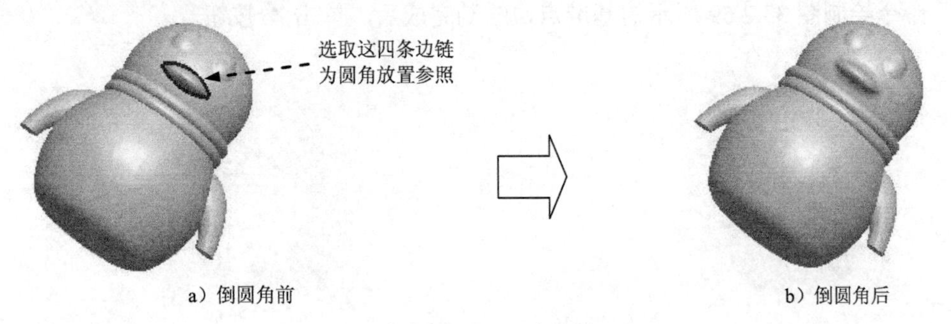

图 33.2.63 倒圆角 4

Step44. 添加倒圆角 5。操作步骤参照 Step43，以图 33.2.64 所示的边线为圆角放置参照，圆角半径值为 2.0。

Step45. 添加倒圆角 6。操作步骤参照 Step43，以图 33.2.65 所示的边线为圆角放置参照，圆角半径值为 8.0。

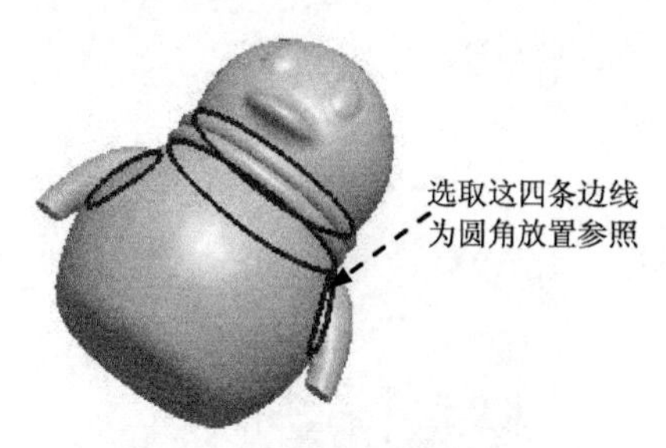

图 33.2.64 倒圆角 5

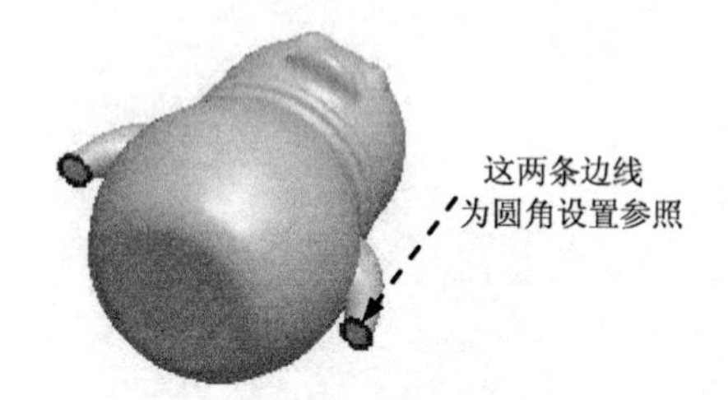

图 33.2.65 倒圆角 6

Step46. 创建图 33.2.66 所示的拉伸曲面特征——拉伸 1。选择下拉菜单 插入(I) ➡ 拉伸(E)... 命令。单击“曲面”按钮，选取 ASM_TOP 基准平面为草绘平面，ASM_FRONT 基准平面为参照平面，方向为 底部；进入草绘环境后，选取 ASM_FRONT 基准平面和 ASM_RIGHT 基准平面为草绘参照，绘制图 33.2.67 所示的截面草图后，单击 ✓ 按钮。在操控板中选取深度类型为，输入深度值 300.0。单击“完成”按钮 ✓。

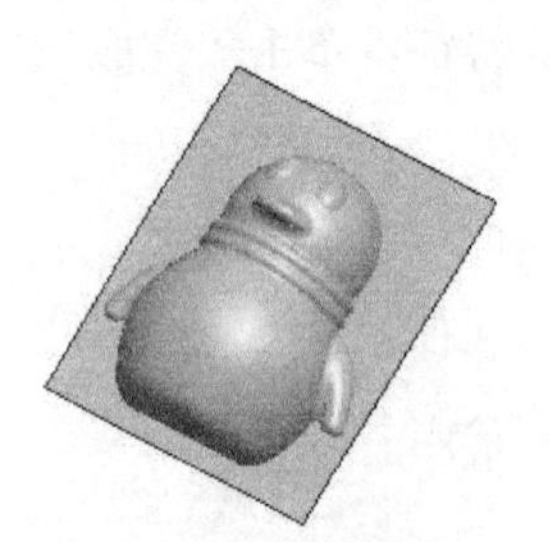

图 33.2.66 拉伸 1

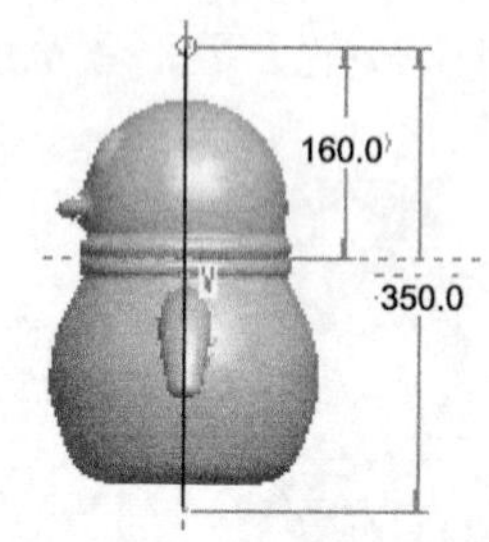

图 33.2.67 截面草图

Step47. 添加图 33.2.68 所示的基准点——草绘 9。

（1）单击“草绘”按钮，选取拉伸曲面 1 为草绘平面，选取 ASM_TOP 基准平面为参照平面。方向为 左，单击 草绘 按钮，进入草绘环境。

（2）进入草绘环境后，选取 ASM_FRONT 基准平面和 ASM_TOP 基准平面为草绘参照，使用 × 命令绘制图 33.2.69 所示的基准点，绘制完成后，单击 ✓ 按钮。

图 33.2.68 草绘 9（建模环境）

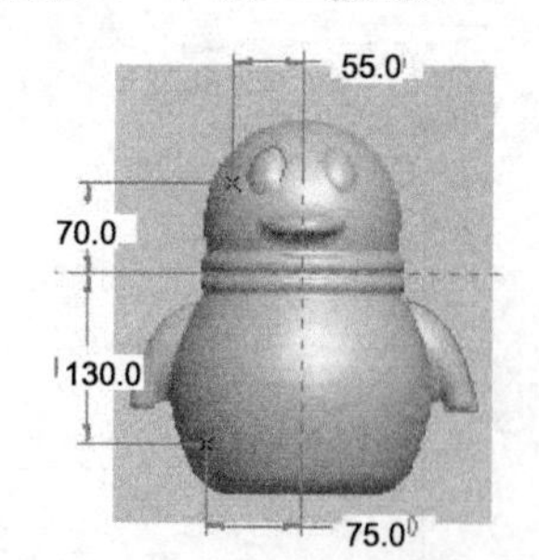

图 33.2.69 草绘 9（草图环境）

Step48. 创建图 33.2.70 所示的基准轴——A_3。单击工具栏中的“基准轴”按钮；按住 Ctrl 键，选择 ASM_RIGHT 基准平面和 PNT2 基准点为参照；单击“基准轴”对话框中的确定按钮。

Step49. 创建如图 33.2.71 所示的基准轴——A_4。单击工具栏中的“基准轴”按钮；按住 Ctrl 键，选择 ASM_RIGHT 基准平面和 PNT3 基准点为参照；单击“基准轴”对话框中的确定按钮。

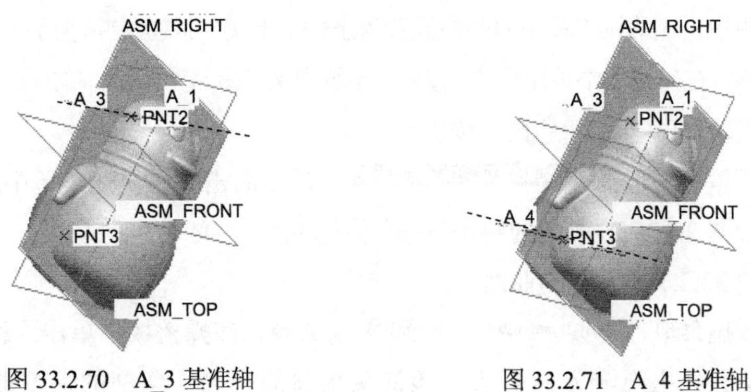

图 33.2.70　A_3 基准轴　　图 33.2.71　A_4 基准轴

Step50. 创建基准平面——DTM5（注：本步的详细操作过程请参见随书光盘中 video\ch33\Task3\reference\文件下的语音视频讲解文件 MONEY_SAVER_SKEL-r01.exe）。

Step51. 创建基准平面——DTM6（注：本步的详细操作过程请参见随书光盘中 video\ch33\Task3\reference\文件下的语音视频讲解文件 MONEY_SAVER_SKEL-r02.exe）。

Step52. 保存零件模型文件。

Task4. 创建二级主控件 1

在零件模式下，创建二级主控件 MONEY_SAVER_BACK.PRT 的各个特征（如图 33.2.72 所示）。

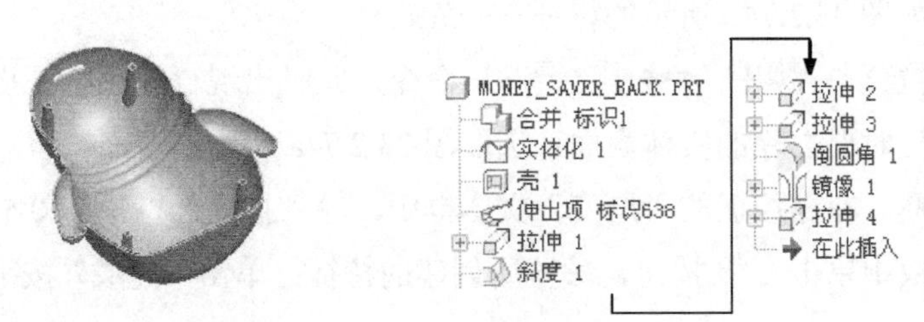

图 33.2.72　零件模型及模型树

Step1. 在装配体中建立二级主控件 MONEY_SAVER_BACK.PRT。

（1）选择下拉菜单 插入(I) ➡ 元件(C) ▸ ➡ 创建(C)... 命令。

（2）此时系统弹出的“元件创建”对话框，选中 类型 选项组中的 ◉ 零件，选中 子类型 选项组中的 ◉ 实体，然后在 名称 文本框中输入文件名 MONEY_SAVER_BACK，单击 确定 按钮。在弹出的“创建选项”对话框中，选中 空 单选按钮，单击 确定 按钮。

Step2. 激活骨架模型。

（1）激活储蓄罐的底盖零件。在模型树中选择 MONEY_SAVER_BACK.PRT，然后右击，在弹出的快捷菜单中选择 激活 命令。

（2）选择下拉菜单 插入(I) → 共享数据(D) ▸ → 合并/继承(M)... 命令，系统弹出“合并/继承”操控板，在该操控板中进行下列操作。

① 在操控板中，先确认“将参照类型设置为组件上下文”按钮 被按下。

② 复制几何。在操控板中单击 参照 按钮，系统弹出“参照”界面。单击 复制基准 复选框，然后选取骨架模型特征。单击“完成”按钮 。

Step3. 在模型树中选择 MONEY_SAVER_BACK.PRT，然后右击，在快捷菜单中选择 打开 命令。

Step4. 添加图 33.2.73b 所示的特征——实体化 1。

（1）选取图 33.2.73a 所示的曲面。

（2）选择下拉菜单 编辑(E) → 实体化(Y)... 命令，在操控板中单击“移除材料”按钮 ，此时实体 1 处出现一方向箭头，该箭头指向的一侧为切削的保留侧，单击“更改方向”按钮 。

（3）在操控板中单击“完成”按钮 ，完成特征的创建。

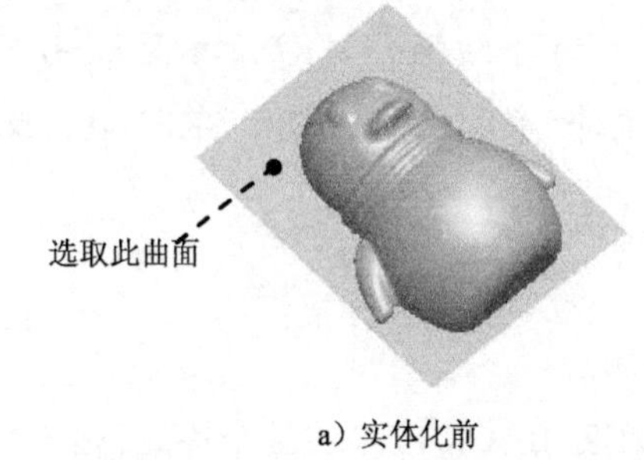

a）实体化前

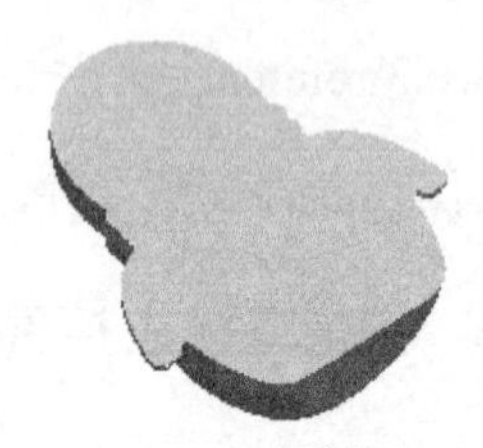

b）实体化后

图 33.2.73 实体化 1

Step5. 添加如图 33.2.74b 所示的特征——壳 1。

（1）选择下拉菜单 插入(I) → 壳(L)... 命令，此时出现“壳”特征操控板。

（2）选取抽壳时要去除的实体表面。选取图 33.2.74a 所示的表面。

（3）定义壁厚。在操控板的“厚度”文本框中，输入抽壳的壁厚值 0.5。

（4）在操控板中单击 按钮，预览所创建的特征；单击“完成”按钮 。

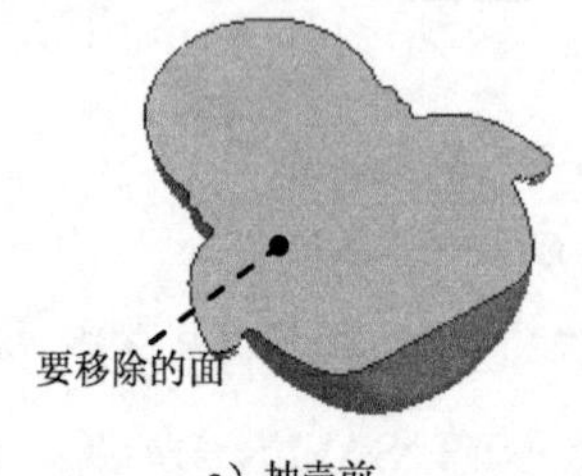

a）抽壳前

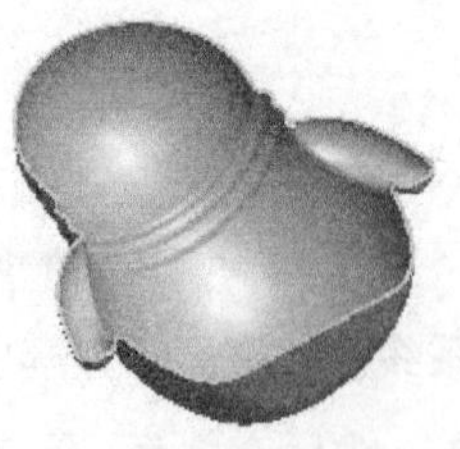

b）抽壳后

图 33.2.74 壳 1

Step6. 创建图 33.2.75 所示的扫描特征——伸出项 标识 638。

（1）选择下拉菜单 插入(I) ➡ 扫描(S) ▸ ➡ 伸出项(P)... 命令，弹出“伸出项：扫描”对话框，定义▼ SWEEP TRAJ (扫描轨迹)，点击 Sketch Traj (草绘轨迹)，弹出菜单管理器菜单，点击▼ SETUP PLANE (设置平面)，选取 ASM_RIGHT 基准平面为草绘平面，在弹出的▼ DIRECTION (方向)菜单中选取 Okay (确定)，在系统弹出的▼ SKET VIEW (草绘视图)菜单中选取 Default (缺省)选项。进入草绘状态，选取 ASM_FRONT 基准平面和 ASM_TOP 基准平面为草绘参照。使用□命令绘制图 33.2.76 所示的轨迹草图。

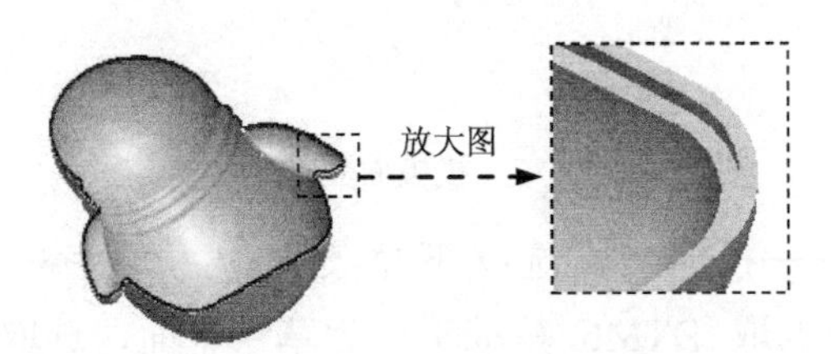

图 33.2.75 伸出项 标识 638

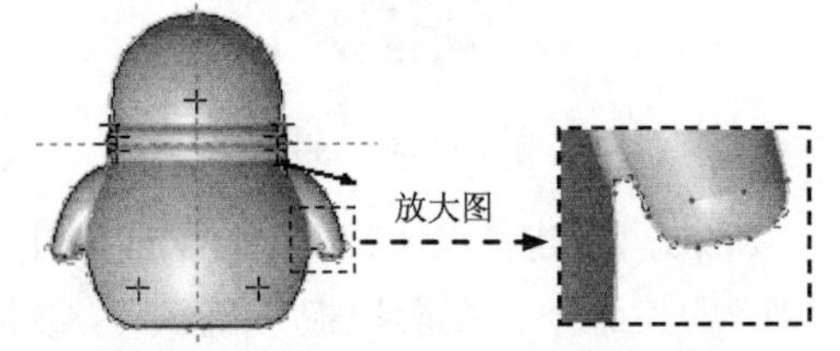

图 33.2.76 扫描伸出项轨迹草图

（2）定义“伸出项：扫描”属性为 No Inn Fcs (无内表面)。

（3）定义“伸出项：扫描”截面。进入草绘状态，绘制图 33.2.77 所示的截面草图，完成后单击✓按钮。

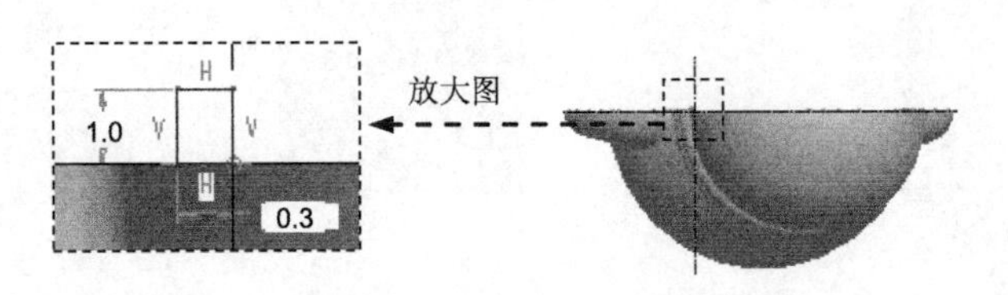

图 33.2.77 截面草图

（4）在“伸出项：扫描”对话框中单击 确定 按钮，完成扫描特征操作。

Step7. 创建图 33.2.78 所示的实体特征——拉伸 1。选择下拉菜单 插入(I) ➡ 拉伸(E)... 命令。选取 ASM_RIGHT 基准平面为草绘平面，选取 ASM_FRONT 基准平面为参照平面，方向为 底部；进入草绘环境后，选取 A_3 基准轴和 A_4 基准轴为草绘参照，绘制图 33.2.79 所示的截面草图后，单击✓按钮。在操控板中选取深度类型为⫨，然后单击⁄按钮调整方向。最后单击“完成”按钮✓。

注意：草绘中两圆的圆心分别捕捉到的是 A_3 基准轴和 A_4 基准轴。

图 33.2.78 拉伸 1

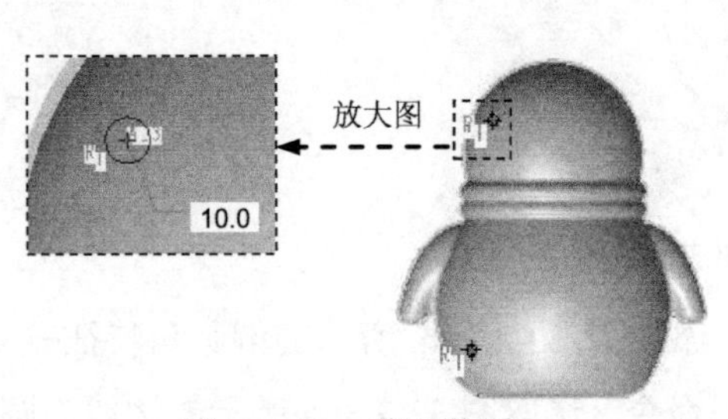

图 33.2.79 截面草图

Step8. 创建图 33.2.80 所示的拔模特征——斜度 1。选择下拉菜单 插入(I) → 斜度(F)... 命令；按住 Ctrl 键，选取图 33.2.81 所示的模型中两圆柱的侧表面为要拔模的面。选取图 33.2.81 所示的模型终点圆柱上表面为拔模枢轴平面，拔模方向如图 33.2.81 所示。在操控板的文本框中输入拔模角度值 3.0。单击“完成”按钮✓。

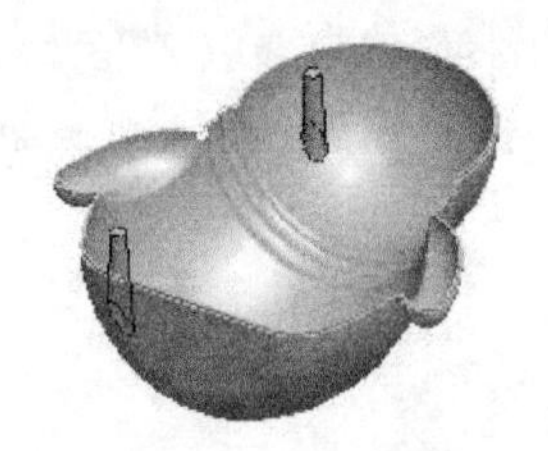

图 33.2.80　斜度 1

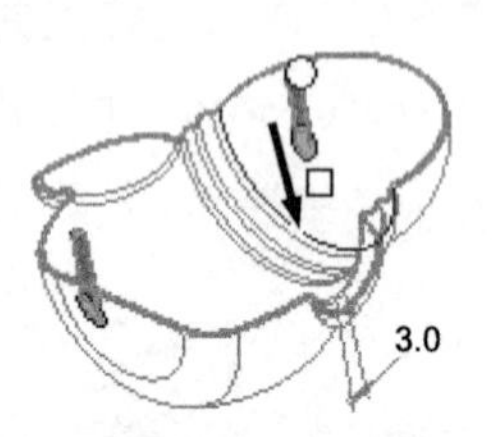

图 33.2.81　定义拔模曲面

Step9. 创建图 33.2.82 所示的拉伸特征——拉伸 2。选择下拉菜单 插入(I) → 拉伸(E)... 命令。在操控板中确认◻被按下。选取 DTM6 基准平面为草绘平面，选取 ASM_FRONT 基准平面为参照平面，方向为 底部；进入草绘环境后，选取 A_3 基准轴和 A_4 基准轴为草绘参照，绘制图 33.2.83 所示的截面草图后，单击✓按钮。在操控板中，选取深度类型为⊟，然后单击✗按钮调整方向。最后单击“完成”按钮✓。

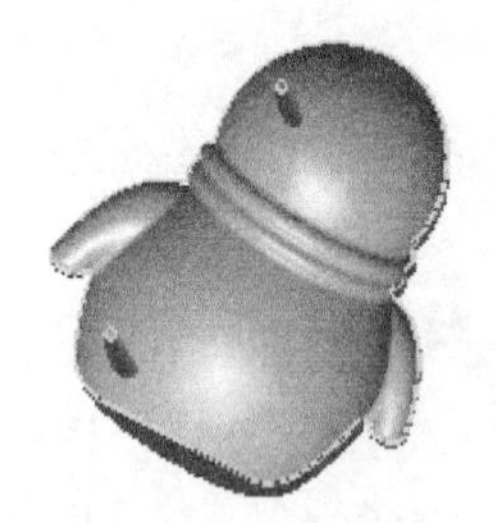

图 33.2.82　拉伸 2

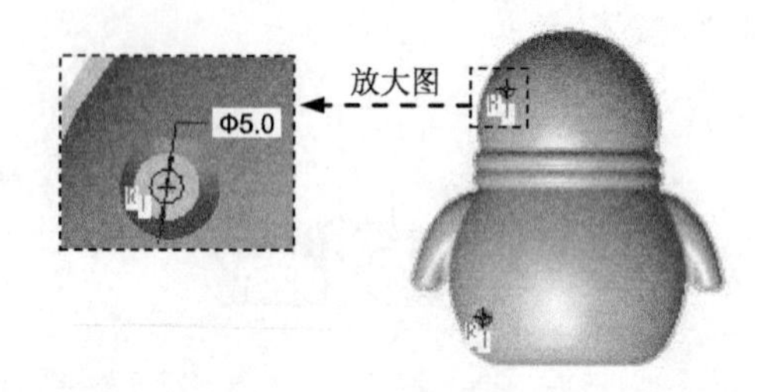

图 33.2.83　截面草图

Step10. 创建图 33.2.84 所示的拉伸特征——拉伸 3。选择下拉菜单 插入(I) → 拉伸(E)... 命令。在操控板中确认◻被按下。在“草绘”对话框中单击 使用先前的 按钮；进入草绘环境后，选取 A_3 基准轴和 A_4 基准轴为草绘参照，绘制图 33.2.85 所示的截面草图后，单击✓按钮。在操控板中，选取深度类型为⊟，单击“完成”按钮✓。

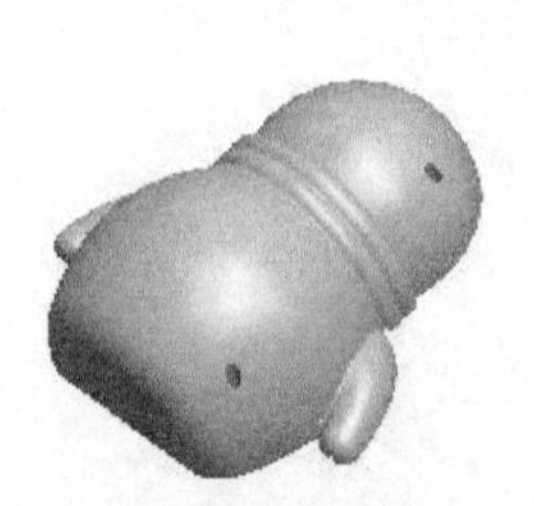

图 33.2.84　拉伸 3

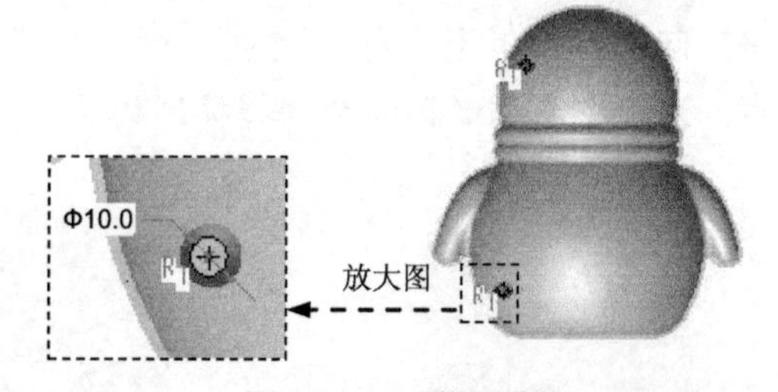

图 33.2.85　截面草图

Step11. 添加图 33.2.86b 所示的倒圆角特征——倒圆角 1。选择下拉菜单 插入(I) → 倒圆角(O)... 命令，选取图 33.2.86a 所示的边线为圆角放置参照，在操控板中输入圆角半径值 2.0，预览并完成倒圆角 2。

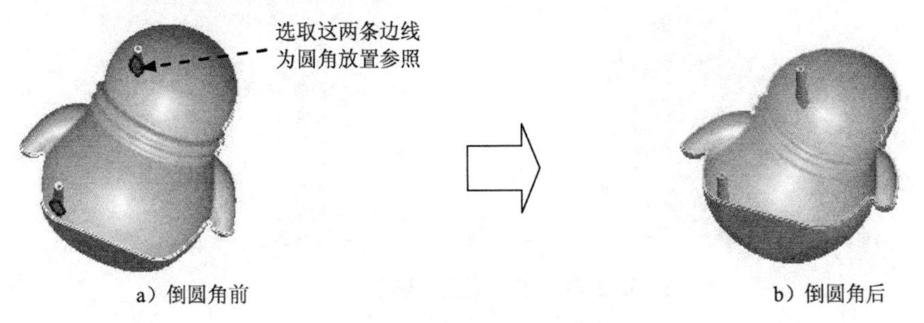

a）倒圆角前　　b）倒圆角后

图 33.2.86　倒圆角 1

Step12. 添加图 33.2.87b 所示的复制特征——镜像 1。按住 Ctrl 键，依次选取拉伸 1、斜度 1、拉伸 2、拉伸 3 和倒圆角 1 为镜像源，然后选择下拉菜单 编辑(E) → 镜像(I)... 命令；选取 ASM_TOP 基准平面为镜像平面，单击“完成”按钮 ✓。

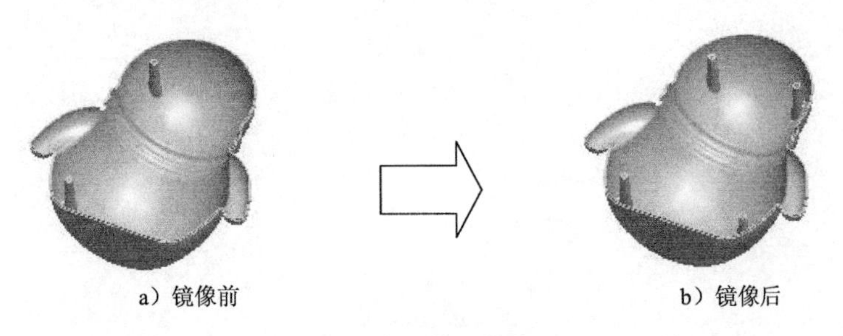

a）镜像前　　b）镜像后

图 33.2.87　镜像 1

Step13. 创建图 33.2.88 所示的拉伸特征——拉伸 4。选择下拉菜单 插入(I) → 拉伸(E)... 命令。在操控板中确认 被按下。选取 ASM_FRONT 基准平面为草绘平面，ASM_RIGHT 基准平面为参照平面，方向为 底部；选取 DTM6 基准平面和 ASM_TOP 基准轴为草绘参照，绘制图 33.2.89 所示的截面草图后，单击 ✓ 按钮。在操控板中，选取深度类型为 ，单击“完成”按钮 ✓。

图 33.2.88　拉伸 4

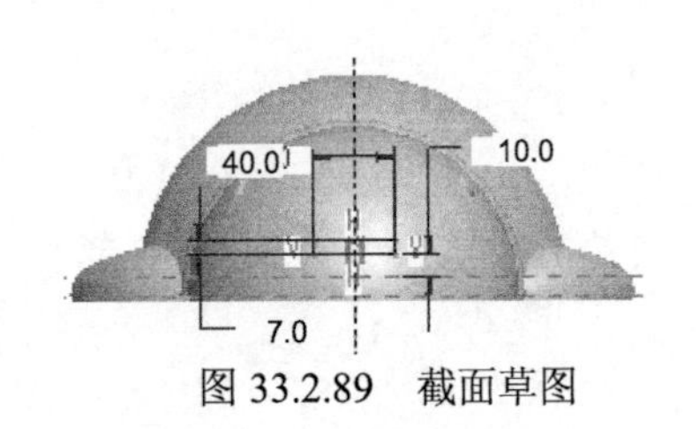

图 33.2.89　截面草图

Step14. 保存零件模型文件。

Task5. 创建上盖

在零件模式下，创建 MONEY_SAVER_FRONT（上盖）的各个特征（如图 33.2.90 所示）。

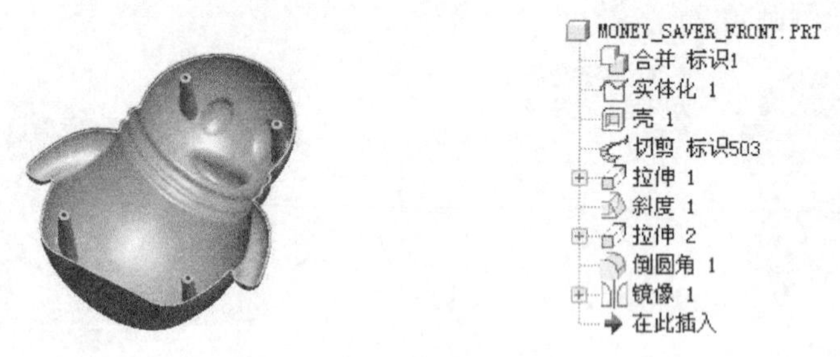

图 33.2.90 零件模型及模型树

说明：本 Task 的详细操作过程请参见随书光盘中 video\ch33\文件下的语音视频讲解文件。模型文件为 D:\proewf5.5\work\ch33\MONEY_SAVER_FRONT.PRT。

实例 34　遥控器的自顶向下设计

34.1　实 例 概 述

本实例详细讲解了一款遥控器的整个设计过程，该设计过程中采用了较为先进的设计方法——自顶向下（Top-Down Design）的设计方法。采用这种方法，不仅可以获得较好的整体造型，还能够大大缩短产品的上市时间。许多家用电器（如计算机机箱、吹风机和计算机鼠标）都可以采用这种方法进行设计。设计流程图如图 34.1.1 所示。

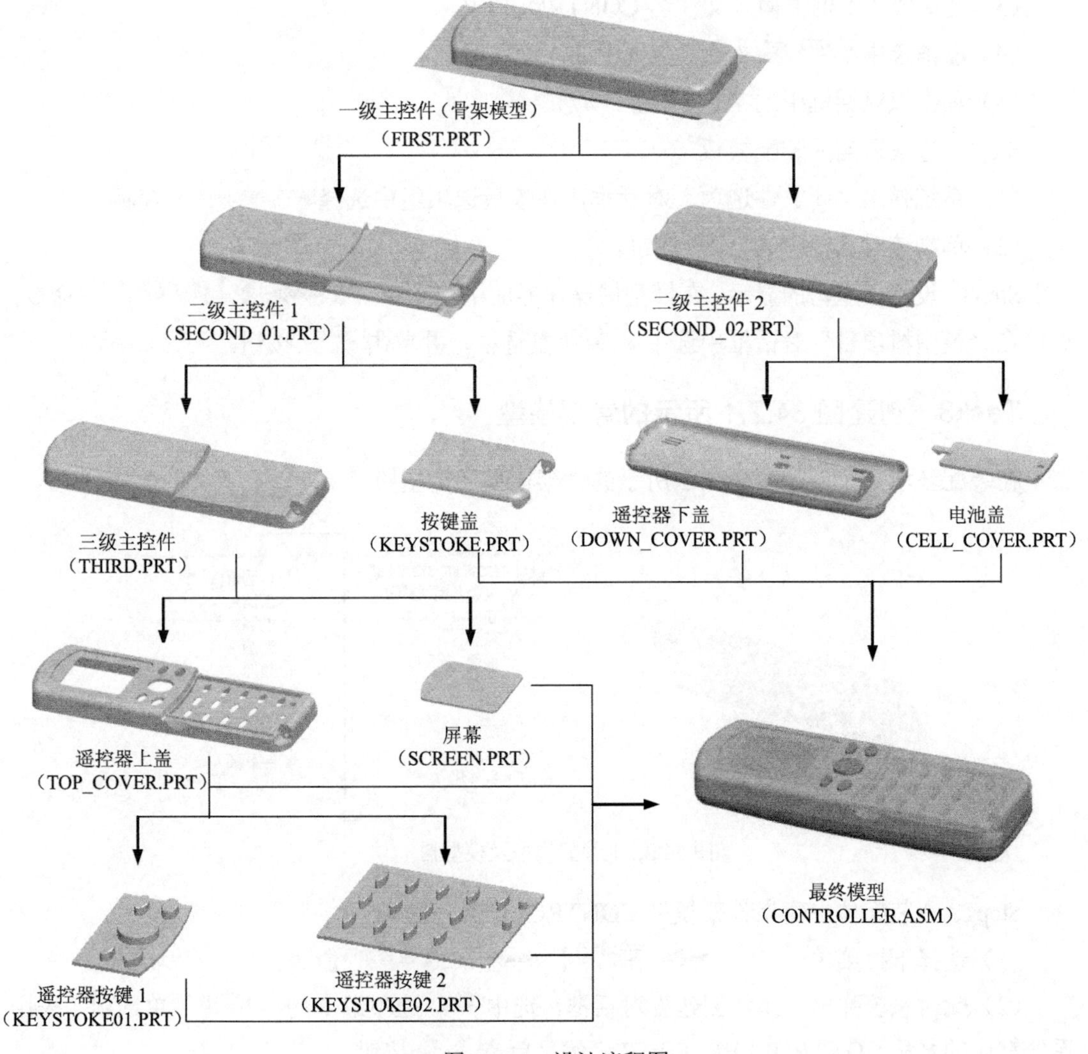

图 34.1.1　设计流程图

34.2 创建遥控器的骨架模型

Task1．设置工作目录

将工作目录设置至 D:\proewf5.5\work\ch34\。

Task2．新建一个装配体文件

Step1. 选择下拉菜单 文件(F) ➡ 新建(N)... 命令，在弹出的文件“新建”对话框中进行下列操作。

（1）选中 类型 选项组中的 ◉ 组件 单选项。

（2）选中 子类型 选项组中的 ◉ 设计 单选项。

（3）在 名称 文本框中输入文件名 CONTROLLER。

（4）取消选中 ☑ 使用缺省模板 复选框中的“ √ ”号。

（5）单击该对话框中的 确定 按钮。

Step2. 选取适当的装配模板。

（1）系统弹出“新文件选项”对话框，在模板选项组中选择 mmns_asm_design 模板。

（2）单击该对话框中的 确定 按钮。

Step3. 设置模型树的显示。在模型树操作界面中，选择 ➡ 树过滤器(F)... 命令，然后在“模型树项目”对话框中选中 ☑ 特征 复选框，并单击 确定 按钮。

Task3．创建图 34.2.1 所示的骨架模型

在装配环境下，创建图 34.2.1 所示的骨架模型及模型树。

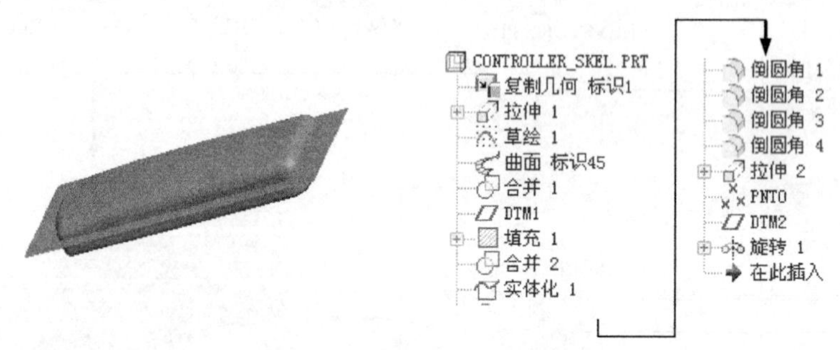

图 34.2.1 骨架模型及模型树

Step1. 在装配体中建立骨架模型 CONTROLLER_FIRST。

（1）选择下拉菜单 插入(I) ➡ 元件(C) ▸ ➡ 创建(C)... 命令。

（2）此时系统弹出“元件创建”对话框，选中 类型 选项组中的 ◉ 骨架模型 单选项，采用系统默认的名称 CONTROLLER_FIRST，然后单击 确定 按钮。

（3）在弹出的“创建选项”对话框中选中 空 单选项，单击 确定 按钮。

Step2. 激活骨架模型。在模型树中单击 CONTROLLER_FIRST.PRT，然后右击，在弹出的快捷菜单中选择 激活 命令。

选择下拉菜单 插入(I) ➡ 共享数据(D) ➡ 复制几何(G)... 命令，系统弹出“复制几何”操控板，在该操控板中进行下列操作。

① 在“复制几何”操控板中，先确认“将参照类型设置为组件上下文”按钮被按下，然后单击“仅限发布几何”按钮（使此按钮为弹起状态）。

② 复制几何。在“复制几何”操控板中单击 参照 按钮，系统弹出“参照”界面；单击 参照 区域中的 单击此处添加 字符，然后选取装配文件中的三个基准平面。

③ 在“复制几何”操控板中单击 选项 按钮，选中 按原样复制所有曲面 单选项。

④ 在“复制几何”操控板中单击“完成”按钮。

⑤ 完成操作后，所选的基准面就复制到 CONTROLLER_FIRST 中。

Step3. 在装配体中打开主控件 CONTROLLER_FIRST。在模型树中单击 CONTROLLER_FIRST.PRT 后右击，在弹出的快捷菜单中选择 打开 命令。

Step4. 创建图 34.2.2 所示的零件基础特征——拉伸 1。

（1）选择下拉菜单 插入(I) ➡ 拉伸(E)... 命令，按下按钮，即拉伸为曲面。

（2）在绘图区右击，从弹出的快捷菜单中选择 定义内部草绘... 命令，系统弹出“草绘”对话框；选取 ASM_TOP 基准平面为草绘平面，ASM_RIGHT 基准平面为参照平面，方向为 右；单击对话框中的 草绘 按钮；此时系统进入截面草绘环境，绘制图 34.2.3 所示的截面草图，完成绘制后，单击“完成”按钮。

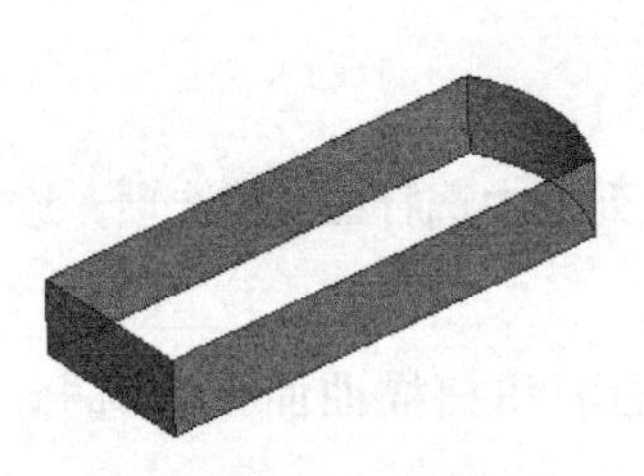

图 34.2.2　拉伸 1

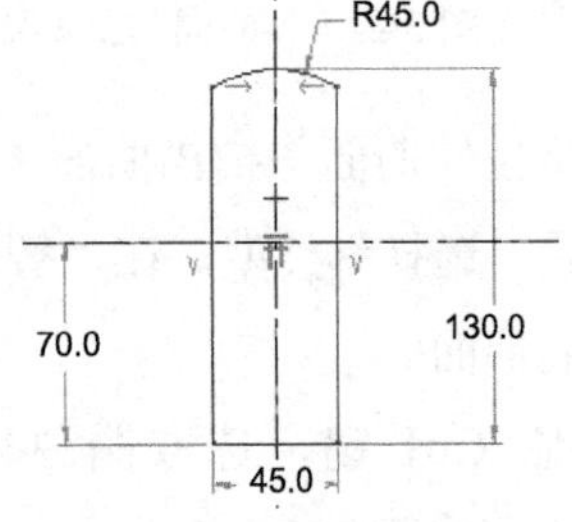

图 34.2.3　截面草图

（3）在操控板中选取深度类型为（即“定值”拉伸）；输入深度值 20.0；在操控板中单击按钮，预览所创建的特征；单击“完成”按钮。

Step5. 创建图 34.2.4 所示的草绘特征——草绘 1。

（1）单击工具栏上的“草绘”按钮，系统弹出“草绘”对话框。

（2）定义草绘截面放置属性。选取 ASM_RIGHT 基准平面为草绘平面，ASM_FRONT 基准平面为参照平面，方向为 右，单击该对话框中的 草绘 按钮。

（3）进入草绘环境后，选取 ASM_FRONT 和 ASM_TOP 基准平面为草绘参照，绘制图

34.2.5 所示的草绘 1。

（4）单击✓按钮，退出草绘环境。

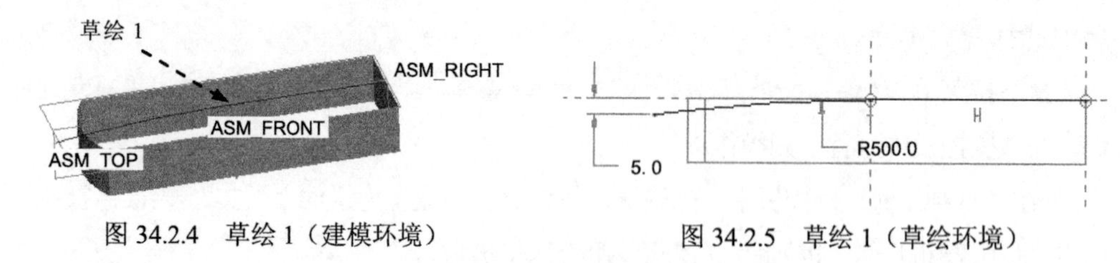

图 34.2.4 草绘 1（建模环境） 图 34.2.5 草绘 1（草绘环境）

Step6. 创建图 34.2.6 所示的扫描曲面——曲面 标识 45。

（1）选择下拉菜单 插入(I) → 扫描(S) ▸ → 曲面(S)... 命令，系统弹出扫描特征信息对话框。

（2）定义扫描轨迹。在“扫描轨迹”菜单中，选择 Select Traj (选取轨迹) 命令，然后选取草绘 1 作为扫描轨迹，单击 Done (完成) 命令。

（3）在弹出的 ▼ ATTRIBUTES (属性) 菜单中，选择 Open Ends (开放端) → Done (完成) 命令。

（4）创建图 34.2.7 所示的扫描曲面的截面草图，单击✓按钮。

（5）单击信息对话框中的 预览 按钮，预览扫描曲面生成成功后，单击 确定 按钮。

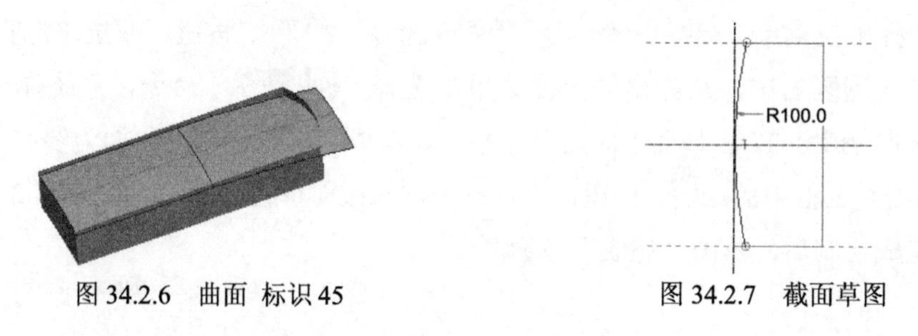

图 34.2.6 曲面 标识 45 图 34.2.7 截面草图

Step7. 将拉伸曲面与扫描曲面 1 进行合并——合并 1。

（1）设置“选择”类型。在“智能选取”栏的下拉列表中选择 面组 选项，这样将会很轻易地选取到曲面。

（2）按住 Ctrl 键，选取图 34.2.8 所示的拉伸曲面和扫描曲面，再选择下拉菜单 编辑(E) → 合并(G)... 命令。

（3）在操控板中单击 ☑ 👓 按钮，预览合并后的面组，确认无误后，单击“完成”按钮✓。

Step8. 创建图 34.2.9 所示的基准平面——DTM1。

（1）选择下拉菜单 插入(I) → 模型基准(D) ▸ → 平面(L)... 命令，系统弹出“基准平面”对话框。

（2）定义约束。第一个约束：选择 ASM_TOP 为参照，在对话框中选择约束类型为 平行；第二个约束：按住 Ctrl 键，选取图 34.2.9 所示的顶点为参照；在对话框中选择约束类型为 穿过。

（3）单击对话框中的 确定 按钮，完成 DTM1 基准平面的创建。

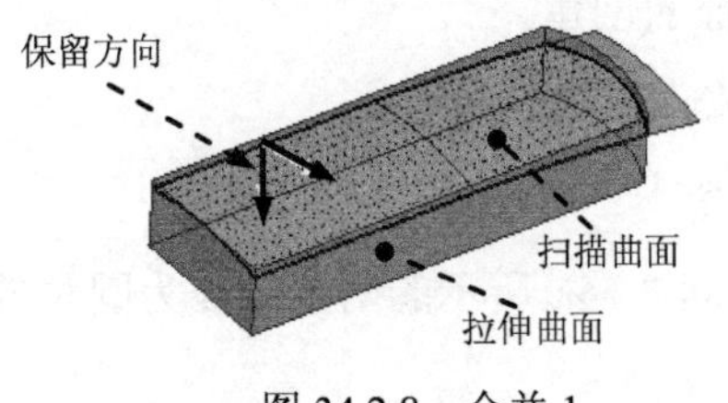

图 34.2.8　合并 1

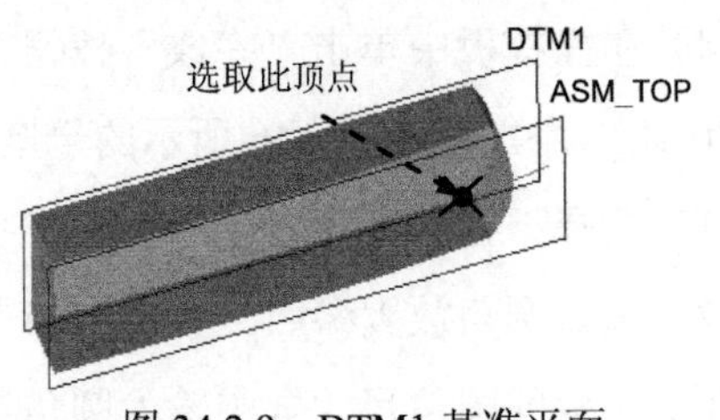

图 34.2.9　DTM1 基准平面

Step9. 创建图 34.2.10 所示的实体基础填充特征——填充 1。

（1）选择下拉菜单 编辑(E) ➡ 填充(L)... 命令。

（2）定义截面放置属性。选取 DTM1 基准平面为草绘平面，ASM_RIGHT 基准平面为参照平面，方向为 顶；单击对话框中的 草绘 按钮。

（3）选取一个封闭的草绘。利用边创建图元，采用 □ 的方法绘制图 34.2.11 所示的截面草图，单击“完成”按钮 ✓。

（4）在操控板中单击 ☑ 👓 按钮，预览所创建的特征；单击“完成”按钮 ✓。

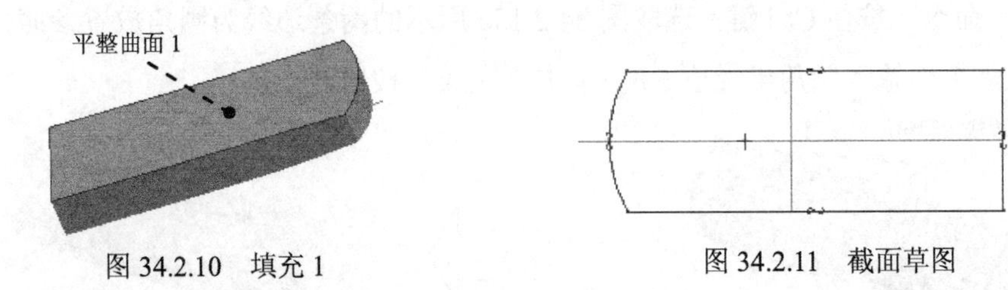

图 34.2.10　填充 1　　　图 34.2.11　截面草图

Step10. 将填充曲面与合并曲面 1 进行合并——合并 2。

（1）设置“选择”类型。在“智能选取”栏的下拉列表中选择 面组 选项，这样将会很轻易地选取到曲面。

（2）按住 Ctrl 键，选取图 34.2.12 所示的填充曲面和合并曲面 1，再选择下拉菜单 编辑(E) ➡ 合并(G)... 命令。

（3）在操控板中单击 ☑ 👓 按钮，预览合并后的面组，确认无误后，单击“完成”按钮 ✓。

Step11. 添加实体化特征——实体化 1。

（1）在“智能选取”栏中选取 几何 选项，然后选取图 34.2.13 中的合并曲面 2。

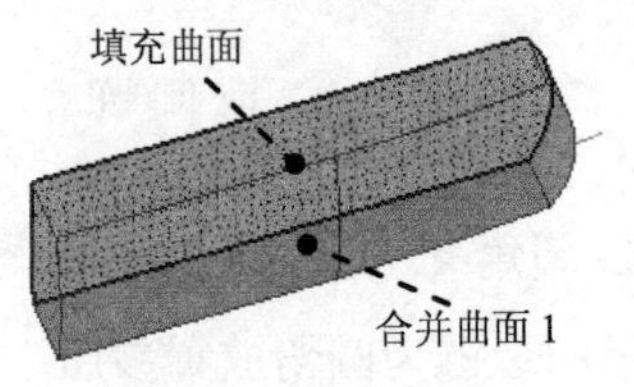

图 34.2.12　合并 2

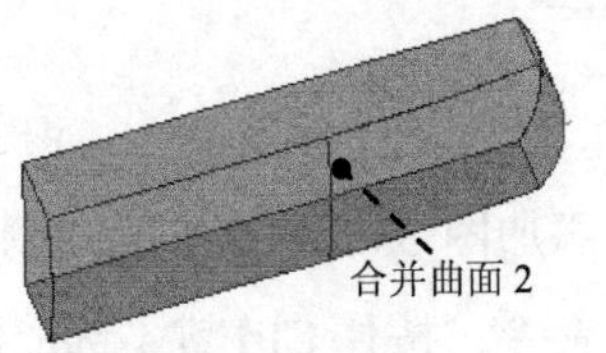

图 34.2.13　实体化 1

（2）选择下拉菜单 编辑(E) ➡ 实体化(Y)... 命令。

（3）在操控板中单击“预览”按钮 ☑ 👓，可预览所添加的特征。

（4）在操控板中单击“完成”按钮✓，完成特征的创建。

Step12. 添加图 34.2.14b 所示的倒圆角特征——倒圆角 1。

（1）选择下拉菜单 插入(I) ➡ 倒圆角(O)... 命令。

（2）选取圆角放置参照。按住 Ctrl 键，选取图 34.2.14a 所示的两条边线为圆角放置参照，在操控板的圆角尺寸框中输入圆角半径值 8.0。

（3）在操控板中单击 ☑ 按钮，预览所创建圆角的特征；单击“完成”按钮✓。

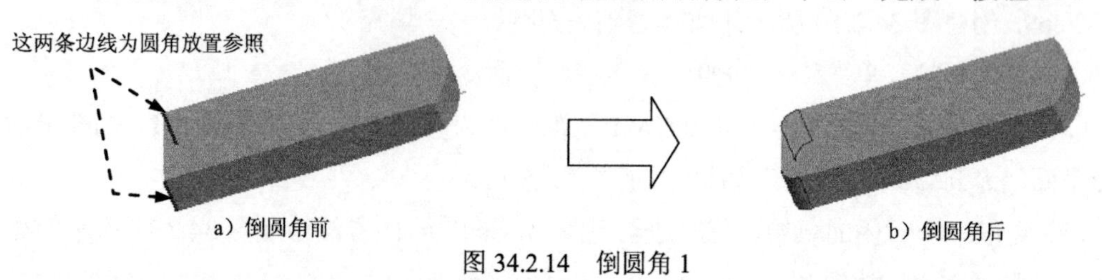

图 34.2.14 倒圆角 1

Step13. 添加图 34.2.15b 所示的倒圆角特征——倒圆角 2。选择下拉菜单 插入(I) ➡ 倒圆角(O)... 命令。按住 Ctrl 键，选取图 34.2.15a 所示的两条边线为圆角放置参照，在操控板的圆角尺寸框中输入圆角半径值 5.0；单击“完成”按钮✓。

图 34.2.15 倒圆角 2

Step14. 添加图 34.2.16b 所示的倒圆角特征——倒圆角 3。选择下拉菜单 插入(I) ➡ 倒圆角(O)... 命令。按住 Ctrl 键，选取图 34.2.16a 所示的边链为圆角放置参照，在操控板的圆角尺寸框中输入圆角半径值 3.0；单击“完成”按钮✓。

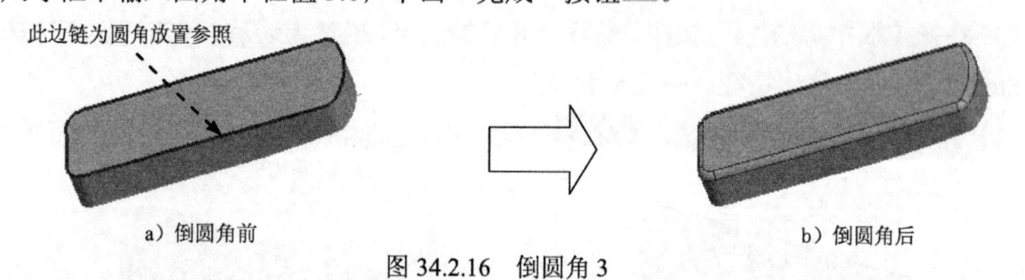

图 34.2.16 倒圆角 3

Step15. 添加图 34.2.17b 所示的倒圆角特征——倒圆角 4。选择下拉菜单 插入(I) ➡ 倒圆角(O)... 命令。按住 Ctrl 键，选取图 34.2.17a 所示的边链为圆角放置参照，在操控板的圆角尺寸框中输入圆角半径值 6.0；单击“完成”按钮✓。

图 34.2.17　倒圆角 4

Step16. 添加图 34.2.18 所示的曲面拉伸特征——拉伸 2。

（1）选择下拉菜单 插入(I) ➡ 拉伸(E)... 命令，在系统弹出的操控板中按下“曲面”按钮。

（2）定义草绘截面放置属性。选取 ASM_RIGHT 基准平面为草绘平面，ASM_FRONT 基准平面为参照平面，方向为 左；单击对话框中的 草绘 按钮。

（3）进入截面草绘环境后，绘制图 34.2.19 所示的特征截面草图；完成特征截面绘制后，单击“完成”按钮。

（4）在操控板中选取深度类型，输入深度值 60.0。

（5）在操控板中单击按钮，预览所创建的特征；单击“完成”按钮。

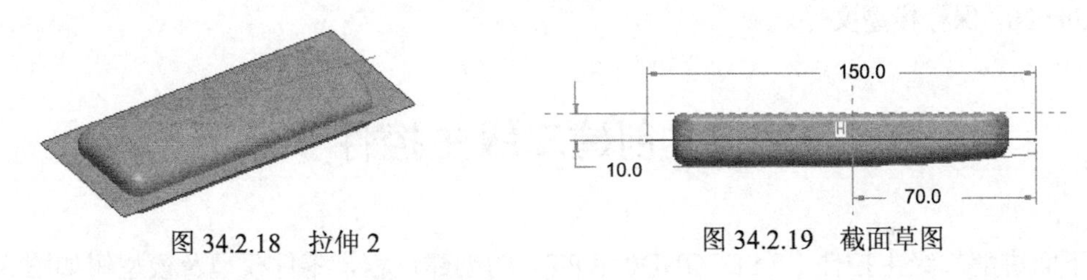

图 34.2.18　拉伸 2　　　图 34.2.19　截面草图

Step17. 创建图 34.2.20 所示的基准点——PNT0。

（1）选择下拉菜单 插入(I) ➡ 模型基准(D) ➡ 点(P) ➡ 点(P)... 命令，系统弹出“基准点”对话框。

（2）按住 Ctrl 键，选取图 34.2.20 所示的模型上的边线和 ASM_RIGHT 基准平面为基准点的放置参照。

（3）单击对话框中的 确定 按钮，完成 PNT0 基准点的创建。

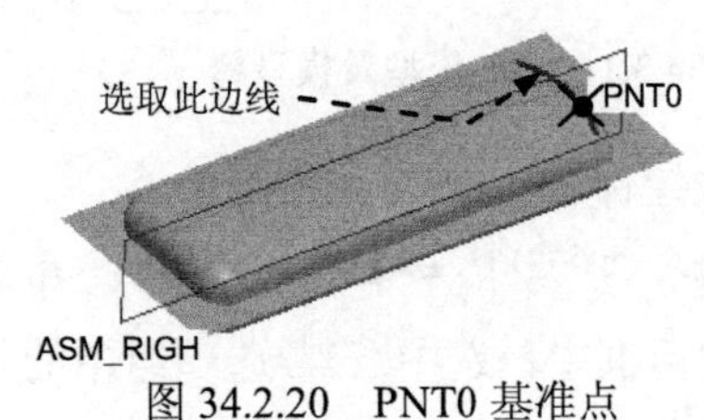

图 34.2.20　PNT0 基准点

Step18. 添加基准平面——DTM2（注：本步的详细操作过程请参见随书光盘中 video\ch34.02\reference\文件下的语音视频讲解文件 CONTROLLER_FIRST-r01.exe）。

Step19. 添加图 34.2.21 所示的旋转特征——旋转 1。

（1）选择下拉菜单 插入(I) ➡ 旋转(R)... 命令；在操控板中按下“移除材料”按钮。

（2）定义草绘截面放置属性。

① 在绘图区右击，在弹出的快捷菜单中选择 定义内部草绘... 命令，进入“草绘”对话框。

② 设置草绘平面与草绘参照平面。选取 DTM2 基准平面为草绘平面；单击对话框中的 草绘 按钮。

（3）进入截面草绘环境后，绘制图 34.2.22 所示的旋转中心线和特征截面草图；完成特征截面绘制后，单击“完成”按钮。

（4）在操控板中选取深度类型，输入旋转角度值 360.0。

（5）在操控板中单击按钮，预览所创建的特征；单击“完成”按钮。

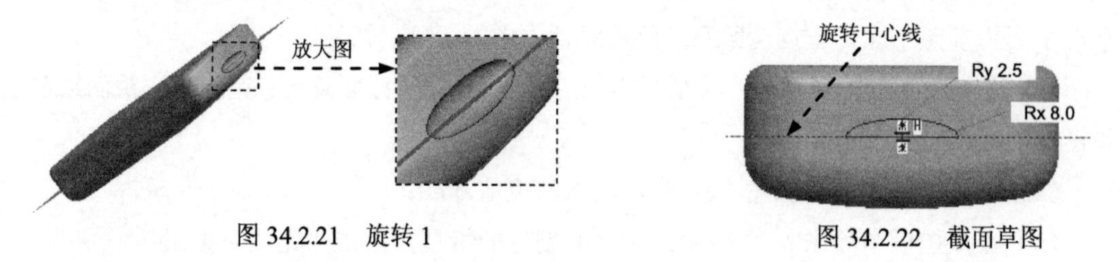

图 34.2.21　旋转 1　　　　图 34.2.22　截面草图

Step20. 保存模型文件。

34.3　创建二级主控件 1

下面讲解二级主控件 1（SECOND01.PRT）的创建过程，零件模型及模型树如图 34.3.1 所示。

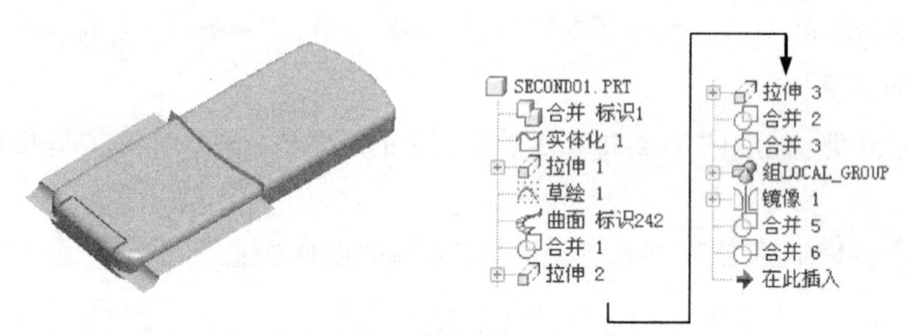

图 34.3.1　零件模型及模型树

Step1. 在装配体中建立二级主控件 SECOND01。

（1）选择下拉菜单 插入(I) ➡ 元件(C) ➡ 创建(C)... 命令。

（2）在弹出的“元件创建”对话框中，选中 类型 选项组中的 ◉ 零件 单选项；选中 子类型 选项组中的 ◉ 实体 单选项；在 名称 文本框中输入文件名 SECOND01，单击 确定 按钮。

（3）在弹出的“创建选项”对话框中，选中 ◉ 空 单选项，单击 确定 按钮。

Step2. 激活二级主控件 1 模型。

（1）在模型树中单击 SECOND_01.PRT，然后右击，在弹出的快捷菜单中选择 激活 命令。

（2）选择下拉菜单 插入(I) → 共享数据(D) ▸ → 合并/继承(M)... 命令，系统弹出“合并/继承”操控板，在该操控板中进行下列操作。

① 在操控板中，先确认“将参照类型设置为组件上下文”按钮被按下。

② 复制几何。在操控板中单击 参照 按钮，系统弹出“参照”界面；选中 复制基准 复选框，然后选取骨架模型特征，单击“完成”按钮。

Step3. 在模型树中选择 SECOND_01.PRT，然后右击，在弹出的快捷菜单中选择 打开 命令。

Step4. 添加图 34.3.2b 所示的实体化特征——实体化 1。

（1）在“智能选取栏”中选择 几何 选项，然后选取图 34.3.2a 所示的曲面。

（2）选择下拉菜单 编辑(E) → 实体化(Y)... 命令。

（3）在操控板中按下“移除材料”按钮，移除材料方向如图 34.3.2a 所示。

（4）在操控板中单击“完成”按钮，完成特征的创建。

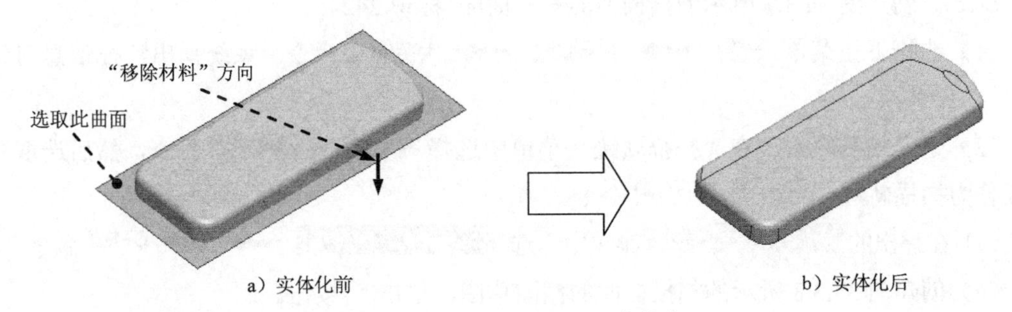

a）实体化前　　b）实体化后

图 34.3.2　实体化 1

Step5. 添加图 34.3.3 所示的曲面拉伸特征——拉伸 1。

（1）选择下拉菜单 插入(I) → 拉伸(E)... 命令，在操控板中按下“曲面”按钮。

（2）定义草绘截面放置属性。选取 ASM_RIGHT 基准平面为草绘平面，ASM_FRONT 基准平面为参照平面，方向为 左；单击对话框中的 草绘 按钮。

（3）进入截面草绘环境后，绘制图 34.3.4 所示的特征截面草图；完成特征截面绘制后，单击“完成”按钮。

（4）在操控板中选取深度类型，输入深度值 60.0。

（5）在操控板中单击按钮，预览所创建的特征，单击“完成”按钮。

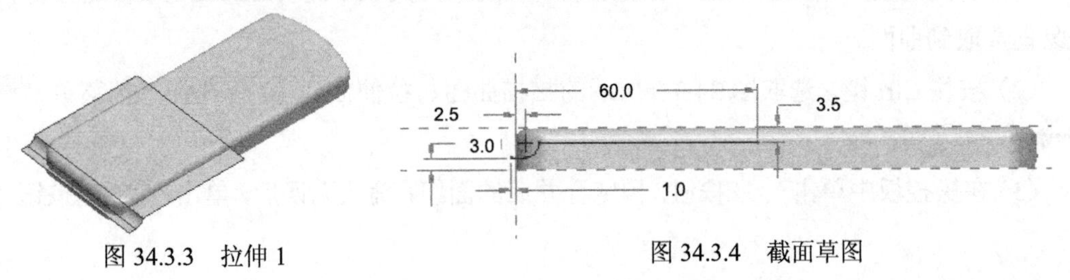

图 34.3.3　拉伸 1　　图 34.3.4　截面草图

Step6. 创建图 34.3.5 所示的草绘特征——草绘 1。

（1）单击工具栏上的“草绘”按钮，系统弹出“草绘”对话框。

（2）定义草绘截面放置属性。选取图 34.3.5 所示的面为草绘平面，接受系统默认的参照平面及参照方向，单击该对话框中的 草绘 按钮。

（3）进入草绘环境后，选取图 34.3.6 所示的两条边线为草绘参照，绘制图 34.3.6 所示的草绘 1。

（4）单击工具栏中的✓按钮，退出草绘环境。

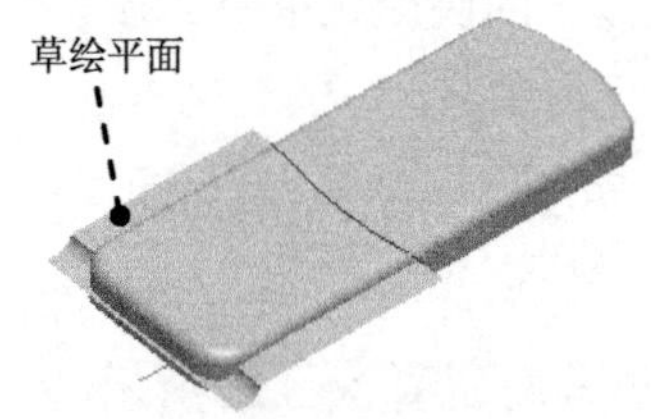

图 34.3.5　草绘 1（建模环境）

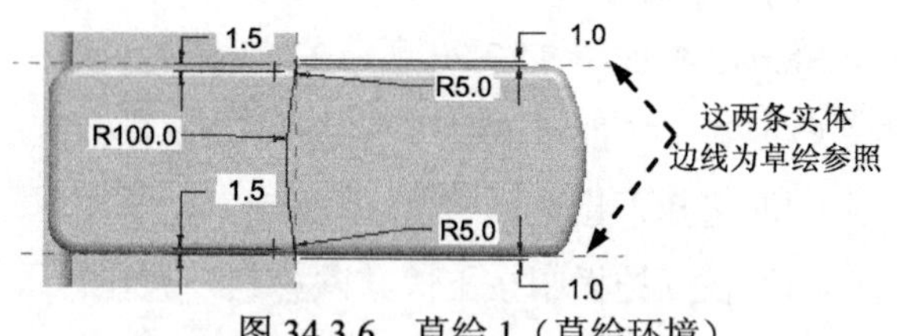

图 34.3.6　草绘 1（草绘环境）

Step7. 创建图 34.3.7 所示的扫描曲面——曲面 标识 242。

（1）选择下拉菜单 插入(I) ➡ 扫描(S) ▸ ➡ 曲面(S)... 命令，系统弹出特征信息对话框。

（2）定义扫描轨迹。在“扫描轨迹”菜单中选择 Select Traj (选取轨迹) 命令，然后选取草绘 1 作为扫描轨迹，单击 Done (完成) 命令。

（3）在弹出的 ▼ ATTRIBUTES (属性) 菜单中，选择 Open Ends (开放端) ➡ Done (完成) 命令。

（4）创建图 34.3.8 所示的扫描曲面的截面草图，单击✓按钮。

（5）单击扫描信息对话框中的 预览 按钮，扫描曲面生成成功，单击 确定 按钮。

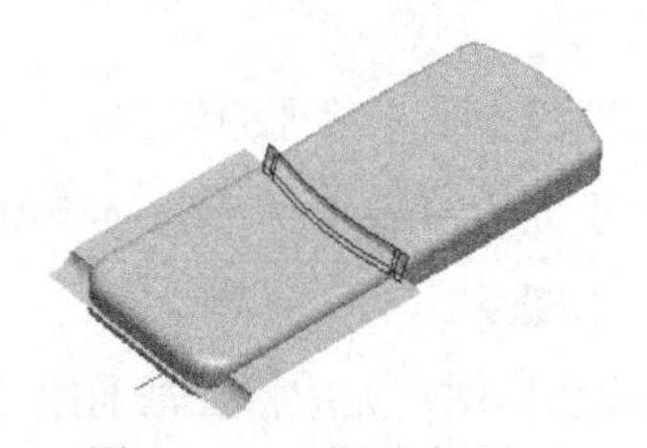

图 34.3.7　曲面 标识 242

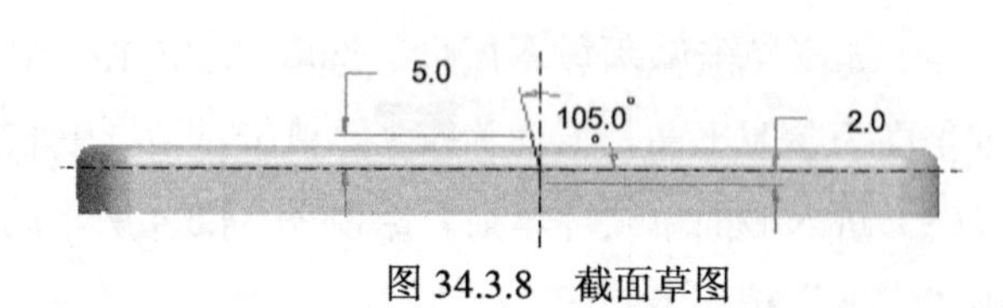

图 34.3.8　截面草图

Step8. 将扫描曲面与拉伸曲面 1 进行合并——合并 1。

（1）设置“选择”类型。在“智能选取”栏的下拉列表中选择 面组 选项，这样将会很轻易地选取到曲面。

（2）按住 Ctrl 键，选取图 34.3.9 所示的扫描曲面与拉伸曲面 1，再选择下拉菜单 编辑(E) ➡ 合并(G)... 命令。

（3）在操控板中单击 ☑ 👓 按钮，预览合并后的面组，确认无误后，单击“完成”按钮✓。

Step9. 添加图 34.3.10 所示的曲面拉伸特征——拉伸 2。

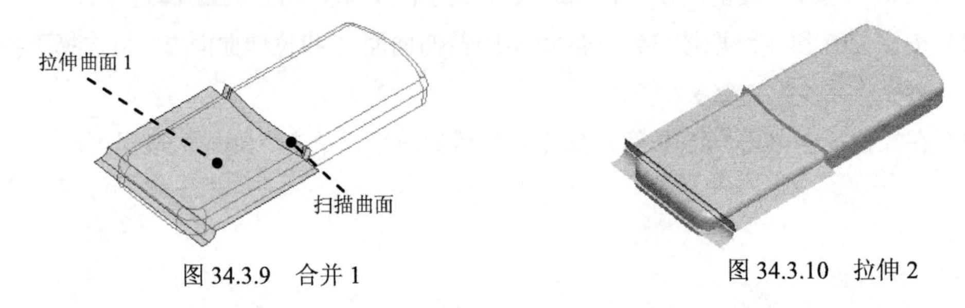

图 34.3.9　合并 1　　图 34.3.10　拉伸 2

（1）选择下拉菜单 插入(I) ➡ 拉伸(E)... 命令，在系统弹出的操控板中按下“曲面”按钮。

（2）定义草绘截面放置属性。选取 ASM_RIGHT 基准平面为草绘平面，ASM_FRONT 基准平面为参照平面，方向为 左；单击对话框中的 草绘 按钮。

（3）进入截面草绘环境后，绘制图 34.3.11 所示的特征截面草图；完成特征截面绘制后，单击“完成”按钮。

（4）在操控板中选取深度类型为，输入深度值 60.0。

（5）在操控板中单击按钮，预览所创建的特征，单击“完成”按钮。

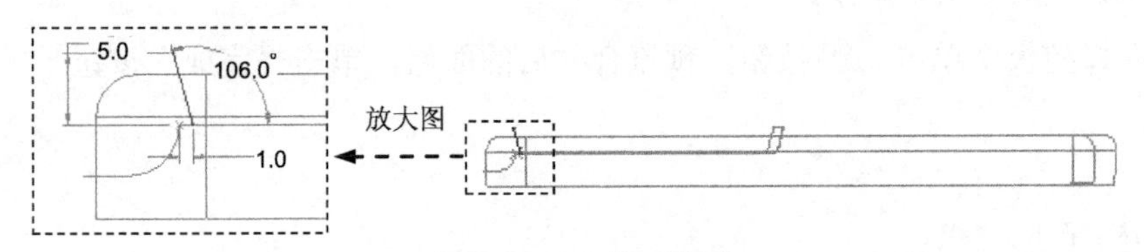

图 34.3.11　截面草图

Step10. 添加图 34.3.12 所示的曲面拉伸特征——拉伸 3。

（1）选择下拉菜单 插入(I) ➡ 拉伸(E)... 命令，在操控板中按下“曲面”按钮。

（2）定义草绘截面放置属性。选取图 34.3.12 所示的曲面为草绘平面，ASM_FRONT 基准平面为参照平面，方向为 左；单击对话框中的 草绘 按钮。

（3）进入截面草绘环境后，绘制图 34.3.13 所示的特征截面草图；完成特征截面绘制后，单击“完成”按钮。

（4）在操控板中选取深度类型，输入深度值 20.0。

（5）在操控板中单击按钮，预览所创建的特征，单击“完成”按钮。

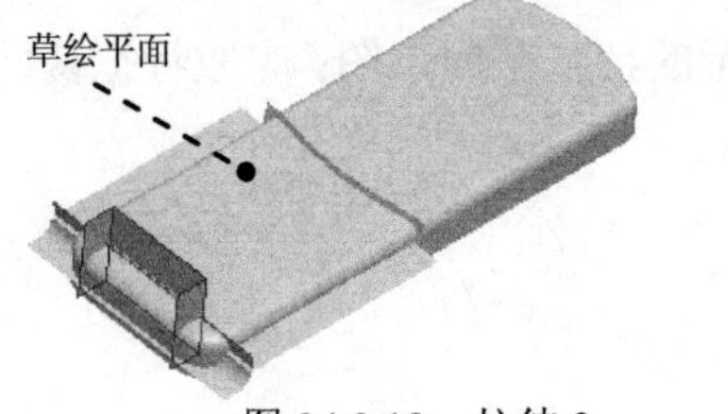

图 34.3.12　拉伸 3

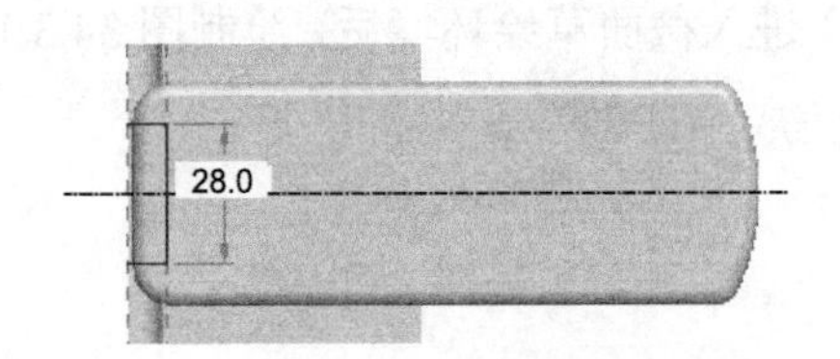

图 34.3.13　截面草图

Step11. 添加图 34.3.14b 所示的曲面合并特征——合并 2。

（1）设置“选择”类型。在“智能选取”栏的下拉列表中选择面组选项。

（2）按住 Ctrl 键，选取图 34.3.14a 所示的拉伸曲面 3 和拉伸曲面 2，再选择下拉菜单编辑(E) → 合并(G)...命令。

（3）在操控板中单击☑ 👓按钮，预览合并后的面组，单击“完成”按钮✔。

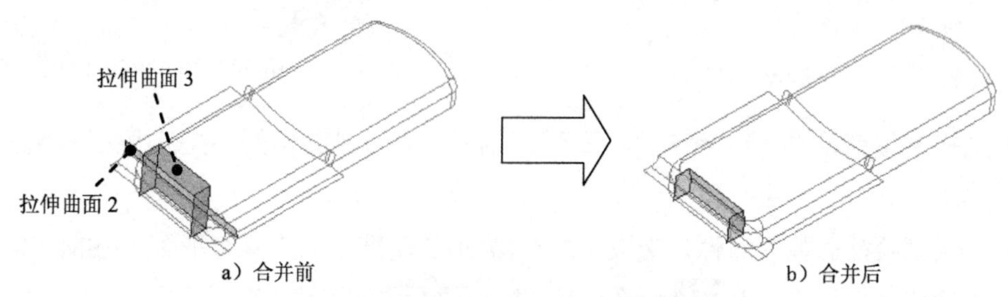

图 34.3.14　合并 2

Step12. 添加图 34.3.15b 所示的曲面合并特征——合并 3。

（1）设置“选择”类型。在“智能选取”栏的下拉列表中选择面组选项。

（2）按住 Ctrl 键，选取图 34.3.15a 所示的合并面组 2 和拉伸曲面 1，再选择下拉菜单编辑(E) → 合并(G)...命令。

（3）在操控板中单击☑ 👓按钮，预览合并后的面组，单击“完成”按钮✔

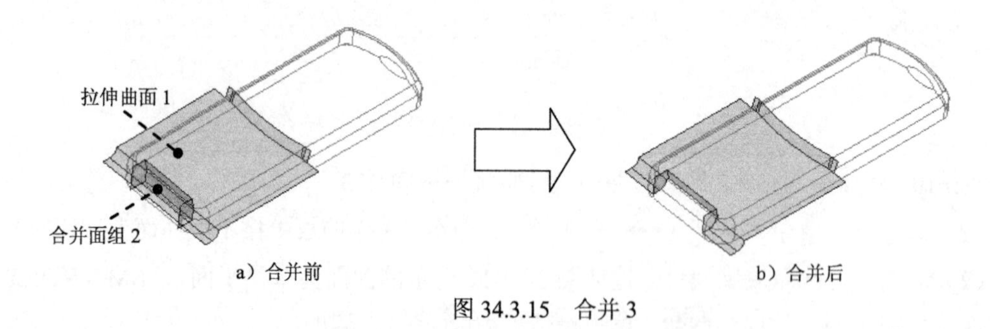

图 34.3.15　合并 3

Step13. 添加图 34.3.16 所示的拉伸曲面特征——拉伸 4。

（1）选择下拉菜单插入(I) → 拉伸(E)...命令，在操控板中按下“曲面”按钮。

（2）定义草绘截面放置属性。选取图 34.3.16 所示的曲面为草绘平面，接受系统默认的参照平面及方向；单击对话框中的草绘按钮。

（3）进入截面草绘环境后，绘制图 34.3.17 所示的特征截面草图；完成特征截面绘制后，单击“完成”按钮✔。

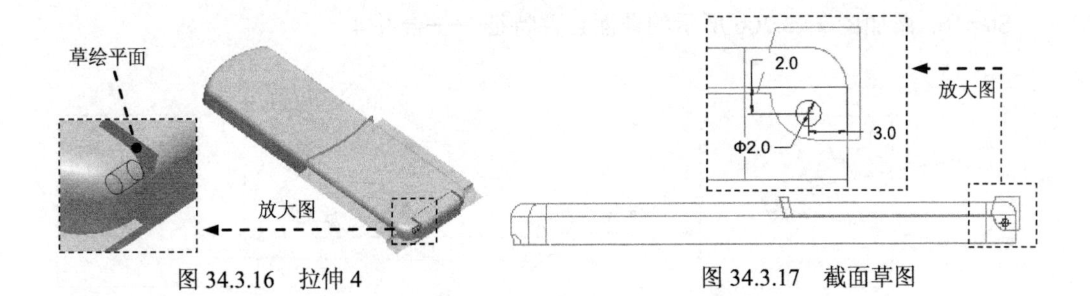

图 34.3.16　拉伸 4　　　　图 34.3.17　截面草图

（4）在操控板中选取深度类型，输入深度值 3.0。

（5）在操控板中单击按钮，预览所创建的特征，单击“完成”按钮。

Step14. 添加图 34.3.18 所示的基准平面——DTM3。

（1）选择下拉菜单 插入(I) ➡ 模型基准(D) ➡ 平面(L)... 命令，系统弹出“基准平面”对话框。

（2）定义约束。

① 第一个约束。选取 ASM_RIGHT 基准平面为参照，选择约束类型为平行。

② 第二个约束。按住 Ctrl 键，选取图 34.3.18 所示的边线上的一点为参照，选择约束类型为穿过。

（3）单击对话框中的确定按钮，完成 DTM3 基准平面的创建。

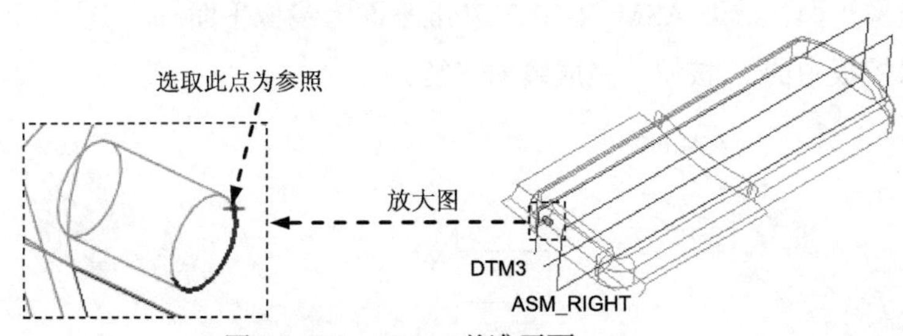

图 34.3.18　DTM3 基准平面

Step15. 添加图 34.3.19 所示的平整曲面——填充 1。

（1）选择下拉菜单 编辑(E) ➡ 填充(L)... 命令，系统弹出“填充”操控板。

（2）选取拉伸 4 的端面边线为填充参照，在操控板中单击“完成”按钮。

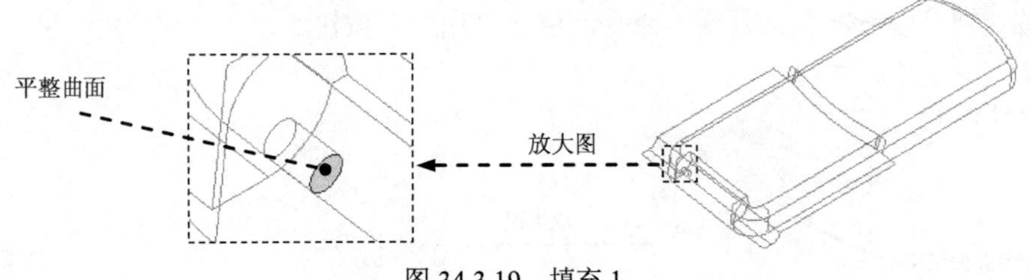

图 34.3.19　填充 1

Step16. 添加图 34.3.20b 所示的曲面合并特征——合并 4。

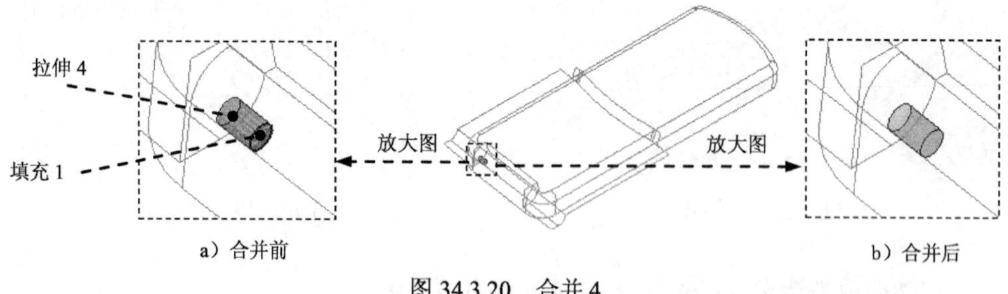

a）合并前　　b）合并后

图 34.3.20 合并 4

（1）设置“选择”类型。在“智能”选取栏的下拉列表中选择面组选项。

（2）按住 Ctrl 键，选取图 34.3.20a 所示的填充 1 和拉伸 4，再选择下拉菜单编辑(E) ➡ 合并(G)...命令。

（3）在操控板中单击☑ ꝏ按钮，预览合并后的面组，单击“完成”按钮✔。

Step17. 添加组特征——组 LOCAL_GROUP。按住 Ctrl 键，选取 Step13 ~Step16 创建的特征后右击，在弹出的快捷菜单中选择组命令，完成特征组合。

Step18. 添加图 34.3.21b 所示的镜像特征——镜像 1。

（1）选取 Step17 创建的组特征为镜像对象。

（2）选择下拉菜单编辑(E) ➡ 镜像(I)...命令。

（3）定义镜像平面。选取 ASM_RIGHT 基准平面为镜像平面。

（4）单击操控板中的✔按钮，完成镜像特征。

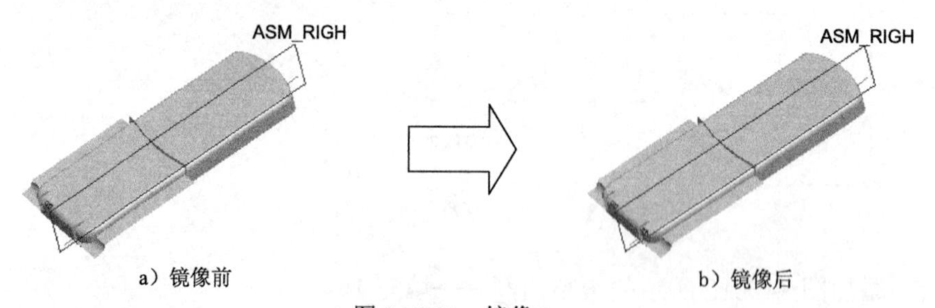

a）镜像前　　b）镜像后

图 34.3.21 镜像 1

Step19. 添加图 34.3.22 所示的曲面合并特征——合并 5 。在“智能选取”栏的下拉列表中选择面组选项。按住 Ctrl 键，选取图 34.3.22 所示的合并面组 3 和合并面组 4，再选择下拉菜单编辑(E) ➡ 合并(G)...命令，单击“完成”按钮✔。

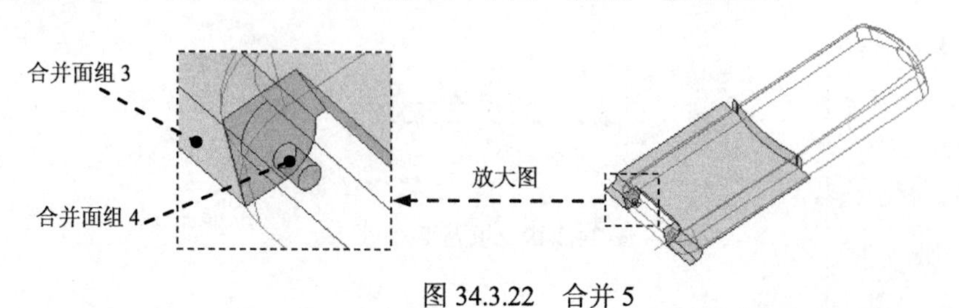

图 34.3.22 合并 5

Step20. 添加图 34.3.23 所示的曲面合并特征——合并 6。在“智能选取”栏的下拉列表中选择面组选项，先按住 Ctrl 键，选取图 34.3.23 所示的合并面组 5 和镜像合并面组 4，再选择下拉菜单编辑(E) → 合并(G)...命令，单击“完成”按钮。

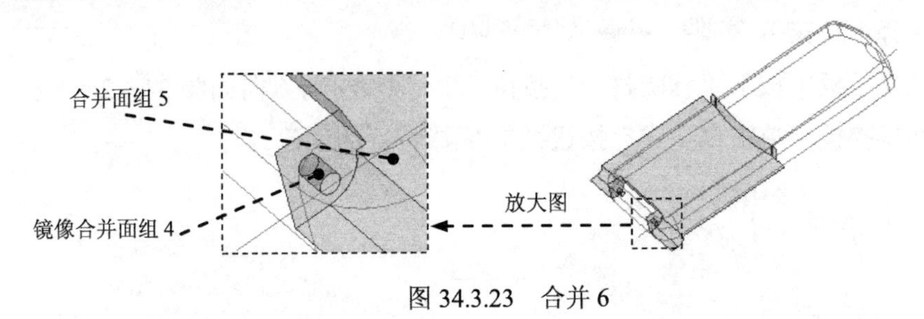

图 34.3.23　合并 6

Step21. 保存模型文件。

34.4　创建二级主控件 2

下面讲解二级主控件 2（SECOND02.PRT）的创建过程，零件模型及模型树如图 34.4.1 所示。

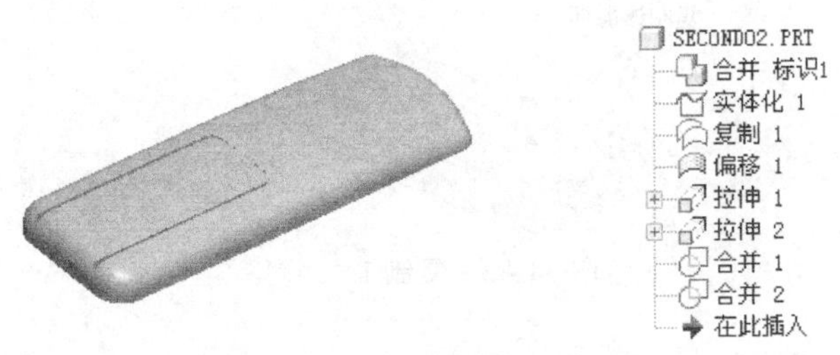

图 34.4.1　二级主控件及模型树

Step1. 在装配体中建立二级主控件 SECOND02。

（1）选择下拉菜单插入(I) → 元件(C) → 创建(C)...命令。

（2）在弹出的“元件创建”对话框中，选中类型选项组中的零件单选项；选中子类型选项组中的实体单选项；在名称文本框中输入文件名 SECOND02，单击确定按钮。

（3）在弹出的“创建选项”对话框中，选中空单选项，单击确定按钮。

Step2. 激活二级主控件 2 模型。

（1）在模型树中选择 SECOND_02.PRT，然后右击，在弹出的快捷菜单中选择激活命令。

（2）选择下拉菜单插入(I) → 共享数据(D) → 合并/继承(M)...命令，系统弹出“合并/继承”操控板，在该操控板中进行下列操作。

① 在操控板中，先确认“将参照类型设置为组件上下文”按钮被按下。

② 复制几何。在操控板中单击参照按钮，系统弹出“参照”界面；选中复制基准复选框，然后选取骨架模型特征，单击“完成”按钮。

Step3. 在模型树中右击 SECOND_02.PRT，在弹出的快捷菜单中选择 打开 命令。

Step4. 创建图 34.4.2b 所示的实体化特征——实体化 1。

（1）在“智能选取”栏中选择 几何 选项，然后选取图 34.4.2a 所示的曲面。

（2）选择下拉菜单 编辑(E) ➡ 实体化(Y)... 命令。

（3）在操控板中按下“移除材料”按钮，移除材料方向如图 34.4.2a 所示。

（4）在操控板中单击“完成”按钮，完成特征的创建。

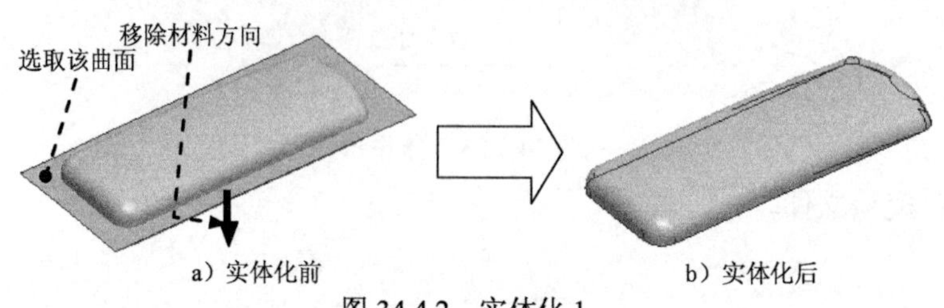

图 34.4.2 实体化 1

Step5. 添加图 34. 4.3 所示的复制曲面特征——复制 1。

（1）设置“选择”类型。在“智能选取”栏的下拉列表中选择 几何 选项。

（2）按住 Ctrl 键，选取图 34. 4.3 所示的模型表面。

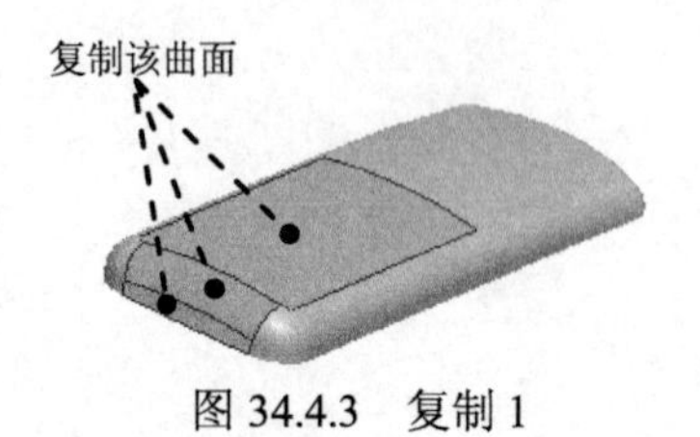

图 34.4.3 复制 1

（3）选择下拉菜单 编辑(E) ➡ 复制(C) 命令。

（4）选择下拉菜单 编辑(E) ➡ 粘贴(P) 命令。

（5）单击操控板中的“完成”按钮。

Step6. 创建图 34.4.4b 所示的曲面特征——偏移 1。

（1）在“智能选取”栏中选择 面组 选项，然后选取 Step5 中创建的复制曲面。

（2）选择下拉菜单 编辑(E) ➡ 偏移(O)... 命令。

（3）定义偏移类型。在操控板中的偏移类型栏中选取（标准偏移）。

（4）定义偏移值。在操控板中的偏移数值栏中输入偏移距离值 2.0。

（5）在操控板中单击 按钮，预览所创建的偏移曲面，然后单击 按钮，完成偏移曲面的创建。

说明： 若方向相反，应输入负值或单击 按钮。

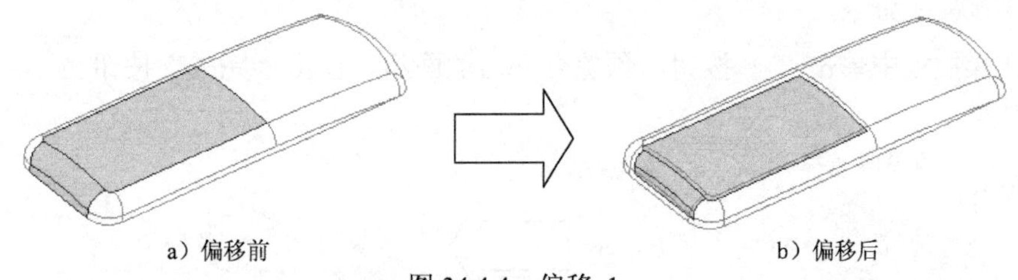

图 34.4.4　偏移 1

Step7. 添加图 34.4.5 所示的曲面拉伸特征——拉伸 1。

（1）选择下拉菜单 插入(I) ➡ 拉伸(E)... 命令，在操控板中按下“曲面”按钮。

（2）定义草绘截面放置属性。选取 ASM_TOP 基准平面为草绘平面，ASM_FRONT 基准平面为参照平面，方向为 左；单击对话框中的 草绘 按钮。

（3）进入截面草绘环境后，绘制图 34.4.6 所示的特征截面草图；完成特征截面绘制后，单击“完成”按钮。

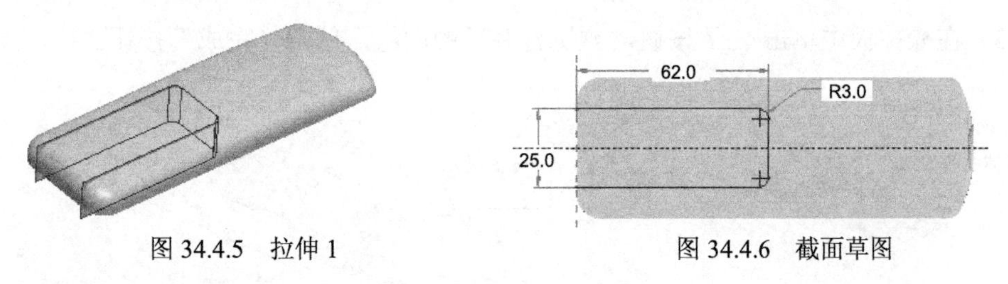

图 34.4.5　拉伸 1　　图 34.4.6　截面草图

（4）在操控板中选取深度类型，输入深度值 15.0。

（5）在操控板中单击按钮，预览所创建的特征，单击“完成”按钮。

Step8. 添加图 34.4.7 所示拉伸曲面特征——拉伸 2。选择下拉菜单 插入(I) ➡ 拉伸(E)... 命令，在操控板中按下“曲面”按钮。选取图 34.4.7 所示的面为草绘平面，单击对话框中的 草绘 按钮。绘制图 34.4.8 所示的特征截面草图，单击“完成”按钮。在操控板中选取深度类型，单击拉伸深度方向“反向”按钮，输入深度值 10.0；单击“完成”按钮。

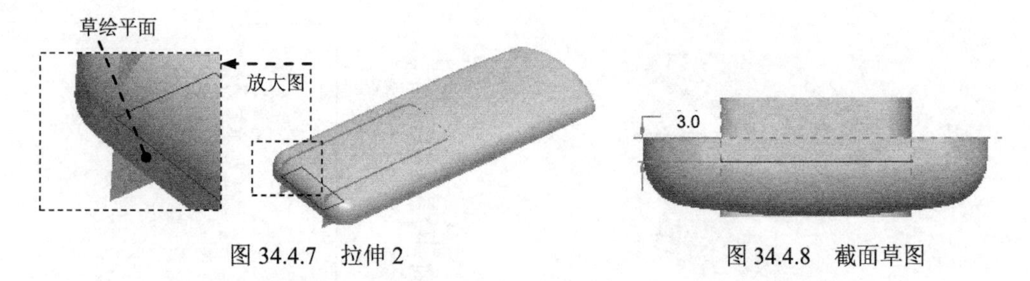

图 34.4.7　拉伸 2　　图 34.4.8　截面草图

Step9. 添加图 34.4.9b 所示的曲面合并特征——合并 1。

（1）设置“选择”类型。在“智能选取”栏的下拉列表中选择 面组 选项。

（2）按住 Ctrl 键，选取图 34.4.9a 所示的偏移面和拉伸曲面 1，再选择下拉菜单 编辑(E)

➡ 合并(G)...命令。

（3）在操控板中单击☑ 👓按钮，预览合并后的面组，单击“完成”按钮✔。

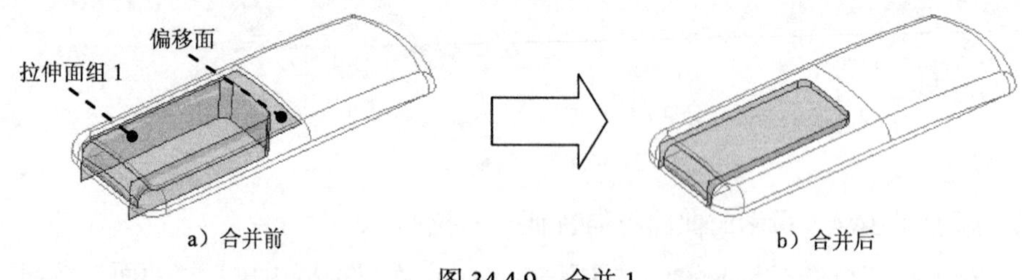

图 34.4.9　合并 1

Step10. 添加图 34.4.10b 所示的曲面合并特征——合并 2。

（1）设置“选择”类型。在“智能选取”栏的下拉列表中选择面组选项。

（2）按住 Ctrl 键，选取图 34.4.10a 所示的合并面组 1 和拉伸曲面 2，再选择下拉菜单编辑(E) ➡ 合并(G)...命令。

（3）在操控板中单击☑ 👓按钮，预览合并后的面组，单击“完成”按钮✔

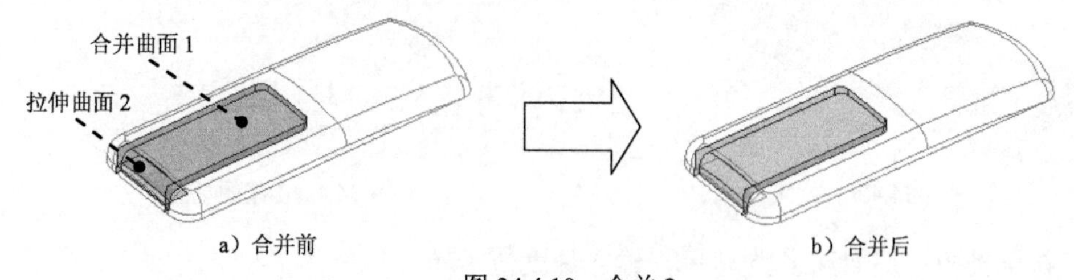

图 34.4.10　合并 2

Step11.保存模型文件。

34.5　三级主控件 1

下面讲解三级主控件（THIRD.PRT）的创建过程，零件模型及模型树如图 34.5.1 所示。

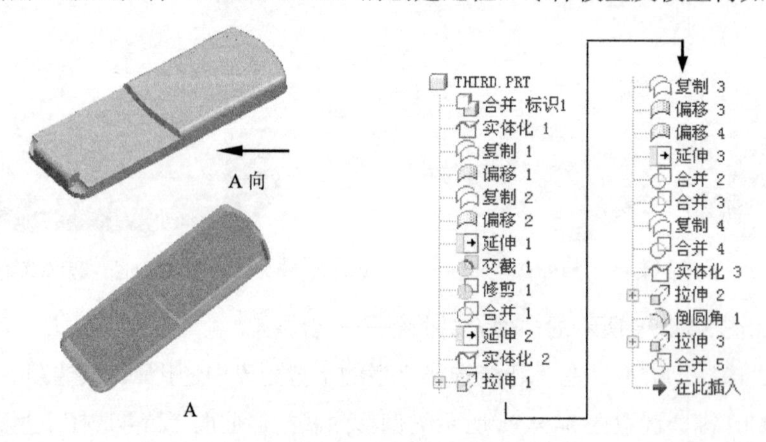

图 34.5.1　三级主控件及模型树

Step1. 在装配体中建立三级主控件 THIRD。

（1）选择下拉菜单 插入(I) ➡ 元件(C) ▸ ➡ 创建(C)... 命令。

（2）在弹出的“元件创建”对话框中，选中 类型 选项组中的 ◉ 零件 单选项；选中 子类型 选项组中的 ◉ 实体 单选项；在 名称 文本框中输入文件名 THIRD，单击 确定 按钮。

（3）在弹出的“创建选项”对话框中，选中 ◉ 空 单选项，单击 确定 按钮。

Step2. 激活三级主控件 1 模型。

（1）在模型树中选择 THIRD.PRT，然后右击，在弹出的快捷菜单中选择 激活 命令。

（2）选择下拉菜单 插入(I) ➡ 共享数据(D) ▸ ➡ 合并/继承(M)... 命令，系统弹出“合并/继承”操控板，在该操控板中进行下列操作。

① 在操控板中，先确认“将参照类型设置为组件上下文”按钮被按下。

② 复制几何。在操控板中单击 参照 按钮，系统弹出“参照”界面；选中 ☑ 复制基准 复选框，然后选择二级控件 SECOND_01 特征，单击“完成”按钮✔。

Step3. 在模型树中选择后右击 THIRD.PRT，在弹出的快捷菜单中选择 打开 命令。

Step4. 创建图 34.5.2b 所示的实体化特征——实体化 1。

（1）在“智能选取”栏中选择 几何 选项，然后选取图 34.5.2a 所示的曲面。

（2）选择下拉菜单 编辑(E) ➡ 实体化(Y)... 命令。

（3）在操控板中按下“移除材料”按钮，移除材料方向如图 34.5.2a 所示。

（4）在操控板中单击“完成”按钮✔，完成特征的创建。

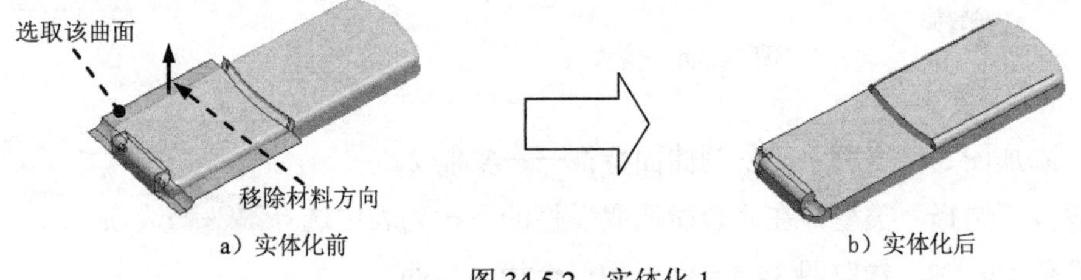

a）实体化前　　b）实体化后

图 34.5.2　实体化 1

Step5. 添加图 34.5.3 所示的复制曲面特征——复制 1。

（1）设置“选择”类型。在“智能选取”栏的下拉列表中选择 几何 选项。

（2）按住 Ctrl 键，选取图 34.5.3 所示的 11 个模型表面。

（3）选择下拉菜单 编辑(E) ➡ 复制(C) 命令。

（4）选择下拉菜单 编辑(E) ➡ 粘贴(P) 命令。在操控板中点击 选项 按钮，选择 ⊙ 排除曲面并填充孔 单选项，在 排除轮廓 选项框中选取图 34.5.3 所示的面为排除面。

（5）单击操控板中的“完成”按钮✔。

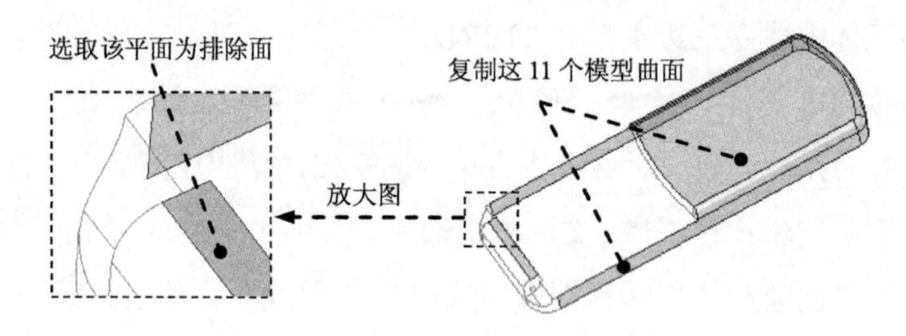

图 34.5.3 复制 1

Step6. 创建图 34.5.4b 所示的曲面特征——偏移 1。

（1）在“智能选取”栏中选择 面组 选项，然后选取 Step5 中创建的复制曲面。

（2）选择下拉菜单 编辑(E) ➡ 偏移(O)... 命令。

（3）定义偏移类型。在操控板中的偏移类型栏中选取 （标准偏移）。

（4）定义偏移值。在操控板中的偏移数值栏中输入偏移距离值 1.5。

（5）在操控板中单击 按钮，预览所创建的偏移曲面，然后单击 按钮，完成偏移曲面的创建。

说明：若偏移方向相反，可单击 按钮。

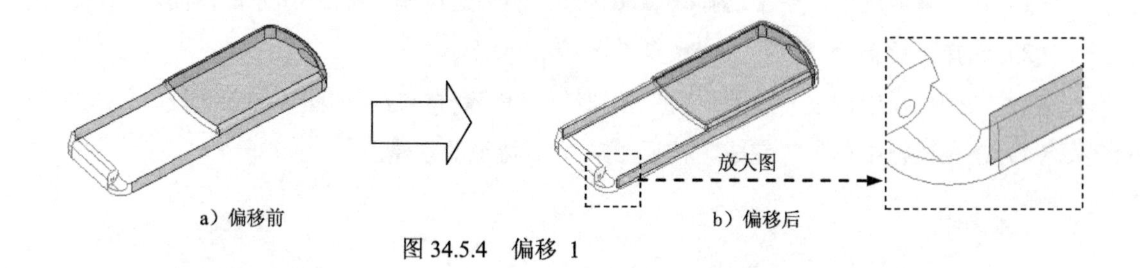

a）偏移前　　b）偏移后

图 34.5.4 偏移 1

Step7. 添加图 34.5.5 所示的复制曲面特征——复制 2。

（1）设置“选择”类型。在“智能选取”栏的下拉列表中选择 几何 选项。

（2）按住 Ctrl 键，选取图 34.5.5 所示的五个模型表面。

（3）选择下拉菜单 编辑(E) ➡ 复制(C) 命令。

（4）选择下拉菜单 编辑(E) ➡ 粘贴(P) 命令。

（5）单击操控板中的“完成”按钮 。

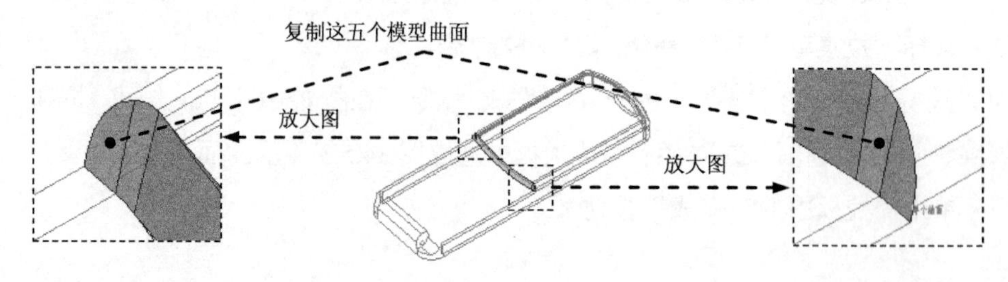

图 34.5.5 复制 2

Step8. 创建图 34.5.6b 所示的曲面特征——偏移 2。

（1）在“智能选取”栏中选择面组选项，然后选取 Step7 中创建的复制曲面。

（2）选择下拉菜单编辑(E) ➡ 偏移(O)...命令。

（3）定义偏移类型。在操控板中的偏移类型栏中选取（标准偏移）。

（4）定义偏移值。在操控板中的偏移数值栏中输入偏移距离值 1.5。

（5）在操控板中单击按钮，完成偏移曲面的创建。

说明：若偏移方向相反，可单击按钮。

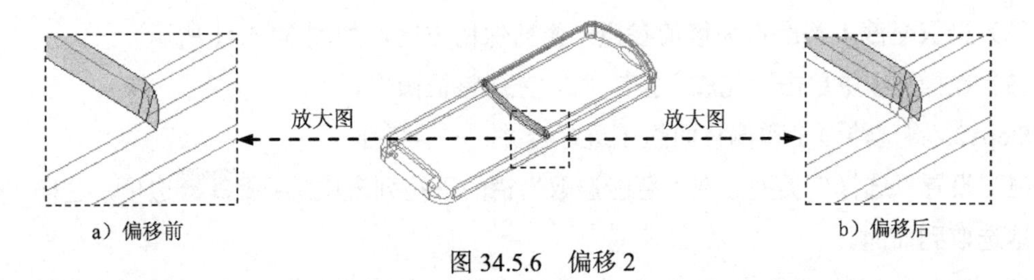

图 34.5.6　偏移 2

Step9. 创建图 34.5.7 所示的曲面特征——延伸 1。

（1）在“智能选取”栏中选择几何选项，然后选取图 34.5.8 所示曲线的任意一部分。

（2）选择下拉菜单编辑(E) ➡ 延伸(X)...命令。

（3）定义偏移类型。在操控板中的偏移类型栏中选取，在操控板中点击参照按钮，点击细节...按钮，系统弹出“链”对话框，按住 Ctrl 键依次选取图 34.5.8 所示的边线为延伸方向边线。

（4）定义偏移值。在操控板中的延伸数值栏中输入延伸距离值 10.0。

（5）在操控板中单击按钮，完成延伸曲面的创建。

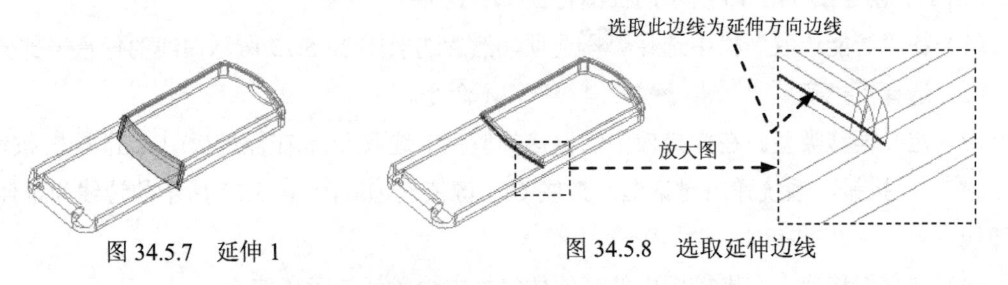

图 34.5.7　延伸 1　　图 34.5.8　选取延伸边线

Step10. 创建图 34.5.9 所示的曲线特征——交截 1。

（1）在“智能选取”栏中选择面组选项，然后按住 Ctrl 键，选取图 34.5.10 所示的延伸面 1 和偏移面组 1 为要交截的曲面。

（2）选择下拉菜单编辑(E) ➡ 相交(I)...命令。

（3）在操控板中单击按钮，完成交截曲线的创建。

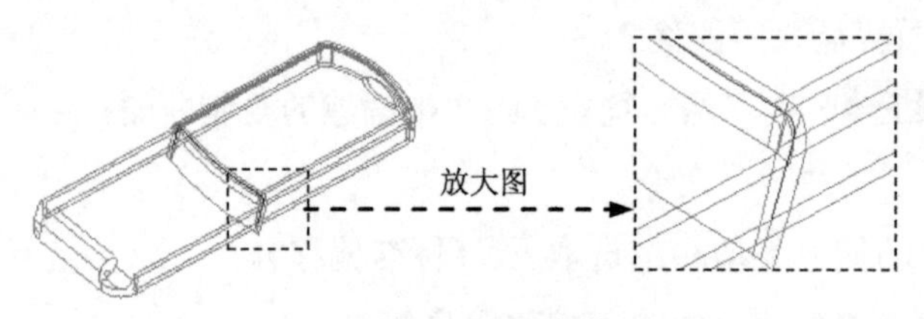

图 34.5.9 交截 1

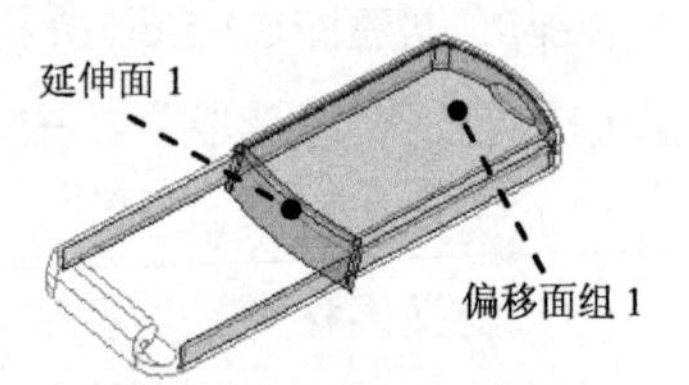

图 34.5.10 选取交接面

Step11. 添加图 34.5.11 所示的修剪曲面——修剪 1。

（1）选取偏移面组 1 为修建曲面；选择下拉菜单 编辑(E) ➡ 修剪(T)... 命令。

（2）选取交截 1 基准点为修剪参照；修剪保留方向，如图 34.5.11 所示。

（3）在操控板中单击“完成”按钮✓，完成特征操作。

Step12. 将延伸面 1 和偏移面组 1 进行合并——合并 1。

（1）设置“选择”类型。在“智能选取”栏的下拉列表中选择 面组 选项，这样将会很轻易地选取到曲面。

（2）按住 Ctrl 键，选取图 34.5.12 所示的延伸面 1 和偏移面组 1，再选择下拉菜单 编辑(E) ➡ 合并(G)... 命令。

（3）在操控板中单击 ☑ 66 按钮，预览合并后的面组，确认无误后，单击“完成”按钮✓。

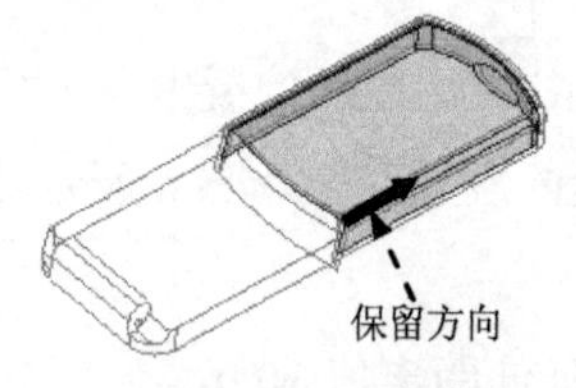

图 34.5.11 修剪 1

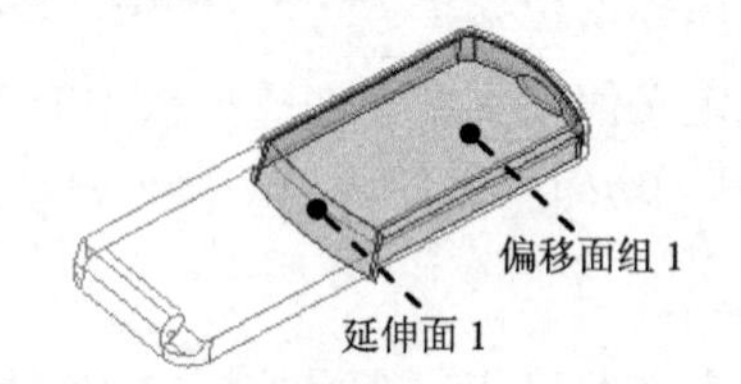

图 34.5.12 合并 1

Step13. 创建图 34.5.13 所示的曲面特征——延伸 2。

（1）在“智能选取”栏中选择 几何 选项，然后选取图 34.5.13 所示曲线的任意一部分。

（2）选择下拉菜单 编辑(E) ➡ 延伸(X)... 命令。

（3）定义偏移类型。在操控板中的偏移类型栏中选取 ，在操控板中点击 参照 按钮，点击 细节... 按钮，系统弹出对话框，按住 Ctrl 键依次选取图 34.5.13 所示的边线为延伸方向边线。

（4）定义偏移值。在操控板中的延伸数值栏中输入延伸距离值 0.5。

（5）在操控板中单击✓按钮，完成延伸曲面的创建。

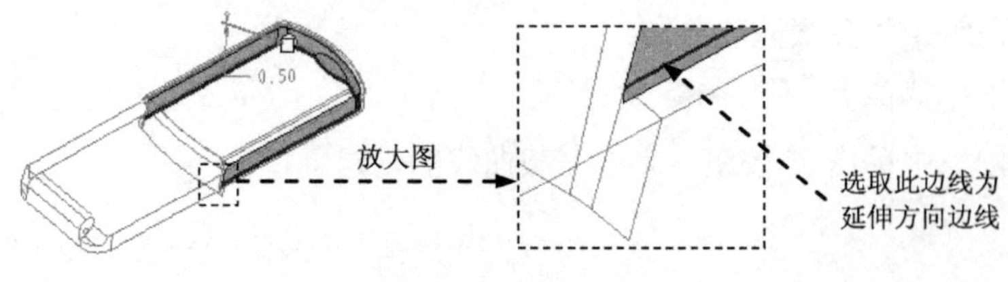

图 34.5.13 延伸 2

Step14. 添加图 34.5.14b 所示的实体化特征——实体化 2。

（1）在“智能选取”栏中选择 几何 选项，然后选取图 34.5.14a 所示的合并曲面 1。

（2）选择下拉菜单 编辑(E) ➡ 实体化(Y)... 命令。

（3）在操控板中按下“移除材料”按钮，移除材料方向如图 34.5.14a 所示。

（4）在操控板中单击“完成”按钮，完成特征的创建。

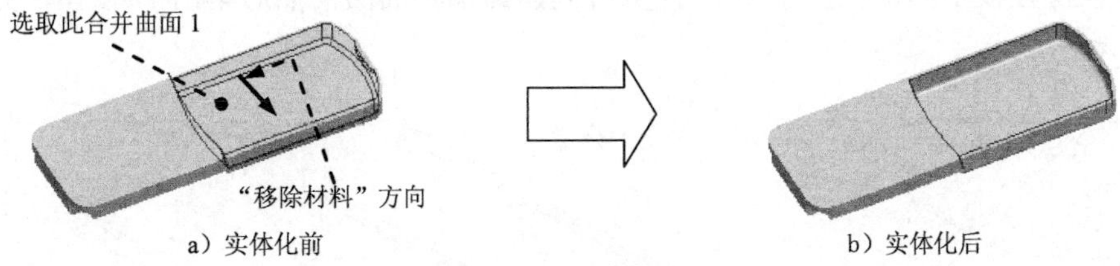

图 34.5.14　实体化 2

Step15. 添加图 34.5.15 所示的拉伸曲面特征——拉伸 1。

（1）选择下拉菜单 插入(I) ➡ 拉伸(E)... 命令，在系统弹出的操控板中按下“曲面”按钮。

（2）定义草绘截面放置属性。选取 ASM_RIGHT 基准平面为草绘平面，ASM_FRONT 基准平面为参照平面，方向为 左；单击对话框中的 草绘 按钮。

（3）进入截面草绘环境后，使用偏移工具绘制图 34.5.16 所示的特征截面草图；完成特征截面绘制后，单击“完成”按钮。

（4）在操控板中选取深度类型，输入深度值 60.0。

（5）在操控板中单击按钮，预览所创建的特征，单击“完成”按钮。

Step16. 添加图 34.5. 17 所示的复制曲面特征——复制 3。

（1）设置“选择”类型。在“智能选取”栏的下拉列表中选择 几何 选项。

（2）按住 Ctrl 键，选取图 34. 5.17 所示的五个模型表面。

（3）选择下拉菜单 编辑(E) ➡ 复制(C) 命令。

（4）选择下拉菜单 编辑(E) ➡ 粘贴(P) 命令。

（5）单击操控板中的“完成”按钮。

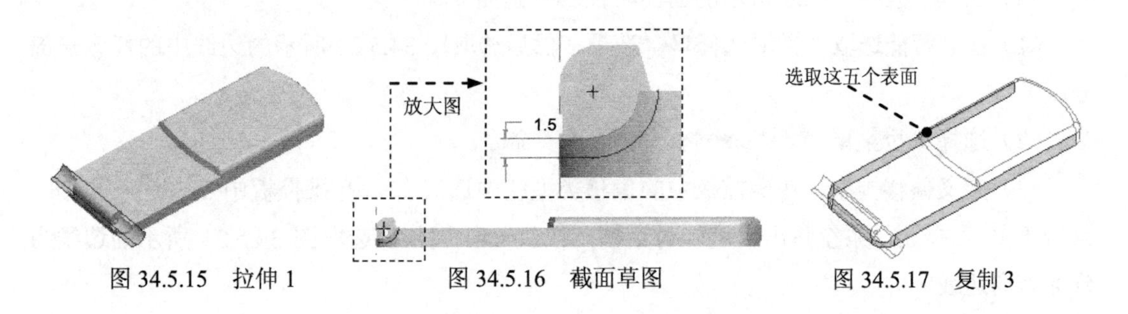

图 34.5.15　拉伸 1　　图 34.5.16　截面草图　　图 34.5.17　复制 3

Step17. 创建图 34.5.18b 所示的曲面特征——偏移 3。

（1）在“智能选取”栏中选择面组选项，然后选取 Step16 中创建的复制曲面。

（2）选择下拉菜单 编辑(E) ➡ 偏移(O)... 命令。

（3）定义偏移类型。在操控板中的偏移类型栏中选取（标准偏移）。

（4）定义偏移值。在操控板中的偏移数值栏中输入偏移距离值 1.5。

（5）在操控板中单击按钮，预览所创建的偏移曲面，然后单击按钮，完成偏移曲面的创建。

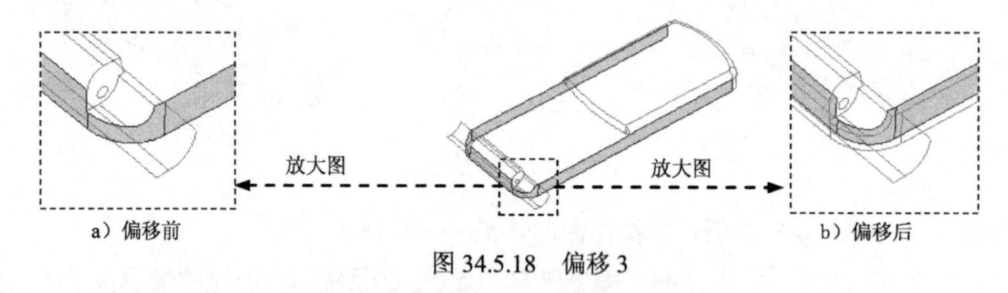

图 34.5.18 偏移 3

Step18. 创建图 34.5.19b 所示的曲面特征——偏移 4。

（1）在“智能选取”栏中选择面组选项，然后选取图中所示要偏移的曲面。

（2）选择下拉菜单 编辑(E) ➡ 偏移(O)... 命令。

（3）定义偏移类型。在操控板中的偏移类型栏中选取（标准偏移）。

（4）定义偏移值。在操控板中的偏移数值栏中输入偏移距离值 1.5。

（5）在操控板中单击按钮，预览所创建的偏移曲面，然后单击按钮，完成偏移曲面的创建。

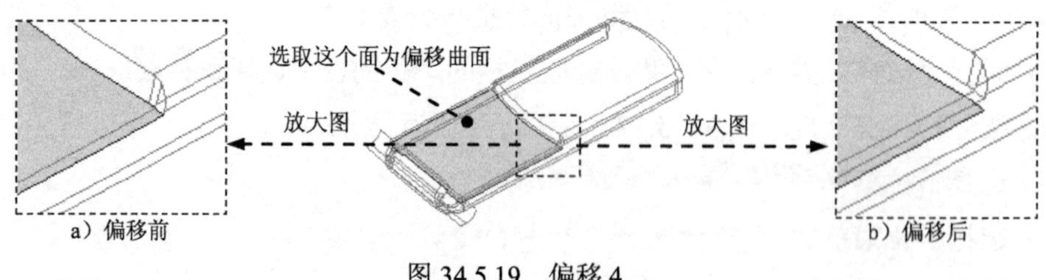

图 34.5.19 偏移 4

Step19. 创建图 34.5.20 所示的曲面特征——延伸 3。

（1）在“智能选取”栏中选择几何选项，然后选取图 34.5.21 所示的边线中的任意一部分。

（2）选择下拉菜单 编辑(E) ➡ 延伸(X)... 命令。

（3）定义偏移类型。在操控板中的偏移类型栏中选取，在操控板中点击 参照 按钮，点击 细节... 按钮，系统弹出“链”对话框，按住 Ctrl 键依次选取图 34.5.21 所示的边线为延伸方向边线。

（4）定义偏移值。在操控板中的延伸数值栏中输入延伸距离值 5.0。

（5）在操控板中单击 按钮，预览所创建的延伸曲面，然后单击 按钮，完成延伸曲面的创建。

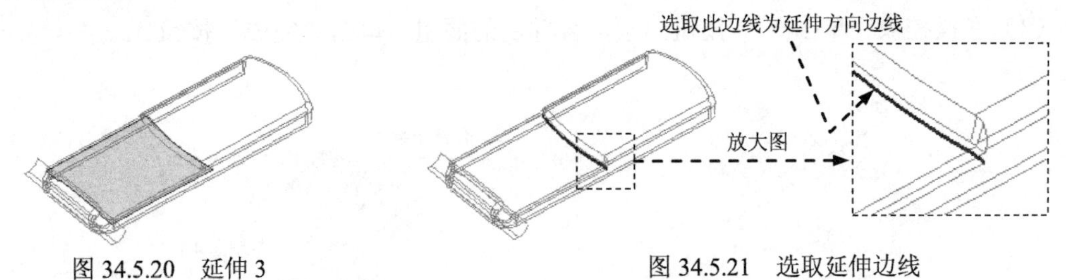

图 34.5.20　延伸 3　　图 34.5.21　选取延伸边线

Step20. 将拉伸曲面 1 和偏移面组 3 进行合并——合并 2。

（1）设置“选择”类型。在“智能选取”栏的下拉列表中选择面组选项，这样将会很轻易地选取到曲面。

（2）按住 Ctrl 键，选取图 34.5.22 所示的拉伸曲面 1 和偏移面组 3，再选择下拉菜单编辑(E) ➡ 合并(G)...命令。

（3）在操控板中单击 按钮，预览合并后的面组，单击“完成”按钮 。

Step21. 将合并面组 2 和偏移面组 4 进行合并——合并 3。

（1）设置“选择”类型。在“智能选取”栏的下拉列表中选择面组选项，这样将会很轻易地选取到曲面。

（2）按住 Ctrl 键，选取图 34.5.23 所示的合并面组 2 和偏移面组 4，再选择下拉菜单编辑(E) ➡ 合并(G)...命令。

（3）在操控板中单击 按钮，预览合并后的面组，单击“完成”按钮 。

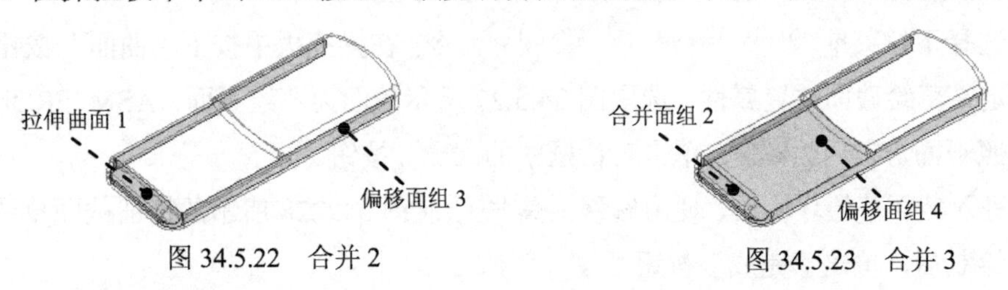

图 34.5.22　合并 2　　图 34.5.23　合并 3

Step22. 添加图 34. 5.24 所示的复制曲面特征——复制 4。

（1）设置“选择”类型。在“智能选取”栏的下拉列表中选择几何选项。

（2）按住 Ctrl 键，选取图 34. 5.24 所示的延伸面 1。

（3）选择下拉菜单编辑(E) ➡ 复制(C)命令。

（4）选择下拉菜单编辑(E) ➡ 粘贴(P)命令。

（5）单击操控板中的“完成”按钮 。

Step23. 将合并面组 3 和复制面 4 进行合并——合并 4。

（1）设置“选择”类型。在“智能选取”栏的下拉列表中选择面组选项，这样将会很轻易地选取到曲面。

（2）按住 Ctrl 键，选取图 34.5.25 所示的合并面组 3 和复制面 4，再选择下拉菜单 编辑(E) ➡ 合并(G)... 命令。

（3）在操控板中单击 按钮，预览合并后的面组，单击“完成”按钮。

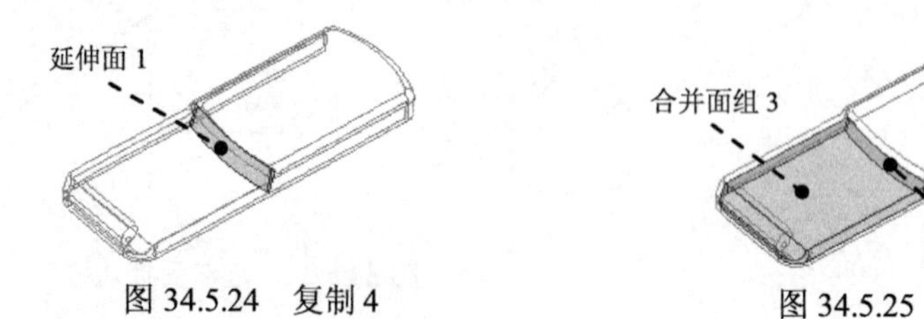

图 34.5.24　复制 4　　　图 34.5.25　合并 4

Step24. 添加图 34.5.26b 所示的实体化特征——实体化 3。

（1）在“智能选取”栏中选择 几何 选项，然后选取图 34.5.26a 所示的合并面组 4。

（2）选择下拉菜单 编辑(E) ➡ 实体化(Y)... 命令。

（3）在操控板中按下“移除材料”按钮，移除材料方向如图 34.5.26a 所示。

（4）在操控板中单击“完成”按钮，完成特征的创建。

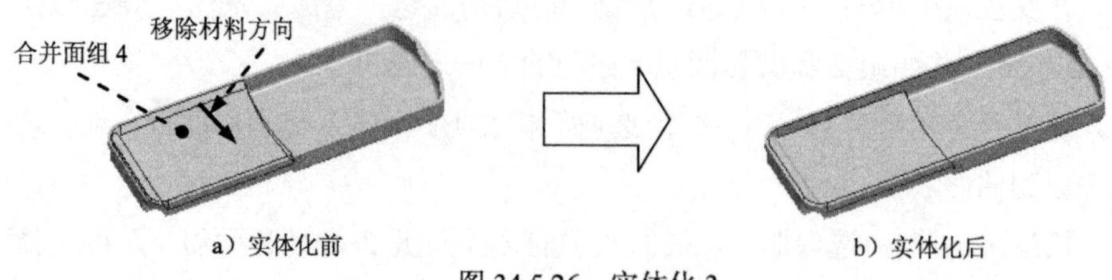

a）实体化前　　b）实体化后

图 34.5.26　实体化 3

Step25. 添加图 34.5.27 所示的曲面拉伸特征——拉伸 2。

（1）选择下拉菜单 插入(I) ➡ 拉伸(E)... 命令，在操控板中按下“曲面”按钮。

（2）定义草绘截面放置属性。选取图 34.5.27 所示的面为草绘平面，ASM_FRONT 基准平面为参照平面，方向为 左；单击对话框中的 草绘 按钮。

（3）进入截面草绘环境后，使用偏移工具绘制图 34.5.28 所示的特征截面草图；完成特征截面绘制后，单击“完成”按钮。

（4）在操控板中选取深度类型，输入深度值 2.0。

（5）在操控板中单击 按钮，预览所创建的特征，单击“完成”按钮。

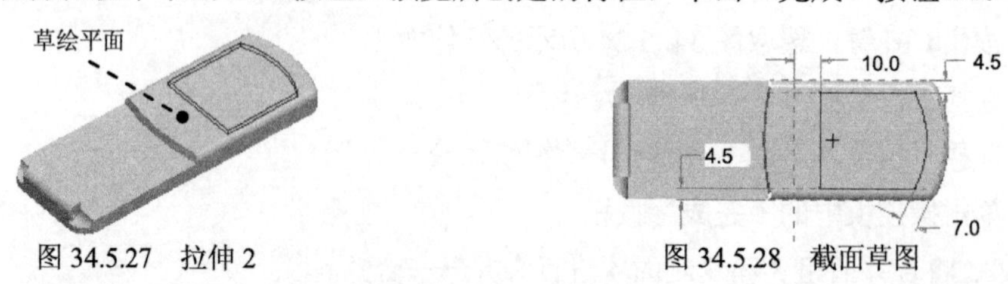

图 34.5.27　拉伸 2　　　图 34.5.28　截面草图

Step26. 添加图 34.5.29b 所示的圆角特征——倒圆角 1。

（1）选择下拉菜单 插入(I) ➡ 倒圆角(O)... 命令。

（2）选取圆角放置参照。按住 Ctrl 键，选取图 34.5.29 所示的四条边线为圆角放置参照，在操控板的圆角尺寸框中输入圆角半径值 3.0。

（3）在操控板中单击☑ 👓按钮，预览所创建的圆角特征，单击“完成”按钮✔。

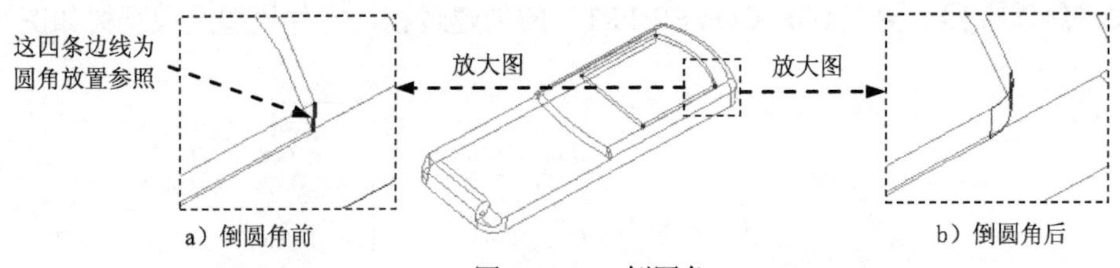

图 34.5.29　倒圆角 1

Step27. 添加图 34.5.30 所示的曲面拉伸特征——拉伸 3。

（1）选择下拉菜单 插入(I) ➡ 拉伸(E)... 命令，在操控板中按下“曲面”按钮。

（2）定义草绘截面放置属性。选取 ASM_RIGHT 所示的面为草绘平面，ASM_FRONT 基准平面为参照平面，方向为 左；单击对话框中的 草绘 按钮。

（3）进入截面草绘环境后，绘制图 34.5.31 所示的特征截面草图，单击✔按钮。

（4）在操控板中选取深度类型，输入深度值 60.0。

（5）在操控板中单击☑ 👓按钮，预览所创建的特征，单击“完成”按钮✔。

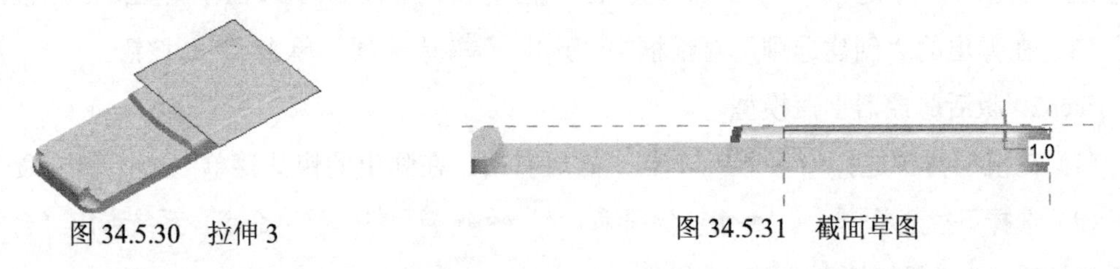

图 34.5.30　拉伸 3　　　　图 34.5.31　截面草图

Step28. 将拉伸面 3 和拉伸面 2 进行合并——合并 5。

（1）设置“选择”类型。在“智能选取”栏的下拉列表中选择 面组 选项，这样将会很轻易地选取到曲面。

（2）按住 Ctrl 键，选取图 34.5.32 所示的拉伸面 3 和拉伸面 2，再选择下拉菜单 编辑(E) ➡ 合并(G)... 命令。

（3）在操控板中单击☑ 👓按钮，预览合并后的面组，单击“完成”按钮✔。

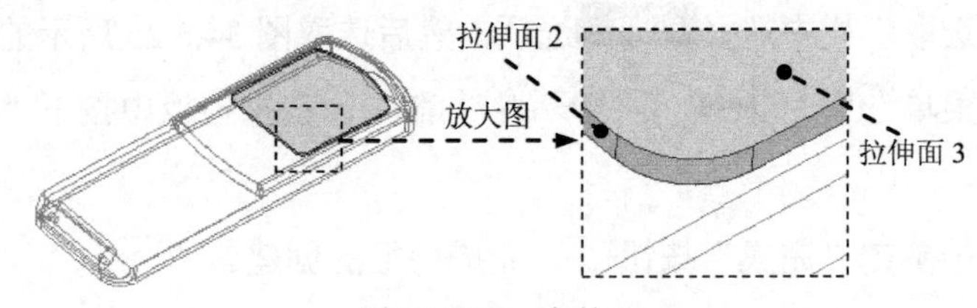

图 34.5.32　合并 5

Step29. 保存模型文件。

34.6 创建遥控器上盖

下面讲解遥控器上盖（TOP_COVER.PRT）的创建过程，零件模型及模型树如图 34.6.1 所示。

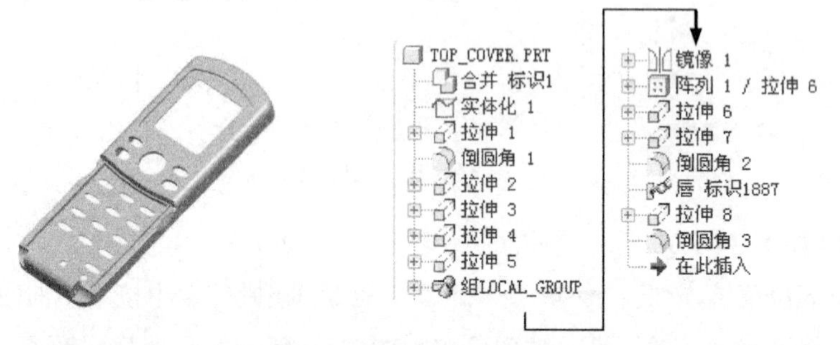

图 34.6.1 零件模型及模型树

Step1. 在装配体中建立遥控器上盖 TOP_COVER。

（1）选择下拉菜单 插入(I) ➡ 元件(C) ▸ ➡ 创建(C)... 命令。

（2）在弹出的“元件创建”对话框中，选中 类型 选项组中的 ◉ 零件 单选项；选中 子类型 选项组中的 ◉ 实体 单选项；在 名称 文本框中输入文件名 TOP_COVER，单击 确定 按钮。

（3）在弹出的“创建选项”对话框中，选中 ◉ 空 单选项，单击 确定 按钮。

Step2. 激活遥控器上盖模型。

（1）在模型树中选择 TOP_COVER.PRT，然后右击，在弹出的快捷菜单中选择 激活 命令。

（2）选择下拉菜单 插入(I) ➡ 共享数据(D) ▸ ➡ 合并/继承(M)... 命令，系统弹出“合并/继承”操控板，在该操控板中进行下列操作。

① 在操控板中，先确认“将参照类型设置为组件上下文”按钮被按下。

② 复制几何。在操控板中单击 参照 按钮，系统弹出“参照”界面；选中 ☑ 复制基准 复选框，然后选取三级主控件 THIRD.PRT 模型特征，单击“完成”按钮。

Step3. 在模型树中右击 TOP_COVER.PRT，在弹出的快捷菜单中选择 打开 命令。

Step4. 创建图 34.6.2b 所示的实体化特征——实体化 1。

（1）在“智能选取”栏中选择 几何 选项，然后选取图 34.6.2a 所示的曲面。

（2）选择下拉菜单 编辑(E) ➡ 实体化(Y)... 命令，在操控板中按下“移除材料”按钮。

（3）在操控板中单击“完成”按钮，完成特征的创建。

说明：若移除材料方向相反，可单击按钮。

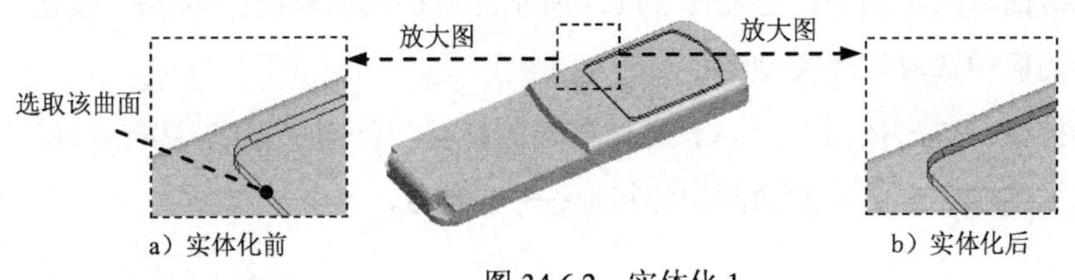

图 34.6.2　实体化 1

Step5. 添加图 34.6.3 所示的曲面拉伸特征——拉伸 1。

（1）选择下拉菜单 插入(I) → 拉伸(E)... 命令，确认“移除材料”按钮被按下。

（2）定义草绘截面放置属性。选取图 34.6.3 所示的面为草绘平面，ASM_FRONT 基准平面为参照平面，方向为 左；单击对话框中的 草绘 按钮。

（3）进入截面草绘环境后，绘制图 34.6.4 所示的特征截面草图，单击 ✓ 按钮。

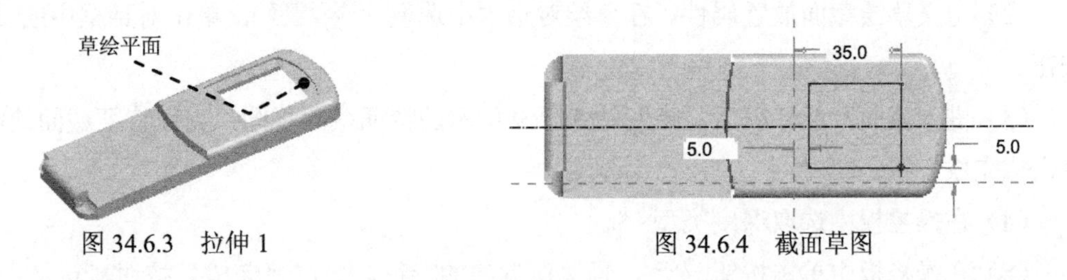

图 34.6.3　拉伸 1　　图 34.6.4　截面草图

（4）在操控板中选取深度类型。单击按钮，预览所创建的特征；单击 ✓ 按钮。

Step6. 添加图 34.6.5b 所示的圆角特征——倒圆角 1。

（1）选择下拉菜单 插入(I) → 倒圆角(O)... 命令。

（2）选取圆角放置参照。按住 Ctrl 键，选取图 34.6.5a 所示的四条边线为圆角放置参照，在操控板的圆角尺寸框中输入圆角半径值 2.0。

（3）在操控板中单击按钮，预览所创建的圆角特征，单击“完成”按钮 ✓。

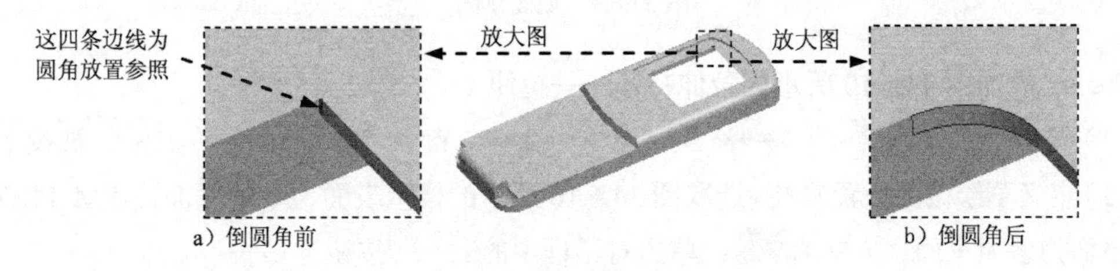

图 34.6.5　倒圆角 1

Step7. 添加图 34.6.6 所示的拉伸特征——拉伸 2。

（1）选择下拉菜单 插入(I) → 拉伸(E)... 命令，确认“移除材料”按钮被按下。

（2）定义草绘截面放置属性。选取图 34.6.6 所示的模型表面为草绘平面，ASM_FRONT 基准平面为参照平面，方向为 左；单击对话框中的 草绘 按钮

（3）进入截面草绘环境后，绘制图 34.6.7 所示的特征截面草图；单击✓按钮。

（4）在操控板中选取深度类型。

（5）在操控板中单击按钮，预览所创建的特征，单击“完成”按钮✓。

Step8. 添加图 34.6.8 所示的曲面拉伸特征——拉伸 3。

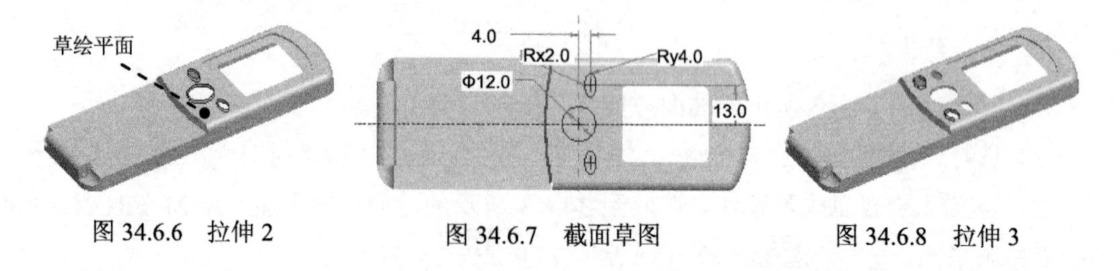

图 34.6.6　拉伸 2　　　　图 34.6.7　截面草图　　　　图 34.6.8　拉伸 3

（1）选择下拉菜单 插入(I) ➡ 拉伸(E)... 命令。确认“移除材料”按钮被按下。

（2）定义草绘截面放置属性。在草绘对话框中选取 使用先前的，单击对话框中的 草绘 按钮。

（3）进入截面草绘环境后，绘制图 34.6.9 所示的特征截面草图；完成特征截面绘制后，单击“完成”按钮✓。

（4）在操控板中选取深度类型。

（5）在操控板中单击按钮，预览所创建的特征，单击“完成”按钮✓。

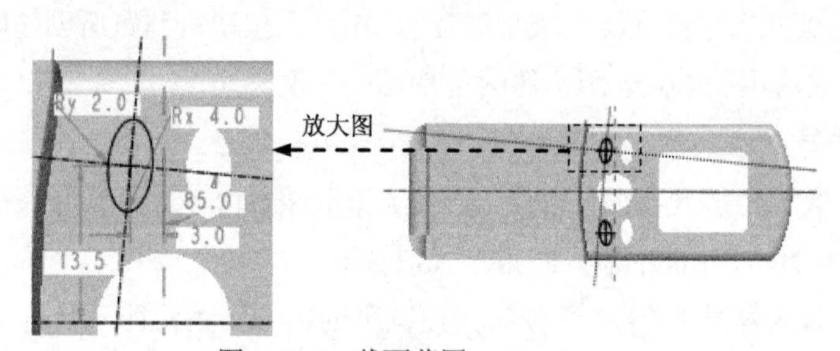

图 34.6.9　截面草图

Step9. 添加图 34.6.10 所示的拉伸特征——拉伸 4。

（1）选择下拉菜单 插入(I) ➡ 拉伸(E)... 命令，确认“移除材料”按钮被按下。

（2）定义草绘截面放置属性。选取图 34.6.10 所示的模型表面为草绘平面，ASM_FRONT 基准平面为参照平面，方向为 左；单击对话框中的 草绘 按钮。

（3）进入截面草绘环境后，使用偏移工具绘制图 34.6.11 所示的特征截面草图；完成特征截面绘制后，单击“完成”按钮✓。

（4）在操控板中选取深度类型，拉伸深度值为 1.0。

（5）在操控板中单击按钮，预览所创建的特征，单击“完成”按钮✓。

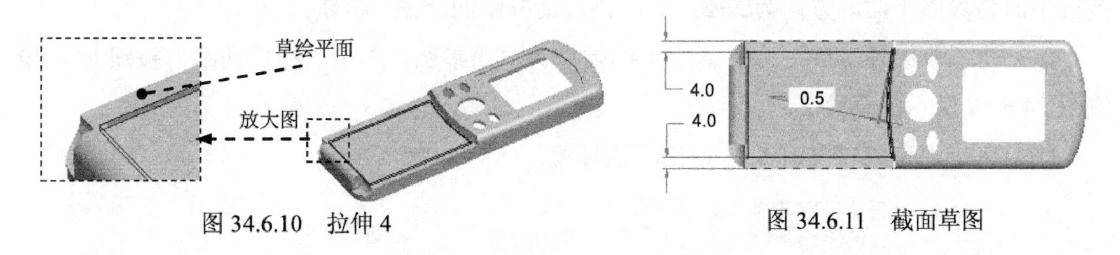

图 34.6.10　拉伸 4　　图 34.6.11　截面草图

Step10. 添加图 34.6.12 所示的曲面拉伸特征——拉伸 5。选择下拉菜单 插入(I) → 拉伸(E)... 命令。在“草绘”对话框中选取 使用先前的 按钮，单击该对话框中的 草绘 按钮。使用偏移工具绘制图 34.6.13 所示的特征截面草图；完成特征截面绘制后，单击 ✓ 按钮。在操控板中选取深度类型，拉伸深度值为 1.0，单击“完成”按钮 ✓。

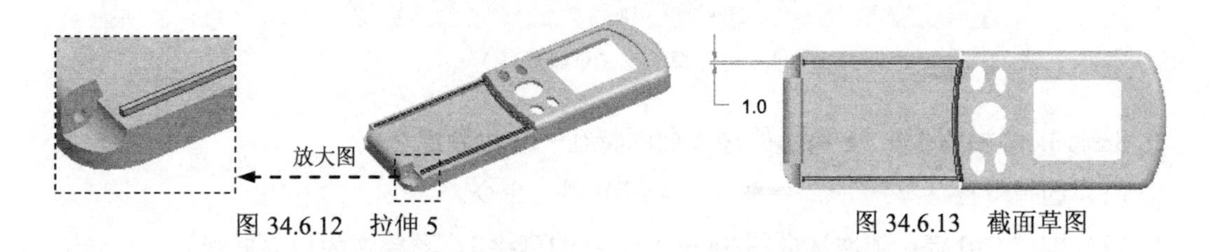

图 34.6.12　拉伸 5　　图 34.6.13　截面草图

Step11. 创建图 34.6.14 所示的草绘特征——草绘 1。

（1）单击工具栏上的“草绘”按钮，系统弹出“草绘”对话框。

（2）单击 使用先前的 按钮，进入草绘环境，接受默认的草绘参照，利用“样条曲线”命令绘制图 34.6.15 所示的草绘 1。

（3）单击“完成”按钮 ✓，退出草绘环境。

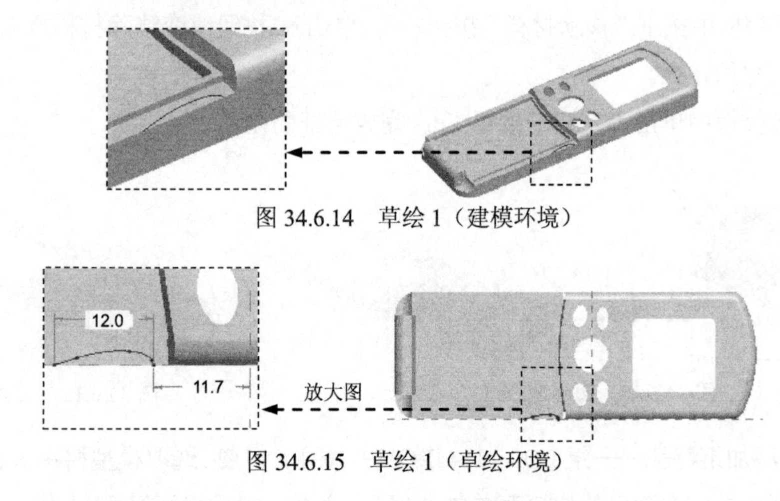

图 34.6.14　草绘 1（建模环境）

图 34.6.15　草绘 1（草绘环境）

Step12. 创建图 34.6.16 所示的草绘特征——草绘 2。

（1）单击工具栏上的“草绘”按钮，系统弹出“草绘”对话框。

（2）定义草绘截面放置属性，选取图 34.6.16 所示的模型表面为草绘平面，ASM_FRONT

基准平面为参照平面，方向为 左 ；单击该对话框中的 草绘 按钮。

（3）进入草绘环境后，选取草绘 1 的端点为草绘参照，单击“样条曲线”按钮，绘制图 34.6.17 所示的草绘 2。

（4）单击“完成”按钮，退出草绘环境。

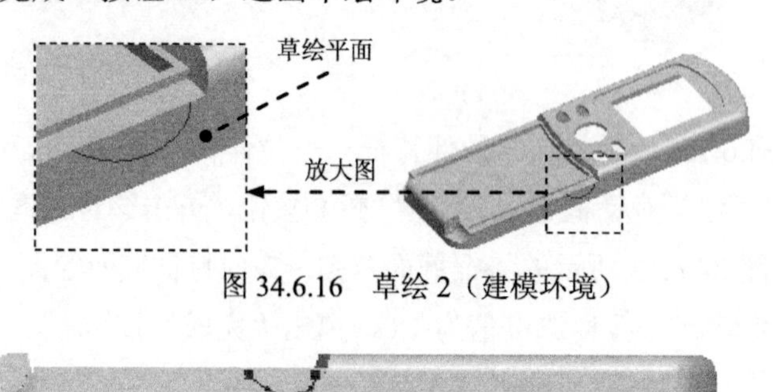

图 34.6.16 草绘 2（建模环境）

图 34.6.17 草绘 2（草绘环境）

Step13. 添加图 34.6.18 所示的边界曲面特征——边界混合 1 。

（1）选择下拉菜单 插入(I) ➡ 边界混合(B)... 命令。

（2）按住 Ctrl 键，依次选取图 34.6.18 所示的草绘 1、草绘 2 为边界曲线。

（3）在操控板中单击“完成”按钮，完成曲面特征的创建。

Step14. 添加图 34.6.19 所示的实体化特征——实体化 2。

（1）在“智能选取”栏中选择 几何 选项，然后选取 Step13 创建的边界混合曲面为实体化对象。

（2）选择下拉菜单 编辑(E) ➡ 实体化(Y)... 命令。

（3）在操控板中按下“移除材料”按钮，单击按钮改变移除材料方向；单击按钮预览所创建的特征。

（4）在操控板中单击“完成”按钮，完成特征的创建。

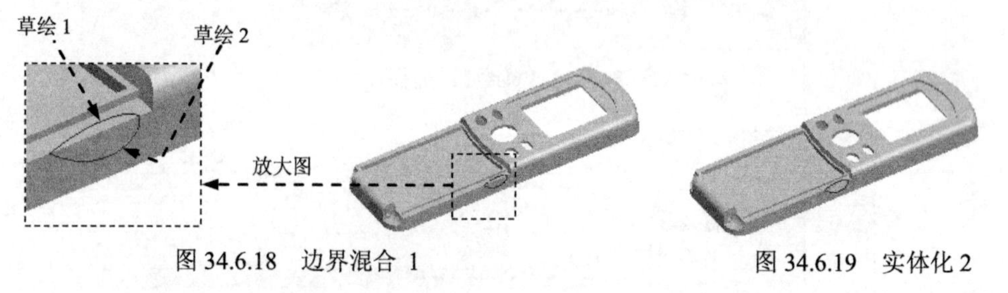

图 34.6.18 边界混合 1

图 34.6.19 实体化 2

Step15. 添加组特征——组 LOCAL_GROUP。按住 Ctrl 键，选取模型树中 Step11 ~Step14 创建的特征后右击，在弹出的快捷菜单中选择 组 命令，完成特征组合。

Step16. 添加图 34.6.20b 所示的镜像特征——镜像 1。

（1）选取 Step15 创建的组特征为镜像源。

（2）选择下拉菜单 编辑(E) → 镜像(I)... 命令。

（3）定义镜像平面。选取 ASM_RIGHT 基准平面为镜像平面。

（4）单击操控板中的 ✓ 按钮，完成镜像特征。

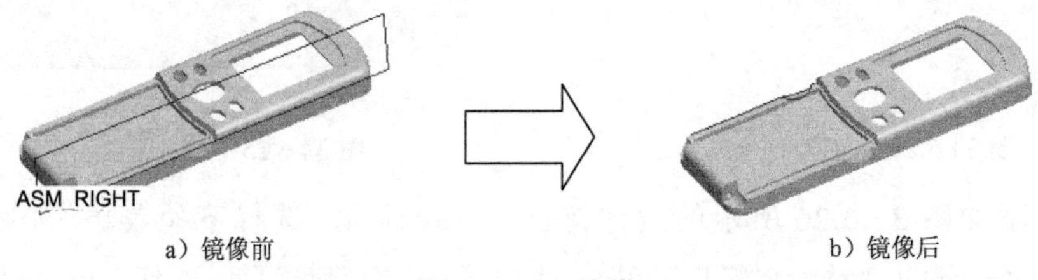

a）镜像前　　b）镜像后

图 34.6.20　镜像 1

Step17. 添加图 34.6.21 所示的拉伸特征——拉伸 6。选择下拉菜单 插入(I) → 拉伸(E)... 命令；确认“移除材料”按钮被下。选取图 34.6.21 所示的模型表面为草绘平面，ASM_FRONT 基准平面为参照平面，方向为 左；单击对话框中的 草绘 按钮，绘制图 34.6.22 所示的截面草图；单击 ✓ 按钮。在操控板中，选取深度类型。单击“完成”按钮 ✓。

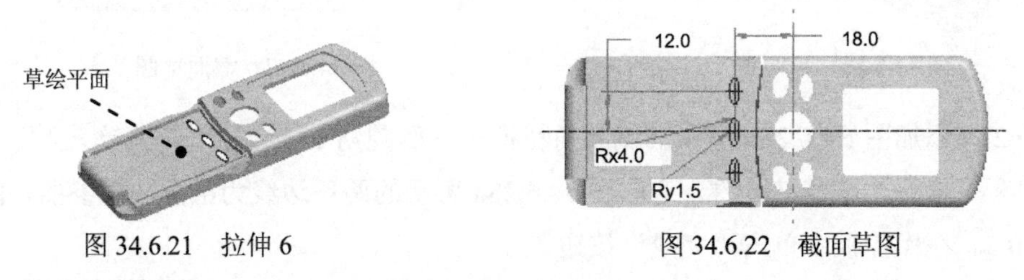

图 34.6.21　拉伸 6　　图 34.6.22　截面草图

Step18. 添加图 34.6.23b 所示的阵列特征——阵列 1。

（1）在模型树中选取 Step17 创建的拉伸 6 后右击，在弹出的快捷菜单中选择 阵列... 命令。

（2）选择阵列控制方式。在操控板的下拉列表中选择 尺寸 方式控制阵列。

（3）单击操控板中的 尺寸 按钮，选取 Step17 创建的拉伸特征的“尺寸值 18.0”为尺寸参照，将增量值设置为 9.0，阵列个数为 4。

（4）在操控板中单击“完成”按钮 ✓。

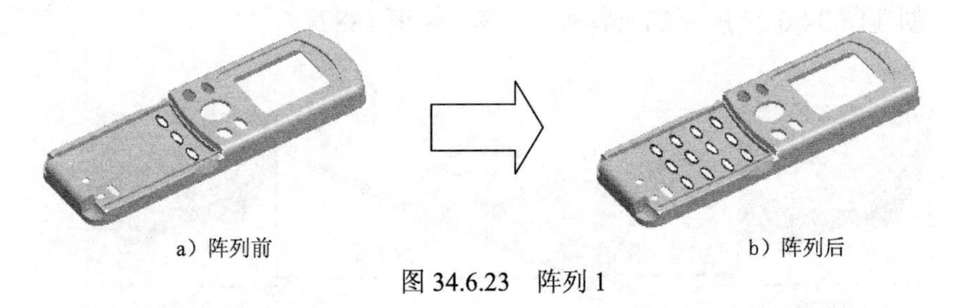

a）阵列前　　b）阵列后

图 34.6.23　阵列 1

Step19. 添加图 34.6.24 所示的拉伸特征——拉伸 7。选择下拉菜单 插入(I) → 拉伸(E)... 命令，确认“移除材料”按钮被下。单击“草绘”对话框中的 使用先前的 按钮，单击对话框中的 草绘 按钮。绘制图 34.6.25 所示的特征截面草图；单击 ✓ 按钮。在操控板中，选取深度类型，单击“完成”按钮。

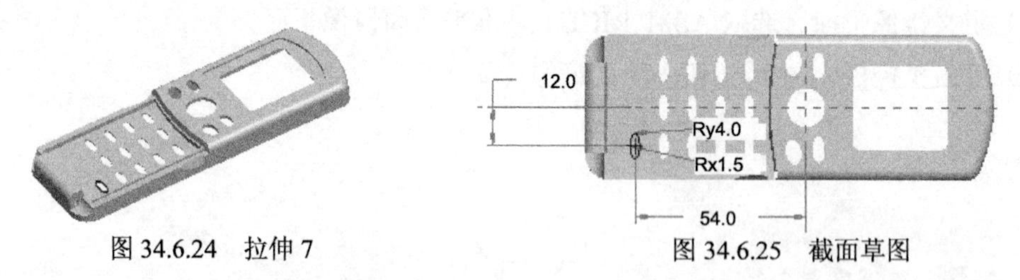

图 34.6.24　拉伸 7　　图 34.6.25　截面草图

Step20. 添加图 34.6.26 所示的拉伸特征——拉伸 8。选择下拉菜单 插入(I) ➡ 拉伸(E)... 命令。确认“移除材料”按钮被按下。选取 使用先前的 按钮，单击对话框中的 草绘 按钮。绘制图 34.6.27 所示的特征截面草图，单击按钮。在操控板中，选取深度类型，单击“完成”按钮。

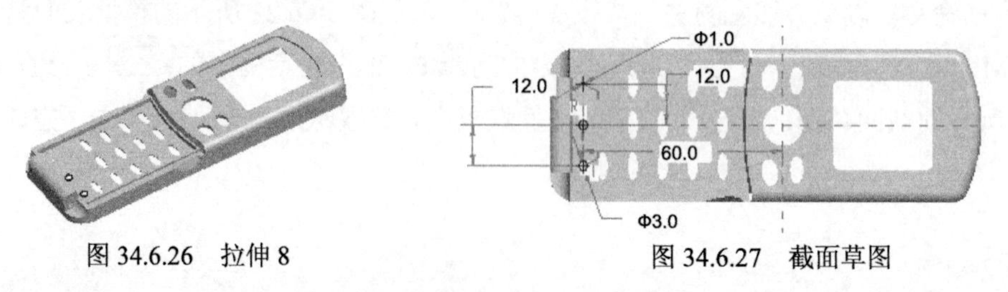

图 34.6.26　拉伸 8　　图 34.6.27　截面草图

Step21. 添加图 34.6.28b 所示的倒圆角特征——倒圆角 2。选择下拉菜单 插入(I) ➡ 倒圆角(O)... 命令。按住 Ctrl 键，选取图 34.6.28a 所示的两条边线为圆角放置参照，圆角半径值为 0.5。在操控板中单击“完成”按钮。

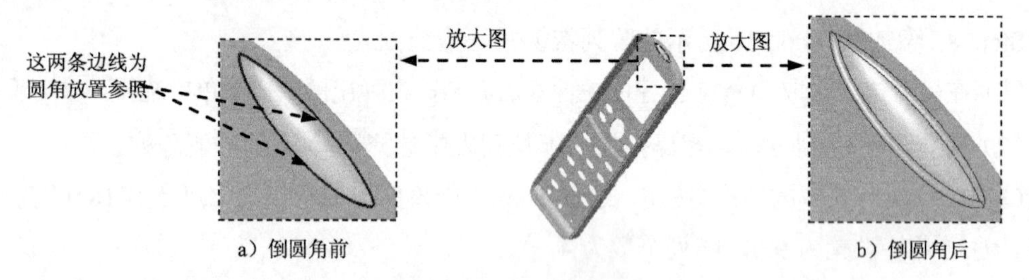

a）倒圆角前　　b）倒圆角后

图 34.6.28　倒圆角 2

Step22. 创建图 34.6.29 所示的唇特征——唇 标识 1887。

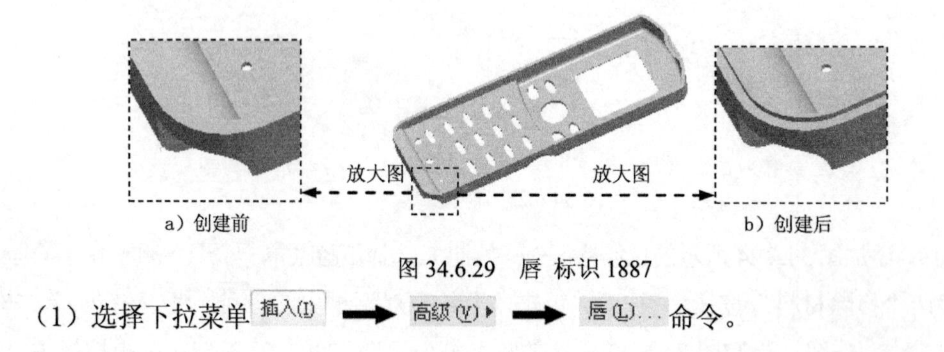

a）创建前　　b）创建后

图 34.6.29　唇 标识 1887

（1）选择下拉菜单 插入(I) ➡ 高级(V) ▸ ➡ 唇(L)... 命令。

（2）选取形成唇的轨迹边。

① 在菜单管理器中选择 Chain (链) 命令。

② 在系统 ➪从链中选取一条边。的提示下，选择图 34.6.30 中的模型内侧的边线为轨迹边，然后选择 Done (完成) 命令。

（3）选取要偏移的匹配曲面。在系统 ➪选取要偏移的曲面(与加亮的边相邻). 的提示下，选择图 34.6.31 中的模型表面。

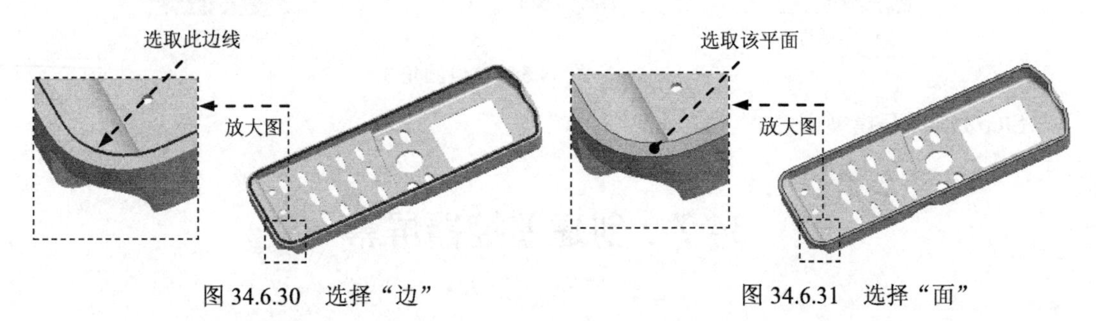

图 34.6.30　选择“边”　　　图 34.6.31　选择“面”

（4）在系统 输入偏移值(abs.值> 0.0163) 的提示下，输入偏移值 0.75，单击 ✔ 按钮。

（5）在系统 输入从边到拔模曲面的距离(abs.值> 0.0163) 的提示下，输入距离值 0.5，单击 ✔ 按钮。

（6）选取拔模参照平面。在系统 ➪选取拔模参照曲面。的提示下，选择图 34.6.31 所示的模型表面。

（7）输入拔模角度。在系统 输入拔模角 的提示下，输入拔模角度值 0，并单击 ✔ 按钮。此时系统完成创建唇特征。

Step23. 添加图 34.6.32 所示的拉伸特征——拉伸 9。选择下拉菜单 插入(I) ➡ 拉伸(E)... 命令；确认“移除材料”按钮被按下。选取 ASM_FRONT 基准平面为草绘平面，ASM_RIGHT 基准平面为参照平面，方向为 顶；单击对话框中的 草绘 按钮。绘制图 34.6.33 所示的截面草图，单击 ✔ 按钮。在操控板中选取深度类型，单击 ✔ 按钮。

图 34.6.32　拉伸 9

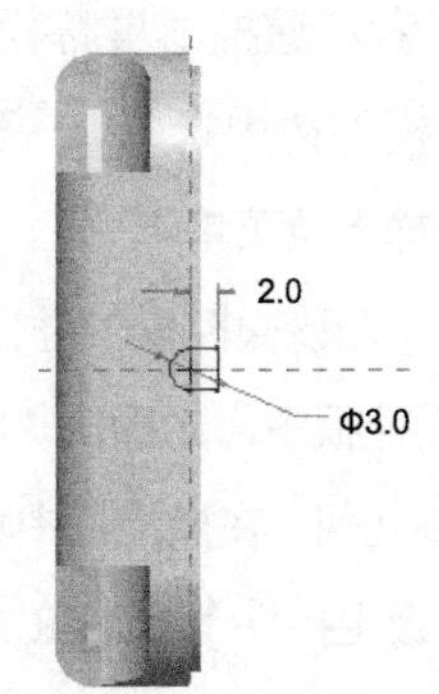

图 34.6.33　截面草图

Step24. 添加图 34.6.34b 所示的圆角特征——倒圆角 3。选择下拉菜单 插入(I) ➡

倒圆角(O)...命令。按住 Ctrl 键，选取图 34.6.34a 所示的边链为圆角放置参照，圆角半径值为 0.5。

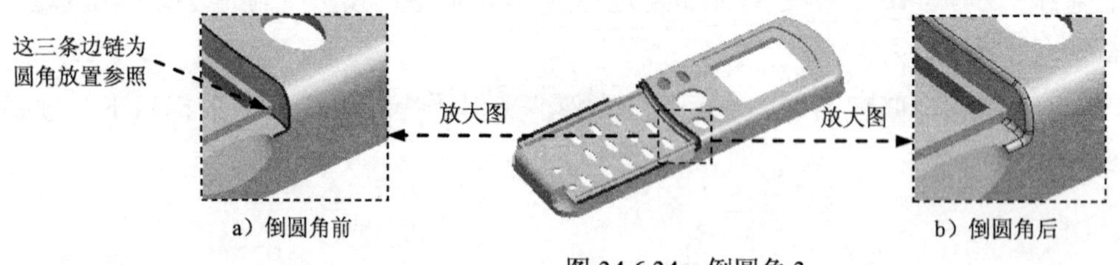

图 34.6.34　倒圆角 3

Step25. 保存模型文件。

34.7　创建遥控器屏幕

下面讲解遥控器屏幕（SCREEN.PRT）的创建过程，零件模型及模型树如图 34.7.1 所示。

图 34.7.1　零件模型及模型树

Step1. 在装配体中建立遥控器屏幕 SCREEN。

（1）选择下拉菜单 插入(I) → 元件(C) ▸ → 创建(C)...命令。

（2）在弹出的“元件创建”对话框中，选中 类型 选项组中的 ◉ 零件 单选项；选中 子类型 选项组中的 ◉ 实体 单选项；在 名称 文本框中输入文件名 SCREEN，单击 确定 按钮。

（3）在弹出的“创建选项”对话框中，选中 ◉ 空 单选项，单击 确定 按钮。

Step2. 激活遥控器屏幕模型。

（1）在模型树中选择 SCREEN.PRT，然后右击，在弹出的快捷菜单中选择 激活 命令。

（2）选择下拉菜单 插入(I) → 共享数据(D) ▸ → 合并/继承(M)...命令，系统弹出“合并/继承”操控板，在该操控板中进行下列操作。

① 在操控板中，先确认“将参照类型设置为组件上下文”按钮被按下。

② 复制几何。在操控板中单击 参照 按钮，系统弹出“参照”界面；选中 ☑ 复制基准 复选框，然后选取三级主控件 1（THIRD.PRT）模型特征，单击“完成”按钮✓。

Step3. 在模型树中右击 SCREEN.PRT，在弹出的快捷菜单中选择 打开 命令。

Step4. 创建图 34.7.2b 所示的实体化特征——实体化 1。

（1）在“智能选取”栏中选择 几何 选项，然后选取图 34.7.2a 所示的曲面。

（2）选择下拉菜单 编辑(E) ➡ 实体化(Y)... 命令。

（3）在操控板中按下“替换曲面”按钮，替换方向如图 34.7.2a 所示。

（4）在操控板中单击“完成”按钮，完成特征的创建。

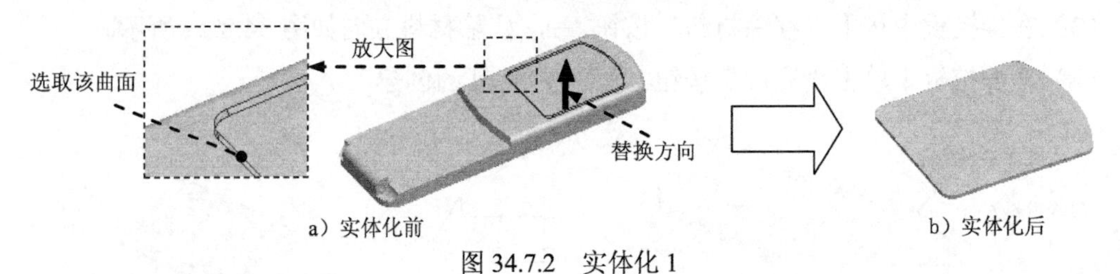

a）实体化前　b）实体化后

图 34.7.2　实体化 1

Step5. 保存模型文件。

34.8　创建遥控器按键盖

下面讲解遥控器按键盖（KEYSTOKE.PRT）的创建过程，零件模型及模型树如图 34.8.1 所示。

图 34.8.1　零件模型及模型树

Step1. 在装配体中建立遥控器按键盖 KEYSTOKE。

（1）选择下拉菜单 插入(I) ➡ 元件(C) ▸ ➡ 创建(C)... 命令。

（2）在弹出的“元件创建”对话框中，选中 类型 选项组中的 ◉ 零件 单选项；选中 子类型 选项组中的 ◉ 实体 单选项；在 名称 文本框中输入文件名 KEYSTOKE，单击 确定 按钮。

（3）在弹出的“创建选项”对话框中，选中 ◉ 空 单选项，单击 确定 按钮。

Step2. 激活遥控器按键盖模型。

（1）在模型树中选择 KEYSTOKE.PRT，然后右击，在弹出的快捷菜单中选择 激活 命令。

（2）选择下拉菜单 插入(I) ➡ 共享数据(D) ▸ ➡ 合并/继承(M)... 命令，系统弹出“合并/继承”操控板，在该操控板中进行下列操作。

① 在操控板中，先确认“将参照类型设置为组件上下文”按钮被按下。

② 复制几何。在操控板中单击 参照 按钮，系统弹出“参照”界面；选中 ☑ 复制基准 复选框，然后选取二级主控件 1（SECOND_01.PRT）模型特征，单击“完成”按钮。

Step3. 在模型树中选择 KEYSTOKE.PRT 后右击，在弹出的快捷菜单中选择 打开 命令。

Step4. 创建图 34.8.2b 所示的实体化特征——实体化 1。

（1）在“智能选取”栏中选取 几何 选项，然后选取图 34.8.2a 所示的曲面。

（2）选择下拉菜单 编辑(E) ➡ 实体化(Y)... 命令。

（3）在操控板中按下“移除材料”按钮，移除材料方向如图 34.8.2a 所示。

（4）在操控板中单击“完成”按钮，完成特征的创建。

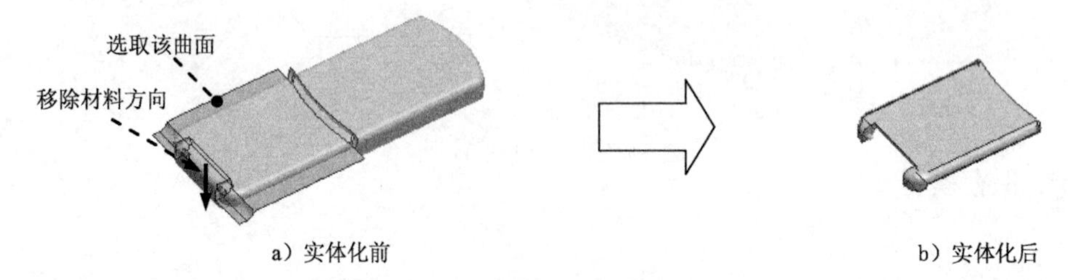

图 34.8.2　实体化 1

Step5. 添加图 34.8.3 所示的拉伸特征——拉伸 1。

（1）选择下拉菜单 插入(I) ➡ 拉伸(E)... 命令，确认“移除材料”按钮被按下。

（2）定义草绘截面放置属性。选取 ASM_RIGHT 基准平面为草绘平面，ASM_FRONT 基准平面为参照平面，方向为 左；单击对话框中的 草绘 按钮。

（3）进入截面草绘环境后，绘制图 34.8.4 所示的特征截面草图，单击“完成”按钮。

（4）在操控板中单击 选项 按钮，弹出 深度 界面，定义 侧 1 拉伸类型为 穿透，定义 侧 2 拉伸类型为 穿透。

（5）在操控板中单击 按钮，预览所创建的特征，单击“完成”按钮。

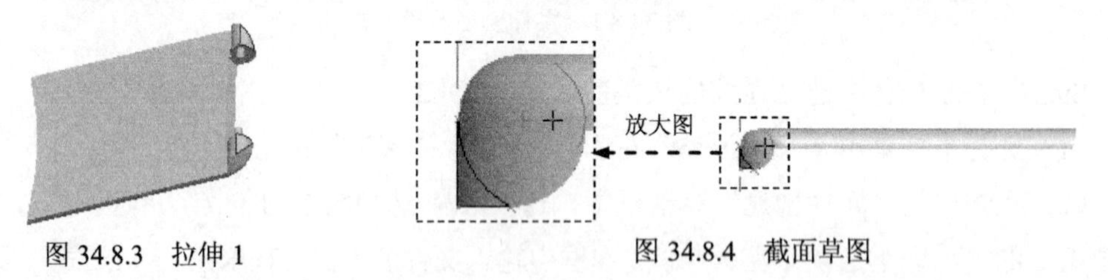

图 34.8.3　拉伸 1　　图 34.8.4　截面草图

Step6. 添加图 34.8.5b 所示的倒圆角特征——倒圆角 1。选择下拉菜单 插入(I) ➡ 倒圆角(O)... 命令；按住 Ctrl 键，选取图 34.8.5a 所示的两条边为圆角放置参照，圆角半径值为 2.0。在操控板中单击“完成”按钮。

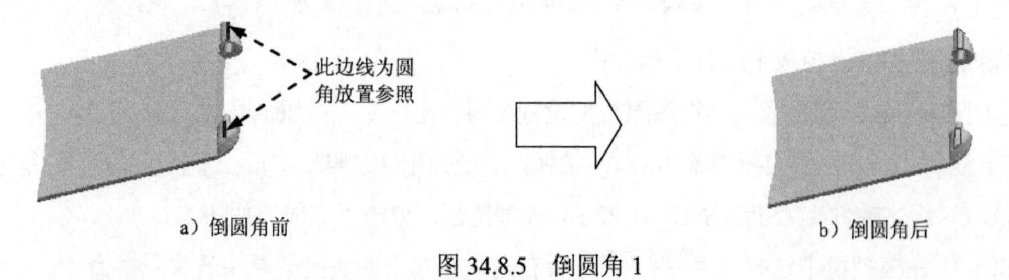

图 34.8.5　倒圆角 1

Step7. 添加图 34.8.6 所示的拉伸特征——拉伸 2。

（1）选择下拉菜单 插入(I) ➡ 拉伸(E)... 命令，确认“移除材料”按钮被按下。

（2）定义草绘截面放置属性。选取 ASM_FRONT 基准平面为草绘平面，ASM_RIGHT 基准平面为参照平面，方向为 左；单击对话框中的 草绘 按钮。

（3）进入截面草绘环境后，绘制图 34.8.7 所示的特征截面草图，单击“完成”按钮✓。

（4）在操控板中，选取深度类型，选取图 34.8.6 所示的边为拉伸终止边，单击“完成”按钮✓。

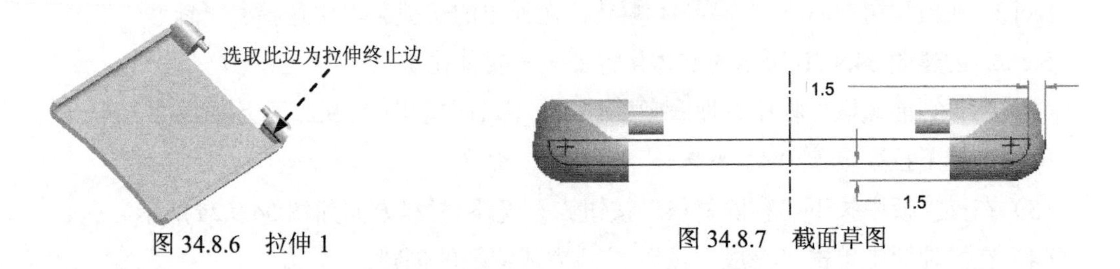

图 34.8.6　拉伸 1　　　　图 34.8.7　截面草图

Step8.保存模型文件。

34.9　创建遥控器下盖

下面讲解遥控器下盖(DOWN_COVER.PRT)的创建过程，零件模型及模型树如图 34.9.1 所示。

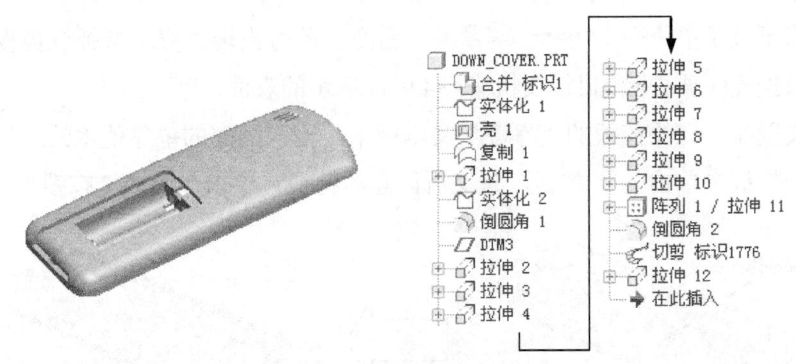

图 34.9.1　零件模型及模型树

Step1. 在装配体中建立遥控器下盖 DOWN_COVER。

（1）选择下拉菜单 插入(I) ➡ 元件(C) ▸ ➡ 创建(C)... 命令。

（2）在弹出的“元件创建”对话框中，选中 类型 选项组中的 ◉ 零件 单选项；选中 子类型 选项组中的 ◉ 实体 单选项；在 名称 文本框中输入文件名 DOWN_COVER，单击 确定 按钮。

（3）在弹出的“创建选项”对话框中选中 ◉ 空 单选项，单击 确定 按钮。

Step2. 激活遥控器下盖模型。

（1）在模型树中选择 DOWN_COVER.PRT，然后右击，在弹出的快捷菜单中选择 激活 命令。

（2）选择下拉菜单 插入(I) → 共享数据(D) → 合并/继承(M)... 命令，系统弹出“合并/继承”操控板，在该操控板中进行下列操作。

① 在操控板中，先确认“将参照类型设置为组件上下文”按钮被按下。

② 复制几何。在操控板中单击 参照 按钮，系统弹出“参照”界面；选中 复制基准 复选框，然后选取二级主控件 2（SECOND_02.PRT）模型特征，单击“完成”按钮。

Step3. 在模型树中右击 DOWN_COVER.PRT，在弹出的快捷菜单中选择 打开 命令。

Step4. 创建图 34.9.2b 所示的实体化特征——实体化 1。

（1）在“智能选取”栏中选取 几何 选项，然后选取图 34.9.2a 所示的曲面。

（2）选择下拉菜单 编辑(E) → 实体化(Y)... 命令。

（3）在操控板中按下“移除材料”按钮，移除材料方向如图 34.9.2a 所示。

（4）在操控板中单击“完成”按钮，完成特征的创建。

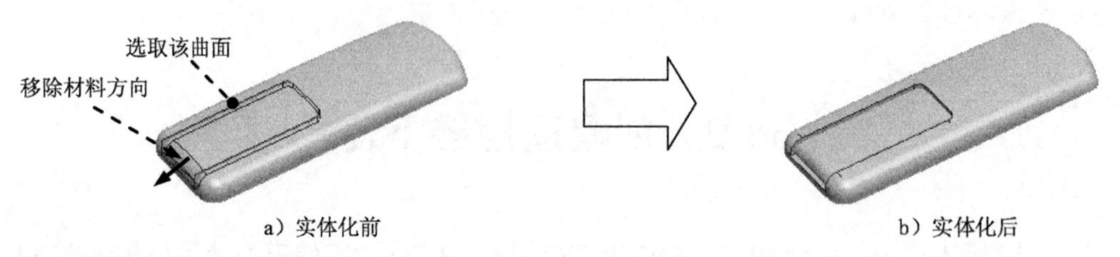

a）实体化前　　b）实体化后

图 34.9.2　实体化 1

Step5. 添加图 34.9.3b 所示的特征——壳 1。

（1）选择下拉菜单 插入(I) → 壳(L)... 命令，此时出现“壳”特征操控板。

（2）选取抽壳时要去除的面。选取图 34.9.3a 所示的表面。

（3）定义壁厚。在操控板的“厚度”文本框中，输入抽壳的壁厚值 1.5。

（4）在操控板中单击按钮，预览所创建的特征，单击“完成”按钮。

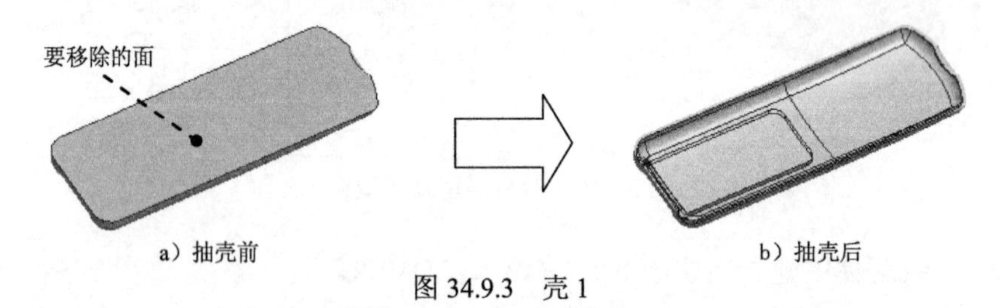

a）抽壳前　　b）抽壳后

图 34.9.3　壳 1

Step6. 添加图 34.9.4 所示的复制曲面特征——复制 1。

（1）设置“选择”类型。在“智能选取”栏的下拉列表中选择 几何 选项。

（2）按住 Ctrl 键，选取图 34.9.4 所示的模型表面。

（3）选择下拉菜单 编辑(E) → 复制(C) 命令。

（4）选择下拉菜单 编辑(E) ➡ 粘贴(P) 命令。

（5）单击操控板中的"完成"按钮✓。

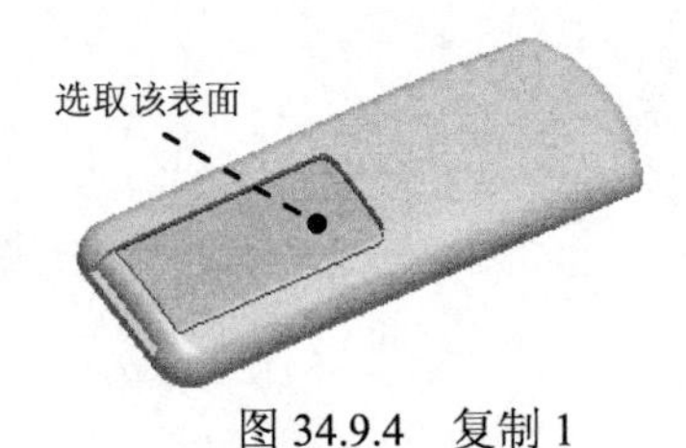

图 34.9.4　复制 1

Step7. 添加图 34.9.5 所示的拉伸特征——拉伸 1。

（1）选择下拉菜单 插入(I) ➡ 拉伸(E)... 命令。

（2）定义草绘截面放置属性。选取 ASM_TOP 基准平面为草绘平面，ASM_FRONT 基准平面为参照平面，方向为 左。单击对话框中的 草绘 按钮。

（3）进入截面草绘环境后，绘制图 34.9.6 所示的特征截面草图，单击"完成"按钮✓。

（4）在操控板中选取深度类型 ⊥⊥，拉伸深度值为 12.0，单击"完成"按钮✓。

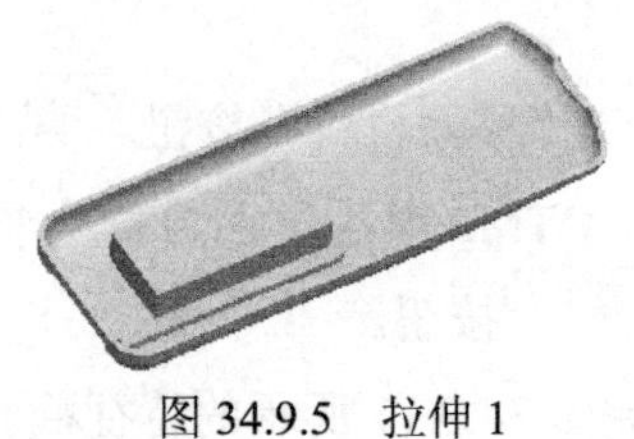

图 34.9.5　拉伸 1

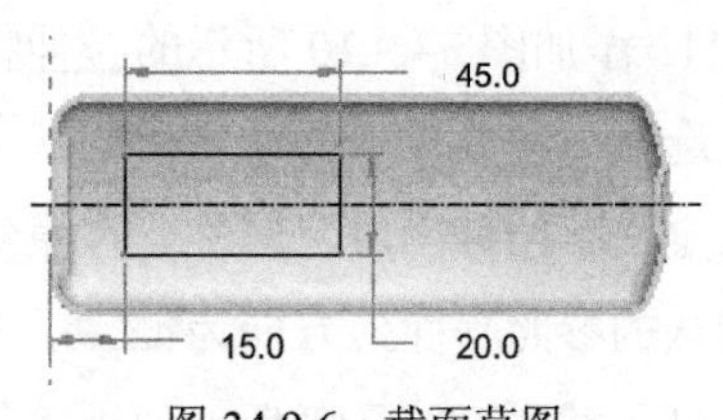

图 34.9.6　截面草图

Step8. 创建图 34.9.7b 所示的实体化特征——实体化 2。

（1）在"智能选取"栏中选取 几何 选项，然后选取图 34.9.7a 所示的平面 1。

（2）选择下拉菜单 编辑(E) ➡ 实体化(Y)... 命令。

（3）在操控板中按下"移除材料"按钮，移除材料方向如图 34.9.7a 所示。

（4）在操控板中单击"完成"按钮✓，完成特征的创建。

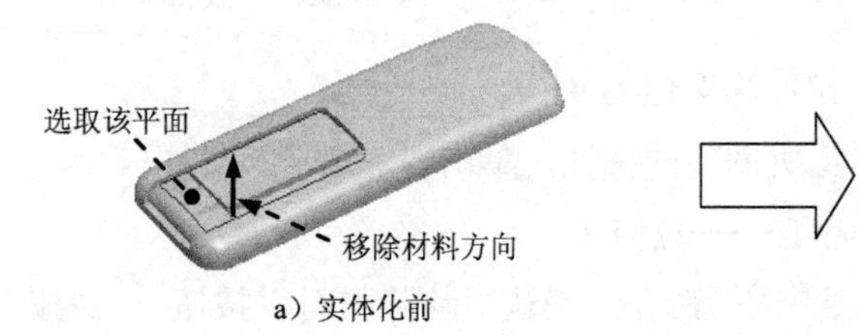

a）实体化前

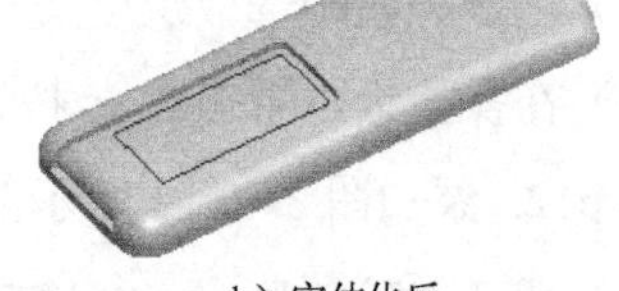

b）实体化后

图 34.9.7　实体化 2

Step9. 添加图 34.9.8b 所示的圆角特征——倒圆角 1。

（1）选择下拉菜单 插入(I) ➡ 倒圆角(O)... 命令。

（2）选取圆角放置参照。按住 Ctrl 键，选取图 34.9.8a 所示的边为圆角放置参照，在操控板的圆角尺寸框中输入圆角半径值 6.0。

（3）在操控板中单击 按钮，预览所创建的圆角特征，单击“完成”按钮。

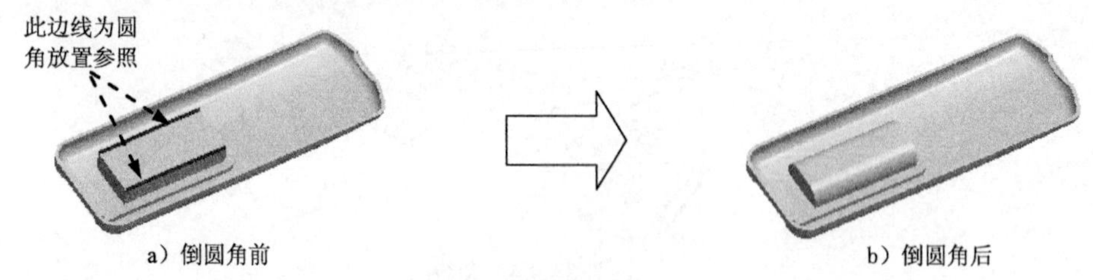

图 34.9.8 倒圆角 1

Step10. 添加图 34.9.9 所示的基准平面——DTM1。

（1）选择下拉菜单 插入(I) → 模型基准(D) ▸ → 平面(L)... 命令，系统弹出“基准平面”对话框。

（2）定义约束。选取图 34.9.9 所示的模型表面为参照；设置约束类型为 偏移，偏移值为 2.0。

（3）单击对话框中的 确定 按钮，完成 DTM1 基准平面的创建。

Step11. 添加图 34.9.10 所示的拉伸特征——拉伸 2。

（1）选择下拉菜单 插入(I) → 拉伸(E)... 命令，确认“移除材料”按钮被按下。

（2）定义草绘截面放置属性。在草绘对话框中，选取 DTM3 基准平面为草绘平面，接受系统默认的参照平面，方向为 底部，单击对话框中的 草绘 按钮。

（3）进入截面草绘环境后，使用“偏移”工具绘制图 34.9.11 所示的特征截面草图；完成特征截面绘制后，单击“完成”按钮。

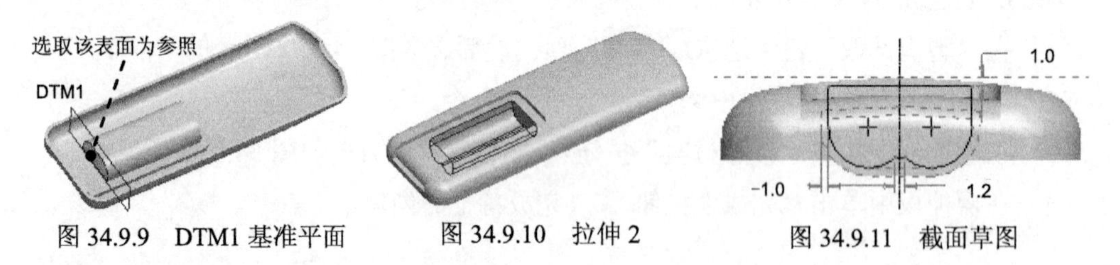

图 34.9.9 DTM1 基准平面　　图 34.9.10 拉伸 2　　图 34.9.11 截面草图

（4）在操控板中选取深度类型，拉伸深度值为 41.0。

（5）在操控板中单击 按钮，预览所创建的特征，单击“完成”按钮。

Step12. 添加图 34.9.12 所示的拉伸特征——拉伸 3。

（1）选择下拉菜单 插入(I) → 拉伸(E)... 命令，确认“移除材料”按钮被按下。

（2）定义草绘截面放置属性。选取图 34.9.12 所示的表面为草绘平面，接受系统默认的参照及参照方向；单击对话框中的 草绘 按钮。

（3）进入截面草绘环境后，绘制图 34.9.13 所示的截面草图，单击“完成”按钮。

（4）在操控板中，选取深度类型 ，选取图 34.9.12 所示的面为拉伸终止面，单击“完成”按钮 。

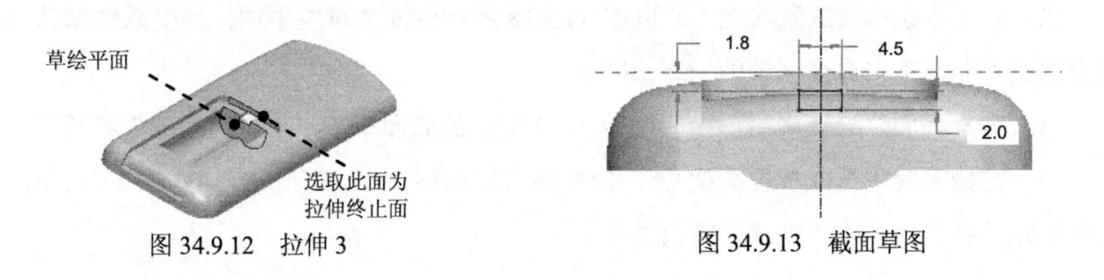

图 34.9.12　拉伸 3　　　　图 34.9.13　截面草图

Step13. 添加图 34.9.14 所示的拉伸特征——拉伸 4。

（1）选择下拉菜单 插入(I) ➡ 拉伸(E)... 命令，确认“移除材料”按钮 被按下。

（2）定义草绘截面放置属性。选取图 34.9.14 所示的面为草绘平面，ASM_FRONT 为参照平面，方向为 右，单击对话框中的 草绘 按钮。

（3）进入截面草绘环境后，绘制图 34.9.15 所示的截面草图，单击“完成”按钮 。

（4）在操控板中选取深度类型 ，拉伸深度值为 4.0，单击“完成”按钮 。

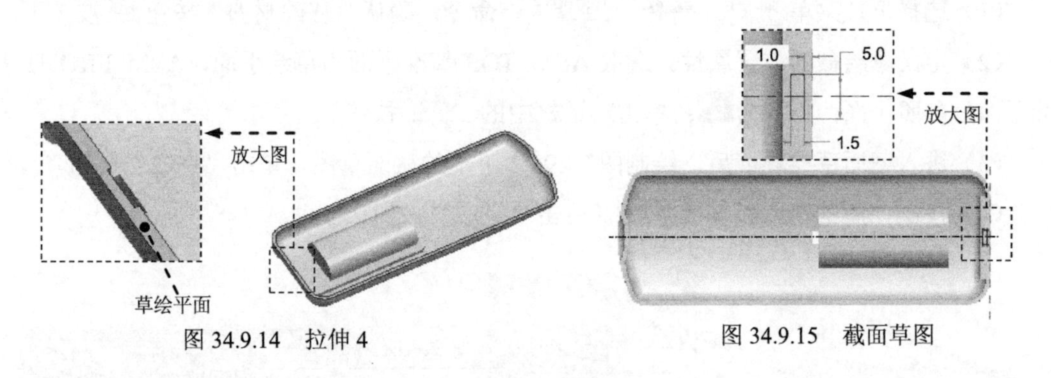

图 34.9.14　拉伸 4　　　　图 34.9.15　截面草图

Step14. 添加图 34.9.16 所示的拉伸特征——拉伸 5。

（1）选择下拉菜单 插入(I) ➡ 拉伸(E)... 命令，确认“移除材料”按钮 被按下。

（2）定义草绘截面放置属性。选取图 34.9.16 所示的面为草绘平面，接受系统默认的参照平面，方向为 底部，单击对话框中的 草绘 按钮。

（3）进入截面草绘环境后，绘制图 34.9.17 所示的截面草图，单击“完成”按钮 。

（4）在操控板中选取深度类型 ，拉伸深度值为 5.0，单击“完成”按钮 。

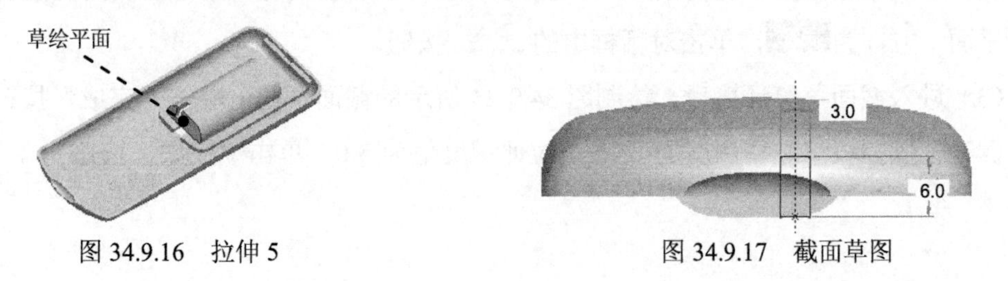

图 34.9.16　拉伸 5　　　　图 34.9.17　截面草图

Step15. 添加图 34.9.18 所示的拉伸特征——拉伸 6。

（1）选择下拉菜单 插入(I) → 拉伸(E)... 命令，确认“移除材料”按钮被按下。

（2）定义草绘截面放置属性。选取图 34.9.18 所示的面为草绘平面，接受系统默认的参照平面及方向，单击对话框中的 草绘 按钮。

（3）进入截面草绘环境后，绘制图 34.9.19 所示的截面草图，单击“完成”按钮。

（4）在操控板中选取深度类型，拉伸终止面如图 34.9.20 所示。单击按钮，预览所创建的特征，单击“完成”按钮。

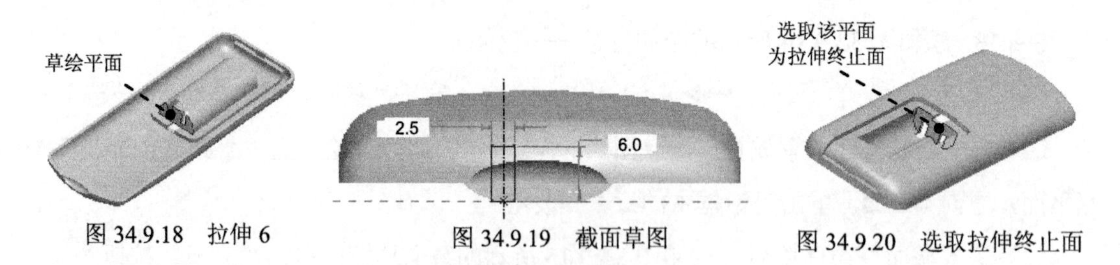

图 34.9.18　拉伸 6　　图 34.9.19　截面草图　　图 34.9.20　选取拉伸终止面

Step16. 添加图 34.9.21 所示的拉伸特征——拉伸 7。

（1）选择下拉菜单 插入(I) → 拉伸(E)... 命令，确认“移除材料”按钮被按下。

（2）定义草绘截面放置属性。选取 ASM_TOP 基准平面为草绘平面，ASM_FRONT 基准平面为参照平面，方向为 左；单击对话框中的 草绘 按钮。

（3）进入截面草绘环境后，绘制图 34.9.22 所示的截面草图，单击“完成”按钮。

（4）在操控板中选取深度类型，单击“完成”按钮。

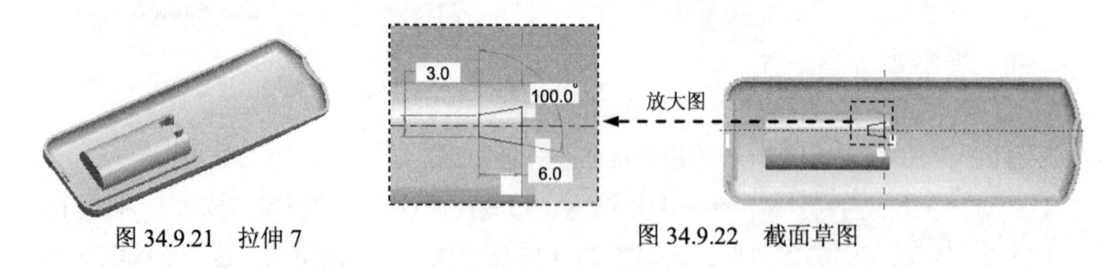

图 34.9.21　拉伸 7　　图 34.9.22　截面草图

Step17. 添加图 34.9.23 所示的拉伸特征——拉伸 8。

（1）选择下拉菜单 插入(I) → 拉伸(E)... 命令，确认“移除材料”按钮被按下。

（2）定义草绘截面放置属性。选取图 34.9.23 所示的表面为草绘平面，接受系统默认的参照平面，方向为 底部，单击对话框中的 草绘 按钮。

（3）进入截面草绘环境后，绘制图 34.9.24 所示的截面草图，单击“完成”按钮。

（4）在操控板中选取深度类型，拉伸深度值为 5.0，单击“完成”按钮。

图 34.9.23　拉伸 8

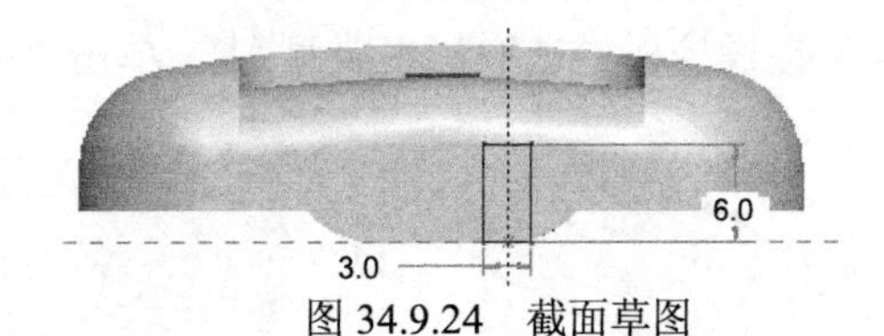

图 34.9.24　截面草图

Step18. 添加图 34.9.25 所示的拉伸特征——拉伸 9。

（1）选择下拉菜单 插入(I) ➡ 拉伸(E)... 命令，确认“移除材料”按钮被按下。

（2）定义草绘截面放置属性。选取图 34.9.25 所示的表面为草绘平面，接受系统默认的参照平面及方向，单击对话框中的 草绘 按钮。

（3）进入截面草绘环境后，绘制图 34.9.26 所示的截面草图，单击“完成”按钮。

（4）在操控板中选取深度类型，拉伸终止面如图 34.9.27 所示。单击按钮，预览所创建的特征，单击“完成”按钮。

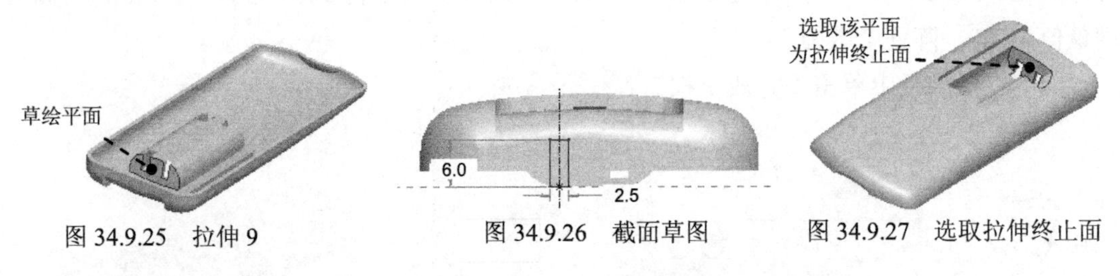

图 34.9.25　拉伸 9　　图 34.9.26　截面草图　　图 34.9.27　选取拉伸终止面

Step19. 添加图 34.9.28 所示的拉伸特征——拉伸 10。

（1）选择下拉菜单 插入(I) ➡ 拉伸(E)... 命令，确认“移除材料”按钮被按下。

（2）定义草绘截面放置属性。选取 ASM_TOP 基准平面为草绘平面，ASM_FRONT 基准平面为参照平面，方向为 左；单击对话框中的 草绘 按钮。

（3）进入截面草绘环境后，绘制图 34.9.29 所示的截面草图，单击“完成”按钮。

（4）在操控板中选取深度类型，单击“完成”按钮。

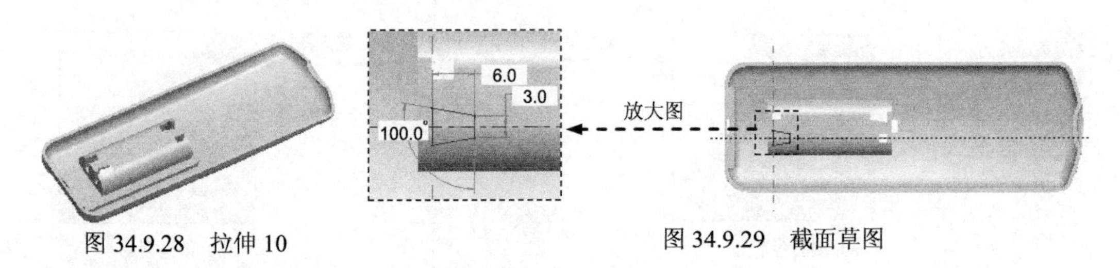

图 34.9.28　拉伸 10　　图 34.9.29　截面草图

Step20. 添加图 34.9.30 所示的拉伸特征——拉伸 11。

（1）选择下拉菜单 插入(I) ➡ 拉伸(E)... 命令。确认“移除材料”按钮被按下。

（2）定义草绘截面放置属性。选取 ASM_TOP 基准平面为草绘平面，DTM2 基准平面为参照平面，方向为 右；单击对话框中的 草绘 按钮。

（3）进入截面草绘环境后，绘制图 34.9.31 所示的截面草图，单击“完成”按钮✓。

（4）在操控板中选取深度类型⊟，单击“完成”按钮✓。

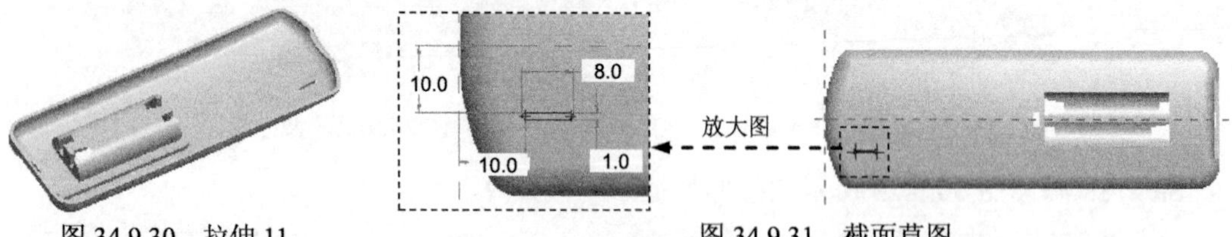

图 34.9.30　拉伸 11　　图 34.9.31　截面草图

Step21. 添加图 34.9.32b 所示的阵列特征——阵列 1。

（1）在模型树中选取 Step20 创建的拉伸 11 后右击，在弹出的快捷菜单中选择 阵列... 命令。

（2）选择阵列控制方式。在操控板的下拉列表中选择 尺寸 方式控制阵列。

（3）给出增量、阵列个数和间距。单击操控板中的 尺寸 按钮，选取图 34.9.32a 所示的拉伸特征 11 中的第一个尺寸“尺寸值 10.0”为尺寸参照，并设置增量值为 2.0，按住 Ctrl 键选取图 34.9.32a 所示的拉伸特征 11 中的第二个尺寸“尺寸值 10.0”为尺寸参照，并设置增量值为 1.0，阵列个数为 3。

（4）在操控板中单击“完成”按钮✓。

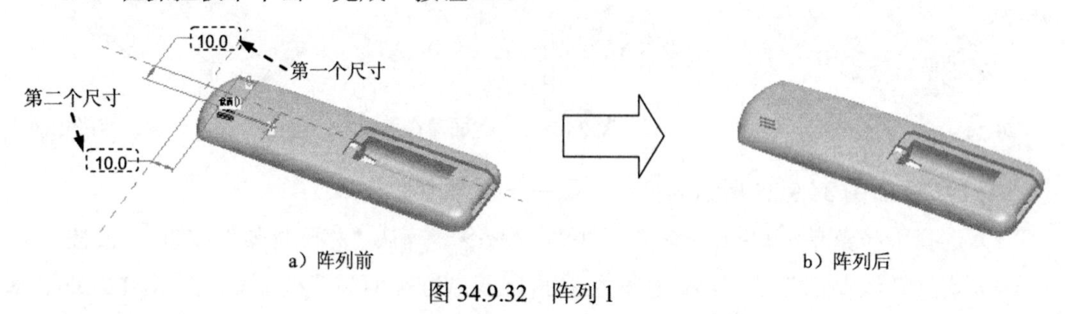

a）阵列前　　b）阵列后

图 34.9.32　阵列 1

Step22. 添加图 34.9.33b 所示的倒圆角特征——倒圆角 2。选择下拉菜单 插入(I) ➡ 倒圆角(O)... 命令。按住 Ctrl 键，选取图 34.9.33 所示的两条边线为圆角放置参照，圆角半径值为 0.5，单击“完成”按钮✓。

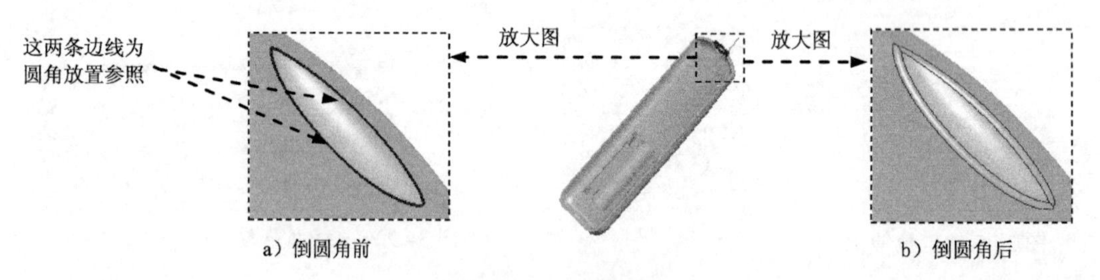

a）倒圆角前　　b）倒圆角后

图 34.9.33　倒圆角 2

Step23. 添加图 34.9.34 所示的扫描切剪特征——切剪 标识 1776。

（1）选择下拉菜单 插入(I) ➡ 扫描(S) ▸ ➡ 切口(C)... 命令，系统弹出“切剪：扫描”对话框。

（2）定义扫描轨迹。在▼SWEEP TRAJ（扫描轨迹）菜单中选择Select Traj（选取轨迹）➡ One By One（依次）➡ Select（选取）命令；按住 Ctrl 键，选取图 34.9.34 所示的扫描轨迹，选择Done（完成）命令。

（3）在▼CHOOSE（选取）菜单中选择Accept（接受）命令，在弹出的▼DIRECTION（方向）菜单管理器中选择Okay（确定）命令。

（4）系统进入截面草绘环境，绘制图 34.9.35 所示的截面草图，完成后单击✓按钮。

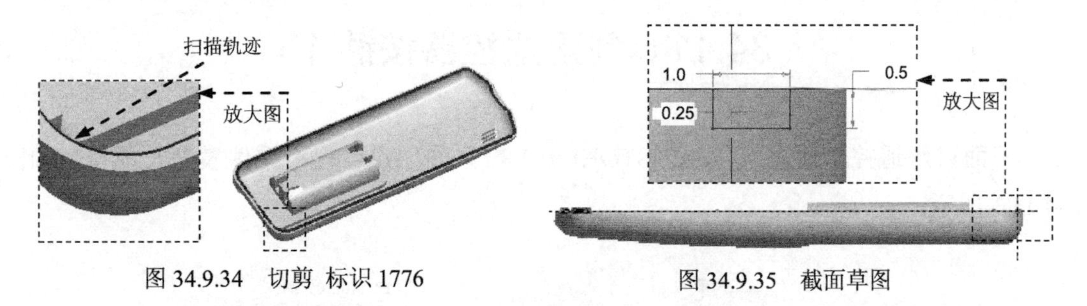

图 34.9.34　切剪 标识 1776　　图 34.9.35　截面草图

（5）选择▼DIRECTION（方向）➡ Okay（确定）命令。

（6）单击扫描特征信息对话框下部的确定按钮，完成扫描特征操作。

Step24. 添加图 34.9.36 所示的拉伸特征——拉伸 12。

（1）选择下拉菜单插入(I) ➡ 拉伸(E)...命令，确认“移除材料”按钮被按下。

（2）定义草绘截面放置属性。选取 ASM_FRONT 基准平面为草绘平面，DTM1 基准平面为参照平面，方向为顶；单击对话框中的草绘按钮。

（3）进入截面草绘环境后，绘制图 34.9.37 所示的截面草图，单击“完成”按钮✓。

（4）在操控板中选取深度类型，单击“完成”按钮✓。

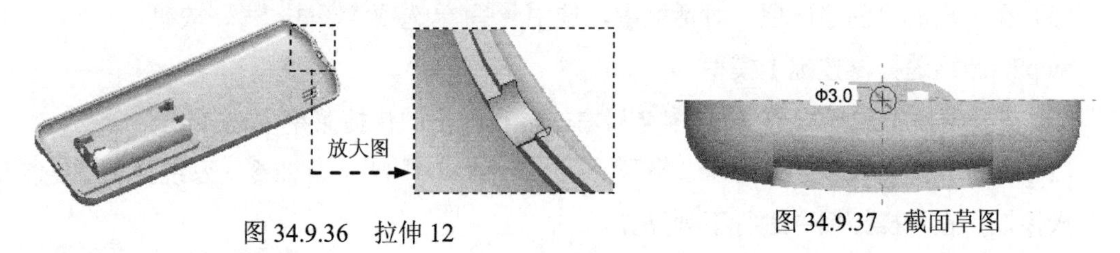

图 34.9.36　拉伸 12　　图 34.9.37　截面草图

Step25. 保存模型文件。

34.10　创建遥控器电池盖

下面讲解遥控器电池盖（CELL_COVER.PRT）的创建过程，零件模型如图 34.10.1 所示。

说明：本节的详细操作过程请参见随书光盘中 video\ch34.10\文件下的语音视频讲解文件。模型文件为 D:\proewf5.5\work\ch34.10\CELL_COVER。

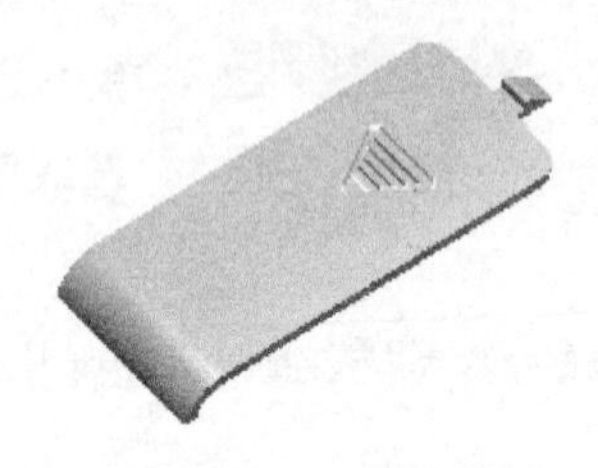

图 34.10.1　零件模型

34.11　创建遥控器按键 1

下面讲解遥控器按键 1（KEYSTOKE01.PRT）的创建过程，零件模型及模型树如图 34.11.1 所示。

图 34.11.1　零件模型及模型树

Step1. 在装配体中建立遥控器按键 KEYSTOKE01。

（1）选择下拉菜单 插入(I) → 元件(C) ▸ → 创建(C)... 命令。

（2）在弹出的“元件创建”对话框中，选中 类型 选项组中的 ◉ 零件 单选项；选中 子类型 选项组中的 ◉ 实体 单选项；在 名称 文本框中输入文件名 KEYSTOKE01，单击 确定 按钮。

（3）在弹出的“创建选项”对话框中，选中 ◉ 空 单选项，单击 确定 按钮。

Step2. 激活遥控器按键 1 模型。

（1）在模型树中选择 KEYSTOKE01.PRT 后右击，在弹出的快捷菜单中选择 激活 命令。

（2）选择下拉菜单 插入(I) → 共享数据(D) ▸ → 复制几何(G)... 命令，系统弹出“复制几何”操控板，在该操控板中进行下列操作。

① 在操控板中，先确认“将参照类型设置为组件上下文”按钮被按下，然后单击“仅限发布几何”按钮（使此按钮为弹起状态）。

② 复制几何。在操控板中单击 参照 按钮，选取图 34.11.2 所示的 TOP_COVER.PRT 模型中的曲面。

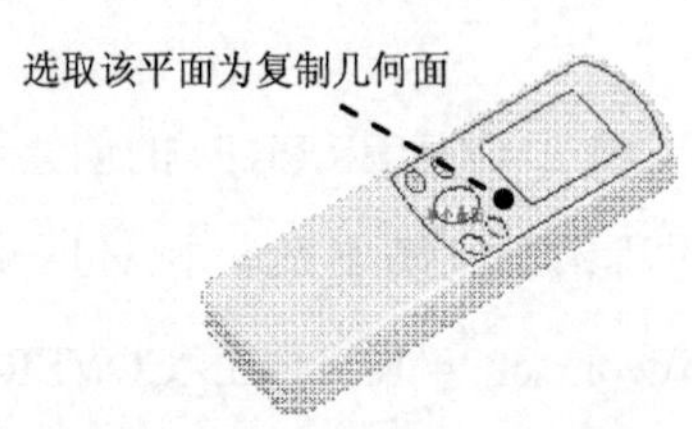

图 34.11.2　选取复制几何面

（3）在操控板中单击✓按钮，完成复制几何特征。

Step3. 在模型树中选择 KEYSTOKE01.PRT 后右击，在弹出的快捷菜单中选择 打开 命令。

Step4. 添加图 34.11.3 所示的拉伸特征——拉伸 1。

（1）选择下拉菜单 插入(I) → 拉伸(E)... 命令。

（2）定义草绘截面放置属性。选取图 34.11.3 所示的表面为草绘平面；单击对话框中的 草绘 按钮。

（3）进入截面草绘环境后，绘制图 34.11.4 所示的特征截面草图；完成特征截面绘制后，单击“完成”按钮✓。

（4）在操控板中选取深度类型⊥⊥，拉伸深度值为 2.5。

（5）在操控板中单击 ☑ 60 按钮，预览所创建的特征，单击“完成”按钮✓。

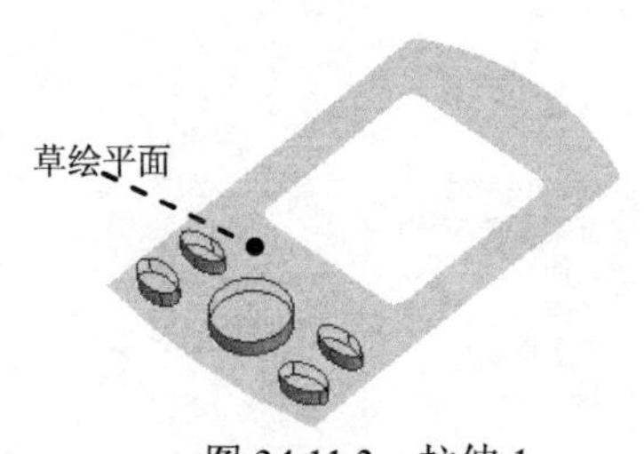

图 34.11.3　拉伸 1

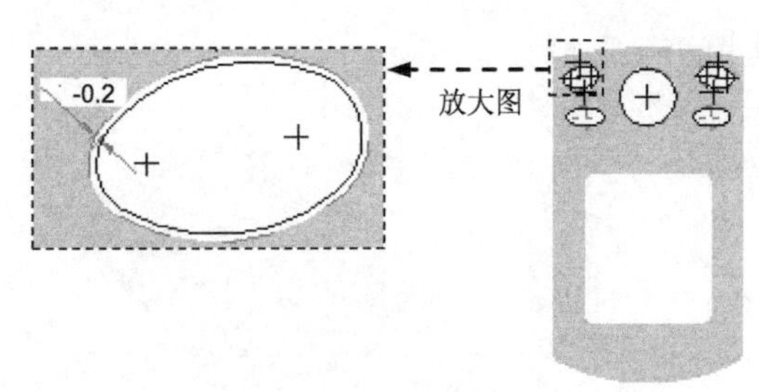

图 34.11.4　截面草图

Step5. 添加图 34.11.5 所示的实体拉伸特征——拉伸 2。选择下拉菜单 插入(I) → 拉伸(E)... 命令；选取图 34.11.5 所示的表面为草绘平面；单击 草绘 按钮。绘制图 34.11.6 所示的截面草图，单击“完成”按钮✓。在操控板中选取深度类型⊥⊥，拉伸深度值为 1.0，单击“完成”按钮✓。

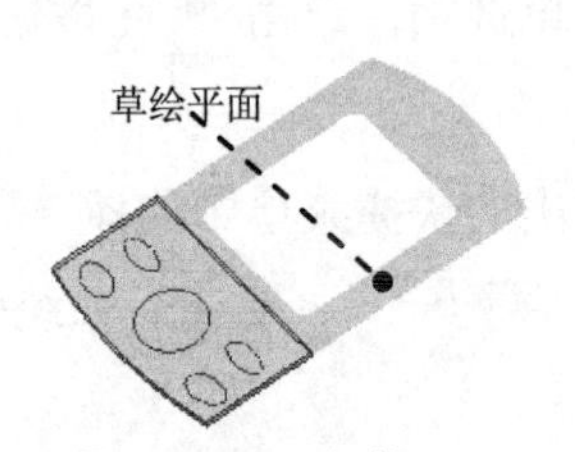

图 34.11.5　拉伸 2

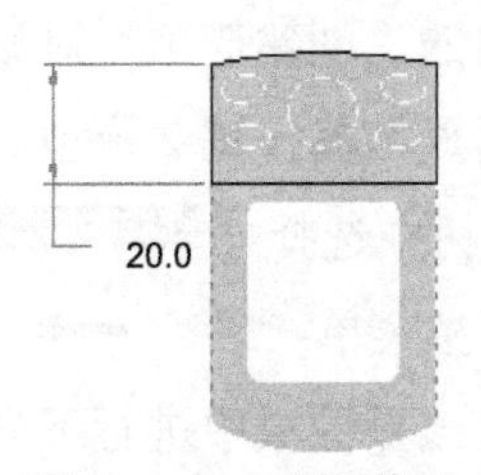

图 34.11.6　截面草图

Step6. 添加图 34.11.7b 所示的倒圆角特征——倒圆角 1。选择下拉菜单 插入(I) → 倒圆角(O)... 命令；按住 Ctrl 键，选取图 34.11.7a 所示的五条边链为圆角放置参照，在操控板的圆角尺寸框中输入圆角半径值 0.2。在操控板中单击 ☑ 60 按钮，预览所创建的圆角特征，单击“完成”按钮✓。

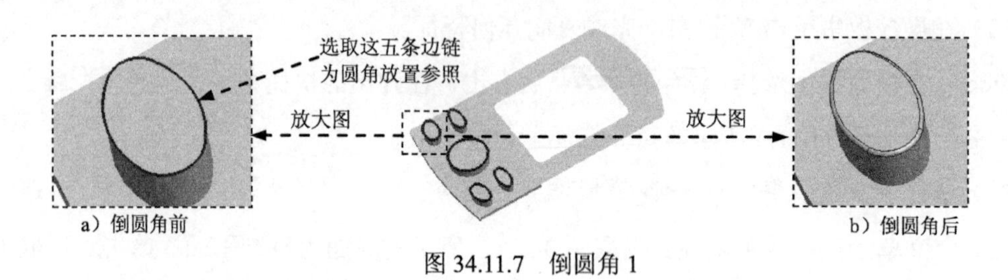

图 34.11.7 倒圆角 1

Step7. 保存模型文件。

34.12 创建遥控器按键 2

下面讲解遥控器按键 2（KEYSTOKE02.PRT）的创建过程，零件模型及模型树如图 34.12.1 所示。

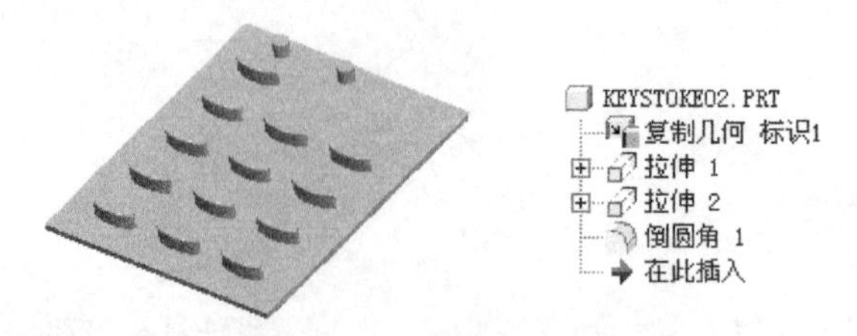

图 34.12.1 零件模型及模型树

Step1. 在装配体中建立遥控器按键 2（KEYSTOKE02.PRT）。

（1）选择下拉菜单 插入(I) ➡ 元件(C) ▸ ➡ 创建(C)... 命令。

（2）在弹出的“元件创建”对话框中，选中 类型 选项组中的 ◉ 零件 单选项；选中 子类型 选项组中的 ◉ 实体 单选项；在 名称 文本框中输入文件名 KEYSTOKE02，单击 确定 按钮。

（3）在弹出的“创建选项”对话框中，选中 ◉ 空 单选项，单击 确定 按钮。

Step2. 激活遥控器按键 2 模型。

（1）在模型树中选择 KEYSTOKE02.PRT 后右击，在弹出的快捷菜单中选择 激活 命令。

（2）选择下拉菜单 插入(I) ➡ 共享数据(D) ▸ ➡ 复制几何(G)... 命令，系统弹出“复制几何”操控板，在该操控板中进行下列操作。

① 在操控板中，先确认“将参照类型设置为组件上下文”按钮被按下，然后单击“仅限发布几何”按钮（使此按钮为弹起状态）。

② 复制几何。在操控板中单击 参照 按钮，选取图 34.12.2 所示的 TOP_COVER.PRT 模型中的曲面。

（3）在操控板中单击 ✓ 按钮，完成复制几何特征。

Step3. 在模型树中选择 KEYSTOKE02.PRT 后右击，在弹出的快捷菜单中选择 打开 命令。

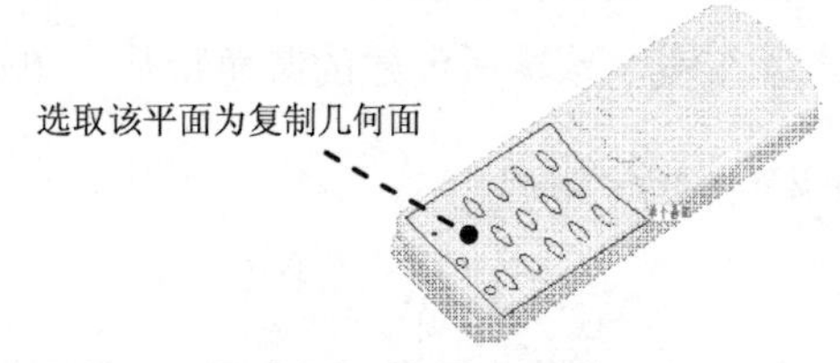

图 34.12.2　选取复制几何面

Step4. 添加图 34.12.3 所示的拉伸特征——拉伸 1。

（1）选择下拉菜单 插入(I) ➡ 拉伸(E)... 命令。

（2）定义草绘截面放置属性。选取图 34.12.3 所示的表面为草绘平面；单击对话框中的 草绘 按钮。

（3）进入截面草绘环境后，绘制图 34.12.4 所示的截面草图，单击“完成”按钮✓。

（4）在操控板中选取深度类型，拉伸深度值为 2.5，单击“完成”按钮✓。

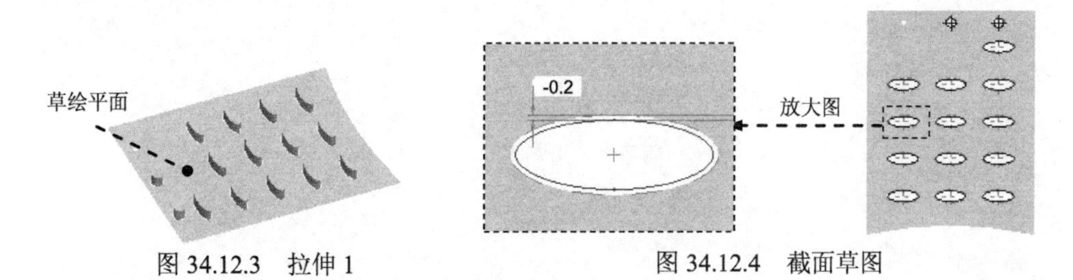

图 34.12.3　拉伸 1　　图 34.12.4　截面草图

Step5. 添加图 34.12.5 所示的拉伸特征——拉伸 2。

（1）选择下拉菜单 插入(I) ➡ 拉伸(E)... 命令。

（2）定义草绘截面放置属性。选取图 34.12.5 所示的表面为草绘平面，单击该对话框中的 草绘 按钮。

（3）进入截面草绘环境后，绘制图 34.12.6 所示的截面草图，单击“完成”按钮✓。

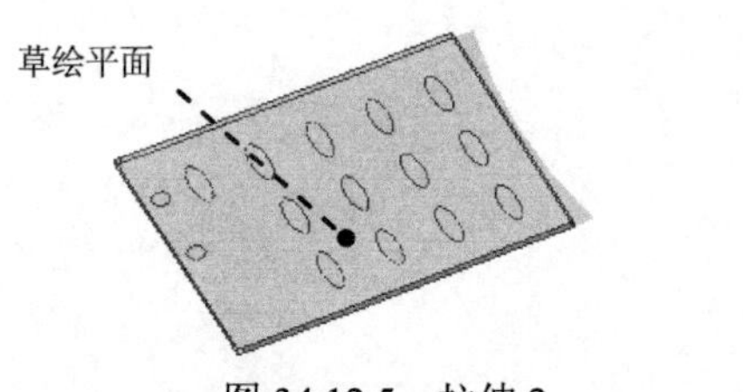

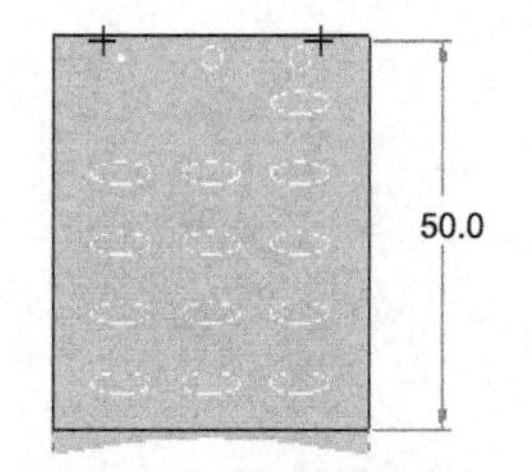

图 34.12.5　拉伸 2　　图 34.12.6　截面草图

（4）在操控板中选取深度类型，拉伸深度值为 1.0，单击“完成”按钮✓。

Step6. 添加图 34.12.7b 所示的圆角特征——倒圆角 1。

（1）选择下拉菜单 插入(I) ➡ 倒圆角(O)... 命令。

（2）选取圆角放置参照。按住 Ctrl 键，选取图 34.12.7a 所示的 15 条边线为圆角放置参照，在操控板的圆角尺寸框中输入圆角半径值 0.2。

（3）在操控板中单击☑ 👓按钮，预览所创建的圆角特征，单击“完成”按钮✔。

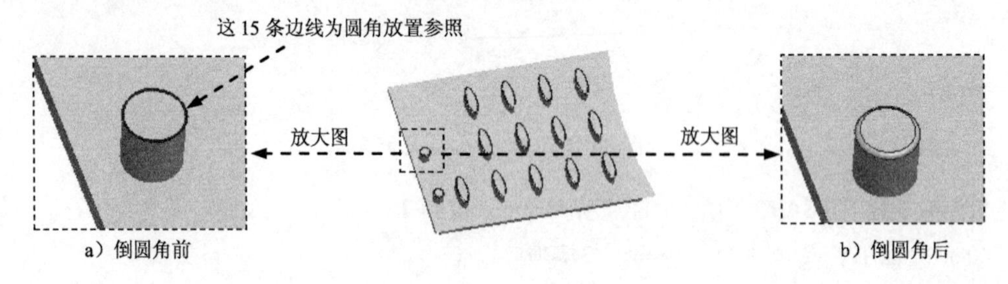

图 34.12.7 倒圆角 1

Step7. 保存模型文件。

读者意见反馈卡

书名：《ProEN GINEER 中文野火版 5.0 产品设计实例精解（增值版）》

1. 读者个人资料：

姓名：_________ 性别：___ 年龄：____ 职业：_________ 职务：_________ 学历：______

专业：_______ 单位名称：____________________ 办公电话：___________ 手机：______

QQ：___________________________ 微信：____________ E-mail：______________

2. 影响您购买本书的因素（可以选择多项）：

□内容 □作者 □价格

□朋友推荐 □出版社品牌 □书评广告

□工作单位（就读学校）指定 □内容提要、前言或目录 □封面封底

□购买了本书所属丛书中的其他图书 □其他____________

3. 您对本书的总体感觉：

□很好 □一般 □不好

4. 您认为本书的语言文字水平：

□很好 □一般 □不好

5. 您认为本书的版式编排：

□很好 □一般 □不好

6. 您认为 Pro/E 其他哪些方面的内容是您所迫切需要的？

____

7. 其他哪些 CAD/CAM/CAE 方面的图书是您所需要的？

____

8. 您认为我们的图书在叙述方式、内容选择等方面还有哪些需要改进的？

____

读者购书回馈活动：

活动一：本书“随书光盘”中含有该“读者意见反馈卡”的电子文档，请认真填写本反馈卡，并 E-mail 给我们。E-mail: 兆迪科技 zhanygjames@163.com，丁锋 fengfener@qq.com。

活动二：扫一扫右侧二维码，关注兆迪科技官方公众微信（或搜索公众号 zhaodikeji），参与互动，也可进行答疑。

凡参加以上活动，即可获得兆迪科技免费奉送的价值 48 元的在线课程一门，同时有机会获得价值 780 元的精品在线课程。